泡沫镍

制造、性能和应用

钟发平 等 编著

电子工业出版社
Publishing House of Electronics Industry
北京·BEIJING

内 容 简 介

泡沫镍作为一种新型的工程金属材料,由于具有特殊的、相对一致的三维结构、高比表面积、高孔隙率、优良的导电性能、良好的化学/电化学稳定性和催化活性,兼备轻质、阻燃、透气、吸纳声波和电磁波、易于回收再利用等多种优良性能,已被广泛用作镍系二次电池和超级电容器的电极集流体材料,并且在燃料电池/金属空气电池/锂离子电池等新型化学电源、电化学水处理、电化学合成、电化学传感器等电化学工程领域、化工催化/分离过滤/热交换等化工领域,以及电磁屏蔽、消声减振等功能材料领域展示了良好的应用前景。本书主要介绍泡沫镍的技术发展历程、泡沫镍的制造工艺及其关键技术和质量控制、性能表征和检测方法、泡沫镍的绿色制造/安全生产和产业升级、泡沫镍的潜在用途及相关应用领域的最新研究结果和进展。

本书提供的专业技术例证丰富,内容翔实,可作为从事泡沫镍及其他泡沫金属、工程材料的制造/研究和应用领域的科研人员、工程技术人员、企业管理人员的参考书,也可推荐作为高等院校的新能源、材料、化学工程、化学电源和电化学应用技术等相关专业教师、研究生、本科生选读的参考书。

未经许可,不得以任何方式复制或抄袭本书之部分或全部内容。
版权所有,侵权必究。

图书在版编目(CIP)数据

泡沫镍:制造、性能和应用 / 钟发平等编著. —北京:电子工业出版社,2021.2
ISBN 978-7-121-37420-3

Ⅰ.①泡… Ⅱ.①钟… Ⅲ.①泡沫镍 Ⅳ.①TB383

中国版本图书馆 CIP 数据核字(2019)第 204884 号

责任编辑:郭穗娟
印　　刷:天津画中画印刷有限公司
装　　订:天津画中画印刷有限公司
出版发行:电子工业出版社
　　　　　北京市海淀区万寿路 173 信箱　　邮编　100036
开　　本:787×1092　1/16　印张:32.25　字数:822 千字
版　　次:2021 年 2 月第 1 版
印　　次:2021 年 2 月第 1 次印刷
定　　价:258.00 元

凡所购买电子工业出版社图书有缺损问题,请向购买书店调换。若书店售缺,请与本社发行部联系,联系及邮购电话:(010)88254888,88258888。
质量投诉请发邮件至 zlts@phei.com.cn,盗版侵权举报请发邮件至 dbqq@phei.com.cn。
本书咨询联系方式:(010)88254502,guosj@phei.com.cn。

编委会

编委会主任：

钟发平

编委会副主任：

陶维正　王　毅　朱济群
宋树芹　周小平　肖进春

编委会委员（按姓氏笔画顺序）：

丁胜芳　匡　宇　许　超　李　星
李如春　邹　超　陈　利　林　峰
易　秘　周旺发　胡　鹏　符长平
章建林　董成国　谭水发　熊轶智
潘张巍浩

序

在人类技术史和现实的创新活动中，关键材料的瓶颈效应众所周知，绿色二次电池领域尤其如此。泡沫镍是电池产业的一个重要的功能材料，正是连续带状泡沫镍和稀土吸氢合金的成功开发，使氢镍电池体系的技术和实际应用发生了重要的变革。氢镍电池从为空间站服役、采用高压氢罐的复杂系统发展成为常压普通电池结构的金属氢化物-镍（MH-Ni）电池，通常称为镍氢电池，从航天器的应用到地面的用电器具，电池的制造更为简约、成本低廉，用途更为广泛、便捷安全。在便携式电器、油电和电电混合动力汽车、电站的调峰储能等方面发挥着十分重要的作用。

在中国，泡沫镍从初期的简易开发到今天面向全球的产业规模，伴随着中国经济的发展，历时 30 多年。它是几代科技工作者接力奋斗的成果，也是传统技术优化组合、推陈出新、积小成为大成、从量变到质变的发明创造过程。

20 年来，本书作者和他的团队将连续带状泡沫镍，从一个功能材料的项目开发成一个产业，创造了一个国际知名的中国品牌，积累了有价值的工程技术经验，也践行了企业作为自主创新主体的丰富内涵。

本书从理论到实践、图文并茂，对泡沫镍制造过程的不同工艺环节的技术创新，作了较为详细的分析和论述，也记录了一个企业从传统产业的生产模式逐步向绿色制造和智能生产转型升级的进步历程。书中有关气相物理沉积、电铸、调质热处理、剪切包装、质量管理，乃至化学镀镍、膜处理镍废水技术，从工艺到设备，很多技术内容是该团队多年来努力奋斗的成果，现将其编纂成书，可与业界同人共享和共勉。另外，由于泡沫镍具有特殊的三维多孔金属结构，对于高比表面积的通透孔材料需求，具有十分独到的形貌特征，它不仅是理想的先进二次电池高比能量、低内阻的电极支撑材料，而且越来越多地受到电解、催化、电磁屏蔽、消声、分离、机电工程等科学技术领域的关注，有关泡沫镍和泡沫金属创新应用的研究开发十分活跃。因此，对泡沫镍材料学的研究也在深入拓展。本书不仅对泡沫镍同行，对于相关技术人员的研究开发工作也会有所帮助，使其得到一些借鉴和启迪。

吴 锋

2020 年 8 月

前　　言

泡沫镍从初期块状材料的开发应用到今天的连续带状材料的产业规模，伴随着中国经济的改革开放，历时 30 多年。作为电池行业的一项重要的功能材料，它兼备镍金属和多孔材料的自然属性，需要我们从科学技术的视角去认知和探究，并从中受益。而它从一项技术，到一个产业所经历的一系列技术创新的实践和相关企业的成长过程，所折射出的种种价值和规律，也使我们体会到另一个层面上的耕耘和收获的快乐，值得身处产业升级和技术创新时代的中国制造业和创新者、创业者参考和借鉴。

本书从制造技术、产业升级、材料研究、工程应用等方面对泡沫镍进行了全方位、多视角的认识和探讨，希望从具体的技术环节和产业活动中透视企业在新经济形势下必须具备的环境意识、创新意识、精品意识、低碳意识、生产和管理的智能化意识、企业的产品结构和产业定位与时俱进的升级意识。这些由企业文化承载着的理念和因此而产生的创新成果，生动地昭示了企业在技术创新实践中的主体作用和应有的作为。

连续带状泡沫镍从初期的开发到形成国际知名品牌的全部过程，我们始终得到来自各方面的关怀、鼓励、支持和帮助。吴锋院士欣然为本书作序，令我们倍感荣幸。熟习中日韩电池业界的电池专家、中国硅酸盐学会离子学分会副理事长高学锋博士 10 多年前就曾说过："力元的泡沫镍是国人的骄傲。"这一评价使我们深受鼓舞。

值此泡沫镍专著出版之际，我对 20 年来曾经为了将泡沫镍打造成一个国际知名品牌和参与本书编著工作的同事和朋友们充满敬意，对长期支持泡沫镍事业的各级领导、学者、专家心存感激。

在本书撰稿期间，曾为泡沫镍工艺的镍废水膜处理技术的实施做出过重要贡献的、原国家海洋局杭州水处理技术研究开发中心的楼永通高级工程师，热情提供了相关技术的详细资料，对此表示衷心的感谢！同时，对电子工业出版社编辑郭穗娟女士出色的编校工作和提出的许多宝贵意见，对曾经在热处理理论和技术方面给予原长沙力元新材料有限责任公司（现为湖南科力远新能源股份有限公司）很多重要指导和帮助，并且对本书的相关内容进行审稿斧正的中南大学材料学院贺跃辉教授一并表示衷心的感谢。

本书的编写由先进储能材料国家工程研究中心牵头，组织国内泡沫镍制造技术资深专家、企业内长期承担泡沫镍技术创新开发工作的高级工程师和工程师团队，以及多年从事材料科学研究的博士生导师的师生团队在收集整理资料的基础上编写而成。虽然编委会成员在撰稿过程中精诚合作、优势互补，尽力尽责地完成了任务，但因泡沫镍技术在材料科学门类中的立论尚少，可借鉴和学习的文献不多，主要素材来自企业的生产实践和技术创新，对其进行总结归纳、补充提炼均有一定难度。又因经验和能力所限，书中失误和不足之处在所难免。而且处在当今创新图变的时代，随着绿色制造、智能化生产水平的提高，泡沫镍制造技术的工艺、装备更新换代迅速，本书很多资料的收集和取舍定有不完善、不精准之虞，对于书中的所有瑕疵，敬请有关专家与广大读者不吝赐教、批评指正。

未来的泡沫镍和其他泡沫金属还有漫长和曲折的路要走，本书的完成，只是它的一个阶段性成果的总结，衷心期望泡沫镍事业有一个更加光明、美好、远大的前程。

钟发平

2020 年 8 月

目　　录

第一篇　镍、多孔金属、泡沫镍概论

第一章　镍 ··· 3

1.1 　镍的自然属性 ··· 3
　　1.1.1　镍的物理、化学性质 ··· 3
　　1.1.2　镍的主要化合物及其性质 ·· 4
　　1.1.3　镍在生物体中的作用和危害 ··· 5
1.2 　镍的冶炼 ·· 7
　　1.2.1　镍矿的类型 ·· 7
　　1.2.2　镍矿资源的分布 ·· 8
　　1.2.3　镍的冶炼工艺 ·· 10
1.3 　镍在国民经济中的应用 ·· 13
　　1.3.1　镍在不锈钢中的应用 ·· 14
　　1.3.2　镍在镍基合金中的应用 ·· 14
　　1.3.3　镍在表面工程技术中的应用 ·· 17
　　1.3.4　镍在镍系列电池中的应用 ··· 19
　　1.3.5　镍在工业催化中的应用 ·· 22
1.4 　镍资源的回收利用 ·· 23
　　1.4.1　镍资源回收的现状和问题 ··· 23
　　1.4.2　镍资源回收利用技术 ··· 24

第二章　多孔材料与多孔金属 ·· 26

2.1 　多孔材料 ··· 26
　　2.1.1　多孔材料的结构特征 ·· 27
　　2.1.2　多孔材料的分类 ··· 27
　　2.1.3　蜂窝材料 ·· 30
　　2.1.4　多孔材料的应用 ··· 31
2.2 　多孔金属（泡沫金属） ·· 33
　　2.2.1　泡沫金属的发展 ··· 33
　　2.2.2　泡沫金属的制造方法 ·· 34
　　2.2.3　泡沫金属的特性 ··· 37

	2.2.4 泡沫金属的应用	39
2.3	泡沫镍	39
	2.3.1 泡沫镍的孔结构特征	40
	2.3.2 泡沫镍的产品质量与制造方法	41
	2.3.3 与泡沫镍技术有关的若干名词术语的定义及其用法说明	42

第三章 泡沫镍制造技术在中国的开发历程、技术进步及全球的产业现状 45

3.1	泡沫镍制造技术在中国的开发历程	45
	3.1.1 技术背景	45
	3.1.2 块状泡沫镍的开发	48
	3.1.3 连续带状泡沫镍的开发	52
3.2	连续带状泡沫镍制造技术的创新与进步	54
	3.2.1 真空磁控溅射的技术创新	55
	3.2.2 电铸技术创新	65
	3.2.3 电铸镍废水处理的技术创新——膜分离技术	77
3.3	泡沫镍产业的现状及未来展望	80

第二篇 泡沫镍的制造技术及质量管理

第四章 聚氨酯海绵导电化处理——真空磁控溅射镀镍法 87

4.1	真空理论及真空技术	87
	4.1.1 真空的基本概念	87
	4.1.2 真空物理学基础	88
	4.1.3 真空状态的表征	90
	4.1.4 真空状态的获得	91
	4.1.5 真空检漏	94
4.2	聚氨酯海绵真空磁控溅射镀镍工艺	95
	4.2.1 真空磁控溅射镀膜的基本原理	95
	4.2.2 聚氨酯海绵真空磁控溅射镀镍工艺流程	96
	4.2.3 真空磁控溅射工艺中镍靶的设计	97
4.3	聚氨酯海绵真空磁控溅射镀镍设备	98
	4.3.1 概述	98
	4.3.2 聚氨酯海绵真空磁控溅射镀镍设备的设计要点	100
	4.3.3 聚氨酯海绵真空磁控溅射镀镍主机	102
	4.3.4 聚氨酯海绵真空磁控溅射镀镍辅助设施	119

目录

4.4 磁控溅射镀镍模芯的质量特性及控制 ··· 122
    4.4.1 磁控溅射镀镍模芯的质量参数 ··· 122
    4.4.2 质量检测与监控方法 ·· 123
    4.4.3 影响模芯质量的若干因素 ·· 124

第五章 聚氨酯海绵导电化处理——化学镀镍法及涂炭胶法 ·············· 125

5.1 化学镀镍法 ·· 125
    5.1.1 化学镀镍法简介 ·· 125
    5.1.2 聚氨酯海绵化学镀镍生产工艺 ··· 126
    5.1.3 聚氨酯海绵化学镀镍生产设备及车间设计 ··································· 136
    5.1.4 化学镀镍模芯质量指标及检测方法 ··· 139
    5.1.5 泡沫镍制造与化学镀镍工艺述评 ·· 141
5.2 聚氨酯海绵导电化处理——涂炭胶法 ··· 142
    5.2.1 导电胶技术简介 ·· 142
    5.2.2 涂炭胶法工艺流程 ·· 142
5.3 聚氨酯海绵导电化处理——其他方法 ··· 144
5.4 不同方法制备的海绵模芯对比分析 ·· 144

第六章 泡沫镍电铸技术 ·· 147

6.1 金属的电沉积 ·· 148
    6.1.1 金属电沉积理论 ·· 148
    6.1.2 金属电沉积技术 ·· 151
6.2 电镀镍与电铸镍 ·· 154
    6.2.1 电镀镍的不同电解液体系 ·· 154
    6.2.2 不同性状的电镀镍层 ·· 155
    6.2.3 电铸镍工艺技术 ·· 156
6.3 电铸泡沫镍的原理及工艺 ··· 158
    6.3.1 电铸泡沫镍的电极过程动力学 ··· 158
    6.3.2 泡沫镍制造中的连续电铸工艺 ··· 161
6.4 泡沫镍电铸设备 ·· 168
    6.4.1 国内外部分泡沫镍生产企业的主体电铸设备简介 ························ 168
    6.4.2 泡沫镍电铸设备 ·· 173
    6.4.3 泡沫镍电铸设备——生产线控制系统 ··· 179
6.5 泡沫镍半成品的质量特性及控制 ·· 186
    6.5.1 泡沫镍半成品的质量缺陷 ·· 186
    6.5.2 泡沫镍半成品质量缺陷的分析与控制 ··· 187

泡沫镍——制造、性能和应用

第七章 泡沫镍制造的热处理技术 ······192

7.1 泡沫镍热处理工艺——烘干、聚氨酯海绵去除和除氢 ······192
7.1.1 烘干处理 ······192
7.1.2 聚氨酯海绵的去除 ······195
7.1.3 除氢 ······201

7.2 泡沫镍制造的热处理工艺：高温还原 ······202
7.2.1 镍的氧化与还原 ······202
7.2.2 氢气作为高温还原剂的优势 ······202

7.3 泡沫镍热处理工艺——退火 ······204
7.3.1 关于内应力和晶体缺陷 ······204
7.3.2 退火过程中的晶粒变化 ······207
7.3.3 退火过程冷却工艺的控制 ······214
7.3.4 退火后泡沫镍的组织与性能 ······218

7.4 热处理设备 ······220
7.4.1 热处理设备的总体结构 ······220
7.4.2 放卷机 ······221
7.4.3 焚烧炉 ······222
7.4.4 还原炉 ······224
7.4.5 冷却段 ······225
7.4.6 收卷机 ······226

7.5 热处理制成品——泡沫镍的质量控制 ······227

第八章 泡沫镍的剪切、包装及储运 ······230

8.1 泡沫镍的剪切工艺流程 ······230
8.2 泡沫镍的剪切设备 ······231
8.2.1 卧式分切机 ······232
8.2.2 立式分切机 ······238
8.2.3 剪切设备未来的发展趋势 ······240

8.3 剪切和包装工序泡沫镍成品的质量控制 ······242
8.4 泡沫镍成品和产品的包装及储运管理 ······244
8.4.1 泡沫镍成品的包装程序、技术要求及注意事项 ······244
8.4.2 泡沫镍产品的储存要求 ······245
8.4.3 泡沫镍产品运输过程的注意事项 ······246

第九章 泡沫镍的无铜化生产 ······247

9.1 铜对镍氢电池的危害 ······247
9.2 洁净厂房的设计、施工与运行管理 ······250
9.2.1 洁净厂房简介 ······250

		9.2.2 洁净厂房防铜的基本原则	251
		9.2.3 洁净厂房的设计	252
		9.2.4 洁净厂房的空气净化系统	255
		9.2.5 洁净厂房的运行管理	258
	9.3	洁净厂房内生产设备的防铜设计与管控	266

第十章 泡沫镍产品的质量管理 — 271

10.1	泡沫镍的主要质量指标及其检测方法	272
	10.1.1 外观尺寸及接头数	272
	10.1.2 电阻率	275
	10.1.3 力学性能	277
	10.1.4 孔数与孔径	280
	10.1.5 孔隙率	282
	10.1.6 面密度	283
	10.1.7 沉积厚度比	287
	10.1.8 化学成分及杂质含量限值	291
10.2	扫描电子显微镜和能谱仪在泡沫镍质量控制中的应用	291
	10.2.1 扫描电子显微镜的工作原理及应用	292
	10.2.2 扫描电子显微镜应用实例	293
10.3	泡沫镍产品的质量监测	297
	10.3.1 泡沫镍生产工艺流程	297
	10.3.2 泡沫镍生产过程的在线质量监测	298
	10.3.3 泡沫镍生产过程的人工质量监测	300
10.4	泡沫镍生产质量管理体系	305
	10.4.1 质量管理体系概述	305
	10.4.2 ISO 9000 族标准与企业的核心竞争力	306
	10.4.3 ISO 9001 标准在泡沫镍质量管理中的实际应用	309
	10.4.4 推行 ISO 9000 族标准的经验	316

第十一章 制造泡沫镍的关键原料 — 320

11.1	聚氨酯海绵	320
	11.1.1 概述	320
	11.1.2 聚氨酯海绵的合成	321
	11.1.3 聚氨酯海绵的切片工艺与主要供应商	322
	11.1.4 聚氨酯海绵的储存与运输	325
	11.1.5 聚氨酯海绵的废弃处置办法	326
11.2	金属镍	327
	11.2.1 镍靶基材	327

11.2.2 镍阳极 327

11.3 液氨 331
  11.3.1 概述 331
  11.3.2 氨分解制氢 332
  11.3.3 液氨安全管理说明 333

11.4 镍盐 333
  11.4.1 概述 333
  11.4.2 电铸泡沫镍常用无机镍盐简介 334
  11.4.3 镍盐的存储与安全管理 334

第十二章 泡沫镍生产安全技术与管理 336

12.1 泡沫镍生产中的主要危险源 336
  12.1.1 危险化学品的特性 336
  12.1.2 泡沫镍生产过程中危险化学品所在工序及其状况 338
  12.1.3 泡沫镍生产中需重点监管的危险化学品——氨和氢气 338

12.2 安全设计及防范要点 342
  12.2.1 工厂选址安全设计要点 342
  12.2.2 工厂平面布置安全设计要点 342
  12.2.3 厂房、建（构）筑物安全设计要点 345

12.3 泡沫镍生产的安全管理 346
  12.3.1 工艺、设备操作指导书与安全作业证 346
  12.3.2 危险品管理及物料储存 348
  12.3.3 安全防护设施及配置的管理 349
  12.3.4 防火、防爆、防毒和防尘管理 351
  12.3.5 事故管理 353
  12.3.6 检修安全管理 353
  12.3.7 电气设备安全管理 355
  12.3.8 特种设备的使用管理 356

第十三章 泡沫镍的绿色制造与智能生产 359

13.1 概述 359
  13.1.1 三次浪潮和四次工业革命 359
  13.1.2 关于绿色制造 361
  13.1.3 关于智能制造 362

13.2 泡沫镍绿色制造理念与创新实例 363
  13.2.1 工业三废治理的零排放和完善化目标 363
  13.2.2 镍消耗的降低 367
  13.2.3 生产水耗的降低 371

13.2.4 生产能耗降低及新能源结构的展望 373
13.2.5 降低生产成本的其他实例 376
13.3 泡沫镍智能生产理念与创新实例 377
13.3.1 SCADA系统在泡沫镍生产管理中的开发应用 377
13.3.2 工程品质管理子系统的开发 379
13.3.3 电铸电解液在线监测及酸自控补加系统的开发 380
13.3.4 多级电铸电流密度优化分配工艺技术的开发 381
13.3.5 热处理工艺技术的优化 382
13.3.6 阳极钛篮镍在线振动夯实装置的开发 383

第三篇 泡沫镍的性能和应用

第十四章 泡沫镍的性能 387

14.1 泡沫镍的材料力学性能 388
14.1.1 泡沫镍与材料力学概述 388
14.1.2 泡沫镍的拉伸性能 390
14.1.3 泡沫镍的压缩性能 396
14.1.4 泡沫镍的能量吸收和抗冲击概述 403
14.1.5 泡沫镍的疲劳性能 409
14.2 泡沫镍的声学性能 411
14.2.1 泡沫金属的声学性能概述 411
14.2.2 泡沫镍的声学性能研究 415
14.3 泡沫镍的热学性能 416
14.3.1 泡沫金属的热学性能概述 416
14.3.2 泡沫金属在热传导工程中的实际应用 420
14.3.3 泡沫镍的热学性能研究 421
14.4 泡沫镍的电磁学性能 422
14.4.1 泡沫镍的电阻率测量 422
14.4.2 影响泡沫镍电导率的因素 424
14.4.3 泡沫镍和泡沫金属的电磁屏蔽性能 427
14.5 泡沫镍的各向异性 429
14.5.1 泡沫镍各向异性的成因 430
14.5.2 泡沫镍各向异性的特征 431

第十五章 泡沫镍的应用 436

15.1 在化学电源领域的应用 438
15.1.1 在镍系列电池中的应用及展望 438

15.1.2　在超级电容器中的应用 …… 441
　　15.1.3　在燃料电池中的应用 …… 443
　　15.1.4　在锂电池中的应用 …… 448
　　15.1.5　在其他化学电源中的应用 …… 454
15.2　在电化学工程领域的应用 …… 456
　　15.2.1　在电化学水处理技术中的应用 …… 456
　　15.2.2　在电催化水分解制氢技术中的应用 …… 458
　　15.2.3　在有机电化学领域中的应用 …… 460
　　15.2.4　在电化学传感器技术中的应用 …… 461
15.3　在化学工程领域的应用 …… 462
　　15.3.1　在化工催化反应中的应用 …… 462
　　15.3.2　在分离过滤技术中的应用 …… 466
　　15.3.3　在热工技术中的应用 …… 467
　　15.3.4　在其他化工技术中的应用 …… 468
15.4　在功能材料领域的应用 …… 470
　　15.4.1　在电磁屏蔽技术中的应用 …… 470
　　15.4.2　在消声降噪技术中的应用 …… 471
　　15.4.3　在吸能减振技术中的应用 …… 471

参考文献 …… 472

第一篇　镍、多孔金属、泡沫镍概论

泡沫镍是具有特征性三维多孔结构的镍金属功能材料。本书在论述与泡沫镍相关的科学技术问题时，不可避免地会涉及与镍相关的许多问题，如镍的物理化学性质、矿藏资源、生产冶炼乃至镍对生物、生态环境的影响，以及镍在国民经济中的作用和镍的回收利用；同时也会涉及多孔材料的一些共性基础问题。这些来自不同方向的信息都会影响我们对泡沫镍的认识和应用，影响技术创新的走向和结果。因此，第一章和第二章内容将会使读者对镍和多孔材料有一个全方位、多视角的了解，有利于对本书后续篇章的阅读。第三章对泡沫镍在中国的开发研究、技术创新历史进行回顾，揭示企业在技术创新中的主体作用和地位；还通过具体的技术进步实例，折射出新经济时代企业面临转型升级必须接受的种种考验和挑战。此外，第三章还对全球泡沫镍的产业现状进行概述和分析。

此外，针对泡沫镍材料的特殊性，为了方便读者准确地理解相关技术细节，特意增加了2.3.3节，对与泡沫镍有关的部分名词和术语的表述作了必要的界定和说明。

第一章　　镍

金属镍及其化合物已被广泛应用于多个领域，在人类的物质文明中发挥着重要作用。金属镍的发现经历了漫长的探索过程。17世纪末，德国科学家发现了一种红棕色矿石，其表面有许多绿色斑点，可以用于制造绿色玻璃的染料。当时的冶金学家把这种矿物误认为铜矿，并试图从中冶炼出铜，但均以失败告终。该矿石的开采非常艰辛，又得不到想要的铜，因而，人们把这种矿石称作"尼格尔铜"（Kupfer-Nickel），Kupfer一词在德语中的含义是铜，Nickel的含义为"骗人的小鬼"，所以"Kupfer-Nickel"也被称为"假铜"[1-2]。1751年，瑞典矿物学家和化学家A. F. 克隆斯塔特（A. F. Cronstedt）重新研究和定义了这种矿物。他首先将矿石表面风化，得到一种绿色物质，再将这种绿色物质与木炭共热，从该矿物中还原出一种白色金属。随后，对这种白色金属的物理、化学性质进行了仔细的研究，发现它与当时已有的金属都不相同，因此确认它是一种新金属。克隆斯塔特采用缩略词"Nickel"命名这种新金属，汉语译名为"镍"，化学元素符号为"Ni"。

镍的应用在中国有悠久的历史。早在汉朝（公元前206年），人们在炼铜的过程中加入镍矿石，炼成铜-镍合金——白铜。在古代，人们制造的白铜不仅在国内大量应用，还远销其他国家。研究表明，秦汉时期，位于现在我国新疆西部的大夏国，其货币便由白铜铸造而成。该货币含镍量达20%，而根据其形状、成分及当时的历史条件等情况分析，这种货币很可能是由当时的汉朝出口的。17~18世纪，我国制造的各种白铜器件，通过东印度公司，大量销往德国、瑞典等欧洲国家[1-3]。

1.1　镍的自然属性

1.1.1　镍的物理、化学性质

镍（Ni）属于金属元素，原子序数为28，位于元素周期表中第四周期第ⅧB族。镍有5种同位素，分别是 ^{58}Ni（66.4%）、^{60}Ni（26.7%）、^{61}Ni（1.6%）、^{62}Ni（3.7%）及 ^{64}Ni（1.6%），相对原子量为58.6934，原子半径为124.6pm。镍的电子层结构为 $1s^22s^22p^63s^23p^63d^84s^2$，如图1-1所示。价电子层结构为 $3d^84s^2$。其中，最外层4s有2个电子，次外层3d有8个电子（3d电子层最多可容纳10个电子），超过了5个，因而其价电子基本不可能全部参加成键，所以呈现出的最高氧化态与族数不对应。通常情况下，镍的氧化态有+1价、+2价、+3价、+4价和+6价，以+2价最为稳定。另外，在周期表中，镍与铁、钴属于同族元素，因此三者具有相似的物理化学性质，在亲氧和亲硫性质方面与相邻的铜元素接近。

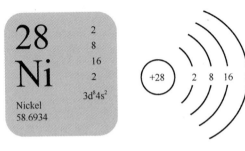

（a）镍元素　　　　　　（b）镍元素核外电子排布

图 1-1　镍元素及其核外电子排布

纯镍是一种银白色金属，有金属光泽，晶型为面心立方结构，密度为 8.908 g/cm³，熔点为 1453 ℃，沸点为 2730 ℃。其具有优良的机械强度、良好的延展性和一定程度的铁磁性。镍的导电性能优良，且纯度越高导电性越好，在 20℃且纯度为 99.80%～99.99%时，对应的电阻率为 9.9～6.8 μΩ/m。镍具有较好的化学稳定性，室温下很难被空气中的氧气氧化，即使加热到 500 ℃，也只能在其表面形成一层薄的氧化层。同时，镍对强碱的抗蚀能力强，强酸如盐酸、硫酸等对镍的腐蚀作用也极为缓慢，但镍易被稀硝酸溶解，而在浓硝酸中，由于生成致密的钝化膜，使溶解速度减慢。镍在纯净水、海水、大多数无机盐溶液和有机溶剂中均具有良好的耐蚀性。

1.1.2　镍的主要化合物及其性质

镍的化合物有很多种，在自然界中主要以镍的氧化物、硫化物和砷化物 3 种形式存在。因为镍的氧化物、硫化物和砷化物广泛存在于自然界的含镍矿物中，因此了解其氧化物、硫化物和砷化物的物理、化学性质对于了解镍矿的性质以及镍矿的冶炼至关重要。

氧化镍（NiO）和三氧化二镍（Ni_2O_3）是镍的氧化物中最常见的两种。氧化镍的晶体结构为立方晶系 Fm-3m 空间群，即岩盐结构，与 NaCl 的结构相同，晶格常数为 $a=b=c=0.418$nm，如图 1-2 所示。其中，每个 Ni 原子与 6 个 O 原子相连，形成正八面体，Ni 原子处于八面体的中心，O 原子位于八面体的顶点；常温下，氧化镍粉末呈绿色或黑绿色，相对密度为 6.67g/cm³，熔点为 1984 ℃，溶于酸和氨水，不溶于水和液氨。氧化镍在空气中加热至 400 ℃时，被空气中的氧气氧化生成三氧化二镍；当加热至 600 ℃时，又转化为氧化镍。氧化镍与氧化钴（CoO）、氧化亚铁（FeO）的性质也具有一定的相似性，一般都可形成不稳定的 $NiO·SiO_2$ 和稳定的 $2NiO·SiO_3$ 这两类硅酸盐化合物[4]；另外，氧化镍还具有催化作用，可使二氧化硫（SO_2）氧化转变为三氧化硫（SO_3）。三氧化二镍为灰黑色的固体，密度为 4.83 g/cm³。与盐酸反应可生成氯气，与硫酸和硝酸反应可生成氧气。而三氧化二镍在低温时较稳定，升高温度时易发生化学反应，当温度升至 400～450℃时，生成四氧化三镍（Ni_3O_4），升高至更高温度时则形成氧化镍。

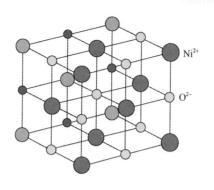

图 1-2 氧化镍（NiO）的晶体结构

镍的硫化物[4]有硫化镍（NiS）、二硫化三镍（Ni$_3$S$_2$）、五硫化六镍（Ni$_6$S$_5$）、二硫化镍（NiS$_2$）、四硫化三镍（Ni$_3$S$_4$）、六硫化七镍（Ni$_7$S$_6$）和八硫化九镍（Ni$_9$S$_8$）。其中，硫化镍和二硫化三镍被研究得最多。硫化镍是一种黑色固体，具有 α-NiS、β-NiS 和 γ-NiS 3 种物相结构。其中，α-NiS 能溶于盐酸，在空气中易转变成 Ni(OH)S；β-NiS 最稳定，其熔点为 810℃；γ-NiS 在 396℃时转变为 β-NiS。二硫化三镍（Ni$_3$S$_2$）在镍的冶金学中称为低硫化镍，冶炼过程中其性质稳定。

镍的砷化物[4]主要包括砷化镍（NiAs）和二砷化三镍（Ni$_3$As$_2$）。加热时，砷化镍（NiAs）自身发生反应生成二砷化三镍（Ni$_3$As$_2$）和砷单质（As），反应方程式如下：

$$3NiAs = Ni_3As_2 + As \qquad (1-1)$$

在较高氧化气氛中，砷化镍矿（如 NiAs）可形成三氧化二砷（As$_2$O$_3$）和砷酸盐（NiO·As$_2$O$_3$）。三氧化二砷具有挥发性，因此，在砷化镍矿的冶炼过程中，首先要对砷化镍矿进行氧化焙烧，除去一部分 As$_2$O$_3$ 之后，再将剩下的砷酸盐（NiO·As$_2$O$_3$）进行还原焙烧，使其转变为砷化物，进一步高温氧化，砷以 As$_2$O$_3$ 的形式挥发，如此反复多次的交替氧化-还原焙烧，最终实现完全脱砷。

1.1.3 镍在生物体中的作用和危害

1. 镍在生物体中的作用

镍在自然界生物体中的含量极少，不足万分之一，但它具有重要的生理学功能[5-9]。在植物体中，镍是许多植物的重要组织成分，对植物的正常生长和发育至关重要[10-16]。镍的含量取决于植物的种类和生长环境。苔藓植物和蕨类植物具有较高的镍含量，若在富镍环境，镍的积累更多。镍在植物中的主要作用表现在以下几个方面：

1) 植物中许多生物酶的形成与镍有关

例如，脲酶广泛存在于高等植物、藻类、真菌及细菌中，Dixon 等人[17]从刀豆中提取出含镍的脲酶，证明了镍是脲酶的金属辅基。Polacco 等人[18]的研究表明，水稻和烟草愈伤组织细胞中也普遍含有依赖镍的脲酶。镍还是氢酶、一氧化碳脱氢酶和甲醛还原酶的金属辅基。其中，氢酶是一类生物体内催化氢的氧化或质子还原的氧化还原酶，它与氢的利用和能量代谢有关，镍是组成氢酶的重要元素，还可以调整氢酶的表达。

2) 镍对植物的生长发育有重要影响

Eskew 等人[19]研究了镍对豆科植物生长和发育的影响，研究发现，镍是豆科植物甚至是所有高等植物所必需的微量元素。

3) 镍对植物有多种生理效应

聂先舟及其合作者在其著作里提出[20]，镍对延缓水稻叶片衰老有重要作用，可使叶片保持较高的叶绿素、磷脂含量、蛋白质及膜脂不饱和指数。Smith 等人[21]也认为菊花的叶片及花的衰老与镍有关。其原理很可能是镍抑制了植物体内乙烯的产生以达到延缓植物衰老的目的。

在动物体中，镍也发挥着关键的生理学功能。相关研究报道，第一代鼠体内镍的缺失可导致其第二代在出生前后的死亡率增加、肝脏发育改变及生长迟缓，随后出现贫血、血红蛋白及血球容量下降。这种现象在缺失镍的第二代幼鼠中表现更为突出，之后的研究也证实了镍在高等动物体中的重要性。1974 年，镍被世界卫生组织（WHO）确认为人体必需的微量元素。在正常情况下，人体内镍的总含量约为 10 mg，血液中镍的标准含量为 0.11 μg/mL。人体一般通过呼吸道吸入、皮肤接触吸收和消化道摄入 3 种主要途径获得镍。当镍进入人体后，能与血液中的血清蛋白、氨基酸和巨球蛋白结合，并随血液到达人体的各个代谢器官。镍还具有刺激人体造血的功能，可以促进红细胞的再生。镍也是蛋白质的组分，并且参与了细胞膜的构造。镍大量存在于人体内 DNA（脱氧核糖核酸）和 RNA（核糖核酸）中，参与核酸和蛋白质的代谢，适量的镍有助于人体中 DNA 和 RNA 正常生理功能的发挥。镍还是合成胰岛素的重要元素，对人体的新陈代谢有较大的影响。镍也是人体中多种酶的辅助因子和激活剂[6]。

2. 镍的危害

镍在生物体中虽具有重要的生理学功能，但过量的镍摄入对植物和动物均可产生严重的不良影响[6, 22, 23]。

一般植物体内的镍含量为 0.1~1.0 mg/kg（干重），许多灵敏性植物镍的中毒浓度为 10 mg/kg，其他作物大于 50 mg/kg。Ni^{2+}易被大多数植物吸收，并能与 Ca^{2+}、Mg^{2+}、Fe^{2+}、Zn^{2+}等阳离子产生竞争作用。植物体内的镍含量过高，会导致植物体内铁、锌和锰等元素的缺乏，植物的叶片边缘失绿并生成灰斑，导致失绿病。镍的过剩还会抑制农作物根系的生长，土壤中的镍含量过高会导致植物的生长发育减缓。

动物若过多地摄入镍，则对动物的心脏、肝脏、肾、肺等许多重要器官，以及神经、免疫、生殖系统都会产生严重的危害，进而导致许多重大疾病的发生。镍的化合物可通过多种途径透过人体或动物的膜屏障进入体内，然后与组织细胞内的重要生物分子发生相互作用，导致许多毒性反应。硫酸镍、氯化镍、氢氧化镍等多种镍的化合物被国际癌症研究机构（IARC）认定为人类确证的致癌物质，过多地接触这些镍的化合物会引发肺癌、鼻咽癌等癌症[6]。

综合考虑，一方面，我们需要加强镍资源的回收和高效利用，降低镍在土壤、水、大气环境中的暴露；另一方面，为了避免镍的过多摄入，我们需要加强镍的开采、冶炼、加工等行业从业人员的劳动防护，加大镍毒性干预机制的研究力度，寻找镍中毒的高效解毒药剂，有效地预防和降低镍的毒害。

1.2 镍的冶炼

镍的开发和利用已有 2000 多年的历史，但早期对镍的应用主要是镍合金，直到 1804 年才实现从镍矿石中提取出纯金属镍。1864 年，法国在新喀里多尼亚探索出镍含量非常丰富的红土镍矿，到 1875 年，初次尝试从这种镍矿中冶炼金属镍，为人类镍的冶炼生产翻开了新的篇章，随后镍的冶炼工业得到迅速发展。

1.2.1 镍矿的类型

目前地球上已知的主要含镍矿物有 50 多种，如镍黄铁矿、紫硫镍铁矿、磁黄铁矿、红土镍矿、红砷镍矿等，根据其中镍化合物的化学构成，可以分为硫化镍矿、氧化镍矿和砷化镍矿三类。其中，硫化镍矿和氧化镍矿是现代镍冶金工业矿石原料的主要类型。

硫化镍矿中普遍含铜，又常称为铜硫化镍矿[24-26]，其伴生元素有铂、钯、金、银，主要矿物种类有镍黄铁矿、紫硫镍铁矿、针镍矿、辉（铁）镍矿、方硫镍矿等。镍黄铁矿（NiFe）$_9$S$_8$ 是一种含有少量钴的镍铁硫化物，镍含量较高；镍黄铁矿有较多的伴生矿物，如磁黄铁矿、黄铜矿等，磁黄铁矿含铁量较高，约 60%，含镍量低于 1%；黄铜矿约有 35% 的铜，其中镍的含量非常少。一般来说，镍矿可按镍的含量分为特富矿（Ni＞3%）、富矿（1%＜Ni≤3%）、贫矿（0.3%＜Ni≤1%），含镍量较高的镍矿（特富矿、部分富矿）可直接冶炼，贫镍矿则需要选矿加以富集再进行冶炼。总体来看，硫化镍矿分布广泛，资源丰富；同时硫化镍矿易氧化，矿石易粉碎泥化，品级较高，冶炼技术条件较简单。但由于其含有硫元素，冶炼过程释放的产物对环境污染严重，因而需要合理冶炼和防治污染。

氧化镍矿是由硫化镍矿岩体经风化、淋滤、沉积过程形成的，在风化过程中镍从矿物岩体的上层浸出，在下层沉积。氧化镍矿的矿物质包括镍（Ni）、铁（Fe）、铬（Cr）、锰（Mn）、镁（Mg）、钴（Co）、钒（V）、硅（Si）等水合氧化物，由于矿石中含水量高及红色氧化铁的存在，该矿石呈红色疏松黏土状，所以又将氧化镍矿称为红土镍矿。红土镍矿资源丰富，主要分布于近海岸的赤道地区，易于开采和运输。在氧化镍矿中，含铁量高，镍含量（0.5%～2%）普遍低于硫化镍矿，冶炼工艺较为复杂，但由于硫（S）含量低，生产时污染小，而且矿石中其共生组分较多，综合价值较高。红土镍矿矿床的分层、组成及特点如表 1-1 所示，矿床自上而下，包括表层、褐铁矿层、过渡层、腐殖土层和基岩 5 层，其中，褐铁矿层、过渡层、腐殖土层具有较好的开采价值。褐铁矿层红土镍矿中镍的品位较低、铁含量高，腐殖土层红土镍矿中镍的品位相对较高、铁含量低，过渡层红土镍矿组成介于前两者之间[24]。

表1-1 红土镍矿矿床的分层、组成及特点

矿层	化学成分/%					特点
	Ni	Co	Fe	Cr₃O₄	MgO	
表层	<0.8	<0.1	>50	<1	<0.5	品位低
褐铁矿层	0.8～1.5	0.1～0.2	40～50	2～5	0.5～5	含铁高,含镁低
过渡层	1.5～1.8	0.02～0.1	25～40	1～2	5～15	介于褐铁层和腐殖土层之间
腐殖土层	1.8～3	0.02～0.1	10～25	1～2	15～35	含镁高,含铁低
基层	0.25	0.01～0.02	5	0.2～1	35～45	未风化

1.2.2 镍矿资源的分布

1. 镍矿的全球储量及分布

镍在地球中的储量十分丰富,其质量百分含量约为3%。然而,镍主要以镍铁合金的形式存在于地核中,而在地壳中的丰度只有80ppm,远低于铝、铁、铜等金属。近年来发现,在海底锰结核中镍含量丰富,平均含镍量为1%,据此估算镍资源储量高达7亿多吨,但是由于技术及海洋保护的原因,现阶段仍未进行开采[26]。

根据美国地质勘探局(USGS)2015年发布的数据,全球探明的镍储量约为8100万吨,同期全球镍产量约为240万吨,静态可采年限为33年左右。目前,在已探明全球陆地上有开采价值的镍矿资源中,硫化镍矿约占30%、氧化镍矿(红土镍矿)约占70%。硫化镍矿主要分布在加拿大的安大略省萨德伯里(Sudbury)镍矿带和曼尼托巴省林莱克-汤普森(Lynn Lake-Thompson)镍矿带、俄罗斯的西伯利亚诺里尔斯克镍矿带和科拉半岛镍矿带、澳大利亚坎巴尔达(KaMbalda)镍矿带、中国的甘肃省金川镍矿带和吉林省磐石镍矿带、博茨瓦纳塞莱比-皮奎(Selebi-Phikwe)镍矿带、芬兰科塔拉蒂(Kotalahti)镍矿带等[26]。红土镍矿主要分布在南北回归线范围的两个区域内,即大洋洲的新喀里多尼亚和澳大利亚东部、向北延至东南亚的印度尼西亚和菲律宾,以及中美洲的加勒比海地区。主要包括南太平洋新喀里多尼亚(New Caledonia)镍矿区、印度尼西亚的摩鹿加(Moluccas)和苏拉威西(Sulawesi)地区镍矿带、菲律宾巴拉望(Palawan)地区镍矿带、澳大利亚的昆士兰(Queensland)地区镍矿带、巴西的米纳斯吉拉斯(Minas Gerais)和戈亚斯(Goias)地区镍矿带、古巴的奥连特(Oriente)地区镍矿带、多米尼加的班南(Banan)地区镍矿带、希腊的拉耶马(Larymma)地区镍矿带等[26]。

2. 其他国家的镍矿资源分布

世界镍矿产资源分布极不均衡,据美国地质勘探局2014年报道的数据(见表1-2),镍矿产资源主要集中在澳大利亚、新喀里多尼亚、巴西、俄罗斯、古巴、印度尼西亚、南非、菲律宾、中国、加拿大、马达加斯加、哥伦比亚等国家和地区,这些国家的储量总和

占全球储量的 90%以上。澳大利亚的镍资源储量最为丰富，占全球储量的 23.46%，主要以硫化镍矿为主，分布在澳大利亚的西部地区，红土镍矿则分布在昆士兰、南澳大利亚等地；菲律宾镍资源储量约为 310 万吨，占全球储量的 3.83%，但其年产量非常高，是目前世界上最大的镍出口国；加拿大镍资源储量略低于澳大利亚，其中安大略省萨德伯里地区是目前世界上最大的硫化镍产地，该地区已发现铜镍矿床 50 多个，其年产量约占加拿大镍总产量的 75%[24]。

表 1-2 2014 年世界镍储量和镍产量情况[26]

国家和地区	镍储量/万吨	镍储量分布/%	镍产量/万吨	镍产量分布/%
澳大利亚	1900	23.46	22	9.17
新喀里多尼亚	1200	14.81	16.5	6.88
巴西	910	11.23	12.6	5.25
俄罗斯	790	9.75	26	10.83
古巴	550	6.79	6.6	2.75
印度尼西亚	450	5.56	24	10.00
南非	370	4.57	5.47	2.28
菲律宾	310	3.83	44	18.33
中国	300	3.70	10	4.17
加拿大	290	3.58	23.3	9.71
马达加斯加	160	1.98	3.78	1.58
哥伦比亚	110	1.36	7.5	3.13
其他国家	759	9.37	41.36	17.23
总量	8100	100	240	100

3. 中国的镍矿资源分布

中国的镍矿资源 2014 年探明储量为 3000 万吨，占全球储量的 3.7%，居世界第 9 位。中国镍矿资源具有分布高度集中、类型较少、矿石品位较高、开采难度较大等特点[27-30]。

（1）储量分布高度集中，主要分布在甘肃、新疆、云南、吉林、湖北和四川，其储量占全国总储量的 93.6%。其中，甘肃金川镍矿储量占全国总储量的 63.9%，新疆的喀拉通克、黄山和黄山东 3 个铜镍矿占全国总储量的 12.2%。

（2）我国镍矿资源以硫化镍矿为主，红土镍矿储量相对较少，硫化镍矿储量占全国总储量的 86%。

（3）镍矿品位较高，平均镍含量大于 1%的硫化镍富矿石约占全国总储量的 44.1%。

（4）镍矿地下开采比例较大，完全适合露天开采的仅占 13%。

1.2.3 镍的冶炼工艺

1. 硫化镍矿的冶炼工艺

硫化镍矿的冶炼主要包括火法冶炼和湿法冶炼两种工艺，如图 1-3 所示。

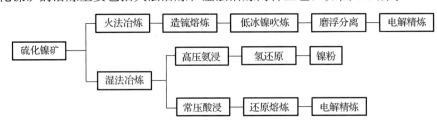

图 1-3 硫化镍矿的冶炼工艺

1) 硫化镍矿的火法冶炼

火法冶炼是利用高温从矿石中提炼出目标物质的冶炼方法，是当前硫化镍矿的主要冶炼工艺，其理论和实践几乎与硫化铜精矿相同。硫化镍矿的火法冶炼主要包括下述工艺过程[31-33]。

（1）造锍熔炼。首先将干燥的硫化镍矿送入电炉中熔炼，熔炼过程将矿石里的氧化物转变为硫化物，同时脉石造渣。产物为低镍锍（锍：一种均质的镍铁铜硫化物共熔体；低镍锍：表示镍含量较低的锍，又称为低冰镍），镍和铜的总含量为 8%~25%，含硫量为 25%。熔炼设备可选用鼓风炉、反射炉、电炉、闪速炉等。鼓风炉熔炼对矿石的适应性差，只能直接熔炼块状的富镍硫化矿，而对于中、低品位的硫化镍矿需要经过矿石的烧结、制团等炼前处理工序。反射炉熔炼适合处理 MgO 含量低于 5%~10%的脉石和不难熔的硫化镍精矿。电炉熔炼适用于较大规模的生产，而且由于硫化镍矿的难熔脉石多，在火法冶炼中电炉熔炼应用最为普遍。闪速炉熔炼又称为悬浮熔炼，是将干燥的硫化镍精矿粉加入反应塔喷嘴中，通过与一定比例的氧气或富氧的空气充分混合后，一同迅速喷入高温反应塔内进行熔炼。闪速炉熔炼充分利用了矿粉的高比面积和其中的矿物燃料，该方法具有能耗低、硫的利用率高、环境友好等优点。

（2）低冰镍吹炼。硫化镍矿造锍熔炼的主要产品为低镍锍，即低冰镍。低冰镍中含有一定量的铁和硫，可以通过低冰镍吹炼除去。其原理见反应式（1-2）和式（1-3）。即将空气吹入低冰镍中，空气中的 O_2 与 Fe 及 S 化合生成氧化铁和 SO_2。氧化铁与加入的硅质溶剂化合生成硅酸盐渣，通过放渣操作去除，SO_2 以气体形式被吹出。但由于 Ni 和 NiO 的熔点相对较高，而铜和氧化铜的熔点相对较低，因此吹炼过程并不能除去铜，而是得到镍铜混合物，称为高镍锍（高冰镍）。

$$2FeS+3O_2 =\!=\!= 2FeO+2SO_2 \tag{1-2}$$

$$2FeO+SiO_2 =\!=\!= 2FeO \cdot SiO_2 \tag{1-3}$$

（3）磨浮分离。高冰镍中除了镍和硫，还有铜、钴以及铂族金属，将高冰镍破碎磨细后，通过磨浮分离法可获得含镍 67%～68%的镍精矿，并分别回收铜和铂族金属。高温熔化镍精矿得到硫化镍后进行电解精炼，或者还原熔炼后再进行电解精炼。

（4）电解精炼。经过磨浮分离和高温熔化得到的硫化镍产品中，除硫外，还含有较多杂质（铜、钴和铂族元素），可通过电解精炼得到电解镍或其他产品。电解时，使用隔膜电解槽，用待精炼的粗镍做阳极，纯镍做阴极，电解液可采用一定组分的镍盐溶液；通电后，镍在阳极溶解，在阴极电沉积，从而达到提纯的目的。电解精炼后的镍纯度为 99.85%以上。

2）硫化镍矿的湿法冶炼

硫化镍矿的湿法冶炼主要有高压氨浸和常压酸浸两种工艺。

（1）高压氨浸工艺。在一定的高温、高压下，以高浓度的氨水溶液对镍精矿进行浸取，浸取过程[31]［反应机理见式（1-4）和式（1-5）］就是镍矿中的硫化物与溶解于溶液中的氧、氨和水之间的反应，镍、铜和钴转化为可溶性氨络合物，硫氧化成硫酸根离子，铁转化为不溶性的含水三氧化二铁。

$$Ni_xS + O_2 + NH_3 \rightarrow Ni(NH_3)_6^{2+} + SO_4^{2-} \qquad (1-4)$$

$$Fe_xS + O_2 + NH_3 + H_2O \rightarrow Fe_2O_3 + NH_4^+ + SO_4^{2-} \qquad (1-5)$$

煮沸上述浸取液，回收一部分氨，分离沉淀物。部分氧化的、各种形态的硫转化为硫酸根离子，再用高压氢还原，回收纯镍和纯钴的金属粉末。除金属产品外，还有副产品硫酸铵，可把它作为农作物的肥料。

（2）常压酸浸工艺。在硫化镍精矿中加入硫酸，并通入大量氧气，使硫化镍完全溶解，硫化镍矿所含的镍、铜、钴转化为水溶性的金属硫酸盐，除去未溶解的沉淀物，再通过焙烧、还原和精炼获得金属镍。

湿法冶炼工艺的设备要求和维护成本高，因此目前实际应用较少。但湿法工艺可以与火法工艺相结合，扬长避短，开发出一条清洁、高效、产品多样化的镍矿冶炼的技术路线。

2. 氧化镍矿（红土镍矿）的冶炼工艺

氧化镍矿的冶炼也可采用火法冶炼和湿法冶炼两种工艺[34-42]，如图 1-4 所示。

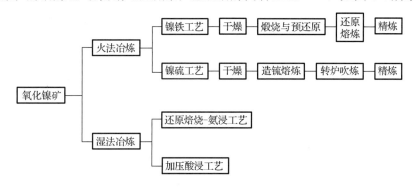

图 1-4 氧化镍矿的冶炼工艺

1）氧化镍矿的火法冶炼

氧化镍矿的火法冶炼包括镍铁工艺和镍锍工艺[34]。镍铁工艺是使用鼓风炉或电炉对氧化镍矿进行还原熔炼，并得到镍铁；镍锍工艺是通过外加一定的硫化剂，再经过熔炼而得到镍锍。

（1）镍铁工艺的基本原理及流程。该工艺流程包括四部分，即干燥（矿石准备）、煅烧与预还原、还原熔炼和精炼。

在电炉或者鼓风炉内，将矿石加热，同时可进行部分预还原，加入还原材料焦炭粉，还原熔炼得到粗镍铁；最后通过吹炼获得成品——镍铁合金。

在还原熔炼过程中，发生了以下几种反应[34]：

$$C+CO_2 = 2CO \tag{1-6}$$

$$NiSiO_3 = NiO+SiO_2 \tag{1-7}$$

$$NiO+C = Ni+CO \tag{1-8}$$

$$NiO+CO = Ni+CO_2 \tag{1-9}$$

$$Fe_2O_3+3CO = 2Fe+3CO_2 \tag{1-10}$$

$$Fe+NiO = Ni+FeO \tag{1-11}$$

焦炭粉和二氧化碳在高温条件下发生氧化还原反应，生成一氧化碳，同时硅酸镍经高温煅烧产生氧化镍，碳粉和一氧化碳与氧化镍发生氧化还原反应，从而得到镍；另外，铁的氧化物与一氧化碳反应，得到铁金属，熔炼炉中的反应持续进行，反应结束后得到粗镍铁合金，最后经吹炼工艺获得镍铁合金成品。镍铁工艺具有两个突出的优点：

① 镍的回收率高。

② 可以在精炼过程中回收钴。

因此，该工艺适合处理钴、铬、碳、硅、硫、磷等含量较低的矿石。而对于含铁量高的氧化镍矿，由于铁的回收率在该工艺中较低，电能消耗大，因此一般不采用此类方法。

（2）镍锍工艺的基本原理及流程。该工艺与镍铁工艺类似[34,38]，只是在镍铁工艺的基础上，在熔炼过程中多添加硫化剂［黄铁矿（FeS_2）、石膏（$CaSO_4$）和硫黄等］。造锍熔炼的基本原理如下：外加的焦炭粉与鼓风机吹入的空气反应，生成 CO 和 CO_2，反应过程产生大量热量并使矿石熔化。矿石中的金属化合物（镍、钴和铁）被 CO 还原，同时又与加入的硫化剂（石膏、黄铁矿）发生硫化反应，生成相应硫化物的混合熔体，即低镍锍。其中，硫化剂的选择以原料是否充足、来源是否方便、价格是否合理以及最终矿渣成分的含量等因素为依据。目前，大多数公司主要使用硫黄作为硫化剂，其优点是可行性高，操作简单，过程中对熔炼还原没有太多的负效应。之后经过吹炼产出高镍锍，再通过精炼得到相应的镍产品。使用镍锍工艺冶炼氧化镍矿时，镍、钴的回收率比较高；而且，高镍锍产品对后续的精炼工艺具有很好的适应性，可以直接用于生产镍基材料和不锈钢等。该工艺非常适合冶炼镁质硅酸镍矿，但能耗较高，环境污染相对较大。

2）氧化镍矿的湿法冶炼

湿法冶炼氧化镍矿工艺始于 20 世纪 40 年代，由 Caron 教授发明[36]。湿法冶炼不仅可以使镍和钴金属分离，各自成为产品，而且可以降低环境污染，改善冶炼条件，并实现工艺流程的机械化操作。使用的主要工艺有还原焙烧-氨浸工艺（简称 RRAL）和加压酸浸工艺（简称 HPAL）。

（1）还原焙烧-氨浸工艺基本原理及流程[34, 39]。该工艺流程包括干燥、还原焙烧、氨浸、净化回收四部分。还原焙烧过程的目的是使镍的化合物（如硅酸镍、氧化镍等）有效地被还原成金属镍，同时，严格控制该过程的还原条件，使铁的化合物不被还原或者只有少量的铁被还原成金属。得到的金属镍、钴再与氨气（NH_3）和二氧化碳（CO_2）反应转变为氨的络合物进入溶液，金属铁则先转变为铁氨络合物，再被氧化成三价铁 Fe^{3+}，最后水解生成氢氧化铁 $Fe(OH)_3$ 而沉淀；当 $Fe(OH)_3$ 沉淀时，钴也会沉淀，因此会大大降低钴的回收率。采用氨浸法冶炼镍矿石，能够有效地回收金属镍和金属铁，同时浸出剂可多次重复使用，易获得相对较高的经济效益。另外，为了使高价值的金属，特别是镍和钴的浸出率提高，美国矿务局改进了还原焙烧-氨浸法，研究出了一种新的处理氧化镍矿的方法，称为 USBM 法。这种方法的关键点是在还原焙烧过程之前，预先加入了一定量的黄铁矿（FeS_2），并且用纯一氧化碳（CO）对矿石进行还原处理；浸出液采用 LIX64-N（一种萃取剂），利用萃取的原理实现钴、镍的分离，整个流程都处于闭路循环状态，能够更充分利用资源。

（2）加压酸浸工艺的基本原理及流程。该工艺在 20 世纪 50 年代发展完善，比较适合处理镁（Mg）含量较低的氧化镍矿。一般流程如下：在一定压力和温度下（4～5MPa，250～280℃），将氧化镍矿在酸性溶液（一般为稀硫酸）中溶解，然后调节其 pH 值，使矿物中的杂质元素（如铁、铝和硅等）沉淀，而镍、钴则以离子的形式分散在溶液中；通过过滤除去沉淀物，得到含有镍、钴金属离子的溶液；再用硫化氢沉淀镍钴金属离子，得到镍钴硫化物；最终将得到的镍钴硫化物经过精炼获得各种所需纯度的镍金属产品。在该工艺中，可以利用高盐度水增加镍、钴金属的浸出。另外，氧化镍矿的品级对该工艺的经济实用性及后续许多流程的难易程度有较大影响，如矿物中镁、铝的含量决定了矿石的酸消耗量，从而影响工艺的经济技术指标；随着工艺反应的进行，铝、铁和硅等大量沉降，并黏附在高压反应釜内胆中及管道的内壁上，导致高压反应釜的有效容积减少，或者堵塞管道。因此，该工艺适于处理含镁、铝较低的氧化镍矿，浸出率较高，而且在能源和药剂的消耗上又低于氨浸工艺。

1.3 镍在国民经济中的应用

镍及其化合物具有许多独特的物理、化学性质，在国民经济中得以广泛应用，是一种极其重要的工业原料。其主要应用领域分述如下。

1.3.1 镍在不锈钢中的应用

镍最重要的应用领域是不锈钢产业,全球镍消费量中约有50%以上用于制造不锈钢[43-46]。不锈钢主要有马氏体、铁素体和奥氏体3种型号。对于不掺杂镍的铁素体不锈钢,室温时处于体心立方晶体,而高温时转变成面心立方晶体,掺杂镍之后,会使不锈钢在室温及低于室温的条件下依然是面心立方晶体结构。因此,奥氏体不锈钢其实是指向铁素体不锈钢中加入适量的镍元素,使其面心立方的晶体结构稳定化。奥氏体不锈钢中的镍含量为8%~25%。由于镍的存在使得奥氏体不锈钢不仅具有良好的耐腐蚀性和抗氧化性,而且韧性高、焊接性好、屈强比低,在高温和低温下都可以使用且在室温下具有无磁性的奥氏体组织。此外,还有良好的力学性能和工艺性能。

奥氏体不锈钢优异的性能,使它广泛应用于交通、建筑、化工、食品加工等行业。不锈钢在氧化性酸中,表面先生成一层致密的氧化膜,阻止其继续发生反应,因此具有很好的耐蚀性,存放硫酸、硝酸、盐酸的容器普遍使用奥氏体不锈钢材料;奥氏体不锈钢也常用于石油精炼的常压蒸馏装置、减压蒸馏装置、接触分离装置、接触改质装置、加氢脱硫装置、加氢裂化装置;以炼油厂废气或天然气为原料生产乙烯、丙烯、乙炔等中间产品,进一步合成聚乙烯、聚苯乙烯、丙酮、丁二烯和各种合成树脂等,其中使用的不锈钢装置,不仅要求耐高温,还需要耐硫酸、磷酸、氢氟酸、盐酸等的腐蚀;建筑物的给排水系统、跨海桥梁的钢结构材料;水力发电用轮机叶片、火力发电所用烟气脱硫系统中的喷淋管;海上石油平台的加工设备和管道系统、生产尿素的耐蚀高压设备。除此之外,许多医疗设备和器具,如外科手术用设备、实验用器具、诊疗用设备及医院的其他附属设备等也使用不锈钢材料。为了提高不锈钢的性能,特别是提高在较强腐蚀性环境中(强酸、强碱、强氧化条件)的耐蚀性能,可通过以下两种方法对其进行改善:一是增加镍、铬在不锈钢中的质量百分比,铬的含量可增加到25%以上,镍的含量可达到30%左右;二是加入一定量的钼(Mo)、铜(Cu)、硅(Si)、氮(N)、钛(Ti)、铌(Nb)等元素。近年来,由于镍资源紧张导致价格上涨,不锈钢制造厂商纷纷致力于开发新的钢种以期节约镍资源、降低成本。目前,主要通过增加氮(N)和锰(Mn)等元素的含量替代部分镍元素,达到节约镍资源的目的。

1.3.2 镍在镍基合金中的应用

镍基合金是指以镍为基体(一般镍的质量分数≥50%),并含有可赋予合金功能特性的元素(Cr、Mo、Cu、W、Al、Ti、Si等),具有耐热、耐蚀、耐磨、磁性、形状记忆等特殊功能的一系列合金材料[47-53]。此类用途占全球镍用量的20%左右。

1. 镍基耐热合金

镍基耐热合金也称为镍基高温合金,是所有耐热合金中应用最广、耐温强度最高的一类[54];其在650~1000℃范围内拥有较高的强度、优良的抗氧化和较好的抗燃气腐蚀能力。

该类合金除含镍元素外，还含有 10 多种其他添加元素，如铬（Cr）、碳（C）、硫（S），添加的元素对该合金的性能起着至关重要的作用。例如，元素 Cr 的加入能够提升镍基高温合金的抗氧化能力及耐蚀能力；元素 C、S 则对镍基高温合金的持久性能和疲劳性能有一定的影响，但应控制其含量在一个较低水平。目前，镍基高温合金特别适合用于航天航空领域的工作叶片、涡轮盘、燃烧室等高温条件下工作的结构部件。例如，Inconel 合金，含镍量为 80%，含铬量为 14%，其他元素的含量为 6%。这类合金耐高温，断裂强度大，专用于制作燃气涡轮机、喷气发动机等。

2. 镍基耐蚀合金

镍基耐蚀合金的应用也比较广泛。主要添加的合金元素是铜、铬、钼，以适应不同化学性质的工作环境[47-49]。其耐腐蚀性能主要得益于合金表面稳定的钝化膜。根据合金中元素的不同，主要分为镍铜（Ni-Cu）合金、镍铬（Ni-Cr）合金、镍钼（Ni-Mo）合金、镍铬钼（Ni-Cr-Mo）合金 4 种，这些合金的性能和应用领域简述如下。

1）镍铜合金

在镍铜合金[55-56]中，Cu 的引入显著提升了合金在还原性介质中的耐腐蚀性，使其不仅具有较好的耐氢氟酸（HF）、海水、盐水的腐蚀及缝隙腐蚀性能，还能保持镍基合金较好的高温力学性能，具有易加工、无磁性等特点。蒙乃尔合金（Monel-400）是最先在工业领域应用的镍铜基耐蚀合金，也是目前最好的耐氢氟酸腐蚀的非贵金属材料之一。常用的镍铜合金主要有 NCu28-2.5-1.5、NCu40-2-1 和 NCu30-4-2-1 三种，其中 NCu28-2.5-1.5 合金表示该合金含铜 28%、铁 2.5%和锰 1.5%。

2）镍铬合金

在镍铬合金中，铬的作用是在合金表面形成一层致密的氧化膜，以提高合金在氧化性腐蚀介质如硝酸（HNO_3）、铬酸（H_2CrO_4）、硫酸（H_2SO_4）、磷酸（H_3PO_4）中的耐腐蚀性能，常用于制造高温电阻、切削工具的各种防腐材料。采用喷镀、沉积和高温扩散等方法在钢铁表面形成抗腐蚀合金层，用于制作实验室的电阻，具有保持长度、横截面积不变、温度越低其电阻值越大的特点。此外，镍铬合金也应用于真空镀膜行业，被制成一定比例的合金靶材，作为磁控溅射镀膜的原料。

3）镍钼合金

耐蚀合金材料曾经遇到的重大难题是耐盐酸腐蚀的问题，镍钼合金突出的特点就是耐盐酸腐蚀[57-60]。哈氏 B 系列合金是最常见的镍钼合金，该合金最低钼含量为 26%，具有优异的耐盐酸腐蚀的性能，在盐酸和其他还原性介质的环境中起着不可取代的作用。但研究发现，该合金的焊件，在焊缝及受热区域会出现晶间腐蚀。为解决这一问题，曾通过减少合金中的含碳量和含硅量，开发出牌号为 Hastelly B-2 的合金，但仍存在热稳定性不良的问题，耐温时效出现脆性。导致出现脆性的原因是有序相 Ni_4Mo 的析出，科学家们又通过调整合金中的铁、铬含量抑制 Ni_4Mo 的析出。最终美国的 Haynes 公司和德国的 ThyssenKrupp VDM 几乎在同时（1994 年）推出了控制铁、铬含量的 Hastelly B-3 与 Hastelly B-4 两个近代镍钼合金牌号。这两种合金既具有 Hastelly B-2 合金的耐晶间腐蚀的特点，又可满足设备制造过程中对合金热稳定性的要求。

4）镍铬钼合金

在镍铬合金中加入一定量的金属钼，可以提升镍铬合金在硫酸、盐酸、磷酸及氟化氢气体中的耐均匀腐蚀性能，并且对其在氯化铁溶液中的耐蚀性能也有显著提升。镍铬钼合金是现代金属材料中最耐蚀的一种合金材料，主要是哈氏 C 系列合金。在航海、石油化工、纸浆和造纸、环保等许多领域，镍铬钼合金都有相当广泛的应用。

3. 镍基耐磨合金

镍基耐磨合金的抗氧化腐蚀性能及焊接性能较好，还具备优良的耐磨性能，除 Ni 外，合金元素还有 Cr、Mo、W，以及少量的 Nb、Ta 和 In。另外，研究表明，碲元素对镍基耐磨材料的性能也有一定的影响，少量碲元素的加入能够提升合金的硬度和耐磨损性能，但要控制碲元素的含量。因为过量的碲会增加耐磨合金材料的脆性，降低合金的硬度和耐磨损能力。在空气或者在低润滑液体中工作的耐磨零件一般是用这种镍基合金材料制作的，如石油化工设备、原子能设备的阀门、泵件、活塞、活塞环和密封件，以及喷气飞机和内燃机中的制动器、挺杆、轮叶及叶片等，可通过表面处理工艺将其涂覆在需要改性的基材表面，作为表面强化材料使用。

4. 镍基形状记忆合金

镍基形状记忆合金是可在加热升温后能完全消除其在较低温度下发生的变形，并恢复其变形前原始形状的一类镍基合金。自 1963 年 Buehler 等人[61-62]发现该类合金具有可逆马氏体相变导致的形状记忆效应后，激发了人们的研究热情。对其中的镍钛形状记忆合金的研究较为充分，镍钛形状记忆合金的恢复温度一般是 70℃左右，形状记忆效果良好，可以通过调节镍钛合金各成分的比例，改变其恢复温度（30～100℃）。此外，镍钛合金还具有超弹性、抗腐蚀性、抗毒性、柔和的矫治力、良好的减振性及生物相容性等优异特性。因而，被广泛应用于各个领域。中国的镍钛记忆合金的发展也很快，大量的个性化镍钛记忆合金产品被研制成功并得到应用，其中包括口腔正畸器材、医疗介入支架、记忆环、手机天线、缝合线、眼镜架丝材、热驱动元件、热解锁元件和释放分离机构等。

5. 镍基精密合金

镍基精密合金是指具有磁学、电学、热学等一种或多种特殊物理性能的镍基合金。按照其物理性能主要分为镍基磁性合金、镍基精密电阻合金和镍基电热合金等。

1）镍基磁性合金

镍基磁性合金按照其磁化的难易程度分为镍基软磁合金及镍基硬磁合金。镍基软磁合金是指在弱磁场中具有较高的磁导率及较低的矫顽力的一类镍基合金，软磁合金容易被磁化也容易退磁。含镍量为 80%左右的镍基软磁合金最常用，也称为坡莫合金，其特点是最大磁导率和初始磁导率均较高，矫顽力低，是电子工业中重要的铁芯材料，在无线电电子工业、精密仪器仪表、遥控及自动控制系统中得到广泛应用，同时也是能量转换和信息处理两大领域使用的主要材料之一。

镍基硬磁合金是指只有在较强磁场中才能被磁化的镍基合金，同时该合金的退磁也很难。铝镍钴磁性材料是目前具有最佳温度稳定性的硬磁材料，常用来制作各种永久性磁铁，在医疗器械、交通运输、仪器仪表和通信等领域应用广泛。

2）镍基精密电阻合金

这类镍基合金有 3 个显著特性：电阻率较高、电阻温度系数较低和热电动势较小，适用于制作各种测量仪器、仪表中的精密电阻元件。

3）镍基电热合金

镍基电热合金是一种利用材料的电阻特性合成发热元件的一类合金。其中最常用的是含铬量为 20%、含镍量为 80% 的镍铬电热合金，具有在高温下强度高、可塑性好、发射率高、无磁性及较好的抗氧化、抗腐蚀性能，可在 1000～1100℃高温下持续使用，并且最高的使用温度可达 1200℃。因此，制作电阻丝时采用镍基电热合金制备的热处理炉的使用温度上限也定为 1200℃。

1.3.3 镍在表面工程技术中的应用

镍在表面工程技术中的应用，主要是在金属或非金属基体材料表面形成一层性质不同的镍覆盖层，也称为镍镀层（Nickel Coating），采用的技术为电镀镍或化学镀镍[63-68]。

1. 电镀镍

电镀镍一般包括电镀镍和电铸镍。电镀镍作为工业文明的重要成果，在 19 世纪末已成为改善金属表面最常用的方法，重要的原因是镍具有许多优异的性能。一方面，镍有较高的硬度，在众多的有色金属中，硬度从高到低排序为铬、铂、铑、镍、钯、钴、铁、铜、银、锌、镉、铅、锡，而且电镀金属层的硬度较相应纯金属的还有所提高，这使得镍镀层具有良好的耐磨性。另一方面，虽然镍的电化序位于氢之上（标准电极电位更负），但是镍具有强烈的钝化作用，因此，它抵抗大气、碱和某些酸的腐蚀能力很强。同时，镍镀层的结晶组织极其细致，有很好的抛光性能，而且通过向镀镍槽中添加不同性质的光亮剂，可以直接镀取半光亮、全光亮的镀层。20 世纪 20 年代，镀铬工艺开始广泛应用。若在光亮镍上镀覆 0.5～1μm 的薄层装饰性铬，光亮镍的镜面底层效果和装饰性铬的淡蓝色金属光泽相得益彰，呈现出一种理想的、特有的镜面金属表面，即防护装饰性"镍+铬"和"铜+镍+铬"镀层，成为一个多世纪以来电镀技术的标志性成果，广泛应用于钢铁、锌合金、铜和铜合金、铝和铝合金基体零件表面的精饰，在汽车、家用电器、自行车和小型机动车辆、日用五金、手工艺品等应用领域，发挥着防止金属腐蚀和装饰外观的作用，是提高耐蚀能力，节约镍资源和丰富装饰效果的有效途径。电镀镍技术还发展出高硫镍、镍封闭、高应力镍、缎面镍、黑镍、枪黑色镍等工艺，很好地满足了市场不同的功能需求。目前，电镀用镍约占镍总产量的 10%，其中，防护装饰性电镀镍约占电镀镍的 80%，功能性电镀镍和电铸镍占 20%。常用的功能性电镀镍主要有以下几类：

（1）以半光亮镍或光亮镍作为贵金属金、银、铂、钯、钌、铑的底镀层，该工艺兼备贵金属特性的同时，减少贵金属用量。此外，还可以在上述贵金属镀层的表面，涂覆透明的有机膜层，以提高镀层的防变色能力。

（2）电沉积镍镀层作为轴系零件磨损后的修复方式。镀层的厚度和硬度是工艺技术关注的质量指标。不同工艺的镀镍溶液可以提供不同硬度值的镍镀层，在热镀液中 HB 值（布氏硬度）为 300～350；在酸性高的溶液中，HB 值为 300～350；在光亮镀镍溶液中，HB 值为 500～550。该项技术在机械工程中有特殊应用，它为解决中等摩擦或磨损强度的轴系和非轴系工件的缺陷修复提供了便捷、绿色、低成本、可控程度高的加工方式，常称之为刷镀工艺。除采用刷镀进行零件修复之外，还可采用电铸镍的工艺制造、加工零部件，电铸镍在模具制造、电子元器件制造、印刷行业的电铸版、唱片模具及其他模具加工制造方面发挥着独树一帜的作用。泡沫镍的开发，便是成功应用镍电铸技术的实例。

（3）赋予基体材料以耐磨、电磁屏蔽、导电等功能特性的功能性镀层。

（4）对或耐磨或减磨或导电或增加硬度的其他金属或材料的微粒，采用特定工艺与镍共沉积，形成镍的复合镀层。该镀层与简单的镍镀层相比，其材料性能和在特殊的工况与设备条件下的应用，可能产生意想不到的效果，其工艺措施和技术环节或许就是解决当下创新活动或智能制造瓶颈的点睛之笔。

2. 化学镀镍

化学镀镍又称为无电解镀镍或自催化化学沉积镍[69-71]。它是用次磷酸盐还原镀液中的镍离子，使镍离子在工件表面被还原后沉积的过程。其镀层根据不同的镀液，可以是含磷量不同的镍磷合金。化学镀镍技术的发展和进步，代表了整个化学镀的历史，是最重要的化学镀种。因为无须借助外部的电解，不受阴、阳极之间电场电力线分布是否均匀的限制。化学镀镍可以完成电沉积无法实施和工艺效果不佳的镀镍工程。特别对于形体特大或体积微小直至粉体（非导体或半导体）、形状特别复杂、结构上有较多的深孔、不通孔、微孔的零件，不连贯的复杂表面，化学镀镍有它得天独厚的技术优势。因此，自从美国通用运输公司最先于 1955 年建立化学镀镍生产线以来，在其后的几十年间，化学镀镍商业化应用蓬勃发展。化学镀镍层在防腐、耐磨、钎焊性、电磁屏蔽等性能方面的特点和它有别于电镀技术的工艺特性，使它在表面处理工程上备受青睐，其应用领域几乎深入到国民经济的各个工业部门，包括汽车、航天航空、军事武器、机械纺织、海洋石油和采矿、电力电子、计算机、核反应堆等。涉及的零部件包括散热器和热交换器、过滤器、波纹管、涡轮机轴、纺织辊筒和导纱筒、泵和鼓风机外壳、传动轴和齿轮、矿坑中的矿柱、管道和管件、球阀体和轴承、计算机机械装置外壳、履带式车辆部件、发射装置、爆炸室、电子零件、磁盘机、模具、链条等[68]。

进入 21 世纪的知识经济时代，面对第三、第四次工业革命在 IT 产业、光伏产业、人工智能等新产业的技术需求,传统的表面工程技术也将不断面临创新的挑战和机遇。例如,为解决太阳能电池板、手机面板、蓝宝石等一系列硬脆材料的高精度切割加工的需要,便培育和孵化了一个采用化学镀镍和金刚石复合镀镍技术的新兴行业。相关企业通过生产设备的关联创新和电子显微镜等智能生产技术的应用,不断克服技术瓶颈,形成了企业的核心技术和知识产权[72-73]。

在触屏手机、各种人工智能设备所需的智能天线和智能线路板中,这类因多种技术领域的交叉组合、推陈出新使化学镀镍的价值和作用得以体现的成功范例也十分常见,如通过"特种工程材料的注塑+激光刻蚀+化学镀镍/金"技术线路完成的智能线路板的制备加工。在微电子技术领域,由于半导体封装小型化和高密度化的需求,电子线路高密度化日益朝着高精尖发展,在印制线路板的制作、LCR(电感-电容-电阻)元件的制作和元件与线路板的连接中,化学镀镍/金技术以其各种优良的性能与相关技术深度融合之后,成为创新设计的首选,并得到广泛应用[74]。不仅如此,自 IBM 公司的 Gutfld 等人在 1979 年首次发现激光光照区的电沉积速度可提高近千倍以来的数十年间,此类研究层出不穷,预示着电镀、化学镀技术在未来的科技发展前景中与不同领域技术的交叉和联合,将会产生极具价值的创新成果。

1.3.4 镍在镍系列电池中的应用

镍及其化合物在镉镍电池、金属氢化物-镍电池、锌镍电池和铁镍等镍系列电池中均是重要的原料。镍的氢氧化物被用作镍系列电池的正极活性材料;镍与稀土金属形成的储氢合金材料在镍氢电池中被用作负极活性材料;泡沫镍、镍纤维毡等多孔金属材料、穿孔镀镍钢带被用作正、负电极的基板,是活性物质的载体和电子集流体;镀镍钢壳和镍带等也是电池不可或缺的附件和辅助材料。

1. 氢氧化镍正极材料

氢氧化镍的化学式为 $Ni(OH)_2$,分子量为 92.71,属于层状化合物,层间有水分子和其他阴阳离子。其分子中有两个结晶水分子,呈绿色粉末状,可溶于酸和铵盐溶液。加热后分解生成暗绿色的氧化镍(NiO),在更高温度下可氧化成黑色的氧化高镍(Ni_2O_3)。

氢氧化镍的电化学活性高、寿命长,便于规模化生产,生产过程可控制在对环境友好的状态。广泛用作镍系列电池的正极材料,其电极工作原理如(1-12)式所示[75-76]:

$$Ni(OH)_2 + OH^- \rightleftharpoons NiOOH + H_2O + e^- \quad (1-12)$$

充电时,氢氧化镍 $Ni(OH)_2$ 与氢氧根离子反应生成 NiOOH,镍离子从 Ni^{2+} 转变成 Ni^{3+};放电时,NiOOH 又转变为 $Ni(OH)_2$,Ni^{3+} 转变成 Ni^{2+},整个过程不产生任何中间态的可溶性金属离子。充/放电完全时,也没有电解液的消耗和产生。

$Ni(OH)_2$ 活性物质存在两种晶体结构,即 α-$Ni(OH)_2$ 和 β-$Ni(OH)_2$。在电池的充/放电阶段会产生新的物相 β-NiOOH 和 γ-NiOOH。其中,α-$Ni(OH)_2$ 和 γ-NiOOH 之间、β-$Ni(OH)_2$ 和 β-NiOOH 之间在充/放电时基本维持可逆转化,而 α-$Ni(OH)_2$ 在碱性介质中会转化为

β-NiOOH，这一过程是不可逆的。另外，β-NiOOH 在过充时会转化为不可逆的 γ-NiOOH。这些不可逆过程都对电极产生劣化影响，降低电池的整体性能。

由于氢氧化镍的导电性不佳，材料的粒子之间及粒子与集流体之间接触电阻较大，导致电池充电时氢氧化镍不能完全被氧化转化成 NiOOH，而放电时外层的 NiOOH 粒子先被还原为 Ni(OH)$_2$ 后，形成 NiOOH/Ni(OH)$_2$ 界面，类似一绝缘层，使内部的 NiOOH 无法充分被还原，放电后仍有较多的剩余容量。为了改善氢氧化镍的导电性能，常采用如下方法：

（1）金属离子的掺杂。在合成氢氧化镍时，引入少量的钴离子 Co^{2+}，并以 Co(OH)$_2$ 的形式共存于氢氧化镍晶格中，以改善氢氧化镍的电子导电性。

（2）在制作电极时，加入一定量的钴粉、Co(OH)$_2$ 或镍粉作为导电剂，能够在一定程度上提高氢氧化镍电极性能。还可以对氢氧化镍表面进行改性处理，例如，在其表面镀钴，钴镀层可以在充电过程中形成高导电性的 CoOOH，从而有效地改善电极性能。

（3）加入石墨烯或其他导电性好的碳材料。石墨烯比表面积大，导电性优异，通过与石墨烯的复合，可以提高氢氧化镍正极的导电性，从而改善电池的电化学性能。

2. 镍基储氢合金负极材料

20 世纪六七十年代，科学家们通过研究发现，在一定的温度和压力下，一些新型合金材料能够可逆地吸收、储存和释放氢气。人们将这些合金统称为储氢合金（Hydrogen Storage Metal），又称为金属氢化物。储氢合金是镍氢电池的负极材料，直接影响电池性能[77-82]。其电极工作原理简述如下：

$$M + H_2O + e^- \rightleftharpoons MH + OH^- \tag{1-13}$$

式中，M 代表储氢合金，MH 代表金属氢化物。在充电过程中，水分子在储氢合金负极上放电，并分解出氢原子吸附在电极表面上形成吸附态的氢，再扩散到储氢合金内部被吸收形成氢化物 MH；放电时，金属氢化物内部的氢原子扩散到表面形成吸附态的氢原子，再与氢氧根离子发生电化学反应生成储氢合金和水。从原理上看，储氢合金作为氢镍电池的负极材料，本身并没有活性，不参与电化学反应，只是发挥其优良的储氢功能。

1）储氢合金的组成

储氢合金通常由 A 侧与 B 侧的合金构成。A 侧合金一般是离子型ⅠA～ⅤB 族金属，这类合金易与氢发生反应，并且形成稳定的氢化物，该反应为放热反应（ΔH < 0），称为放热型金属，相应的金属元素有钛、锆、钙、镁、钒、铌、稀土（RE）等，这些元素又称为氢稳定因素。而 B 侧合金一般是ⅣB～ⅧB 族的过渡金属（钯除外），这类金属与氢的亲和力小，不生成氢化物，但氢可在其中自由移动，与氢的结合为吸热反应（ΔH > 0），称为吸热型金属。这类金属元素有铁、钴、镍、铬、铜、铝等，这些元素则称为氢不稳定因素。A 侧与 B 侧合金合理的搭配，可以组成具有良好吸氢和放氢功能的储氢合金材料。一般储氢合金在常温常压下吸收氢，并形成合金氢化物，通过加热释放氢，而在冷却和加压下，重新吸氢。

2）储氢合金的分类

储氢合金主要有 AB_5、AB_3、AB_2、AB、A_2B 等类型，随着金属 A 量的增加，吸氢量也趋向增加，但增加 A 的量会导致电极反应速度变慢、反应温度升高及品质易劣化等新的问题出现。在镍基储氢合金中，广泛应用的有 AB_5、A_2B、AB_3 型 3 种。

（1）AB_5 型储氢合金。AB_5 型储氢合金为目前镍氢电池的通用型商业负极材料[79-82]。具有容易活化、吸放氢量较大、吸放氢过程不需要高温高压、对杂质不敏感等优良性能。$LaNi_5$ 最具代表性，其晶体结构如图 1-5 所示，属于六方晶体结构，P6-3m 空间群，其理论极限容量为 372 mA·h/g。在目前的研究成果中，其放电容量基本维持在 300～350 mA·h/g 范围。

（2）A_2B 型储氢合金。A_2B 型储氢合金中最具代表性的为 Mg_2Ni[83]，其晶体结构如图 1-6（a）所示，主要特点为密度较小、储氢量大，其中理论的储氢质量分数达 71.6%。但其动力学性能及在碱性电解液中的循环寿命相对较差。目前，主要通过优化化学组成和结构及表面改性来改善其性能。

（3）AB_3 型储氢合金。AB_3 型储氢合金有两种类型的晶体结构：斜方六面体的 $PuNi_3$ 型和密排立方的 $CeNi_3$ 型，如图 1-6（b）所示。AB_3 型储氢合金比传统商用 AB_5 型储氢合金具有更大的吸放氢容量，各国科学家对其进行了深入的研究。在研究过程中，科学家们发现，在充/放电过程中，AB_3 型储氢合金其耐氧化和耐腐蚀性特别差，同时易发生粉化，以致该储氢合金电极的循环稳定性非常差，这极大地限制了它的商业化进程。

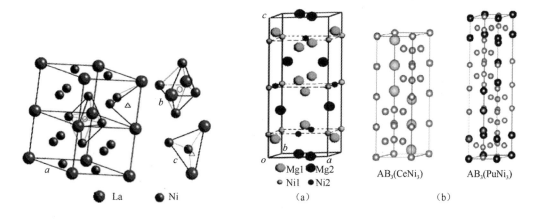

图 1-5　$LaNi_5$ 的晶体结构　　　图 1-6　Mg_2Ni 晶体结构和两种 AB_3 型储氢合金的两种晶体结构

3. 多孔镍金属集流体

镍基集流体常用和曾经使用过的有泡沫镍、烧结镍、镍纤维、镍箔、穿孔镀镍钢带、镍丝网、镍切拉网等[84-88]。本书 3.1.1 节和其他章节均有描述和涉及。其中，泡沫镍因孔隙率高达 95%以上，孔径适宜，三维通孔网络结构对电极活性物质具有良好的承载作用，在先进二次电池中的应用备受青睐。纤维镍在孔隙率、柔韧性、延伸性以及比表面积方面优于烧结镍，而且在导电性和成本方面也与泡沫镍不分上下，但是作为电极基板的综合优势比泡沫镍逊色，最终被先进二次电池技术放弃。

1.3.5 镍在工业催化中的应用

镍作为工业催化剂，在石油化工、有机合成、电化学合成、汽车尾气治理等领域被广泛使用。以金属镍或镍氧化物为催化活性组分的镍基催化剂，是一种常见的经典催化剂，镍基催化剂主要分为骨架型镍基催化剂和负载型镍基催化剂两种。

1. 骨架型镍基催化剂

骨架型镍基催化剂是指具有多孔性骨架结构的镍基催化剂，制备时先把具有催化活性的镍金属与能溶于碱的铝、镁、锡、锌等金属或硅熔融成合金，经粉碎、用碱溶解等工序使活性金属形成多孔骨架结构。骨架型镍基催化剂的典型代表是雷尼镍（Raney Nickel）催化剂。雷尼镍是由具有多孔结构且晶粒细小的镍基合金构成的非均相催化剂。该催化剂粉末中的每个微小颗粒都是一个立体多孔结构，这种多孔结构有效地增加了材料的表面积，从而使之拥有优异的催化活性。雷尼镍催化剂分为二元合金［如镍铝（Ni-Al）合金、镍硅（Ni-Si）合金等］、三元合金［如镍钴硅（Ni-Co-Si）合金］、四元合金（如 $Ni-M_1-M_2-Al$ 合金，其中 M_1、M_2 采用过渡金属 Ti、Mo、V、Mn 等作为催化剂）。最常见的雷尼镍催化剂是镍铝（Ni-Al）催化剂，其制备过程是用高浓度的氢氧化钠溶液处理已合成的镍铝合金，大部分的铝被强碱溶解之后形成很多微孔，经干燥活化得到雷尼镍催化剂。

2. 负载型镍基催化剂

负载型镍基催化剂是指将活性金属镍和助剂均匀分散，并负载到选定载体上的一类催化剂。由活性金属镍、催化剂载体和助剂三部分组成。载体对负载型镍基催化剂的性能起着关键作用。它不仅是支撑体，而且能尽量增加活性金属镍的分散度，使暴露在晶粒表面的镍原子数与总量镍的原子数之比增大，从而减少镍的用量；载体应提供有效的表面和孔结构，可大大降低活性材料镍的烧结和聚集的程度。负载型镍基催化剂载体材料应具备以下特性：满足应用和制备工况下的力学性能；足够的热稳定性及在催化反应过程中的物理、化学稳定性；有适宜的孔结构与高表面积；容易获得且价格低廉。目前，载体的种类主要有氧化铁（Fe_2O_3）、氧化铝（Al_2O_3）、氧化硅（SiO_2）、氧化镁（MgO）、氧化锆（ZrO_2）及氧化铈（CeO_2）等氧化物。

负载型镍基催化剂一般由浸渍法、沉淀法、离子交换法和熔融法等传统方法合成，但是这些传统方法往往都存在一些缺点，如会给环境造成危害。近年来，等离子体技术、微乳化法、气相淀积法等多种负载型催化剂制备新技术引起许多研究学者的关注，取得了显著的成果。目前，镍基催化剂主要用于多种不饱和烃的催化加氢反应、催化重整、催化裂解和电催化析氢等反应过程。

1）催化加氢反应

催化加氢反应是指由不饱和化合物（烯烃、炔烃、腈、芳香烃）生产相应的烷烃的过程。在加氢反应中，镍基催化剂被广泛使用。采用镍基催化剂进行加氢反应时甚至不需要额外加入氢气，这是由于镍基催化剂能够吸附大量的氢气，对其进行活化后即可完成加氢反应，反应后得到的是顺位氢化产物。镍基催化剂是目前应用最普遍的甲烷化催化剂[88]，例如，CO_x 在镍基催化剂作用下和氢气反应生成甲烷（CH_4），镍基催化剂的甲烷化活性高（转化率达到 90% 以上）、价格低廉且选择性非常好（90% 以上的选择性）。

2）催化重整反应

催化重整反应是指在催化剂的作用下，对烃类分子结构进行重新排列形成新的分子结构的过程。镍基催化剂在催化重整反应中表现出较好的效率，其使用也越来越广泛。如 Amin 等[89]制备出一系列 $CeO_2·9Ni/MCM-22$ 催化剂并用于玉米芯通过 CO_2 的重整反应制备氢气。该催化剂的催化性能非常优异，在多种催化条件下都展现出较高的催化活性。

3）催化裂解反应

催化裂解反应是指在催化剂的作用下，对有机烃类进行高温裂解生产乙烯、丙烯、丁烯等低碳烯烃，并同时伴随生产轻质芳烃的过程。在使用裂解汽油生产芳烃时，由于汽油中含有大量的单烯烃及烯基芳烃等不饱和组分，因此，需经两段加氢裂解工艺后才能作为芳烃抽取的原料。镍基催化剂在一段加氢过程中具有更加优异的抗砷、耐胶质能力，因此得到广泛的应用，近年来国内镍基催化剂市场占有率迅速提高。

4）电催化析氢反应

随着环境污染日益严重，能源供应日益紧张，清洁高效的新能源开发已成为世界性的难题。其中，氢能被认为是 21 世纪最清洁的新能源，能够有效缓解人类目前面临的能源危机，因此制氢技术的研究颇受关注。镍基催化剂在电催化制氢方面的成果，已被广泛应用于硼烷铵（NH_3BH_3）水解制氢、硼氢化钠（$NaBH_4$）水解制氢、直接电解水制氢等领域，技术上取得很大进步。

1.4　镍资源的回收利用

随着镍在国民经济中应用领域和用量的扩大，含镍废弃物也急剧增长，如镍系列电池、含镍废渣、化学镀镍废液、失活的镍催化剂、含镍的不锈钢、镍基合金等。这些来自不同途径的镍废弃物，必然对人类和动植物体造成不利影响；而镍又是国计民生的重要资源，我国的镍资源有限，目前大部分依靠进口。因此，镍资源的回收利用无论从保护生态环境，还是从国民经济的持续发展和建立资源节约型社会的国策出发都是十分重要的问题。

1.4.1　镍资源回收的现状和问题

世界上许多国家很早就开始重视对镍资源的回收使用。1950 年前后，日本就开始展开对废物回收利用的研究工作，1955 年后便着手回收包括镍在内的几种普通有色金属[90-92]。

1974年，日本还创办了废催化剂回收协会，针对失活后的催化剂回收可利用的稀有金属。现在，日本每年从废催化剂中可回收超过一万吨左右的金属。德国于1972年颁布了废弃物管理法，规定废弃物必须作为原料回收并再次利用。1991年，英国也提出了废物的管理措施并制定了相关法规。美国环保法规也严格规定了金属废弃物的处置方式，目前，美国已建立了完整的产业链实施从废催化剂中回收贵金属，可实现美国国内73%的镍催化剂的回收，形成了一个非常健全的回收体系。

近年来，随着我国对环境保护工作的重视，国内也积极开展了镍废弃物的回收利用，并取得了很大的进步，现阶段我国镍市场新矿产镍和再生镍的供应量分别为72.9%和27.1%。但目前有关镍废弃物的回收利用，在环保资源意识、管理机制、法律法规、回收技术的开发等层面，都相对薄弱，亟待完善和强化。

1.4.2 镍资源回收利用技术

1. 从含镍废水、废液中回收镍

含镍废水主要来自镍冶炼厂、电镀、化学镀、人造金刚石生产等方面，化学沉淀法、溶剂萃取法和电解法等曾是从含镍废水中回收镍的主要方法[93-94]。

化学沉淀法是一种较传统的处理含镍废液方法，主要是在镍废液里加入氢氧化物、碳酸盐、硫化物等沉淀剂，使镍沉淀，再通过有效的方式分离回收。

近年来，溶剂萃取法被认为是很有潜力的一种镍回收方法，该方法利用化合物在两种互不相溶的溶剂中的溶解度或分配系数的不同，使目标物质从原来的溶剂内转移到另一种溶剂中的萃取技术，由于具有成本低、能耗低、效益高、流程短、易自动化控制等特点而得到广泛应用。溶剂萃取法既可以提高镍离子的浓度又可以回收镍。该技术存在两个颇具潜力的发展方向：一是选择更有效的萃取剂对镍进行萃取，使之与其他金属离子有效分离；二是同时提取废水中除镍之外的有价值的金属离子，从而实现对镍的提纯和获取更高的收益。

电解法是通过利用外加电能使镍离子在阴极沉积，使用电解法的前提是镍离子浓度达到一定水平。由于工业含镍废水中的镍离子浓度较低，因此限制了该方法的使用。

本书3.2.3节详细介绍了采用膜处理法对泡沫镍电沉积镍废水的处理，这是一种对镍盐及水资源均可有效回收的方法。

从废水、废液中回收镍资源的方法还有生物法、离子交换法、吸附法、电渗析法等。

2. 从废弃的镍系列电池中回收镍

关于镍系列电池[95-96]，无论生产过程产生的边角余料、不合格品，还是使用后的失效电池，都会产生大量的镍废弃物。其中有金属镍和镍的化合物，以及其他化学元素。处理的主要方法有火法冶金工艺和湿法冶金工艺。火法冶金工艺是先通过有效方式提取电池中的含镍组分，然后经过还原熔炼可得到一般纯度的镍铁合金材料，其中含镍量50%~55%，

含铁量 30%～35%；之后可根据需求对镍铁合金进行精炼，如氧化除去 Mn、V 等杂质元素，进而用于生产合金钢和铸铁等。湿法冶金工艺是将废旧的镍氢电池中含镍物质经过酸浸后（盐酸等）将含镍物质溶解，通过调控溶液的 pH 值沉淀出除镍以外的其他金属，最后利用金属电沉积技术得到镍金属。

3. 从镍基催化剂中回收镍

镍基催化剂经多次循环使用后，完全失去活性成为废弃的镍催化剂。目前从废弃的镍基催化剂回收镍比较有效的方法是氧化焙烧、碱浸、酸浸工艺[92]。先调控废镍催化剂颗粒大小，在氧气气氛下，煅烧镍基催化剂使之形成金属氧化物；再用氢氧化钠和氨水溶液对煅烧物进行浸泡处理，之后进行浸酸处理；大部分金属元素浸酸后溶解，经过特性化学沉淀除去其他杂质金属后，以镍盐的形式回收镍。

4. 从不锈钢和镍基合金中回收镍

不锈钢和镍基合金是镍的主要应用领域，占镍消费量的 70%以上。因此，每年有大量的镍废物产生[92, 97]。其处理回收镍的方法主要有火法冶炼分离、化学溶解法以及电化学溶解法。

火法冶炼分离是根据镍钴元素和其他杂质元素与氧的亲和力不同，采用火法冶金的方法将镍钴元素和其他杂质元素进行分离回收。该方法的使用适合具有冶金背景的企业，但能耗高，并且因为不能实现铝（Al）、钒（V）、钼（Mo）等多种金属的回收，因而资源回收率较低。

化学溶解法是通过加压或加入氧化剂，将镍基合金废料溶解于盐酸或硫酸介质中进行处理，通过化学溶解、循环回收的方法，分别对钼（Mo）、镍（Ni）、铬（Cr）、钴（Co）等多种金属进行回收，但其工艺流程长，产生的废液量大，导致回收产品的成本高，效益低。

电化学溶解法是先在电弧炉中将回收的废料熔铸成阳极，然后通过电解的方式进行阳极溶解和阴极电沉积金属。这是一种较好的回收含镍合金的方法，它流程设备简单、能耗低、劳动条件好，适宜从镍基合金的废物中回收金属镍。

对于来自上述不同途径的镍废弃物，无论采取何种方法处理和回收镍资源，均应按国家环保法规彻底处置，不得产生二次污染。涉及生产过程产生的镍废水，还应当力求将三废治理消化到生产工艺的技术环节中，实现镍资源和水资源的同步回收利用。完善镍资源的回收利用，是一项既艰巨又意义非凡的工作，是使我国新经济时代的镍产业从国策机制到科学技术逐步走出一条成功的绿色制造之路的创新性工作。

第二章 多孔材料与多孔金属

材料的多孔性是自然界普遍存在的一种现象和规律。无论是天然的还是人造的材料，在结构上大都存在多孔性的问题，研究和利用材料的多孔性，不仅是材料科学关注的课题，也是众多与材料科学相关的科技领域技术创新的热点。材质和孔特性的结合，往往会赋予材料特殊、独到的用途。本章对工程应用中常见的多孔材料和多孔金属进行提纲挈领的介绍，以便读者对此类材料有一个较为全面的了解，这些内容也是我们认识和研究泡沫镍的基础知识。

2.1 多孔材料

多孔材料是指具有特定孔隙结构的材料。有些材料虽然也有孔隙甚至裂纹，但是这些孔隙和裂纹的存在可能会降低材料的某些性能，这是材料的缺陷，不是它的属性。这样的材料不是我们要讨论的内容。

一般而言，多孔材料应该具备两个要素：一是材料中存在大量的孔隙；二是孔隙具有特定的属性，可被表征，并且能够满足特定的功能和要求。

自然界中，存在林林总总的天然多孔材料。例如，动物用来支撑肢体的骨骼、植物用来进行光合作用的叶片（见图2-1），还有植物的根/茎、木材、海绵、珊瑚等[1]。动植物体结构材料的多孔性，有两个共性特征：

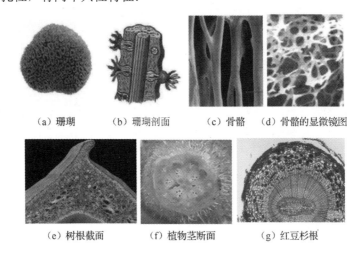

(a) 珊瑚　　(b) 珊瑚剖面　　(c) 骨骼　　(d) 骨骼的显微镜图

(e) 树根截面　　(f) 植物茎断面　　(g) 红豆杉根

图 2-1　多孔材料示例

（1）为了减轻重量。"轻"是人类和动物为了摆脱负重困扰的进化结果，更是人类现在和未来在工程学上的不懈追求，是节约地球资源的原则性考量。

（2）赋予孔某种特殊的功能（储藏、传输）。从个性化需求出发，在多孔材料中寻求最优化设计，应该是人类向自然界学习的智慧之一。

2.1.1 多孔材料的结构特征

多孔材料的结构特征主要包括孔隙率、孔径和孔径分布、比表面积、密度、孔棱的特征，如孔棱断面等。以下只介绍孔隙率、孔径和孔径分布、比表面积。

1. 孔隙率

孔隙率（Porosity）指材料中孔的体积与材料表观所占总体积的百分比。人工多孔材料在成形过程中的振动、加压和发泡剂、添加剂的用量等因素对材料孔隙率的影响非常大。

目前，孔隙率的检测方法主要有显微分析法、浸泡介质法、直接称重体积计算法、漂浮法、真空浸渍法及压汞法。可以根据需求和设备条件采用适宜的方法。孔隙率作为多孔材料重要的结构特征，对材料性能有直接的影响，一定比例的孔隙率使材料拥有某种更突出的应用性能。

2. 孔径和孔径分布

孔径（Pore Size）是指多孔材料中孔的直径或半径，是描述孔大小的标量。通常都把多孔材料的孔道视为圆形的，这样就可以用直径或半径来衡量孔的大小，但实际情况下，大部分孔道都是不规则的。

孔径分布（Pore Size Distribution）是指多孔材料中的各级孔径的孔道数量或体积相对于材料中总孔道数量或体积的百分率。孔径及孔径分布可以采用压汞法、气体吸附法、断面直接观察法、透过法、X 射线的小角度散射、悬浮液过滤法、气泡法等测试技术进行表征分析。现代技术常采用扫描电子显微镜对孔径和孔径分布进行分析和表征。

3. 比表面积

比表面积（Specific Surface Area）是指单位质量多孔材料所具有的表面积。大的比表面积可使材料具有一些优异的特性，如良好的催化性能、吸附性能、电容性能等，纳米多孔材料在这几方面的性能尤为突出。目前，较常用的测试方法有气体吸附法、流体透过法、压汞法等。

2.1.2 多孔材料的分类

国际纯粹化学及应用化学联合协会（IUPAC）对固体多孔材料进行了专业分类[2]：孔径的尺寸范围在 2 nm 以下的固体属于微孔材料；孔径的尺寸为 2~50 nm 的固体属于介孔材料；孔径大于 50 nm 的固体称为大孔材料。又依据多孔材料的孔隙率高低，将其分为中低孔隙率多孔材料和高孔隙率多孔材料。通常中低孔隙率多孔材料的孔道多为封闭的，孔与孔之间不连通。高孔隙率多孔材料则随孔的形状和连续固相形态而呈现出三种形式：第一种为连续固体作多边形二维排列，类似于蜜蜂的巢，称为蜂窝材料，如图2-2（a）所示；第二种为连续固体呈三维通孔网络结构，孔与孔之间相互连通，液体能够从中穿过，常称为开孔泡沫材料，如图2-2（b）所示；最后一种是连续固体呈现多面体壁面结构，每个孔是孤立存在的，孔与孔之间不连通，称为闭孔泡沫材料。

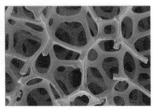

（a）蜂窝材料　　　　　　　（b）开孔泡沫材料

图2-2　蜂窝材料和开孔泡沫材料结构示例

另外，按照多孔材料获取方式的差异，又可将其分为天然多孔材料和人造多孔材料两大类。例如，图2-1所示的自然界动植物体中的各种多孔材料就是天然的多孔材料。

鉴于多孔材料具有诸多独特的性能，人们通过各技术途径开发出了各种各样的人造多孔材料，根据其材质和化学成分的不同，可分为多孔陶瓷、多孔塑料、多孔金属、其他多孔材料等几大类[3]。

1. 多孔陶瓷

多孔陶瓷是一类非常新颖的陶瓷材料，因其比表面大，孔隙结构多变，孔尺寸易调控，故可实现多种特殊功能。同时还具有良好的透过性、热稳定性、化学稳定性、较低的电导率和热导率等特性[4-7]，近年来，多孔陶瓷受到各领域科学家们的高度关注。多孔陶瓷可分为以下4类[4]。

（1）高硅质硅酸盐多孔陶瓷。这种多孔陶瓷主要是以耐酸陶瓷渣、硬质瓷渣及其他耐酸的合成陶瓷颗粒为骨料合成的，最为突出的特点是具有较好的耐水性能和耐酸性能。

（2）铝硅酸盐多孔陶瓷。主要由烧矾土、合成莫来石质颗粒和耐火黏土熟料等为基底材料合成的多孔陶瓷，耐酸性能较优异。

（3）精陶质多孔陶瓷。其组成与高硅质硅酸盐多孔陶瓷类似，主要由多种黏土熟料颗粒混合而制得的微孔陶瓷材料。

（4）硅藻土质多孔陶瓷。通过筛选合适的硅藻土为原料，再加入一定的黏土烧结而成，可作为精密滤水材料。

2. 多孔塑料

多孔塑料也称泡沫塑料，它是以有机聚合物为基础成分的一类高分子多孔材料，在塑料中应用最为广泛。可根据其孔的结构、硬度、密度将多孔塑料分成以下类型[8-10]。

1) 开孔和闭孔泡沫塑料

根据孔的结构，分为开孔和闭孔泡沫塑料两种类型。开孔泡沫塑料是指泡体内的每个孔隙之间是相互连通的，具有很好的透过性，流体可从开孔泡沫塑料中穿过，而泡沫塑料的开孔程度和塑料本身的材质基本决定了流体通过的难易程度。闭孔泡沫塑料是指泡沫体内的孔是孤立存在的，互不连通，分布较为均匀。一般的泡沫塑料中，不可能完全只存在开孔或只存在闭孔，两者总是相互交叉存在的，即开孔的材料中有少量闭孔结构，闭孔的材料中也存在一定的开孔结构。一般而言材料的力学性能主要由闭孔结构决定，而透过性能则受到开孔结构的影响。

2) 软质、半硬质和硬质泡沫塑料

依据材料的硬度可将泡沫塑料分为软质、半硬质和硬质三类。硬质和软质的分类主要由弹性模量决定。在温度为 23 ℃和相对湿度为 50%的条件下，弹性模量小于 70 MPa 的泡沫塑料就称为软质泡沫塑料，弹性模量大于 700 MPa 的泡沫塑料称为硬质泡沫塑料，弹性模量介于 70 MPa 和 700 MPa 之间的泡沫塑料称为半硬质泡沫塑料。在合成过程中，软质泡沫塑料的发泡剂一般为二氧化碳 CO_2，而硬质泡沫塑料的发泡剂则为低沸点溶剂（三氯一氟甲烷）。

3) 低发泡、中发泡和高发泡泡沫塑料

根据材料的密度可分为低发泡、中发泡和高发泡泡沫塑料三类。密度在 0.4 g/cm³ 以上，气体/固体发泡倍率＜1.5 的称为低发泡泡沫塑料；密度为 0.1～0.4 g/cm³，气体/固体发泡倍率为 1.5～9.0 的称为中发泡泡沫塑料；密度在 0.1 g/cm³ 以下，气体/固体发泡倍率＞9.0 的称为高发泡泡沫塑料。

3. 多孔金属

多孔金属是对材料内存在很多随机分布的孔洞的金属材料的统称。这类材料既保留了金属的各种性质，结构上又含有大量的孔洞或空隙。多孔金属材料可分为下述 4 类[11-14]。

（1）粉末烧结多孔金属。是一种以金属粉末为原料，在经过筛分、压制、烧结等工艺合成的多孔金属材料，这类多孔金属应用较多的是青铜、不锈钢、镍及镍合金、钛等。

（2）金属纤维毡。是一种采用特殊的加工工艺将金属丝加工成不同直径（微米级）的金属丝，然后调节经过高温处理制成不同过滤精度的纤维毡。一般的金属纤维毡的孔隙度可达 90%以上，其特点是孔道连通，具有一定的可塑性和抗冲击韧性；容尘量大，可应用在许多过滤条件和要求较苛刻的行业。因此，又被称为"第二代多孔金属过滤材料"。

（3）复合金属丝网。是指将多种型号的金属网通过多种方式进行组合叠加，轧制烧结处理，加工而成的各种多层复合网，使用这种方法合成的材料具有强度高、滤速大等特点。复合金属丝网的层数可从 2 层增加到 20 多层，宽度可达 1200 mm，孔径为 2～500 μm。

（4）泡沫金属材料。主要由刚性骨架和内部孔组成，具有优异的吸能、吸声性能，密度小、比表面积大，广泛应用于金属电极、吸附材料、结构材料、能量吸收材料等领域。

近年来，泡沫金属材料发展非常迅速[15-18]，随着人们的不断探索，对泡沫金属的结构和特性有了更深刻的了解，各种各样的新型泡沫金属材料不断涌现，被广泛应用于能源、化工、电子、环境保护等领域。

4. 其他多孔材料

（1）多孔炭材料。指具有大量孔隙结构和高比表面积的碳素类材料，包括多孔无定形炭材料和多孔石墨化炭材料，具有良好的稳定性、吸附能力强、导电性、导热性等特点，被广泛用作吸附分离材料、催化剂载体、化学电源电极材料。

（2）多孔二氧化硅材料。主要包括硅胶、分子筛、白炭黑、气凝胶等。由于多孔二氧化硅材料具有高低温稳定性好、不燃烧、绝缘性好、耐腐蚀、生理惰性、无毒无味、表面张力低、气体渗透性高、黏温系数小等特点，同时其原料来源广泛、价格低廉，被广泛应用于化工、食品、医药、环保、能量储存等领域。

（3）过渡金属氧化物多孔材料。因其组分、价态和结构的可变性，在化工催化、生物医药、光学、电学、磁学等方面都有着重要的应用，近年来大量新型的过渡金属氧化物多孔材料被研究开发，成为多孔功能材料领域的一个研究热点。

2.1.3 蜂窝材料

蜂窝材料是指内部结构与蜂巢结构相同或类似的一些材料。蜂巢是自然界中物质和能量、生命和环境优化选择的统一体，是生物本能和自然力的生动体现。蜂巢是覆盖二维平面的最佳拓扑结构（见图2-3），它由许多正六边形单房组成，每个房口朝向一致并且背对背对称排列组合而成。蜂巢结构是一种自然选择的产物，生物进化赋予了蜜蜂一种智慧和本能，它们天工造物般地选择了正六边形为自己造窝。如果选择圆形或正八边形，蜂巢将会出现间隙，空间不能全部被利用；如果选择正三角形或四边形，蜂巢的整体面积就会减小。因此，正六边形效率最高，即使用等量的原料，正六边形蜂巢具有最大的容积。18世纪初，法国科学家马拉尔奇曾专门研究过蜂巢的结构，通过精确测量蜂巢的结构和尺寸发现，蜂巢的每个小巢组成底盘的菱形，所有钝角都是109°28′，所有锐角都是70°32′。后来经过法国数学家克尼格和苏格兰数学家马克洛林的理论分析，这种菱形容器角度完全符合耗材最少容积最大的原理。原来小小的蜜蜂竟然是"天才的数学家兼设计师"，蜂巢是最经济的空间结构，它带给我们创新的灵感和仿生科学的启迪，由此产生了蜂窝材料。

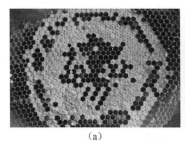
（a）

（b）

图2-3 蜂巢

蜂窝材料由于独特的空间多孔网络结构，使其具有良好的力学性能，还具有质量轻、密度低、比刚度高、比强度高、抗压、隔热散热性能好及耐冲击等性能。常见的蜂窝材料的平面拓扑结构为正六边形。此外，还有正方形、三角形、长方形等，如图2-4所示。蜂窝材料按照其材质的不同可以分为木质蜂窝材料、聚合物蜂窝材料、纸基蜂窝材料、金属蜂窝材料以及陶瓷蜂窝材料5大类[19-21]。应用最广的应属金属蜂窝材料，不同的金属蜂窝材料又有不同的性能，主要取决于蜂窝的结构种类（形状、孔隙率、壁厚等）、金属材质等方面。近年来，金属蜂窝材料在许多方面得到了研究和开发，其应用范围几乎涵盖了各个行业，尤其在航空航天领域。

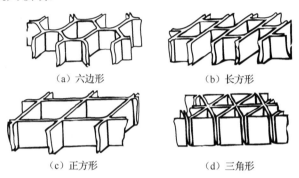

图2-4 常见的蜂窝材料的平面拓扑结构[22]

2.1.4 多孔材料的应用

多孔材料常作为过滤分离材料、催化剂及其载体材料、隔热材料、消声材料、能量储存与转换材料等，在化工、环保、能源、食品、生物医学等领域已被广泛使用[23-40]。

1. 过滤和分离材料

多孔材料一般都具有相对较高的孔隙率，当目标液体穿过时，其中含有的诸多污染物如悬浮物质、胶体和微生物等，由于多孔材料孔的尺寸小而无法透过，或者通过吸附的方式被附着在多孔材料的表面或孔隙中，从而达到分离净化的目的。目前，由一些多孔陶瓷材料、多孔金属材料和多孔膜材料制成的过滤净化设备具有较高的效率，并且可同时具备耐高温、耐磨损、耐化学腐蚀等优点，已广泛应用于水质净化、油水分离过滤等领域。

2. 催化材料

在多相催化反应中，利用多孔材料的高比表面积，可增加催化剂与反应物之间的界面面积，这是加快催化反应速度的有效方法。多孔陶瓷材料在催化剂方面的应用尤为突出。例如，SAPO-34催化剂是一种结晶的硅酸铝盐分子筛催化剂，能够抑制芳烃的生成，目前，SAPO-34分子筛催化剂在甲醇制烯烃（MTO）技术上得到了广泛的应用[41]。此外，TiO_2多孔材料是最典型的光催化剂[42-43]。一些多孔材料还可以作为催化剂的载体，利用其多孔结构的锚定作用，获得高分散、高稳定性的负载型催化剂，并且可通过选择调控多孔材料的组分和结构,使其与催化活性组分产生化学作用,增强催化活性、选择性和稳定性。

3. 吸附材料

气体的吸附主要是利用多孔材料的高比表面积和巨大的孔容且其组成可以灵活调节的特点[42-44]。许多多孔材料可选择性地吸附气体、液体乃至金属离子。早在20世纪70年代,多孔材料就开始被用作细菌过滤吸附的基体材料。经过几十年的发展,多孔材料已应用于汽车尾气排放处理、有害气体吸附等多个方面。例如,多孔活性炭能够吸附甲醛,是一种有效的去除甲醛的手段。

4. 生物材料

性质稳定且具有合适的生物活性及生物相容性的仿生多孔材料是较为理想的药剂载体及骨骼替代材料[45-47]。可以通过调节孔隙率,使多孔材料的强度和杨氏模量与人体骨骼相匹配。目前,多孔钛已被用作植入骨生物材料,由多孔钛制造的人造骨,不但对人体无害,而且还具有良好的力学性能和生物相容性能。另外,泡沫钽是继多孔钛之后的又一大多孔生物材料,现可用于膝关节、膝盖骨、骨坏死植入等方面。

5. 吸声材料

噪声污染已成为当代世界性的问题,与水污染和大气污染一起被称为全球三大污染,严重影响人们的正常生活和工作,同时也会使建筑物、机械结构加速老化[48]。多孔材料是一种很好的吸声材料,其吸声原理是由于多孔材料内部存在许多细微孔,且孔与孔之间相互连通。声波首先到达材料的外表面,一部分能量被反射掉,另一部分能量则穿过材料继续向内部传播。当声波穿过材料中的孔洞向前传播时,会引起孔中的气体或空气振动,而振动的气体会与材料的固体部分发生相对运动,又因为气体的黏滞性,导致了相应的黏滞阻力。这种阻力又会产生摩擦损失,气体的动能转化成热能,使声能逐渐被衰减;同时,空气绝热压缩时,压缩空气与多孔材料中的固体部分之间不断进行热交换,也使声能向热能转化,导致声能减弱。因此,对多孔材料的孔道结构进行合理设计,能获得具有优异吸声特性的吸声材料。

6. 隔热材料

多孔隔热材料主要是利用多孔材料孔中所含气体的低导热性达到阻隔热量传递的目的,是目前所有隔热材料中性能最优、应用最广的材料之一[49-52]。多孔隔热材料是由固体和气孔两部分组成的,当热量在多孔材料中传递时,首先从固体部分开始传递;遇到气孔时,热量的传递会发生变化,主要有两种方式:一种方式是继续沿着固体传递,但热量传播的方向发生了改变,延长了传递路线,从而降低传热速率;另一种方式是通过气孔内的气体向前传递,而气体的导热系数一般都非常低。这样就大大降低了热量的传递速率,这也是多孔材料实现隔热效果的主要原因。此外,许多研究表明,当材料的孔径小于 4 mm

时，孔内的气体不会发生自然对流；当孔径小于 50 nm 时，孔内的气体分子就失去了所有热对流传热和热对流运动的能力。因此，要实现隔热目的，一是在保证具有足够的力学强度的同时，材料体积密度尽可能小；二是尽量减少气体的对流；三是通过研究选择适当的界面和材料的改性，降低热辐射。

7. 能量储存与转换材料

多孔材料在新型化学电源、燃料电池等能量储存与转换装置中被广泛采用[2, 53]。多孔活性材料具有优良的物质传输能力，可加速电极的反应速度，提高化学电源的大电流工作能力。一些多孔的泡沫金属材料，不仅具有优异的导电性，还具有高的比表面，有利于增大与电极活性材料的接触面积，作为集流体材料被广泛应用于化学电源中。多孔陶瓷材料应用于固体氧化物燃料电池中，可有效地提高气体反应物的扩散速率和增加电极表面的反应物吸附量，降低电池的工作温度。

2.2 多孔金属（泡沫金属）

多孔金属又称为泡沫金属，泡沫金属顾名思义是一种多孔结构的金属材料，由孔隙与金属基体复合而成，其孔隙率高，孔径范围广（0.05 ～5.5 mm）。相对于致密金属而言，泡沫金属具有质轻、高比强度、高比表面积、高通透性等诸多优点，在化工、机械、能源、通信、交通、国防等领域被广泛使用。

2.2.1 泡沫金属的发展

泡沫金属的研究历史[54-59]已经有 70 年左右，早在 1948 年，美国的 Sosnik 等人[54]，利用汞在熔融态的铝中汽化后，得到了一种孔隙非常多的泡沫金属铝。自此之后，泡沫金属受到了科学家们的特别关注。美国科学家 Elliot 在 1956 年成功开发了熔体发泡法合成泡沫铝的技术[55]，标志着泡沫金属材料产业化的开始。该方法是将自身受热能分解或者汽化的物质（TiH_2、ZrH_2 和 MgH_2 等）加入处于熔融状态下的金属中，使之分解而产生气体。利用气体的受热膨胀达到发泡的效果，之后可获得泡沫固体。由于发泡工艺不够成熟，这种发泡方法合成的泡沫固体的泡沫孔结构很不均匀。在中心部位，孔的尺寸较大，而在边缘部位，孔的尺寸较小，材料的密度也较高，孔的均匀性很难控制。经过不断努力，到 20 世纪 60 年代，美国 Ethyl 公司有效地改进了泡沫铝的发泡技术[56-57]。20 世纪 70 年代初，日本九州工业实验所巧妙地使用火山灰作为发泡剂，开发出了泡沫铝制造的新方法[58]。随后，日本许多研究单位对泡沫铝的生产工艺进行了持续的改进，在熔体发泡工艺方面获得了巨大的进步。20 世纪 80 年代末，德国不来梅 Fraunhofer 先进材料研究所在泡沫金属的研究方面取得了重大进展[60]。该研究所在熔体中加入适量的增黏介质以改善熔体的稳定性，显著地提高了泡沫金属的质量，合成工艺更加合理，生产成本更低，达到了工业化生产的要求，使泡沫金属的产业化进入了一个新阶段。

我国在泡沫金属研制上起步较晚，直到 20 世纪 80 年代后期，我国科技人员才进行了一些相关的尝试性基础研究工作[18, 61-67]。但近年来发展迅速，国内一些著名的科研机构，如清华大学、中南大学、东南大学、中国科学院固体物理研究所等单位在泡沫金属制造工艺、泡沫金属的性能及相关基础理论等方面，取得了一些有国际影响力的研究成果[68-73]。我国在泡沫金属的产业化方面，也取得了显著的技术进步，已成长起了一批在行业内具有国际影响力的制造企业，如湖南科力远新能源股份有限公司、上海众汇泡沫铝材有限公司、北京中实强业泡沫金属公司、无锡瑞宏泡沫铝公司等。

2.2.2 泡沫金属的制造方法

泡沫金属的制造方法[74]主要包括铸造法、金属沉积法、发泡法和烧结法，如图 2-5 所示。对同种泡沫金属材料，采用不同的制造工艺所获得的产品在孔结构上具有较大的差异，其性能也具有相应的特点。因此，针对不同应用领域须采用不同的制造工艺。

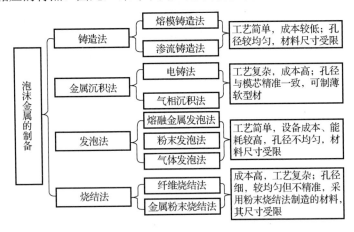

图 2-5　泡沫金属的制造方法

1. 铸造法

铸造法的基本过程是首先将填料粒子填充在铸模内，然后再施加一定压力，使熔融金属或合金进入填料间隙中，最后经过冷却凝固，得到高孔隙率的泡沫金属。铸造法可分为熔模铸造法和渗流铸造法[75]。

1）熔模铸造法

熔模铸造法是使用海绵状泡沫塑料作为模板，首先将液态耐火材料填充到模板的孔隙中，然后将耐火材料冷却使之硬化，最后通过高温加热除去模板，留下海绵状的孔隙。再将已经加热至液态的金属浇注入铸模内，待冷却凝固后把耐火材料去除，便获得与原来海绵状塑料模板有同等结构的泡沫金属材料。该方法较适合用于制造低熔点的泡沫金属，如泡沫铜、泡沫铝、泡沫铅、泡沫锡等，以及由它们组成的泡沫合金。熔模铸造法主要有两个难点：一是在制备铸模时，液态耐火材料能否完全填满泡沫塑料的孔隙；二是去除耐火材料时,不破坏泡沫金属内部纤细的结构。

2)渗流铸造法

渗流铸造法的基本原理是预先处理好具有耐热度高、水溶性好的填料(无机或有机颗粒)置入铸模中,再将其预热到一定温度,然后浇铸液态金属,并加压或在真空产生的压差使液态金属渗入填料的孔隙中,冷却凝固后形成金属-颗粒物三维网状互连的复合体。选用合适的方式(酸或者热处理)将颗粒物去除,从而得到多孔泡沫金属[76-78]。工业上常用食盐颗粒作为填料,工艺简单,操作容易,适合大规模生产泡沫金属,但是得到材料的孔隙率低,为50%～70%,而且存在颗粒夹杂无法除去等问题。渗流铸造法制备的泡沫铝如图2-6所示。

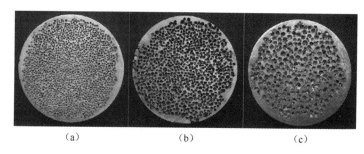

图2-6 渗流铸造法制备的泡沫铝[60]

2. 金属沉积法

金属沉积法是在具有三维网状结构的聚合物模芯基体材料上,通过化学或物理的方法沉积需要的金属材料,然后通过高温煅烧除去聚合物模芯以获得泡沫金属材料。这种方法合成的泡沫金属材料最突出的特征是具有与选用的模芯材料一致的三维网状结构,孔与孔之间相互连通,孔隙率较高(达80%以上)。通过选用孔结构均匀的模芯材料,可有效地保证泡沫金属孔结构的均匀性。同时,通过对生产设备优化设计可实现连续生产。金属沉积法在大尺寸连续化泡沫金属的制造中占有重要的地位。

金属沉积法主要包括电沉积法和气相沉积法[79-81]。

1)电沉积法

目前,电沉积法是生产泡沫金属最常用的方法。本书后续章节对泡沫镍的制造工艺和设备有详尽的介绍。制造其他泡沫金属和合金都可以借鉴制造泡沫镍的工艺技术路线,但必须是能通过水溶液电沉积的方法获得的金属和合金。

2)气相沉积法

气相沉积法是通过将金属或金属化合物直接汽化,沉积到多孔的模芯基体材料上,然后去除模芯获得泡沫金属的方法,包括蒸发沉积法、真空蒸镀法、反应沉积法三种[82-84]。气相沉积法工艺复杂,对设备要求高,因此生产成本高。

(1)蒸发沉积法。该方法用在较高惰性气氛中,使待镀覆的金属材料缓慢蒸发;蒸发后，气态金属与惰性气体产生一系列作用（碰撞、散射），动能被缓慢减弱；然后气态金属凝聚，形成金属烟，形成的金属烟在自身重力及惰性气流的作用下沉积在基底上。但在金属沉积过程中，其温度迅速降低，因此金属原子一般很难迁移或扩散，金属烟微粒只是疏松地堆砌起来，形成多孔泡沫结构。

（2）真空蒸镀法。真空蒸镀是指在真空环境中采用电弧、电子束、电阻加热等方式加热金属，使待镀的金属蒸发成气态，再沉积在低温下的多孔基体上；经过一定的时间，就可在基体表面沉积出一定厚度的金属膜层。这种方法只能形成厚度为 0.1～1.0 μm 的薄膜。基体模板可选用聚酯、聚丙烯、聚氨基甲酸乙酯等合成树脂，以及天然纤维、纤维素等组成的高分子聚合物材料。可镀金属包括 Cu、Co、Fe、Ni、Zn 等。该方法目前多用于上述基体模板的导电化处理，泡沫金属如泡沫镍的最终产品尚须通过电沉积和调质热处理来完成，相关内容见本书第四章、第六章和第七章。

（3）反应沉积法。反应沉积法是采用易分解的金属化合物蒸汽作为金属源，使用一定的方式加热升高温度使金属化合物分解；分解出的金属元素再沉积在多孔泡沫模材基底上，经过烧结热处理即可得到金属泡沫。例如制备泡沫镍，可将羰基镍 $Ni(CO)_4$，在一定波长的红外光照射下或使用其他加热方式使之升温，使 $Ni(CO)_4$ 分解为金属镍（Ni）和一氧化碳（CO），分解出的镍沉积在模材基底表面，再通过后续热处理工艺得到泡沫镍产品。羰基镍法制备泡沫镍，生产过程涉及有毒蒸汽的安全防护问题。

3. 发泡法

发泡法又分为熔融金属发泡法、气体发泡法和粉末发泡法。

1）熔融金属发泡法

熔融金属发泡法是将金属加热至熔融状态，然后加入能够产生气体的发泡剂，发泡剂高温分解产生大量气体；通过控制熔融金属的黏度、搅拌强度、反应温度，使产生的气体均匀地分布在熔融金属中，金属降温凝固后就可得到泡沫金属[85]。其中，黏度控制剂可选择钙、镁、铝等金属粉末作为增黏剂；发泡剂可选择 TiH_2、ZrH_2 等金属氢化物，$CaCO_3$ 也可以作为发泡剂使用。

该方法的主要缺点是孔径和孔的分布都不均匀。为解决这一弊端，一般采取调控液体金属的黏度加以改善。

2）气体发泡法

气体发泡法也是使金属呈熔融状态，然后直接加入气体发泡。发泡气体一般为惰性气体，如氩气、空气、水蒸气、二氧化碳等。该方法最大的特点是成本低，是目前最廉价的生产方法，且易于工业化生产。但是，该方法也存在孔径及孔的分布难以调控的问题。

3）粉末发泡法

粉末发泡法是将粉体金属和发泡剂先均匀混合，然后加热升温超过金属熔点。在此过程中，发泡剂分解达到发泡效果，低熔点金属（如铝和镁等，见图 2-7）和高熔点的金属都可用该方法制备泡沫金属[86]。刘菊芬等人[87]通过该工艺成功制备结构可控的多孔泡沫铝,他们通过对铝粉体与金属氢化物发泡剂均匀混合,再通过一定的方式(压制或挤压)提高发泡前驱体的密度,然后加热升高温度至高于金属熔点进行发泡,冷却后获得泡沫金属材料。

图 2-7 粉末发泡法制备不同孔径尺寸的泡沫镁

4. 烧结法

烧结法是以金属粉末(颗粒)或金属纤维作为原料,通过成形和烧结过程制备泡沫金属[88]。该方法根据原料的不同可分为金属粉末烧结法和纤维烧结法。

1)金属粉末烧结法

金属粉末烧结法是以金属粉末或金属颗粒为原料,通过一定方法压制成形,再加热到一定温度使粉体产生初始液相,然后在表面张力和毛细管的作用下,物料颗粒相互接触,冷却后可得到多孔泡沫金属。为了使金属粉末易于成形,可加入适量的黏结剂,但加入的黏结剂应在高温烧结时除去;还可加入适量填充剂(氯化铵和甲基纤维素),用于提高泡沫金属的孔隙率。

2)纤维烧结法

纤维烧结法是使金属纤维成形后进行烧结,从而获得所需的强度和孔隙率。金属纤维可通过机械拉伸或其他有效的方法(如纺丝法、切削法)获得。纤维烧结法与金属粉末烧结法大致相同,其工艺过程包括金属纤维的制备、模压、烧结 3 个步骤。根据不同的烧结技术,纤维烧结法又包括固相烧结和液相烧结两种,这两种方法的主要区别是烧结过程中有无液相的产生。将一定结构的金属纤维压坯后,调节烧结工艺参数,使其直接烧结形成最终产品,而在整个烧结过程中没有液相产生,故将其称为固相烧结技术。液相烧结需要加入一种熔点相对较低的物料,然后将混合物压坯后进行烧结,烧结过程中熔点较低的组分易形成液态。该法特别适用于高熔点泡沫金属的制造。

纤维烧结法制备的泡沫金属具有以下优点:

(1)孔隙率为 80% 以上且可任意调整。

(2)烧结体的最大尺寸为 400 mm × 400 mm,厚度可调范围较大。

(3)孔隙率高,比表面积大,延展性好,而且材料的孔洞相互连通。

2.2.3 泡沫金属的特性

泡沫金属材料由某种固体致密金属骨架和大量的孔隙组成,因此,泡沫金属既具备该种金属材料的全部特性，同时又具有如下独特的物理、化学性能[89-98]。

1. 渗透性能

泡沫金属的渗透性是它区别于致密金属的主要特征，使它在过滤、分离等领域有非常重要的应用。表征其渗透性的主要参数是通孔率，一般而言，开孔越多，渗透性越好。此外，渗透性能还与泡沫金属本身的材质特性、孔径大小、孔的表面粗糙度等因素有关。

2. 吸声性能

吸声性能是将入射声能消耗或转化为其他形式能量（如热能）[93-94]的一种能力。实际上，每一种材料都具备一定的吸声能力，吸声能力的大小常用吸声系数衡量。

3. 阻尼性能

由于材料本身的材质或结构而导致振动过程的能量消耗称为内耗，这种由于材料内耗引起的能量转化称为材料的阻尼性能。材料的阻尼性能可用内耗值（Q^{-1}）来衡量，当内耗值 $Q^{-1} \geq 10^{-2}$ 时，材料的阻尼性能较为优异，可称为高阻尼材料[95-98]。泡沫金属材料由于具有多孔性能，增加了孔隙结构阻尼，其阻尼性能一般比致密材料的高3～10倍。可以在泡沫金属材料的孔隙中填充合适的高分子聚合物，提高其阻尼特性。另外，阻尼特性与金属材料的比表面积密切相关，比表面积增大，阻尼性能也增大。

4. 热传导性能

一般而言，金属材料的热传导性能都非常优异，而泡沫金属材料的热传导性能比致密金属略差一些。孔隙率越高，泡沫金属的热传导性越差。而开孔或通孔泡沫金属的导热性能优于闭孔材料，这主要是由于具有开孔或通孔结构的泡沫金属置于流动的空气或液体之中时，多孔的骨架使热量的传播趋向于多方向性，使其具有良好的散热能力。在一定程度上增大孔的尺寸和孔隙率，均可提高对流换热能力。

5. 电磁屏蔽性能

所谓电磁屏蔽，就是用一种导电或导磁材料制成的屏蔽体，用于阻断或减少某一器件或某个区域范围内电磁传播的一种现象[99-100]。按照屏蔽方式可分为主动屏蔽和被动屏蔽，主动屏蔽是指将辐射源限制在某一范围内，使屏蔽体外不受影响；被动屏蔽是指将辐射源置于屏蔽体外，辐射场无法进入屏蔽体内。而按照屏蔽对象的不同可分为磁场屏蔽、电场屏蔽、电磁场屏蔽三类。泡沫金属是一种集结构、功能于一体的材料，多孔的特性使之具有良好的电磁屏蔽性能。

6. 抗冲击性能

对泡沫金属抗冲击性能的研究，主要是通过对多孔泡沫金属的压缩应力-应变特性进行测试，得出其特性曲线，分析该泡沫金属的抗冲击性能。另外，有研究者通过对冲击波反应的实验，验证了泡沫金属对冲击波具有非常强的衰减特性，证实泡沫金属材料具有很好的防撞、防震性能。

2.2.4 泡沫金属的应用

由于泡沫金属具有 2.2.3 节所述的优异特性，因此，它不仅可以作为结构材料，还可以作为多种功能材料。其应用领域包括以下 7 个方面[16, 66, 67, 82, 88, 101]。

（1）过滤与分离材料。

（2）电极材料。

（3）热交换材料。

（4）电磁屏蔽材料。

（5）生物医用泡沫钛材。

（6）吸声材料。

（7）能量吸收材料。

本书第十四章和第十五章在论述泡沫镍性能和应用的同时，对泡沫金属的上述相关性能和应用均有较详细的理论分析和实例介绍。

2.3 泡 沫 镍

在众多的多孔金属材料中，对泡沫镍（见图 2-8）的研究工作开展得相对较晚，直到 1967 年才首次报道泡沫镍的相关研究工作[102]。20 世纪 80 年代，随着镍镉、镍金属氢化物等镍系列二次电池的高速发展，泡沫镍作为电极集流体的需求量增大，其生产制造技术也快速的进步和完善，形成了一个规模化生产的全球性产业。

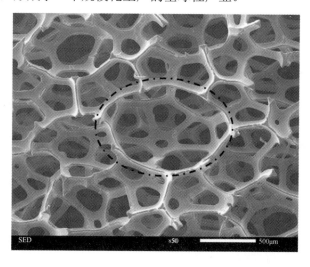

图 2-8　由电子显微镜扫描的泡沫镍照片（95 孔/英寸）

2.3.1 泡沫镍的孔结构特征

图 2-9 是一个泡沫镍网络单元模型,是由相互关联的、原则上相互贯通的网络单元(Cell)组成的三维网络结构,每个网络单元由 30 个孔棱、12 个五边形孔(Pore)构成一个十二面体。表征泡沫镍多孔三维空间基本特征参数的方式有两种:每英寸上的孔数(Pores Per Inch,PPI)和孔径(Mean Cell Diameter)。两种方式所说的"孔"必然包含内在的联系,然而,视角和形式又有所不同。"孔数"是显微镜下每英寸长度上实测到的可视孔(Pore)的数量;而"孔径"是指 Cell 截面的直径长度。有关泡沫镍的 PPI 和孔径两个参数的提出和应用,是基于欧洲著名的聚氨酯海绵生产商瑞克赛尔(Recticel)公司曾在 20 世纪末,发行了一本名为《一种测量聚氨酯海绵网络单元直径的新方法》(*A New Method to Measure the Cell Diameter of Polyurethane Foam*)的小册子。在该小册子中,他们提出了一个表征聚氨酯海绵孔结构特性的新方法替代他们认为传统的、过时的、无法严格定义的或定义不准确的参数和方法——PPI。因为按照 PPI 的定义,是指在海绵 1 英寸长度上能数到的孔的数量。然而,在泡沫镍领域,孔是一个不确定的状态,它可能是一个五边形的透孔,也可能是一个 Cell 的一部分,极端情况下它甚至是一个坍塌的孔洞,因此孔从未被明确定义过。实际上,它也无法定义,或者说,定义了意义也不大。他们认为,由于 PPI 没有一个准确严密的量纲,因此从未被接受为国际化的单位,其测量的方法也均未统一。因此,材料供应商对 PPI 的考量和控制,都有自己的尺度和经验,对于一个确定 PPI 的产品,可能会有多个规格不一样的产品与之吻合,造成了技术和商务上的混乱。虽然新方法是针对聚氨酯海绵提出的,但是,由于泡沫镍是由聚氨酯海绵模芯脱胎后的电铸镍产品,所以很自然地借用来对泡沫镍进行表征。

为说明 PPI 测量的结果弥散度较高,上述小册子列出了图 2-10 所示的实例,按 *A—B* 方向和按 *C—D* 方向数孔的个数,所得结果可能有较大差异。

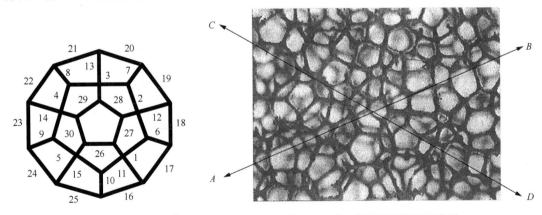

图 2-9 泡沫镍网络单元(Cell)模型　　　图 2-10 PPI 测量的不准确示意图

基于上述认识,Recticel 公司为海绵设计了一个测量网络单元(Cell)直径的方法,用于度量、表征材料的孔结构特性,并定名为 Visiocell 法。Visiocell 法的技术要点如下:用一种只能由 Recticel 公司校准过并由它提供的透明对比胶片，胶片上印有与海绵放大照片的放大倍率一致的圆环，在海绵放大照片上选定一个合适的 Cell，以此胶片和圆环与海绵内的 Cell 进行对比、测量，确定其直径的尺寸，即上述网络单元 Cell 的"孔径"。

Recticel 公司的论断被欧洲厂商普遍接受。加拿大 INCO 公司太平洋营销有限公司在上海办事处，于 2000 年发布了一本《INCO 特殊产品》，目录中专门列出一章，介绍了"泡沫镍孔径的测定程序"，并且在 Recticel 公司提出的理论基础上对其 PPI_{2D} 和 Cell 孔径 D_{3D} 的计算公式作了简捷和实用化的处理。不过，目前泡沫镍行业对 PPI 的使用仍然普遍认同，其原因是尽管用于表征泡沫镍孔结构特性的 Cell 孔径具有国际公认的量纲，而且精确度也可能比 PPI 稍有进步；但是，对于一个确定型号的泡沫镍仍然既有多个 PPI 与之对应，同时也有多个 Cell 孔径与之适配。Cell 孔径并非唯一，也未达到现代技术理想的精准。应该说，这是聚氨酯海绵在给泡沫镍技术带来荣耀的同时，也给这项工程材料留下的困惑和遗憾。因此，一个有趣的现象是在不同的地区，如亚洲的泡沫镍生产企业、海绵供应商和相关应用的客户进行技术和商务交流时，习惯上仍然较多使用 PPI，而欧洲地区则比较强调 Cell 孔径。或许 PPI 的简单和直接，更能体现某些生产模式下对材料性能的更形象的诉求，体现经验和习惯的力量。有关 PPI 和 Cell 孔径测算方法的发明者（见 10.1.4 节）也认为"供应商和客户必须就一个系统达成一致，了解这个系统的优点和局限，并持续使用它。开发一个紧密的工作关系是重要的，这样，任何要求上的改变或评估过程可以被有效地传达，以避免混乱和双方误解"。PPI 和 Cell 孔径测算方法的并行使用，大体上就属于这种状况。本书第十章对孔数、孔径的相关测量和计算方法均有较为详细的阐述。

2.3.2 泡沫镍的产品质量与制造方法

1. 泡沫镍的产品质量

连续带状泡沫镍的产品质量包括外观、接头数、几何尺寸、电阻率、材料力学性能、孔数与孔径、孔隙率、面密度、化学成分及其他特性品质（DTR）等，在本书第十章，对其测量和管控方法有较详细的说明。对于其他形态的泡沫镍，其质量和管理方法须参考相应的技术资料。

2. 泡沫镍的制造方法

根据不同用途，泡沫镍的制造方法除目前采用的主流方法——电铸法之外，还有烧结法、发泡法和气相化学沉积法[102-106]。

（1）电铸法是目前生产泡沫镍最为广泛采用的方法，本书后续章节将详细介绍有关内容。

（2）烧结法起源于 20 世纪 50 年代电池行业的兴起，电池行业使用烧结工艺制备多孔镍基板。烧结法制备的镍基板技术，代表了镍系列二次电池的一个发展阶段，在 3.1.1 节中有简单介绍。

（3）发泡法是通过向高温熔融金属镍中添加发泡剂或直接通入惰性气体，发泡剂分解产生的气体或外加的气体膨胀达到发泡的效果，冷却后可获得泡沫镍材料。与其他泡沫金属类似，发泡工艺也可分为熔融金属发泡法、气体发泡法和粉末发泡法。采用熔体或粉末发泡法合成的泡沫镍，其孔隙率和孔径均较小且密度大，泡沫脆性大；使用吹气法制备的泡沫镍，孔隙率和孔径均较大，而密度也较小，泡沫韧性相对较好，可作为防撞的结构材料。

关于泡沫镍的制备，还有其他一些方法，如羰基镍法、浸镍盐热解法、低温气相沉积法、真空气相沉积法、铸造法等。其中，铸造法又可分为熔模铸造法和渗流铸造法。之后，随着技术不断进步，又出现了脉冲电沉积法[107]、电解液喷射沉积法[108]。但这些方法均存在不同的缺点，离工业化生产和市场需求的质量还有一定差距。

2.3.3 与泡沫镍技术有关的若干名词术语的定义及其用法说明

目前，泡沫镍行业在专业名词术语方面缺乏规范的国际标准或国家标准，而且因其生产体系的个性化环节较多，故涉及的名词术语也多。长期以来，因为泡沫镍的电铸工艺与表面工程中的电镀技术十分接近，所以由电镀技术衍生而来的行业习惯用语、术语简称、近义词及部分表意含糊的用语，在国内外泡沫镍行业内普遍使用并约定俗成。本书为了表述准确，力求规范，避免歧义，对以下名词的定义和用法进行说明，相关定义和解释一般仅限本书适用。

1. 材料方面的名词术语定义及用法说明

1）泡沫镍作为功能材料时的表述

（1）基板：泡沫镍作为电池和其他电化学工程技术的电极材料或材料之一时，称为"基板"。它在电极中是作为活性物质的载体和电子的集流体。在电池中与泡沫镍起相同作用的其他基板材料在3.1.1节中有论述。

（2）泡沫镍材料：泡沫镍用作电极以外的功能性材料时，可称为"泡沫镍材料"或"泡沫镍"等界定准确的表述。

2）对聚氨酯海绵的表述

聚氨酯海绵：简称"海绵"，因其作为泡沫镍微观形貌的"模板"，故成为泡沫镍生产的重要原材/料。聚氨酯海绵有如下两类：

（1）聚酯海绵。

（2）聚醚海绵。

3）对各工序制成品的表述

（1）海绵模芯：简称"模芯"，指真空磁控溅射镀镍、化学镀镍、涂炭胶等导电化工序的制成品，对其可按工序命名，如"磁控溅射镀镍模芯""化学镀镍模芯""涂炭胶模芯"等。

（2）泡沫镍半成品：简称"半成品"，指电铸工序的制成品。

（3）泡沫镍：热处理工序的制成品。视其工艺过程的状态，可以称为"泡沫镍卷材"

或"泡沫镍带材"。

（4）泡沫镍成品：简称"成品"，指剪切工序的制成品，即按客户尺寸要求对泡沫镍分条后的泡沫镍成品卷或泡沫镍成品条（带）材。

（5）泡沫镍产品：简称"产品"，指泡沫镍成品包装后的所有状态。

4）对各工序在制品的表述

工序在制品简称"在制品"，对各工序工艺过程中动态工件带材的表述。若需界定在制品所在的工序，则以定语说明，按下述方式表述。

（1）聚氨酯海绵导电化工序的在制品：指真空磁控溅射镀镍在制品（简称"磁控溅射在制品"）、化学镀镍在制品、涂炭胶在制品，特指从海绵到模芯之间工艺过程中的带材工件状态。

（2）电铸在制品：指电铸工序的在制品，特指从模芯到电铸制成品（即泡沫镍半成品）之间工艺过程中的带材工件状态。

（3）热处理在制品：指热处理工序的在制品，特指从泡沫镍半成品到热处理制成品泡沫镍之间工艺过程中的带材工件状态。

（4）剪切在制品：剪切工序的在制品，从泡沫镍卷材到泡沫镍分条成品卷之间工艺过程中的带材工件状态。

5）对相关材料的微观形貌及结构的表述

相关材料是指聚氨酯海绵、海绵模芯、泡沫镍及各工序在制品和制成品。

（1）三维通孔网络结构：简称"网络结构"或"网络"，是对上述材料微观形貌和结构的一般表述。原理上，这些材料的微观形貌和结构特征应该是完全相同的。上述材料的微观形貌是由相互贯通的网络单元组成的三维结构。详细论述见2.3.1。

（2）孔结构特性：涉及对上述材料孔特性的表述，主要涵盖孔的构成、孔的形状、网络单元（Cell）的平均孔径（Mean Cell Diameter）、孔的密度等。有关孔结构特性的详细论述见2.3.1节。

（3）网络单元（Cell）：也称"特征单元孔"，是对三维孔棱构成的网络中一个特定孔的表述。

（4）孔棱：是对构成上述材料网络单元和其他各种形态孔的肋条的表述。

（5）孔棱骨架：是对三维孔棱结构整体形象化的表述。

（6）孔：是对网络单元（Cell）直径的表述。

（7）PPI：是泡沫镍行业在世界范围内对聚氨酯海绵和泡沫镍孔密度的一种特定的表述，即每英寸长度上孔的数量（Pores Per Inch），简称"孔数"或PPI。

2. 工艺方面的名词术语定义及用法说明

（1）聚氨酯海绵导电化方法：是对制造海绵模芯的多种方法综合表述。相关文献中也常把该方法称为"工艺""技术"和"处理"。

（2）聚氨酯海绵真空磁控溅射导电化法：简称"真空磁控溅射法"或"磁控溅射法"

是对聚氨酯海绵一种导电化方法的表述，该方法是目前泡沫镍生产过程中常用和重要的工序，第四章对此有详述。

（3）聚氨酯海绵化学镀镍导电化法：简称"化学镀镍法"，是对聚氨酯海绵一种导电化方法的表述，第五章对此有详述。

（4）聚氨酯海绵涂炭胶导电化法：简称"涂炭胶法"，是对聚氨酯海绵一种导电化方法的表述，相关文献中也称为"涂导电胶法"。涂炭胶法是涂导电胶法的一种，也是聚氨酯海绵导电化方法中成本较低、工艺过程较简单的方法。5.2.2节对此有论述。

（5）泡沫镍制造的电铸工序：简称"电铸"，电铸是泡沫镍制造过程中的关键工序。在本书中与"电铸"相关的词语还有"预电铸""主电铸""水平型电铸""V型电铸""弧形电铸""立式电铸"及"组合式电铸"等。

（6）泡沫镍制造的热处理工序：简称"热处理"，在本书中是对泡沫镍制造过程中电铸工序之后一种特定的热处理工艺的表述。国内在泡沫镍开发之初因为借鉴了烧结炉的若干成熟技术，所以泡沫镍行业常把热处理工序称为"烧结"。

（7）泡沫镍制造的剪切包装工序：简称"剪切包装"或"成品工序"是对泡沫镍生产最后一道工序工艺过程的表述。

（8）走带：是对各工序在制品在加工工艺过程中移动形态的表述。

（9）化学镀镍液：是对聚氨酯导电化处理中化学镀镍法所使用溶液的表述，在第5章中可简称为"化镀液"或"镀液"，但不能称之为"电解液"。

（10）瓦特镍电解液：也称为"Watts镍电解液"，简称"电解液"，是对电铸镍时所使用的电解槽中电解液的表述。因与电镀用瓦特镍电解液高度类似，故常与之混淆。本书若无特指，皆指电铸用瓦特镍电解液。

（11）切片：是对聚氨酯海绵从发泡体被加工成"带状片材卷"过程的表述，"切片"分为"平切""旋切""环切"等不同的方式。

（12）分条：是对下述加工过程的表述，即把热处理后的泡沫镍卷带材剪切加工成客户要求的宽度、长度和厚度的泡沫镍条状成品的工艺过程。

3. 设备

与各工序相关的设备，参照上述"材料"和"工艺"的有关规定，确定名词术语，避免使用俗称和各种表意不清的习惯用语、近义词等。相关名词术语力求规范、完整，必要时可作说明或附注说明。

第三章 泡沫镍制造技术在中国的开发历程、技术进步及全球的产业现状

本章扼要介绍在我国镍系列电池电极基板应用的历史沿革,以及泡沫镍基板的制造从块状到连续带状的开发历程。以现代泡沫镍制造的核心技术——聚氨酯海绵导电化处理的真空磁控溅射技术和电铸泡沫镍技术为线索,对泡沫镍生产企业——原长沙力元新材料有限责任公司(现为"湖南科力远新能源股份有限公司",以下简称"力元")的创新实践和技术进步过程进行了简介和评述,通过具体的生产技术实例和环节,揭示了企业在技术创新中的主体作用和地位,折射出新经济时代制造业面临转型升级必须接受的种种考验和挑战。

3.1 泡沫镍制造技术在中国的开发历程

3.1.1 技术背景

20世纪80年代末,中国社会物质和文化生活逐渐丰富,各类便携式电器,如收录机、随身听、摄像机,悄然面世,迫切需要生产工艺简约、比能量高、体积小、携带使用方便、循环寿命长、性价比高的二次电池为其提供驱动能源。制造技术相对成熟的圆柱形镉镍电池的开发应运而生。泡沫镍作为此类电池的正、负电极基板成为首选,该材料的开发基于塑料电镀和金属热处理的相关技术路线,在电化学工程技术领域也酝酿成熟。

此前,国内外镉镍电池技术经过不同历史阶段的发展,已经形成了多种结构系列,分别作为照明、信号灯等用途,在飞机、车辆、矿井等领域和航天设备的能源系统中应用。图3-1～图3-4所示分别为极板盒式镉镍电池的电极展开示意图、辊轧后的电极、电极组装图和电池解剖图。

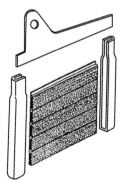

图3-1 极板盒式镉镍电池的电极展开示意图[1]

图3-2 辊轧后的极板盒式镉镍电池的电极[2]

 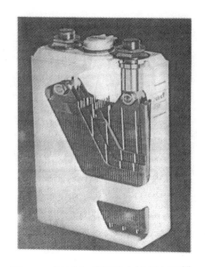

图3-3 极板盒式镉镍电池的电极组装图[3]　　　图3-4 极板盒式镉镍电池解剖图[4]

中国的镉镍电池的发展包括泡沫镍的应用，共经历了四个阶段，可以用镍电极的基板材料作为各阶段技术开发的标志[5]。

第一阶段（20世纪五六十年代）的标志为袋式极板盒电极，正电极基板材料为穿孔镀镍钢带，厚度为0.08～0.1 mm，孔形为长方形或圆形，孔隙率也会因此而不同：前者为10%～25%，而后者为18%～28%。在包粉机上将基板制成极板盒小条，将正极活性物质填充其中。为了抑制正电极在充/放电周期产生溶胀，还会在极板盒上辊轧条纹，以提高其强度。

第二阶段（20世纪六七十年代）的标志为板式烧结电极，无极板盒结构，在当时属国内外首创。确切地说是烧结成形的多孔镍基板。基板的骨架可选择多种材料，包括镍带、冲孔镀镍钢带、镍丝编织网、镀镍钢丝编织网以及镀镍的钢带切拉网，所谓切拉网，即在带材上制造切口，同时作横向拉伸，使带材成为棱形孔棱小孔的骨架材料。编织丝网的丝径约0.2 mm，孔径约1.0 mm。冲孔骨架带材，厚约为0.1mm，圆孔孔径为2 mm，孔隙率约为40%。所冲孔型可以是多种形状，除多数为圆孔、方孔外，还可以是十字孔、菱形孔、鱼鳞孔、八字孔、六方孔、长方孔、三角孔等。以上述带材为骨架模板，将混有造孔剂和黏结剂的电解镍粉或羰基镍粉，以湿法拉浆和干填粉的方式在电池生产的专用设备上，挤压进骨架材料，并置于1000 ℃左右的有氢气氛保护的还原炉中烧结25 min左右，还原烧结成一种三维的块状多孔镍基板固体，基板厚度为0.40～1.0 mm，孔隙率为80%，孔径6～12 μm。将烧结后的基板在硝酸盐中浸渍，然后经电解，制备成电池的正极，其厚度为2～3 mm。

第三阶段（20世纪七八十年代）的标志为箔式烧结电极，基板骨架为冲孔的镀镍（镍层厚度为0.5μm）钢箔带或镍箔带，其孔隙率为30%～40%。将羰基镍粉制成浆料，用湿法刮浆至骨架，于氨分解氢的气氛还原炉烧结制备镍基板。之后，采用与板式烧结电极的相同工艺制备成正极板，厚度为0.5～1mm[5]。

用箔式烧结基板制造的镉镍电池与之前的电池相比，具有内阻小、耐过充、可大电流放电、低温性能好等优势,并可制备成卷绕式圆柱形镉镍电池。但箔式烧结电极不仅制造工艺复杂并且镍耗高,无法满足便携式电器对能源的性价比要求。极板盒式和烧结板式更是无法适应便携式电器对电池小型化和高比能量的需要。然而,上述电极基板衍生的电极和电池制备技术,彰显了电极基板材料在电池结构中的重要作用和电池材料在电池产业发展中作为动力的地位,也为寻找新型电极基板和电极的制作方式积累了丰富的经验。图3-5为可用于制作镍系列电池的电极基板的5种金属材料。

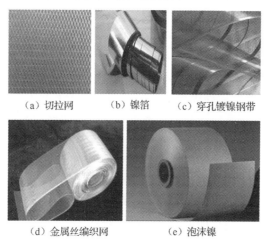

图3-5 可用于制作镍系电池电极基板的5种金属材料

第四阶段(20世纪80年代后期)的标志为泡沫镍基板电极。这一时期储氢合金材料的成功开发,为金属氢化物镍电池的问世和泡沫镍的应用起到了铺垫和助推的作用。20世纪70年代,美国的M.Klein和J.F.Stockel首次成功开发了高压氢镍电池[5]。该电池借鉴了镉镍电池的氧化镍电极和氢氧燃料电池的氢电极技术,用高压容器组装的电池和电池组服务于航天空间领域。图3-6为TRW公司生产的81A·h高压氢镍电池组。

图3-6 TRW公司生产的81A·h高压氢镍电池组[6]

高压氢镍电池具有诸多明显的移动电源的优势，例如，若不考虑高压容器的质量和体积，它具有很高的比能量和比功率；循环寿命之长为各类免维护蓄电池之首；耐过充/过放电；电池的荷电状态可借助氢气的压力方便地被显示和控制。然而，高压氢镍电池也存在无法用于普通商业目的的重大缺陷。例如，充电后氢气压力高达 3~5MPa，必须使用耐高压的容器，以保证电池的安全；自放电率高；存在因氢气泄漏引起爆炸的隐患，必须使用贵金属铂作为催化剂。这些缺陷使它更不可能用作便携式电器的小型能源，然而，高压氢镍电池却展示了一个应用前景广阔的、新的电池体系，催生了在氢镍电池体系中探索携氢新途径的热点课题。20 世纪六七十年代，人们发现 $LaNi_5$、Mg_2Ni 等合金具有可逆吸放氢的能力，并据此尝试开发低压氢镍电池，但遭遇了充/放电过程容量迅速衰减的瓶颈。1985 年，荷兰菲利普石油公司的 Markin 首先成功研制成一种低压氢镍电池[5]，其关键技术采用了吸氢合金，$LaNi_5$ 替代高压氢镍电池中复合了铂黑催化剂的氢电极。中国在"863"计划支持下，于 20 世纪 80 年代末成功研制了储氢合金。包头钢铁公司稀土研究院李培良教授等在广东中山市创办了"天骄"新材料公司，销售国产 AB_5 型吸氢合金。河南新乡等地是中国镍系列电池产业化的重要基地，成为这一时期中国开发新型电池镍正极和镉负极活性材料的主要来源地。广东清远等地的以镀镍电池钢壳为代表的电池零配件及时应市，也为小型圆柱形电池的国产化生产提供了条件。正是在这样的经济环境和技术背景下，用于便携式电器的高比能量新型二次电池的开发和泡沫镍在中国电池产业中的应用拉开了序幕。

这一时期，即 20 世纪 80 年代末，哈尔滨工业大学电化学及电池专家王纪三教授，带领他的学生团队，在广东江门三捷电池实业公司，研制了块状泡沫镍的工业化生产工艺，并将其成功用于 A 系列圆柱形镍镉电池的正负极极板的制造，完成了圆柱形镍镉电池的开发工作[7]。与此同时，在珠海创办了第一家将科研成果孵化为生产力的"益士文化学工程中心"，进行金属氢化物-镍电池的小批量试生产，同时开发可充电的碱锰电池[8]。在可充碱锰电池中，还首次采用泡沫铜作为二氧化锰电极的骨架，其功能与泡沫镍类似。泡沫铜的制备原理也类似泡沫镍的"三段式"。90 年代初，在珠海组建了三益电池公司，批量生产镉镍、金属氢化物-镍电池 A 系列圆柱形电池，成为中国首家生产金属氢化物-镍电池的工厂。其产品除满足国内需求之外，还以价格优势受到中国香港、中国台湾、东南亚等地区一些电池经销商的青睐。三益电池公司当时使用的泡沫镍制造电极的技术，从最初的拉浆到后来的干填粉工艺，30 多年来，一直影响着中国金属氢化物-镍电池生产的技术路线。在王纪三的主持下，于珠海讨论并制定了中国首部《电池用泡沫镍》国家标准。

3.1.2 块状泡沫镍的开发

块状泡沫镍的生产制造，始于广东江门的三捷电池公司和珠海的三益电池公司。该技术的工艺与设备，还被视作电池技术的一个重要组成部分，由益士文转让到当时的哈尔滨电池厂、鞍山电池厂和渭南电池厂。

现在看来，当时块状泡沫镍的生产、工艺和设备均比较简陋，产品质量指标单一，基本上只有外观、柔韧性、面密度、厚度和电极基板的质量。带有明显的试验室制备技术简单放大的工艺特点。制造工艺采用开孔聚氨酯海绵经导电化处理,即化学镀镍后,经电沉积镍,再通过焚烧模芯,在氢气气氛下进行热处理还原退火,基本能达到电池生产过程对电极基板材料力学的要求。其主要技术路线为上述的"三段式"。这种三段式在泡沫镍的生产技术中,从块状到连续带状,沿用了近十年。

1. 块状泡沫镍聚氨酯海绵的导电化处理

泡沫镍采用电铸的方法制备,电铸的模芯采用开孔软质聚氨酯海绵,模芯的选用,得益于聚氨酯海绵的规模生产和产品质量的相对稳定。此前,聚氨酯海绵主要用作汽车工业、家居、服装行业等所需要的座椅或沙发的填充物和衣物衬里材料,广州等地的小型海绵厂均生产此类海绵。聚氨酯分为聚醚型和聚酯型,都选用开孔型海绵。因为对早期泡沫镍的生产,在认识上存在局限性。对聚氨酯品质指标的控制相对简单,国内海绵多为平切,每卷的长度和宽度已由海绵供应商的生产设备定型,电池厂能够提出的质量要求也仅仅是海绵的厚度、孔隙密度和孔缺陷,孔隙密度一般控制在80~110孔/英寸。允许的闭孔数和孔的坍塌数量也只是根据目视判断的定性要求,即使对闭孔数不满意,也只能寄希望于化学镀镍前处理的粗化工序去除,因为薄如蝉翅的闭孔在酸性的强氧化剂溶液中很容易破壁。至于海绵的力学性能皆无明确规定。聚氨酯裁片的尺寸完全受制于泡沫镍的生产设备和电极拉浆成形后的尺寸要求,最佳利用率全凭生产经验优选确定。由于手工操作,不同工序形成的误差积累造成的材料浪费和品质的不确定性是很严重的。

聚氨酯导电化处理工艺中的几个主要工序借鉴了塑料电镀的导电化技术,其主要工艺过程如下:

按块状尺寸要求对聚氨酯海绵选材和裁片→粗化→浸酸→活化→解胶→上挂具→化学镀镍→回收化学镀镍液→平铺储存作为电沉积镍备用。上述工序之间均有充分的水洗、沥干。

对于化学镀镍前的处理设备,三捷电池公司采用了自制的专用处理机,该设备的工作原理示意如图3-7所示。

图3-7 块状泡沫镍化学镀镍前的处理设备工作原理示意

化学镀镍工序采用简单的挂镀方式,为提高工作效率,之后也采用多层迭片,提高装载量的作业。三益电池公司在生产实践中发现,可以采用更为简便的方法,对片状海绵进行化学镀镍前的处理。具体做法是除水洗工序外的各道工序,选择一台专用单桶洗衣机,改换其进水阀和排水管,使之能够耐各项处理液的腐蚀,漂洗水进入各专用废水处理池。化学镀镍以高装载量的作业方式,采用聚丙烯镀槽,钛管加热,所使用的设备和作业方式简单。化学镀镍和前处理的各种电解液与本书第五章相关内容大致相同。

2. 块状泡沫镍的电铸成形

聚氨酯被化学镀镍之后,三捷电池公司和三益电池公司的电铸成形工艺采用瓦特镍电解液,具体电解液和工艺规范如本书第六章所述。三捷电池公司在生产初期的电铸设备相对简单,之后与三益电池公司的设备趋同,均采用电镀生产中常用的龙门式自动电镀生产线,以阴极起落移动改善工件电沉积过程的分散能力。龙门吊按编程要求,游走于全线的不同工位,在电沉积规定的时间内,适时吊起和落位装有工件的电铸挂具。在生产线端头,由人工装卸挂具,将化学镀镍后的海绵模芯装挂待镀,再将电铸成形后的块状泡沫镍半成品卸挂水洗。三益电池公司的块状泡沫镍电铸生产线如图3-8所示。

图3-8 三益电池公司的块状泡沫镍电铸生产线

3. 块状泡沫镍的热处理

电铸成形后的块状泡沫镍须进行热处理,热处理炉的结构原理借鉴了粉末冶金还原气氛保护的热处理技术。三益电池公司生产块状泡沫镍所用的热处理炉分为焚烧炉、还原炉、保温段、水冷段4个工区,全长为17m左右。其结构示意如图3-9所示。实际应用时,焚烧炉和热处理炉分别安置。

第三章 泡沫镍制造技术在中国的开发历程、技术进步及全球的产业现状

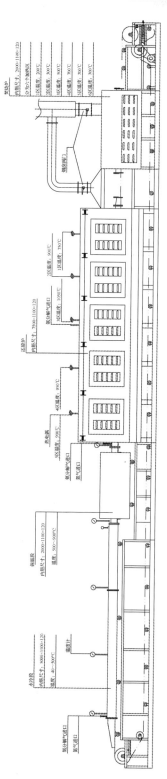

图 3-9 三益电池公司的块状泡沫镍热处理炉结构示意（长度单位：mm）

3.1.3 连续带状泡沫镍的开发

块状泡沫镍在三捷电池公司、三益电池公司的开发应用,虽然能够满足本企业镍镉、金属氢化物-镍电池的生产需要。但在20世纪90年代,继这两家之后,比亚迪等一大批规模不等的镍镉、镍氢电池公司相继投产。其生产格局和技术路线与上述两家公司大同小异,以设备投资少和人工密集的优势,参与世界电池市场的竞争。法国、美国等生产的连续带状泡沫镍产品陆续走进中国市场,但其售价之高使中国电池厂家常常望而却步,使用进口泡沫镍便失去了当时中国电池的性价比优势,而泡沫镍对电池产品质量的影响又显而易见。

初期的镍镉、镍氢电池正、负电极均采用泡沫镍作为活性物的支撑基板和集流体材料,后期为了降低成本,负电极改用穿孔镀镍钢带。泡沫镍是块状还是连续带状,决定了当时的电池极板制造是手工间断作业还是部分连续自动化作业。由于电极制造方式的不同,对电极进而对电池的品质一致性会产生很大的影响。一方面,由于"块状"的限制,使浆料(或粉料)在作业过程的物理、化学性能状态变化频繁,电极活性物质在泡沫镍上的分布、烘干方式及电极表面状态都不可能像连续自动化作业那样保持批量生产的一致性。手工间断作业的各生产环节(如电极极耳点焊、卷绕、化成等)差异性的积累和扩大,势必导致电池的一致性较差。另一方面,块状和连续带状两类泡沫镍产品的生产方式有着本质上的差别,多项质量指标也存在很大的差异。后者可通过连续自动化生产设备实现在线控制,能有效改善泡沫镍结构和性能的一致性,这是块状泡沫镍无法比拟的。仅以面密度为例:当时块状泡沫镍生产AA型电池,单片泡沫镍的质量极差可达±0.25 g;而连续带状泡沫镍则可维持在±0.08 g[9]。这是由于块状泡沫镍在电铸过程,不仅各块位置不同,电流分布也有较大的差异,即使是在同一块泡沫镍上,由于电流分布的差异性,边缘效应也十分明显,这些在块状泡沫镍电沉积过程中几乎是无法规避的弊端。而在连续带状泡沫镍的制造中,因加工方式的进步,这些问题可迎刃而解。为了降低单片泡沫镍面密度差异,块状泡沫镍在裁片时边角余料较多。为了不造成浪费,常将废料轧实后,作为补充镍材添加到电铸镍槽的阳极钛篮中。后来发现,此举却在泡沫镍的化学成分中错误地引入了较高的磷杂质,使电池内阻增加。

1998年,长沙力元通过自主创新,建成了我国第一条连续带状泡沫镍生产线。该生产线采用化学镀镍的方式完成聚氨酯海绵模芯的金属导电化处理,生产的各道工序以连续自动化作业的方式进行,全套技术属国内首创,企业内称为一期工程。一期工程定格了连续带状泡沫镍的生产模式,其核心技术"一种连续化带状泡沫镍整体电铸槽"的发明[10],为后期的技术提升奠定了基础。图3-10所示为连续带状泡沫镍在长沙青园路的中试现场。

"一种连续化带状泡沫镍整体电铸槽"具有如下创新特点:在槽体内安装多个V型电铸传动辊(分上、下传动辊)、水平型电铸传动辊、V型电铸阳极板、水平型电铸阳极板,在水平型电铸传动辊上方安装有压辊及挡板。上述传动辊均由一个电动机减速器通过链轮、链条传动,传动辊可作为给电辊,槽体外侧还安装有放卷辊和溶液收集槽。该发明为实用新颖,因设计合理、构思新颖、技术性能优良而被授权为中国专利。图3-11为该发明结构原理,图3-12为长沙力元一期工程电铸生产线照片。

第三章　泡沫镍制造技术在中国的开发历程、技术进步及全球的产业现状

图3-10　连续带状泡沫镍在长沙青园路的中试现场

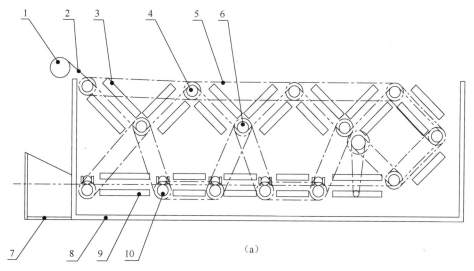

(a)

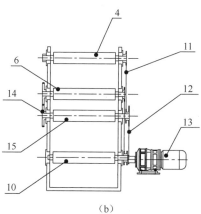

(b)

1—放卷辊　2—海绵模芯　3—V型电铸阳极板　4—V型电铸上导电辊　5—链传动系统
6—V型电铸下导电辊　7—电解液收集槽　8—电铸槽体　9—水平型电铸阳极
10—水平型电铸导电辊　11—传动链　12—减速传动链　13—减速机　14—换向齿轮　15—换向辊

图3-11　"一种连续化带状泡沫镍整体电铸槽"结构原理

图 3-12　长沙力元一期工程电铸生产线照片

继长沙力元之后，国内先后出现了山东菏泽鲁峰、沈阳金昌普、香河格林尼克、唐山晶源、北方电子、山东万方等一批连续带状泡沫镍制造企业，并形成一定产能，但上述企业除山东菏泽鲁峰外，其他企业先后停产。长沙力元的泡沫镍产品因性价比优势，开始走出国门，逐步奠定了该企业在国内泡沫镍行业的领先地位。

3.2　连续带状泡沫镍制造技术的创新与进步

长沙力元一期工程的投产，在连续带状泡沫镍材料国产化的进程中具有重要意义。然而，由于生产过程海绵模芯导电化处理采用了化学镀镍工艺，工序中产生多种工业废水；电铸镍工艺也产生大量含镍废水，处理技术难度大，成本高昂。为彻底解决这一难题，该企业对导电化工艺及电铸镍废水的处理进行了开创性的技术革新。

（1）导电化采用真空磁控溅射，以真空磁控溅射工艺替代化学镀镍，完成聚氨酯海绵被加工成电铸模芯的导电化处理。真空磁控溅射技术属于气相物理沉积，从工艺技术上根本解决了化学镀镍及其前处理工序带来的复杂的废水处理难题。而且由于生产方式的改变，生产效率也大幅提高。与此同时，还消除了化学镀镍在泡沫镍中掺杂磷的弊端，减小了泡沫镍的电阻。

（2）电铸镍系统的技术革新，采用短线代替长线，提升了产品质量，改善了生产环境和生产格局，使电铸镍废水最终达到无排放的要求。

（3）在继续使用长线生产泡沫镍的过程中，用膜处理技术替代化学法处理每日产生的 1000t 电铸镍废水。该项技术的承接商通过长沙力元这个平台在中国首创了膜处理电镀镍废水的一套行之有效的零排放技术，达到镍和水的同时回收，并作为范例在中国电镀行业推广。目前，已成为电镀行业电镀镍废水处理的先进方法。

3.2.1 真空磁控溅射的技术创新

1. 概述

20 世纪末,可用于泡沫镍制造的真空磁控溅射生产技术在国内尚属空白。当时面临的技术瓶颈有以下 3 点。

(1) 真空度的保证和镀膜温度的控制。镀膜材料为三维多孔聚氨酯海绵,抽真空排气时间长。而聚氨酯化学稳定性又很差,温度高于 60℃时便有气体逸出,使真空度降低,因而成为技术难点之一。

(2) 溅射靶的结构设计。靶材是用纯镍制作的,且是磁性材料,因此,靶的厚度、靶面磁场分布、靶体的温度、靶材溅射利用率等诸多因素,是设计中必须反复实验摸索才能获得的优化数据,成为技术难点之二。

(3) 海绵拉伸的张力控制。海绵在真空磁控溅射镀膜机内须连续放卷、收卷,卷辊的运转必须保证张力适中、稳定。张力过大,会使海绵过度变形,破坏孔径、孔形结构甚至使海绵走偏、断带;张力太小,海绵带材不能绷紧,镀膜层的均匀性及平整度严重变差,不仅产品质量下降,而且在生产过程中带材海绵跑偏、打滑、缠带、吊带故障也频繁发生。张力控制系统的难度主要原因如下:海绵带材的走速和张力是一对强耦合物理量,而放卷筒的线速度又是实时变化的,在此系统中,速度的变化必然引起张力的变化,反之,张力变化又会引起速度的波动;系统动力模型变化频繁。随着放卷的连续进行,海绵卷的直径不断变小,系统惯性不断变化,复杂的系统对实时控制的要求增强。卷绕系统由很多辊子组成,各子系统之间相互影响,导致海绵张力控制相当复杂。动力模型需要大量的数据积累,并不断修正,成为技术难点之三。

长沙力元先后与国内两家真空设备厂合作,从 1999 年到 2006 年共开发了三代真空磁控溅射镀膜机,有 4 种机型,分别是哑铃式磁控溅射镀膜机、偏置哑铃式磁控溅射+电弧离子镀组合镀膜机、箱式磁控溅射镀膜机、偏置哑铃式磁控溅射镀膜机。曾尝试采用过磁控溅射镀、磁控溅射+电弧离子组合镀等多种工艺。通过比较镀膜质量、工艺稳定性、生产成本、生产效率、设备成本、设备维护和操作性能等多重技术指标,以及对包括原料性能在内的各种影响因素综合评估,最终选择的主体机型为偏置哑铃式结构,采用真空磁控溅射镀膜工艺,即第三代真空磁控溅射镀膜机。

2. 第一代真空磁控溅射镀膜机的开发

第一代真空磁控溅射镀膜机是由长沙力元与兰州真空设备厂合作共同开发的。原型机的设计参数是通过在小型镀膜机上的实验数据而确定的,于 2001 年生产出合格的镀膜产品。

真空磁控溅射镀膜机的创新点如下:

(1) 上镍量。依据长沙力元原有生产工艺化学镀镍导电化处理的数据,即厚度为 1mm 长度为 300m 的聚氨酯海绵卷材上镍量的目标值为 $10g/m^2$ 以下。后期发现,PVD 工艺无法达到如此高的上镍量,设备和镀件都无法承受,生产不出合格的产品。经技术改进并通过试验选择了上镍量的优化值，在后来的技术进步中该值不断被修正和完善。

（2）真空度。依据前期在小型真空磁控溅射镀膜机上的海绵镀镍试验数据，确定的本底真空度为 $5×10^{-4}$ Pa，工作真空度为 $(2～5)×10^{-2}$Pa，抽空时间为40min。在第一代真空磁控溅射镀膜机的设计中，配备了多套抽真空设备，功能强大。第二代真空磁控溅射镀膜机真空度指标全部降低了1～2个数量级，生产效率更高。

（3）工艺流程。在卷绕式真空磁控溅射镀膜机内，采用磁控溅射物理气相沉积技术在聚氨酯海绵带材上一次性双面沉积含镍量为99.9%的纯镍金属，对有机多孔带材进行连续导电化处理。

（4）真空磁控溅射镀膜机结构。第一代真空磁控溅射镀膜机采用立式中置哑铃结构，上、下两端分别为圆筒形收卷室和放卷室。收卷室内安装有收卷辊，放卷室内安装有放卷辊，收卷室和放卷室之间连接安装镀膜室、导向辊和测量辊，镀膜室安装磁控溅射靶。磁控溅射镀膜室的两侧分别安装多对磁控溅射靶。第二代真空磁控溅射镀膜机的镀膜室采用偏置哑铃结构，采用磁控溅射靶或磁控溅射靶+电弧靶的组合形式。

（5）操作方式。第一代真空磁控溅射镀膜机的送料/出料采用上放下收的工作形式，卷材从靶间通过，一次性完成镀膜。第二代真空磁控溅射镀膜机的送料/出料采用下送下收的工作形式，镀膜方式与第一代真空磁控溅射镀膜机的方式不同。

（6）海绵张力控制系统。张力可以通过直接和间接两种方式进行控制。第一代真空磁控溅射镀膜机采用直接张力控制方式，即通过磁粉张力控制器测量海绵走带运行过程的张力并进行反馈，与设定的张力比较后作为张力调节的给定，以实现恒张力控制。第二代真空磁控溅射镀膜机采用间接张力控制方式，即通过对机构的机理进行分析建立张力控制模型，从中找到影响张力的相关物理量，并对其进行检测和控制，采用磁粉张力控制器+编码器。

（7）溅射室及溅射工艺。第一代真空磁控溅射镀膜机包括溅射室2个，其结构形式为箱形，带有冷却水夹套、冷却水循环系统；平面磁控溅射靶安装在每个溅射室内，相向布置，每个靶体可以单独手动打开，方便更换靶材和清理工作；溅射靶的材料采用含镍量为99.9%的纯镍板靶面，靶材利用率不小于10%；溅射用电源采用国产脉冲直流电源，功率为20kW，采用水冷结构，可满足恒流、恒功率和恒压3种工艺要求，如图3-13所示。

1—扩散泵
2—溅射室
3—磁控溅射靶
4—真空检测规管
5—冷却水循环管

图3-13 第一代真空磁控溅射镀膜机的溅射室

（8）真空系统。本台设备采用了两套 K900 型扩散真空泵（简称扩散泵）+罗茨真空泵（简称罗茨泵）+旋片真空泵（简称旋片泵）的主真空系统，一套 K630 型扩散真空泵+罗茨真空泵+滑阀真空泵的辅助真空获得系统，放卷室为主抽气口，左右各 1 个；溅射室和收卷室分别布置辅助抽气口，在放卷室的扩散泵主抽气口处布置一套深冷设备，增强海绵放卷时的瞬时吸附能力，真空检测规管分别布置在收/放卷室和溅射室，用于监测设备的真空度。放卷室及真空系统如图 3-14 所示，收卷室及真空系统如图 3-15 所示。

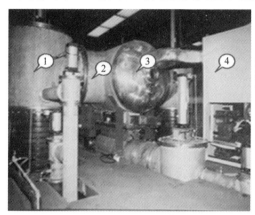

1—扩散真空泵
2—主抽气管
3—放卷室
4—Policool深冷机

图 3-14　放卷室及真空系统

1—收卷室
2—罗茨真空泵
3—滑阀真空泵
4—旋片式真空泵

图 3-15　收卷室及真空系统

（9）PLC 控制柜。整台设备的操作系统采用 PLC 编程，有自动、手动、维修三种工作模式，实现生产过程全自动控制、生产过程动画演示。

（10）卷绕系统。收/放卷采用电机+电磁离合器+磁粉离合器+动力连接轴，包括收/放卷辊、导向辊和张力测量辊；收/放卷电机为伺服调速电机，张力控制系统采用开环直接控制模式。

（11）其他部件。收/放卷室全部空间采用紧凑的筒形结构。收/放卷室的仓门，以及收/放卷辊和卷绕动力系统安装在装/卸料运行车上。冷却水循环系统主机采用螺杆压缩机组，冷却水温度设定为15℃，有效地起到降低靶、泵、溅射室工作温度的效果。

（12）总体结构。设备主体长为3m、宽为2m、高为8m，真空室全部采用不锈钢材料制造，外形为哑铃式结构，收/放卷室分开，送料/出料采用上放下收的工作形式。设备主体构成包含真空室（包括收/放卷室、靶、靶材）、真空系统、氩气流量控制系统、传动系统、设备的水冷循环系统、装/卸料运行车、自动控制及测量系统、电源和控制柜、操作平台、Policool深冷机、材料转运吊台。第一代真空磁控溅射镀膜机的立体结构如图3-16所示。

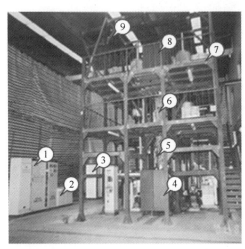

1—PLC控制柜
2—控制台
3—电源柜
4—收卷车
5—溅射室1
6—溅射室2
7—操作平台
8—放卷车
9—材料转运吊台

图3-16　第一代真空磁控溅射镀膜机的立体结构

（13）该设备是国内首台，属于中试产品，各个系统配置非常齐全，成本高；后续设备设计的工艺参数都是在这台设备的试验中获得的，它为后期设备提供了丰富的实验数据和经验。在这台设备上验证成熟的参数、结构、系统，全部用到后期设备上，如真空度、靶间距、扩散真空泵+机械真空泵的真空系统、靶的结构和冷却水系统等。

3. 第二、三代真空磁控溅射镀膜机的开发

第二代真空磁控溅射镀膜机分别采用偏置哑铃式结构和方形盒式结构两种方式，第三代真空磁控溅射镀膜机仅采用偏置哑铃式结构。在生产中发现，偏置哑铃式结构与方形盒式结构相比，机型结构紧凑，获得真空的时间短，工作真空容易维持；同样工艺条件下真空系统配置少，工艺参数调整灵活，维修方便，维护时间少，设备的造价和生产成本都较低。因而，在第三代机型中，方形盒式结构被淘汰，重点开发偏置哑铃式结构。偏置哑铃式结构机型的开发分两个阶段进行。

根据第一代中试机的经验，要满足海绵导电化处理的镀膜上镍量，需要多靶结构。但是，靶的数量过多，会造成设备体积过大，增加真空系统的负荷。而且，聚氨酯海绵经过多靶连续溅射,表面温度升高,聚氨酯的化学性能变得很不稳定,不断有气体逸出,工作真空度波动很大。为预防这种情况发生,须额外配置真空系统,又会增加生产成本和设备造价。因此,在第二代真空磁控溅射镀膜机中,尝试采用电弧离子镀+磁控溅射混合镀的方式,希望用少量的电弧靶代替部分磁控溅射靶;设备的总高度降低了1/3,操作平台高度由原来的7m降低到3m。两个检修平台作为工序间更换靶材、清洁溅射室及设备检修用。实践证明靶的减少和设备高度的降低,能有效保证设备真空度的一致性,减少真空系统的配置。真空系统选择了一套KA630型扩散真空泵+旋片真空泵的系统和两套KA400型扩散真空泵+罗茨真空泵+旋片式真空泵系统,除去了昂贵的Policool深冷机。工艺流程由原来的海绵带材的上放下收改为下放下收,通过PLC控制软件对走带速度进行控制,减少了膜在靶面的停留时间,降低了离子溅射在海绵上的热量叠加,避免了海绵镀膜时的放气现象,所配置的真空系统能有效地保证工作真空度的稳定。但是,在后续的试验中发现,由于电弧靶的离子颗粒大,虽然镀膜上镍量达到了工艺要求,但是电阻值反而不如单纯使用磁控溅射靶镀膜理想。因此,后期关闭了电弧靶,调整了磁控溅射靶的数量。改进型设备的成本是第一代真空磁控溅射镀膜机的1/4,工作效率是第一代真空磁控溅射镀膜机的1.5倍。第二代真空磁控溅射镀膜机结构和原理分别如图3-17和图3-18所示[11]。

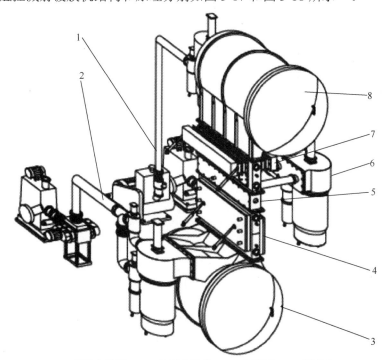

1—抽真空机组1 2—抽真空机组3 3—下筒体 4—溅射室
5—过渡室 6—抽真空机组2 7—沉积镀膜室 8—上筒体

图3-17 第二代真空磁控溅射镀膜机(磁控溅射+电弧离子组合)结构

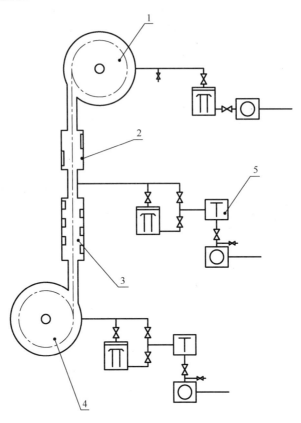

1—上卷筒室 2—电弧离子镀膜室 3—溅射室 4—下卷筒室 5—真空系统

图 3-18 第二代真空磁控溅射镀膜机（磁控溅射+电弧离子组合）原理

通过第一、二代设备的生产实践，对聚氨酯海绵进行磁控溅射导电化处理的镀膜工艺，积累了许多成熟的经验和数据。依据这些数据，在第三代真空磁控溅射镀膜机的设计中，对设备做了进一步的精简和提升。采取了设备的总高度不超过第二代真空磁控溅射镀膜机的设计原则，除去电弧靶，仅采用磁控溅射靶；溅射室的高度小于原机型电弧靶室与磁控溅射靶室的高度之和，在溅射室两侧安装了自动靶门；靶的更换、清洁维护可以实现半自动化，靶的其余参数不变。真空系统配置虽改进为粗抽机组和维持机组两套设备，但设备成本和维持费用反而降低 1/3。由于沉积膜质量的改善，使工艺参数上镍量进一步降低。与第二代真空磁控溅射镀膜机相比，维护更加便利，产品质量进一步提高，生产效率提高 15%，生产成本进一步降低。第二代和第三代的偏置哑铃式机型的共同点如下：磁控溅射靶电源均采用国产脉冲直流电源，海绵张力控制采用间接控制方式，送料/出料采用下送下收的工作形式，PLC控制软件一致，传动与控制系统、真空测量及工艺控制系统一致，含真空度、上镍量等工艺数值一致，辅助系统一致，包括水温设定为15℃的冷却水循环系统、氩气流量控制系统、压缩空气分配部件、装/卸料运行车等，均无变化。设备主体构成包括真空室（包括靶、靶材）、真空系统、氩气流量控制系统、传动系统、设备的水冷循环系统、装/卸料运行车、自动控制及测量系统、电源和控制柜、操作平台。第三代真空磁控溅射镀膜机如图3-19所示，第三代改进型真空磁控溅射镀膜机如图3-20所示。

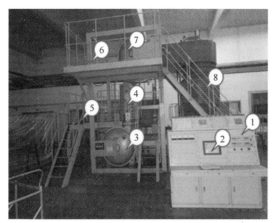

1—控制台
2—操作屏
3—下卷筒室
4—溅射室
5—操作平台
6—维修平台
7—上卷筒室
8—扩散真空泵

图3-19　第三代真空磁控溅射镀膜机

1—操作平台
2—下卷筒室
3—扩散真空泵
4—溅射室
5—上卷筒室

图3-20　第三代改进型真空磁控溅射镀膜机

第三代真空磁控溅射镀膜机（包括改进型）具有如下主要的结构特点：

（1）溅射室。结构形式为箱形，带有冷却水夹套；在溅射室两边有侧门，可自动开启，用于更换靶材和清理工作；溅射靶的材料采用含镍量为99.9%的纯镍，靶材利用率>11%。溅射用电源采用国产脉冲直流电源，功率为20kW。溅射室及靶门如图3-21所示，磁控溅射靶如图3-22所示。

（2）真空系统。第三代改进型设备采用了两套机组，粗抽机组由H150型滑阀真空泵、ZJB300型罗茨真空泵和ZJB1200型罗茨真空泵组成，维持机组由2H70型滑阀真空泵、ZJB300型罗茨真空泵和K900型扩散真空泵组成，上卷筒室为主抽气口，真空系统实物照片如图3-23所示，真空系统结构如图3-24所示。

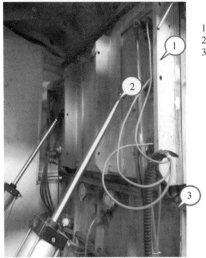

图 3-21　溅射室及靶门

1—磁控溅射靶门
2—汽缸
3—溅射室

图 3-22　磁控溅射靶

1—靶门
2—磁控溅射靶

图 3-23　真空系统实物照片

1—罗茨真空泵1
2—旋片真空泵
3—罗茨真空泵2
4—扩散真空泵
5—上卷筒室
6—真空管道
7—检修平台

第三章 泡沫镍制造技术在中国的开发历程、技术进步及全球的产业现状

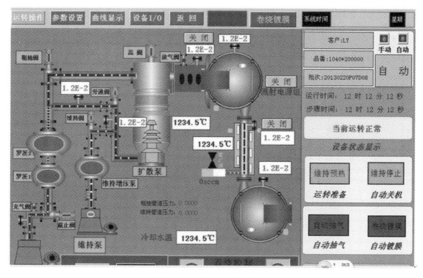

图 3-24 真空系统结构

（3）控制系统。整台设备的操作系统采用 PLC 编程，人机操作界面中有自动、手动、维修、工艺设定界面，且在自动、手动界面中均须建立严格的互锁关系，生产过程实施一键启动，即全自动方式。真空磁控溅射镀膜机能实现自动稳定转向，上、下空辊检测，材料卷径的自动检测。控制柜如图 3-25 所示，镀膜控制界面如图 3-26 所示。

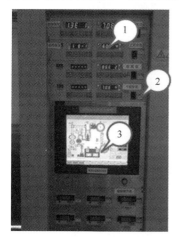

1—真空计
2—控制柜主体
3—触摸式控制屏

图 3-25 控制柜

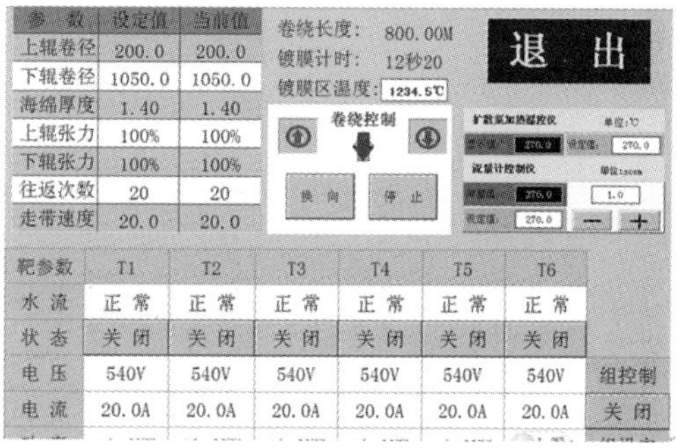

图 3-26 镀膜控制界面

（4）卷绕系统。采用伺服控制系统，走带速度为 0~20 m/min，在工作中走带速度可随意改变，并能实现正、反向自动走带和转向。走带速度检测采用电机的反馈速度作为走带速度的检测与显示依据。张力控制、速度控制、卷径测量、长度测量均使用编码器计数；有走带长度的计数装置。上、下传动辊采用轴承内置式，转动灵活。收/放卷采用电机+电磁离合器+磁粉离合器+动力连接轴，收/放卷电机为伺服调速电机。走带过程采用锥度张力

63

自动控制,并且张力可调,张力控制系统采用开环控制模式,保证真空磁控溅射在制品在镀膜完毕后宽度的变窄率在工艺规定的指标值内。卷绕动力系统如图 3-27 所示,工艺参数设置界面如图 3-28 所示。

1—磁粉离合器
2—电磁离合器
3—伺服电机

图 3-27 卷绕动力系统

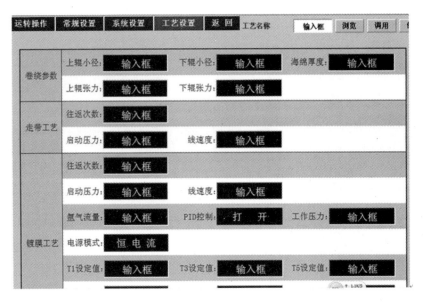

图 3-28 工艺参数设置界面

(5)现有设备创新点。走带速度平稳,工作真空度稳定。抽真空时间缩短,换靶时间缩短,设备维护时间缩短,单台设备的生产能力提高,是绿色制造和智能化生产的优选设备。第二、三代真空磁控溅射镀膜机的主要工艺特性为走带速度和工作真空度,如图 3-29 所示。图中,纵坐标为走带速度或工作真空度,横坐标为工作时间(单位:min)的累计数,U_{SL}、L_{SL} 分别为工艺规范设定的上、下限水平值。

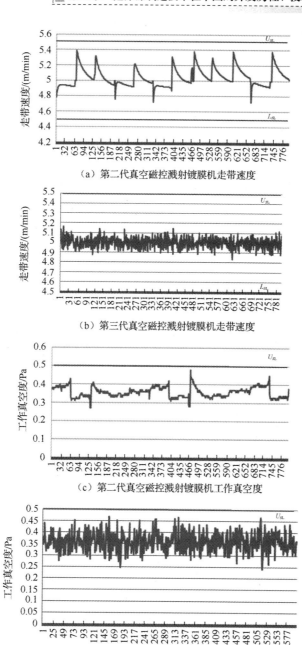

图 3-29 第二、三代真空磁控溅射镀膜机的主要工艺特性

3.2.2 电铸技术创新

电铸镍是泡沫镍制造的核心技术及标志性工艺,其设备是一个系统工程,涵盖了走带

方式、槽体结构、阴阳极相对位置和距离、电源的供电特性、电解液的净化和加热方式、海绵的拉伸和受力状态、自动控制技术、废水处理技术、水的循环利用和平衡、与电解液体系的适配性等多方面的内容。电铸设备对产品的重要质量指标如面密度、镍的沉积厚度比（DTR）等有重要影响，是泡沫镍智能生产和企业转型升级的关键设备。电铸设备虽然是泡沫镍制造过程的一个很具体的技术环节，但是它的设计理念和创新思维也必须与电池制造技术的进步协同发展，走一条和用电器（如混合动力汽车）、电池、电池材料共轭创新的道路。

在泡沫镍制造技术中，由于电铸工艺使用了与电镀镍基本相同的瓦特镍电解液，因此，常将本质上应当属于电铸镍的电沉积过程称为电镀镍，而且为了方便行文用字常常套用电镀的技术规范。关于电镀和电铸在定义上的严格界定，本书第六章有论述。"电镀"和"电铸"虽同属"电沉积"范畴，但表达的是不同的概念，有时两者混用，是按约定俗成的概念理解。

连续带状泡沫镍的电铸设备经历了3个发展阶段，形成了三代技术特征鲜明的设备体系：

第一代电铸设备——长线水平电沉积：采用了V型结构的预镀工艺，多级连续、快速水平电铸的方式，填补了国内连续带状泡沫镍生产制造的空白。重点解决了国内外镍氢电池高速增长对连续带状泡沫镍的产能需求。

第二代电铸设备——短线立式电沉积：在借鉴一项弧形电沉积中试设备的基础上，开发了大辊液下预镀、单级立式慢速电沉积的短线技术。在第一代满足行业产能需求的基础上，重点进行环保改造及产品品质升级。

第三代电铸设备——短线多级电沉积：以产品无铜、设备防铜为前提，开发了大辊液下预镀及多级立式电沉积技术，实现了自动控制技术、清洁生产模式的进步。引入混合动力汽车（HEV）电池对所需泡沫镍材料的性能要求，实施企业绿色制造及智能生产的升级。

1. 第一代电铸设备的开发

1）技术开发的两个阶段

第一代电铸设备的技术属于长线水平电沉积体系，从1998年开始开发到2012年停止使用，共经历了14年，包括以下两个阶段。

第一阶段：确定了电沉积电解液采用改良型瓦特镍方式，而不是传统电铸模式的氨基磺酸镍体系。确定了电解液的循环方式，即高位槽溢流至电铸槽、电铸槽溢流至低位槽、从低位槽抽取电解液经过滤后泵入高位槽。首创了V型结构的预电铸工艺和设备并形成了自主知识产权；逐步形成了一套完整的工艺规程、原料质量和产品质量管理的企业标准和生产体系。该生产体系还包括化学镀镍对聚氨酯海绵进行的导电化处理，海绵模芯电阻值为每米5Ω左右。电铸和化学镀镍产生的清洗废水经化学法处理后达标排放。

第二阶段：除了对电铸设备进行了若干技术细节的优化，主体设备仍保留长线水平电沉积体系的特点。

图 3-30 为二期工程仍采用的第一代电铸设备，图 3-31 为该设备的原理简图。

图 3-30　第一代电铸设备（二期工程）

2）第一代电铸设备的结构特征

如图 3-31 所示，电铸整体系统包括下列设备：收/放卷机、V 型电铸槽、水平型电铸槽、水洗槽及水洗液贮液槽、电解液过滤循环系统、废水处理系统、通风系统、控制系统等辅助设备。

（1）收/放卷设备。系统的放卷由放卷架及放卷辊组成，带有手动纠偏（后期改为自动纠偏）和机械张力控制，保证在进入电铸槽时海绵模芯紧贴导电辊。收卷采用直径为 1 800mm 的收卷辊（后期改为 1 200mm），利用接近开关控制变频器控制收卷速度。

（2）V 型预电铸槽。图 3-32 为 V 型预电铸槽，能够快速地将模芯预镀上 30~100g/m² 的镍层，降低电阻。便于后续大电流电铸沉积。

V 型预电铸被设计为 7 对 V 型角度依次增大的阳极钛篮，内装镍珠或镍块，与电源的阳极连接。阴极为 8 根直径 98mm、316L 材料空心的辊，固定在槽体上，两端有带锥度的铜套与石墨的碳刷构成阴极导电装置，该装置与整流器的阴极连接。阴极导电辊浸没在电解液中，为减少导电辊的上镍，下部设有活动屏蔽装置。底部有包胶的液下传动辊 7 根，两端伸出镀槽，并有密封装置。各导电辊均由一台换向减速机带动，各导电辊的直径依次递增。聚酯氨海绵进入电铸槽后，受导电辊、液下传动辊的牵引，以电铸在制品的形式在各个钛篮中移动，钛篮与在制品的距离为 30~50mm。槽体上固定有玻璃管支架以控制在制品与钛篮的距离。电解液从槽体底部进入，从槽体侧面溢流至低位槽，液位控制与屏蔽装置的上部一致。完成预电铸的在制品离开 V 型电铸槽，进入水平型电铸槽，如图 3-32 所示。

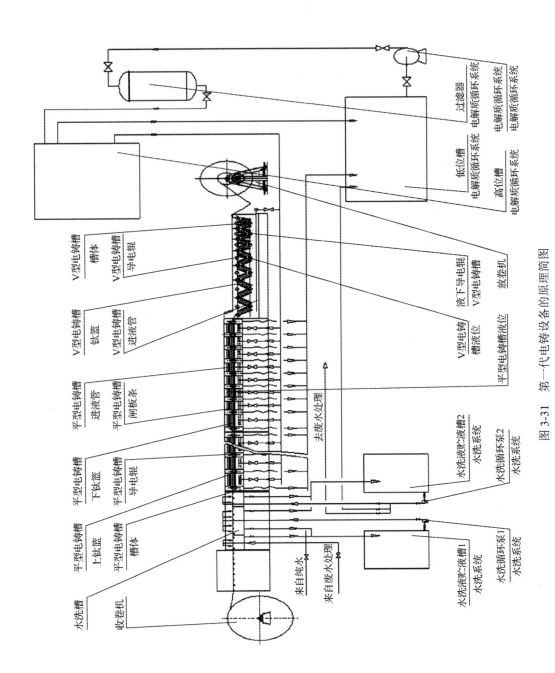

图 3-31 第一代电铸设备的原理简图

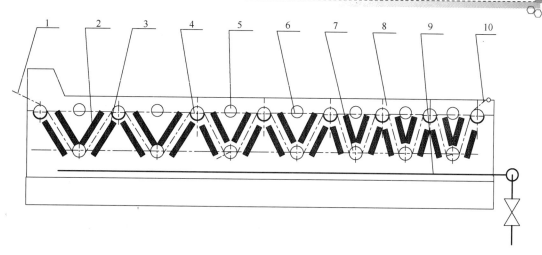

1—电铸在制品　2—上钛篮　3—下钛篮　4—导电辊　5—溢流口　6—液位线
7—液下传动辊　8—电解液贮液槽　9—进液管　10—海绵模芯

图 3-32　第一代电铸设备的 V 型预电铸槽

（3）水平型电铸槽。水平型电铸槽由 4 个 3.62m 长的独立槽体组成，俗称 P1 段、P2 段、P3 段、P4 段，P1 段共有 8 个沉积单元，每个沉积单元依次称为 P1～P8 槽，宽度依次增加；P2～P4 段相同，每个槽各有 6 个沉积单元，依次称为 P9～P26 槽。水平型电铸设备的原理简图如图 3-33 所示。

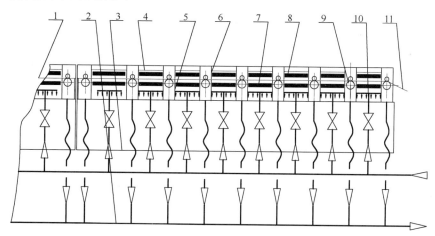

1—泡沫镍半成品　2—回液管　3—机架　4—液位线　5—隐出条　6—闸板条
7—下钛篮　8—上钛篮　9—导电辊　10—进液管　11—电铸在制品

图 3-33　水平型电铸槽的原理简图

水平型电铸槽结构特征如下：阳极钛篮上下布置，分别固定在电铸槽上。其中，下钛篮在电铸在制品的下方，两个钛篮之间的距离为 60～100mm。阴极结构与 V 型阴极辊结构相似，在阴极辊上带有包胶的压辊，以保证在制品在沉积过程中与阴极辊保持良好的接触。每个沉积单元内装有玻璃管架,以控制在制品与钛篮的距离,两端装有隐出条和可调节高度的闸板条。在制品在隐出条与闸板条之间移动必然存在间隙,电解液从此处溢流至导电辊的底部,再流到低位槽。由于在制品附着了电解液,并且溢流的电解液喷淋到导电辊上,造成镍在导电辊表面沉积。由于溢流部位有 52 个,其流量达到 450 m^3/h,必须依靠大流量的体系循环才能保证上钛篮浸没在电解质中。因此,该设备具有高产能的优势,同时也存在水处理方面的压力和间歇式生产的缺陷。

V 型预电铸槽和水平型电铸槽分别采用链条传动,由变频器控制电机的频率,以实现在制品走带速度与电铸沉积之间的匹配。整个生产线的长度为 25m,线速度达到 0.65m/min。由于在电铸过程中镍在导电辊上的沉积,以及下钛篮处于在制品之下,镍块不能实现连续补加,故每生产 6~8 卷产品后需要停产补加镍块和清洗导电辊,而使生产处于间歇状态。

(4) 水洗系统完成。电铸后的泡沫镍半成品带材需进行三级逆流喷淋清洗,清洗水一部分补充电解液的损耗,另一部分输送到废水处理中心。水洗系统由纯净水供给装置、喷淋装置、多个水洗槽和循环水泵及管道组成。因产能和走速高,纯净水消耗量大,故单条生产线的水消耗就多达 2000kg/h。

(5) 电解液循环系统。电解液循环系统由低位槽、电解液循环泵、过滤器、高位槽及管道系统组成,由 3 台变频器控制的、流量达 180m^3/h 的电解液循环泵从低位槽抽取电解液,经过滤器至高位槽,由高位槽自流至工作槽,工作槽的电解液由 V 型预电铸槽溢流口、平型电铸槽闸板条处溢流,经溜槽至低位槽,实现电解液的循环。电解液的成分及其 pH 值采取人工补加方式调整,维持电解液总量的平衡,采用蒸汽加热和水冷却维持电解液的温度平衡。

(6) 电铸电源。V 型预电铸采用 7 台小功率开关电源,水平型电铸采用 26 台电流为 500~1500A 的开关电源,全部采用风冷,近槽布置。操作时,依据产品的面密度、生产线的走速,通过人工计算,累加每台整流器的电流。

(7) 废水处理与回收系统。废水处理与回收系统采用"三级反渗透膜处理+负压蒸发回收电解质"系统,此方面内容在 3.2.3 节详述。

3) 电铸长线的优势与不足

"V 型+水平型"第一代电铸长线设备填补了国内连续带状泡沫镍生产的空白,以其高产能满足了一定时期国内外对泡沫镍快速增长的市场需求,但也有其局限性。

(1) 系统对模芯的导电性能的要求较高,该系统与真空磁控溅射工艺对接,必须增加预电铸工艺。由于市场对泡沫镍的需求逐步从数量转向高端质量,因此必须开发新技术,以满足市场新的需求。

(2) 由于导电辊上有镍的不规则沉积,形成镍皮,镍皮会划伤电铸在制品;另外,为了清理辊面和往下钛篮里补充镍材,生产过程不得不间歇性地进行。

(3) 由于带材走速快,必须使用大量纯净水,造成水资源和成本的压力都很大。

(4) 自动化程度低。特别在需要多台设备同时管理时,不易控制产品质量,造成劳动强度大,设备故障多。

（5）能耗高。因水平型电铸采用钛篮上下布置，并且电解液溢流量大，故为保证电解液能淹没上钛篮，需要加大电解液的循环量，造成大量的热损失和维持电解质循环所需要的动力消耗。

由于以上原因及真空磁控溅射工艺的成功应用，迫切需要开发升级换代的电铸技术与设备，实现节能减排，绿色制造。生产实践也表明，泡沫镍的电铸生产线必须既满足市场对产品质量和产能的需求，还要具备结构简单、便于操作和维护、有智能化开发的前景、能耗低、对环境友好等特点。基于这些理念，长沙力元进行第二代电铸设备的创新设计，其中试设备原理简图如图3-34所示。图3-34体现了一种新的电铸设备的设计理念：慢走速，短生产线，操作管理方便，创新前景广阔，能耗低，水资源的利用可控，为后续的洁净化生产奠定了环境基础。

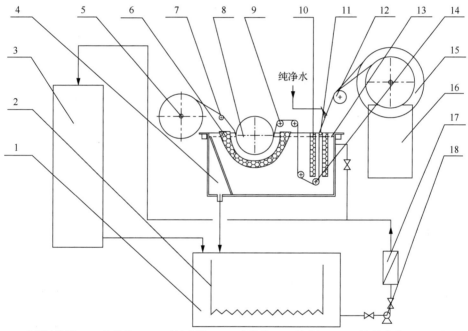

1—电解液储槽 2—换热器 3—浓缩装置 4—电铸槽 5—放卷辊 6—预电铸钛篮 7—导向辊
8—预电铸辊 9—主动辊 10—主电铸钛篮 11—主电铸导电辊 12—测速辊 13—液位线
14—被动辊 15—收卷辊 16—收卷机 17—过滤器 18—电解液循环泵

图3-34 第二代电铸中试设备原理简图

2. 第二代电铸设备的开发

1）开发的目的

如上所述，针对第一代电铸设备的不足，在其服役不久，便开始了第二代电铸技术和设备的开发。

2）技术创新

（1）设计理念。开发与真空磁控溅射工艺相匹配、同时适应瓦特镍电解液体系要求、结构简单、维护方便、节能减排、对环境更加友好、自动化程度高的第二代短线电铸生产系统。第二代电铸设备的原理简图如图 3-35 所示。

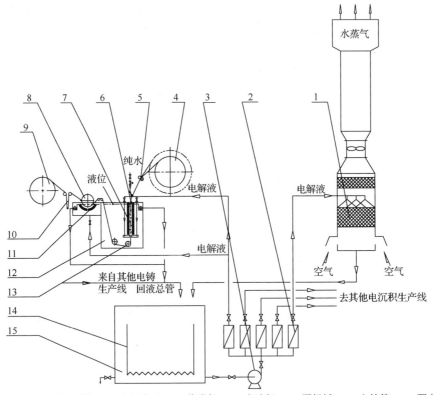

1—蒸发系统　2—过滤系统　3—电解液泵　4—收卷机　5—定速辊　6—阴极板　7—主钛篮　8—预电铸辊
9—放卷机　10—张力器　11—钛篮　12—主电铸槽　13—液下传动辊　14—电加热器　15—电解液贮液槽

图 3-35　第二代电铸设备的原理简图

（2）结构特征。

① 主线特征。与第一代电铸设备相比，生产线由长线改为短线，电铸方式由水平型改为立型，预电铸方式由 V 型改为弧型；主体设备由放卷、预电铸、收卷装置组成。放卷部分为被动放卷，由人工操作；预电铸为单面弧型、钛篮下位布置，且液下部分较长，海绵模芯通过其间完成镍的预电铸，主要的电铸过程在立式槽中完成，钛篮为立式；阴极导电采用紫铜镀镍板、夹套水冷，置于槽体液面之上，电铸后的泡沫镍在阴极板上滑动。第二代电铸设备克服了第一代设备导电辊上镍和必须停产补加镍材造成的间歇式生产问题。

② 生产能耗降低。由于采用"电铸在制品慢走速+短线生产+泡沫镍半成品带材喷淋清洗+电解液循环和蒸发系统"的生产模式，电铸后的泡沫镍半成品带材采用间歇式小水量的水气混合喷淋清洗，使生产用水量大幅减少；生产线可共用一套电解液循环和蒸发系

统，省去了第一代电铸生产线产生的大量清洗水而必须设置的废水处理系统。将三废处理问题解决在工艺环节，不仅使电解液的循环量仅为第一代电铸生产线的1/10，能耗显著降低，而且由于生产能耗降低，车间面貌发生了很大的变化。

③ 电铸在制品走速与张力控制：走带系统由放卷、收卷、预电铸、电铸装置四部分组成。根据传动方案，建立预电铸大辊的辊径和电铸定速辊径之间的运行速度数学模型，同时，通过速度系数的调整，控制预电铸与电铸之间在制品的张力。以主传动定速辊为基础，通过编码器即时检测并反馈至可编程序逻辑控制器（PLC）运算中心。信号指令传给传动电机，以调整变频器的频率，保持定速辊速度的恒定并与设定速度一致；同时，信号指令传给预电铸传动电机变频器，进行即时调整并保持大辊的线速度恒定。预电铸与电铸之间的张力通过变频器速度差控制，以调整速度系数实现张力需求。当设定了生产线的线速度、速度系数之后，整个生产过程中的走带速度和张力就能自动控制保持恒定。收卷采用滑差式恒转矩或恒张力作业。电机驱动减速机（与电铸传动系统共用同一台电机）端的链轮，通过链条带动磁粉离合器的输入端链条，输出端的链轮通过链条带动固定在收卷机架上的链轮，同轴的齿轮带动收卷辊上的齿轮转动。收卷张力通过磁粉离合器的电流控制，操作时通过触摸屏设定收卷模式及磁粉离合器的相关参数。

④ 电解液循环系统：系统由低位槽、电解液泵、过滤机、流量计、蒸发系统、管路阀门、液位计、喷淋装置等组成。系统具备电解液循环总流量、单机电铸生产线分流量、预电铸及电铸流量的调整及液位显示与报警等功能。该系统还包括净化电解液和浓缩清洗水的功能，过滤净化后的电解液从蒸发器中部泵入蒸发系统。清洗技术和气液接触蒸发技术的联合使用，基本上实现了总系统的水平衡，已无含镍废水外排。

对电铸后的泡沫镍半成品带材出槽后携带的电解液，可用纯净水喷淋清洗，多个扇形喷嘴以间歇方式向半成品喷射纯净水，同时喷洗阴极导电板，清洗液流入电铸槽。喷淋时间由时间继电器和电磁阀控制。

电解液的循环由泵抽取贮液槽中的电解液，经过滤器过滤后，一部分进入工作槽分布管，电解液沿电铸在制品走带的反方向流动，溢流至贮液槽；另一部分进入蒸发器蒸发掉。同时，蒸发带走部分热量，以维持电解液的总量和温度的平衡。

蒸发器将来自贮液槽并被过滤后的电解液从顶部经分布器，与顶部轴流风机抽取的空气，在填料表面进行气、液接触，电解液中的水蒸发，温度下降。水蒸气由轴流风机抽取从顶部排出。电解液流入底部收集槽，再泵入过滤器，过滤后进入贮液槽。贮液槽内配有电加热棒，对电解液进行加热。

⑤ 电铸电源。系统采取预电铸和电铸独立供电方式，预电铸选用一台小功率水冷式开关电源，电铸电源为水冷式开关电源和水冷式可控硅电源，冷却水为循环使用的纯净水。电源操作可远程控制，采用PLC编程，触摸屏设置，并有过流过压报警功能。

⑥ 作业方式的改变。由于阴极导电方式的创新，不再有第一代电铸设备的清辊问题和清辊水的废水处理问题。大功率开关电源的应用使电铸电源数量减少，PLC的应用提升

了设备的自动化程度和生产过程的控制精度。钛篮采用垂直布置方式，用铜排与电铸电源的正极连接，装填镍珠或镍块。人工操作简单方便，劳动强度大幅度降低。

3. 第三代电铸设备的开发

1）开发的目的

为适应市场需求的变化，长沙力元将泡沫镍的生产定位于高档个性化产品，包括油电混合动力汽车在内的动力电池用泡沫镍。因而对产品品质在无铜化、导电性、面密度的均匀性、DTR指标、产品的高纯度等方面的要求均有提升，生产过程、技术路线也面临智能化生产、绿色制造等新理念的挑战。

2）技术创新

（1）设计理念。

结合第二代电铸设备的技术特点，将无铜产品和防铜技术贯穿生产全过程。采用短线多级电铸，生产线在洁净厂房、无尘车间的环境下作业。

图 3-36 为第三代电铸设备结构简图。

（2）结构特征。

① 电铸走带、收/放卷恒张力控制。通过建立数学模型和设置放卷辊的辊径、基材厚度、长度、张力值等参数，以控制系统模拟量输出，提高了放卷恒张力的可靠性。传动系统与速度控制方面的技术创新，显著提高了速度和恒张力的控制精度，保证了各运行速度下恒定的力矩输出。

② 采用了立型为主多型组合的电铸技术。与第二代电铸设备相比，泡沫镍的关键质量指标得到保证。

③ 实现泡沫镍的无铜化生产。在洁净厂房的基础上，从技术开发、生产应用、企业管理的各个层面，全程导入防铜理念，强化铜害意识，落实并践行无铜化生产的规范和制度。

④ 水资源的节约利用。电解液循环系统采用小流量扇形喷嘴间断喷淋水洗，喷洗间隔时间由 PLC 控制；蒸发系统改善气液接触蒸发与控制技术，增加了回收塔，在实现了生产系统的水平衡的基础上，保证了酸雾、含镍废气的零排放。

⑤ 智能化水平的提升。电沉积生产线自控和数据监控系统技术的开发与应用，实现了泡沫镍连续生产时的走带速度、恒张力、电流、温度、pH 值、电解液流量、液位等工艺参数的现场和远程集中管理和控制。

图 3-37 为第三代电铸生产线工艺控制状态，表明该生产线具有优良的工艺性能和自动控制水平。图 3-38 为第三代电铸生产线所在的无尘车间。洁净厂房和无尘车间，是引领高端制造业实现可持续发展、绿色制造和智能生产的开拓性建设；是生产工艺、设备、管理乃至企业文化现代化的基础；是泡沫镍制造企业升级和产业转型的关键步骤；也是个性化产品和精品创新的催化剂和必要条件。

第三章 泡沫镍制造技术在中国的开发历程、技术进步及全球的产业现状

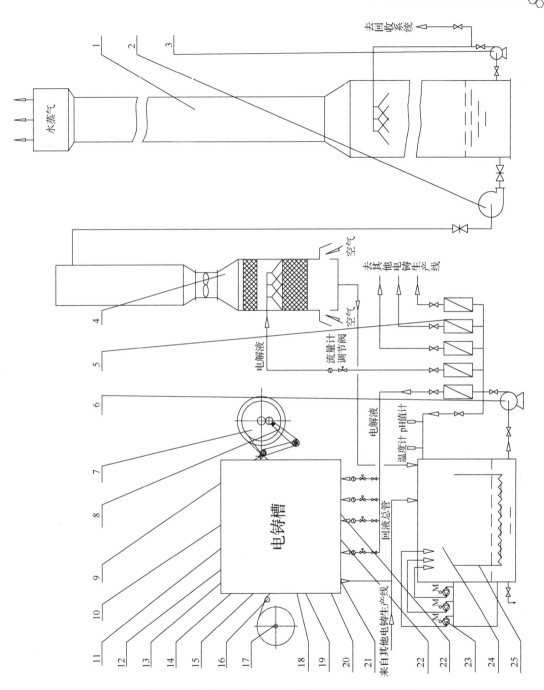

1—回收塔 2—风机 3—回收泵 4—蒸发器 5—过滤器 6—电解液循环泵 7—收卷机
8—传动系统2 9—定速辊 10—阴极板 11—过渡辊 12—喷淋管 13—阴极辊 14—过渡辊
15—预电铸辊 16—过渡辊 17—放卷辊 18—电铸槽 19—预电铸钛篮 20—传动系统1
21—电铸钛篮 22—液下传动辊 23—计量泵 24—电解液贮液槽 25—加热器

图3-36 第三代电铸设备结构简图

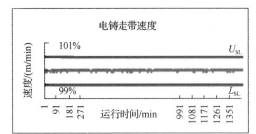
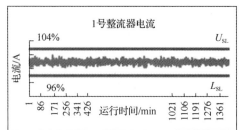
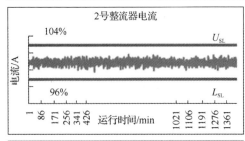
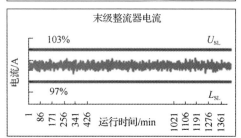
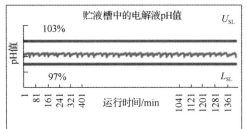
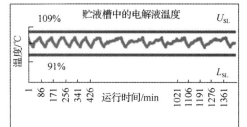
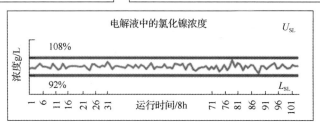

图 3-37 第三代电铸生产线工艺控制状态

图 3-38 第三代电铸生产线所在的无尘车间（洁净厂房）

3.2.3 电铸镍废水处理的技术创新——膜分离技术

长期以来,以电镀为代表的电沉积镍废水,作为一种规范,常采用化学法和离子交换法进行处理。这些方法由于在废水体系中引入了若干新的化学体系,处理过程造成二次污染,化学法产生大量污泥,离子交换法产生的酸碱性洗脱废水和失效树脂,均形成了新的化学废弃物。

电沉积镍废水的处理实质上是镍离子与溶剂水的分离问题,采用膜分离的处理技术能有效地解决这一问题,实现镍资源和水资源的全部回收利用,做到废水零排放。

1. 膜分离技术概述

分离科学是研究分离、浓集和纯化物质的一门学科,其科学理论和技术实践内涵非常丰富[12]。因此,时至今日,现代分离学领域的学者很难为自己研究的内容找到一个确切的、严格的分类方法。膜分离技术是分离科学的重要分支。所谓膜分离技术,即借助外界能量(如施加压力)或化学位差,其中包括反渗透原理,利用天然的或人工合成的膜,对双组分或多组分溶质和溶剂进行分离、浓集和纯化的方法。采用反渗透的膜技术处理不洁净水源,最初是出于军事目的[13],以后逐步发展到商业、工业对水的纯化,以至用于工业生产废水的处理。

反渗透所用的膜可以是生物的,也可以是制造合成的,可制成固态的或液态的。固态的膜又分有机膜或无机膜,现代膜制造技术十分倚重有机高分子聚合物。已开发的有机膜分为多孔膜和无孔膜。多孔膜可做成对称的或不对称的,即膜的厚度与孔径是一致(对称)或不一致(不对称)的。而不对称膜可以是由一种聚合物制成的整体不一致,也可以是不同聚合物的组合,故又分为转相膜和复合膜。膜分离技术便是针对分离物的特点和分离需求,利用不同膜材的性质,实现分离、浓集、纯化的技术[14]。

反渗透膜分离是一种最先进的化工分离技术,其应用领域极其广泛,分离效果好,工艺性能优异,对环境友好,常被各类分离需求作为绿色制造的优选,是创新时代最有发展前途的高新技术之一。

2. 长沙力元的镍废水反渗透膜分离系统[15]

该系统的主要技术措施有微滤、超滤、反渗透和负压蒸馏。微滤和超滤属于筛分机理,主要用于废水的预处理。反渗透是将溶液中溶剂(如水),在压力作用下透过一种对溶剂(如水)有选择性地透过的半透膜进入膜的低压侧,而溶液中的其他成分(如盐)被阻留在膜的高压侧,形成浓缩液。浓缩液或被输送到电铸槽以便回收利用,或被负压蒸馏结晶,从而达到分离、浓缩、纯净回收的目的。

微滤和超滤的筛分作用[16]是在进行反渗透处理之前除去镍废水中的固体微粒,这些微粒杂质可能是工艺过程中设备、工件、环境、电极反应中偶然和不可避免地混入和产生的。它们的存在会对反渗透过程和膜产生不良影响。

镍废水水质情况见表3-1。其中,镍离子浓度变化较大,尚有一定量的钠离子未列出。

2000年9月进行了中试,中试结果非常成功[17],在其基础上,确定了规模运行的设备选型和工艺参数。

表 3-1 镍废水水质(除 pH 值外,其他单位均为 mg/L)

名称	指标值	名称	指标值
pH	5.0±0.2	Ni^{2+}	50～300
SO_4^{2-}	411	Cl^-	58
硼酸	50	糖精	0.5

反渗透膜处理系统采用三级膜分离技术,设计处理量为 1200 m^3/d,避免钠离子在浓缩液中的积累,因为过量的钠离子可能使电铸的镍层产生较大应力。第一级采用纳滤膜(NF)浓缩装置,由于纳滤膜与反渗透膜相比,膜的网络结构更疏松,对钠离子的截留率低,水的渗透性大[18],所以第一级选用美国陶氏公司生产的 NF270 型纳滤膜元件,分 A、B 两组独立运行,每组采用 24 支 8 英寸膜元件,按 3:1 排列;第二级采用反渗透浓缩装置,选用 6 支陶氏公司生产的 BW30～365 型反渗透膜元件;第三级采用高压海水反渗透浓缩装置,选用陶氏公司生产的 6 支 SW30-4040 型膜元件。膜浓缩系统的泵选用丹麦格兰富生产的离心泵,压力容器选用 CODELINE 品牌。管道低压部分采用 ABS 塑料,高压部分采用 SS316 型不锈钢。整套膜浓缩系统采用西门子可编程序逻辑控制器 PLC,同时完成电气和仪表的自动控制。采用上位机对设备的运行工艺状态进行监测,随时监测系统运行参数(包括流量、温度、总溶解固体、pH 值、压力等),并定期采集记录数据,自动绘制系统运行参数的趋势图。同时也可以采用就地手动操作系统,对液位、压力、温度、电动球阀同泵之间进行连锁控制。整套系统采用在线清洗,具有定时使用透过液自动冲洗的功能。图 3-39 为反渗透膜分离系统部分设施。

图 3-39 反渗透膜分离系统部分设施

3. 镍废水膜分离工艺流程

膜分离系统工艺流程示意图如图 3-40 所示。车间排放的废水先收集到地下水池,通过泵提升到膜分离系统，经过预处理后的电铸镍废水进入第一级纳滤膜浓缩系统，即图中的"NF 系统"。纳滤膜分 A、B 两组，每组可独立运行，总处理量为 50 m³/h，浓缩 10 倍；透过液以 45 m³/h 的流量被回收利用到生产体系；浓缩液以 5 m³/h 的流量进入二级膜浓缩系统，即图中的"RO 系统"；"NF 浓缩液"以 5 m³/h 的流量进入"一级浓水箱"，然后进入"RO 系统"。第二级采用反渗透浓缩，处理量为 5m³/h，浓缩 5 倍，透过液以 4 m³/h 的流量回到水箱，"RO 浓缩液"经过"二级浓水箱"，以 1 m³/h 的流量进入第三级膜浓缩系统，即图中的"SWRO 系统"。第三级为高压海水反渗透浓缩，处理量为 1 m³/h，浓缩 2 倍以上，透过液以大于 0.5 m³/h 的流量回到水箱，"SWRO 浓缩液"以小于 0.5 m³/h 的流量进入"三级浓水箱"，总共被浓缩 100 倍以上。流量小于 0.5 m³/h 的含镍离子 20 g/L 以上的"SWRO 浓缩液"回收到电铸槽，或经负压蒸馏后得到镍盐晶体。回收到生产体系的流量为 45 m³/h 纳滤膜透过液可用作电铸生产线的漂洗水，或者作为其他工艺用水。

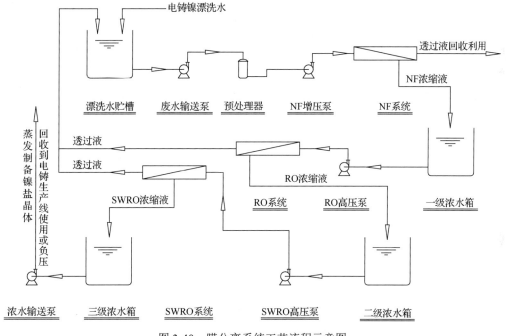

图 3-40　膜分离系统工艺流程示意图

电沉积和膜分离将是智能制造时代两个关联创新的产业，其技术成果必然会为我国新经济时代的产业转型和制造业升级发挥积极的作用，正如泡沫镍制造采用膜分离技术走过的创新道路那样。

目前，膜分离技术在电沉积领域的应用远不及它在医药、食品、生物等行业那样深入和普及[19]，原因是多方面的。但是，包括电铸、电镀在内的未来电沉积产业的发展和转型，必然离不开膜分离技术的应用和膜制造技术自身的创新和进步[20]。

像所有独具特质的工程材料一样，在它们受到青睐并催生某些领域的创新成果的同时，自身品质和制造技术也会经历种种的创新与升华，如前所述，在助力动力型金属氢化物-镍电池以及油电混合动力汽车成功开发的同时，浓缩在泡沫镍身上的技术元素也在不同的时间节点上绽放出光彩。各项技术的内涵和之间的对立统一规律、相辅相成的联系，无论技术战略还是工艺瓶颈都曾经使所有的开发创新之路既布满荆棘，又洒满阳光。

人类对新的、美好事物的追求不会止步，创新方兴未艾，泡沫镍的个性化产品乃至后泡沫镍时代，令创新者遐想，令包括新能源领域在内的众多新技术领域期待。

3.3 泡沫镍产业的现状及未来展望

在 ABS 塑料上实施电镀技术的报道，最早可追溯到 20 世纪 60 年代中后期。到 80 年代后期，国内将 ABS 塑料电镀技术移植到聚氨酯海绵上，以块状泡沫镍的形式在镍镉电池电极上得到应用。到 80 年代末 90 年代初，为适应逐渐成长起来的中国镍镉、镍氢电池行业的需求，日本的住友、法国的 Nitech、美国的 Retec、加拿大的 Inco 以其连续带状泡沫镍产品进入中国市场。但价格居高不下，难被中国电池企业接受。

从 1998 年起，长沙力元等国内企业开始生产连续带状泡沫镍，至 2000 年完成其技术改造和技术创新之后，产能和产品质量可与国际同类产品比肩，不仅满足国内电池行业的需求，助力中国电池的质量和生产方式上了一个台阶，而且其连续带状泡沫镍以性价比优势为国际知名电池企业法国的 SAFT、德国的 VARTA、日本的松下和三洋、香港的超霸、深圳的比亚迪等供货。国外泡沫镍生产商逐渐退出了中国市场，并且国外几家泡沫镍企业陆续停产。

目前，全球的泡沫镍制造企业主要集中在中国和日本，而且中国企业数量居多。美、德、法等国的电池公司也长期向中国的泡沫镍生产企业定购连续带状泡沫镍。

主要的泡沫镍生产企业有中国湖南常德力元新材料有限责任公司（该公司位于常德经济技术开发区）、日本富山住友电工株式会社（位于富山县射水市奈吴江 10-2）、中国大连爱蓝天高新技术材料有限公司（系中外合资，位于大连保税区）、中国菏泽天宇科技开发有限责任公司（位于山东菏泽）、中国梧州三和新材料科技有限公司（HGP）（位于广西梧州市工业园区内）。

上述企业生产主要的泡沫镍产品皆为连续带材，应用领域多为先进二次电池电极基板材料。针对不同用途，各企业力图强化自身产品的个性化优势，在激烈的市场竞争中争取主动。例如，服务于 HEV 的无铜泡沫镍，一直以来都是该产业的一项标杆产品。

目前泡沫镍的市场应用领域仍然主要集中在镍系列电池中，但逐渐朝个性化、更高质量的精品化方向发展。从技术创新的潜在优势来看，镍氢电池从高压到低压的电池体系，从空间服务到地面的商业应用，已经有了深厚的科学理论和技术实践的积累，为后续的技术创新准备了坚实的条件。中国是稀土资源丰富的国家，一些资深的最早成功开发低压镍氢电池的中外企业和研究机构，始终坚守在对镍氢电池技术深层次的研发探究岗位上，镍氢电池的性能有望进一步提高，这有助于推动泡沫镍市场需求的拓展和技术的提升。

第三章 泡沫镍制造技术在中国的开发历程、技术进步及全球的产业现状

近年来，虽然镍镉、镍氢电池的部分应用领域被锂离子电池取代，尤其是便携式电器对电池的应用，多倾向锂离子电池。然而，锂离子电池在实际应用中暴露出了电性能的不尽如人意，例如，电池容量常被嫌不足，锂离子电池正、负极基板、平面结构的铝箔和铜箔对活性物质的附着强度和填充量常常很不理想。泡沫镍虽然因用于镍系列电池基板而被开发，但具有在中性及碱性介质中普遍适用的金属材料的属性，而且又独具其他金属材料少有的三维网络结构的特征，这种三维网络结构是电池和电极开发中十分看重的基板品质。因此，锂离子电池的开发者们对三维网络结构的泡沫镍寄予厚望，充满期待，泡沫镍的应用也有望从镍系列电池向锂离子电池的应用延伸。

此外，借鉴泡沫镍的生产路线和工艺技术，各类泡沫金属，如泡沫铜、泡沫铁、泡沫镍铁的制件和片材也被制造出来，如图 3-41 所示。这些形态各异的产品，实际上是泡沫镍的衍生品，它们是按照不同厚度、不同孔径，以及根据设备的加工能力，选择了不同尺寸的聚氨酯海绵作模芯，在不同性质的电解液（如镀铜、镀银、镀铁、镀铁镍、镀镍钴、镀黄铜等）中，完成电铸加工，再根据需要实施调质热处理而制造出来的，形成了一个独具特色的电铸型泡沫金属系列。这些制件和片材可满足不同介质、不同工况条件下的分离、过滤、隔声、防振、电极的预制、催化载体、电磁屏蔽等个性化功能需求。虽然目前它们在泡沫金属的产量中所占比例仅为 5%左右，但它们涉足的应用领域广泛，本书第十五章针对泡沫镍的应用进行相关介绍。

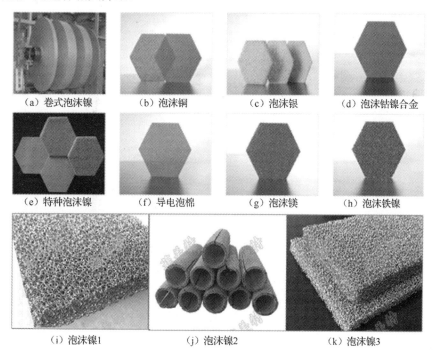

图 3-41　形态各异的泡沫金属制品及块状泡沫镍片材

根据国研网和千讯咨询收集的数据，对中国泡沫镍行业在2013—2017年的产量及增速作了统计整理：2013年，中国泡沫镍行业的产量为1 099.7万平方米；2014年，为1 206.0万平方米，同比增长9.7%；2015年的产量为1 307.5万平方米，同比增长8.4%；2016年的产量为1 415.1万平方米，同比增长8.2%；到2017年，国内泡沫镍年产量达到1 514.7万平方米，增速为7.0%，如图3-42所示。对同期的产能和市场规模也作了如图3-43和图3-44所示的对比。与此同时，该报告根据2013—2017年泡沫镍市场规模和产业政策、市场等因素得到的拟合模型。根据拟合模型计算出2022年中国泡沫镍行业市场规模将达到2 021.0万平方米，相关数据如图3-45所示。泡沫镍的未来市场仍处于需求成长期。

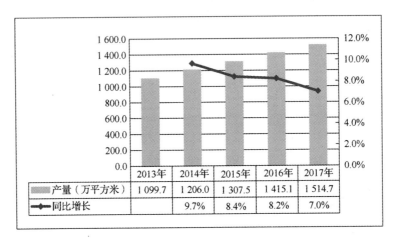

图3-42　2013—2017年中国泡沫镍行业产量及增速

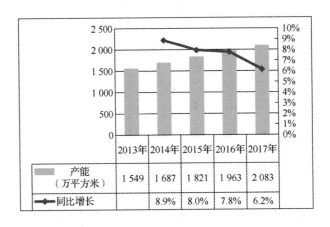

图3-43　2013—2017年中国泡沫镍行业产能及增速

第三章 泡沫镍制造技术在中国的开发历程、技术进步及全球的产业现状

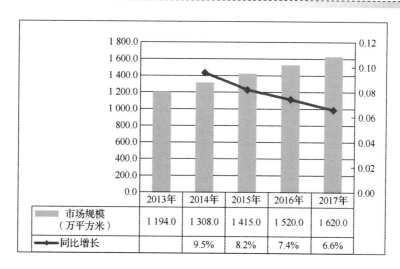

图 3-44 2013—2017 年泡沫镍行业市场规模及增速

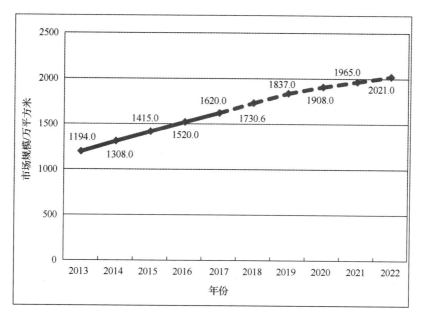

图 3-45 2013—2022 年泡沫镍行业市场规模及增速预测

第二篇　泡沫镍的制造技术及质量管理

第二篇共 10 章，将从不同技术层面解析泡沫镍的制造工艺，相关内容涉及生产、技术、管理的具体工作，包括实施、完善和修正工艺的流程和细节，同时也是企业的创新团队在产品的品牌建设、产业升级、核心竞争力的培育等战略活动中，不断积累和锤炼的技术内涵，其成果必然逐步升华为企业的实力。

在泡沫镍的各种制造技术中，电沉积法（电铸法）具有工艺简单、生产成本低、产品质量稳定可控、可连续化操作等优点，是当前泡沫镍制造行业的主流生产工艺，其工艺流程如下图所示。

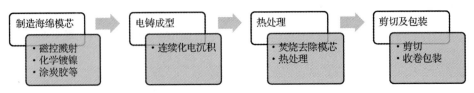

电沉积法制造泡沫镍的主要技术路线包括下述工序：首先，对聚氨酯海绵进行导电化处理以制造模芯；然后，以模芯为阴极通过电沉积的方式进行电铸成形，进而用高温焚烧去除模芯材料中的海绵，并在高温还原性气氛中进行还原和退火处理；最后，通过剪切及包装得到泡沫镍成品。

第二篇将依次对各工艺过程从原理、工艺、设备及产品的质量控制与管理等方面，对电沉积法泡沫镍制造技术进行系统深入的介绍，力求为读者再现泡沫镍生产技术路线的全过程，并分享企业对产品品质管理、原料管理、安全技术管理的实践经验，以及对未来泡沫镍制造的绿色化、智能化转型升级的思考和探索，希望为中国同类型制造业提供若干有益的、还有待完善的经验。

第四章 聚氨酯海绵导电化处理
——真空磁控溅射镀镍法

聚氨酯海绵具有较为均匀的三维网络通孔结构、厚度可调、良好的化学和电化学稳定性、高温分解、价格低廉等特点，在电沉积法制造泡沫镍的技术中被用作模芯材料。由于聚氨酯海绵模芯本身为绝缘体，需首先对其进行导电化处理，以完成后续的电沉积加工过程。

对聚氨酯海绵模芯的导电化处理的方式主要有真空磁控溅射镀镍法、化学镀镍法、涂导电胶法等工艺。在泡沫镍制造领域，真空磁控溅射镀镍工艺有其独到的优势。与化学镀镍法相比，它不仅避免了化学镀镍工艺中引入杂质元素磷的问题，对于泡沫镍在先进二次电池中的应用，磷会增加电池的内阻，而且泡沫镍作为电催化和催化剂应用时，磷有可能降低镍的催化效果。更为重要的是，真空磁控溅射镀镍法克服了化学镀镍工艺中，复杂的废水处理难题，包括聚氨酯海绵在化学镀镍前处理产生的各种废水。真空磁控溅射镀镍工艺理论上不会产生任何工业三废，是绿色制造的优选。与涂导电胶法相比，它具有导电膜层均镀能力好、与基材结合强度高、有组织智能化生产的技术条件、产品质量稳定，适合大规模生产和管理。目前的企业现状和技术水平已经彰显了它作为未来制造业可持续发展的前景，具有高效、智能化、能耗可调、清洁生产的潜在优势。

本章论述的内容是磁控溅射技术在泡沫镍制造工程中的成功应用，它不仅是高品质泡沫镍生产技术路线中不可或缺的工艺环节，而且为该产业开展绿色智能化生产铺平了道路。当然，这一范例也为磁控溅射的科学技术价值增加了若干内容。有关工艺和设备的技术创新成果虽然只是物理气相沉积科学成就中极为有限的部分，但是也必然会给十分关注它的人们带来启迪。

另外，本章有较大篇幅涉及真空方面的理论、实践、设备和术语，不少属于真空常识。专门列出 4.1 节，是因为真空是磁控溅射的基础，磁控溅射的实际应用离不开真空技术和真空设备，其技术内涵与真空状态关系密切。本书特地安排这一节既是理顺内容、承上启下的需要，也是为了不同层次的读者阅读方便。

4.1 真空理论及真空技术

4.1.1 真空的基本概念[1,2,3]

磁控溅射对环境的真空度有较高要求，在了解磁控溅射原理之前，先对真空的物理概念及现代真空技术和设备进行简单的介绍。

对真空的研究已有370多年的历史,从1643年托里拆利对真空状态的研究、1662年玻义耳创建了玻义耳定律,到1879年伯努利提出气体分子运动论,他们奠定了真空技术的物理基础[3]。

真空技术在运输、真空器件、冶金工业、镀膜工业、食品包装及冷冻干燥工业、航天工业等领域已经获得了广泛的应用。

1. 真空及真空状态

真空理论认为,在给定的空间内低于一个大气压的稀薄气体状态,称为真空状态。与通常的大气状态相比较,真空状态主要有下述两个基本特点。

(1) 真空状态下,气体压力低于一个大气压。因此,地球表面的各种真空容器必将承受到大气的压力,显然,压力差的大小由容器内外的压力值决定。由于作用在地面上的大气压约为101 325 N/m^2,当容器内压力很小时,则容器所承受的压力可达到一个大气压[1]。

(2) 真空状态下,单位体积的气体分子密度小于大气压下气体分子密度。因此,分子之间、分子与电子、离子等其他物质之间,以及分子与容器壁等各种表面之间相互碰撞次数相对减少,气体分子的平均自由程(气体分子连续碰撞之间飞行距离的统计平均值)增大。

2. 气体分子密度及平均自由程的变化

气体分子密度是指在给定体积中气体的分子数。自由程是指一个分子与其他分子相继两次碰撞之间经过的直线路程。对个别分子而言,自由程时长时短,但大量分子的自由程则具有确定的统计规律。而平均自由程则是大量分子自由程的平均值。目前用普通的方法能获得的低压为1×10^{-8} Pa,为了更直观地反映这个状态,可以从分子密度和平均自由程来粗略地描述。如阿伏伽德罗常数所描述的,在0℃和1个标准大气压下,22.4 L的空间里有6×10^{23}个气体分子;即使在1×10^{-8} Pa的压强下,1 cm^{3}中就有355万个气体分子。在标准状态下,(p_0 = 1.01325×10^5 Pa,T_0 = 0℃),空气分子的平均自由程大约为7×10^{-8} m,而在25℃,1×10^{-8} Pa的环境中,其分子平均自由程为509 km[4]。

4.1.2 真空物理学基础[5]

1. 气体分子运动论[1,6]

真空中的气体通常可以视为理想气体,气体的压力p(Pa)、体积V(m^3)、温度T(K)和质量m(kg)等状态参量间的关系,服从下述气体实验定律:

(1) 波义耳-马略特定律:对于一定质量的气体,若温度保持不变,则气体的压力和体积的乘积为常数,即

$$pV = C (常数) \tag{4-1}$$

（2）盖·吕萨克定律：对于一定质量的气体，若其压力维持不变，则气体的体积与其绝对温度成正比，即

$$\frac{V}{T} = C（常数） \tag{4-2}$$

（3）查理定律：对于一定质量的气体，若其体积维持不变，则气体的压力与其绝对温度成正比，即

$$\frac{p}{T} = C（常数） \tag{4-3}$$

（4）阿伏加德罗定律：对于等体积的任何气体，在相同温度和相同压力下均有相同的分子数。这一定律也可以表达为在相同温度和相同压力下，具有相同分子数的不同种类的气体占据相同的体积。在标准状态下，1 mol 任何气体的体积称为标准摩尔体积，V_0= 2.24×10^{-2}m^3·mol^{-1}。1 mol 任何气体的分子数目称为阿伏伽德罗常数 N_A，N_A=6.022×10^{23}mol^{-1}。

（5）道尔顿分压定律：这是理想气体的压强遵循的一个定律，即相互不起化学作用的混合气体的总压力等于各种气体分压力之和，$p = p_1 + p_2 + \cdots + p_n$。这里所说的某一组分气体的分压力，是指这种气体单独存在时所能产生的压力。道尔顿分压定律表明各组分气体压力的独立性和线性可重叠性。

上述定律可以用理想气体状态方程描述：

$$pV = \frac{m}{M}RT \tag{4-4}$$

式中，m 为气体的质量（kg）；M 为摩尔质量（kg/mol）；R 为气体常数[8.3144 J/（mol·K）]。

可以推导出：

$$n = \frac{\rho}{kT} \tag{4-5}$$

式中，n 为气体分子密度（1/m^3）；k 为玻耳兹曼常量（1.38×10^{-23} J/K），$k = R / N_A$；ρ 是气体的密度（kg/m^3）。

理想气体压强的本质是气体分子对容器壁进行大量的无规则碰撞的平均效果，气体压强可以用式（4-6）表示[4]：

$$p = \frac{2}{3}n\left(\frac{1}{2}m\overline{v}^2\right) \tag{4-6}$$

式中，$\overline{v}^2$ 为气体分子速度平方的平均值（m^2/s^2）；m 为气体分子质量（kg），可以看出，压强同气体分子密度和运动速度的平方成正比。

由 $\frac{1}{2}m\overline{v}^2$ 表示分子的平均平动动能，则有[4]

$$\frac{1}{2}m\overline{v}^2 = \frac{3}{2}kT \tag{4-7}$$

尽管气体分子在真空中容器内运动的速度及方向是无规则的，但大多数分子的运动遵循麦克斯韦速率分布规律。

对上述真空物理学基础理论感兴趣的读者可以参阅相关资料。

2. 真空中气体的流动[1,7]

气体的流动状态因气体容器的几何尺寸、气体压力、温度以及气体种类而存在很大的差别。在真空技术中，气体沿管道的流动状态可划分为如下 4 种基本形式。

（1）抽真空的初期，管道中的气体压力和流速较高，气体的惯性力在流动中起主要作用；流动不稳定，流线无规则，不时出现旋涡，这种流动状态称为紊流。

（2）随着流速和气压的降低，在低真空区域，气流由湍流变为规则的层流，每个部分都有不同速度的流动层，流线平行于管轴，气体的黏滞力在流动中起主导作用。此时，气体分子的平均自由程仍远小于管道最小截面尺寸，这种流态称为黏滞流。

（3）高真空状态，分子平均自由程远远大于管道最小尺寸时，气体分子与管壁之间的碰撞占主导地位。此时，分子靠热运动自由移动，只发生与管壁的碰撞和热反射而飞过管道，气体流动由各个分子的独立运动叠加而成，这种流动称为分子流。

（4）在中真空区域，介于黏滞流与分子流之间的流动状态称为中间流或过渡流。

3. 气体的吸附与解吸[1,3]

吸附是气体或蒸汽分子被固体表面捕获而附着于其表面并形成单层或多层分子层的现象。捕获气体的固体称为吸附剂，被吸附气体称为吸附物。吸附的原因是吸附剂表面上存在力场。气体吸附可分为物理吸附和化学吸附。

解吸、蒸发等吸附的逆过程可以统称为脱附。脱附现象既可以是自然发生的，也可以是人为加速的。在抽真空的过程中气体从表面缓缓放出，气体的吸附量逐渐减少，这种现象在真空技术中称为材料的放气或出气。总结实践经验如下：在低真空阶段，真空度变化速率由空间中的气体被抽出的速率决定；在中真空阶段，表面放气量已接近空间气体量，两者对真空度变化速率的影响程度接近；进入高真空乃至超高真空阶段，表面放气（不计系统漏气时）成为主要气体负荷，放气的快慢直接影响抽空时间。

通过人工方式，有意识地促进气体脱附的发生，在真空技术中称为去气或除气。目前采用加热烘烤法和离子轰击法。

4.1.3 真空状态的表征[6]

1. 真空的度量单位

在真空技术中，可以使用多个参数来描述真空状态下空间的真空度，最常用的有"真空度"和"压强"。制造业常用单位的换算关系如下：

$$1 \text{ 标准大气压（atm）} = 0.101325 \text{ 兆帕（MPa）} = 1.01325 \text{ 巴（bar）}$$

$$1 \text{ 巴（bar）} = 10^5 \text{ 帕（Pa）}$$

$$1 \text{ 托（Torr）} = 133.322 \text{ 帕（Pa）}$$

1 工程大气压=98.0665 千帕（kPa）

1 千帕（kPa）=0.0098 大气压（atm）

2. 真空区域划分[4, 8]

随着真空度的提高，真空的性质逐渐发生变化。为了方便，人们常把真空度粗划为几个区段：

（1）低真空（$10^5 \sim 10^2$ Pa）：在该范围内，气体空间特性与大气相差不大，气体分子密度大，平均自由程很短，使用低真空技术主要是为了获得压力差，而不是为了改变空间性质。

（2）中真空（$10^2 \sim 10^{-1}$ Pa）：在该范围内，气体的流动状态逐渐变化，从黏滞流转变为分子流，并且对流现象消失。在电场的作用下，将产生辉光和弧光放电，与气体放电和低温等离子体相关的镀膜技术都在此范围内开始。低于 10^{-1} Pa 时，气体已经不能按连续的流体对待。

（3）高真空（$10^{-1} \sim 10^{-5}$ Pa）：在该范围内，气体分子的平均自由程已大于一般真空容器的限度，由于容器中的真空度很高，残余气体分子与被沉积材料的化学作用十分微弱，物理气相沉积多数发生在此真空度范围内。

（4）超高真空（$10^{-5} \sim 10^{-9}$ Pa）：在该范围内，不仅分子间的碰撞极少，而且沉积在基板表面上的物质到达单原子/分子层所需的时间也很长。因此，可以进行分子束外延。

（5）极高真空（$<10^{-9}$ Pa）：在此范围内，气体分子碰撞固体表面的频率已经很低，可以保持表面清洁，适合分子尺寸级的加工以及纳米科学研究。

4.1.4 真空状态的获得

1. 获得真空的设备[6, 7, 9]

1）真空泵的分类

获得真空环境需要使用各种各样的真空泵，它们是真空系统的主要部件。真空泵是利用机械、物理、化学或物理-化学的方法对封闭的容器进行抽气，从而在该容器的空间中产生、改善和维持某种真空状态的器件或设备。随着真空技术的发展，真空泵已有很多类型。

根据获得真空的方法，真空泵可分为两大类：输运式真空泵和捕获式真空泵。输运式真空泵采用压缩气体的方式，将气体分子输送至真空系统之外；捕获式真空泵依靠在真空系统内凝结或吸附等方式，将气体分子捕获，进而排除到真空系统之外。输运式真空泵又可细分为机械式气体输运泵和气流式气体输运泵，机械式气体输运泵有旋片式真空泵、罗茨真空泵、涡轮分子真空泵，气流式气体输运泵有油扩散喷射真空泵。捕获式真空泵包括低温真空泵、吸附真空泵、吸气剂真空泵、溅射离子真空泵等。表 4-1 中列出了部分常用真空泵的汉语拼音代号及名称。在工程实践中，涉及泵的名称常习惯省略"真空"两字或使用真空泵的简称。例如，称油扩散真空泵为"油扩散泵"或"扩散泵"；称"钛升华真空泵"为"钛升华泵"或"升华泵"。

表 4-1　部分常用真空泵的汉语拼音代号及名称

代号	名称	代号	名称
W	往复真空泵	Z	油扩散喷射真空泵（油增压泵）
D	定片真空泵	S	钛升华真空泵
X	旋片式真空泵	LF	复合式离子真空泵
H	滑阀真空泵	GL	锆铝吸气剂真空泵
ZJ	罗茨真空泵（机械增压泵）	DZ	制冷机低温真空泵
YZ	余摆线真空泵	DG	灌注式低温真空泵
L	溅射离子真空泵	IF	分子筛吸附真空泵
XD	单级多旋片式真空泵	SZ	水环真空泵
F	分子真空泵	PS	水喷射真空泵
K	油扩散真空泵	P	水蒸气喷射真空泵

由于各种真空泵所具有的工作压强范围及启动压强不同，因此，在选用真空泵时必须满足这些基本要求。表 4-2 给出了部分常用真空泵的工作压强范围及启动压强值。

表 4-2　部分常用真空泵的工作压强范围及启动压强

真空泵种类	工作压强/Pa	启动压强/Pa
活塞式真空泵	$1\times10^5 \sim 1.3\times10^2$	1×10^5
旋片式真空泵	$1\times10^5 \sim 6.7\times10^{-1}$	1×10^5
水环式真空泵	$1\times10^5 \sim 2.7\times10^3$	1×10^5
罗茨真空泵	$1.3\times10^3 \sim 1.3$	1.3×10^3
涡轮分子真空泵	$1.3 \sim 1.3\times10^{-5}$	1.3
水蒸气喷射真空泵	$1\times10^5 \sim 1.3\times10^{-1}$	1×10^5
油扩散真空泵	$1.3\times10^{-2} \sim 1.3\times10^{-7}$	1.3×10
油蒸汽喷射真空泵	$1.3\times10 \sim 1.3\times10^{-2}$	$<1.3\times10^5$
分子筛吸附真空泵	$1\times10^5 \sim 1.3\times10^{-1}$	1×10^5
溅射离子真空泵	$1.3\times10^{-3} \sim 1.3\times10^{-9}$	6.7×10^{-1}
钛升华真空泵	$1.3\times10^{-2} \sim 1.3\times10^{-9}$	1.3×10^{-2}

2）泵的功能和选用

在选用真空泵时，需要明确泵在真空系统中承担的工作任务。泵在各种不同工作领域中所起的作用归纳起来主要有如下 7 个方面。

（1）主泵。所谓主泵就是直接对真空系统的被抽容器进行抽气，以获得满足工艺要求所需真空度的真空泵。

（2）粗抽泵。粗抽泵是指从大气压开始抽气直到满足另一个抽气系统工作条件的真空泵。

（3）前级泵。前级泵是指用于使另一个泵的前级压强维持在其最高许可的前级压强以下的真空泵。

（4）维持泵。维持泵是指当真空系统抽气量很小时，不能有效地利用主要前级泵。为此，在真空系统中额外配置一种抽气量较小的辅助前级泵来维持主泵的正常工作，或维持已抽空的容器所需的低压真空泵。

（5）高真空泵。高真空泵是指在高真空度范围内工作的真空泵。

（6）超高真空泵。超高真空泵是指在超高真空度范围内工作的真空泵。

（7）增压泵。增压泵通常是用来提高抽气系统在低真空和高真空之间的中间压强范围的抽气量或降低前级泵抽气速率要求的真空泵。

2. 真空测量[10]

1）真空测量的定义

真空度是指低于大气压的气体稀薄程度。真空测量是对真空度的评价，通常以压力表示真空度，压力高意味着真空度低；压力低则真空度高。此外，分子密度、分子平均自由程、碰撞次数、覆盖时间等都可以用来表示真空度。用分子密度表示真空度更符合真空度的定义和内涵。

真空测量包括3部分：全压力测量、分压力测量和真空计校准。由于多数真空计是通过与压力有关的物理量间接地反映压力值的，而不能直接通过真空计的有关参数计算获得压力值。因此，正确的真空测量必须对真空计进行校准。正确的真空测量，或者说真空计的正确使用，必须选择标准真空计或能产生已知低压的校准装置进行校准。须知，真空计校准是真空测量的基础，是开发优化真空测量的有力工具。

真空计量工具分为3类：计量基准器具、计量标准器具和工作计量器具。前两类用于复现和传递真空度量值；而后一类是在现场应用。3种计量器具的不确定度依次降低。

2）真空计的分类

（1）按真空度刻度方法分类[10]，可分为绝对真空计和相对真空计，常见的如压缩式真空计、热辐射真空计和U型镑压力计等，这些属于绝对真空计；热传导真空计和电离真空计等属于相对真空计。

（2）按真空计测量原理分类，可分为直接测量真空计和间接测量真空计，间接测量真空计有压缩式真空计、热传导真空计、热辐射真空计、电离真空计、放电管指示器、黏滞真空计、分压力真空计等。

（3）常用真空计的压力测量范围见表4-3。

（4）选择真空计的原则。

① 待测区域压力应与真空计的精度相匹配。

② 被测气体和真空计不会互相影响。

③ 稳定性、复现性、可靠性满足需求。

④ 真空计与生产线的匹配程度应包括安装、操作、保修、管理的难易程度等方面要求。

表 4-3　常用真空计的压力测量范围[10]

真空计名称	测量范围/Pa	真空计名称	测量范围/Pa
水银 U 型管	$10^5 \sim 10$	高真空电离真空计	$10^{-1} \sim 10^{-5}$
油 U 型管	$10^4 \sim 1$	高压力电离真空计	$10^2 \sim 10^{-4}$
光干涉油微压计	$1 \sim 10^{-2}$	B-A 计	$10^{-1} \sim 10^{-8}$
压缩式真空计（一般型）	$10^{-1} \sim 10^{-3}$	宽量程电离真空计	$10 \sim 10^{-8}$
压缩式真空计（特殊型）	$10^{-1} \sim 10^{-5}$	放射性电离真空计	$10^5 \sim 10^{-1}$
弹性变形真空计	$10^5 \sim 10^2$	冷阴极磁放电真空计	$1 \sim 10^{-5}$
薄膜真空计	$10^5 \sim 10^{-2}$	磁控管型电离真空计	$10^{-2} \sim 10^{-11}$
振膜真空计	$10^5 \sim 10^{-2}$	热辐射真空计	$10^{-1} \sim 10^{-5}$
热传导真空计（一般型）	$10^2 \sim 10^{-1}$	分压力真空计	$10^{-1} \sim 10^{-14}$
热传导真空计（对流型）	$10^5 \sim 10^{-1}$	—	—

4.1.5　真空检漏[11]

真空系统的检漏就是检测由真空设备构成的真空系统的漏气部位及其大小的过程。对于真空系统，尤其是大规模工业化真空系统，对其进行维护以防漏气显得尤为重要。漏气一旦发生，迅速而准确地查明漏点和修理是保证生产顺利进行的重要前提。

1. 真空系统容易形成的漏点

一般而言，真空系统中以下 4 个位置容易发生漏气。
（1）可动部分：传动轴及其密封部分。
（2）玻璃或陶瓷等易损部分。
（3）使用法兰和垫圈的密封部分。
（4）焊接部位的裂纹处。

2. 难以检测到的漏点

（1）不完善的两侧焊接，内部留有气眼。在真空设备的安装中这种焊接是不允许的。
（2）真空材料内残留的砂眼。
（3）阀等一些复杂部件的内部漏气。

3. 检漏方法

（1）加压法。加压法是一种用充气来查明漏气位置的方法。在真空镀膜系统中，受设备的限制，几乎不使用加压法。
（2）真空法。真空法是将装置抽成真空的检漏方法。将待测设备抽真空后，用密封罩罩住，把检漏时查明漏孔所用的示漏物质涂布或喷吹在被试物上，依靠检测流入设备内的气体来查明漏点。

4. 检漏的实际操作

为了更快、更准确地找出漏点，必须遵循一定的规程。

（1）漏气发生时，应该首先检查设备中那些容易损坏的部件。

（2）当使用密度比大气小的气体（如氦气）检漏时，应从设备顶部开始；使用密度比大气大的气体（如丁烷、丙烷等）检漏时，应从设备底部开始。

（3）当发现一个漏孔时，应用密封带等物体暂时封堵，以免影响其他漏孔的检出。

（4）全部检查及封堵完之后，应再用密封罩方法复查。若不再漏气，则可以开始修理。

4.2 聚氨酯海绵真空磁控溅射镀镍工艺

4.2.1 真空磁控溅射镀膜的基本原理

阴极溅射现象可以追溯到 1852 年 Grove 的发现，但相关研究工作直到 20 世纪 50 年代前后才开始。60 年代中后期 P.D.D. Avidse 和 L. Holland 等人开发了射频溅射技术，可溅射各种介质，在基片上镀膜，这是阴极溅射第一次历史性重大突破。但是沉积速度低，仅数百 Å/分钟，而基片升温高达 400℃，不适合用来制取薄膜，因为达不到实际应用的目的。自 1969 年以来，柱状磁控溅射技术得到迅速发展[4]。1971 年 P.J.Clarke 公布了 S-枪式磁控溅射源专利。直到 1974 年年初，J.S. Chapin 首次发表了关于平面磁控溅射镀膜的论文，并命名为"磁控溅射"（Magnetron Sputtering）[12]。该技术将沉积速度提高了一个数量级，并能将基片温度降至 100℃，因此又称为"低温高速磁控溅射"。磁控溅射的特别之处在于，靶材表面建立了与电场正交的磁场，所谓磁控原理是采用正交电磁场的特殊分布，控制电场中电子运动的轨迹，使电子在正交电磁场中作摆线运动，从而显著增加了与气体分子碰撞的概率[13]。这样的结构更有利于制作大面积的溅射源，适合非金属材料的金属化[14,15]。由于磁控溅射优点多，在短短的十余年里得到了飞速发展，各种类型的磁控溅射装置相继出现[4]，并因此赢得了"表面技术划时代的创举"和"20 世纪 70 年代最重大的科技成果之一"的美誉。

自 20 世纪 80 年代以来，磁控溅射技术发展迅猛，其应用领域得到了极大的扩展。磁控溅射技术已经在镀膜领域占有举足轻重的地位。随着工业生产和科学研究领域对高质量、特殊性能薄膜的需求日益增长，磁控溅射在技术创新的时代，其工艺技术推陈出新的优势和创新潜力备受青睐。

随着科技创新的深入和拓展，创新项目的层出不穷和创新领域的交汇融合，可以预料，诸如电阻薄膜、超大电容薄膜、超导薄膜、智能线路板的线路图配线膜、集成电路线路的阻抗膜、聚光膜、液晶显示元件中的透明电极膜、太阳能电池的光电转换膜、各类传感器上的特性机能膜，以及在它们基础上不断推出的新成果已经和可能在新能源、新材料、生物工程、大规模集成电路、新一代计算机、航天航空、人工智能等领域建功立业，潜在的创新能力和成果令人期待[16]。

真空磁控溅射镀镍法是在真空环境下以磁控溅射镀膜技术为核心，对聚氨酯海绵模芯进行导电化处理的技术应用。

真空磁控溅射镀膜过程是溅射镀膜技术的一种优化应用。溅射镀膜的过程是利用带电离子在电场中加速获得动能后，将其引向由待镀材料制成的靶材。当离子动能足够时，就能够在与靶材表面原子的碰撞过程中将其溅射出来。这些被溅射出来的原子具有入射离子传递来的动能，它们能够沿着一定方向射向衬底并沉积在其表面，从而实现薄膜的沉积。在一般的溅射镀膜方法基础上，引入阴极靶表面磁场，利用磁场对带电离子的约束达到提高等离子体密度目的，从而提高溅射效率和膜的沉积效率的方法就是磁控溅射镀膜技术。必须说明的是，未进入磁控溅射工序之前，对作为衬底的材料，本书称之为"聚氨酯海绵"，简称"海绵"；海绵进入磁控溅射工序后，成为工件，即真空磁控溅射镍在制品。有关磁控溅射工序在制品及制成品名称表述说明见 2.3.3 节。

从膜层品质出发，磁控溅射镀膜的优势主要表现在膜层厚度重现性和可控性好、薄膜与基材的附着力强、膜层的纯度高等方面。由于磁控溅射的专业设备运行稳定、自动化程度高、生产工艺参数锁定，因此制作过程处于稳态，其膜层厚度的重复性得到了保障；制造条件如氩气流量、给定电流、镀膜室温度等可以精确控制，膜层厚度的可控性高。但是，膜层成膜速度低、装置结构复杂、设备一次性投资大。

4.2.2 聚氨酯海绵真空磁控溅射镀镍工艺流程

采用真空磁控溅射镀膜技术在聚氨酯海绵上均匀镀覆一定厚度的镍层，是泡沫镍生产制造过程的重要环节之一。不同规格的海绵在真空磁控溅射镀膜设备中经过导电化处理，形成符合要求的、电铸前的海绵模芯。真空磁控溅射镀镍工艺的生产流程如图 4-1 所示。磁控溅射在制品带材处于真空环境中，匀速地从两侧已配置镍板阴极靶的磁控溅射室中间位置通过，靶电源通电后阴极靶面在高压和强电场的作用下产生放电现象，致使阴极靶面的镍原子溅射出来，沉积到磁控溅射室中间的在制品上，使作匀速运动的在制品均匀地吸附镍原子形成膜层，完成真空磁控制溅射镀镍后，成为该工序的制成品，即模芯。模芯最后以匀速运动走带到收卷室被卷绕成边缘相对整齐的模芯卷。

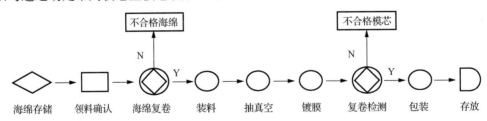

图 4-1 真空磁控溅射镀镍工艺流程

聚氨酯海绵模芯真空磁控溅射镀镍的关键生产步骤如下。

（1）复卷：将约几百米长的聚氨酯海绵边缘整齐地复卷在备用的收卷辊上。

（2）装料：将聚氨酯海绵卷放在放卷室，通过导向辊把磁控溅射室中间的引带布与放卷室的海绵连接；启动卷绕系统，将海绵与引带布的接头牵引至磁控溅射室下方导向辊处。

（3）抽真空：确认每个阴极靶面干净后检测其绝缘性能，清洁真空室体，开启真空机组，按照真空泵的工作范围，从粗抽到精抽逐级启动各种真空泵。

（4）镀膜：待真空度达到本底真空度后，按照设定的工艺参数，充入惰性气体（氩气），依次开启靶电源、张力控制系统、走带控制系统等开始实施镀膜。

（5）复卷检测：完成镀膜工艺后，得到磁控溅射的制成品，即磁控溅射镀镍模芯，几百米长的模芯带材在收卷室卷被绕成模芯卷材。在真空室体内充入洁净空气后，将模芯卷材移出收卷室，在专用的复卷机上对模芯实施产品性能检测、复卷（分卷）并裁边成端面整齐的模芯卷材，然后包装、存放。

4.2.3 真空磁控溅射工艺中镍靶的设计

如前所述，真空磁控溅射技术应用于聚氨酯海绵的导电化处理是行之有效的方法。在此过程中，合理设计和正确使用镍靶材至关重要。

1. 靶材的制备方法

靶材是真空磁控溅射镀镍的主要耗材，使用量大，且其质量关系到聚氨酯海绵导电化处理的工艺水平，是决定海绵模芯质量性能的关键因素。因此，必须严格控制靶材的质量[17]。

根据不同的生产工艺，磁控溅射靶材的制备方法可分为两类：熔融铸造法和粉末冶金法[18]。为了保证靶材质量，在靶材制备过程中，除纯度、致密度以及结晶取向之外，对热处理工艺等后续加工条件也须严格控制。真空磁控溅射靶材的一般制造流程如图4-2所示。

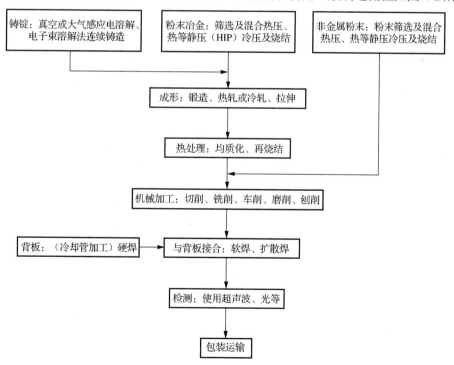

图 4-2 真空磁控溅射靶材的一般制造流程

2. 靶材的质量标准

大量实验表明,纯度、密度、晶粒尺寸及其分布、结晶取向和结构均匀性等性质是影响靶材质量的主要因素[17]。靶材的纯度越高,溅射沉积的镍层薄膜的性能越好。通常,镍靶中的杂质和靶材气孔中的氧和水分是溅射沉积镍层薄膜的主要污染源。表 4-4 给出了实际生产中常用镍靶的纯度质量指标[17],即镍靶杂质允许含量(质量百分数)。

表 4-4 镍靶杂质允许含量(质量百分数)

名称	Ni+Co	O	Co	Fe	Zn	Cu	Ca	C	S	Pb
含量(%)	≥99.5	≤0.005	≤0.05	≤0.015	≤0.003	≤0.01	≤0.001	≤0.026	≤0.005	≤0.001

为了减少镍靶中的气孔并改善溅射沉积镍层薄膜的性能,通常要求镍靶材具有较高的致密度。镍靶材的致密度不仅影响溅射时的沉积速率、溅射膜的密度,还影响溅射沉积薄膜的电学性能。镍靶材的致密度主要取决于制备工艺,通常,熔融铸造法制备的靶材致密度高,而粉末冶金法制备的靶材致密度则相对较低。镍靶材的晶粒分布也会影响沉积镍层性能,晶粒细小的靶溅射速率要比晶粒大的靶快;而晶粒分布均匀,尺寸差距较小的靶,沉积的镍厚度分布也较均匀。由于在溅射时靶材原子容易沿着最紧密排列的方向优先溅射出来,因此,可通过改变镍靶材的晶体结构来增加溅射速率[17]。图 4-3 是常用平面镍靶的实物照片,其表面光滑且均匀。

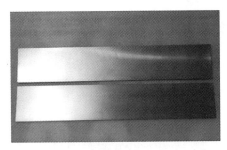

图 4-3 常用平面镍靶的实物照片

3. 磁控溅射靶的类型及靶的结构

在磁控溅射装置中,有各种类型的靶,如矩形平面靶、S-枪靶、同轴圆柱形靶、旋转式圆柱形靶等。它们的结构主要由水冷系统、阴极体、法兰、屏蔽罩、靶材、极靴、永磁体、压紧螺母、压环、密封件、绝缘件及螺栓等连接件组成。其中,旋转式圆柱形靶的阴极体具有旋转和密封结构;S-枪靶中设置了用于引弧的辅助阳极等结构,使之具有不同的特点[5]。

4.3 聚氨酯海绵真空磁控溅射镀镍设备

4.3.1 概述

在真空条件下,通过真空磁控溅射镀膜机,使聚氨酯海绵匀速通过镀膜区,同时,在海绵双面均匀地镀覆镍膜层,实现海绵的导电化,制造电铸工序用的海绵模芯。该设备在改变靶材和基材后,也可用于其他基材表面镀覆不同的金属、合金。

第四章 聚氨酯海绵导电化处理——真空磁控溅射镀镍法

用于泡沫镍生产制造的真空磁控溅射镀膜机有两种类型：方箱式真空磁控溅射镀膜机和偏置哑铃式真空磁控溅射镀膜机。

1. 方箱式真空磁控溅射镀膜机

图 4-4 是方箱式真空磁控溅射镀膜机的结构和在制品走带卷绕示意。方箱式真空磁控溅射镀膜机由真空室（包括放卷室、收卷室、溅射室）、真空系统、驱动车和管线拖动装置、氩气流量控制与显示、卷绕传动与控制系统、真空测量与控制系统、磁控溅射靶电源和控制柜、设备水冷循环管道系统、压缩空气分配部件、活动操作平台等部件组成[5]。

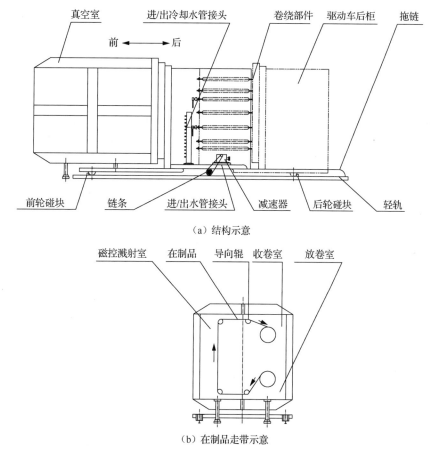

图 4-4　方箱式真空磁控溅射镀膜机的结构和在制品走带示意

2. 偏置哑铃式真空磁控溅射镀膜机

图 4-5 是偏置哑铃式真空磁控溅射镀膜机的结构和磁控溅射在制品走带示意，哑铃式真空磁控溅射镀膜机主要配置包括真空室（包括上卷料室、下卷料室、溅射室）、真空系统、

氩气流量控制系统、传动与控制系统、真空测量及自动控制系统、靶电源和控制柜、分水器及设备水冷循环管道系统、压缩空气分配部件、装/卸料运行车、活动操作平台等部件。

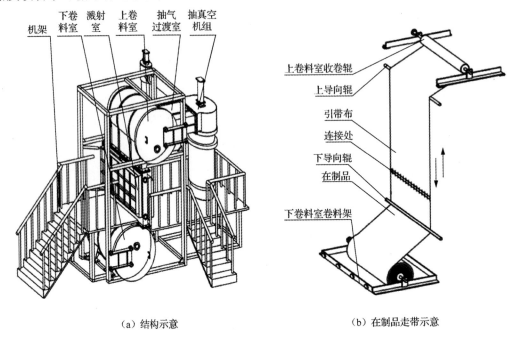

(a) 结构示意　　　　　　　　　　　(b) 在制品走带示意

图 4-5　偏置哑铃式真空磁控溅射镀膜机的结构和在制品走带示意

4.3.2　聚氨酯海绵真空磁控溅射镀镍设备的设计要点

在满足功能性和安全性要求的前提下，必须兼顾设备运行的稳定可靠、自动化程度的提升、生产成本的降低、生产效率和产品质量的提高、对产品个性化需求的兼容性等方面，并有持续改进的可能。以此为原则，聚氨酯海绵真空磁控溅射镀镍设备的设计包括如下要点：

1）设备的功能性

在确定设备用途的前提下，结合产能总目标和电铸对模芯的特性要求（如长度、宽度、厚度、导电性能、模芯收卷端边整齐度等），设计真空系统、磁控溅射室阴极靶给电系统、卷绕传动系统、全自动控制系统、循环水冷却系统等，实现真空磁控溅射镀膜功能，满足电铸对模芯的全部要求[19]。

2）生产能力测算

首先确认模芯的规格型号如 PPI、长度、宽度、厚度和模芯卷的尺寸，再将设备计划检修时间、清理内壁时间、生产辅助时间、抽空时间等辅助作业时间汇总。然后，依据模芯卷绕的长度和工艺设计的走速，确定镀膜总时间，计算出单台设备的日产能。同时，根据产能总目标确定设备的台（套）数量。

3）成本测算

成本的设计主要包括两方面：

（1）设备的制作成本。通过市场调研，了解材料价格和相应部件的价格并进行汇总，再累计辅助设施的费用，得到单台设备的总体费用；按照一定年限折旧率得到每年的设备折旧费用。

（2）设备的运行成本。真空镀膜设备主要考虑水、电、气的费用测算（没有涉及直接材料和人工费用），以产能均分，得到设备的运行成本。

4）生产安全技术及要求

应首先满足国家相关法律法规要求和安全技术标准，对危险源进行充分识别和风险评估，制定安全措施和防呆措施，保证整机安全设计评估无Ⅱ级以上安全风险点。

（1）所有电源线和控制线导线必须设置安全防护装置，避免发生触电风险。例如，电源线收在金属高架桥内，阴极靶配置安全防护罩，有漏电保护装置，整体设备与接地线安装牢固。

（2）在控制程序方面，须提供附加防护装置，以保护操作者在操作、安装、维护时采用合理的预选锁定和控制程序，包括门、阀、电源及水源开关等部件的互锁。

（3）设备安全防护，避免操作者的身体与运动部件接触，提供必要的作业安全保护设施和警示标识等。

（4）环境保护要求。应符合国家有关规定和标准，例如，真空泵组与生产区隔离，真空泵组底座防振和进/出口配置波纹管，设备的噪声等级应不超过 80 dBA。

（5）所有的安全说明书及安全标志须用国际通用符号或中文标识。

5）作业方式和效率测算

预估真空镀膜操作流程和人工作业操作步骤，累计全流程的人工作业总时间，确定作业班次和作业人员数量。

6）外观设计要求

外观设计要求往往被忽视，主要要求如下：所有零部件标准化加工、制作、安装；相同部位的螺栓规格、型号、材质统一；螺栓垂直安装，配套齐全，不得松动；装配过程防止变形，预防制作精度不符要求；设备外观、色调及涂装质量应有验收项目的规定和验收标准。

7）外部资源需求

结合设备生产能力，在设备各个部件配置完成后汇总外部资源需求，包括厂房建筑、动力需求、人流和物流设计、消防照明等项目的相关规定。

8）设备维修保养规定

列出整机的详细零部件清单，明确易损件及其使用期限。建立备品、备件清单，确定其最低库存数量、整机保养维护周期和维保标准、责任担当和监管机制。

4.3.3 聚氨酯海绵真空磁控溅射镀镍主机

在设备结构的合理性、产品质量控制的可靠性和操作方便性方面，以偏置哑铃式真空磁控溅射镀膜设备具有突出的优势，故以该机型为例，介绍聚氨酯海绵模芯真空磁控溅射镀镍的主机，包括主机构件和可使用的真空材料、真空室、真空泵组、阴极靶、传动系统、循环冷却系统、除尘系统、控制系统等。

1. 主机构件和可使用的材料[20-21]

主机构件和所有工作环节可使用的材料必须满足真空环境对材料材质的要求。遵守这些要求在真空镀膜设备的设计过程相当重要，合理的选材不但关系到设备的安全性、适用性、稳定性，也关系到设备的使用寿命和固定资产的投入。材料的渗漏和材料加工产生的微漏会给设备的维护带来困难，材料的使用寿命也会影响设备维修的频率和次数，以及备品、备件的最低库存量等。

1）适用材料的种类

真空系统所用材料包括真空设备外壳、真空计，以及真空容器内的各种固定或活动的机构及部件、密封材料等[21]。真空系统中所用的材料大致可分为以下两类：

（1）结构材料。结构材料是构成真空系统主体的材料，它将真空系统与大气隔开，承受着大气压力。这些材料主要是各种金属和非金属材料。

（2）辅助材料。辅助材料指系统中零件连接处或系统漏气处密封用的真空封脂或真空封蜡、装配时用的黏结剂、真空泵及系统用的真空油、吸气剂，以及系统中所用的加热元件材料等[3]。真空系统中真空元件常用的材料见表4-5。

表4-5 真空系统中真空元件常用的材料[21]

序号	零/部件名称	低真空及高真空	超高真空
1	壳体、管路、阀、内部零件	普通碳素钢、不锈钢	不锈钢、钛
2	密封垫圈	丁基橡胶、氟塑料	氟橡胶、氟塑料、铜、金、银、铟
3	导电体	铜、不锈钢、铝	铜、不锈钢
4	绝缘体	酚醛、氟塑料、玻璃、陶瓷	玻璃、致密高铝瓷等
5	视窗	玻璃	硼硅玻璃、透明石英玻璃
6	润滑剂	低蒸汽压的油及脂	二硫化钼
7	加热元件	镍-铬-铁合金、钨、钼、钽、碳纤维布	钨、钼、钽、钨-铼合金、石墨碳纤维

2）适用材料的性能与选材原则[21]

（1）材料对真空的适应性能。

对于真空系统所用的相关材料，除了要求物理、化学和力学性能，对这些材料的真空性能还有特殊要求。真空系统所能达到的极限压力主要取决于各种气源的出气量。

① 影响出气量的因素。

a. 漏孔的漏气量。

b. 通过真空容器壁渗入真空系统的气体量。

c. 真空容器内表面的蒸发、升华、分解等放出的气体量。

d. 材料的出气。

e. 抽气系统的返流，例如，扩散真空泵返扩散气体、返流油蒸汽、低温吸附真空泵中气体的再释放等。

显然，真空系统内的气源与所使用材料的真空性能密切相关。

② 材料的渗透性。气体从密度大的一侧向密度小的一侧渗入、扩散再通过和逸出固体阻挡层的过程称为渗透。这种情况下的稳态流率称为渗透率。由于真空容器器壁两侧的气体总是存在压力差，即使容器壁上仅有小到足以阻止正常气流通过的微孔，器壁材料或多或少也会渗透一些气体。

③ 材料的出气。任何固体材料都可以吸附大气中的一些气体。当材料置于真空中时，气体就会脱附[6]。对真空系统设计来说，考虑多种真空泵的抽气能力是有选择性的，仅有材料出气速率的数据还不够。如果可以进一步地确定各种气体成分的比例，就能有针对性地选配合适的真空泵[21]。

④ 材料的蒸发、升华、蒸汽压。一定温度下，在封闭的真空空间，物质的气化使空间的分子密度逐渐增加，当达到一定的压力后，单位时间内脱离吸附剂表面的分子数等于从空间返回吸附剂再凝结的分子数，即脱离和吸附速率达到动态平衡，可认为气化停止。此时的蒸汽压力就是该温度下，该液体（或固体）因蒸发（或升华）形成的饱和蒸汽压[3]。

（2）材料的其他性能[21]。

① 机械强度。真空系统的容器壁必须满足最低机械强度和刚度的要求，才能承受得住大气的压力。容器结构形状对其强度也有比较大的影响，应考虑不同结构所能承受的总压力。例如，可用球形结构替代平面结构。

② 热学性能。在磁控溅射镀镍过程中，真空系统会发生温度的变化。因此，必须十分熟悉对所用材料的热学性能。不仅要考虑熔点，还要考虑机械强度随温度的变化，使其在温度变化区间内保持足够的机械强度。另外，还要考虑材料的抗热冲击的特性。

③ 其他性能。电磁性能、光学性能（观察窗）、耐腐蚀性能、热膨胀率等性能往往也起着十分重要的作用。

（3）真空材料的选材原则[3]。

① 对真空容器壳体及内部零件材料的要求。

a. 机械强度和刚度足够保证壳体的承压能力。

b. 气密性好，器壁材料不应有孔、裂纹或其他形成渗漏的缺陷。

c. 渗透速率和出气速率较低。

d. 对于超高真空系统，工作温度和烘烤温度下的饱和蒸汽压要足够低。

e. 化学稳定性好，与真空系统中的工作介质及工艺过程中可能的放气不发生化学反应,并且不易氧化和腐蚀。

  f. 热稳定性好,在真空系统的工作温度范围内,保持良好的真空和力学性能。

  g. 有较好的机械加工性能及焊接性能。

 ② 对密封材料的要求。

  a. 饱和蒸汽压足够低,室温下低真空时,饱和蒸汽压力应小于 $1.3×10^{-1}～1.3×10^{-2}$ Pa;高真空时,饱和蒸汽压应小于 $1.3×10^{-3}～1.3×10^{-5}$ Pa。

  b. 不仅化学及热稳定性好,而且要有一定的机械强度。

  c. 密封材料能够平滑地紧贴密封表面。

 除上述真空材料性能的要求外,在某些情况下还必须考虑电学性能、绝缘性能、光学性能、磁性能和热导性能等,以满足个性化需求。

 (4)常用的构件材料。在真空系统设计与制造中常用的金属及其合金材料有低碳钢、不锈钢、铜、铝、镍、金、银、钨、钼、钽、铌、钛、铟、镓、封接合金、镍-铬(铁)合金、磁性合金、铜合金、铸铁、铸铜、铸铝等[3]。

 ① 金属铸件。金属铸件多用于制造机械真空泵,要求铸件具有较高的致密性,通常采用铸铁、铸造铝合金等。含有磷、锌、镉等元素的铜合金铸件不适合温度较高的工况使用[22]。

 ② 碳钢及不锈钢。碳钢在低真空工作范围内经过镀层涂覆或裸露抛光可用于真空室内表面。应尽量使其内表面光滑、无锈。一般情况下,工作真空度越高,对其内表面的光滑程度要求也越严格。

 在真空系统设计中,考虑到材质的真空、力学性能,大多采用低碳钢,特别是真空容器的壳体、阀、管道、泵体、导流管等部件。低碳钢的特点是韧性良好、机械强度适中、具有良好的机械加工性能和焊接性能。其主要缺点是抗腐蚀性较差、有导磁性,在避免磁效应干扰的场合,或者含有磁分析器的任何系统结构中都不适用,但特别适用于需要良好导磁性的结构中。例如,应用在真空磁控溅射镀膜机的机架、两侧操作台、操作平台楼梯、维修平台、溅射靶磁极靴等。

 通常用于真空系统中的不锈钢主要是奥氏体不锈钢和马氏体不锈钢。其中,奥氏体不锈钢属于耐热、耐蚀、无磁不锈钢,具有高的强度、塑性及韧性,广泛应用于真空室壳体、阀体、管路等;马氏体不锈钢具有较高韧性,耐受冲击,主要用于耐蚀真空泵叶片、喷嘴、阀座等需要一定硬度及耐腐蚀的场合。例如,轴、阀盖、封口等需要耐高温、抗腐蚀性能时,应采用马氏体不锈钢为宜,但此类不锈钢的防锈性能不如奥氏体不锈钢好。应用在真空磁控溅射镀膜机的上/下卷料室、磁控溅射室、真空管道、真空阀门、靶门等时,应选用304号不锈钢。

 在传统不锈钢材料的基础上,制造大型真空设备还会使用复合钢板。复合钢板是以碳钢为基体、以不锈钢为复层制成的,它既满足真空性能的要求,又节省了大量不锈钢材料。

 ③ 有色金属。有色金属因为其自身的特殊性质,在真空系统中广泛使用,常见的有镍、铜、铝、钛等。金属镍可作为真空器件中的吸气剂、热屏蔽罩及多种机械构件的基体

材料。镍之所以在真空技术中被广泛应用，是因为镍具有以下优点。

a. 镍的熔点高，蒸汽压低，抗拉强度高，机械加工性好，易成型，且价格相对低廉。

b. 镍有相当好的抗各种腐蚀能力。另外，镍包覆层（厚镀覆或无微孔的镀镍层）可使其他材料表面具有与镍相近的抗腐蚀性。

无氧铜可用作蒸汽流泵的喷嘴、挡油障板、冷阱、密封、电极等，是真空技术中应用较多的材料。在高真空及超高真空中最常用的是无氧铜。因为普通铜中溶解的氧气在低于铜的软化点温度下不能被释放出来，而无氧铜具有非常低的氧含量且不含氧化亚铜，在受热时不产生脆裂，故适合在超高真空中使用。又因为无氧铜具有良好的真空气密性，对气体的溶解度低，在室温下不渗透氢气和氦气，而且对氧气和水蒸气的敏感性差、塑性又好，因此被广泛地用作超高真空系统中可拆卸的密封垫片。紫铜很软，不容易加工出高精度公差，因此被用于制作真空磁控溅射镀膜机的导线。黄铜具有良好的塑性，可在机械加工和压力加工下制成形状复杂的零件，但是，当温度超过 150℃时会放气从而影响真空度，污染真空环境，一般只能在低真空度环境中使用。青铜的机械强度高，可用来制造真空设备中所用的弹性元件、涡轮等。

铝是一种易成型且有良好导电、导热性能的非磁性材料，因此常用作真空室内的轻型支架、放电电极、扩散泵的喷嘴、导流管、挡油障板、分子泵中的叶片及耐腐蚀镀层等。纯铝非常软，可用作密封垫片材料。铝的机械强度在 200℃左右时迅速下降，并且蒸汽压相对较高，只能用于 300℃以下的烘烤真空系统中。但铝的焊接较难，一般要求真空钎焊等特殊的条件。铝一般应用在真空磁控溅射镀膜机的导向辊，替代铜鼻作为铝接线鼻及操作平台底部的防滑板。

钛的强度高、质量轻、耐腐蚀，在真空工程金属材料中的地位举足轻重。钛易于加工且无磁性，是理想的结构材料。钛在超高真空抽气系统中作为吸气剂而被广泛应用，因为钛对活性气体的吸附性很强。此外，钛表面上有氧化膜保护层，因而具有抗腐蚀性。钛应用在真空磁控溅射镀膜机的收/放卷辊中心轴。

④ 塑料。真空系统中主要使用的塑料为聚四氟乙烯（PTFE）。PTFE 结构致密，渗透率非常低，在室温下的蒸汽压和放气率都很低，真空性能优异。PTFE 可用作真空动密封的无油轴承材料，但必须避免因摩擦过热而损坏。PTFE 的弹性和压缩性较差，因此，一般只用作带槽法兰的垫片材料。PTFE 具有良好的电绝缘性能，它的电阻率极高，电介质损耗很低，特别适用于各种需要绝缘的场合。PTFE 可用作真空磁控溅射镀镍设备的绝缘框、电极的绝缘套、螺栓绝缘套、密封圈。

⑤ 其他工作环节使用的真空材料。在设备维修保养和检修过程中会使用到以下真空材料。

a. 真空泵的工作介质：机械泵油、扩散泵油、扩散喷射泵油等。

b. 辅助密封材料：根据真空密封位置和真空度的不同，真空辅助密封材料主要分为密封蜡、密封脂、密封泥和密封漆。

c. 真空黏结剂：环氧树脂、厌氧胶等。

2. 真空室

真空室包括下卷料室内部辅助部件、上卷料室内部辅助部件、磁控溅射室、机架、两侧操作平台、检漏口、预留真空检测口、观察窗等。

1）下卷料室内部辅助部件

下卷料室的直径需要确认以下尺寸：原料海绵的规格型号和海绵卷的最大直径、设计卷料车架两侧的宽度、收卷辊的直径，以及海绵与卷料车之间应预留的余量。累计上述尺寸即可确定下卷料室内壁的直径。

卷料车的尺寸由海绵的最大直径和宽度决定。

下卷料室的长度是卷料车的长度加上收卷辊传动连接和固定装置的长度尺寸，须确定卷料车与下卷料室门之间的距离，三者总和即下卷料室内壁的长度尺寸。下卷料室的上方安装下导向辊，导向辊的质量与海绵拉伸程度相关联，长度需要满足海绵的幅宽。下卷料室门采用圆弧设计或平板设计，外侧焊接加强筋。

2）上卷料室内部辅助部件

上卷料室的设计尺寸与下卷料室一致，上卷料室外侧焊接加强筋，上卷料室不用考虑海绵的进出操作。因此，不设计卷料车，而在两端配置横向支架定位收卷辊，上卷料室的下方安装上导向辊。

3）磁控溅射室

磁控溅射室内部宽度与靶基距（镍靶与基材之间的距离）相关，高度与阴极靶的尺寸以及阴极靶之间的间距有关，长度与海绵的最大宽度有关。内壁可设置不锈钢内衬板，以节省内壁清理时间，外壁设计冷却水道以降低磁控溅射室温度。镀膜室的设计还需配置真空度检测、温度检测、观察窗等。

4）机架

机架整体为框架结构，机架内侧用于上、下卷料室和磁控溅射室的固定和定位。周围4根立柱采用组合式，底部和顶部焊接成整体式，组成固定整机的机架。机架左右两侧安装操作平台，前后两侧安装检修平台，立柱垂直连接处采取圆弧设计，以避免灰尘累积。机架底部四周预留安装孔，与地面紧密接触，不留缝隙，预防主机底部粉尘积累不易清理。

5）两侧操作平台

磁控溅射室两侧设计操作平台，方便操作员进行接带和清理磁控溅射室。台面安装铝合金材质防滑板，平台周围安装不锈钢安全围栏，平台安装一个高 20 mm 的挡板，防止粉尘散落在生产区域地面。楼梯的斜度按照规定配置，楼梯的不锈钢扶手作镜面抛光，楼梯踏板安装卷边的铝合金材质防滑板。

6）检漏口确定

在主抽气管道、罗茨真空泵入口管道、前级泵进气管道配置检漏口（KF25 接口），并安装手动高真空挡板阀，方便连接检漏仪。

7）预留真空检测口确定

在前级真空管道、主抽气管道、扩散泵出口管道、冷阱、磁控溅射室、上卷料室、下卷料室配置真空测量点。

8）观察窗配置

应依据观察角度设计观察窗数量。为避免增加真空室漏点，建议观察窗数量宜少不宜多。上、下卷料室各设计一个玻璃视窗，磁控溅射室采用翻盖的玻璃视窗，在磁控溅射阴极靶开始通电时打开，一般情况下处于关闭状态。

3. 真空泵组

真空泵组的布置如图 4-6 所示。

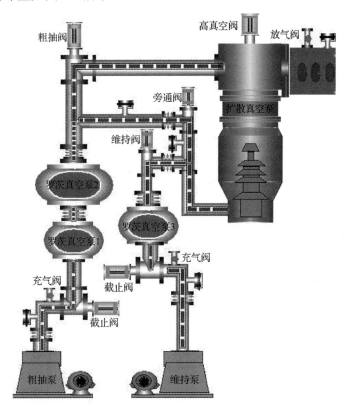

图 4-6 真空泵组的布置示意

1）真空泵的选用原则[23]

（1）真空泵的极限真空度比真空设备的真空度高 0.5～1.0 个数量级。

（2）根据工作压强范围选择正确的真空泵。

（3）在工作压强范围内，真空泵应能够抽空真空设备中的所有气体。

（4）正确组合真空泵组。必要时需要几种泵组合起来，互相补充才能满足抽气要求。

（5）考虑真空设备对油污染的要求，根据气体成分选择相应的真空泵。

（6）考虑真空泵工作时产生的振动对工艺过程及环境有无影响。

（7）预估真空泵的使用成本是否合理。

2）主泵的选用

设计一套工作稳定的真空系统，主泵的选择尤其重要。按照生产时的工作真空度和真空室容积，再参照真空系统作为选取主泵的主要依据。在聚氨酯海绵模芯真空磁控溅射镀膜机中，采用扩散真空泵和涡轮分子真空泵都能保证真空室处于最佳工作压力范围，但实际生产条件不能满足涡轮分子真空泵的运行工况，因而选取扩散真空泵为主泵。扩散真空泵一般壳体为不锈钢，部件为金属。由于聚氨酯海绵真空磁控溅射镀膜的基材为海绵，在抽气过程和磁控溅射过程中会产生一定的放气量，故可根据下列经验公式估算的结果确定主泵的型号和选择主泵的抽速。

$$St \approx (5 \sim 10)V \tag{4-8}$$

式中，S 为抽速；t 为时间；V 为真空室容积。

基于节能降耗要求，建议扩散真空泵选用节能型炉盘，如电磁炉等。

3）前级泵组的选用

当主泵选定后，按照与主泵相适应的前级泵的抽气速率，选择罗茨真空泵+滑阀真空泵的组合。考虑磁控溅射过程中海绵会放气，则选择增大抽气速率。

4）粗抽泵组的选用

对照旋片式真空泵和滑阀真空泵的抽空曲线，考虑故障率、维护成本、噪声以及海绵放气等因素，在真空泵组与生产区隔离后，对粗抽泵选择滑阀泵。

5）真空抽气管道

扩散泵上方设置了冷阱，主抽气管道尺寸不能小于主泵入口直径。前级真空管道按照前级泵的进、排气口径要求配置，进气管道原则上尽可能短，少用接头和弯头。

4. 阴极靶

1）矩形平面靶的结构

磁控溅射阴极靶设计为矩形平面靶，由极靴板、冷却水道、磁铁、冷却板、密封圈、靶材等组成。镍板作为靶材，安装在磁控溅射靶座上，中间通水冷却。磁控溅射靶座和磁控溅射室分别连接磁控溅射电源的负极和正极。靶材的后面安装永磁体，中心部分的磁场方向与外圈钕铁硼磁钢的磁场方向相反。这样，在靶面上产生由外向里（或由里向外）的磁场方向。

2）阴极靶安装方式

阴极靶的靶材采用冷扎制成的镍板，要求其外形尺寸合适，目视平整，无弯曲，表面色泽均匀，无斑点污染。

在磁控溅射靶的靶门上开孔，采用镶嵌的安装方式，靶体穿过靶门上的孔，定位杆、顶杆、绝缘板分别交错安装在磁控溅射室的两侧靶门上。调整靶体安装位置时，要求阴极靶的四周间隙均匀，靶体与真空室采用绝缘框进行绝缘。为防止操作人员触电，靶体后面必须安装安全防护罩。阴极靶靶体剖面示意如图4-7所示。

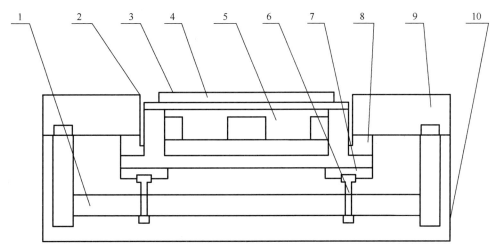

1—定位杆　2—阴、阳极间隙　3—靶材　4—冷却板　5—冷却水道　6—顶杆
7—绝缘板　8—绝缘框　9—阴极靶门　10—安全防护罩

图 4-7　阴极靶靶体剖面示意

3）阴极靶的冷却方式

根据阴极靶的温度和冷却方式对冷却水温度的要求，计算、选择冷却水的流量和冷却水管的截面积，设计冷却方式和安装方式。冷却方式有两种：间接冷却和直接冷却。

（1）间接冷却即冷却水通过水管与磁铁、阴极靶面接触进行热交换，其优点是冷却水道与真空室分开，真空室无漏水现象产生；缺点是冷却效果差，要求冷却水的温度低，使制冷机的能耗增加。

（2）直接冷却即冷却水直接与磁铁和靶面进行热交换，优点是需要的冷却水温度不必太低，能耗小；缺点是真空室存在漏水风险。

4）冷却板的选择

冷却板的选择需考虑导电性能、冷却效果、密封效果，一般适宜选择铜箔；缺点是容易破损，存在漏水风险。考虑到特种泡沫镍的防铜要求，铜箔和铜板均不能采用，从导电性能考虑，故选择铝板。但是，铝板容易氧化和变形，需要有足够的备件，安排检修计划适时更换。铝板的厚度和平整度与靶面磁场强度有关；铝板作为靶体冷却水道的盖板，其密封处的表面粗糙度与靶体的密封性能关系密切。

5）靶材的安装方式

靶材为耗材，使用一定时间后，靶材的刻蚀跑道深度增加，必须更换。靶材有整块平面靶和镶嵌靶两种形式。整块平面靶更换周期长，有利于减少真空室内壁气体吸附，缩短抽空时间；镶嵌靶的靶材利用率高，有利于生产成本降低，但存在镶嵌处发热的现象，更换频繁，增加操作工劳动强度。

靶材的安装方式既要固定住靶材，不产生发热情况，又要方便拆卸，减轻操作工的劳动强度。靶材的固定有两种形式：

(1) 间接冷却阴极靶靶材（镍板），采用中间固定的方式，即在镍板中间钻孔，镍板放置在靶体表面，螺杆穿过中间孔，螺母固定，要求从中间往两端边紧固。

(2) 直接冷却阴极靶靶材（镍板）采用四周边缘压条固定方式，即两端采用短压条，中间使用几根长压条组合，要求紧固螺栓必须沉头在压条里面，避免发生尖端放电。

5. 传动系统

1）动力引入装置

动力引入装置示意如图 4-8 所示，包括电动机、电磁离合器、制动器、联轴器、磁流体、支撑架等部件。各部件功能如下：电动机主要用于在制品的走带；电磁离合器用于保证中心轴与电动机的连接与断开；制动器作为张力反作用于在制品，避免在制品走带时弯曲；联轴器连接动力传动轴与磁流体中心轴，具有调整间隙的功能。装配时所有装置的中心必须处于同一水平线，因此，对部件加工精度和装配精度要求很高。

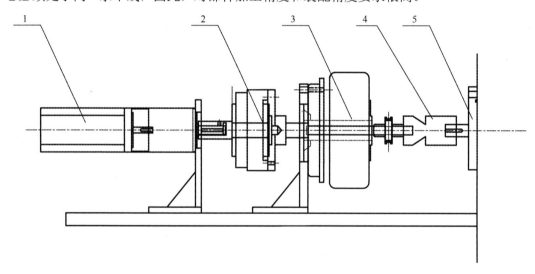

1—电动机　2—电磁离合器　3—制动器　4—联轴器　5—磁流体

图 4-8　动力引入装置示意

2）收/放卷辊

收/放卷辊示意如图 4-9 所示，它既是海绵的载体，也是模芯的载体，通过复卷机将海绵卷绕到收/放卷辊上，然后将收/放卷辊送入下卷料室实施镀膜。在上、下卷料室，收/放卷辊采用齿轮与动力引入装置连接。收/放卷辊的总质量与镀镍后的在制品（带材）宽度变窄量的关系十分密切，其总质量越小，带材宽度变窄量越小。必须结合带材放卷尾端机械阻力和带材宽度变窄量的要求，确定收/放卷辊的辊筒和中心轴的材质和尺寸。

必须考虑收/放卷辊的适用性、互换性，所有真空磁控溅射镀膜机的收/放卷辊尺寸统一，与其配套的辅助设施，如运输车的宽度、复卷机的宽度、料架的宽度等都源自收/放卷辊的相关尺寸和固定方式。

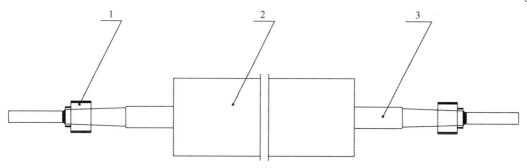

1—齿轮 2—辊筒 3—中心轴

图 4-9 收/放卷辊示意

3)导向辊

导向辊示意如图 4-10 所示,其材质为铝材,表面滚花,由在制品牵带转动,整体动态质量需要控制,避免在制品拉窄。需要配置 2 根导向辊,安装在磁控溅射室的上方和下方,其安装位置必须确保在制品处于磁控溅射室的中间,装配过程中要求进行平行度和水平度校正,保证在制品走带平稳、端边无跑偏。导向辊的两端必须配置防尘罩,避免弥散的镍灰致使轴承转动不灵活。并且,还要安装由聚四氟乙烯制作的螺栓绝缘套,与导向辊绝缘,导向辊设计成悬浮状态。

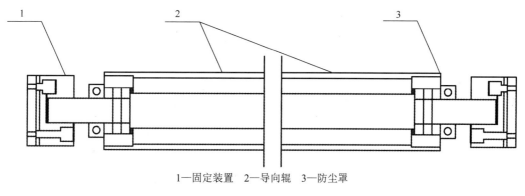

1—固定装置 2—导向辊 3—防尘罩

图 4-10 导向辊示意

6. 循环冷却系统

1)分水器

分水器示意如图 4-11 所示,它具有两套进/出水系统:一套冷冻水系统供日常生产使用;一套自来水系统在应急处置时启用,进水和回水分开布置。冷冻水系统和自来水系统均安装截止阀,进水管进行保温处理,进水总阀门安装电磁阀控制和流量计并以电磁阀控制。进水总管上安装水压电接点和水温检测装置。配置不同直径的水管,每个水管采用快速接头连接,每个分水接口安装截止阀并做好标识,同时需预留分水接口。经过靶的回水管路要安装电磁阀,每个回水管路要安装水流保护开关,水流开关与阴极靶在通电后能互锁。

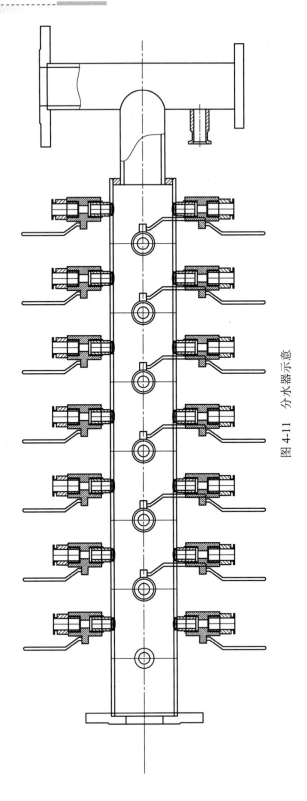

图 4-11 分水器示意

2）真空泵组冷却

前级泵进/出水管的管径为 12 mm，扩散真空泵进/出水管的管径为 16 mm，进水管设置阀门；回水管安装水流保护开关，水管要求做好相应标识。

3）磁控溅射室冷却

为降低磁控溅射室内部温度，一般在磁控溅射室内部设计冷却水管，外部敷设冷却水套，再制作保温层防止冷凝水滴落。在靶门外部四周设计冷却水回路，在阴极靶四周开设冷却水回路，带走阳极产生的热量。

4）真空室内部冷却

使用不锈钢水管作为冷却盘形管，安装在磁控溅射室上方和下方，盘形管紧贴真空室内壁，用于降低真空室的温度。

7. 除尘系统

为满足生产区域洁净的要求，在设计中必须配置镍灰的收集和避免镍尘扩散设施。

1）清理除尘与劳保防护

在清理磁控溅射室时，使用专用的打磨和吸尘装置，使用以软管连接的吸尘器，防止未完全吸入的镍灰飞扬。还要设计操作员头部佩戴的防护罩，由防护罩顶部通入空气，便于空气往下流通。同时也要注意气体往外溢出时，避免操作员将镍灰吸入体内，影响身体健康。

2）清理平台镍灰

吸尘器布置在生产区域外围，吸气软管配置在磁控溅射室两侧的平台护栏处，以利于不同时间段的清理工作。例如，抽真空时清理操作台面，进行辅助工作时，清理真空室内壁。

3）真空室的清理需配置镍灰收集装置

清理磁控溅射室时应注意镍灰的收集，避免镍灰飞扬。具体操作如下：将吸气挡板安装在磁控溅射室，利用 6 根直径为 200 mm 的软管与收集装置连接，排气口安装过滤网。启动轴流通风机进行现场抽气除尘。收集装置选择轴流通风机：规格为 800 mm，流量为 13000～25000 m^3/h，压力为 482～175 Pa，功率为 4 kW，转速为 1450 r/min。为防止生产区域的不洁净空气进入真空室，须在厂房顶部设计新风送风口，风量比镍灰收集装置小，可避免粉尘扩散到其他生产区域。

8. 控制系统[24]

真空磁控溅射镀膜机的控制系统采用工业可编程序控制器（PLC），其可靠性高、抗干扰能力强、功能丰富，是工业中常用的数字技术自控电子设备。由于真空磁控溅射镀膜机体积大，设备分散，若采用将设备的信号直接送至 CPU，即采用集中控制（DCS）的方式，则离主机比较远的较弱的模拟信号会有较大的线路压降，并且易受周围电磁干扰。此外，铺设大量的控制电缆也会增加材料、人工、调试成本。

在控制系统中，聚氨酯海绵传动系统和张力系统是保证海绵导电化处理的关键技术之一[25]。生产过程海绵的放卷、带材的走带、海绵模芯的收卷基本要求简述如下：在整个磁控溅射过程，镀前的海绵和镀后的模芯不能承受任何外力，牵引、放卷、收卷、走带的传动线速度必须一致，即海绵、在制品、模芯在走带过程中必须是"零张力"传动，其走带速度能有效地控制海绵上的镍沉积量[26]。

对控制系统的具体要求如下[27]：

1）控制的目的和要点

泡沫镍的生产采用聚氨酯海绵制作电铸模芯，因此，模芯的孔结构和孔尺寸决定了泡沫镍的诸多性能。海绵、在制品若变形，则会使模芯的孔结构和孔尺寸发生变化，而海绵本身又具有良好的伸缩特性，海绵经真空磁控溅射镀镍后便逐渐成为"准金属镍网体"，即成为负载了不同镀镍量的在制品。而在制品一旦承受过度拉伸或压缩，就容易产生隐形断裂，这些缺陷会保留在模芯中，给后续的电铸工序留下隐患。因此，除了保持控制系统各运行环节的线速度一致，在走带、卷绕的传动过程中张力控制也至关重要。但是，仅仅采用张力开环控制的方式，仍然不能完全规避在制品的镍网被拉裂的风险，还必须在控制张力的同时，依靠传动与控制系统的综合联动机制，使镀镍过程以"零张力"传动，才能避免在制品被拉伸变形、镍网产生隐形断裂的风险。

2）系统的传动与控制（走带速度控制）

走带能正、反向进行，走带的传动速度为 0～20 m/min，无级可调。速度偏差小于 1%。在加速和减速过程，应渐增、渐减，平稳运行。走带速度不仅可设定、显示和检测，而且可微调；速度需均匀恒定、无爬行，并且调整简便。能实现自动走带和转向，既可手动干预，又可转换为自动，且能继续执行中断后的程序。

此外，须配有空辊检测装置，放卷到最后 0.5m 时引带布不放完，适度拉伸海绵，准备下一步工作（转向或出料）。系统的传动与控制原理如图 4-12 所示。

① 在图 4-12（a）中，1 和 4 为主动辊、2 和 3 为导向辊。

② 通过变频器、电机、电磁离合器、磁粉制动器、控制电源、编码器的协调联动实现卷绕运行。

③ 导向辊上的编码器用于测量导向轴的转速，对在制品的线速度进行运算和比较。

④ 放卷端电磁离合器脱开，制动器动作，通过对放卷端导向辊上编码器脉冲电流的控制，达到控制海绵张力的目的。

⑤ 收卷端利用导向辊上编码器的脉冲检测速度，根据脉冲数和速度设定的差值变化控制变频器的频率，从而保证收卷端的线速度。

以上收下放的卷绕为例，上收：2 号编码器判断速度，调节变频器；1 号编码器计算圈数，如果中途换向或者停止再启动，就可起到决定反向张力判定的作用。下放：4 号编码器计算圈数，通过计算后的数据来调整制动器的电流大小，起到控制张力的目的；3 号编码器在此过程中不起作用。

第四章 聚氨酯海绵导电化处理——真空磁控溅射镀镍法

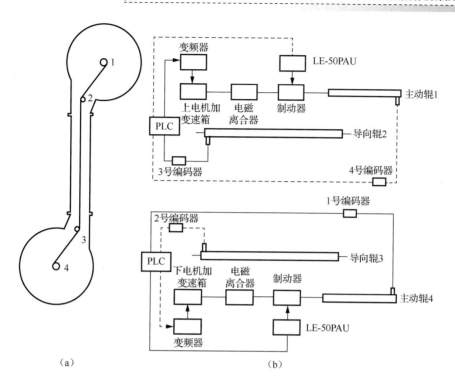

图 4-12 系统的传动与控制原理

控制系统的时间响应可以划分为两个过程：动态和稳态。动态指系统从初始状态到接近最终状态（目标值）的响应时间；稳态过程是指当时间 t 趋于无穷大时系统的输出状态[28]。为了研究系统的时间响应，必须讨论动态和稳态两个过程的特点和性能。对于速度控制，其微分方程为

$$T \times dC(t)/dt + C(t) = V(t) \tag{4-9}$$

式中，$C(t)$ 为输出量，$V(t)$ 为输入量，T 为时间常数。速度控制系统的结构如图 4-13 所示，其闭环传递函数为

$$\Phi(s) = \frac{C(s)}{R(s)} = \frac{1}{s/K+1} = \frac{1}{T_s + 1} \tag{4-10}$$

式中，$\Phi(s)$ 为闭环传递函数；$C(s)$ 为反馈值；$R(s)$ 为给定值；s 为速度；K 为与系统性质有关的比例常数；T_s 为响应时间，$T_s = 1/K$。

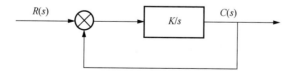

图 4-13 速度控制系统的结构

通过实验与仿真系统在单位脉冲输入作用下的响应，比较系统输出曲线特性，可以看出，一种曲线是包括间隙影响的系统输出曲线，即间隙包含在闭环回路内；另一种曲线是不包含间隙的影响。显然，间隙与回程将使系统精度受到影响。系统的输出位置相对于输入位置产生动态滞后，幅度也发生变化。因此，在选择测量装置反馈信号的位置时，选择在传动链即闭环系统以内。为了提高速度控制系统精度，在走带控制系统中加入了测量元件，传感器采用旋转编码器，通过检测导向辊上海绵的线速度进行间接测量，构成了速度控制的闭环控制系统，根据测量要求实现上、下走带的速度检测。

实现调速的常用方法是在普通的三相交流机上模拟直流电机控制转矩的规律。以矢量变换控制实施该控制原理，矢量控制即磁场与力矩互不干涉，按指令进行力矩控制的方式。其基本思路是按照产生同样的旋转磁场这一等效原则建立起来的。变频调速器的各项技术指标由于矢量控制的应用得到了很大的提高。

在磁控溅射真空镀膜机的传动与控制系统中，采用带脉冲编码器（PG）的矢量控制变频器进行控制。通过电流矢量同时控制电机的一次电流及相位，但是分别独立控制磁场电流和力矩电流，可以实现在极低速时的平滑运行和高力矩精度的速度力矩控制[25]。

此外，还有线速度补偿机构对收/放卷的线速度进行动态补偿，从而使收/放卷传动速度保持一致。从下至上，上电机作为主传动，即上收下放，上收卷变频电机转数的控制基于机构给定的线速度和收卷的直径变化进行控制。导向辊2的轴端面安装的编码器作为速度检测与速度反馈，对同一线速度的主动辊进行控制。从上至下，下电机作为主传动，即下收上放。下收卷变频电机转数的控制基于给定的线速度和下收卷的直径变化进行控制。导向辊1的轴端面安装的编码器作为速度检测与速度反馈，对相同线速度的主动辊进行控制。

在触摸屏控制程序中进行线速度补偿，把从下至上、从上至下的线速度微差值通过触摸屏设定补偿值输入PLC，由PLC对主传动变频电机的转数进行微调。

3）张力控制[29]

稳定的张力控制是保证真空磁控溅射镀镍的产品质量和生产连续运转的前提。如果张力太大会使在制品发生形变，破坏其孔结构，甚至出现在制品镍网（孔棱）断裂的故障；如果张力太小，在制品就不能收紧，严重影响镀镍膜层的均匀性和在制品与模芯的平整度。因此，不仅降低了产品质量，也会使在制品在磁控溅射镀镍的过程出现跑偏、打滑、缠带、吊带等严重影响生产连续进行的故障。

在张力控制系统中，其控制难度主要体现在以下两方面：

（1）强耦合性。对海绵和在制品而言，其线速度和张力是一对强耦合的物理量，速度的变化必将引起张力的变化，张力变化也将引起速度的变化。随着放卷的连续进行，放卷海绵的卷径不断变小，系统惯性也随之变小，因此控制的适时性（称为"实时性"）要求增强。而且真空磁控镀膜机速度快，镀膜过程连续不间断，因而控制系统的适时调整、稳定精准性能必须经受得住考验。

（2）系统复杂。卷绕系统是由很多辊子组成的系统，它们之间相互影响，导致海绵和在制品的张力控制相当复杂。因此，系统的张力控制考虑以下3个因素：

① 张力控制方式的选择。张力控制有两种方式：直接张力控制和间接张力控制。

a. 直接张力控制。通过张力检测仪器测量传动过程中在制品的张力并进行反馈，与原设定的张力值比较后进行调节，以实现恒张力控制的方式。

b. 间接张力控制。通过对机构机理的分析，建立张力控制数学模型，找出影响张力的相关物理量，并进行检测和实施控制的方式。

这两种方式各有利弊，直接张力控制理论上控制精度较高，但其控制存在一定的滞后且有较大的张力波动。而且当海绵或在制品的抗拉强度较差时，这种波动可能会导致在制品损坏。同时，磁控溅射镀镍过程中大量的镍原子和原子团的飞溅，对张力的检测和控制带来很大的困难。通常选择间接张力控制方式，该方式无须额外增加控制设施，操作稳定性好，只需解决张力给定和张力控制的问题，初始张力的给定值可以通过聚氨酯海绵的规格确定，而张力控制可以通过调节张力控制器的输出电流进行调整。

② 初始张力的给定。在生产过程中，由于聚氨酯海绵在规格上的差异，故海绵的屈服强度以及弹性模量会不断变化，初始张力的确定存在一定的困难。根据海绵和模芯上、下卷绕镀膜机的结构和镀膜工艺（上、下磁粉制动器采用12 N·m），当海绵向上传动走带时，下初始张力设定为5%~8%；当海绵向下传动时，上初始张力设定为12%~15%。为了克服重力对张力的影响，上初始张力设定值比下初始张力设定值要高4~5个百分点。

③ 恒张力的控制。在海绵和模芯上、下卷绕的过程中，由于惯性的影响及重力的作用，加上机械阻力上、下不同，从而提出了恒张力控制系统问题。为了使上、下卷绕过程中的张力保持恒定，需要在收、放卷期间随着卷轴直径的变化而相应的改变其转矩，使收、放卷过程的张力保持恒定值，力矩、张力和卷径呈线性关系，即

$$M = FR = KI \quad (4-11)$$

式中，M 为磁粉制动器输出力矩（单位为 N·m）；F 为磁粉制动器的输出力（单位为 N）；R 为海绵放卷半径（单位为 m）；K 为输出力矩与输入电流比例系数；I 为输入给磁粉制动器的电流（单位为 A）。

由式（4-11）可知，在确定磁粉制动器输出力矩 M 与输出电流的比例系数 K 后，如果能保证输入磁粉制动器的电流 I 与放卷半径 R 的变化呈线性比例关系，那么 F 就会保持某一恒定值。对半径变化的检测，通过安装在主动辊上的编码器实现。

对参数的设置与实现恒张力控制可作如下分析：

放卷辊得到的阻力矩由两部分组成：机械部分的阻力，$P_0=C$ 为常数，磁粉制动器的阻力矩，即

$$P_1 = q \times (d/2) \quad (4-12)$$

式中，q 为磁粉制动器的输出力，d 为海绵放卷的直径。故放卷辊的总阻力矩为

$$P = P_0 + P_1 = C + q \times (d/2) \quad (4-13)$$

因此，海绵上的张力为

$$F = P/(d/2) = 2P/d = (2C + qd)/d \quad (4-14)$$

改进前的张力特性曲线如图 4-14 所示,从图中可以看出,放卷海绵的直径 d 小到一定程度时,张力 F 失控。因此,仅仅以纯数字模型的方式并不能完全实现恒张力的控制,常常需要辅以苦干行之有效的经验数据和技术措施,对数字模型进行调整和补充,以达到理想状态。对上述张力失控的解决方法就是以试验为基础、引入经验数据和处理措施的具体例子,即当海绵连续放卷且卷径小到一定程度时,关掉张力控制器,使 $P_1=0$。在磁控溅射镀镍过程中可观察到在制品没有出现跑偏、打滑、吊带等现象时,便可以认为找到张力理想时的直径 d_0,即 $2C/d_0=q$,所以 $d_0=2C/q$,$C=q×d_0/2$。在触摸屏上设定海绵卷径的工艺参数时,参数不能设定为放卷海绵的直径 d,而应设定为放卷海绵的直径与理想时的直径之差,即设定值为 $d-d_0$。实践证明,恒张力控制是在数学模型的基础上辅以若干行之有效的经验数据和技术措施而建立的一个更完善的恒张力控制系统,可稳定地实现生产过程的恒张力走带。按类似上述方法处理(如海绵卷径参数的设定)后,对应的张力特性曲线如图 4-15 所示。

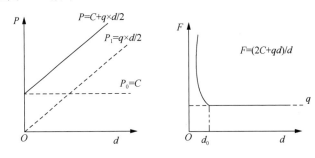

图 4-14　改进前的张力控制曲线

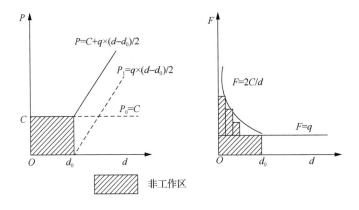

图 4-15　改进后的张力特性曲线

通过以上的改进和设置后,在镀膜过程张力基本上能按照理想方式进行控制。

4)系统工艺气体的流量控制

为了保证溅射率的稳定,使用质量流量控制器(MFC)为聚氨酯海绵模芯的真空磁控溅射镀镍工艺提供稳定的气体流量。它是磁控溅射系统中重要的工艺控制部件。

（1）MFC 的工作过程。MFC 采用毛细管传热温差量热原理测量气体的质量流量，无须温度和压力补偿。将传感器测得的流量信号与设定值比较后，通过闭环控制实现对调节阀流量的控制，并使之与设定的流量相等。

MFC 的工作原理可由式（4-24）表达：

$$q = FC_p \Delta T \tag{4-15}$$

式中，q 为气流导致的热量变化；F 为质量流量；C_p 为恒定压力下的比热；ΔT 为湿度差。

（2）MFC 主要性能指标。MFC 的性能好坏主要体现在测量及控制精度、可重复性、线性度、稳定性、响应时间以及稳定时间、过冲与下冲等。

图 4-16 是质量流量计控制响应曲线，可见其输出的响应在开始阶段存在振荡，过一段时间后才趋于平稳。振荡即形成过冲和下冲，这些参数指标应尽可能小，才能更准确地控制输出气体流量。

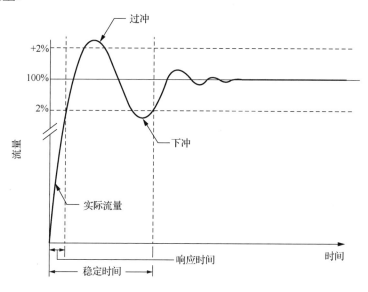

图 4-16　质量流量计控制响应曲线

5）控制系统的人机界面

整个系统可以实时显示线速度及各种测量参数，通过触摸屏的人机界面进行"交流"控制。控制系统所需的各种参数，如传动速度、上/下初始直径、镀镍层厚度、海绵的长度等参数可实时地直接从触摸屏上读取和调整，包括工艺数据的检测与保存、生产批次的标注。此外，还应具有设备故障报警、工艺参数超限报警、自动保护与停机功能。

4.3.4　聚氨酯海绵真空磁控溅射镀镍辅助设施

除上述主机外，聚氨酯海绵真空磁控溅射镀镍辅助设施主要包括复卷机和冷水机组。

1. 复卷机

复卷机如图4-17所示。

1）用途

用于聚氨酯海绵及海绵模芯的复卷、分卷及双端裁边。

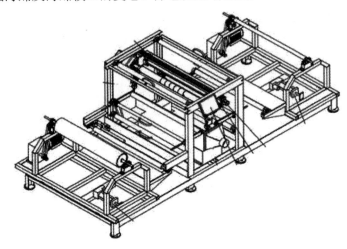

图4-17 复卷机

2）操作流程

复卷机主要有两个功能，一是将聚氨酯海绵复卷成大卷并裁边，二是将大卷的模芯分成小卷并裁边。

（1）进行聚氨酯海绵复卷裁边时，将整卷聚氨酯海绵固定在复卷辊上，放入放卷支承端，将裁刀调至所要求的宽度（裁边时要保证两边边料密度相等），并将裁刀处于能裁切的状态，开启裁刀轴下传动辊，将聚氨酯海绵牵引至收卷端，将收卷端放入收卷辊并开启运转镀膜辊进行复卷与裁边。

（2）进行模芯分卷裁边时，将模芯卷辊置于复卷机的放卷支承端，将裁刀调至所要求的宽度（裁边时要保证两侧边料宽度相等），并将裁刀处于能裁切的状态，开启裁刀轴下传动辊，将模芯牵引至收卷端，收卷端放入收卷辊进行收卷与裁边。

3）设备结构及性能要求

（1）对设备的要求：复卷与裁边同步进行。对复卷机各部分的要求如下：

放卷端与收卷端均能放置复卷辊与镀膜机的收/放卷辊。放卷端与收卷端需具有能放置最大直径为1100 mm卷材的空间。收卷辊的收卷最大直径的前方，在产品的底面设置照明灯，以便观察产品质量。收/放卷及裁边装置机架做成整体式，收卷辊、放卷辊支承点高度控制在1m以下，以方便收/放卷的上下取放。收卷端与放卷端分别设置接带平台。

裁刀在未工作状态时应能调至离产品10 mm以上的高度，在产品不裁切时能顺利通过，刀架调整采用气动式。裁切刀移动丝杆必须密封，以免油污外泄而污染产品，丝杆密封后应设加油装置，以方便加油。裁边余料及裁边过程产生的粉渣不能落于地面，设置接尘与防尘装置，能方便收集处理及防止粉尘扩散。裁刀必须安装安全防护装置。

（2）对电气控制部分的要求：收/放卷设置纠偏装置，复卷裁边过程能自动纠偏；要求恒张力，恒线速度控制，能自动调整裁切宽度；张力、线速度、裁切宽度均由显示屏设定与显示，控制柜独立隔离设置。

4）防铜防尘要求

出于特种泡沫镍产品的需要，整体设备的防铜是一项重要内容，整体设备中除电动机内的漆包线外，不能含有任何铜质零/部件，电缆线及线鼻均采用铝质的，所有按钮均采用全塑或铝质的。安装在机体上的纠偏控制器及张力控制器必须严格密封，达到 IP65 等级。对裁切过程产生的粉尘，要求使用防扩散的收集装置。

2. 冷水机组

1）用途

冷水机组是一种制造低温水的制冷装置。真空磁控溅射镀膜机的冷水机组利用冷冻水为介质，通过冷却水管、冷却水道、冷却水套的方式进行热交换，将真空泵、阴极靶、磁控溅射室的温度维持在所需的工作温度。为确保真空磁控溅射镀膜机能连续正常工作，一般在冷水系统的水管上设计增加备用的自来水供水系统，作为冷水机组异常故障时的应急处理措施。

2）组成部件

真空磁控溅射镀膜机的冷水机组可分为水冷式和风冷式。水冷式冷却水系统包括压缩机（主机）、冷凝器、蒸发器、冷却水循环泵、冷却塔、冷冻水箱、冷冻水循环泵、冷却水管及保温材料、水处理装置、压力表、流量计、控制系统及开关箱等；风冷式冷却水系统包括压缩机（主机）、冷凝器、蒸发器、冷却风机、冷冻水箱、冷冻水循环泵、冷却水管及保温材料、水处理装置、压力表、流量计、控制系统及开关箱等。

3）技术要求

真空磁控溅射镀膜机的冷水机组技术要求如下：

（1）每台冷却水量为 $10m^3/h$。

（2）冷却水压为 0.25～0.4 MPa。

（3）冷水进出口温差为 5℃。

（4）要求冷水机组的运行工况包括机组输入功率（kW）、电源、名义制冷量（kW）、制冷剂及充注量、噪声（dB）、机组质量（kg）、机组外形尺寸；根据绿色制造要求，冷水循环泵电动机选用节能型电动机。

4）冷水机组选型原则

冷水机组需要兼顾含真空磁控溅射镀膜机在内的所有需要降温的设备累计的制冷量。建议选用结构紧凑且压缩机、电动机、冷凝器、蒸发器和自控元件等都组装在同一框架上的冷水机组。

冷水机组之间要考虑相互切换使用的可能性。可采用不同类型、不同容量的机组搭配的组合以利节能。

5）冷水机组的维护和保养

（1）电器部分的维护和保养。电控箱环境湿度小于90%，要注意防尘，每年至少进行一次除尘；电控箱内严禁存放杂物；每年至少进行一次电气线路检查；触摸屏的显示和操作是否正常、所有电源接线是否牢固、电路板是否发热、感温探头工作是否正常、开关是否运行正常、热保护器是否动作等；严禁腐蚀性液体和油性液体溅到触摸屏表面。

（2）制冷系统的维护和保养。压缩机的检查：运行电流是否正常、运行声音是否正常、绝缘电阻是否正常；压缩机冷冻油更换；干燥过滤器滤芯更换；检查机组运行参数是否正常、检查管路是否存在泄漏点及制冷剂是否足够。

（3）循环水系统的维护和保养。热交换器水道清洗；水管道上安装的过滤器清洗和冷冻水箱清洗；检查水管是否漏水；保温层是否完好；循环泵电动机运行是否正常。

4.4 磁控溅射镀镍模芯的质量特性及控制

4.4.1 磁控溅射镀镍模芯的质量参数

磁控溅射镀镍模芯的质量控制包括以下参数和内容。

1）外观

要求外观无烧伤、无孔洞、无缺口等。此类缺陷将一直保留在模芯内，直接影响后续工序的产品质量。

2）导电性

磁控溅射工艺的目的是对海绵进行导电化处理，因此，模芯的导电性是重要的质量控制参数。测评模芯导电性能有以下两种方式：

（1）有效时间内的表面电阻。模芯上的镍，在常温环境下的特定时间内会受到空气中氧气和水分的影响发生氧化，使其表面电阻升高。而过高的表面电阻会使在后续电铸工序时上的镍量降低，甚至反溶于电解液中，造成大面积的不良品。因此，有效时间内的表面电阻必须加以管控。

（2）有效时间内的穿透电阻。在现行泡沫镍的生产中，为了配合厂家生产不同类型的电池，使用的模芯有多种规格。尤其是不同PPI与不同厚度规格的模芯会搭配生产；在高PPI模芯与高厚度模芯生产中受溅射粒子能量局限性的影响，模芯的里层沉积的镍量较少，在电铸时也会出现上镍量不足或反溶。为保证不同规格模芯的良品率，在生产此类规格的模芯时，必须对有效时间内的穿透电阻实行管控。

3）模芯的镍沉积量

模芯的镍沉积量俗称"上镍量"，能直观反映出海绵上沉积镍的多少，也能够间接反映出模芯的表面电阻大小，只是因为受检测时效性与幅宽差异影响而未能在生产中大量应用，只在设备调试时作为补充检测手段。

4）模芯的孔形一致性

前述有关泡沫镍孔形的完整性与一致性能够显著影响电池产品的性能和成品率，因此，需要确保模芯孔形的一致性。对于磁控溅射工序，则应减少放卷和镀膜过程海绵与在制品的变形，弱化走带过程的拉伸，确保模芯与海绵原有孔形的一致性。

5）模芯卷材的一致性

由于泡沫镍的生产是卷绕式型材的连续化生产，各工序也是通过放卷→收卷进行走带式作业，保证各工序卷材状态的一致性和优良水平，是产品质量和实现产值最大化的保证。模芯整齐卷绕是后续工序优质卷绕的基础。

4.4.2 质量检测与监控方法

如前所述，为保证模芯质量，需对以下质量参数进行检测与监控，本节将详细介绍有关内容。

1）外观

就目前的电池用泡沫镍所使用的海绵生产水平，在海绵基材孔洞方面，直径为 $1\ mm<\phi<2\ mm$ 的孔保持少于 60 个/170 m^2 卷，且每平方米集中发生数少于 5 个。因此，只需在溅射镀膜工序中不产生新的孔洞即可满足生产要求。而目前生产中对溅射半成品的外观检查只是采取目视加抽检的方式，若生产异常导致产品的异常孔洞，则需要有针对性的检查；若有直径大于 3 mm 的孔洞，则需要标识，以便在后续工序对孔洞进行剔除。

2）导电性

（1）有效时间内的表面电阻。对于表面电阻，目前采用的是简单易行的针表法检测，也是无损检测，即用万用表在模芯卷的首、中、尾部测量幅宽上的电阻。对于电阻值符合要求的模芯，即能进行电铸工序的生产；对超出控制限外的模芯，需进行相应的重修处理。需要注意的是，由于镀层的氧化时效性，必须在有效时间内（目前为 2 小时）完成电阻检测。

（2）有效时间内的穿透电阻。目前采用特定的电阻检测仪来检测产品的穿透电阻，由于必须制作成 5 mm×5 mm 的方形样块才能进行检测，所以检测的时效性较差，并且是破坏性检测，只是作为一种常规检测的辅助确认手段，用于新品研发或特殊机种切换时期的品质确认。

3）镍沉积量

模芯的上镍量检测即采用传统的化学法（镍溶解→过滤→定容→分光光度计检测）检测模芯上沉积镍量的水平，然后根据样块面积换算为模芯单位面积上的上镍量，根据结果判定此产品是否满足质量要求。一般而言，随溅射工艺与规格的不同质量要求也各不相同，而且由于溅射磁场为跑道式分布，也有类似于电沉积过程的边缘效应，模芯的上镍量结果为跑道两头的上镍量比中部高 12%～18%。

4）模芯孔形的一致性

模芯孔形的一致性，可以通过扫描电子显微镜所摄照片分析，或测量标准孔中相互垂直的长、短边长，验证模芯的孔是否变形，或变形程度；生产实践中最为直接简便的方法就是测量模芯的幅宽，根据结果确认模芯的变形程度，通常，幅宽变窄量小于 3‰。

5）模芯卷材的收卷一致性

模芯卷材收卷偏差过大会给电铸工序带来不便，走带位置的差异影响产品的电铸镍沉积量，还将导致电铸在制品打折或断带。而模芯卷材的收卷一致性主要是通过收卷轴上模芯的卷绕整齐度来识别和控制的，通常情况下，卷绕差异单边收卷控制在 5 mm 内。

由于泡沫镍生产的特殊性，全工序均是以带状海绵为载体的连续化生产，而各工序对其样块的检验，为减少对产品完整性的破坏，只能集中在卷首与卷尾进行抽检。而卷中部分的产品特性不得而知。因此，针对这种情况，只进行产品特性的抽检不足以全面评价整卷产品的质量，还需对工序里的各项关键制造特性数据进行不间断监控，并分析数据所达到的 6δ 水平来综合评判产品的质量水平。

4.4.3 影响模芯质量的若干因素

下述因素将会影响磁控溅射镀镍模芯的质量。

（1）真空室清洁度。若污垢较厚或灰尘较多，则会吸附较多的杂质气体，从而影响抽空时间和工作真空气体分压；而且灰尘较多也会影响镍层结合力。

（2）海绵清洁程度。若海绵不干净，如海绵上的油污、灰尘或其他杂质会在成膜过程影响沉积原子与海绵之间的结合力及原子之间的结合力，导致镍层与海绵附着情况差，镍层易脱落。

（3）靶材纯度。靶材纯度和清洁度直接影响镍层纯度和结合力。

（4）磁场。溅射室内的靶表面必须保证必要的磁场强度和磁场强度的均衡，以避免模芯幅宽方向镀镍不均。

（5）本底真空度。若本底真空较低，则真空室杂质气体增多，从而镍层结合力差。因此，应尽可能地提高本底真空，有利于提高镍层质量。影响本底真空的因素主要有抽气能力、漏气率、真空室清洁程度、海绵吸附气体、空气湿度和清洁度。

（6）工作真空度。工作真空度与靶基距和溅射率、沉积率存在一个对应关系，靶基距一定时可通过摸索合适的工作真空度来提高溅射率和沉积率。

（7）溅射气体纯度及压力。如果氩气纯度不够，就会在镍层上沉积很多杂质，溅射一定厚度的镍层后，镍层明显疏松。若压力不够，则溅射率不够，相应沉积率不够；若压力过高，则因散射增多，电子、氩离子、靶原子动能损失过大而造成镍层附着力和致密性差。

（8）溅射电流和电压。在真空度一定的情况下，电流和电压增加，使氩气电离率增加从而提高溅射率。同时，电子能量增加，使镍层的质量、镍层的附着强度、镍层致密性都相应提高，并可缩短溅射时间。随着溅射的电流和电压增加，磁控溅射室的温度会升高。

（9）海绵温度。海绵温度过高会增大放气，平均自由程减少，从而削弱膜层结合力。此外，海绵还可能被灼伤。

（10）冷却效果。靶面应保持适当的温度，一般的靶面温度应为 300～500℃。这样，既可以保证必要的溅射温度，也可避免较高的靶面温度对在制品造成热损伤。

第五章 聚氨酯海绵导电化处理
——化学镀镍法及涂炭胶法

5.1 化学镀镍法

5.1.1 化学镀镍法简介

化学镀镍是一种不需要外加电源,利用化学反应,使电解液中的镍离子还原并沉积在基底表面的过程。该过程开始的反应是氧化还原反应,当镍沉积到基体表面后,就形成了一个以镍为核心的自催化反应[1]。这项技术可以追溯到1844年,德国化学家A.Wurtz发现用次磷酸盐与镍盐的水溶液反应可以还原出金属镍,但是还原的镍都是粉末状的。历经百年,此项技术虽有些许进展,但均未达到实际应用水平,逐渐被人们淡忘[2]。直到1947年美国国家标准局(1998年,该机构更名为"国家标准和技术研究院"即 National Institute of Standards and Technology,简称 NIST)的 A.Brenner 和 G.Riddell 提出了沉积非粉末状镍的方法,并明确提出化学镀镍的催化机理,从此奠定了化学镀镍技术的基础[3,4]。最早实现化学镀镍技术工业应用的是美国通用运输公司(General American Transportation Corporation),他们在系统地研究了该技术之后于1955年建立了第一条生产线。到20世纪六七十年代化学镀镍技术日臻成熟,应用领域不断扩大[5,6]。各种化学镀镍工艺被陆续开发,如金属基体和非金属基体上的化学镀镍、使用不同还原剂的化学镀镍,以及不同磷含量的化学镀镍等。这一时期,以化学镀镍为核心的 ABS 塑料电镀已有完善技术[7],在我国也有实际应用。早期开发的聚氨酯海绵导电化制造海绵模芯的技术,正是借鉴化学镀镍和 ABS 塑料电镀技术的成就,优化创新、自成体系的结果。

迄今为止,化学镀镍工艺经过半个多世纪的发展和完善,已经形成了一个完整而独立的表面工程体系,是一种工艺方法独树一帜、镀层性能各具特点、可有效应用于不同工业领域的制造技术[8]。其分类方法也因此各异:按电解液中还原剂的不同,可分为4种类型:次磷酸盐型、硼氢化物型、水合肼型及氨基硼烷型[9,10]。其中,次磷酸盐型又可分为酸性电解液和碱性电解液两种;按施镀过程电解液的温度分类,可分为高温(85~95℃)、中温(65~75℃)、低温(50℃以下)3种化学镀镍工艺[11]。在实际应用中,更加关注镀层中的磷含量(质量分数)。因为不同的磷含量,往往决定了镀层的性能,如耐蚀性、硬度、摩擦磨损性能、电磁性能等。习惯上,将其分成高磷(9%~12%)、中磷(5%~8%)及低磷(1%~

4%）化学镀镍层和电解液。不同文献对磷含量的界定略有不同。高磷化学镀镍层具有玻璃状的非晶态结构，无磁性，可作为铝质硬盘的底镀层和电子器件防电磁波干扰的屏蔽层；低磷镀层硬度高，电阻率低（20～30 μΩ·cm），经热处理后，可降至 15 μΩ·cm 以下。

一般而言，使用化学镀镍法对聚氨酯海绵进行导电化处理时，采用的是以次磷酸钠为还原剂的低温碱性电解液。该工艺具有温度和 pH 值适宜、镀层电阻率低、电解液相对稳定等特点，尤其是镀层的低电阻率是后续泡沫镍电铸工序的重要前提。

5.1.2 聚氨酯海绵化学镀镍生产工艺

1. 聚氨酯海绵化学镀镍工艺流程及化学镀镍机理

基于导电化的目的，聚氨酯海绵化学镀镍工艺包含的主要工序为粗化→还原→敏化→活化→化学镀镍[12]。其工艺流程如图 5-1 所示。与真空磁控溅射镀镍工序不同，化学镀镍在制品在整个工序过程要经历不同的处理工艺，而真空磁控溅射镀镍在制品在整个工艺过程中只是上镍量有所不同。为了准确界定化学镀镍在制品的性质状态，对其工艺环节的技术分析更加准确，故将化学镀镍在制品按不同的前处理工艺，分别称之为"粗化后的海绵""去膜后的海绵""敏化后的海绵"和"活化后的海绵"，对前处理过程中的海绵，也可统称为"化学镀镍在制品"。

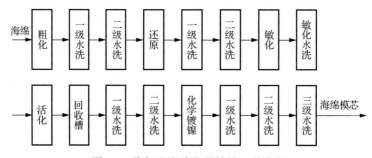

图 5-1 聚氨酯海绵化学镀镍工艺流程

1）粗化

粗化的实质是对聚氨酯海绵表面进行刻蚀，刻蚀效果体现在孔棱表面。刻蚀可使孔棱表面产生无数个凹槽和微孔，形成粗糙的微观表面，增大了基体的表面积，既提供了大量化学镀所需要的镍还原结晶"位点"，也可以提高镀镍层与孔棱表面的结合强度。粗化还可去除海绵上的油污、氧化物及其他的黏附物等杂质，使海绵在水溶液中有良好的浸润性[13]，有利于活化时形成尽量多的、分布均匀的活化反应中心[14]。

就化学镀镍在塑料电镀中的一般应用技术而言，粗化可分为物理粗化和化学粗化两种方法。物理粗化又分为液体研磨及干法或湿法滚磨；化学粗化常采用酸类溶液处理镀件，包括添加了硫酸的铬酸、磷酸或重铬酸盐的水溶液。聚氨酯海绵由于其自身柔软多孔的特性，故只能采用化学粗化，而且需要使用氧化性能更为适宜的高锰酸钾和硫酸溶液。未经粗化处理前，海绵表面通常具有憎水性，粗化就是达到亲水处理的目的。

第五章 聚氨酯海绵导电化处理——化学镀镍法及涂炭胶法

采用化学法对聚氨酯海绵表面进行粗化时,粗化液的主要成分为高锰酸钾和硫酸。粗化液的浓度、温度和处理时间与海绵的表面状态密切相关。粗化工艺所用的温度及时间与海绵的表面状态同样关系密切。对不同材质的海绵,其粗化工艺也有明显区别。典型的粗化工艺参数见表 5-1。实际生产中,随着粗化作业的进行,粗化液成分的浓度会有所变化,应使温度与粗化时间(走带速度)相匹配,避免粗化不足或过度。生产线的走速需要综合考虑生产效率和质量,走速过快,粗化程度不够;走速过慢,生产效率太低。因此,需反复调整后,确定最优的粗化工艺状态。

表 5-1 典型的粗化工艺参数

海绵材质	高锰酸钾质量浓度/(g/L)	浓硫酸体积浓度/(mL/L)	醋酸体积浓度/(mL/L)	pH 值	温度/℃	走速/(m/min)
聚醚	1.0±0.2	0.08~0.10	1	2.4±0.2	35	1.3
聚酯	0.6±0.2	0.04~0.06	1	2.8±0.2	35	1.3

2) 去膜(还原)

由于高锰酸钾硫酸溶液的氧化作用,粗化后的海绵表面呈现暗褐色,主要因为其表面吸附了高锰酸钾溶液。为了防止高锰酸钾溶液被带入后续工序,必须去除,所以该工序称为去膜或还原,去膜工艺所使用的溶液为一定浓度的草酸。去膜反应式如下:

$$5H_2C_2O_4 + 2KMnO_4 + 3H_2SO_4 = K_2SO_4 + 2MnSO_4 + 10CO_2\uparrow + 8H_2O \tag{5-1}$$

粗化后的海绵经过去膜处理后,颜色恢复到乳白色,成为去膜后的海绵。

3) 敏化

敏化是化学镀镍成败的关键工艺之一。所谓敏化就是使去膜后的海绵表面(实质上是海绵中的孔棱表面)吸附还原剂。因为经粗化和去膜处理后的海绵浸润性增强,与敏化液接触,其表面很容易吸附一层敏化剂。工业上常用的敏化液为氯化亚锡($SnCl_2$)或三氯化钛($TiCl_3$)的水溶液。为了使敏化液能够保持稳定,还需要在敏化液中加入盐酸使其酸化,工业上常用的敏化液配方见表 5-2[15]。

表 5-2 工业上常用的敏化液配方

配方 1		配方 2		配方 3	
成分	浓度	成分	浓度	成分	浓度
$SnCl_2 \cdot 2H_2O$	2g/L	$TiCl_3$	50g/L	$Sn(BF_4)_2$	20g/L
HCl	40mL/L	HCl	50mL/L	HBF_4	10mL/L

常用的敏化液为按配方 1 制作的溶液。敏化后海绵表面吸附了一层具有还原性的亚锡离子(Sn^{2+})。为了抑制氯化亚锡的水解,防止 Sn^{2+} 氧化成 Sn^{4+},除了对敏化液用盐酸(HCl)进行酸化,还需在溶液中浸置锡条[这一过程的主反应式如式(5-2)~式(5-4)所示]。否则,将会影响后续的化学镀镍。敏化后的海绵表面生成一层均匀的吸附膜,该膜层为白色的乳状物 Sn(OH)Cl。吸附膜的质量决定化学镀镍层的质量。

$$SnCl_2 + H_2O \rightarrow Sn(OH)Cl\downarrow + HCl \tag{5-2}$$

$$SnCl_2 + 2H_2O \rightarrow Sn(OH)_2 + 2HCl \tag{5-3}$$

$$Sn + Sn^{4+} \rightarrow 2Sn^{2+} \tag{5-4}$$

4）活化

活化工序的活化液为离子型氯化钯（$PdCl_2$）的盐酸（HCl）溶液，敏化后的海绵进入活化液之后，由于 Sn^{2+} 有很强的还原性，Pd^{2+} 被还原成 Pd 晶核［其反应式见式（5-5）］，并且吸附在敏化后海绵的所有表面，具有很强的催化作用，为下一步镀镍做准备。

$$PdCl_2 + Sn^{2+} \rightarrow Pd + Sn^{4+} + 2Cl^- \tag{5-5}$$

活化处理工艺的选择需根据海绵的厚度和材质等因素决定。在活化过程中，黄色的活化液中有黑色物质生成，即金属钯。在生产过程中，必须对溶液进行不间断地循环过滤，防止随活化的海绵进入化学镀镍槽的金属钯颗粒落入镀液并不断积累，成为镀液分解的隐患。

5）化学镀镍

（1）化学镀镍的一般机理。尽管化学镀镍工艺技术的实际应用已超过半个多世纪，然而，对以次磷酸盐为还原剂的化学镀镍机理至今都存在不同的看法。Brenner 和 Riddel（1946 年）、W.Machc（1959 年）、Hersch 及 Lukes（1964 年）、Cavallotti 和 Salvage（1968 年）等人先后提出过各自的化学镀镍机理假说。不同假说的主要差异都集中在镍和氢的析出方式上，这与氢参与反应的形态关系密切，即 Ni^{2+} 是被电子 e 还原还是被负氢离子 H^- 还原；或者是被氢原子 H 还原[16]。他们都有与自己的学说相符的技术内容作支撑，也有若干相悖的技术事实无法覆盖[17,18]，因此被称为假说。今天，尽管化学镀镍的工艺技术开发得极其丰富，应用领域十分广泛，但是化学镀镍的机理仍然只是一些假说，延续着该学科几十年来的学术遗憾。

对于聚氨酯海绵导电化处理的化学镀镍问题，其反应机理[5]可以选用果尔布诺娃（K. M. Горбуонова）等人提出的概念，能够做出相对合理的解释和说明。

泡沫镍制造使用的化学镀镍工艺采用次磷酸钠中低温碱性化学镀镍体系，溶液中的镍离子因强还原剂的作用，在经过前处理的活化后的海绵上化学沉积镍磷合金。一般可以用下列反应式表示：

$$2NaH_2PO_2 + 4NaOH + NiSO_4 \Longrightarrow 2Na_2HPO_3 + Na_2SO_4 + 2H_2O + Ni + H_2\uparrow \tag{5-6}$$

果尔布诺娃等人认为化学镀镍的反应过程是分阶段进行的。

第一阶段是次磷酸盐与 OH^- 离子形成氢原子：

$$H_2PO_2^- + OH^- \rightarrow HPO_3^{2-} + 2[H] \tag{5-7}$$

这一过程进行得很缓慢，而且只在具有催化性质的金属表面和强碱性介质中完成，因此溶液酸度的提高不利于该过程的进行。为了保证反应迅速地实现，通常采用具有良好催化性能的表面进行化学镀，并控制 pH 值的稳定性。

第二阶段是氢原子与镍离子在催化剂表面上互相作用而析出金属镍：

$$Ni^{2+} + 2[H] \rightarrow Ni + 2H^+ \tag{5-8}$$

该反应进行的同时，发生了氢原子与 $H_2PO_2^-$ 及 HPO_3^{2-} 之间的互相作用，使其中的磷离子还原为原子磷：

$$H_2PO_2^- + 2[H] \rightarrow 2H_2O + P \tag{5-9}$$

同时析出的磷容易顺利进入镍镀层中,形成镍磷合金镀层。部分氢原子变成气态氢气而析出,

$$2[H] \rightarrow H_2 \uparrow \tag{5-10}$$

化学镀镍整个过程的速度取决于化学镀镍液中次磷酸盐的分解速度。这一反应机理能很好地解释化学镀镍制备海绵模芯过程产生的诸多现象,如氢气的生成、磷的产生、反应速度的控制、沉积在活化后的海绵上的钯微粒的催化作用和镍的析出。对深入理解镍磷合金的形成及对材料性能的预测均有重要意义。

(2) 聚氨酯海绵化学镀镍工艺的特殊性。将化学镀镍技术用于聚氨酯海绵的导电化处理,除了应当说明其中的一般机理和工艺规律,还有若干与聚氨酯海绵的材料特性相关的问题需要认识和关注。

温度是影响化学镀镍沉积速度的最大因素,化学镀镍液温度直接影响沉积速度、电解液稳定性、镀层质量和工艺成本。因此,采用先进的升温、保温、控温技术及设备对保证工艺稳定性和提高生产效益有重要意义[18]。

由于聚氨酯海绵具有三维网络通孔结构,比表面积大,对化学镀镍液稳定性和均一性的要求比较高。因此,对化学镀镍液体系的选择、工艺参数的监控、生产故障的预防与排查等,显得尤为重要。任何操作、工艺的不规范,都会在海绵上造成漏镀、透孔等产品质量缺陷。更有甚者,还会出现化学镀镍液失效等严重事故。聚氨酯海绵是连续带状工件,不间断作业对工艺整体性的要求很高,其作业性质和技术难度有别于一般表面处理零件的化学镀镍。

泡沫镍制造过程的电铸工序对海绵模芯的电性能要求较高,低电阻率是其重要的材料特征指标。在化学镀镍导电化处理工艺中,中、低温下的次磷酸盐的碱性化学镀镍工艺因其制得的海绵模芯电阻率低而成为优选方案。不仅如此,该工艺半成品所用的活化液也并非多年来一直在业内备受推崇的胶体钯,而是离子钯溶液。这是由于离子钯活化工艺具有金属覆盖率高、溶液的配制方法相对简单、工艺范围较宽等优点,这些优点能恰到好处地与用聚氨酯海绵化学镀镍以制备模芯的作业状况相匹配,实施起来反而比胶体钯更具备工艺上的优势,而且采用离子钯还可免去一道采用胶体钯必须进行的解胶工艺。

2. 化学镀镍液的配制与管理

聚氨酯海绵导电化用化学镀镍液(本章简称镀液)的主要组成包括镍盐、还原剂、pH值调整剂、络合剂、稳定剂等[19]。其中,常用的镍盐为硫酸镍,还原剂为次磷酸钠,pH值调整剂为氨水或氢氧化钠。溶液中的镍盐浓度和次磷酸钠的浓度在生产过程会不断变化,需要根据其消耗量进行连续、定量补加。而镀液中亚磷酸离子的浓度通过添加pH值调整剂或定期更换溶液来控制。经验表明,调整pH值时,使用氢氧化钠会降低沉积速度,而

使用氨水会使沉积速度明显提高。这是因为氢氧化钠可促进络合剂与镍离子更加稳定地络合，使镍的还原变得困难[20]。

镀液中的络合剂有 3 种基本功能：①作为缓冲剂，阻止 pH 值过快降低。②阻止镍盐的沉淀。③减少自由镍离子的浓度。碱性镀液中选用的络合剂是柠檬酸钠[20]。

在生产过程中，根据镀液反应的活性，需适时添加一定量的稳定剂。防止镀液活性太高而发生自发分解。在其自发分解前一般伴有 H_2 析出量增加和镀液中出现黑色沉淀物等现象，这些沉淀物包含镍颗粒、亚磷酸镍等。稳定剂一般可以分为以下 4 类：

（1）重金属离子，如 Pb^{2+}，Sb^{3+}，Sn^{2+}，Hg^{2+}。

（2）第Ⅵ族元素的化合物，如 Se，Te，S 等的化合物。

（3）含氧化合物，如 AsO_2^-，IO_3^-，MnO_3^-。

（4）不饱和有机酸，如顺丁烯二酸（马来酸）。

1) 化学镀镍液的配制

实际生产过程中，由于镀液成分消耗比较快，为便于实施和管理，需要将镀液分成开缸液和补加液两部分。

（1）开缸镀液的配制。

① 开缸镀液组分及工艺条件。

表 5-3 列出了开缸镀液组分及工艺条件。

表 5-3　开缸镀液组分及工艺条件

序号	组分及工艺条件	规范
1	硫酸镍	20～30 g/L
2	柠檬酸钠	30～50g/L
3	次磷酸钠	20～30g/L
4	乳酸	3～7mL/L
5	稳定剂	少量
6	温度	40～45℃
7	pH 值	8.5～9.5
8	处理时间	2～4min

② 配制开缸镀液时应注意的事项。

a. 用纯净水分别溶解称量准确的化学药品（镀液各成分）。

b. 各成分添加顺序：柠檬酸钠→硫酸镍→稳定剂、添加剂、氨水→次磷酸钠→氨水

c. 一切就绪（包括调整镀液体积、pH 值）后，镀液循环过滤 3h。

（2）补加液的配制。

在生产过程中，镀液中的部分成分会不断消耗，因此需要连续进行补加[21]。生产之前需配制好补加液。各原料的补加液按规定浓度，用纯净水分别配制、分开存放。补加液浓度规定值是经验数据。常见的补加液组分、浓度及注意事项见表 5-4。

表 5-4　常见的补加液组分、浓度及注意事项

序号	组分	浓度	注意事项
1	硫酸镍	200 g/L	补加液中加入氨水，防止产生结晶
2	柠檬酸钠	200 g/L	完全溶解
3	次磷酸钠	300 g/L	完全溶解
4	氨水	200 mL/L	—

2）常见故障及排除

化学镀镍产生故障的原因可以归纳为 4 类：前处理不善、镀液被污染、镀液组分或工艺条件失衡，以及设备、机械问题[22]。

（1）前处理不善。前处理不善分以下两种情况：

① 工艺状况不良。当前处理工序中的一项或几项工序偏离工艺要求、达不到应有的质量水平时，会导致镀镍层不均匀、结合力差，甚至出现漏镀的情况。

② 如果工艺条件十分规范，化学镀镍层还出现上述弊病，那是因为对聚氨酯海绵的材质判断有误。材质不同，同样的工艺也会使镀镍层质量大相径庭。生产实践中经常会碰到聚醚类和聚酯类不同的聚氨酯海绵，在相同的前处理工艺下，获得的镀镍层质量差别很大。聚酯类的聚氨酯海绵镀镍层质量很好，而聚醚类的聚氨酯海绵的镀镍层结合力差，甚至漏镀。究其原因，是因为聚醚类的聚氨酯海绵亲水性很差，必须增加粗化工序的强度，令其表面形成足够的刻蚀效果，否则，会影响镀镍层与海绵间的结合力。相同材质不同厚度、不同 PPI 的海绵，也会出现类似的问题。因此，针对不同的海绵（如材质、厚度、PPI 等），必须选择不同的前处理工艺。

（2）镀液被污染。在镀液中，即使存在微量的杂质，对化学镀镍的反应过程影响也很大，杂质通常包括有机物和无机物。

一些金属杂质，如铅、铜、镉等，如果浓度偏高，将导致镀液活性降低，甚至很差，使完成前处理后的海绵镀不上镍。

硝酸根离子是风险最高的无机物杂质。实际上，在每个生产周期结束后，都必须用硝酸清洗管道、槽壁，以除去沉积在这些设备的某些部位的化学镀镍层。由于操作的失误，很有可能将硝酸清洗液混入镀液，导致硝酸根离子浓度过高，严重影响上镍速度，甚至出现漏镀。

其他金属杂质源主要来自各种物料以及配制镀液所用的水。相关操作必须非常细致、规范。

在实际生产中，常常出现不明原因的污染，若遇到疑似污染的情况，需进行样品的小试对比进行判断，采取的措施如下：按标准工艺配制少量新镀液，选择合适的聚氨酯海绵完成规范的前处理，然后，进行新配镀液和故障液的化学镀镍对比，根据聚氨酯海绵上镍状况定性地判定镀液是否被污染和污染的程度。必要时辅以化学分析、质量检测的实验。

（3）镀液组分失衡。工艺规范中确定的镀液各种组分和参数是镀液中化学镀镍反应的动力学平衡关系的基础，一旦被破坏，这种动力学平衡就会受损，必须进行调整使平衡重新建立。因此，按照工艺规范规定的内容，对镀液的组分、温度、pH 值进行监测和调整，

是保证镀液维持组分平衡，正常施镀的充分必要条件。

（4）设备问题。如果镀液各项参数都正常，并且前处理也是合适的，那么下一个要考虑的问题就是所用的设备是否存在异常。其中主要有以下3种情况：

① 过滤设备的问题。化学镀是一个自催化过程，镀液会自行还原而产生镍粉微粒，加上外来微粒杂质的影响，这些微粒均有很高的活性，极易在其表面沉积镀层。微粒浓度过高，会因反应激烈诱发镀液分解而造成很高的物耗和废水压力。因此，镀液必须频繁过滤以及时消除微粒杂质，如微尘、镍粉等。在一定的过滤频率（6～10次/h）和滤芯最大目数（1 μm）的情况下，可以大大减少这些细微颗粒物的积累，有效地降低不良现象的发生。为了保证过滤效果，定期、有规律地更换滤芯材料也非常重要。这些虽是平常措施，但对化学镀镍来说，不可小视。

② 加热设备的问题。化学镀镍液允许的温差范围为±1℃，过热和局部过热都有可能引起镀液分解。

③ 胶辊的脱胶问题。聚氨酯海绵的吸附能力比较强，为了防止前处理各工序的槽液和化学镀镍液之间的交叉污染，必须在工序间使用胶辊对在制品进行碾压脱水。虽然胶辊在各种溶液中有很强的稳定性，但在长期使用过程中，可能因化学和力学原因而表面脱胶，污染海绵或在制品也会造成工序间溶液的交叉污染。

除了上述问题，对化学镀镍过程其他常见故障、产生原因及解决方法在表5-5中举例说明。

表5-5 化学镀镍过程其他常见故障、产生原因及解决方法

常见故障	产生原因	解决方法
镀液反应活性很差，海绵几乎镀不上镍	镀液被污染	配制新镀液，进行烧杯对比试验，排查、确认污染源，采取对策
	镀液的pH值太低或太高	用氨水、氢氧化钠或加纯净水稀释镀液，使镀液的pH值达到规范值
	镀液的温度太低	调整温度至工艺规范值
	成分超出工艺条件范围	根据化学分析结果调整，使之达到工艺规范要求
	活化液浓度太低	调整钯离子浓度，使之达到工艺规范要求
	敏化液浓度太低	调整敏化液浓度，使之达到工艺规范要求
	海绵被污染	使用正常批次海绵对比
海绵镀镍层有色差	压辊脱胶	擦拭检查，确认是否脱胶。若脱胶。则进行更换
	上压辊碾压位置不对	调整上压辊到合适位置
	反应活性不均匀	加大溶液循环，调整相关工艺参数至规范值
	镀液被污染，原因不明	更换部分镀液
海绵电阻高	亚磷酸盐浓度高	更换部分镀液，降低亚磷酸根浓度
	pH值过低	用氨水或氢氧化钠调整镀液pH值，使之达到规范值
滤纸上镍快*	活化液被带入	增大水洗频率，调节上压辊
	温度太高	调整温度至规范值
	过滤器有污染	更换滤芯，清洗过滤机及零部件
	槽体、管道壁有残留镍	对相应部位用硝酸重新浸泡、清洗
镀镍层与基材的结合力差	粗化工艺不当	调整相关工艺参数至规范
	络合剂含量低	补加络合剂，化验调整

*注："滤纸上镍"是一种判断化学反应是否异常的快速检验方法，即把定性滤纸作为模拟工件，按工序完成化学镀镍，根据滤纸的上镍速度判断工艺是否存在异常。

3. 化学镀镍液失效机理及控制

1）失效机理分析

化学镀镍液存在两种失效模式：一种是杂质离子过量累积导致的失效，另一种是溶液发生局部剧烈反应导致的非正常失效。其中，镀液非正常失效是聚氨酯海绵化学镀镍生产中的严重故障。对失效机理最主要的原因，袁承超[23]等人进行了详细的研究后认为，化学镀镍失效，本质上是由于在工件镀覆镍磷合金的同时，也不同程度地产生了具有催化活性的金属微粒并进入镀液，累积的金属微粒不断生长，当浓度达到一定程度时，诱导反应激烈，直至无法阻止，进而使镀液失效。在化学镀镍过程的开始阶段，镀件表面的生长点分布均匀，镍晶粒的生长相对独立，反应有序进行。随着化学镀镍的时间延长，生长的镍晶粒数量逐渐增多，它们之间相互影响和作用，导致部分活性金属微粒镀层脱离基材扩散到镀液中。随着金属微粒的积累，微粒上同时发生着化学镀镍机理中各步骤的反应，相当于化学镀镍过程装载量（又称为装载比，即有效施镀面积与镀液体积之比[24]）的无序变化和快速增加，在装载量积累增加到一定程度后各步骤反应剧烈，这是一种快速失效的过程。

此外，镀液也在循环使用的周期中缓慢地发生着性能的衰减。随着化学镀镍的进行，镍离子浓度和还原剂浓度均发生变化，应往镀液中不断补充次磷酸钠、柠檬酸钠和硫酸镍等。化学镀镍反应会不断产生 H^+，使得镀液的 pH 值降低，因此要加碱来平衡镀液 pH 值的变化，一般使用氨水或氢氧化钠[25]。同时，随着反应的进行，镀液会不断累积亚磷酸根、硫酸根、铵根和钠离子[26]。亚磷酸盐浓度越高，直接影响产品的电阻及镀液的稳定性。亚磷酸盐的浓度达到一定值时，将与镍离子反应生成亚磷酸镍，导致镀层掺杂，并容易引起镀液分解[20]。由于聚氨酯海绵是一种特殊的镀件，故其比面积大，装载量的波动较大，使镀液各部位反应的程度不一致，加上镀液老化衰退，容易在局部引发剧烈反应，严重时会引起镀液的分解。因此，防止镀液因剧烈反应而分解，始终是生产过程关注的重点。

聚氨酯海绵具有特殊的三维网络通孔结构，表面微观形貌复杂多变，而且往往存在因镀层与基体的结合强度不足而造成镍微粒脱落进入镀液中的问题。因此，在化学镀镍过程中，对海绵上固液界面复杂的微观结构状况，可以用微分的方法，将聚氨酯海绵的三维网络通孔结构看成由连续的面微元组成。根据相关研究的结果[23]，再结合分析化学中溶液失效原理的固液界面扩散模型，可作如下近似分析：镍金属微粒脱落后的扩散与镍离子的沉积呈现相反方向，在一维近似的条件下，可用菲克第二定律描述。

$$\frac{\partial C}{\partial t} = D \frac{\partial^2 C}{\partial x^2} \quad (5\text{-}11)$$

式中，C 为镍金属微粒的浓度；D 为扩散常数，对于平面基材，对 D 做一维近似处理后为常数。初始条件与边界条件为

$$\begin{cases} C(x,0) = 0, & t = 0 \\ C(0,t) = C_0, & t > 0, x = 0 \end{cases} \quad (5\text{-}12)$$

C_0 为镍金属微粒在亥姆霍兹内平衡的浓度，由此可得

$$C = C_0\left[1 - \mathrm{erf}\left(\frac{x}{\sqrt{4Dt}}\right)\right] = C_0\,\mathrm{erfc}\left[\frac{x}{2(Dt)^{1/2}}\right] \tag{5-13}$$

其中，误差函数为

$$\mathrm{erf}(t) = \frac{2}{\sqrt{x}}\int_0^t e^{-z^2}\,\mathrm{d}z \tag{5-14}$$

误差余函数为

$$\mathrm{erfc}(t) = 1 - \mathrm{erf}(t) \tag{5-15}$$

在化学镀的过程中，各种离子的浓度将随着时间的推移不断减少[27]，但相对于金属离子完全耗尽的时间，取一段无限小的研究时间，在这期间离子浓度变化很小，可以假设为不变。因此，也可认为固液界面的微观结构不会发生变化，厚度始终为 L（见图5-2），与时间无关，即

$$L = L_{\mathrm{IHP}} + L_{\mathrm{OHP}} \tag{5-16}$$

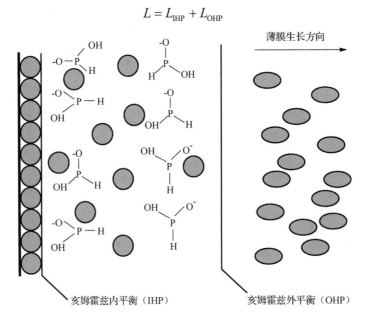

图 5-2 化学镀镍过程示意

在一维近似的条件下，用 C_s 表示化学镀镍液中镍金属颗粒的浓度，加上以下边界条件：

$$C(L,t) = C_s,\quad x = L \tag{5-17}$$

$$C_s(t) = C_0\,\mathrm{erfc}\left[\frac{L}{2(Dt)^{1/2}}\right] \tag{5-18}$$

即化学镀镍过程随着时间的延长，镍金属粒子扩散到镀液中，形成强活性的催化中心，

第五章 聚氨酯海绵导电化处理——化学镀镍法及涂炭胶法

诱导镍的还原反应以其为晶核进行，加剧了镀液的自分解，进而导致失效。

该理论表明，装载比一定时，镀液的稳定性随着施镀时间的延长快速减小，表现为镀速降低。装载比越大，镀速降低越快，镀液失效越快。生产实践表明，镀液失效的现象和理论分析的结论接近。将上述数学模型用于聚氨酯海绵的化学镀镍液失效机理的定量解析，是对镀液失效机理认识的一个理论上的进步。若通过实验厘清各种有害离子浓度和沉积速度的数据采集工作，建立两者的定量关联，以此确定数学模型的边界条件有可能逐步逼近关于化学镀镍失效机制更为完善的计算机算法，为化学镀镍提供一个预警镀液失效的数字化智能生产的解决方案。

综上所述，对于化学镀镍液的失效，我们可以有一个基本的认识：由于镀液中镍金属微粒的过度积累，因此造成装载量（装载比）过大而加快失效。

2）失效液的拯救方法

失效液呈现出如下情形：溶液内积累了过量的亚磷酸根、亚硫酸根、硫酸根、钠离子、铵盐，拯救失效液的方法是将这些过量的杂质离子清除或降低其浓度[28]。

（1）硫酸钠的去除。对于硫酸镍体系，化学镀镍液中的硫酸根离子和钠离子有很大危害[29]。耿秋菊等人的研究表明[30]，随着施镀的进行，硫酸钠的积累会使镀速变慢，化学镀镍液的性能变差。镀液降温时会生成亚硫酸钠结晶，阻塞管道等。为了减少此种盐的积累，需要对其进行处理。硫酸钠在 0℃时的溶解度为 48 g/L，在 100℃时的溶解度为 427 g/L。当溶液循环使用 10 个周期后，将镀液冷却至室温，会出现大量的白色纯硫酸钠晶体，通过过滤去除这些晶体即可。

（2）亚磷酸盐的去除。亚磷酸盐的去除有多种方法。处理时遵循如下原则：有效去除亚磷酸根离子；减少镀液有效成分的损耗；不往镀液中引入新的杂质离子；除杂处理后镀速、镀液稳定性和镀层性能满足生产需求；成本低；处理后的产物不能对环境造成污染且能回收利用[30]。具体方法如下：

① 镀液部分更换法。一方面，由于海绵吸附性比较强，导致镀液的带出量比较大；另一方面，在生产过程中由于物料不断消耗，需要对镀液进行连续补加。这一增一减的两个过程，使镀液中的亚磷酸盐浓度增长相对较慢。因此，镀液更换频率不用那么频繁。一般每生产 10000 m² 海绵模芯就需更换部分镀液，更换比例为 10%～15%。废弃镀液由于浓度比较高，使废水处理的压力较大。

② 氧化沉淀法。向失效液中添加适量双氧水，可将亚磷酸根氧化为磷酸根，添加适量三氯化铁，使之与磷酸根生成不溶性络合物沉淀而去除[31]。

③ 离子交换法。离子交换法即用离子交换树脂与溶液中的亚磷酸根离子吸附结合，当镀液中的亚磷酸根离子积累过多时，可用碱性阴离子交换树脂去除。Parker[32]进行了阴离子交换树脂去除亚磷酸盐的研究，通过对不同阴离子交换树脂的比较试验，发现弱碱性阴离子交换树脂具有良好的去除亚磷酸盐的效果[33]。

④ 电渗析法。该方法的工作原理：选用阴、阳离子交换膜，其中，阴离子交换膜主要透过亚磷酸根、硫酸根，少量透过次磷酸根；阳离子交换膜主要透过钠离子，少量透过

镍离子。在电场的作用下，亚磷酸根、硫酸根、钠离子进入浓缩室被去除，而次磷酸根和镍离子仍保留下来，达到选择性去除镀液中的有害组分、延长镀液使用寿命的目的[34]。

（3）铵盐的控制。铵盐是影响化学镀反应的主要因素之一。在生产过程中，可以部分采用氢氧化钠代替氨水调节镀液的 pH 值，将镀液活性控制在一个合适的水平，能有效地控制镀液中铵盐的积累，有利于延长镀液的使用周期[26]。

5.1.3 聚氨酯海绵化学镀镍生产设备及车间设计

1. 生产设备

1）化学镀镍槽

聚氨酯海绵的化学镀镍采用连续、半自动化生产线，其基本设备由镀槽、补加液槽、低位槽（贮液槽）、传动设备、过滤设备、搅拌设备、抽风设备、补加液计量设备和自动控制设备等组成[20]。图 5-3 所示为早期使用的聚氨酯海绵化学镀镍生产线。

图 5-3　早期使用的聚氨酯海绵化学镀镍生产线

镀槽是生产线的主体设备，由多个功能槽组合而成，包括前处理槽、化学镀镍槽、补加液槽和低位槽等。由于每个槽的使用条件不一样，故槽体所用材料和加工方式也不尽相同。以化学镀镍槽为例，其设计和制造通常要考虑下列因素[20]：

（1）槽体耐高温，长期使用后不变形。

（2）槽体材料必须对化学镀镍反应呈惰性，避免槽壁沉积镍。

第五章 聚氨酯海绵导电化处理——化学镀镍法及涂炭胶法

(3) 槽体材料不会分解释放对镀液、镀层有害的物质。

(4) 槽体的体积要满足工艺装载量的要求。

(5) 槽体必须耐硝酸腐蚀,因为即使是对化学镀镍反应呈惰性的槽体,在长期使用后槽壁可能有镍的沉积,需要用硝酸除去槽壁上的无用化学镀镍层。

(6) 槽体保温性好:化学镀镍时的工作温度较高,使用保温性好的材料能够节约能源,降低成本。

综上所述,聚氨酯海绵化学镀镍生产线使用的化学镀镍槽的槽体材料一般为聚丙烯或聚氯乙烯。

2) 镀槽加热设备

聚氨酯海绵化学镀镍时需要加热的设备主要有粗化槽、敏化槽、活化槽及化学镀镍槽。加热方式主要有电加热或通过蛇形盘管蒸汽加热。其中,化学镀镍槽中的加热方式有所不同:首先,加热设备需选用蛇形盘管,防止局部温度过高;其次,加热管不能直接置于发生化学反应的化学镀镍槽中,只能置于低位槽溶液中,这样能有效地避免因局部镀液温度过高而导致的反应不均匀,甚至使镀液分解。

3) 生产线自动监测与调控系统

为了保证产品质量,提高生产的智能化水平,对聚氨酯海绵的化学镀镍过程实施自动监测与调控很有必要,包括对镀液的温度、pH 值、液位、各种成分的监测和显示,以及补加液的自动添加和监控等。但是,在实际生产中,完全实施上述管理项目尚有一定难度。镀液温度、pH 值、液位的监控基本可以实现,而溶液各种成分的自动添加和监控技术有待开发。原因除了镀液成分复杂、电化学机理的数学模型边界条件模糊、相关化学和电化学传感器和仪器的开发还不完善,还包括聚氨酯海绵化学镀镍的特殊规律与一般化学镀镍科学技术的适配性尚需相当的经验积累。因此,镀液的管理,配制、调控、失效液的拯救等综合技术性较强的工作仍然依靠传统的化学、电化学分析方法解决,而自动化、智能化生产的程度并不高。

4) 连续净化和循环过滤系统

连续净化和循环过滤系统在聚氨酯海绵化学镀镍中获得了成功的应用,这是因为该系统在电镀工程技术和其他化工领域的运用已经十分成熟和完善。因此,满足聚氨酯海绵化学镀镍的技术要求并不困难,只须采用若干特殊的、个性化的工艺和规范,如滤芯的选择和过滤周期的确定等。

5) 抽风、排气系统及设备

化学镀在生产过程中会产生酸雾,对操作员的健康造成一定影响。因此,需考虑对各个镀槽和车间安装抽风及换气装置。镀槽的抽风采用天罩,使之覆盖镀槽上方及周边,槽体与天罩的间距一般为 700 mm 左右,以不妨碍操作为前提。车间墙壁安装相应数量的排风扇,加速车间空气对流,须选择压力低而风量大的排风扇。

6) 废水处理系统及设施

(1) 聚氨酯海绵化学镀镍工艺所产生的废水体系。聚氨酯海绵化学镀镍工艺所产生的废水，除了废弃的原液及清洗水（含有镍离子、次磷酸根、柠檬酸根、钠离子、氨离子等），还包括化学镀之前的粗化、还原、敏化、活化等前处理工序的工件漂洗水。选择合适的废水处理方法，使处理后的排放水达到国家标准并不难，困难在于经年累月生产所产生的各类废水在维持正常生产的过程中形成的复杂的化学化工体系，尤其是对因使用化学沉淀法而积累的污泥，常常并无妥善和理想的处理方法，这将给企业的无公害生产造成沉重的成本和管理上的负担。现代的聚氨酯海绵导电化技术因此放弃了化学镀镍工艺，采用真空磁控溅射镀镍技术和涂炭胶工艺。然而，目前许多工业技术领域，如微电子产业的印制电路板，以及各类电阻、电感、电容元器件的制造，都离不开化学镀技术，包括化学镀镍、化学镀铜、镍/金及其他镍基合金。因此，在关注化学镀技术的同时，对其生产过程产生的"三废"尤其是对废水的治理技术必须倍加重视。

（2）化学镀镍废水治理技术的现状。化学镀乃至若干电镀体系（目前尚难用其他无环保问题的表面工程技术替代）的废水处理问题，从现在到未来，有两种模式或途径值得我们思考：一是将三废治理问题"消化"在生产过程，创新一种新型的"绿色+智能"的生产方式；二是在目前多数企业仍然采用的将生产和废水处理分割成两个独立的技术体系模式下，针对化学镀镍废水的处理方法、要点和细节，李宁教授主编的《化学镀实用技术（第二版）》第十六章第五节中有中肯而详细的介绍。其中，包括电解法、催化还原法、离子交换法、化学沉淀分离法，以及废水处理环节中去除络合剂、次磷酸盐、亚磷酸盐、磷酸盐的方法，以及使废水中的化学需氧量（COD）达标的氯气氧化法。只要认真实施这些方法都能显著改善化学镀镍废水对环境造成的污染。

（3）聚氨酯海绵化学镀镍废水治理的未来展望与畅想。科学技术的发展日新月异，很难预料聚氨酯海绵导电化的化学镀镍技术是否会重新受到工业界的青睐。如果有必要重拾这项技术，其废水的处理是首先要考虑的问题。是继续延用上述常规技术，还是创新"绿色+智能"的新模式，是未来化学镀镍废水处理技术面临的挑战。即使是选择生产和处理分别独立的模式，也应有不同的创新点，尤其是高浓度的化学镀镍失效液，它将是废水处理的难题。未来可能的一个技术方案是，将化学镀镍失效液和水洗液汇集成一个体系，调整成一个有实用价值的镍磷合金电镀液，用于处理需要镀覆一层 Ni-P 合金的镀件，再对此电镀过程的漂洗水及化学镀镍前处理各工序产生的废水，利用槽边多级反渗透膜处理技术，效果可能会比化学法等常规处理方法更佳。当然，这种工艺尚有许多技术细节需要思考与创新。这种变化学镀镍废水为电镀镍磷合金电镀液，继而引入膜处理技术的思路，目前只是一个创新思维或战略上的思考。更精准、完善的设计与实施至关重要，只有把对生产技术追求卓越的精神，也用在废水处理上，求真务实，才能创新甚至颠覆传统废水处理工艺，筑牢化学镀镍的产业基础。

2. 化学镀镍车间的设计

化学镀镍车间的设计和设备、设施的平面布置，可借鉴电镀车间的设计原则。需要考虑地基、地面、厂房、墙面的防腐蚀处理，还要考虑物流、人流、移动设备及管道的走向，计算堆场和动力需求容量。关于以化学镀镍槽为核心的加热系统、过滤系统、自动控制系统、废水集流系统等设备、设施的布局需要遵循的规范化设计原则在电镀手册和相关化学镀专著中都有明确的规定和说明，此处不再赘述。总之，既要保证技术的科学合理，还要兼顾美学和人文关怀等现代工业的设计理念。彰显有别于一般设计思想的个性化特点，是设计工作的深层次创新，必须与聚氨酯海绵导电化的特殊性和化学镀镍技术的一般规律深度融合。设计工作涉及在制品或制成品的堆放、工装及辅助工具如收/放卷设备的放置与工件上、下架的便捷；为防止化学镀镍液的失效，辅助性用槽位置的恰当预留、抽风罩的形状和位置等。应该说，化学镀镍车间的设计是一件不难完成但又是一件瑕瑜互见的设计工作。尤其像聚氨酯海绵这种特性鲜明的化学镀镍工件，往往在投产初期要经历一个试生产阶段，这一阶段也是完善设计思想，设计与生产磨合、修正的阶段。

5.1.4 化学镀镍模芯质量指标及检测方法

1）化学镀镍模芯的质量指标

经过真空磁控溅射镀镍和化学镀镍的导电化处理之后的聚氨酯海绵，其材料性质发生了变化，具有了可作为电铸镍模芯制造泡沫镍的特点，故本书称之为海绵模芯。用化学镀镍法生产的海绵模芯即化学镀镍模芯，其具有如下质量指标：

（1）外观。化学镀镍模芯表面被镀覆了一层镍磷合金，具有银灰色的金属光泽，其外观存在的色差体现的是海绵模芯上金属镀层的均匀程度，镀层越不均匀，色差越明显。化学镀镍模芯不允许有明显的色差和漏镀缺陷，对缺陷允许的程度也有明确的规定。

（2）结合力。化学镀镍模芯上的镍磷合金镀层与聚氨酯的结合力也是衡量化学镀镍模芯质量的一个关键指标[35]。结合力也称为结合强度，其大小取决于海绵孔棱表面与镍磷分子间的范德华力和海绵孔棱表面粗糙度。其结合力与"金属基体-镀层"之间的结合力相比较，一般低一个数量级。因此，改善海绵孔棱表面粗糙度，是确保化学镀镍模芯上的镀镍层具有良好结合力的重要工艺技术环节[20]。

（3）表面电阻。化学镀镍模芯的电阻大小直接影响下一道工序——电铸的正常进行。电阻值越高，电铸导电越困难，严重时会发生"导电板过热，甚至灼烧工件"等异常现象。影响电阻的主要因素是化学镀镍液中的亚磷酸根的浓度。当化学镀镍液中的亚磷酸根浓度＞60 g/L 时，化学镀镍模芯的电阻值比正常工艺下的电阻值高 30%。

（4）上镍量。在生产中，每卷化学镀镍模芯的首、尾端都要进行上镍量的检测，目的是衡量化学镀镍工艺是否正常。由不同规格的聚氨酯海绵生产的化学镀镍模芯都有相对应的上镍量规范值，当检测值不符合规范值时，应及时对化学镀镍工艺进行调整。

2）化学镀镍模芯的质量检测方法

（1）外观检测。外观检测是镀镍层质量检测最基本的项目，外观不合格的化学镀镍模芯应直接报废。通过连续在线观察化学镀镍模芯的背面色差进行外观检测，检测方法如图 5-4 所示。

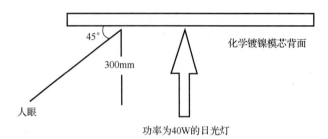

图 5-4　化学镀镍模芯的背面色差检测方法

（2）结合力测试。结合力采用定性的方法进行检测，检测方法如下：

将化学镀镍模芯烘干后，用白纸擦拭，如果白纸上有明显的擦拭痕迹，证明结合力不好；反之，则合格。

（3）表面电阻检测。一般采用四探针法测量化学镀镍模芯的表面电阻，检测装置如图 5-5 所示，测试步骤如下：

① 取测试样品，样品尺寸要求：宽度为（25.4±1）mm，长度为（50±2）mm。

② 用砂纸轻微打磨测试探针接触面以及导线接触点，以除去氧化层。

③ 将探针垂直放置在样品上，确保探针与样品表面完全接触。探针用绝缘体固定，绝缘体材质为 PP。

④ 接通 QJ 83 型数字直流电桥电源，预热 30 min（若经常使用，只须预热 1～2 min）。然后，把两根测试导线接触，若电阻值不为 0，则需要进行校准处理（一般情况下不需要）。

⑤ 选择合适量程，将测试导线连接在探针接线柱上。

⑥ 待所显示的数值稳定后，读取数值，即测试样品的表面电阻值，单位为 Ω。

⑦ 在同一样品的不同位置做多次平行实验，记录实验数据。

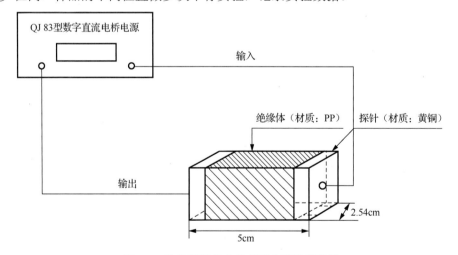

图 5-5　化学镀镍模芯的表面电阻检测装置

（4）上镍量测量。将镍镀层溶解于盐酸和过氧化氢的溶液中，用滴定分析的方法测定上镍量。

① 试剂：盐酸（AR，1 mol/L），过氧化氢（AR，30%），氨-氯化铵缓冲液（pH=10）：称取 54.0 g 氯化铵，溶于水，加 350 mL 氨水，稀释至 1000 mL；称取 1 份紫脲酸铵及 200 份干燥的 NaCl，混匀，研细；EDTA（乙二胺四乙酸）标准溶液：C_{EDTA}=0.05 mol/L。

② 取样、试验及计算：

a. 在化学镀镍模芯的首、尾或边缘取样，用裁刀剪裁成标准尺寸 100 mm×100 mm。

b. 将样品（100 mm×100 mm）剪成 4 小块，置于容积为 250 mL 的三角瓶中，用纯净水洗涤 2~3 次，加水约 50 mL，加盐酸 5 mL，加过氧化氢 1 mL，加热煮沸至镍的黑色褪去（用玻璃棒翻动样品，必要时可补加盐酸和双氧水）。稍冷却后，加水 20 mL，用氨水调节溶液，使 pH 值为 10 左右（pH 试纸检查），加 10 mL 氨-氯化铵缓冲液，加入少许紫脲酸铵，用 EDTA 标准溶液滴定至紫色[36]。

c. 上镍量计算的公式如下：

$$\frac{c \times V \times 0.05869}{a \times b} \tag{5-19}$$

式中，V 为微量滴定管读数，单位为 mL；c 为 EDTA 标准溶液的物质的量浓度，单位为 mol/L；$a \times b$ 为样品的面积，单位为 m^2。

5.1.5 泡沫镍制造与化学镀镍工艺述评

20 世纪七八十年代，泡沫镍制造中的聚氨酯海绵的导电化处理，采用化学镀镍工艺。该工艺是成功的，但是，其制造技术存在两个方面的缺陷：

一方面，由于化学镀镍工艺的磷镍合金镀层的存在，使泡沫镍中引入了磷，实际上制造的泡沫镍是一种低磷镍合金。在众多的电池电极基板的应用领域，该合金泡沫镍的电阻率与后来开发的磁控溅射技术相比，有明显的差异。尤其对于动力型二次电池，会因电极基板电阻率的相对升高而影响电池比功率性能的改善。因此，无磷泡沫镍在低内阻电池的开发中更受青睐。

另一方面，尽管化学镀镍的设备成本相对较低，但化学镀镍的工艺成本较高。这不仅是因为其工艺过程相对复杂，不定期会有大量失效的化学镀镍液产生，而且包括前处理在内的化学镀镍工艺，将产生种类繁多的工业废水，即使进行彻底的处理，也不尽如人意。废水处理的难度也会给企业造成较大的成本负担。从工业三废治理的底线要求，到更高层次的绿色制造理念出发，泡沫镍制造都存在技术创新和企业升级的必要性和可行性。聚氨酯海绵的导电化处理对产品质量的个性化需求和绿色制造的环保意识，催生了涂炭胶工艺和真空磁控溅射镀镍技术的创新。相比较而言，真空磁控溅射镀镍技术具有产品质量和产业升级的优势，而涂炭胶工艺具有设备投资少、工艺简单的成本优势。两种技术各领风骚，应用于今天工业技术的高低端不同的应用领域，以不同的技术创新成果和未来的绿色生产和智能制造，迎接市场的挑战。

5.2 聚氨酯海绵导电化处理——涂炭胶法

5.2.1 导电胶技术简介

导电胶是指固化或干燥后具有一定导电性能的胶黏剂，其主要成分为基体树脂和导电粒子。通过基体树脂的黏结作用把导电粒子结合在一起，在被黏结材料中形成导电通路。在固化或干燥前，导电粒子在胶黏剂中是均匀分散的，相互之间没有连续接触，处于绝缘状态。在固化或干燥后，由于溶剂的挥发和胶黏剂的固化而引起胶黏剂体积的收缩，使导电粒子呈稳定的连续状态，或者因为隧道效应使导电粒子之间形成一定的电流通路，而表现出导电性[37-38]。

除基体树脂、导电粒子以外，导电胶成分中还包含分散添加剂、助剂等。基体树脂包括丙烯酸树脂、环氧树脂、聚氨酯等。为了能在导电胶基体树脂中形成导电通路，导电粒子本身要有良好的导电性能，并且粒径在合适的范围内。导电粒子可以是金、银、铜、铝、锌、铁、镍的粉末和石墨及其他导电化合物。溶剂是导电胶中另一个重要成分，一般应具有较大的分子量，并且分子结构中应含有极性结构，如碳氧极性链段等。

导电胶的主要应用领域如下：

（1）微电子装配，包括印制电路板、电镀底板、黏结导线与管座、黏结元件与穿过印制电路板的平面孔及孔修补等。

（2）用于不能承受焊接温度的材料的连接。

（3）在电磁体装置中用于电极片与磁体晶体的黏结。

（4）用作结构胶黏剂[39]。

将导电胶用于泡沫镍的制造是一个小众的领域。浸涂导电胶的导电化处理是将聚氨酯海绵在导电胶溶液中反复浸涂、挤胶、烘干，以获得导电层的方法[12]。多采用石墨基导电胶，其中，石墨含量为10%左右，粒径一般为0.05~3μm，最佳为0.08~1μm。因此，相应的涂导电胶法也被形象地称为涂炭胶法。然而，在石墨涂覆层上进行电铸存在一些缺点，例如，完全覆盖时间长，容易产生漏镀现象[40]。为此，人们采取了染料预先处理、金属化处理等方法降低石墨微粒的电阻率，增加表面活性，以改善电铸效果。涂炭胶的导电化处理工艺简单，易连续操作，无环境污染，但所获得的导电层的电阻大。导电胶的配方要求的黏度不宜过大、需具备一定的渗透能力。此外，树脂的极性与固化速度、石墨颗粒大小也是关键因子。

5.2.2 涂炭胶法工艺流程

聚氨酯海绵的涂炭胶工艺流程如下：

预浸→浸胶→挤胶（除膜）→压匀→烘干→固化

（1）预浸：聚氨酯海绵浸胶前的亲水化处理过程，通过预浸可以达到润湿聚氨酯海绵和排挤聚氨酯海绵内气泡的目的，预浸溶液可以是导电胶或氨水稀释液。

（2）浸胶：将聚氨酯海绵浸入由高纯度石墨分散在纯净水中所形成的胶体溶液中，一般采用机械式对辊挤胶法,如图 5-6 所示。同时,可附加胶体循环装置、超声波振荡装置,以保持胶体成分的均匀性和海绵内外胶体的均匀性。

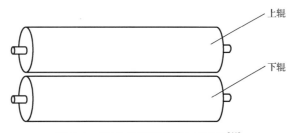

图 5-6 机械式对辊挤胶法示意图[41]

（3）挤胶（除膜）：利用对辊挤压除去浸胶后聚氨酯海绵上多余的涂炭胶,并且除去大颗粒胶体,消除聚氨酯海绵内的闭孔、堵孔现象。

（4）压匀：就是在挤胶（除膜）的同时,通过调整对辊的压紧力,达到使聚氨酯海绵内胶体分布均匀和调节电阻的目的。

（5）烘干：在一定的温度下对已浸胶的聚氨酯海绵进行烘干,必须保证烘干后的聚氨酯海绵干燥性一致,表面平展无褶皱。

（6）固化：将海绵烘干后置于一定温度下保持一段时间,目的是提高涂炭胶与海绵的结合力。此时的海绵材质发生了变化,已"蜕变"成海绵模芯,即涂炭胶模芯。

常见的浸胶和挤胶装置如图 5-7 所示,主要的工艺如下：浸胶过程在特定的设备上

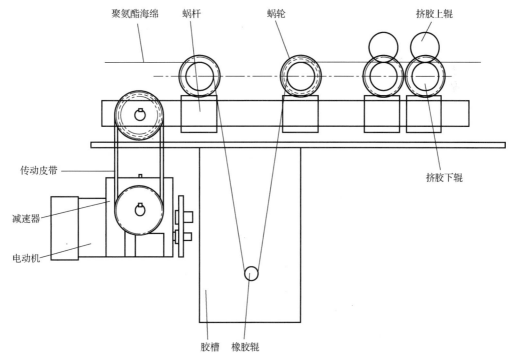

图 5-7 常见的浸胶和挤胶装置示意图[41]

完成，经浸胶后的聚氨酯海绵用橡胶辊挤压多遍，一方面挤去多余的胶，另一方面使导电胶在聚氨酯海绵的三维空间内分散均匀。浸胶后的聚氨酯海绵被放在连续烘干炉中，用100℃的烘干炉烘干并收卷存放。必要时，重新放卷再浸一次导电胶，烘干后收卷，置于80~90℃烘箱中定型8小时。

何英旋等人[42]研究了不同型号的导电胶上胶量对导电化聚氨酯海绵基体电阻的影响，以及导电胶的干燥时间与电阻的关系。一般而言，上胶量越大，电阻越小，并且电阻的极差与均方差也随之减小，即电阻均匀性变好。在烘干过程，待导电胶完全干燥后，继续延长烘干时间对导电化聚氨酯海绵的电阻影响较小。

5.3 聚氨酯海绵导电化处理——其他方法

除真空磁控溅射镀镍、化学镀镍、涂导电胶之外，也有采用真空蒸发物理气相沉积获得聚氨酯海绵模芯。日本片山特殊工业株式会社（以下简称"片山公司"）采用图 5-8 所示的真空蒸发物理气相沉积装置在聚氨酯海绵上获得了 0.1~1.0μm 厚的镍导电层。片山公司是日本电极基板开发能力很强的公司。日本的镍氢电池和锂离子电池的电极集流体材料均是该公司首先研制出来的。

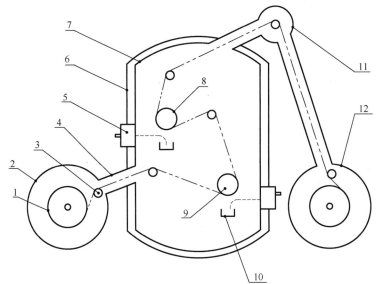

1—聚氨酯海绵　2—放卷真空室　3—导向辊　4—导向真空室　5—电子束发生器　6—冷却套
7—蒸发物理气相沉积真空室　8,9—冷却导向辊　10—坩埚　11—真空冷却室　12—收卷真空室

图 5-8 真空蒸发物理气相沉积制备海绵模芯的装置[12, 43]

5.4 不同方法制备的海绵模芯对比分析

真空磁控溅射镀镍法、化学镀镍法和涂炭胶法是目前泡沫镍制造工艺中，为电铸镍提供海绵模芯的常用方法。

以上 3 种方法制造的海绵模芯在各方面都存在明显差异，表 5-6、表 5-7 和表 5-8 分别从工艺技术、海绵模芯的质量和采用 3 种海绵模芯制造的泡沫镍性能指标等方面进行了对比。

表 5-6 3 种海绵模芯制造方法所用工艺技术对比分析

海绵模芯制造方法	原料	工艺过程	生产设备
真空磁控溅射镀镍法	镍板、氩气	复卷、抽真空、溅射	真空磁控溅射镀膜机等
化学镀镍法	多种化学原料	粗化、去膜、敏化、活化、化学镀镍	各类工作槽体、控制系统、抽风系统、废水处理系统
涂炭胶法	导电剂、胶黏剂	浸胶、挤干、烘干	涂胶设备、挤压设备、烘干设备

表 5-7 3 种海绵模芯的面密度和电阻（基材厚度：1.6mm）

海绵模芯种类	导电层面密度（$g \cdot m^{-2}$）	导电层电阻（Ω）
磁控溅射镀镍模芯	<1	80～150
化学镀镍模芯	6	10～50
涂炭胶模芯	5	1000～2000

表 5-8 采用 3 种海绵模芯制造的泡沫镍产品特性（厚度：1.6mm，面密度：380 $g \cdot m^{-2}$）

	海绵模芯种类 性能及成分	磁控溅射镀镍模芯	化学镀镍模芯	涂炭胶模芯
力学性能	纵向抗拉强度（N/20mm）	48	43	40
	横向抗拉强度（N/20mm）	36	33	32
	纵向延伸率（%）	7	6	5
	横向延伸率（%）	15	12	10
	压缩屈服强度（MPa）	0.320	0.285	0.301
	纵向柔韧性（次）	7	6	5
	横向柔韧性（次）	15	12	13
电性能	纵向电阻（$m\Omega/100mm \times 10mm$）	44	75	81
	横向电阻（$m\Omega/100mm \times 10mm$）	68	88	98
化学成分（%）	Ni	99.89	99.79	99.8
	Co	0.085	0.083	0.081
	S	0.0083	0.010	0.009
	C	0.0056	0.011	0.084
	Cu	0.001	0.006	0.008
	Fe	0.002	0.003	0.012
	P	0.01	0.10	0.01

根据表 5-6、表 5-7 和表 5-8 所列内容和数据,对 3 种聚氨酯海绵导电化方法生产的海绵模芯可作如下评述:

(1) 生产工艺特点。就原料和工艺成本比较,涂炭胶法的成本最低,化学镀镍法的成本最高;就工艺一致性控制和设备自动化程度比较,真空磁控溅射法的作业方式规范,自动化程度高,工艺一致性控制强,而化学镀镍法由于作业过程人工因素较多,过程复杂,工艺一致性控制稍差。

(2) 设备投资。真空磁控溅射法前期设备投资高,涂炭胶法投资低,化学镀镍法投资居中。

(3) 海绵模芯和泡沫镍的质量。

① 海绵模芯和泡沫镍的电阻。如表 5-7 所示,化学镀镍法生产的海绵模芯的电阻最低,涂炭胶法生产的海绵模芯的电阻最高,相差 2 个数量级。而经过电铸、烧结还原处理后,用真空磁控溅射法制备的海绵模芯生产的泡沫镍纵、横向电阻值优于化学镀镍法和涂炭胶法生产的。

② 泡沫镍的材料力学性能。如表 5-8 所示,用真空磁控溅射法制备的海绵模芯生产的泡沫镍,其抗拉强度、延伸率、柔韧性等力学性能均优于化学镀镍法和涂炭胶法。而化学镀镍法又优于涂炭胶法。3 种方法产生的泡沫镍产品质量差异,主要是因为杂质的影响。表 5-8 所列 3 种方法生产的泡沫镍中的化学成分说明,化学镀镍法引入了磷,涂炭胶法引入了碳,而真空磁控溅射法能保证所生产的泡沫镍是纯净的镍材。杂质磷、碳的引入会影响泡沫镍的电学性能及物理性能。

(4) 泡沫镍的微观形貌。不同海绵模芯生产的泡沫镍孔棱表面粗糙度也有明显的不同。图 5-9 所示为涂炭胶法和真空磁控溅射方法生产的泡沫镍孔棱的扫描电子显微镜形貌照片。显然,涂炭胶法生产的泡沫镍表面更粗糙。原因是石墨颗粒直径、胶体黏度等影响因素使涂层不均匀。综上所述,真空磁控溅射法对泡沫镍产品质量的综合性能贡献最大。

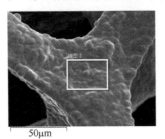   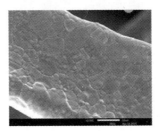

(a) 由涂炭胶法生产的泡沫镍   (b) 由真空磁控溅射法生产的泡沫镍

图 5-9 扫描电子显微镜下的不同导电化方法生产的泡沫镍照片

(5) 生产环境评估。真空磁控溅射法对环境友好,生产过程无污染物排放。化学镀镍法有含镍和多种工艺漂洗水排放,且废水治理成本高。

(6) 发展前景。从泡沫镍高端应用的绿色制造和智能化生产的前瞻性分析,就目前的技术现状而言,真空磁控溅射法最具可行性和规模化优势。不过化学镀镍法和涂炭胶法也能满足一般泡沫镍产品的导电化需求。

第六章　泡沫镍电铸技术

电化学沉积简称电沉积，是电镀、电铸和湿法电冶金 3 种工艺的总称。泡沫镍的成型制造过程采用了电铸工艺。所谓"电沉积"即在一定的电解质溶液（本书中简称电解液）中，置入阳极和阴极，在直流电场或脉冲电场的作用下，使溶液中的金属阳离子沉积到阴极表面上的工艺过程。在工业革命的历史进程中，由于电镀工艺实施方便，并且其技术成果在工业和商业上的应用又十分广泛，因此涉及电沉积的问题多与电镀联系在一起。一般可用电沉积金属的厚度来区别电镀和电铸，电镀的镀层厚度是微米（μm）级的，电铸的镀层厚度是数十微米至毫米（mm）级的。而湿法电冶金是以获得金属材料为目的的，因而镀层更厚。当然，这不是严格意义上的分类。更为准确的分类应当根据它们的用途和工艺技术状态。就电铸和电镀而言，В.И.赖依聂尔等的著作《电镀原理》中的"概论"篇首页便有明确定义："电铸术是由不同的物品上获得且易由物品上取下精确复制品的一种方法；电镀术是获得与被镀金属牢固结合的较薄镀层的一种方法[1]。从这一定义出发，制造泡沫镍的电沉积过程，应当属于电铸范畴。《电镀原理》一书概括了电镀工程的主要内容，为我国早期电镀产业的发展和技术进步奠定了理论基础[2]。

赖依聂尔将发明电铸工艺的成就归功于俄国科学家雅柯比（1801—1874 年）。雅柯比在彼得堡的国家货币制造发行所服务期间发明了电铸工艺。1840 年发表了俄国的第一篇有关电铸工艺的指导性文章《电铸在铜盐溶液中借电流作用按一定模型复制铜制品法》。之后，他还发明了电铸铁技术，并利用电铸为俄国的许多著名建筑制造出了一些精美的雕像。虽然赖依聂尔断言：在俄国"电铸工艺比电镀工艺发明得早"。然而，早在 1800 年意大利的 Brugnatelli 教授便提出了电镀银的方法[3]；5 年后，即 1805 年他又提出了电镀金的方法。到 1840 年，英国学者 Elkington 申请了第一个氰化镀银的专利，并将其用于工业生产，标志着电镀工业的开端[4,5]。

电镀镍始于 19 世纪末，但早期的电镀镍的镀速慢、镀层的质量也差。直到 1916 年美国科学家 O. P. Watts 教授发表相关研究报告，提出了著名的瓦特（Watts）镍电解液，才为电沉积镍的工业化生产铺平了道路[6]。聚氨酯海绵经导电化处理之后的电铸镍过程，正是在瓦特型镍镀液体系的基础上完成的。

本章对镍的电沉积原理、电镀镍的典型工艺、泡沫镍的电铸工艺与设备进行了全方位和多视角的阐述，包括对电铸镍电解液体系的选择，提出了一种突破传统、兼顾产品、工艺和设备特点的简约、科学的技术思路，通过电铸技术实例，对产能、效率、成本、绿色制造、智能生产与技术创新之间的辩证统一的战略关系也做较详细的分析说明。

6.1 金属的电沉积

6.1.1 金属电沉积理论

1. 电极电位

金属电沉积理论研究的是电化学工程技术中电极过程的热力学和动力学问题,而电极电位则是电化学和电极过程中最基本也是非常重要的一个概念。电极电位(也称为"电极电势")指电极体系中电子导电相(如金属电极)与离子导电相(如电解质)之间的电势差,电极电位可以用来判断某种离子或原子获得电子而被还原的趋势。它在电化学领域是一个非常重要的基本概念,因为在电化学工程技术中它是人们认识和分析许多重要电化学现象和规律的依据。在电场的作用下,金属的电沉积反应在电极和电解液的界面上发生,电沉积过程包含新物相的形成,即金属阳离子在阴极上得到电子,发生还原反应,形成金属原子,进而成核并结晶为新相。原则上,只要电极电位足够负,任何金属离子都可能在电极上发生还原反应,形成金属原子并沉积下来[7]。但是,如果金属的还原电位比溶剂的还原电位低很多时,在金属还原之前就会发生溶剂的分解反应。因此,必须探讨金属元素还原的机理和趋势,电化学理论用金属元素的标准还原电位来判断金属元素的还原能力。

电极上发生的化学反应中除了物质变化,还有两相之间的电荷转移。因此,对反应前、后自由能的变化,除了要考虑化学能,还要考虑荷电粒子的电能。当电极反应式等号一侧的体系与另一侧之间既无宏观物质的变化也无净电荷的变化时,若电极体系的吉布斯自由能(Gibbs Free Energy)的变化为零($\Delta G = 0$),则电极体系处于平衡状态,此时的电极电位称为平衡电极电位。当电极体系处在温度为25℃(298.15K)、金属离子的有效浓度为1mol/L(活度为1、气体压强为100kPa时,即标准状态下的平衡电极电位称为标准电极电位)。电极电位的绝对值无法获得,所谓的标准电极电位是电极体系在标准状态以及平衡状态下与标准氢电极的相对测量值。将标准电极电位按照从低到高的顺序排列,即习惯上所说的"电化序",25℃的水溶液中某些电极的标准电极电位(电化序)见表6-1。金属的氧化或还原的能力可以在电化序中体现出来。一般而言,在表6-1中,负电性金属的标准电极电位为负值,位于氢电极电位以上;正电性金属的标准电极电位为正值,位于氢电极电位以下。对电铸、电镀而言,如金、银、铜等电位越正的金属越容易在阴极上还原析出,而铝、镁等电位越负的金属越难析出[8,9],或者不析出。

表6-1 25℃的水溶液中某些电极的标准电极电位(电化序)[8]

电极反应	标准电极电位/V	电极反应	标准电极电位/V
$Na^+ + e^- = Na$	-2.714	$Pb^{2+} + 2e^- = Pb$	-0.126
$Al^{3+} + 3e^- = Al$	-1.633	$Fe^{3+} + 3e^- = Fe$	-0.036
$Zn^{2+} + 2e^- = Zn$	-0.762	$2H^+ + 2e^- = H_2$(气)	0.000
$Cr^{3+} + 3e^- = Cr$	-0.74	$Cu^{2+} + 2e^- = Cu$	0.337

续表

电极反应	标准电极电位/V	电极反应	标准电极电位/V
$Fe^{2+} + 2e^- = Fe$	−0.441	$Cu^+ + e^- = Cu$	0.521
$Cd^{2+} + 2e^- = Cd$	−0.402	$Hg_2^{2+} + 2e^- = 2Hg$(液)	0.789
$Co^{2+} + 2e^- = Co$	−0.277	$Ag^+ + e^- = Ag$	0.799
$Ni^{2+} + 2e^- = Ni$	−0.250	$Pt^{2+} + 2e^- = Pt$	1.190
$Sn^{2+} + 2e^- = Sn$	−0.136	$Au^{3+} + 3e^- = Au$	1.500

所有电沉积过程都要借助电解槽来完成，常见的有电镀槽、电铸槽和冶金电解槽等。电解槽主要由阳极、阴极和电解液构成，电解槽内进行的是一个系统的电化学反应，电沉积在阴极上完成，实际生产中的电沉积过程必须在一个特定的电极电位下才能发生，该电极电位原理上由三个因素决定：即阳极、阴极的电极电位和因电解液扩散传质和电迁移而产生的电位差。该电极电位体现了电化学反应的热力学性质和动力学性质，前者是由电化学反应的物质本性决定的，可称为电极电位或电化学反应的内在因素，如表 6-1 所示的标准电极电位；后者则是影响电极电位和电化反应的外在因素，包括电解液中离子的浓度、温度、pH 值、搅拌强度等。这些外在因素对实际发生的电化学反应的电极电位的影响可以通过能斯特方程式计算。

下面以式（6-1）为例说明影响电极电位的各因素。

$$aA + bB \rightleftharpoons cC + dD \tag{6-1}$$

式中，A、B、C、D 是电极反应物质，a、b、c、d 是 A、B、C、D 的化学计量数。

反应式（6-1）的电极电位(也称电极电势)可以用能斯特（Nernst）方程表示如下：

$$E = E^0 - \frac{RT}{nF} \ln\left(\frac{\alpha_C^c \alpha_D^d}{\alpha_A^a \alpha_B^b}\right) \tag{6-2}$$

式中，E 为电极电位(V)，E^0 为标准电极电位（V），R 为气体常数，T 为温度（K），n 为电极反应转移电子数，F 为法拉第常数。α_A^a、α_B^b、α_C^c、α_D^d 分别为式（6-1）中电极反应物质 A、B、C、D 的活度。物质的活度等于其浓度乘以活度系数。而 a、b、c、d 则是电极反应物质 A、B、C、D 的化学计量数。

2. 法拉第定律及电流效率

电沉积过程中，电解槽内电极（阴极和阳极）上通过的电量与电极反应物的质量之间的关系，由法拉第定律描述。法拉第定律是电化学中的基础定律，它包含两个子定律[8]：

（1）电沉积过程中，电极界面上发生化学变化物质的质量与通入的电量（即电流强度与通电时间的乘积）成正比，如式（6-3）：

$$m = kIt \tag{6-3}$$

式中，m 为电极上析出（或溶解）的物质质量，单位为 g；I 为通过的电流强度，单位为 A；t 为通电时间，单位为 h；k 为比例常数，称为电化当量，单位为 g/A·h，即 1 库仑（C）电量所产出的电解产物的量。

（2）电沉积过程中，在电极上析出（或溶解）的物质的质量与通过的电量及该物质的量 $\dfrac{\text{mol}}{n}$ 成正比，如式（6-4）所示：

$$m = \dfrac{1}{F} \cdot \dfrac{\text{mol}}{n} \cdot Q \tag{6-4}$$

式中，m 为电极上析出（或溶解）的物质质量，单位为 g；Q 为电量，单位是 C（库仑）或 A·h；n 为物质中正或负化合价总数的绝对值；F 为法拉第常数，它是阿伏伽德罗常数 $N_A=6.02214\times10^{23}$ L/mol 与电荷 $e=1.602176\times10^{-19}$ C 的积，$F=96500$ C/mol。

上述法拉第定律描述了电解时通入的电量与电极上析出（或溶解）物质的质量之间定量关系，它是自然界中最严格的定律之一，不受温度、压力、溶剂的性质、电解液浓度、电极属性等因素的影响。

在生产实践中，人们发现电极上析出的金属量往往会低于公式计算的结果，这是因为电极上除了金属沉积，还会有氢气析出，析氢反应和电沉积反应消耗的总电荷数等于外部施加的电流值。因为氢气不是电镀或电铸过程所需要的产物，所以也将析氢反应称为副反应。为了衡量主要产物的转化效率，行业内用电流效率进行定义：当电极上通过一定电量时，实际获得的产物质量与通过同一电量按法拉第定律计算得出的产物质量之比[10]。在电沉积中，阴极电流效率往往小于 100%，而阳极的电流效率有时会大于 100%，因为阳极上除了电化学反应造成的溶解，还会发生化学反应造成的溶解。

3. 金属电沉积机理

电沉积过程是由外部电源提供的电流通过电解液，使两个电极（阴极和阳极）形成闭合回路时，在阴极上发生的金属离子的还原反应。同时，在可溶性阳极上发生金属的氧化或在不溶性阳极上发生电解液组分（如水）的氧化。其反应式一般可表示如下。

阴极反应：

$$M^{n+} + ne^- = M \tag{6-5}$$

副反应：

$$2H^+ + 2e^- = H_2 \text{（酸性镀液）} \tag{6-6}$$

$$2H_2O + 2e^- = H_2 + 2OH^- \text{（碱性镀液）} \tag{6-7}$$

当电解液中存在添加剂时，添加剂也可能在阴极上发生反应。

阳极反应：

$$M - ne^- = M^{n+} \text{（可溶性阳极）} \tag{6-8}$$

或

$$2H_2O - 4e^- = O_2 + 4H^+ \text{（不溶性阳极，酸性）} \tag{6-9}$$

一般认为金属的电沉积过程由以下 3 个步骤组成[6-9]。

（1）由于金属离子的迁移，在电极和溶液界面形成双电层结构。电荷在液相的迁移过程符合扩散、对流和电迁移的规律。对于双电层结构的具体模型，学术界曾提出多种假设。

1853年亥姆霍茨提出的（Helmholtz）平板电容器模型认为界面两侧的剩余电荷呈紧密排列状态，可以根据电容器公式得到界面的微分电容；1913年Gony-Chapman提出的分散双电层模型认为溶液中的剩余电荷按照势能场的分布规律，分布在邻近界面的液层中，电荷可以无限接近电极表面，由此导出了电荷密度与距离的对应公式；1924年Stern提出的双电层模型综合了紧密型和分散型的合理性部分；1950年后，其他学者也提出了更多的假设，但都难以解释全部的实验事实[11]。那是因为在形成双电层结构的同时，反应粒子发生了诸如化学转化、金属水化（与水分子发生化合）、离子水化程度的降低和重排，以及金属络离子的配位数降低等复杂的变化只用某一方面的理论难以解释这些现象。

（2）金属离子在电极表面接受电子，形成吸附态原子。因为反应物粒子得到或失去电子的速度较慢，使电化学步骤成为整个电沉积过程的控制步骤，其缓慢反应使电极电位偏离平衡电位的现象称为"电化学极化"。理论和实验事实都表明，电化学极化除了与电流密度紧密相关，还与电极材料、溶液组分、反应温度等有关。诸多因素构成了反应的活化能，只有克服了活化能，电荷才能在界面之间进行转移，使液相金属离子得到电子，成为吸附态金属原子。

（3）电沉积结晶形成覆盖层。吸附态金属原子沿电极表面扩散到原有的金属晶格中的适当位置，或与其他金属原子聚集成核并长大，从而形成晶体。电结晶受电化学极化的影响，成核与晶粒长大所需要的能量来自界面电场，一定程度的过电位（阴极极化）是电结晶的必要条件。过电位高会使晶粒成核数增加，使晶粒细致。实际金属表面不是完整的晶面，而是存在大量的空穴、位错、晶体台阶等缺陷。吸附态金属原子进入这些位置时，由于相邻的原子较多，需要的能量较低，因而更容易在已有金属晶体表面上的缺陷位延续生长。随着相关学科和电化学测试与表面分析技术的发展，并在总结了大量的实验事实后认为，成核生长与螺旋位错生长都是客观存在的结晶方式。

上述电沉积结晶过程可以按顺序进行，也可以同时进行。各个反应过程都需要一定的活化能，即反应速度不同。电沉积的具体条件将决定哪个反应步骤为控制步骤，进而影响电沉积层的质量。

6.1.2 金属电沉积技术

金属电沉积技术的使用贯穿泡沫镍生产的全过程，工艺、设备、产品质量、环境工程，乃至能源消耗、生产成本，长期以来一直是从事电沉积生产企业关注的主要内容。当下，绿色制造和智能生产已成为现代企业制造理念中的新元素和普遍共识，成为企业发展和产业升级的战略决策，其中也必然存在诸多深层次、个性化技术的创新和技术进步。金属电沉积技术包括传统的和创新型的，归纳为如下5个方面。

1. 生产方式

电沉积的生产方式包括如下要素：产业类别、加工工件、技术路线、生产线方式、自动化及智能化程度等。

(1) 不同的电沉积产业，如电镀和电铸、电铸和湿法电冶金之间必然存在不同的作业方式。

(2) 对于电镀和电铸产业，加工的工件是零件或材料，也可以是线材或带材，还可以是金属材料或非金属材料。

(3) 在技术路线中，电镀、电铸前处理包括除油、除锈、机械打磨、电解抛光、喷丸喷砂；导电化处理（如化学镀、物理气相沉积）、后处理，包括钝化、热处理、涂膜。

(4) 生产线方式包括滚镀线、连续挂镀线、环形电镀线以及本章后述的国内外各种个性化的泡沫镍体现出的带材连续电铸。至于金属电解产业，本书第一章论述的有关镍的冶炼、精炼加工，所涉及的生产方式内容就十分丰富。

(5) 自动化及智能化的生产方式将是知识经济时代各电沉积产业展示技术成就和推陈出新的舞台。

电沉积不同产业类别之间的生产方式，无论传统的还是创新性的技术，相互借鉴融合，关联创新也必然会推动未来金属电沉积各产业的技术进步。

2. 工艺及其流程

电沉积的核心工艺技术是电结晶。晶体成核过程和晶核长大过程工艺条件的影响，是电沉积工艺研究的重要和主要内容，包括金属元素的物质本性和离子价态、电结晶工程的载体电解液组成和它的温度、pH 值，以及各种功能性添加剂、络合剂。此外，电解液的循环搅拌状态、外加电源的电流波形（是低压直流还是脉冲电流）、有否外加特殊作用如激光照射、在阴极电场区域是否采用了阴极保护和象形阳极的技术措施，以及不溶性阳极的使用，都会影响沉积层厚度的均匀性、一致性。同时，通调整阴极极化，包括浓差极化或电化学极化，能改善电结晶的成核机理和晶体结构，使电解液的分散能力、覆盖能力得到改善[12]。工艺和工艺流程是电沉积技术和生产方式的"软件"，对电沉积工艺技术的研究，若配合一些先进检测设备，如 X 射线衍射仪、扫描电子显微镜的应用，深入了解电结晶机理。张允诚等[8]、李开华等[13,14]采用 X 射线衍射仪、扫描电子显微镜等仪器分析沉积层的晶体结构，用 Scherrer 公式计算镍沉积层的晶粒大小；采用扫描电子显微镜观察制备过程中各阶段的晶粒表面形貌，用图像分析软件统计沉积层颗粒的粒径分布；采用透射电子显微镜测量热处理前、后的晶粒直径。不同温度和电流密度下电沉积镍的 X 射线衍射谱图如图 6-1 所示，不同电流密度下电沉积镍的扫描电子显微镜照片如图 6-2 所示。

上述研究成果表明，随着电流密度增加，镍沉积层晶粒尺寸也随之增大；当超过一定值后，镍沉积层晶粒尺寸开始减小。原因如下：低电流密度下的过电位小，极化程度低，能量小，新晶核形成速度慢，沉积主要发生在已有的晶粒上，因此晶粒变粗；当电流密度增大时，过电位增加，极化程度增强，成核速率显著增加，沉积层结晶细致。此外，电解液温度也影响晶粒：随电解液温度的升高，晶粒尺寸先是增大，在达到一定的温度后，晶粒尺寸开始减小。这些结论在电镀镍和电铸镍的实际生产中均具有指导意义。

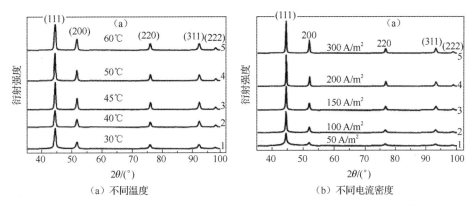

(a) 不同温度　　　　　　　　　　　(b) 不同电流密度

图 6-1　不同温度和电流密度下电沉积镍的 X 射线衍射（XRD）谱图[13]

(a) 电流密度为 50 A/m²　　　(b) 电流密度为 200 A/m²　　　(c) 电流密度为 400 A/m²

图 6-2　不同电流密度下电沉积镍的扫描电子显微镜照片[13]

3. 生产设备及管控系统

生产设备及管控系统是金属电沉积技术和生产方式的"硬件"，是生产方式自动化和智能化直接和生动的体现，包括环境工程在内，是现阶段我国电沉积产业企业技术创新和产业升级的前沿。本章及本书"第九章　泡沫镍的无铜化生产""第十三章　泡沫镍的绿色制造与智能生产"中涉及的电铸生产设备和管控系统内容，是泡沫镍生产设备及管控系统的实际应用，可作为电沉积产业技术进步过程中对设备和系统进行技术改造和创新的一种探索示范窗口。

4. 环境工程

一直以来，电沉积产业的三废治理是产业升级的一大障碍，尤其是工业废水对环境的负面影响普遍存在。传统的化学法、离子交换法等废水处理技术均存在这样或那样的弊端：或者处理不彻底，或者技术使用过程又引入了一个新的化学体系，造成二次污染。例如，生成大量更难处置的污泥。

泡沫镍——制造、性能和应用

5. 产品质量检测技术和质量管理体系

产品质量的检测是企业生产过程中重要的技术环节。以电镀为代表的部分化工产业，由于生产技术的门槛相对较低，产品质量检测技术和设施也多因陋就简。这种曾经普遍存在的现象，虽然由于创新技术的需要逐年有所改善，但是基于各种原因，进步和动力仍有待提升。本书第十章"泡沫镍产品的质量管理"，从产品质量的检测技术和质量管理体系的运行两个视角，论述了产品质量指标从制定到落实的技术细节，以及企业在质量控制环节采用先进技术装备的必要性；同时探讨了技术和管理在产品质量保证上的作用，以及质量管理体系运行中的若干技术细节问题。有关内容既是针对泡沫镍产品质量的专题论述，也涵盖了电沉积产业质量管理的共性问题，意在抛砖引玉，与业内同行共勉。

6.2 电镀镍与电铸镍

电镀镍和电铸镍同属于电沉积原理，有太多的共同点和相似处，两者在技术层面上的借鉴和移植随处可见，但电镀镍技术的开发成果比电铸镍技术丰富得多。因此，有必要对典型的电镀镍工艺作如下介绍。

6.2.1 电镀镍的不同电解液体系

电镀镍的常用电解液有硫酸盐型、氯化物型、氨基磺酸盐型、氟硼酸盐型等多种体系。其中，以硫酸盐（低氯）型即瓦特（Watts）镍电解液在工业应用中最为普遍。一般而言，氨基磺酸盐型、氟硼酸盐型适合镀厚镍或电铸。泡沫镍电铸生产过程可能使用的镍电解液及其镍层的物理性质见表6-2。

表6-2 泡沫镍电铸生产过程可能使用的镍电解液及其镍层的物理性质[8]

电解液类型	成分及浓度/（g/L）	极限强度/（N/mm^2）	屈服强度/（N/mm^2）	延伸率（%）	硬度/HV	内应力/（N/mm^2）
瓦特镍电解液	硫酸镍：230～240 氯化镍：37～52 硼酸：30～45	380～450	220～280	20～30	150～200	140～170
含NH_4^+的高硬度瓦特镍电解液	硫酸镍：230～240 硼酸：30 氯化铵：25	1000	750	5～8	350～500	280～340
氨基磺酸盐镀镍电解液	氨基磺酸镍：300～450 氯化镍：0～15 硼酸：30～45	500～800	500	10～20	160～240	7～70
高浓度氨基磺酸盐镀镍电解液	氨基磺酸镍：550～650 氯化镍：5～15 硼酸：30～40	750～1000	—	10～15	200～300	-100～+140
氟硼酸盐镀镍电解液	氟硼酸镍：300～450 硼酸：22～37	380～550	—	17～30	170～220	100～170

电沉积镍过程的主要反应如下。

阴极反应：

$$Ni^{2+} + 2e = Ni \quad (6-10)$$

阳极反应：

$$Ni - 2e = Ni^{2+} \quad (6-11)$$

6.2.2 不同性状的电镀镍层

电沉积镍在应用于泡沫镍生产之前，已经作为防护装饰性和功能性电镀表面处理工艺广泛应用。因此，有关各种镀镍层的工艺相当成熟。

1. 暗镍

暗镍是指基础的镀镍层，所用电解液一般由硫酸镍、氯化镍、硼酸、导电盐、防针孔剂组成。电解液在电镀过程中具有较大的阴极极化和阳极极化作用，在弱酸性体系可以得到结晶体细小而致密的镀镍层。其中，氯化镍既提供镍离子又促进阳极的溶解，硼酸起到缓冲 pH 值的作用，预防因较低 pH 值而使析氢严重和较高 pH 值而使电解液浑浊、氢氧化物进入镀层。导电盐包括硫酸钠、硫酸镁等，可以改善低浓度电解液的导电能力，使电解液分散能力更好。防针孔剂可降低电解液的表面张力，使氢气泡难以滞留在阴极表面，较广泛采用十二烷基硫酸钠作为防针孔剂。在镀镍过程，阴极电流密度的设定与电解液温度、镍离子浓度、pH 值、循环搅拌程度有密切关系，在高浓度、低 pH 值、高温和循环搅拌加快的条件下，允许使用更高的阴极电流密度，普通镀镍的阴极电流密度为 $0.5 \sim 1.5 A/dm^2$ [12,15-17]。

2. 光亮镍

光亮镍是指能同时获得具有镜面光泽的外观与优良整平性镀层的镀镍工艺。该工艺不仅可以省去抛光工序，还能提高镀层硬度。其电解液的配方在基础镀镍配方上加入糖精或丁炔二醇等光亮剂。光亮剂一般可以分为初级光亮剂（如糖精、苯亚磺酸钠等）、次级光亮剂（如丁炔二醇、甲醛等）、辅助光亮剂（如乙烯磺酸钠等）。一般而言，初级光亮剂和次级光亮剂需要一起使用。光亮剂的作用是使镀层结晶体细小并且有整平效果。电镀光亮镍的阴极电流密度一般是 $2 \sim 5 A/dm^2$ [18,19]。

3. 缎面镍

缎面镍因有绸缎状的外观而得名，它孔隙少、内应力低、耐蚀性好，广泛用作装饰镀层。获得缎面镍的方法有两种：一种是在基础镀镍配方中加入直径小于 1μm 的不溶性固体颗粒，与镍共沉积；另一种是在基础镀镍配方中加入有机化合物，形成均匀吸附在阴极表面的乳浊液微粒，使镀层形成微观粗糙度。电镀缎面镍的阴极电流密度一般为 $2 \sim 4 A/dm^2$ [20,21]。

4. 高硫镍

高硫镍是指镀层中含有 0.12%～0.25%硫的镀镍层，主要用作钢、锌合金基体的防护装饰性镀层的中间层。因为高硫镍的电位比光亮镍的更小，当发生原电池腐蚀时高硫镍优先腐蚀，使得双层镍的纵向腐蚀转变为横向腐蚀，对钢铁基体形成良好电化学保护的同时，还可以降低镀镍层的厚度。传统技术是依靠提高镀镍层厚度的方法达到保护基体金属不受到腐蚀的，而高硫镍的防腐蚀利用的是电化学原理，它具有比铜、暗镍、光亮镍等都高的电化学活性，厚度仅需 1μm 左右。高硫镍电解液配方中一般加入苯亚磺酸钠等高硫助剂。电镀高硫镍的阴极电流密度一般是 2～4 A/dm^2 [22,23]。

5. 高应力镍

通过加入适量的添加剂，可以在光亮镍的表面获得较高应力的容易龟裂成微裂纹的镍层。在其表面再镀覆薄层装饰铬后，在应力作用下镍层形成大量微裂纹，导致铬层也形成微裂纹。若存在腐蚀介质，这些微裂纹（铬-镍）便成为无数个微电池，分散了腐蚀电流，提高了镀层的耐蚀性能。高应力镍电解液配方中通常含有高浓度的氯化物[24]。

6.2.3　电铸镍工艺技术

1. 电铸的主要特点

电铸是通过在模芯上电沉积金属，然后将其与模芯分离或去除模芯以制备金属制品的工艺。电铸的原理与电镀的基本相同，但是，电镀时要求镀层与基体应结合牢固；而电铸则需要使铸层与模芯分离，并且电铸的金属厚度也远大于电镀层。

电铸主要有以下特点[8]：

（1）电铸能很准确地复制模芯的表面形貌。

（2）电铸层的厚度可控，从微米级到毫米级都能实现。

（3）通过合理的模芯设计，可以制造精度较高、表面粗糙度低、形貌复杂的金属制品。

因此，电铸工艺能用来制造精密度高的金属铸件、空心零件、注塑模具、金属钱币、金属饰品、金属箔、信息存储盘的模具、纺织印刷网、薄膜集成电路板、直升机叶片的抗磨条、火箭推进器的冷却槽等[25]。电铸也是生产泡沫镍的最主要工艺[26]。

电铸时，首先要选择合适的模芯，模芯的选用主要根据电铸零件的形状、尺寸、精度、和方便脱模等因素决定。对泡沫镍的电铸，采用经过适当的导电化处理后的聚氨酯海绵作为模芯，这是一种创新的、科学的优化选择。

由于电铸镍层较厚，并要求有一定的材料力学性能，因此电铸电解液也有一些特殊的要求[8,27,28]：

2. 电铸电解液的共性要求

（1）要求成分尽量简单，并且容易控制。为了改善电铸镍层的某些性能如整平性、均镀能力、光亮程度等，电解液中常需加入某些功能性添加剂，甚至络合剂。这些功能性添加剂和络合剂大多数为高分子有机化合物，长期参与电极过程，会有不同程度的分解和歧化，造成电铸镍层性能和电解液性能的不稳定。因此配方时，电解液的成分应尽量简单，并且便于管理和维护。

（2）净化处理要求较高。由于电铸镍层较厚，沉积时间长，因此杂质带来的影响较为严重。电解液必须定期或连续过滤，必要时还需附加净化处理过程，如添加适量的过氧化氢（氧化作用）、活性炭（吸附作用）和添加剂（其他功能性作用）。

（3）能得到均匀的电铸镍层。电铸件脱模后应是独立零件，必须有足够均匀的厚度。因此，电铸用电解液的均镀能力（也称为分散能力）要足够好。

3. 电铸镍电解液的选择

1）可用于电铸镍的电解液体系

（1）瓦特镍电解液体系：成分为硫酸镍、氯化镍、硼酸；主盐供给阴极沉积所需的镍离子并导电，氯离子活化阳极镍的溶解，硼酸作为pH值缓冲剂。

（2）氨基磺酸镍体系：成分为氯化镍、硼酸、氨基磺酸盐；优点是镀层的内应力低，可改善电铸镍层的力学性能。沉积速度快，但成本较高，仅在特殊情况下使用。

（3）氟硼酸盐体系：沉积速度快，镀层性能和硫酸盐电解液的镀层性能相当，但由于该电解液腐蚀性强，成本高，故应用并不广泛[29-31]。

2）电铸镍选用电解液的一般原则

通常工业上电铸镍多采用氨基磺酸盐电解液，而电镀镍多采用瓦特镍电解液。这样的工艺选择基于以下两点共识。

（1）氨基磺酸盐电解液的均镀能力强，因为电铸件往往形状复杂，很多都有不通孔之类的结构，与氨基磺酸镍相比瓦特镍电解液的深镀、均镀能力常不够理想，形成的镀层厚度相对不够均匀。

（2）氨基磺酸盐沉积的镍层应力低，材料力学性能优良，适合电铸成型后作为结构零部件的用途要求。与电镀镍层仅作为表面装饰、防止腐蚀和有限的表面强化功能相比，电铸镍层在强度、柔韧性、内应力等方面均有较高要求，氨基磺酸盐电解液在这些方面具有优势[32]。

3）泡沫镍的生产选择瓦特镍电解液作为电铸电解液的原因

一般原则是电铸时选择氨基磺酸盐电解液，电镀时则选择瓦特镍电解液，但泡沫镍生产过程的电铸镍却选择了瓦特镍电解液，其原因可归纳成以下两点：

（1）电沉积镍层的均匀性和渗透性主要由电解液本身的性质和工件的几何尺寸、几何形状决定。海绵模芯的厚度相对较薄，宏观上呈板状，便于均匀沉积镍层，在制造模芯时，对原材料聚氨酯海绵的选择不仅要求海绵是通透多孔的,而且对孔径的大小和孔的分布均匀一致性也有较高的要求。这些质量优势也体现在模芯上,因此,薄而通透多孔的海绵模芯为电沉积时电力线的均匀分布创造了条件。此外,泡沫镍连续化生产工艺的走带模式,客观上也提供了良好的搅拌强度,改善了浓差极化,而且由于工件(指电铸在制品)形貌的通透特点,即使是瓦特镍电解液,也能保证在制品孔棱上镍层厚度的均匀性。

(2)在泡沫镍制造技术路线中,有一个必需的工艺环节,即电铸后的泡沫镍半成品必须经过一道热处理工序。经过热处理后泡沫镍的力学性能得到了本质上的改善,不仅电铸过程掺杂到镍层晶格中的氢在高温下被析出,而且在热处理高温的时效作用下,金属镍的晶格发生了重整,金相结构得到了优化,释放了多余的应力,使泡沫镍制成品的抗拉强度、疲劳强度、柔韧性乃至金属光泽都显著地得到改善,削弱了瓦特镍电解液对镀镍层力学性能的负面影响。

综上所述,泡沫镍生产的技术特点以及特殊的海绵模芯使瓦特镍电解液扬长避短,在得到优质产品的同时也降低了生产成本,在整个金属电铸工业中极具参考价值。

6.3 电铸泡沫镍的原理及工艺

将聚氨酯海绵进行导电化处理制成海绵模芯之后,对模芯进行电铸,是泡沫镍制造中的重要工序。对海绵模芯型多孔电极过程动力学的研究与探讨,也是电化学工程技术中有价值的理论电化学新课题。

6.3.1 电铸泡沫镍的电极过程动力学

1. 海绵模芯型多孔电极的物理模型

1)关于"海绵模芯型多孔电极"名称的说明

在电铸泡沫镍的工序中,作为阴极的工件有 3 种形式,即海绵模芯、电铸在制品和泡沫镍半成品。海绵模芯和泡沫镍半成品两种形式仅在入电铸槽和出电铸槽时短时间内存在,绝大部分的电极过程都是在电铸在制品上完成的。对本节称电铸在制品电极为"海绵模芯型多孔电极",作如下说明:

(1)如 2.3.3 节所述,在生产过程中,各工序上的泡沫镍在制品和制成品,包括电铸在制品均具有与聚氨酯海绵相同的微观形貌,即三维网络通孔结构,因此用"海绵模芯型多孔电极"表征电铸在制品电极的物理和微观形貌是准确的。为避免赘述,在界定了论述范畴之后,可把它简称为"多孔电极"。

(2)从电化学理论到生产实践,由于业界对泡沫镍的相关名词术语未作严格界定,一些文献在论述电铸泡沫镍的电极过程问题时,所指电极本应属于可导电的海绵模芯,而且更多应是指电铸在制品,却常常冠以不导电的"海绵"。如此处理,易造成歧义。因此,本书选择"海绵模芯型多孔电极"名称,界定更为准确,也为今后电铸型泡沫金属体系的电化学研究工作提供一个相对确切的定义和用语。

2)多孔电极的物理模型

(1)电极的多孔结构呈全开孔的孔棱状态,网络单元(Cell)的孔棱以网络形式连接,其宽度为5~20 μm,孔径值为400~600 μm。可以采用氮气吸附等方法测量海绵的比表面积,孔棱的总表面积大约是海绵模芯表观平面面积的20倍。因此,多孔电极的真实电流密度比根据模芯表观平面面积计算的电流密度小很多。

(2)多孔电极是一个由多相网络交叠形成的复杂体系,涉及异相之间的导电和传质过程。在电铸过程中,电极的内孔完全浸没在电解液中,电极中只有固、液两相[33]。因此,只须考虑固、液两相中的传质与导电过程,以及两相界面上的电化学反应。模芯由于亲水,可顺利排除孔洞中残留的空气,完全浸没在电解液中,电极过程可以被处理得相对简单。然而,各种传质、导电与电化学反应在多孔区域内和骨架界面上同时进行,情况错综复杂。各种极化现象如浓差极化、电阻极化、电化学极化等,与平面电极表面的极化相比,虽然微观上并没有本质的区别,但是因为多孔结构的存在必然使它具有特殊性。

(3)近年来,为了分析多孔电极的极化现象,周仲柏等人[34,35]曾提出既能基本表达此类多孔电极结构的特征又便于理论处理的物理模型,即不考虑孔的具体结构,而是把由交叠互联的复杂网络组成的多孔体作为一块"宏观均匀"的整体来处理。根据此方法,在研究传导与极化现象时,只须采用多孔体中各参数的"表观有效值"而不必涉及细致的结构特征。因此,绕过了复杂而不易描述的多相网络结构,只注重能反应多孔电极中电极过程基本特征的整体效应。

2. 多孔电极的扩散传质与导电过程

当把多孔体作为均匀相来处理后,首先考虑的是多孔结构对固、液相网络传导参数的影响。一方面考虑该相在多孔体中占的体积比,另一方面还要考虑该相网络的曲折程度,也就是实际传导途径的平均长度与多孔体在传导方向的厚度之比,这一比值称为该相网络的"曲折系数"(β)[36]。可以证明,孔的传导能力与曲折系数的平方成反比。

对于厚度为d的多孔层,若其两侧表面上的离子浓度差为C_1-C_2,则稳态下与表面正交方向上的扩散流量可以写成:

$$L_{扩} = \left(DV_{比}/\beta^2\right) \times (C_1-C_2)/d \tag{6-12}$$

式中,D为传质粒子在整体相(单一无孔相)中的扩散系数,$V_{比}$为该扩散网络的比体积,β为曲折系数,C_1-C_2为浓度差。

用上述公式可计算多孔电极中的扩散传质速度。

而在计算多孔电极的导电过程时,对于施加在厚度为d、面积为s的多孔电极两侧的电势Φ,由欧姆定律$I=\Phi/R$和电阻公式$R=\rho\dfrac{d}{s}$(ρ为电阻率),流经多孔电极的电流可写成:

$$I = \Delta\Phi / \left[\left(\widetilde{\rho_l} + \widetilde{\rho_s} \right) \times \frac{d}{s} \right] \tag{6-13}$$

式中，$\widetilde{\rho_l}$ 为液相网络电阻率（也称为液相有效比电阻），$\widetilde{\rho_l} = \rho_l \dfrac{\beta_l^2}{V_\text{比}^l}$，其中 ρ_l 为液相整体比电阻，β_l^2 为液相网络的曲折系数，$V_\text{比}^l$ 为液相网络的比体积，s 为多孔电极的面积；$\widetilde{\rho_s}$ 为固相网络电阻率（也称为固相有效比电阻），因为固相网络的电阻还跟接触电阻有关，不能用整体的固相电阻率来计算，但是可以通过设备测得多孔电极在干燥状态下的"固相有效比电阻"。

3. 多孔电极的稳态极化分布

由于多孔电极具有很大的真实表面积，总的界面双层电容很大，以至于多孔电极中的暂态极化往往受到双层充电时间常数的限制而不便于计算，所以通常只考虑多孔电极的稳态极化过程。海绵模芯的多孔网络结构一方面有利于提高电极的真实反应表面积与输出能力，另一方面会引起电极内部浓度分布和电势分布的不均匀。在电铸过程中，多孔电极内部可能出现的极化现象主要有以下 3 种：

（1）镍离子向多孔电极内部的反应表面扩散所形成的液相浓差极化。

（2）镍离子在多孔电极内部的反应界面上发生电化学反应所引起的电化学极化。

（3）多孔电极内部的固、液相导电的电阻极化。

由于上述 3 种现象几乎同时发生，且互相影响，因此不能像整体电极那样将它们分别单独处理。在研究时，首先，假定传质与导电过程不引起能被察觉的极化，泡沫镍在整个厚度内的极化是均匀的。因为反应区深入电极内部，所以用"体电流密度（A/dm^3）"来表示电极反应速度，可代入平面电极的计算公式。其次，在浓差极化很小的条件下，电极极化主要来自固、液相界面的电化学反应和固液相电阻[35]。可以将多孔电极按平行于电极表面的方向，分割成许多厚度为 dx 的薄片[见图 6-3（a）]，可用图 6-3（b）所示等效电路来模拟电极的电性能。在 $x=0$ 处，全部电流流经液相，随着反应深入电极内部，越来越多的液相电流通过固、液界面的电化学反应进入固相，最后在集流网上全部变为固相电流。

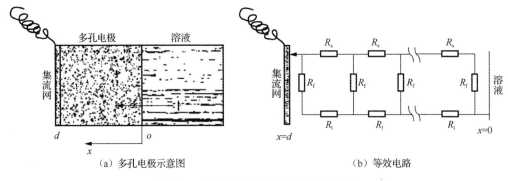

（a）多孔电极示意图　　　　　　（b）等效电路

图 6-3　多孔电极示意图及其等效电路

按照上述模型，进行一系列数学计算，可得出与电极内 x 处局部体电流密度、局部界面的电位差相关的公式。其中，电极内局部界面过电位随 x 的增大而衰减，形成了"特征深度"的概念，即在电化学极化很小时，与多孔电极内液相电阻极化过程引起的反应相对应的一个特征性的电极厚度。特征深度以 L^* 表示，它的平方与体系的交换电流 i^0、单位体积反应层中的真实反应表面积 $S_{比}$、多孔电极液相网络的有效比电阻 $\widetilde{\rho_l}$ ($\widetilde{\rho_l} = \rho_l \dfrac{\beta_{液}^2}{V_{液比}}$)成反比关系，具体的数学推导过程可以参阅文献[35]。当 $x=L^*$ 时，可以认为 L^* 的定义是局部界面过电位由表观值 η 降至 η/e 时的反应层深度。对于足够厚（$d \gg L^*$）的电极，x 处的局部界面过电位、局部体电流密度的分布关系如图 6-4 所示的抛物线：

当极化增大时，特征深度随极化电位的增大而更快的减小，越来越接近平面电极。因此，当电极厚度 $d \gg L^*$ 时，大部分电极厚度是不起作用的，只会造成材料的浪费与固相电阻的增大，i^0、$S_{比}$、$\widetilde{\rho_l}$ 越大，反应层的有效深度越小，可以据此概念来估计多孔电极的适宜厚度。

在生产泡沫镍时，刚经过导电化的海绵模芯具有很高的电阻，为了获得等同于产品厚度的反应特征深度，往往采用很小的电流。

对于多孔电极电铸所作的上述电极过程动力学的理论分析与探讨，仅仅是一个还很不完善的

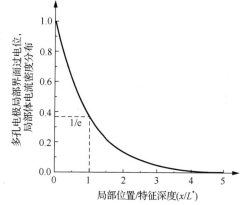

图 6-4　多孔电极中局部界面过电位、局部体电流密度的分布特性

初步建立数学模型的阶段性工作，详细研究有待纵深展开，而且多孔电极在先进二次电池中的应用，很有可能是一种逐步的、必然的趋势，对其电极过程动力学的认知也是必要的。

6.3.2　泡沫镍制造中的连续电铸工艺

1. 连续电铸工艺流程

所谓连续电铸是电铸过程连续进行，工件始终在电解液中移动，不间断供电。作业的基本流程可分为以下 4 个阶段。

1）放卷

聚氨酯海绵经导电化处理后形成的整卷模芯外圈作为电沉积的首端进入电铸槽，这一过程称为放卷，模芯以工件形式进入预电铸段。放卷处的模芯非常柔软，基本类似聚氨酯海绵的物理性状。设备各结构件安装位置准确，放卷的平行度就容易控制。为了保证模芯进入镀区时保持平整，需要在走带方向施加张力，使呈软态的模芯紧绷起来。施加张力的方法一般是提供一个向后的阻力和另一个向前的牵引力，产生阻力的方式可以是使用配重

辊垂直压在模芯上，模芯前进时会紧绷起来从而托住配重辊；产生阻力的方式也可以是使放卷轴以旋转扭矩阻碍模芯转动，只有拉力大于一定值时，模芯才会转动一下。这两种方式有各自的特点：配重辊的重力恒定使得模芯的张力恒定，模芯被拉伸而变窄的程度容易控制；而通过磁粉控制器控制放卷轴上的张力和扭矩，能有效地保证两侧张力的平衡。采用不同的放卷方式，需要确定的工艺参数各不相同，如配重辊的质量、摆放位置，张力和扭矩的初始值、结束值。还应注意的是，模芯的摆放位置要居于电铸槽的中部，两侧与槽边的距离相等，避免在槽内走偏刮碰；张力应适当，不能过大，而使得模芯严重变长变窄；也不能过小，造成模芯呈波浪形状甚至折叠起来。

此外，还涉及恒张力控制的数学模型公式中相关参数的设定。相关参数会随着模芯卷径的递减而发生变化，需要根据实际情况测量验证后，确定适宜的标准设定值。

单台设备需要定期维护，如添加镍块、清除阳极泥、清除阴极无效沉积物等。一般将连续电铸分为若干周期，一个周期内设备不停地连续生产多卷，累计最长长度可达到 2000 m 以上。其间，放卷处需进行多次的"接带"作业。并且分首卷连接（海绵模芯端头与引带之间连接）；中间卷连接（海绵模芯端头与泡沫镍半制品尾端之间的连接）和尾卷连接（引带与泡沫镍半成品尾端的连接）三种方式。而且，连接处必须牢固，保证接头不断开，最好是无缝无重叠的接头形式。

2）预电铸

预电铸是指在一定操作条件下，从特定组分的溶液中电沉积出金属薄膜，以改善电铸镍层与基体结合力的方法。模芯一般都采用预电铸工艺。预电铸之后模芯成为电铸在制品，电阻下降，避免了因接触电阻过高而造成模芯或在制品在与阴极导电板接触时被灼伤。

3）电铸

电铸镍的电沉积过程，以达到所要求的镀层厚度（面密度），以及满足差异化的需求。为了得到更好的沉积层，研究人员开发出了多级多次电沉积的工艺。

4）收卷

电沉积步骤完成后，经过充分的水洗以去除电解液，收卷后即可转移到下道工序。因为电铸生产线不宜直接与热处理炉相连，所以常用的方式是将泡沫镍半成品卷绕在一定直径值的收/放卷辊上。收卷时要注意收紧收齐，以保证工序间周转顺利。

2. 连续电铸的工艺参数

电铸的目的是要尽可能在模芯表里的孔棱骨架上获得厚度均匀的镀镍层，以确保泡沫镍性能的一致[37]。然而，在实际生产中，镀镍层的均匀性受到诸多电化学因素和几何因素的影响，包括电解液成分、电流波形与电流密度、电解液 pH 值、电解液温度、电解液循环量、电解液的杂质、模芯带材的走速等。镀镍层很难完全达到均匀性。为了达到预期的效果，必须对相关参数进行严格的控制，尤其是以下所列的主要因素。

1）电解液成分

电解液各成分的作用：主盐供给阴极沉积所需的镍离子并起导电作用，氯离子活化阳极（镍块），使之溶解，硼酸作为 pH 值缓冲剂，有机添加剂降低镀层应力而改善泡沫镍半成品的力学性能。

在生产运行过程，主盐没有被消耗，阳极（镍块）的持续溶解补充镍离子，而且由于阴极发生的析氢反应，使溶解的镍离子没有全部在阴极沉积。阳极除发生电化学溶解之外，还存在化学溶解。因此，电解液中的镍离子浓度会逐步升高，需要采取稀释电解液或使用惰性阳极电解的办法维持镍离子浓度的稳定。

由于 H^+ 与 Ni^{2+} 同时沉积，电解液表面也会有一定程度的盐酸挥发，需要定期补充盐酸。一般通过人工检测电解液的氯离子含量进行调整，补加时尽可能采取连续滴加到贮液槽的方式，再通过循环泵送到生产线上，避免生产线的电解液 pH 值急剧变化。

硼酸的溶解度相对较小，一般需要溶于热水中或直接把固体颗粒投入贮液槽中。在用纯净水淋洗之后，产品上仍会附着微量的硼酸致使溶液中硼酸浓度下降。因此，需要定期补加，即通过检测电解液中的硼酸浓度后进行补加。

糖精钠也是持续被消耗的成分，主要是以吸附到产品上而被带出电解液及高温下被分解。因此，需要定期补加，即通过检测电解液中的糖精浓度进行补加。

在实际生产中，电解液的各种成分含量在控制范围内的变化是很缓慢的。当电解液体积恒定时，各种成分含量会保持相对稳定，所以生产中对电解液体积进行控制是一个行之有效的方法。又由于有大量的淋洗水加入电解液中，需要强化蒸发速度以保持电解液体积，一般通过控制进入蒸发器的溶液流量来控制蒸发速度。因为是多条生产线共用电解液贮液槽，为了保证各条生产线上的电解液成分相对一致，理论上，贮液槽体积能够涵盖的生产线越多，越能保证整个电铸工序条件的一致性。实际上，受加工和占地的影响，贮液槽体积有限。为解决这个问题，通常将多个贮液槽串联。实际运行时，通过记录贮液槽的液位和作业中的电铸槽数量，控制电解液的总体积，以达到对电解液蒸发量调节的目的。

电解液在长期使用过程受多种因素的影响，小分子有机物会不断地增加。这些物质的存在会降低产品的强度和柔韧性，因此需要将其去除。小分子有机物主要来源于模芯中的聚氨酯海绵的水解、有机添加剂的降解以及其他有机物被带入，其浓度一般用化学需氧量（COD）来衡量。小分子有机物可通过活性炭颗粒的定期吸附，然后以净化过滤的方式除去。净化之后的电解液在使用前，需使用小电流进行电解活化处理。

连续电沉积对于电解液成分的管理与常规挂件的电镀用电解液的管理类似，没有本质区别，只是由于泡沫镍电铸半成品在生产方式中因连续走带和卷绕，必须承受一定的张力，对半成品的均匀性和力学性能有更高的要求。因此，必须对电解液 pH 值、有机物杂质的含量控制更加严格。

2）电解液温度

电解液温度的升高通常会加速离子扩散，降低阴极极化速度，加快阴极反应速度。因此，可通过提高阴极电流密度，加快沉积速度，提高生产效率。此外，还可以促进阳极溶解、减少镀镍层中的针孔、降低镀镍层的内应力。总之，可以尽量把生产控制在温度的上限范围内。但是，升高电解液温度也会使镀镍层结晶颗粒变得粗糙。

电解液温度对泡沫镍产品性能的影响明显。温度过低，电铸半成品脆硬且容易开裂。原因可能是电结晶成核速度慢，新生镍原子的排列受到挤压，使沉积层中的微观缺陷增多，应力增大。若温度过高，则散热量增加、保温能耗增加，并且容易造成塑料槽体变形。对于瓦特镍电解液温度一般控制在40℃左右。电解液加热方式有锅炉蒸汽加热、热水加热、电阻丝加热等，生产线自动控温。

下述因素将影响电解液温度：电铸段因通电而发热、因淋洗水的引入而降温、电解液蒸发导致降温、环境散热等。电铸段电流在阴极（电铸在制品）和阳极（钛篮）之间通过时，因克服电解液的电阻而产生热量，即

$$Q = I^2 Rt \tag{6-14}$$

式中，Q 为发热量，单位为 J；I 为电流，单位为 A；R 为电解液电阻，单位为 Ω；t 为通电时间，单位为 s。

从式（6-14）可知，电解液电阻决定发热量的大小，电阻与电解液温度、阴极与阳极之间的距离、镍离子浓度等有关。高浓度和小的电极间距可使电阻减小，有利于降低热量而减少能耗，相关情形可根据输出电压判断。淋洗水的引入对电解液温度有明显的影响，淋洗水与电解液之间有温度差，淋洗水的强制蒸发使吸热效果较显著，蒸发 1 L 水大约需要耗电 0.7 kW·h。相比较而言，电解液通过自然挥发和环境散热所占的比例较小，对电铸槽、贮液槽、管道使用保温材料隔热，可有效地防止电解液的热量损失而降低能耗。

在上述影响电解液温度的各项因素中，有的使电解液升温，有的使电解液降温，实施科学、合理的管控，就可以实现电解液温度的动态平衡。为此，必须对影响电解液温度的各项因素进行解析，对与之有关的工艺和设备的技术参数进行测算，确立对应关系和规律性数据，优化工艺和设备的参数值，并不断修正和完善，逐步建立淋洗水的用量与泡沫镍半成品上残留液浓度（由淋洗效果决定）之间、残留液浓度与泡沫镍品质之间、阴极与阳极间距与电压之间、阴极与阳极间距与产品质量之间，以及电解液温度与泡沫镍品质、与工艺稳定性之间的定性/定量关系，而后实施数据化管理和规范化、标准化控制。

3) 电解液 pH 值

在正常状态下，电铸过程在弱酸性条件下进行。电解液的 H^+ 浓度对沉积过程有较大影响：当 H^+ 浓度过高时，析氢反应会加剧，电流效率下降甚至无镍的沉积。H^+ 浓度不符合规范值时，会增加沉积层中的微观缺陷，降低半成品的力学性能，容易导致模芯在卷绕过程中开裂；H^+ 浓度过低时，又容易造成镍离子的水解产物——胶状氢氧化镍吸附到模芯基体上，破坏电沉积过程并造成微观缺陷，使沉积层色暗、有毛刺、脆性大。电解液 pH 值一般选择 3.8~5.5，并以接近饱和的硼酸量作为电解液的缓冲剂。

阴极上发生镍沉积的同时有氢气析出，即析氢反应中氢气的析出导致电解液 pH 值逐步升高，因而需要定期补加酸液。电解液 pH 值升高的速度主要受阴极面积、电流密度、电解液温度和电解液循环量的影响，电铸区域导电模芯的面积越大、生产线开启数量越多，析氢量越多。

长期停产后恢复生产时，因电解液温度下降而导致硼酸结晶析出，即使升温到设定值

时，硼酸的溶解也较缓慢，电解液中会存在较多的硼酸小晶体。此时立即投产，会出现电解液的 pH 值剧烈波动、泡沫镍半成品开裂，原因是硼酸小晶体掺杂进了镀镍层。克服这种现象的办法是提前升温并充分循环电解液，然后检测硼酸浓度，使之接近规范值，最后目测电解液清澈无浑浊。

电铸电解液的 pH 值采用自动控制的方式进行调整，保证工艺过程的稳定，由于氯离子对泡沫镍半成品内应力的不利影响，故在调整 pH 值时，须采用硫酸和盐酸联合使用的方法。有关 pH 值自动控制系统的原理及工作方式见 6.4.3 节中的"2.辅助设施控制系统"，在节内容中，对电解液温度以及电解液循环量等工艺参数的自动控制均有论述。

4）电解液循环量

电铸用电解液必须循环流动，否则，会因电极过程产生较大的浓差极化而使镍层结晶不良，槽电压升高，产品的一致性变差。为降低浓差极化的影响，电沉积过程使用的常规技术是提高对流强度，具体措施包括机械搅拌、压缩空气搅拌、阴极移动、电解液循环等方式。电铸泡沫镍的生产采用电解液循环过滤、强化对流的方法。该方法可使阴极电流密度和电流效率显著提高，使沉积层紧密细致，整平效果也得到优化。

使用压缩空气搅拌时，虽然设备简单、成效显著，但是容易使沉降在槽底的固态物颗粒飘浮，分散到电解液中，造成镀层粗糙和产生毛刺。即使配备了连续过滤装置，也可能会使电解液的某些成分发生反应，降低电解液的使用寿命。在电铸泡沫镍的生产中，若使用压缩空气搅拌，会使大量的空气进入模芯的多孔结构内，形成严重的漏镀缺陷。

电解液循环量的设计、测算、管理十分必要。电解液循环量是在开发阶段进行测量、计算的基础上确定的。为了建立温度和其他工艺参数的优化平衡，而对其影响因素进行的解析、测量、计算建立起来的对应关系、规律性数据，乃至数学模型的方法，同样适用于电解液循环量的处理和控制，并由此确定电解液循环量与电铸区域的温度、电解液循环量与产品质量、电解液循环量与管路设计、阀门的开启度、流量计的读数之间的相关性。在循环过滤环节的设计中，还应考虑过滤器局部的堵塞给电解液循环量造成的不利影响，优先选择带有自动排渣功能的过滤器。一般情况下，合理的电解液循环量应是所使用的电解液的 2～5 倍/小时。

5）电流波形与电流密度

实践证明，电流波形对沉积层的结晶组织、光亮度、电解液的分散能力和覆盖能力、合金成分、添加剂的消耗等方面都有影响[38]。目前，电沉积工艺除采用一般的低压直流电外，还可采用周期换向电流、脉冲电流、交/直流叠加电流。

（1）周期换向电流是周期性改变直流电流的方向，镀件作为阳极或阴极呈周期性变化。

（2）脉冲电流虽是单向电流，但呈周期性地被一系列开路所中断，电流峰值呈周期性变化，或者间有周期性的负脉冲。

（3）交/直流叠加电流是在直流电流基础上叠加一个特征交流电。

除低压直流以外的其他电源是基于对镀层结晶细致、光亮度、整平性、合金成分的特殊需要而使用的，在电镀上应用较多。

电沉积镍工艺常用的电源是低压直流整流器，虽是直流，但也带有一定的脉冲，脉冲当量的大小取决于整流电路和器件。在实际生产中，一般采用三相桥式整流加滤波的电路，保证输出电流的平稳性和精度，电源的这一特性与泡沫镍的重要性能——面密度的一致性关系密切。

除了电流的平稳性，电流密度的大小控制也十分重要。任何电沉积方式都有一个获得良好镀层的电流密度范围，一般而言，阴极电流密度过低，极化作用小，沉积层的晶粒较粗。阴极电流密度过高，使阴极表面附近的金属离子浓度就低，在阴极的尖端和凸出处会产生树枝状金属沉积层，或者在整个阴极表面上产生海绵状沉积层，甚至出现尖凸、边缘烧焦现象，阴极析氢反应严重，使阴极区的 pH 值迅速升高，碱性盐被吸附在海绵的孔隙里。

电流密度的范围由电解液性质、主盐浓度、电解液温度、电解液循环强度等因素决定。

对于泡沫镍电铸而言，电铸区阴、阳极的面积相差非常大，阴极的真实面积是它的表观平面面积的 20 倍以上，而阳极真实面积受限于镍块尺寸和钛篮的大小，故阴极电流密度远小于阳极电流密度。尽管如此，当充分保证电解液的循环量之后，允许使用的总电流是非常大的，目前可达到 40 A/dm^2 的密度（以阴极的表观平面面积计算）。电流密度过高，泡沫镍在制品机械强度下降，钛篮因烧损而变形，阴极导电板打火，在制品容易灼伤。

电流密度的分布规律：对于多级电铸，电流值的设定按照先小再大的原则供电。阴极上电流密度的分布会存在距阴极导电板接触处的远端电流密度小而近端的大的现象，当上镍量达到一定值后，这种现象有弱化的趋势，远端和近端的电流密度差异减小。

电流密度对泡沫镍产品性能有如下影响：

增大电流密度可提高设备的产能，却有如下弊端：阴、阳极导电元件的发热量大、设备受损。而且，泡沫镍的一个非常重要的质量指标，沉积厚度比（Differential Thickness Ratio，DTR），与电流密度的大小呈现很强的负相关性。DTR 是泡沫镍半成品厚度方向上镍层均匀性的质量指标，其值越大表示厚度方向上镍层的均匀性越好，DTR 接近 1 时最佳。实践表明它与电流密度在阴极表面的分布密切相关，电流密度偏小，则模芯厚度方向的均匀性较好。DTR 体现的是电解液的分散能力，可用式（6-15）说明[39]，即用电化学极化时远、近阴极电流密度的比值来说明

$$D_c / D_f = 1 + \Delta L / [L_c + x(\Delta\Phi / \Delta D)] \tag{6-15}$$

式中，D_c 是近阴极电流密度，D_f 是远阴极电流密度，ΔL 是远近阴极到阳极距离之差，x 是电解液的电导率，$\Delta\Phi$ 是阴极表面电位的改变量，ΔD 为阴极表面电流密度的变化量，$\Delta\Phi/\Delta D$ 之值称为极化度，L_c 为阴极表面到阳极的距离。

由上式可知，在距离（L_c）固定且电流效率基本一致时，电解液的电导率 x 与极化度 $\Delta\Phi/\Delta D$ 的乘积越大，远、近阴极的电流密度就越接近。例如，电流密度由 35 A/dm^2 降低到 10 A/dm^2 时，DTR 值明显上升，由不到 60% 上升到 80%。

6）电解液的杂质

电铸镍电解液的补加成分是硼酸、盐酸、硫酸、糖精钠，镍离子由阳极提供。电解液因长期的使用和调整化学成分，会逐步积累由工件带入的杂质和补加化学品引入的杂质，包括模芯中聚氨酯海绵的降解有机物、糖精钠等的降解物、淋洗水中的杂质、灰尘、阳极杂质、油污、化学镀液成分（若采用化学镀镍导电化处理工艺）等。当这些物质积累到一

定程度时,半成品会表现出不同的性能恶化现象,因此必须采取相应的维护措施。在线过滤是必需的措施之一。对于微细颗粒及有机杂质的去除,往往需要采取停产净化的方式,即采用氧化、活性炭吸附、精密过滤、电解除杂,以及利用电化学工作站进行循环伏安特性曲线的验证测量,调整电解液至有效工作状态。

电解液恶化对泡沫镍半成品的影响包括沉积层脆性变大、卷绕时易开裂、热处理后的泡沫镍抗拉强度下降和容易产生裂纹。电解液恶化状态的识别除观察生产过程现象外,还包括使用霍尔槽实验、COD 值检测、电解液全部成分检测、泡沫镍微量元素分析等。其中,微量元素的控制对产品质量的影响不容小视,因为泡沫镍在不同应用领域对某些杂质的种类和含量比较敏感,所以对电解液的管理会有差异化的标准。表 6-3 列出了使用两种不同电铸用电解液生产的泡沫镍产品的微量元素含量,这对微量杂质十分敏感的泡沫镍应用领域具有重要的指导意义。

表 6-3　使用两种不同电铸用电解液生产的泡沫镍产品的微量元素含量

微量元素	产品1（μg/g）	产品2（μg/g）	微量元素	产品1（μg/g）	产品2（μg/g）
Hg	1.4	0.8	Nd	—	—
Se	5.5	3	Bi	2.8	6.1
Sn	112.8	11.1	Ni	—	—
Zn	22.8	14.8	Ta	—	—
Sb	6.5	4	Ga	—	—
Ce	—	—	Co	124.8	16.7
Pb	20.3	13.7	Fe	62.6	30.5
Cd	2	2	Cr	5.2	11.4
In	—	—	Si	145.8	28
Au	—	—	Na	460.4	45.7
B	4.9	1.8	Be	—	—
Mn	10.1	2.1	Ca	1060	60
Pt	—	—	Cu	19.4	6.8
Mg	235.4	4.9	La	1.1	—
V	1.8	3.4	Pd	—	—
Al	59.4	48.1	Sc	0.2	2.8
Nb	24	—	K	3.9	4.9
W	1.5	9.7	Ag	—	—
S	228.7	36.3	Ti	1.5	3.9
As	2.2	1.1	Zr	1.3	7.8
Mo	0.6	—	Y	0.4	—
P	2116	17.5	Ba	1.3	

6.4 泡沫镍电铸设备

泡沫镍电铸设备包括主体电铸设备和生产线控制系统两大部分。一般情况下，不同企业的泡沫镍制造技术都有两个相同的标志性特点：一个是聚氨酯海绵的导电化处理工艺，另一个就是它的主体电铸设备，也正是这两个特点决定了泡沫镍的生产方式、产品的质量水平和个性化特征。

6.4.1 国内外部分泡沫镍生产企业的主体电铸设备简介

图6-5～图6-10为国内外部分泡沫镍生产企业的主体电铸设备的示意，图6-5～图6-8[40]中的各种主体电铸镍设备的结构原理基本相同，属于海绵模芯带材电铸泡沫镍常见设施和系统，包括电铸原料（如海绵模芯、镍阳极）、电铸槽、收/放卷、传动装置、辅助设备等。所不同的是，各企业长期的技术优势和经验赋予设备整体的结构特征，设备对产品关键质量指标的控制，对原料来源等差异性的兼容，以及技术细节上的巧妙处理，使这些设备各具特色。可以设想，在其开发和完善的过程中，它们都不可避免地会遇到不同程度的导电、走带、张力、漏镀、电铸镍的均匀性、应力与裂纹等技术问题甚至技术瓶颈，体现出图示的特点和某些方面的技术优势，可供借鉴和参考。

其中，图6-9所示[41]的主体电铸镍设备与上述采用金属镍作为阳极的电铸镍设备不同，它是在一种隔膜电解槽内采用不溶性阳极（DSA或惰性阳极，如图中2和3所示），以含有镍离子的溶液作为镍源，在经过导电化处理后的非金属带材上（如图中1所示）电铸镍。与此同时，不溶性阳极上发生析氧（电解液不含氯化物）或析氯（电解液中有氯化物）反应。电解槽有独立阳极室结构和独立阴极室结构，由非金属纤维编织布、非金属微孔薄板中的一种或两种组合制成的隔膜（如图中的4和5所示）将阴、阳极室分开。隔膜的作用是阻止阳极区的电解液流向阴极室，并不具备离子选择和交换的功能，隔膜对电解液的透过率为 $5\sim160L/m^2\cdot h$。电解液的循环和更新按下述方式进行：电解液经阳极室溢流口（如图中8所示），流入再生槽（如图中9所示）。在再生槽内，用碳酸镍、碱式碳酸镍、氢氧化镍、氧化镍中的两种或两种以上的混合物，对阳极室流出液进行镍离子的浓度和pH值的调整，使电解液回到新鲜状态（镍离子浓度为90～100g/L，pH值为2.5～3.5），解决镍离子的平衡和酸的平衡问题。再生后的电解液使用含镍的碱性化合物而非硫酸镍，是为了避免因硫酸钠的积累而影响电解液的极化度。再生后的电解液经储槽（如图中10所示）先泵入阴极室，再经隔膜流入阳极室，而后由溢流口流入再生槽。

图6-9所示主体电铸设备因不存在镍阳极溶解不均匀（如钛篮变形和篮内"镍桥"的形成）的问题，故产品的面密度误差较小，同时可有效利用来自不同途径的镍资源。不过，设备中增加了多项化学溶液体系，带来了相应的环境工程上的压力。

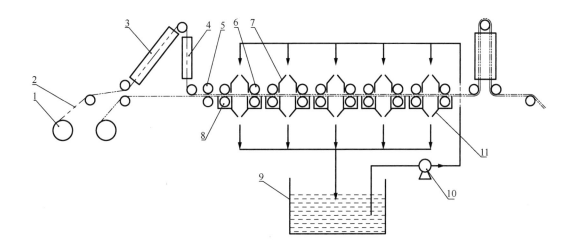
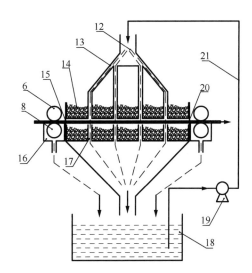

1—送料辊 2—海绵 3—导电化处理 4—热风干燥 5—传动辊 6,8—导电辊 7,11—电铸槽
9,18—贮液槽 10,19—循环泵 12—电解液喷淋 13—分流管 14—镍珠 15—产品入口
16—回收槽 17—回收管 20—产品出口 21—供液管

图 6-5 日本片山特殊工业株式会社的泡沫镍生产主体电铸设备示意

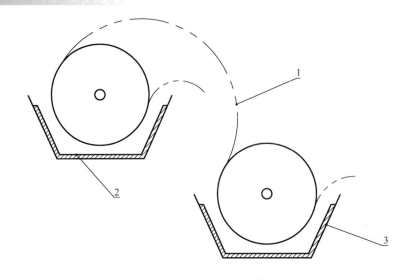

1,4—海绵模芯　2,3,8,10,12,15—电铸槽　5,9,11—送料辊　6—导电滑环　7—辊轴　13,14—阳极

图 6-6　日本住友电工公司的泡沫镍生产主体电铸设备示意

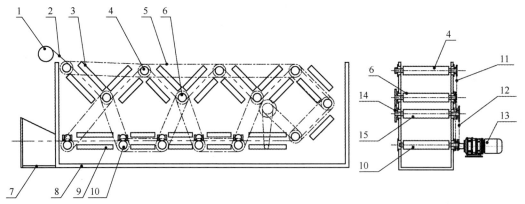

1—放卷辊　2—海绵模芯　3—V 型电铸阳极板　4—V 型电铸上导电辊　5—链传动系统
6—V 型电铸下辊　7—电解液收集槽　8—电铸槽体　9—水平型电铸阳极　10—水平型电铸导电辊
11—传动链　12—减速传动链　13—减速机　14—换向齿轮　15—换向辊

图 6-7　长沙力元一期工程泡沫镍生产主体电铸设备示意

图 6-10 是加拿大 INCO 公司采用红外加热,利用羰基镍气相化学沉积法生产泡沫镍的设备。制造原理并非电沉积,所以不能称为电铸镍设备。由于羰基镍气氛极具毒性,生产过程必须在高度密封的容器中完成,因此可能会给安全管理带来一定的负担。采用该方法生产的泡沫镍,沉积速度快。据报道,该方法具有一种良好的"喷射力",可使泡沫镍厚度方向的镍密度分布均匀。

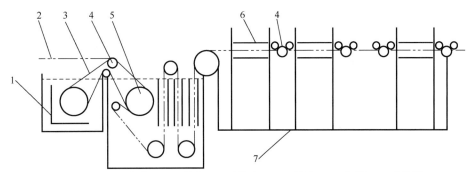

1—阴极 2—海绵模芯 3—钛带 4—阴极辊 5—引导辊 6—阳极 7—电铸槽

图 6-8 金昌普公司的泡沫镍生产主体电铸设备示意

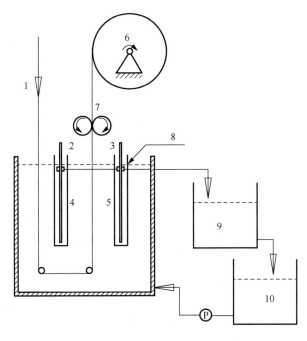

(a) 独立阳极室结构示意

图 6-9 一种在隔膜电解槽中采用不溶性阳极电铸镍带材的装置示意

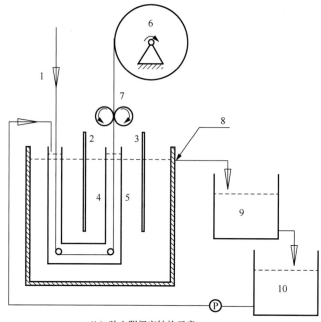

（b）独立阴极室结构示意

1—非金属带材　2,3—阳极　4,5—隔膜　6—传动装置　7—供给电装置
8—阳极室溢流口　9—再生槽　10—再生后的电解液

图 6-9　一种在隔膜电解槽中采用不溶性阳极电铸镍带材的装置示意（续）

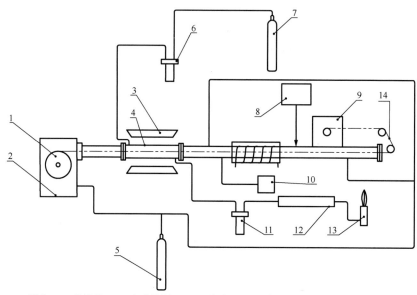

1—模芯　2—补充管　3—红外线源　4—观察窗　5,10—氮气补充瓶　6—羰基镍补充釜
7—一氧化碳补充瓶　8—约束气体　9—收卷室　11—冷凝器　12—中间分解器　13—燃烧器　14—泡沫镍

图 6-10　加拿大 INCO 公司羰基镍气相化学沉积法生产泡沫镍的设备示意

虽然图 6-9 和图 6-10 所示的泡沫镍生产技术具有自身优势,但国内外大多数泡沫镍生产企业均采用图 6-5～图 6-8 中的配有可溶性镍阳极的电铸镍设备。这是因为一方面"镍桥"之类的技术缺陷正通过设备的创新进步得以改善。另一方面技术路线的确定是一个全方位评价和优选的结果,包括产品性价比、生产过程可控性、原料来源、生态环境保护等,也会有一般和特殊需求的差异。例如,INCO 公司原本就有生产羰基镍的成熟技术;图 6-9 中的设备则为碱式镍盐等资源的开发利用创造了条件。

6.4.2 泡沫镍电铸设备

国内外主流泡沫镍电铸设备的基本特征为阳极采用可溶性金属镍,有不同的结构和走带型式。这类设备是泡沫镍电铸设备的主体,也体现了不同时期泡沫镍制造的技术水平和市场需求。电铸设备的结构形式多样,走带方式各异,包括水平式走带、组合式走带、弧形式走带和立式走带。其中,立式走带型又被开发出多种型式。

对主体电铸设备作如下的介绍和解析。

1. 水平式走带

水平式走带是指泡沫镍在电铸过程的走带形式为水平方向行进,其典型结构如图 6-11 所示。电铸过程可简述如下:导电化处理后的海绵模芯 1,经过大阴极辊 2 并与阴极辊紧密贴合,被沉积了少量的镍层,成为电铸在制品;随着沉积的镍层增加,在制品的电阻降低;通过送料辊 4(兼作阴极辊)进入水平型电铸区;在水平型电铸区内,放置多组阳极钛篮 5,钛篮内装有镍珠。各组阳极间均放置一对送料辊 4 和 7。当带材通过水平型电铸区时,通过控制不同组阳极与阴极间的电流和在制品走速,即可电铸得到符合一定面密度要求的泡沫镍半成品 8。该半成品出了水平型电铸区后,经过纯净水淋洗,按给定的张力贴合收卷至卷芯上。

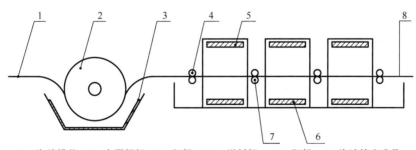

1—海绵模芯 2—大阴极辊 3—阳极 4,7—送料辊 5,6—阳极 8—泡沫镍半成品

图 6-11 水平式走带泡沫镍电铸设备示意

水平式走带泡沫镍电铸设备的优势表现在以下 3 方面。

(1)前半部分的大阴极辊电铸可有效降低对海绵模芯电阻率的要求。

(2)后续电铸过程中电铸在制品的走带无卷绕形式产生,有利于提高泡沫镍半成品的物理性能。

（3）生产线放置的钛篮组数越多，单位时间内的电沉积速度就越大，可提高设备的生产效率。

水平式走带电铸设备的缺点也比较明显：

（1）大阴极辊及送料辊（兼作阴极辊）均全部或部分浸没在电解液中，生产过程会沉积纯镍，从而造成镍利用率的降低和产品的损伤。

（2）其下部阳极如阳极 6，全部浸没在电解液中，生产过程无法对消耗掉的阳极镍进行及时补加，必须间歇停机进行阳极的补充。

（3）为保持电解液较高的液位，不得不采用较大的电解液量和流量，导致设备的占位和经费投入增大，能耗较高。

2. V 型+水平型组合式走带

图 6-12 所示为组合式走带泡沫镍电铸设备示意。该设备由 V 型和水平型两部分组成：可以将两部分的走带形式布置成上半部为 V 型电铸和下半部分为水平型电铸，也可将两者布置在同一水平线上，形成较长的生产线。两种设计各有利弊，显然，后者方便生产作业，但占地过长；前者占地少，但添加镍珠等作业麻烦。

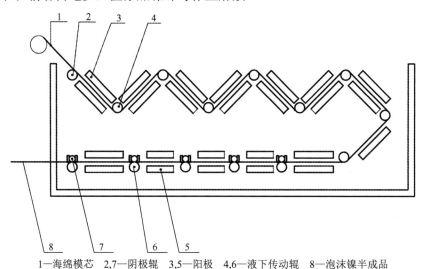

1—海绵模芯　2,7—阴极辊　3,5—阳极　4,6—液下传动辊　8—泡沫镍半成品

图 6-12　V 型+水平型组合式走带泡沫镍电铸设备示意

该设备的走带过程如下：阴极 2 给海绵模芯 1 供电后进入 V 型电铸区。该区域布置有多组大小一致的阳极钛篮，阳极钛篮内装有镍珠，电铸在制品经过液下传动辊 4、阴极导电辊重复进出 V 型电铸区，在各阳极间的电流作用下，电沉积的镍量不断增加，并进入水平型电铸区，该区放置有长短不一的多组阳极钛篮，通过控制阴极 7 和阳极 5 之间的电流和在制品走带速度，可以得到所需的泡沫镍的面密度。在制品完成水平型电铸后，成为泡沫镍半成品，经过纯净水淋洗，贴合在收卷机的卷芯上，在自由状态下进行收卷。该主体电铸设备的走带速度可达 0.3~0.6 m/min，生产效率较高。

3. 弧形式走带

图 6-13 所示为弧形式走带电铸设备。

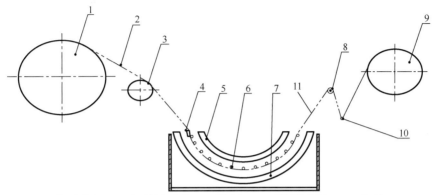

1—收卷辊　2—泡沫镍半成品　3—测速辊　4—阴极导电板　5,7—阳极
6—过渡传动辊　8—过渡辊　9—放下卷辊　10—张力辊　11—海绵模芯或电铸在制品

图 6-13　弧形式走带电铸设备示意

弧形式走带电铸设备主要由收/放卷和弧形电铸区两部分组成，海绵模芯由上而下进入电铸区，成为电铸在制品。完成电铸后的在制品成为泡沫镍半成品，由下而上对其进行收卷。

电铸过程简述如下：海绵模芯在放卷辊 9 上主动放卷，张力辊 10 给予固定的张力，张力值一般控制在 5～10 N。通过张力辊的上下调节，控制放卷辊的放卷张力和放卷速度。通过过渡辊 8 进入电铸区，在电铸区内由过渡传动辊 6 对在制品定位，电铸区配置一组弧形阳极钛篮 5、7，阳极钛篮中装载镍珠。阴极导电板 4 置于电铸槽出口处，在制品与之接触良好而导电。泡沫镍半成品带材离开电铸槽，经过测速辊 3 过渡后在收卷辊 1 上进行收卷。电铸槽出口处的阴极导电板上方配置纯净水喷淋，喷淋采用间歇式，由电磁阀的开启时间控制喷淋水量的多少。因喷淋水直接进入电铸槽，故在保证产品淋洗干净的前提下，喷淋水量应尽可能地减少。

采用恒电流供电方式。对走速的控制，通过测速辊 3 上安装的编码器实时反馈后经 PID 控制变频器对收卷辊的电动机进行变频调速，从而实现闭环控制。因控制方式及海绵特性的影响，其走带速度波动范围较大，平均线速度误差约 0.5 m/h。因此，产品的面密度均匀性较差，一般为 ±30 g/m^2。因采用的导电方式欠佳，导致初始给电困难，在进入电铸区后的一段距离内，因电阻较高，镍的电沉积不良而常出现漏镀缺陷。

该设备的优势在于只有一组阳极钛篮，故结构简单，操作便捷，占地面积较小，生产故障纠正容易。一般走带速度为 4～6 m/h，生产效率不高。

4. I 型立式走带

I 型立式走带电铸设备是针对弧形式走带电铸设备的优、缺点而开发设计的，图 6-14 为该设备示意简图。

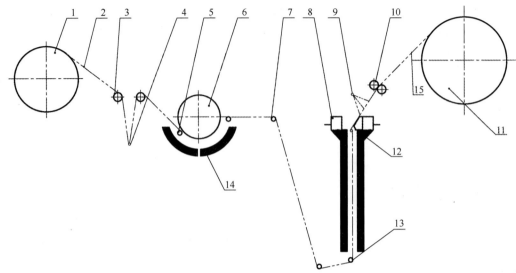

1—放卷辊　2—海绵模芯　3,7—过渡辊　4—张力辊　5—压辊　6—阴极辊
8—主电铸阳极　9—喷淋清洗　10—定速传动辊　11—收卷辊
12—阴极导电板　13—液下传动辊　14—预电铸阳极　15—泡沫镍半成品

图6-14　Ⅰ型立式走带泡沫镍电铸设备示意

1）设备的结构特征和主要功能

设备由以下4个部分组成。

（1）放卷：由放卷辊1及相应的传动机构组成，并配套机械式张力辊4。

（2）预电铸：由一个大直径阴极辊6和一组弧形预电铸阳极14组成，阴极辊6由电动机传动。

（3）主电铸：由一块阴极导电板12和一对竖式布置的主电铸阳极8和相应的液下传动辊13组成。

（4）收卷：由一对定速传动辊10和收卷辊11组成，收卷辊包括主传动装置和由磁粉离合器控制的恒张力控制装置。

2）电铸过程

（1）放卷。海绵模芯被置于放卷辊1上，在张力辊4的重力控制下，保证模芯承受合适的张力，实施主动放卷。因模芯在放卷时的拉伸是通过张力辊4的重量控制的，因此对不同宽度和厚度的模芯，须更换不同重量的张力辊；预电铸区和主电铸区的拉伸控制是通过定速传动辊10和阴极辊6之间的速度匹配实现的，在保证相同速度的情况下，拉伸长度基本可控制在规定尺寸范围内。

（2）预电铸。模芯通过过渡辊3和张力辊4进入预电铸区后，紧贴阴极辊6的表面，并在阴极辊的带动下连续走带。在此过程中，在整流器输出的电流下，模芯上被预电铸了一层较薄的镍层。这个镍层的主要作用是降低模芯的电阻，使之逐步过渡到在制品的状态，为在主铸区能够承受大电流密度做准备。在制品经过渡辊 7 和液下传动辊 13 的传动，进入主电铸区。

（3）主电铸。主电铸区为立式电铸槽，该槽两侧各布置一个阳极钛篮，钛篮内装镍珠，出口处为阴极导电板 12。在张力的作用下，待电铸的泡沫镍紧贴在阴极导电板上。主电铸区是在制品电铸成型的主要区域。在整流器给定的电流密度（20～40A/dm^2）作用下，电铸形成所要求的面密度。在阴极导电板 12 的上方，配置有一组喷淋装置 9，通过设定喷淋时间间隔，用纯净水对离开主电铸区的泡沫镍半成品带材进行清洗，达到规定的镍离子残留浓度指标。

（4）收卷。在制品离开主电铸区后，其行进速度主要由定速传动辊 10 控制，定速辊由一台同步电动机驱动，电动机转速由变频器调节，变频器按理论计算后设定的速度比，对在制品的行进速度进行控制，因为未经过实时反馈，所以其速度控制的精度受电网供电质量的干扰，控制精度偏低。

泡沫镍半成品带材经定速传动辊 10 后，其端部被专用粘贴带紧固在收卷辊 11 上。收卷辊由电动机带动的磁粉离合器牵引并旋转，通过控制磁粉离合器的输出力矩，使定速传动辊与收卷辊间的半成品保持恒定的张力。收卷时虽然半成品可承受一定拉力，但仍需控制恒定的张力，以保证半成品不被过度拉伸，同时也保证不因张力过小而使半成品带材在收卷辊上收卷不理想。

（5）电流的控制。电铸工艺对整流器的电流输出精度，即恒流输出模式下电流的波动一般要求在±10 A 以内。但受电网供电质量和干扰的影响，及企业内部反馈和控制分流器的波动等因素，有时会导致实际输出电流与显示值之间的差异，需定期对其进行校正。

5. Ⅱ型立式走带

图 6-15 所示为Ⅱ型立式走带电铸设备简图，与Ⅰ型立式相比，在降低生产成本和改善泡沫镍半成品力学性能方面具有优势。其工作原理简述如下。

1）设备的结构特征和主要功能

Ⅱ型立式走带电铸设备与Ⅰ型立式设备结构类似，同样包括放卷、预电铸、主电铸、收卷 4 部分。两种类型设备的不同点在于增加了主电铸区的立式槽数量，目的在于满足不同客户对泡沫镍面密度的差异化要求。与此同时，由于增加了一级主电铸槽，因此使生产效率得以提高。

2）电铸过程

Ⅱ型立式走带电铸设备的电铸过程与Ⅰ型立式走带电铸设备的电铸过程大同小异，设计上的技术改进旨在强化电铸过程不同环节的功能。例如，增强预电铸区的导电效果，力求快速而有效地降低海绵模芯的电阻，避免漏镀等质量缺陷的产生。在对系统中在制品带材张力的控制、对泡沫镍半成品带材的喷淋频率和喷淋效果的改善方面，Ⅱ型立式走带电铸设备也明显优于立式Ⅰ型。

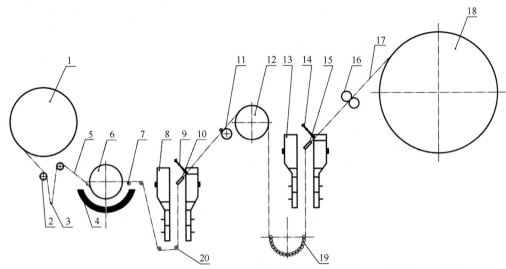

1—放卷辊　2—过渡辊　3—张力辊　4—预电铸阳极　5—海绵模芯　6—阴极辊　7—过渡
8—主电铸阳极　9,14—喷淋清洗　10—阴极导电辊　11—传动辊　12—过渡辊　13—主电铸阳极
15—阴极导电板　16—定速传动辊　17—泡沫镍半成品　18—收卷辊　19,20—液下辊

图 6-15　Ⅱ型立式走带电铸设备示意

6. Ⅲ型立式走带

图 6-16 为Ⅲ型立式走带电铸设备的主体结构。Ⅲ型立式走带电铸设备是在总结不同技术阶段电铸设备生产经验的基础上，为适应企业发展、实施绿色制造、智能生产战略，同时兼容客户个性化需求而进行开发的，对设备的某些结构和电铸过程的组合方式有一定的探索性设计。相关工作原理及技术特征简述如下。

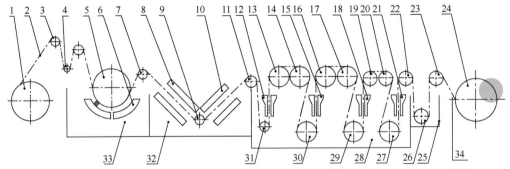

1—放卷辊　2—海绵模芯　3,7,23—过渡辊　4—张力辊　5—阴极辊　6,8,10,12,15,18,21—阳极
7,11,14,17,20—张力检测辊　11,13,16,19,22—导电辊　9,26,27,29,30,31—下过渡辊　24—收卷辊　25—水洗槽
28—主电铸槽　32—V型电铸槽　33—预电铸槽　34—泡沫镍半成品

图 6-16　Ⅲ型立式走带电铸设备示意

（1）设备的结构特征和主要功能。结构也分为 4 个部分：放卷、预电铸、主电铸、收卷。各部分的结构和主要功能如下。

① 放卷：由放卷辊 1、过渡辊 3、张力辊 4 等组成，主要的功能是使海绵模芯均匀平整地进入预电铸区。

② 预电铸：由预电铸槽 33、阴极辊 5、V 型电铸槽、导电辊 11、阳极（6、8、10）和下过渡辊 9 和传动机构等组成，主要功能是使海绵模芯有效地、无瑕疵地完成预电铸工序。海绵模芯在浸入电解液的同时即可效果良好地导电沉积镍层，避免了海绵模芯电阻不稳定的影响。

③ 主电铸：由主电铸槽 28、阳极（12、15、18、21）、导电辊（13、16、19、22）、下过渡辊（27、29、30、31）以及对应的传动机构等组成。与 II 型立式走带电铸设备相比，主电铸区设置了多组阳极和阴极供电装置，且阴极供电装置由导电板改为了供电辊，显著提高了电铸效果和生产效率。

④ 收卷：由过渡辊 23、下过渡辊 26，收卷辊 24、水洗槽 25、对应的收卷张力控制装置、收卷减速机及相应传动装置组成，安装在主机架上。收卷速度采用伺服电机加高精度编码器进行闭环控制。

（2）电铸过程。海绵模芯置于放卷辊 1 上，与引带布或前一卷在制品带材的尾端搭接，搭接完成后根据生产过程的拉伸要求选择张力辊 4 的大小，进行恒张力放卷。海绵模芯在预电铸区阴极辊 5 的带动下连续、均匀地经过电解液，在工艺规定的电流作用下，进行镍的电铸。

对预电铸阴极辊 5 的线速度与主电铸导电辊 13 的线速度，按工艺规定的拉伸要求由张力检测辊检测张力后进行匹配。完成预电铸的在制品，离开 V 型预电铸区后，经过张力检测辊 11 和下过渡辊 31，进入主电铸区；在导电辊的带动下，匀速通过主电铸区，并在工艺规定的电流作用下进行多次电铸；在每次电铸过程，在制品在从电解液上方走带至阴极导电辊前要进行纯净水喷淋，目的是避免阴极导电辊被镀上镍，也可以对阴极导电辊进行冷却。完成电铸后，泡沫镍半成品带材经过阴极导电辊 22 进入水洗槽 25。经过下过渡辊 26，在此进行充分的水洗和最后的纯净水喷淋，然后经过过渡辊 23，用黏结的方式将产品固定在收卷辊上。最后通过收卷辊 24 的旋转，在磁粉离合器的作用下，保持收卷辊 24 与过渡辊 23 之间的张力，从而保证半成品 34 整齐均匀地收卷。

此设备和前几代设备的最大不同点在于，其产品的走速由过渡传动辊确定，导电辊及阴极辊 5 的速度均由其中间的张力检测辊的张力值进行控制。通过设定合理的张力值，可在保证产品性能的前提下确保传动辊之间走带的均匀和平稳，并且能保证产品与阴极间的接触良好。在采用更多次的电铸后，有效地提高了生产效率，降低了生产成本。

6.4.3　泡沫镍电铸设备——生产线控制系统

电铸生产线的控制系统是泡沫镍智能生产体系中统一管理的监视、控制与数据采集系统（SCADA）的重要组成部分（见 13.3 节），是涵盖电铸生产线主体设备（电铸设备）控制系统和各辅助设施控制系统的全生产线控制系统。电铸全生产线控制系统通过对设备设定参数，再通过伺服电机调节，实现电机同步运转，保证电铸生产线具有稳定一致的走带速度；采用磁粉离合器、功率放大器、张力放大器等设备对系统的收卷和放卷速度进行控制；同时通过调整电铸与拉伸电机的速度差控制拉伸率，实现收/放卷和在制品走带过程的恒张力控制，从而避免因过度拉伸和张力失恒造成在制品质量缺陷和产成品不能满足客户的高规格要求；根据工艺要求对整流器的电流输出以及与电解液贮液槽有关的各个技术参数实时进行监视。控制系统采用完全开放的标准结构，集中管理、综合调度、分级控制，易扩展、可互动。采用工业以太网传输，三级分布式网络结构，由上位机操作站、控制站、远程 I/O 站、企业管理网标准接口以及通信网络系统构成。主要功能配置为伺服驱动器、伺服电机、变频器、张力传感器、磁粉离合器、功率放大器、液位及温度传感器等器件。电铸全生产线控制系统原理示意如图 6-17 所示。

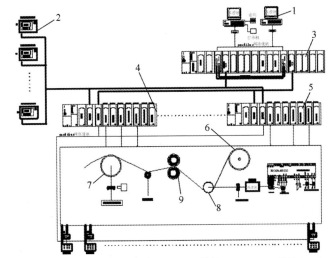

1—上位机　2—触摸屏　3—PLC 主站　4—PLC 从站 1　5—PLC 从站 2　6—收卷辊
7—放卷辊　8—张力检测辊　9—压辊

图 6-17　电铸全生产线控制系统原理示意

1. 主体电铸设备控制系统

1) 走带速度控制系统

每条连续泡沫镍电铸生产线具备两个驱动轴，采用伺服电机驱动，伺服电机采用恒力矩方式的速度模式，既保证其以稳定的速度运行，也保证运行速度下恒定的力矩输出。

控制方式采用伺服驱动器的内部闭环控制，即在伺服驱动器内部设置 PID 及其他电机特性参数，由中控室计算机或现场操作触摸屏设置生产运行需要的速度，将该速度信号传送给伺服驱动器作为 PID 控制的给定值，把伺服电机自带编码器检测的速度信号作为运行速度的反馈值。通过速度给定值、反馈值，利用伺服驱动器的 PID 运算功能控制速度输出。

由于伺服电机不能直接输出生产需要的线速度信号，只能输出转速信号，所以线速度信号需要通过以下公式换算：

$$S = n \times K_1 \times K_2 \times K_3 \times K_4 \tag{6-16}$$

式中，S 是线速度，n 是电机转速，K_1 是减速比，K_2 是齿轮比，K_3 是驱动辊周长，K_4 是速度修正系数。

其中，$K_1 \sim K_4$ 是常数，其数值可由生产管理人员通过权限密码，在触摸屏或者上位机进行修改。

主控制器与伺服驱动器之间的控制信号有 3 种，分别是脉冲信号、模拟量信号和通信信号。其中，脉冲信号容易受到干扰且常用于驱动器的位置控制模式，模拟量信号能输出较稳定的速度信号，但在现场电磁环境复杂的情况下不建议使用。因此该项目的控制信号应采用传输稳定且抗干扰能力强的通信方式，保证电铸生产线同步速度的控制精度 ≤ 0.001 m/min。

2）收/放卷恒张力控制系统

根据电铸生产工艺的要求，海绵模芯的放卷、泡沫镍半成品的收卷及电铸在制品的走带都需要保持恒定的张力，但上述收/放卷和走带的张力都不方便直接测量，因此对控制方法采用设置初始力矩及每卷海绵模芯和泡沫镍半成品的总长度，再根据收/放卷辊的辊径与海绵模芯和泡沫镍半成品每圈周长的对应关系，计算收/放卷的总圈数、每圈的周长及每圈海绵模芯和泡沫镍半成品对应的力矩值。

收/放卷均通过磁粉控制器驱动，收/放卷辊保持恒定的张力。控制系统模拟量输出信号（4～20 mA）控制功率放大器，功率放大器再输出 0～4 A 的电流信号控制磁粉控制器。

对放卷的控制是通过累积电机的线速度来实现的，当累积值达到相应圈数的周长时，控制输出力矩以减少每圈海绵模芯对应的力矩值，同时将周长值清零并开始累积下一圈的周长，直至放卷结束。

对收卷的控制是通过累积主电铸电机的线速度来实现的，当累积值达到相应圈数的周长时，控制输出力矩以增加每圈泡沫镍半成品对应的力矩值，同时将周长值清零，开始累积下一圈的周长，直至收卷结束。

收/放卷的控制须建立手动和自动两种模式，在手动模式下，系统按人工设置的收/放卷力矩值运行和输出；在自动模式下，系统按上述控制方法自动控制力矩值的变化和运行。

恒张力的具体控制方式简述如下：

① 在上位机上设定拉伸速度挡次，例如，分别为 5%，10%，…，100% 共 11 个挡次，即拉伸率分别为 0.05，0.1，0.2，…，1.0。在现场操作触摸屏上可以查询这些数据并可现场对拉伸速度挡次进行合理选择。

② 建立人工设置的收/放卷力矩与拉伸速度之间关联性的经验关系。

③ 根据经验计算建立拉伸速度表，并在上位机上设置和调整。

④ 查表选择拉伸速度并斟情调整或微调。

在泡沫镍的生产过程中，从聚氨酯海绵的导电化处理（以真空磁控溅射镀镍为例）、电铸、热处理到剪切工序，不可避免地存在各工序在制品带材收/放卷和走带的工艺步骤，必须保证在工序过程中作为工件的在制品带材承受均匀一致的恒张力，避免在收/放卷和走带过程中因受力不均而发生种种形变，尤其是真空磁控溅射镀镍和电铸两个工序，若对恒张力控制不善，将会对泡沫镍成品的质量造成无法弥补的影响，电铸工序则更是突出。与纸张、布匹和金属卷材等材质、形态简单规范的工件相比，泡沫镍在生产过程中，工件经历了从材质到形态的不断变化，甚至经历了各工序始端和末端材料状态复杂的变化。除此之外，客户对泡沫镍规格个性化的需求，原料品质的"合理"波动与泡沫镍质量规格要求的不对称性，都会对生产过程中的恒张力控制带来困难。所以，泡沫镍生产过程中的恒张力，至少目前还不能完全采用像上述材质、形态简单规范的工件那样，建立一个工件走带的线速度与设备参数和工艺参数相关的恒张力数学模型，完全适用于生产过程的恒张力控制。只能是在建立一个与实际状况契合度较高的数学模型的基础上，针对具体工艺和设备的状况，如上所述的"设置""调整"，引入若干行之有效的经验数据和技术措施，作为系统对恒张力控制的基础数学模型的补充和修正，在泡沫镍生产过程，对各工序都程度不同地作了这样的处理。

3）电铸整流器给电方式控制系统

整流器为电铸提供电压和电流，有稳压控制和稳流控制两种模式。两种模式可以相互切换，整流器与控制器通过 DP 总线实现通信，控制系统可通过触摸屏或计算机的操作实现与整流器的通信，修改其内部设置完成稳压和稳流控制的切换，以及电压值和电流值大小的调节。整流器信号以数字信号采集。

整流器的具体控制方式简述如下：

① 根据电铸工艺的要求，整流器控制包括启/停控制、恒压模式控制、恒流模式控制，并可进行电压值和电流值的设定。

② 可以在上位机上显示电压、电流值、设定报警值。现场触摸屏上显示并设定电流、电压值和报警值，以及报警方式。

③ 稳压、稳流模式可以手动切换，也可以按模式流程自动切换。例如，模式 0：手动切换；模式 1：电压按斜率启动后自动切换稳压方式；模式 2：电流按斜率启动后自动切换稳流方式。

④ 每条电铸线配置 4 台电铸整流器，现场控制站与电铸电源之间应采用抗电磁干扰的通信系统，同时保证所有电器设备的用电安全。

4）电解液的循环控制系统

在连续化泡沫镍生产的电沉积过程中，为使生产过程稳定和连续，必须对电解液体系正常的工艺性能予以保证，使电解液体系中的成分、pH 值、温度等保持在一个合理的工作范围。一个行之有效的技术措施就是让电解液处在一个动态的、稳定的、有效的平衡体系中。以Ⅲ型立式走带泡沫镍电铸设备为例，其中的电解液循环控制系统工作原理如图 6-18 所示。

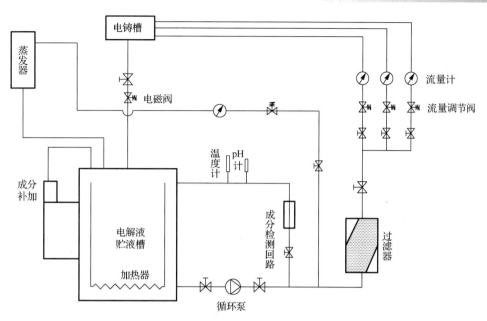

图 6-18 电解液循环控制系统工作原理示意

电解液循环控制系统的功能包括电解液循环、检测及控制、水分蒸发与补加、物料补加等多项工作内容。

电解液的循环由循环泵、过滤器、流量调节阀、流量计及相应的管道和阀门等设施组成,主要功能是按工艺要求的循环流量把电解液供给电铸槽,保证电铸电解液满足工艺要求。

循环泵将电解液从贮液槽内抽出并送至过滤器、蒸发器、检测设备。电解液经过滤器过滤后,由主管道分配至各电铸区支管。在各支管上安装有流量调节阀和流量计,根据流量检测数据自动调节流量控制阀,从而保证送至各电铸区的流量满足工艺要求。

由循环泵抽出的电解液,一部分经过管道进入蒸发器。管道上同样安装有流量计和流量调节阀,可随时根据电解液成分的检测结果调整水分蒸发量,从而保证电解成分的稳定。

在循环泵抽出的电解液中,还有一部分经过检测回路,检测回路上安装有关于温度、pH 值、电解液成分等检测装置,可适时对电解液的温度、pH 值、成分等进行检测。

在贮液槽中,一般安装有一组加热装置,可选择电加热或蒸汽加热方式,主要目的是保证生产过程中电解液温度的稳定。通过检测回路中的温度检测数据,自动开启和关闭加热器。

在贮液槽附近,一般还安装有自动物料补加装置,根据检测回路检测的 pH 值,自动开启和关闭计量泵,从而保证电解液体系中 pH 值保持在规定的范围内。其中也包括其他电解液成分的自动补加。

2. 辅助设施控制系统

1)电解液流量控制系统

该系统控制电铸生产线上电解液的流量。每条连续泡沫镍电铸生产线配置 4 根电解液进液管道，在每根进液管道上均安装使用防腐材质制备的电磁流量计和精密小型电动调节阀。

在线电磁流量计检测电解液流量信号（4~20mA）后，通过 PLC 输入模块转换，能在现场操作触摸屏和上位机显示实时流量，通过自动调节阀控制流量的大小，同时需设置流量上限报警值。例如，上限报警值为 8m³/h，流量信号 4~20mA 对应流量 0~10m³。每条电铸生产线配置的进液管道的直径均为 25cm。溶液流量控制模式有手动模式和自动模式两种方式，在手动模式下操作员可自行设置调节阀开度，溶液流量按该阀门开度下的流量运行，不进行调节；在自动模式下，操作员根据工艺规定，设定每根进液管道中的流量值，系统根据设定的流量值和流量计反馈的实际流量进行 PID 运算，从而控制调节阀的阀门开度，调节流量大小，将流量值控制在设定值±0.1 m³/h 的范围内。

电解液流量的具体控制方式简述如下：

① 检测到的实际流量值在上位机和现场操作触摸屏上显示，并可以任意设定流量值和流量报警值，流量报警值分为多挡次，包括下限报警值、下下限报警值、上限报警值、上上限报警值。

② 当实际流量值与设定流量值存在偏差时，PLC 经过 PID 运算，对电动调节阀进行控制，使之调整至合适的开度状态，从而达到设定的流量值。

2）喷淋控制系统

该系统控制电铸过程的纯净水喷淋环节，保证产品清洗效果的同时节约水资源。每条连续泡沫镍电铸生产线均配置喷淋控制电磁阀。喷淋控制有手动和自动控制两种模式，在手动模式下，操作员手动打开或关闭喷淋阀；在自动控制模式下，操作员根据工艺规定，设定每个喷淋阀门的打开和关闭时间，使之自动循环控制电磁阀的启/停喷淋。

在车间纯净水总管道上安装压力变送器，检测送水总管道上的压力，当压力值低于设定的压力值时，表明出现供水故障或停水，喷淋控制系统会自动报警。

系统需检测喷淋水压力和流量信号，参与喷淋电磁阀控制；压力、流量和电磁阀的打开和关闭控制须与 PLC 控制的检测、开关同步进行。

控制喷淋的具体方式如下：

① 检测到的实际压力值和流量值在上位机和现场操作触摸屏上显示，显示内容还包括电磁阀的开度状态。

② 喷淋电磁阀采用持续喷淋、间歇喷淋、点续喷淋等多种喷淋方式。

3）贮液槽电解液温度控制系统

电解液贮液槽内安装盘管，以通热水的方式加热电解液，通过安装在管道上的温度传感器检测电解液温度（有电铸生产线运行时，该管道必须保证有电解液循环），然后开启或关闭热水电磁阀，使水温控制在 50~55℃；锅炉热水温度控制在 80~90℃。贮液槽的温度控制应注意以下两点：

（1）贮液槽电解液的降温控制方式，可通过给槽内盘管通入致冷水的方式实现。虽然电铸工艺中贮液槽的电解液有蒸发和补水技术环节和功能，该环节同时也对电解液起降温的作用，但降温效果有限。如果电铸生产线投产数量多、电流大、槽电压高，电解液的降温仅仅依靠水分蒸发和补水可能满足不了工艺要求，必须设置强化致冷设备作为保证。

（2）安装在管道上的传感器检测到的温度值不是电铸槽内工件电铸时的真实温度值，对产品质量影响最大的却是电铸区域电解液的真实温度。因此，建立管道上传感器检测的温度值和电铸区域电解液的温度值两者之间的相关性，并以此作为判据，控制贮液槽内电解液的温度才是精准的控制方式。

4）贮液槽电解液的 pH 值控制系统

由于电铸过程发生析氢反应，电解液的 pH 值会不断升高，而且为避免泡沫镍半成品有较大的内应力，电解液中 $NiCl_2$ 的含量必须严格控制。因此，对 pH 值的调节，采取向贮液槽补加硫酸和补加盐酸两种方式。

（1）贮液槽补加硫酸控制。根据工艺要求设定电解液所补加硫酸的 pH 上、下限，当检测到电解液的 pH 值高于设定值时，系统自动启动硫酸计量泵向贮液槽补加硫酸；当检测到电解液的 pH 值低于设定值时，系统自动停止硫酸计量泵向贮液槽补加硫酸。为避免电解液的 pH 值变化较大，应把补酸速度值设定为较小值。为防止电解液中晶体物质附着在 pH 计的玻璃电极上，pH 计的电极必须安装在电铸生产线的电解液输送管道上，因有液体的流动，故可防止固体附着在 pH 的玻璃电极上。对 pH 计，要选择高精度测量仪器。这种根据 pH 计的测量值直接调节电解液 pH 值控制方式的弊端是缺乏前馈信号，造成控制相对滞后。如果采用电流信号（与每个贮液槽对应的所有电铸生产线运行电流的总和）作为前馈信号，采用检测到的 pH 值作为控制负反馈信号的闭环 PID 控制方式，能更稳定、准确地控制电铸槽电解液的 pH 值。该控制方式要求建立电铸总电流与 H^+ 析出量之间的准确关系，即和补加硫酸量之间的关系，因为只要系统检测到电铸生产线的总电流值（作为前馈信号），就能时刻计算出应补加的硫酸精确值。

pH 值及硫酸自动补加的具体控制方式如下。

① 由在线仪表检测的 pH 值在上位机上以图形和百分比数值两种方式显示。

② 可以在上位机上设定 pH 值的控制值、上限报警值，以及不同的报警方式。

③ pH 值的控制采用 PID 控制方式时，根据输出模拟量对调节阀实施控制，以便补加精确的硫酸量。

（2）贮液槽补加的盐酸控制。因为目前暂时没有适合电铸镍生产过程中的 Cl^- 浓度在线检测设备，无法实现盐酸补加的负反馈控制，所以贮液槽溶液的 Cl^- 浓度一般只能通过实验室检测：操作员根据检测结果补加盐酸，每次补加盐酸时设定盐酸的总量和补加速度，控制计量泵向贮液槽补加。因为采用密闭式循环管道，可以直接通过计量泵滴加浓盐酸，从而避免酸雾弥散。

5）贮液槽蒸发器控制系统

该系统控制贮液槽中电解液的蒸发量，减轻纯净水喷淋对电铸槽电解液量的影响。

贮液槽蒸发器的控制采用控制蒸发器管道中的电解液流量、蒸发器风机的频率，结合电铸生产线数量和电解液成分监测的方式，建立经验定量模式，即人工检测及自动控制相结合的系统方式完成。

由于电铸生产线所用喷淋水会造成电解液中水分含量增大和波动，而喷淋水的量与电铸生产线的运行数量呈正相关，每条电铸生产线运行时的喷淋水量基本一致，即运行的电铸生产线数量越大，喷淋水量就越大。因此，要建立蒸发器管道中的电解液流量与电铸生产线运行数量（以电铸总电流或喷淋电磁阀启动运行状态作为判据）之间的关系，控制蒸发器管道中的电解液流量及蒸发器风机的频率。

6）贮液槽液位及补水控制系统

该系统通过液位测量和补水作业，控制贮液槽电解液体积，协同控制电解液成分。

贮液槽的补水及液位控制采用人工检测及自动控制相结合的系统方式完成。实验室人员检测电解液成分时，如果成分达不到工艺要求而需要补加水，可以通过现场操作触摸屏进行补水总量设置，人工设定补水量并开启补水电磁阀。当补水量达到设定流量值或贮液槽中的液位达到上限值时补水电磁阀停止补水。每次补水多少需通过流量计检测并累计流量进行补水量控制。

在生产过程中，由于一定时间段的产量可能有所不同，运行的电铸生产线数量也会不一样，造成电解液体积（通过液位检测）不固定。这种情况下，系统可采用分挡控制的方式，即预置（系统预先设置好）每次运行的电铸生产线数量和对应的溶液体积。当检测到贮液槽电解液体积低于相应运行电铸生产线数量对应的电解液体积时，系统自动开启电解液转移泵及贮液槽电解液补加电磁阀，当电解液达到设定值时转移泵和阀停止工作。

由于贮液槽液位受电铸生线的运行数量、补水量、水分蒸发量、喷淋系统、电解液循环系统及电解液各成分的非同步变化等因素影响。保持电解液成分的动态平衡是贮液槽补水及液位控制的决定性因素。电解液成分的适时和有效监测是该系统的重要环节。

6.5 泡沫镍半成品的质量特性及控制

6.5.1 泡沫镍半成品的质量缺陷

泡沫镍半成品在电铸工序可能产生的质量缺陷包括面密度、DTR、物理性能、外观等。面密度指单位面积上镍的质量，是泡沫镍半成品的重要质量指标。泡沫镍半成品的另一个重要质量指标是 DTR。DTR 是指泡沫镍半成品厚度方向上表面和里层的镍沉积厚度的比值。两者都由电铸工序的制造条件决定。工艺规范和产品质量标准对泡沫镍半成品的横向/纵向的面密度和 DTR 值的质量标准都有明确规定。

物理性能一般指泡沫镍半成品的抗拉强度、断后伸长率、柔软性（无损塑性变形程度）、电阻值。因为上述性能与电铸后的热处理工艺关系密切，虽然电铸质量也会对这些性能产生影响，但一般认为上述性能应是电铸和热处理工序工艺效果的综合体现，所以物理性能缺陷应根据泡沫镍成品的质量检测结果和规范做出判定。

外观缺陷包括裂纹、宽度下降超标、表面擦伤、空洞、漏镀等，这些外观缺陷通过对应的外观缺陷限度样品对泡沫镍成品进行对比做出判断,上述缺陷,既可能在电铸工序产生,也可能是海绵模芯带入的潜在缺陷。无论是电铸工序产生的还是海绵模芯带入的外观缺陷,都会体现在泡沫镍成品上,因此外观缺陷限度样品的对比检测,以及面密度、DTR的评价也会放在对泡沫镍成品的质量检测阶段一起完成。

6.5.2 泡沫镍半成品质量缺陷的分析与控制

1. 对面密度和DTR质量缺陷的控制

在泡沫镍众多的质量特性中,面密度、DTR一直是下游产业链上的电池生产企业最为关注的产品特性,其性能关系到电极和电池品质的一致性。电池品质的一致性是电池重要的质量指标之一。因此,客户要求面密度偏差为规格值的±10%,DTR值为供需双方商定的最优化值。这两项产品的质量主要受电铸过程的影响。一般而言,电铸工艺参数包括电解液成分、pH值、电铸电解液温度、电铸电解液的均质效果(电解液循环流量)、电流密度、电铸电解液分散能力、海绵模芯的表面电阻和尺寸、走带速度、电铸设备的几何因素、阳极和阴极导电板状态等,对泡沫镍半成品的面密度和DTR都会产生影响。

一般情况下,海绵模芯的幅宽为1.1m,其宽度受限于电铸槽的结构,泡沫镍半成品的面密度和DTR值也因此受到与槽体结构有关的因素的影响,同时受到电铸电解液等其他电化学因素的影响。以立式Ⅲ型电铸槽的电铸状态为例,对泡沫镍半成品的面密度和DTR质量缺陷进行分析并简述其控制措施。

1)对阳极钛篮之间电铸在制品带材平直度的控制

幅宽为1.1m的电铸在制品带材在两个狭窄的阳极钛篮之间移动前行,它拉伸后的物理性状和走带的几何位置、是否与阳极钛篮平行并居中、是否有扭弯折曲,关系重大。在大电流电铸的状态下,不同位置阴、阳极之间的距离只要有很小的变化,也会造成电流强度分布情况的很大变化,最终将造成泡沫镍半成品面密度和DTR质量缺陷。因此,电铸工序中的在制品带材在走带过程中,其在阳极钛篮之间的平直状态及居中位置的调控非常重要,必须精准。

2)对阳极钛篮的管理

在生产过程中,阳极钛篮内装填镍珠和矩形的小块镍,尤其是后者,经过一段时间后由于不均匀溶解,会产生"镍桥"现象。此外,各种原因造成的阳极钛篮变形,都可能是泡沫镍半成品面密度和DTR不佳、存在边缘效应甚至漏镀的原因。改进的方法除进行设备的改造,如阳极钛篮震动装置的开发创新外,加强生产过程的阳极管理对于保证面密度、DTR的一致性是十分必要的。

3)由于孔形和孔变形问题造成泡沫镍半成品的质量缺陷及控制

由于原料的质量问题,包括聚氨酯海绵和海绵模芯生产工艺的原因,造成泡沫镍半成品的孔形不一致,这是它作为电池材料的一种先天性的不足。孔形的不同,意味着单位面积内的真实表面积存在差异、电流的分布状态复杂,必然会对面密度和DTR造成不良影响。聚氨酯海绵的切片方式不同,孔形就会不同。例如,旋切聚氨酯海绵带材时,纵向上呈现圆形孔与椭圆形孔按周期交替的现象，而圆形孔和椭圆形孔由于真实表面积不同，镍的沉积量也会不一样，因此造成面密度和DTR的不一致，其差异超出一定范围就可判定为质量缺陷；平切聚氨酯海绵时，虽消除了孔形的明显差异，但存在大孔与小孔的不均匀分布，这也是聚氨酯海绵发泡工艺中难以避免的，密集小孔和稀疏大孔同样也会有镍的沉积量不同的问题；比表面积较大的区域，面密度值较高。因此，选择孔形和孔径相近的优质聚氨酯海绵生产电铸模芯，同时在导电化工序有良好的工艺措施，例如，在真空磁控溅射镀镍过程对走带速度和恒张力控制到位，都会为获得较优面密度、DTR提供原料保证。

除了原料自身的孔形和孔径问题，就电铸工序而言，若生产过程在制品的走带速度和恒张力控制不善，也会造成电铸在制品和半成品孔形的变化，使孔对面密度的影响变得更为复杂。

生产过程中通过日常管理和专用工具测量，如果发现部分监控参数超出规定值，就表明生产过程出现异常状态，电流、在制品带材走速、带材宽度三者之一发生变化都会引起纵向面密度值的波动，需要检查三者是否符合规定值，边缘效应管理是否恰当。其中，设备和在制品宽度的控制水平是最直接的影响因素。预防措施包括与电流有关的设备选型/参数设定/工作环境、与走速有关的设备精准控制的状况、与在制品带材变窄量有关的采用固定主电铸和预电铸速度比或者采用同步电机不同辊径的线速度差的合理选择与应用，以及阳极边缘屏蔽、阴极边缘屏蔽等降低边缘沉积量的各项措施是否合理与到位。上述监控、管理通过生产自动控制系统和人工处理可以达到预期效果。

4) 不同卷和不同电铸生产线产生的质量缺陷及控制

泡沫镍半成品纵向面密度的均匀性会因下列因素而不同：

① 在整卷200m长度的不同位置上的面密度值；

② 相同生产线的不同周期的产品；

③ 相同周期不同卷次的产品；

④ 不同的电铸线上生产同一种规格的产品。

此外，还要在上述因素作用下如何保证泡沫镍半成品的品质一致性，对于生产过程的工艺、设备和质量管理水平都是一种考验和挑战。

卷与卷之间操作过渡是否平稳，会影响一段距离的纵向面密度均匀性。周期内首卷与末卷的差异，周期与周期之间的差异，一般而言没有统一的规律可循，需要泡沫镍工程实践经验的积累与锤炼。

不同电铸生产线生产的相同规格的泡沫镍半成品之间，如果简单套用生产程序，必然会使面密度有较大差异。包括平均值和波动范围。应该通过试产，对整流器实际输出电流、阳极电接点偏流程度、走速精度和稳定性、阴极与阳极之间的距离、主电铸和预电铸下的拉伸状态，包括阴极传动辊上的镍皮变厚对线速度可能产生的影响进行校验和排查。有些异常可能是机器对设定值的响应偏差，或者拉伸装置出现轻微差异时导致在制品带材宽度变化而造成的影响。判定上述因素存在的可能性和程度，并采取相应的防范措施。

通常情况下，在海绵模芯预电铸开始导电阶段，由于导电层较薄或形成的是类似半导体的材料，其电阻值相对较高，对热量的传导和预电铸的速度均有较大影响。因此，小电流密度的预电铸工艺在多数情况下都行之有效，既可避免因电流的热效应而烧焦海绵，又可改善预电铸的镀透性。

实施预电铸工艺时，应关注以下几点：上镍量、电流密度、浸润效果、模芯平整度，并且应针对不同规格的海绵制造的模芯、不同的预电铸设备而采取不同的控制方法。因为涉及不同的设备和不同的作业方法，所以泡沫镍半成品产生缺陷的直接原因和间接原因很多，并且"变化多端"。对这些原因进行准确的判断和处理，需要时间和经验的积累，更需要精益求精的工匠精神。以下对小电流预电铸的问题做进一步的阐述。

5）关于入槽长度、上镍量、电阻梯度的关系

生产实践表明，在预电铸区内沿着走带方向，存在着高电阻区和程度不同的低电阻区，各电阻区的电铸速度是不同的。一般说来，低电阻区的电铸速度快，而高电阻区的电铸速度慢。因此，在连续电铸生产过程中，存在先期的模芯、之后的在制品在走带方向上的镍层厚度梯度分布和电阻梯度分布的情况。对于初入槽浸没在电铸电解液中的模芯部分，离电解液上部阴极导电板较近的液下模芯部分电沉积得快，离阴极导电板较远的液下模芯部分电沉积速度慢，甚至没有电沉积。这是泡沫镍生产中常见的现象，究其原因应是阴极电流受模芯电阻梯度的影响，不能顺利传递到远端，而是在离阴极导电板较近的距离发生了电化学反应的缘故。这种由于模芯入槽长度形成的电阻梯度对上镍量产生影响的现象，在一项阴极浸没式电铸槽中的试验得到了很好的说明。如图6-19所示，试验中带材与阴极是完全贴合的，几乎没有远近之分，但也存在入槽时的电沉积速度比出槽时慢的现象。

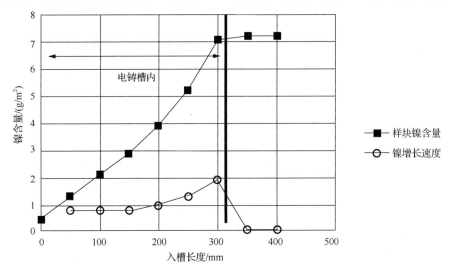

图 6-19 海绵模芯和电铸在制品带材入槽长度与上镍量之间的关系

研究表明，高电阻区虽然电铸速度慢，但该区内电铸速度差别较大，因而面密度的差距也较大，或者说高电阻区对电流非常敏感，微小的面密度变化就会产生较大电阻的差异。如图6-20所示，在预电铸电流密度很小的情况下，上镍量增加少量就能对电阻的降低产生

显著的作用，电沉积量从 0.5 g/m² 升到 16 g/m²，电阻下降的比值为 1/30，上镍量越低，电阻的波动值越大。当上镍量接近 50 g/m²，电阻值的递减速度已经很小了。

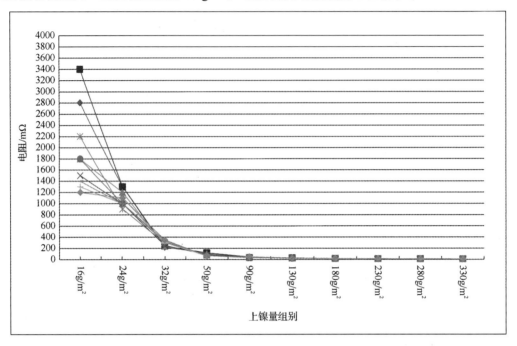

图 6-20　电铸在制品带材上镍量与电阻的关系

为了弱化电铸过程高电阻区的不利影响，一个有效的办法是将高电阻区隔离，实施独立供电。即在独立供电区采用多级电铸，先采用较低的电流密度实施电铸，使带材逐渐增加上镍量，进而使纵向电阻迅速减小，在较短时间内实现纵向上的有效电铸，然后采用高电流密度快速上镍，使入槽模芯快速过渡到理想上镍量和电阻梯度的在制品带材的电沉积状态，实验结果表明，同一个预电铸区内，模芯的入槽面密度差异越小，出槽的泡沫镍半成品面密度越均匀。

试验结果和生产实践为卷与卷之间的过渡衔接，提供了一个保证模芯走带方向上面密度一致性和优化 DTR 值的可供参考的工艺技术方案。

2. 泡沫镍半成品其他质量缺陷的控制

除面密度和 DTR 外，泡沫镍半成品的其他质量缺陷还涉及物理性能和外观，多表现为容易出现裂纹、拉伸过度而使产品宽度明显变窄等。由于电铸造成的其他物理性能缺陷，包括抗拉强度、断后延长率、柔软性、电阻等，常常受到热处理工艺过程的影响，其综合效应需要通过对泡沫镍成品的一系列材料力学检测体现出来。可以根据检测结果和经验从电铸生产中找到相关原因从而制定预防措施。

在外观缺陷方面，空洞、漏镀较为常见。出现漏镀时，需要排查预电铸的电流密度、浸润性以及模芯的质量。外观缺陷的控制途径：一是按标准管理工艺条件、机械设备、作业方法，二是减少人为因素，提升自动化和智能化生产水平。拉伸程度、电解杂质含量、电流密度、电解温度及 pH 值都是相关缺陷的影响因素。

  不同工艺生产的模芯因表面状态和物相成分不同，对电铸电解液的浸润吸附能力各不相同。采用真空磁控溅射法制造的模芯表面是干燥的金属镍，多孔结构阻碍了电铸电解液的吸附和渗入，导致孔内空气排出不畅，阻止了电沉积过程。电铸过程中部分位置不上镍，热处理后的泡沫镍上会发现透孔及不规则的漏镀缺陷。为避免此类不良率的发生，克服办法是在上述模芯进入电铸电解液前经过胶辊挤轧，排出模芯中的空气。采用化学镀镍法制造的模芯上镍量数倍于真空磁控溅射法制造的模芯上镍量，挤压会在一定程度上破坏化学镀镍层。通常采用的工艺措施是保持模芯的湿润，电铸时电解液可有效渗入模芯的孔中，顺利进行电沉积。保持化学镀镍模芯湿润的方法之一是将新产出的模芯用塑料膜包裹，以减少水分蒸发。在炎热干燥的季节，还需定期淋水使之润湿，隔绝空气氧化。涂炭胶法制造的模芯的处理办法类似真空磁控溅射法制造的模芯处理办法。

  聚氨酯海绵是一种高回弹的材料，纵向变形抗力为 300%左右。经过导电化处理后，变形抗力会下降，并且随着上镍量的增加而下降更多，聚氨酯海绵逐渐表现出硬脆的力学特性，上镍量越多，表现出的脆硬性越明显。上镍量过多时，模芯弯折时容易发生开裂。模芯进入电铸槽之初，如果没有一定的硬度，就会松弛容易交叠，预电铸过程中会造成部分位置未上镍，形成裂纹隐患。因此，保持模芯一定硬度，使其在预电铸区保持平整非常必要。入槽前一般要在走带方向上施加张力且保证宽度方向两侧张力一致，当采用液下阴极辊预电铸时，海绵紧贴在阴极辊上，只要入槽时两侧速度相当，边缘海绵不会呈现波浪形，在制品在电铸区是平整的，并且因受张力而变窄的程度小，在预电铸过程在制品的宽度变窄量小于 1%。

  外观的擦伤缺陷常因不规范的作业和设备机械损伤造成，这类缺陷预防较方便。

第七章　泡沫镍制造的热处理技术

电铸工序制成品即泡沫镍半成品复合了聚氨酯海绵、模芯、镍并包裹了一定量的水分，材质脆硬，并且具有很大的内应力，物理和化学性质不稳定，须经过热处理后才能达到泡沫镍成品的材质要求。

热处理是泡沫镍生产过程中的主要工序之一，目的是去除泡沫镍半成品中的聚氨酯海绵和水分，并经过还原退火，使之具有特定的力学性能与电学性能，成为具有金属光泽、较好柔韧性、延展性和较高强度的三维网络通孔结构泡沫镍材料。聚氨酯海绵的去除采取热分解方式，在热分解前增加了烘干步骤，但聚氨酯海绵的热分解过程又造成了镍的氧化。为此，须对氧化镍先进行还原，然后，再进行退火，使泡沫镍达到规定的性能要求。因此，泡沫镍热处理工序主要由烘干、聚氨酯海绵热分解、氧化镍还原、退火4个步骤组成。

7.1　泡沫镍热处理工艺——烘干、聚氨酯海绵去除和除氢

烘干泡沫镍半成品中包裹的水分和用热分解方法去除聚氨酯海绵两个工艺过程是在热处理设备的焚烧炉中进行的。泡沫镍半成品卷材在热处理工序放卷，开始成为"热处理在制品"，以带材形成进入焚烧炉。焚烧炉内设定不同温度区，包括低温区（300～400℃）和高温区（600～800℃），不同温度区有多个温度段。在制品通过低温区后被完全烘干，同时聚氨酯海绵模芯发生部分热分解；在高温区内聚氨酯海绵被进一步热分解，残存的聚氨酯海绵及其热分解产物被充分焚烧，形成碳化物气体被彻底去除。

7.1.1　烘干处理

热处理在制品中含有的水分质量分数为25%～55%，该值随在制品的厚度和孔隙率的不同而改变。通过扫描电子显微镜拍摄的泡沫镍半成品端面和孔棱端面的图像（见图7-1），结合泡沫镍半成品生产前处理工艺流程可知，其中的水分来源主要包括两部分：

（1）用纯净水洗涤电铸泡沫镍半成品中的电解液时，大量的水分被吸附在孔隙中而残留下来。这部分水分附着在孔棱的外表面，相对容易被去除。

（2）在电铸过程中，聚氨酯海绵模芯所吸收的水分被包裹在孔棱内，这部分水分存在于材料孔棱的内部，较难去除。

如果包含大量水分的电铸泡沫镍半成品不经烘干，直接进入焚烧炉的高温区，那么由于其中的水分剧烈汽化而吸热，易造成材料表面各点的温度不一致。同时，在高温下水分汽化和聚氨酯裂解共同产生的气体大量增加并快速膨胀，引起材料内部局部压强迅速增大，

而材料屈服强度随温度升高迅速下降，使材料局部产生不同的膨胀伸长形变，从而导致最终泡沫镍成品出现折皱起拱等质量缺陷。图 7-2 是烘干不彻底导致的最终泡沫镍成品折皱起拱的实物图。因此，必须经过烘干步骤，把泡沫镍半成品中的水分彻底去除。

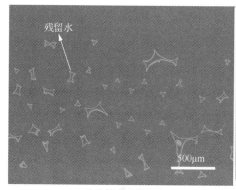
（a）泡沫镍半成品的端面

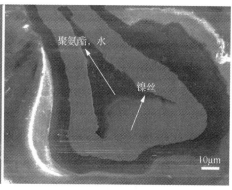
（b）孔棱端面

图 7-1　由扫描电子显微镜拍摄的泡沫镍半成品端面和孔棱端面图像

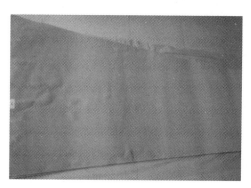

图 7-2　烘干不彻底导致的最终泡沫镍成品折皱起拱的实物图

在制品的烘干过程在焚烧炉的低温区中完成。在该过程中，如果升温速率过高，水分逸出的速度过快，就容易导致在制品的孔结构缺陷，最终影响泡沫镍的质量。因此，烘干过程采用多段加热、逐步升温的工艺控制方式。焚烧炉的低温区一般应设定 3 个温度段数值，温度由低到高。视在制品含水量的多少，一般把温度控制在 300~400℃。通过调节在制品在焚烧炉中的走带速度，把烘干时间控制在 4~7min，达到烘干的目的。

1. 烘干过程的热衡算

在制品的烘干过程是吸热过程，需对其中的热量进行计算，为烘干区炉体的设计和烘干工艺参数的设定提供依据。

烘干过程中水汽化所需要的热量可按式（7-1）计算：

$$Q_汽 = Cm\Delta T + m\Delta Q^* \tag{7-1}$$

式中，C 为水的比热容（kJ·kg^{-1}·℃$^{-1}$）；m 为含水量，单位为 kg；ΔT 为水的汽化温度与待

烘干在制品的温度差；ΔQ^*为一定压力下的汽化潜热，单位为kJ。

在一定压力下，C、ΔT、ΔQ^*均为定值。其中只有含水量m是变量，当m值一定时，汽化水分所需要的热量$Q_{汽}$即可确定。

炉体烘干区的传热总量可以通过式（7-2）确定：

$$Q_{传}=KS\Delta T_m t_{传} \tag{7-2}$$

式中，K为传热系数；S为传热面积，单位为m^2；ΔT_m为炉体温度与待烘干在制品的温度差；$t_{传}$为传热时间，单位为s。

当$Q_{传} \geq Q_{汽}$时，在制品中的水分才能完全汽化。水分的汽化速度与炉体的传热速度和温差有关。

对在制品进行烘干时，烘干时间$t_{干}$必须大于或等于所需的传热时间。对于连续化烘干过程，烘干时间$t_{干}$等于电铸泡沫镍半成品在炉体烘干区的停留时间，该时间与热处理在制品的走带速度和烘干区长度L之间的关系式如式（7-3）所示。

$$t_{干}=L/v \tag{7-3}$$

式中，v为在制品的走带速度，单位为m/s；L为烘干间的长度，单位为m。

由式（7-1）、式（7-2）和式（7-3）可得式（7-4），可知，烘干区的合理长度与拟采用的烘干温度、走带速度等工艺参数和电铸泡沫镍半成品的含水量直接相关。

$$L \geq v(Cm\Delta T+m\Delta Q^*)/KS\Delta T_m \tag{7-4}$$

2. 多层在制品的并行烘干过程的控制

在泡沫镍的生产中，为了提高效率和降低成本，热处理在制品从单层处理方式逐渐改为多层并行处理方式。目前五六层并行处理方式已经成为常规生产工艺，七八层并行处理方式正在摸索与试运行阶段。通过保护性气氛下的差重分析技术，可对在制品中的水分含量进行分析。图7-3是采用6层并行烘干处理方式时，各层热处理在制品中水分含量的分布情况。可以看出，位于1层和6层在制品中的水分在进入烘干1区时已经完全汽化，位于3层、4层泡沫镍半成品中的水分在进入干燥3区才完全汽化，水分的汽化呈现上、下层汽化速度快，中间层汽化速度慢的规律。这主要是由于多层并行烘干时，含水量高的在制品热阻大，干燥区炉体内的传热受阻，产生了较大的温度分布梯度的关系[1]。因此，在多层并行处理过程，中间层水汽化速度，成了设定烘干工艺参数的决定性因素。为实现多层并行处理，一般通过采用提高干燥段的加热功率，强化炉体内的气体对流，降低温度分布梯度等措施；或者增大烘干区的长度以增加烘干时间来保证烘干效果。值得注意的是，在采用提升加热功率的方法时，烘干温度不宜过高，以避免在制品的外层温度过高而氧化严重，造成热处理后泡沫镍的质量缺陷。

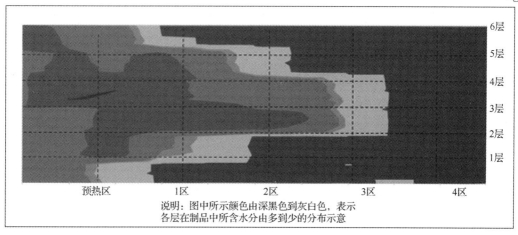

图 7-3 采用 6 层并行烘干处理方式时，各层热处理在制品中水分含量的分布情况

7.1.2 聚氨酯海绵的去除

应该说明的是，采用热裂解焚烧碳化方法去除的不是在制品中，采用磁控溅射法或化学镀镍法制备的整个模芯，而是模芯中的聚氨酯海绵，模芯上的少量镍或镍磷合金，仍然留在泡沫镍内，而涂炭胶法制备的海绵模芯则完全被去除。这一点与一般电铸技术中模芯的所谓"脱胎"步骤稍有不同。

1. 聚氨酯海绵去除工艺

聚氨酯海绵的去除由两个阶段组成：

（1）在焚烧炉的低温区（300～400℃），聚氨酯海绵模芯发生部分裂解反应，部分转化为气体产物而被排除。

（2）在焚烧炉的高温区（600～800℃），聚氨酯海绵模芯进一步裂解。此时，温度达到裂解产物的着火点，发生燃烧并逸出气体产物，如 CO_2、NO_x 和水蒸气，从而除去模芯。

在聚氨酯海绵的去除过程中，裂解、燃烧后的产物能否彻底去除，直接影响最终泡沫镍成品中的碳、硫残留量。当这两种物质的残留量达到一定值后，会使最终泡沫镍成品表面出现色差或者炭黑残留物。研究聚氨酯海绵的裂解和燃烧过程，对合理设计聚氨酯海绵的去除工艺参数具有指导意义。

2. 聚氨酯海绵的裂解

聚氨酯是一种具有复杂结构和众多官能团的有机高分子化合物，在无氧气氛中的裂解会发生复杂的化学变化[2-4]，主要发生以下反应：

（1）裂解生成醇和异氰酸酯，即

$$RNHCOOR' \rightarrow RNCO + R'OH \tag{7-5}$$

(2) 裂解生成伯胺、烯烃和二氧化碳，即

$$RNHCOOR' \rightarrow RNH_2 + CH=CHR' + CO_2 \quad (7-6)$$

(3) 裂解生成仲胺和二氧化碳，即

$$RNHCOOR' \rightarrow RNHR' + CO_2 \quad (7-7)$$

聚氨酯海绵含有大量的脲基团，在加热时脲基因会裂解生成伯胺和异氰酸酯，即

$$RNHCONHR' \rightarrow R'NH_2 + RNCO \quad (7-8)$$

研究表明，聚氨酯海绵模芯的裂解通常分为低温裂解和高温裂解两个阶段[5-10]。

1) 低温裂解阶段

在低温阶段（200～300℃），聚氨酯海绵模芯表面以及内部的物理结合水逸出，分子链开始降解，产生甲苯二异氰酸酯（TDI）、多元醇、氨气和二氧化碳等。生成物 TDI 以黄色针状物析出，形成黄色的烟雾。Woolley 等人[7]对软质聚氨酯海绵裂解过程中的 TDI 黄色烟雾进行了详细研究，结果显示，该物质在氮气气氛中被加热到 750℃时，仍能够稳定存在，并且在水和一般有机溶剂（如丙酮、苯戊烷、四氯化碳、三氯乙烷、乙醇等）中的溶解度都很低。检测结果表明，其含氮量为 17%。从含氮量可知，这种结晶产物结构比较复杂，既不可能是纯 TDI 的三聚体，也不是碳化二亚胺，更不是两者的混合物。因此，目前还无法得知其结构的准确信息。

2) 高温裂解阶段

当加热温度上升至中高温阶段（340～410℃）时，聚氨酯海绵模芯裂解速率显著加快，分子链中的中间产物也基本裂解，生成二氧化碳、水蒸气等。表 7-1 所列是在氮气气氛中，采用热重-微分热重（TG-DTG）试验分析法，测试聚氨酯海绵模芯在不同升温速度下的热失重结果。可知，当温度达到 410～450℃时聚氨酯几乎完全裂解，裂解部分的质量分数能到达到 90%左右，裂解残留部分的质量分数与升温速度无关，而与温度的高低和时间的长短呈正相关。

表 7-1 在氮气气氛中不同升温速度下聚氨酯海绵模芯的热失重结果[5]

升温速度 (℃/min)		200～300℃			340～410℃			410℃左右时的热失重率
		t_1	t_2	t_3	t_1	t_2	t_3	
5	℃	242.59	272.66	285.50	335.75	362.66	402.97	89.97%
	%[a]	7.14%	22.82%	31.82%	41.94%	66.35%	89.97%	
10	℃	253.23	288.14	298.04	340.49	365.77	412.71	88.29%
	%[a]	6.80%	24.52%	31.11%	42.97%	65.73%	88.29%	
15	℃	261.00	293.98	303.28	346.80	370.46	408.65	88.01%
	%[a]	7.43%	27.54%	34.91%	52.31%	69.65%	88.01%	
20	℃	255.73	288.17	300.21	352.42	379.35	424.88	90.80%
	%[a]	6.78%	23.77%	31.75%	43.34%	68.15%	90.80%	

注：表中，t_1、t_2 和 t_3 依次表示起始失重、最快失重和终止失重时的温度。

3. 聚氨酯海绵的燃烧性能、燃烧产物和尾气处理

1）聚氨酯海绵的燃烧性能

聚氨酯海绵模芯在空气或氧气气氛中加热，在低温区首先发生裂解反应，释放出一系列的可燃性小分子产物。当温度达到裂解产物的燃点时，开始燃烧，该过程称为热解燃烧过程。李旭华等人[11]采用热重-微分热重（TG-DTG）法测定了聚氨酯海绵模芯的燃点温度为 T_i 为 278℃，燃尽温度 T_b 为 629℃。更多相关研究指出，氧气的存在能降低聚氨酯海绵模芯分解的活化能，氧气越充足，燃烧越彻底；而且高温能促进分子链的深度断裂，温度越高，裂解的速度越快，使燃烧更为充分，产物可完全转化为 CO_2、NO_2 等气体[12, 13]。

聚氨酯作为一种聚合物，其燃烧性能取决于分子的能量因子。其中，最重要的能量因子有内聚能、化学键离解能和燃烧热。内聚能是指分子从液体或固体材料转移出来所需的总能量。内聚能低，说明该物质挥发性强、熔点低，容易燃烧；内聚能高，会增加燃烧的难度，一般分子量大或极性基团多的聚合物的内聚能较大。

化学键离解能即破坏化学键消耗的能量。表 7-2 列出了几个简单结构单元的化学键离解能。化学键离解能越低，说明化学键断裂越容易，则材料热稳定性较差；化学键解离能越高，聚合物化学键断裂越困难。一般来说，含有 C=C 或 C=O 结构的聚合物相较于含有 C—与 C—O 结构的聚合物，其化学键离解能更高，相应地，其热稳定性更好，即燃烧难度更大。

燃烧热是指当聚合物燃烧时释放的能量超过点燃它时所需的能量，多余的能量在燃烧过程扩散，并促进火焰的蔓延，进而使该聚合物继续燃烧。

表 7-2 聚合物结构单元的化学键离解能

化学键	化学键离解能/（kJ/mol）	化学键	化学键离解能/（kJ/mol）
C—N	205.1～251.2	O—H	422.8～460.5
C—C	230.2～293.0	C=C	418.6～523.3
C—O	293.0～314.0	C=O	594.1～694.9
N—H	351.6～406.0	C—Br	226.0
C—H	364.9～393.5	C—Cl	280.5

2）聚氨酯海绵的燃烧产物和尾气处理

高分子聚合物通常含有碳、氢、氧、氮、硫、氯和其他元素。燃烧时，这些元素会产生氧化物，如二氧化碳、水、氮氧化物、硫氧化物、氯化物等。表 7-3 所列为《日本建筑学会防火材料手册》中摘录的聚氨酯和聚氨酯的燃烧产物明细。

表 7-3 聚氨酯和聚氨酯的燃烧产物明细[8]

燃烧产物 \ 聚合物	聚酯	聚氨酯
二氧化碳	290	88
一氧化碳	85	57
氰化氢	—	<2
甲烷	1.7	4.6
乙烯，乙炔	2.7	3.9
乙烷	0.14	1.3
丙烯	0.18	29
丁烯	—	0.38
苯	2.7	—
甲苯	0.23	—
乙醛	14	32
丙酮	—	13
试样剩余量	9.1	4.3

注. 表中，(1) 测试条件：裂解温度 500℃，空气流量 0.22mL/min，裂解时间：4min，试样质量：100mg；(2) 表中数据为燃烧产物产生量 mg/g。

关于聚氨酯的裂解产物已有一些研究报道[11,14-15]。李旭华等[11]使用热重-傅里叶变换红外光谱联用技术（TG-FTIR），对废弃的聚氨酯海绵在空气中的热失重规律进行了研究。当采用的升温速度为 10℃/min 时，在加热时间点 11.9 min、26.8 min、49.6 min 附近出现 3 个峰，如图 7-4（a）所示。在 49.6 min 时，出现了一个最高的红外特征吸收峰。考虑到聚氨酯的裂解-燃烧产物中 CO_2 的红外吸收强度最大，此处应主要为 CO_2 的红外特征吸收峰，说明此时裂解-燃烧产物中有 CO_2 形成。

图 7-4（b）为聚氨酯裂解-燃烧分时红外谱图。其中，波数为 $2352cm^{-1}$ 附近的红外特征吸收峰为 CO_2；$2050\sim2200\ cm^{-1}$ 对应的是 CO 的；在 $1516cm^{-1}$ 处的相应峰主要是苯环类化合物的。$1710\ cm^{-1}$ 附近是羰基 C＝O 的红外特征吸收峰，接近 $845\ cm^{-1}$ 的是氯氟甲烷（CFC-11）的吸收峰。这表明聚氨酯的裂解-燃烧产物组成随温度升高而发生一系列变化。将吸收光度与时间的关系转化成吸收光度与温度的关系，可以进一步分析燃烧产物的析出趋势，分析二氧化碳、一氧化碳，CFC-11 和有机氯化物（聚氨酯海绵的裂解和燃烧的主要产物）的生成过程，如图 7-5 所示。可以看出，在不同升温速度下，聚氨酯海绵裂解-燃烧产生的气体产物析出规律具有相似的特征，即随着升温速度的增加，气体产物析出量显著增加；CO_2、CO、有机氯化合物都有两个释放峰，而 CFC-11 只有单个释放峰。当加热温度高于 200℃时，随着燃烧温度的升高，二氧化碳、一氧化碳和有机氯化物气体的析出量迅速增加。在 450~500℃的范围内达到最大值，随着温度的继续升高，析出量将迅速下降，温度高达 600℃时析出量极少；而 CFC-11 的析出所需温度则相对较低，大部分集中在 120~160℃[11,14-15]。

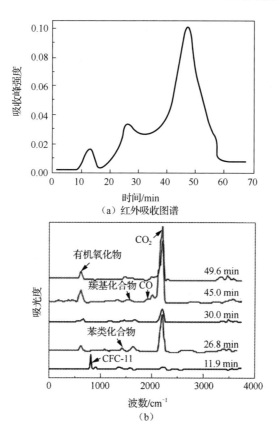

图 7-4 聚氨酯海绵裂解-燃烧红外吸收图谱[11]与裂解-燃烧分时的红外谱图

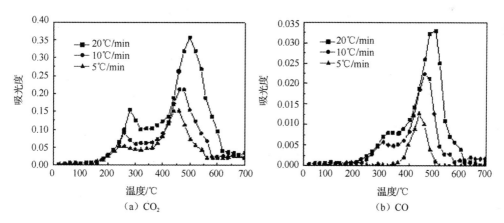

图 7-5 聚氨酯海绵裂解-燃烧生成的主要气体 CO_2、CO、CFC-11 和有机氯化物析出过程中吸光度与温度关系[11]

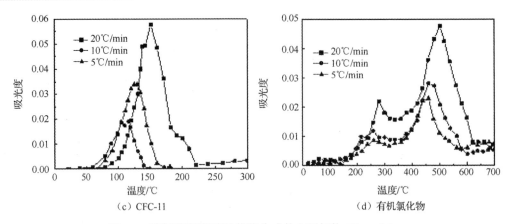

图 7-5 聚氨酯海绵裂解-燃烧生成的主要气体 CO_2、CO、CFC-11 和有机氯化物析出过程中吸光度与温度关系[11]（续）

这些研究为在泡沫镍制造过程中控制聚氨酯海绵的去除工艺过程，提供了有价值的参考。为确保聚氨酯海绵尽可能转化为 CO、CO_2 等小分子气体产物并完全去除，加热温度、裂解-燃烧时间和尾气流量是关键的工艺控制因素。同时，也应注意到，在聚氨酯海绵的裂解-燃烧去除过程中，如裂解-燃烧不充分，可能会生成一系列复杂的小分子有机化合物，尾气成分复杂。其中，一些化合物具有毒性，不能直接排放到环境中。为了尽可能地降低尾气对环境的影响，需要对尾气进行进一步的后处理[16-18]。二次高温燃烧处理技术是常用的一种后处理方法，该方法是将裂解尾气在高温（>900℃）和氧气充分的条件下进行二次燃烧处理。在这个过程中，含碳物质充分转化为 CO_2，含氯的物质转换成 HCl，含氮物质转化成为氮氧化物，从而实现达标排放。表 7-4 是二次高温燃烧处理后的尾气成分分析结果，可见，经二次高温燃烧处理后，尾气中的苯并芘、芳香族化合物含量极低，可实现达标排放。

表 7-4 二次高温燃烧处理后的尾气成分分析结果

采样点名称	检测项目	排放浓度/(mg/m³)	排放速率/(kg/h)	排气筒高度/m	尾气流量/(N·m³/h)
废料/废气排放口	镍及其化合物	0.509	$4.1×10^{-4}$	9.0	808
	非甲烷总烃	8.42	$6.8×10^{-3}$		
	苯	ND	—		
	甲苯	ND	—		
	二甲苯	ND	—		
	苯并芘	0.00716	$5.8×10^{-9}$		
	氮氧化物	80	0.065		
	颗粒物	63.5	0.051		
	氰化氢	ND	—		
	氯化氢	20.5	0.017		

注：(1) "—" 表示测试项目的排放浓度小于检测极限值，因此，不需要计算排放速率。
(2) ND 表示未检出。

7.1.3 除氢

在电镀工艺中,氢在阴极与金属共同沉积在镀件上,氢脆是常见现象,对镀层性能产生不利影响。在泡沫镍的电铸工序中,电解液中的镍离子和氢离子同时得到电子,在阴极上析出金属镍和氢原子。氢原子渗入镍金属的晶格中,使镍金属层变得疏松硬脆,氢原子还会在镍金属中发生位移,扩散到镍金属基体中使整个材料的力学性能变差,产生更为明显的氢脆现象。此外,氢原子通常在位错附近积累,并且当金属材料承受外力作用时,金属材料内部的应力分布不均匀,应力集中发生在金属材料形状快速过渡处或金属材料的内部缺陷和微裂纹处。在应力梯度的作用下,氢原子在晶格中扩散或跟随位错移动到应力集中区。其结果是,在氢富集区出现裂纹并扩展,这导致工件的脆性断裂。在应力集中区富集氢气会促进该区域的塑性变形,导致裂纹并扩展。镍晶体本身有很多微裂纹。过饱和氢与镍原子结合形成氢化物,或在外力作用下聚集在应力集中区的高浓度氢气与镍原子结合形成氢化物。氢化物是一种脆性结构,在外力作用下常常成为断裂源,导致材料脆性断裂。其中,氢原子浓度是导致氢脆的最重要因素之一。因此,在电镀产业,常在特定温度下对镀件进行数小时的热处理,以去除已渗透到镀层和金属基体中的氢原子,这种工艺过程称为"除氢"处理[19]。例如,对需要镀锌、镀镉的弹性零件,在钝化之前通常将其置于220℃的恒温烘箱中烘烤2小时,达到除氢目的;对化学镀镍后的不锈钢在400℃温度下进行热处理1.5小时后,可显著提高其硬度并降低其脆性。对于各种高强度厚镀层、修复性硬铬镀件,除氢处理更是必不可少的工艺步骤。

为了评估可能存在的氢脆给金属材料带来的不利影响,金属中的氢元素可以用ONH分析仪来检测,其基本原理是利用电脉冲炉的热量将检测用的样品融化,使样品中的O、N、H释放出来。其中,O与坩埚中的碳反应生成CO_2,O含量由红外检测仪确定;释放出的N进一步产生N_2,可由热导率检测器检测以确定N元素的含量;而释放出的H与O元素反应生成水,进入红外检测器,可由此确定H元素的含量。现代工程技术中还有一种无损检测的方法,即应用超声波对工件和设备的表面氢损伤进行检测[20]。超声波可穿透工件表面探测到因氢原子而造成的损伤,穿透的深度取决于超声波的频率[21]。表面裂纹、相变和硬度变化通常发生在材料的亚表面。因此,具有一定频率、作用于工件表面的超声波的特征可以反映氢影响区域的损伤特性,包括缺陷的位置和尺寸。

如前所述,确定的温度和时间是除氢效果的充分必要条件。对泡沫镍而言,温度升高使镍晶体内部的氢原子变得活跃,氢原子的动能增加,氢原子挣脱束缚从镍晶体中逸出,晶体内部的应力得到部分释放。通过热处理,材料中氢原子的聚集量减少,能延长和提高工件的失效时间和较低的临界应力水平。一般而言,氢原子透过疏松金属层的扩散比透过致密金属层容易,为了使氢原子尽可能多地从材料中扩散并逸出,热处理时间有必要延长。有文献[22]表明,在200℃温度下,氢原子就被快速地除去。温度越高,氢原子被除去的速度越快;热处理时间越长,氢原子的除去越彻底。除氢过程即材料的应力释放过程,升温速度越快,材料的应力释放越剧烈。但局部应力释放越快,越容易造成应力释放不均匀[23-25],

反映到产品上就是泡沫镍带材的变形,造成泡沫镍的折皱起拱。由于在烘干和聚氨酯海绵去除过程中温度较高,且焚烧时间足够长,因此,一般认为在烘干和聚氨酯海绵去除过程造成氢脆现象的氢原子已经完全被除去。

7.2 泡沫镍制造的热处理工艺:高温还原

7.2.1 镍的氧化与还原

在对在制品进行烘干和聚氨酯海绵去除的过程中,由于焚烧炉中的高温环境和复杂的氧化气氛(包括 O_2、CO_2、H_2O 等)不可避免地会使镍发生氧化反应并产生各种镍的氧化物。镍氧化物的存在,将严重影响泡沫镍的电导率和各项力学性能。因此,必须对其进行高温还原处理,以获得高纯度的金属泡沫镍产品。

赵良仲等人[26]研究了镍的氧化过程与热稳定性,发现镍在含有水分和空气的条件下会发生氧化,其氧化产物不仅有 NiO,同时还存在 Ni_2O_3,如式(7-9)和式(7-10)所示。NiO 和 Ni_2O_3 的相对比例会因温度的不同而发生变化,但一定温度下两者的相对比例的具体数据暂时不明。温度的升高不仅会使镍表面的氧化物厚度增加,使表面的氧(如吸附氧)更稳定,也会使表面的物质更加致密且趋于稳定[27]。相关文献[28-29]表明,在 600℃温度下 Ni_2O_3 分解转变为 NiO。经烘干和聚氨酯海绵去除工序后,泡沫镍中 Ni_2O_3 和 NiO 的含量和相对比例构成在不同批次的产品中会有所变化,但通过控制后续的高温还原工艺,可保证镍氧化物的彻底还原。

$$2Ni+O_2 \rightarrow 2NiO \tag{7-9}$$

$$4Ni+3O_2 \rightarrow 2Ni_2O_3 \tag{7-10}$$

在制品的高温还原过程一般采用干燥后的 NH_3 裂解气,如式(7-11)所示(氢、氮混合气体,$V_{H_2}:V_{N_2}=3:1$)作为还原剂,高温下与氧化镍反应生成镍单质,如式(7-12)所示。还原温度多在 900℃以上,以提高反应速度。为确保镍氧化物的镍完全被还原,采用过量氢气,而具体氢气流量会因实际生产情况而不同,主要从氧化镍的量、炉体结构等综合因素考虑。过量的氢气在燃烧后经烟囱排出。由于高温还原炉膛中的气体成分近似稳定,因而可以将系统看成受控气氛的热处理[30-33]。

$$2NH_3 \rightarrow N_2+3H_2 \tag{7-11}$$

$$NiO+H_2 \rightarrow Ni+H_2O \tag{7-12}$$

7.2.2 氢气作为高温还原剂的优势

理论上氧化镍的还原必须在高温下进行,高温下还原可供选择的还原剂有两种,即氢气和碳粉。相比较而言,选择氢气具有如下优势。

(1)H_2 是气体,扩散能力强,反应面覆盖均匀;而碳粉用于还原金属氧化物的前提是,碳粉在高温下与金属氧化物必须充分且均匀地接触,其技术可行性较小。因为聚氨酯海绵模芯在焚烧过程中被分解,留下的是中空管状结构的孔棱,如图 7-6(a)所示。该图像是采用树脂镶嵌后在电子显微镜下拍摄的泡沫镍单根筋条的断面,中空管状结构的尺寸约 50 μm。如此微观结构,碳粉无法进入由孔棱构成的中空骨架(也称为三维网络的孔隙)与氧化镍充分接发生触并发生反应。

(2)反应后产品上必须无残留物。为保证 NiO 的彻底还原,还原剂的实际用量高于理论反应量。如果使用碳粉作为还原剂,那么在反应结束后,产品表面不可避免地会残留部分还原剂。而使用 H_2 作为还原剂,在炉膛排空后通入氢、氮混合气体,H_2 会自动扩散并进入产品的微观孔棱骨架的孔隙中与孔棱表面的 NiO 接触并发生。反应结束后,产品上不会有残留物,而且生产过程还可连续进行。

如果以碳粉作为还原剂,就必须用过量的碳粉让产品无死角地完全还原,碳粉要覆盖整个产品。这种还原工艺只适合封闭式炉体。同时还要依靠振动的方式,让碳粉尽可能进入产品的网络孔隙中,如图 7-6(b)所示,网络孔隙直径为 300 μm 左右。产品还原退火后,从炉膛中取出,在产品的网络结构会残留大量的碳粉。残留物要依靠机械振动、超声振动等方式才能从产品中清理干净,工艺流程复杂且效果不佳。

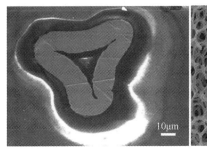

(a)中空管状结构　　　　(b)网络结构

图 7-6　泡沫镍的中空管状结构与网状结构

(3)H_2 还原反应的产物对环境无污染,可直接排放。反应产物的排放是一个关系到环境保护的重要问题。H_2 作为还原剂,反应后的产物为 H_2O,通过冷凝管即可收集,也可改作其他用途。未反应的余量 H_2 可在炉口点燃,产物依然为 H_2O,对环境完全无污染。

而碳粉作为还原剂时,其反应的部分产物是有毒气体 CO,不能直接排放。最直接的处理方法是燃烧,燃烧时的反应式如下:

$$2CO + O_2 \rightarrow 2CO_2 \quad (7\text{-}13)$$

燃料时产生的 CO_2 可以排放,但属于温室气体,对环境也产生不良影响。

(4)余量还原剂易于处理。H_2 在空气中的燃点为 585℃,炉口的热量基本上可以使剩余的 H_2 燃烧而不排放到空气中。而碳粉作为还原剂时,即使进行机械清理,仍有残余碳粉,对残余碳粉的处理比较麻烦。

(5)反应气氛容易控制。当 H_2 与 N_2 的混合气体被通入热处理炉时,可以根据工艺需求合理调节气体流速、混合气比例,工艺过程控制十分方便。若采用碳粉作为还原剂,材料从准备到使用,以及用量的控制,将是一个很复杂的过程。

当然，使用氢气作为还原剂，在原料的储运、氢气的生产制备、设备管理等方面相对碳粉还原剂而言，会有诸多安全技术需要考虑，防火/防爆的一系列设施、管理、举措必须完备妥善。但权衡其技术利弊，氢气还原剂还应是首选，甚至必选。

7.3　泡沫镍热处理工艺——退火

退火是将金属材料在高温下保持足够长的时间后，再以适宜的冷却速度对金属材料进行热处理的工艺过程，其主要目的是释放应力、产生特殊的显微金相组织结构、增加材料的柔韧性和延展性等。泡沫镍半成品的物理性能表现为硬度大、塑性及延展性很差，容易脆断。测试结果表明，泡沫镍半成品的抗拉强度为1～2 MPa、延伸率为2%～4%，柔韧性为2次，完全达不到泡沫镍的性能要求。泡沫镍半成品出现这种状况主要是由于内部存在内应力和晶体缺陷造成的过剩表面自由能[34]。此外，当泡沫镍成品进入热处理工序成为在在制品时，经历了聚氨酯海绵被焚烧和孔棱骨架被氧化的工艺过程，特别是镍晶界的剧烈氧化，使泡沫镍的机械强度降低。即使经过还原工序之后，泡沫镍的性能依然不能达到使用标准[35]。为了消除电铸镍层的内应力和组织缺陷，提升泡沫镍的柔韧性和延展性，在泡沫镍经过高温还原之后，还需要对其进行退火。

在制品的退火实际上自进入焚烧炉即已开始，直到冷却收卷结束。热处理工序的3个工艺过程（焚烧、还原、退火）都可以看作或部分看作在制品的退火过程。但焚烧、还原两个工艺过程的主要目的是除去聚氨酯海绵和还原镍表面的氧，使其变成纯的金属镍；而还原后的加热、冷却两个过程，则是通过回复、再结晶、生长和冷却4个工艺步骤达到调整镍的金相组织并改善其性能的目的。为了和传统热处理工艺相对应，在此也将泡沫镍还原以后的加热、冷却过程视为"退火"处理。

7.3.1　关于内应力和晶体缺陷

泡沫镍半成品的晶粒属于纳米晶体，晶粒直径约为10～500nm，处于热力学亚稳状态。这是泡沫镍半成品与普通铸造镍本质的区别之一。泡沫镍半成品与普通铸造的单质镍金相组织如图7-7所示，可以明显地观察到泡沫镍半成品表面纳米晶的特征：棱角、凸起和缝隙，而普通铸造单质镍的表面光滑。两者不同的特征说明泡沫镍半成品有更多的晶体缺陷、更高的表面自由能以及更大的内应力。

泡沫镍半成品表现出较高的强度和较差的柔韧性，是因为电铸过程中积累的内应力和各种晶体缺陷构成了材料过剩的表面自由能[34,36]。其中包括细晶晶界的界面能、晶体的空位能、位错能，它们使泡沫镍半成品的综合力学性能不稳定。通过退火，内应力在回复阶段被消除，再结晶和晶粒长大，使晶粒之间的界面和界面能减小，系统的自由能降低。同时，原电铸层晶粒细小，故晶界弯曲、曲率大，在退火过程中，晶粒能够挣脱小孔洞的束缚进行移动，即使晶界跨越小孔洞增加了部分晶界能，但细晶的移动使晶界曲率减小，移动扫过晶界时形成了大片无孔洞区域，总晶界能仍然是减少的。通过热处理，空位扩散至晶界处消失，体积扩大使原子从晶界向孔洞扩散，晶界因此扩散则孔洞被吸收，使表面不

第七章 泡沫镍制造的热处理技术

断平直化。晶粒则通过晶界移动和孔洞消失而不断长大。热处理工序形成的上述机理使表面自由能不断降低，形成了具有密集大晶粒和平坦表面的、完好外观和优异性能的泡沫镍产品。

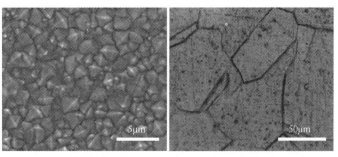

（a）泡沫镍半成品　　　　　（b）单质镍金相组织

图 7-7　泡沫镍半成品与普通铸造的单质镍金相组织

泡沫镍半成品内电铸镍层的内应力是影响材料性能最重要的因素之一，相关研究表明内应力主要是在电铸过程中产生的。在用硫酸盐电铸镍的过程中，内应力受硫酸镍（$NiSO_4 \cdot 6H_2O$）浓度、电解液温度和阴极电流密度 D_k 的影响[37]，形成如图 7-8 所示的变化规律。

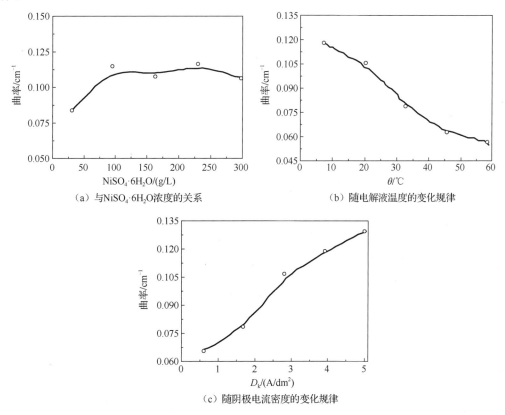

（a）与 $NiSO_4 \cdot 6H_2O$ 浓度的关系　　　　　（b）随电解液温度的变化规律

（c）随阴极电流密度的变化规律

图 7-8　泡沫镍半成品的内应力随电铸工艺的变化规律[37]

(1) 镍盐（如硫酸镍）浓度的影响。当 $NiSO_4·6H_2O$ 的浓度为 100～150 g/L 时，电铸镍铸层的内应力（在图 7-8 中，以"曲率"表示）随（$NiSO_4·6H_2O$）浓度的提高而增大；当 $NiSO_4·6H_2O$ 的浓度为 150～300 g/L 时，浓度对内应力几乎无影响。

(2) 阴极电流密度和电解液温度的影响。在大电流密度或低温条件下，电铸镍层通常有较大的内应力，而小电流密度或高温则有利于减小电铸镍层的内应力。

此外，氯离子的浓度提高，电铸镍层的内应力相应增大，电铸镍层的微观结构与其内应力大小密切相关。

图 7-9 为扫描电子显微镜下的不同内应力的电铸镍层晶粒状态，从中可以看出，电铸镍层的微观结构与其内应力的大小密切相关。

（a）低应力　　　　　　　　（b）高应力

图 7-9　具有不同内应力的泡沫镍半成品的扫描电子显微镜照片[37]

通常在电铸过程中，在高温或小电流条件下，电流效率高，晶体粗大，晶格常数变化小，电铸镍层不致密，有利于氢原子/氢分子在表面和电铸镍层内的扩散。在低温或大电流条件下，随着阴极超电势的增加，晶体的成核速率相应增加，电铸镍层晶粒更细。小尺寸晶粒的晶格常数容易变化，并且晶界缺陷等显著增加，电铸镍层的内应力增大。另外，在低温或大电流下，阴极表面析出大量氢气，阴极附近的 pH 值急剧上升[38]。在电铸生产中，为了提高效率，常采用较高电解液的温度和较大的电流密度，提高镍的沉积速度，增加产能。高温、大电流工艺条件下电铸泡沫镍的金相组织如图 7-10 所示。

（a）　　　　　　　　　　　　（b）

图 7-10　高温、大电工艺度条件下泡沫镍半成品的金相组织

通过扫描电子显微镜可以发现，泡沫镍半成品以热处理在制品的状态在聚氨酯海绵的去除过程中，其金相组织由针状晶体逐步变为颗粒状晶体，晶粒开始变得致密（见图 7-11）。一方面，随着温度的升高，镍不断被氧化，镍氧化物的数量增加，镍氧化物与镍之间的相界面的面积增加，因此也增加了晶体成核的位置；另一方面，高温使原子扩散系数增加，

加快了晶粒的成核和长大速度，故针状晶体逐步变为颗粒状，成核速度大于长大速度，因此，晶粒开始变得致密。

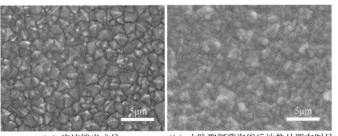

（a）泡沫镍半成品　　（b）去除聚氨酯海绵后的热处理在制品

图 7-11　泡沫镍半成品与去除聚氨酯海绵后的热处理在制品的扫描电子显微镜照片

泡沫镍半成品经烘干、去除聚氨酯海绵、三维孔棱骨架表面被氧化，而后在氢气氛中被还原成三维网络结构的纯镍孔棱骨架。在还原过程中，反应体系会因放热而发生回复加热，使泡沫镍微观结构发生一系列变化，如胞状亚结构内部的位错向胞壁滑移，与胞壁内的异号位错相遇而抵消，使位错密度下降，胞壁的缠结位错逐渐形成位错网络。经过还原后在制品镍层微观结构外表面一般都比较粗糙，在两端、棱边、锐角处有结瘤和树枝状结晶，晶粒细小，棱角尖锐。这是因为存在内应力及热加工缺陷，导致晶粒长大速度在各个方向上不均匀，故出现结瘤和树枝状结晶。而且，此时过冷度较大，有利于晶体成核，但不利于晶粒长大，使得成核速度远大于晶粒长大速度，故晶粒细小，棱角尖锐。

7.3.2　退火过程中的晶粒变化

在制品的退火过程要经历如图 7-12 所示的 3 个阶段，即回复、再结晶和晶粒长大。该过程与其他金属材料因承受过冷变形而需要经历的退火过程大致相近，不同之处在于泡沫镍半成品没有承受过冷变形，其组织的缺陷（空位、位错等）是在电铸工艺过程中形成的。

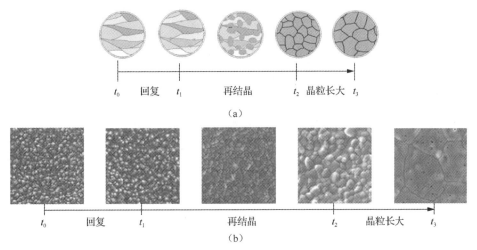

图 7-12　热处理在制品在退火过程晶粒形状及大小的变化示意及其电子显微镜照片（放大 2000 倍）

热处理在制品在退火过程中，镍晶体也像其他金属一样发生了形态上的变化，呈现出类似如图 7-13 所示的性能变化规律[39]。

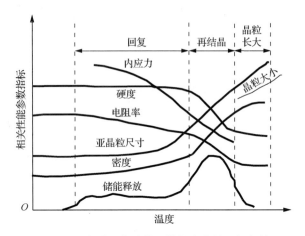

图 7-13　金属退火时某些性能变化的一般规律

对热处理在制品在退火过程经历的 3 个阶段微观结构发生的变化和金属组织性能改变的特征分析如下。

1. 回复

回复是退火过程中金属组织性能变化的早期阶段。图 7-14 为纯铁在不同温度下退火时屈服强度的回复动力学曲线，该曲线代表了包括镍在内的一般纯金属材料退火时的回复动力学规律。在图 7-14 中，横坐标是时间，纵坐标是剩余加工硬化分数（1～R）。R 为屈服强度回复率，代表了回复阶段在整个退火过程中对材料屈服强度的变化所做的"贡献"。显然，R 值越大，回复率越高，1-R 的值就越小。$R=(\sigma_m-\sigma_r)/(\sigma_m-\sigma_0)$，其中，$\sigma_m$、$\sigma_r$ 和 σ_0 分别代表变形后、回复后和完全退火后的屈服强度。

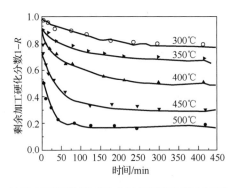

图 7-14　纯铁在不同温度下退火时屈服强度的回复动力学曲线

从图7-14所示的曲线可以看出，回复过程是一个弛豫过程，其特征如下：

（1）无孕育期。

（2）在一定的温度范围内，初始回复速率较大，回复速率随温度升高而逐渐降低，最终趋于零。

（3）各温度下的回复程度具有极限值，退火温度越高，回复程度极限值越大，达到该极限值所需的时间越短。

（4）应力的应变越大，对应的起始回复速率越快。另外，晶粒尺寸的减小也加速了回复过程。

以上特征一般可以用下面的方程式来表示[39]，即

$$\frac{\mathrm{d}x}{\mathrm{d}t} = -cx \tag{7-14}$$

式中，t为恒温下的加热时间；x为过冷变形导致的性能增量的残留分数；c为和温度及材料有关的比例常数。

c与温度的关系是典型的热激活过程，可由阿伦尼乌斯（Arrhenius）方程说明：

$$c = c_0 \mathrm{e}^{-Q/RT} \tag{7-15}$$

式中，Q为激活能，R为气体常数，T为绝对温度，c_0为比例常数。

把式（7-15）代入（7-14）并化简，以x_0表示开始时对应的性能增量的残留分数[39]，则有

$$\int_{x_0}^{x} \frac{\mathrm{d}x}{x} = -c_0 \mathrm{e}^{-Q/RT} \int_{0}^{t} \mathrm{d}t \tag{7-16}$$

$$\ln\frac{x_0}{x} = c_0 t \mathrm{e}^{-Q/RT} \tag{7-17}$$

在不同的温度下，如果比较基于相同的回复程度，则上述等式的左侧是常数，并且将两侧取对数[39]，则有

$$\ln t = A + \frac{Q}{RT} \tag{7-18}$$

式中，A为常数，纯镍金属材料的激活能为188 kJ/mol，因此，$\ln t$与$1/T$的关系应是一条直线，即体现退火时间与温度之间的关系，结合工艺的实际需求，可以确定最终的工艺参数。

在回复过程中，晶格空位及间隙原子等点缺陷，在低温条件下开始迁移至晶界处（或金属表面）。同时，由于空位和位错之间的相互作用，形成了空位和间隙原子的重组，以及空位聚合，从而形成空位对、空位群和空位片，甚至崩塌成位错环等，使得一些点缺陷消失。最终，点缺陷的密度显著降低，使金属材料的电阻率显著下降。图7-15为热处理前泡沫镍半成品和热处理后泡沫镍电阻的变化，测量所用泡沫镍的规格为320 g/m²×1.6 mm，有效测量面积为100 mm×10 mm，测试设备为QJ 84型数字直流电桥。通过测试发现，纵向和横向电阻都降低了约8.55%。结合图7-13的分析，不难理解实测到的电阻率显著下降，主要是退火过程回复阶段的"贡献"。

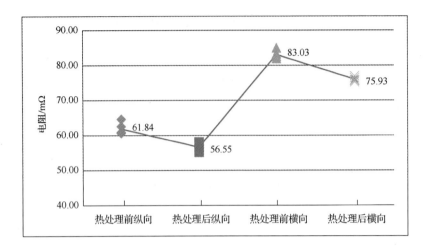

图 7-15　热处理前泡沫镍半成品和热处理后泡沫镍电阻的变化

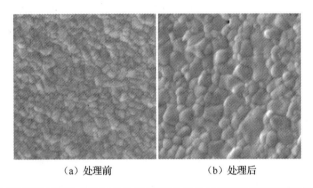

(a) 处理前　　　　　　　　(b) 处理后

图 7-16　热处理前泡沫镍半成品和热处理后泡沫镍晶界形状变化的扫描电子显微镜照片

随着加热温度的上升，晶界因发生位错运动而重新分布，使晶界平直化，界面能降低。通常，对回复机理有如下解释：回复的主要原因是位错的滑移；在同一滑移面上的异号位错可以相互吸引和消除，并且位错偶极子的两个位错线也可以彼此抵消。在高温（~0.3T_m，T_m为熔点）条件下，刃型位错可以获得足够的能量进而产生垂直于滑移面的攀移运动。攀移运动会导致以下两个结果：

（1）滑移面上不规则位错重新排列，使边缘位错垂直排列成壁，位错的弹性形变能显著减小，在该温度范围内释放出大量的应变能。

（2）产生了由亚晶粒构成的多边形结构，该结构的排列方向与滑移面垂直，具有一定取向差异，呈壁状（小角度亚晶界）。

高温回复效应，即产生由亚晶粒构成多边形结构的驱动力主要来自应变能的下降。金属材料晶体结构多边形化的条件如下：

（1）晶体点阵因塑性变形而发生了弯曲。

（2）有同号的刃型位错塞积在滑移面上。

（3）为了使刃型位错能够产生攀移运动，必须加热到较高的温度。

泡沫镍半成品在热处理前未进行过塑性变形，其晶体内应力均来自电铸过程中的缺陷引起的晶体点阵弯曲。不同于其他金属材料塑性变形产生的刃型位错具有完整的滑移系，热处理在制品中位错的出现和位置都具有偶然性和不规律性。图7-16为热处理前泡沫镍半成品和热处理后泡沫镍晶界的变化，热处理前晶粒小，较多晶界为圆弧形；热处理后晶粒变大，晶界平直，晶界明显呈多边形。

综上所述，热处理在制品在退火处理的回复阶段由于位错应变能降低，金属组织中过量空位减少，点缺陷密度明显降低，金属物理性能发生的主要变化是电阻率明显下降，力学性能包括硬度和强度的变化很小，大部分甚至全部的宏观内应力都可以消除；在回复阶段，尤其是初期，亚晶粒尺寸几乎没有受到影响，因此泡沫镍的密度变化也不大。

2. 再结晶

将热处理在制品加热到一定温度后，金属镍原始结构中会产生新的无畸变的晶粒，性能也会发生显著变化，这种变化过程称为再结晶。与回复过程不同的是，再结晶过程是显微组织的重新改组过程。再结晶过程可以概括为晶核的形成与长大，是在金属组织的基体上生长出新的再结晶晶核，然后逐渐长大，生成等轴晶粒，进而取代原有的全部金属组织的过程。再结晶晶核不是一个新的相，它的晶体结构没有改变，这是它与其他固态相变不同的地方。

泡沫镍的再结晶晶核主要存在于局部高能量区域，成核过程是基于其多边形化形成的亚晶粒，借助亚晶粒作为再结晶的核心，其成核机理又可分为以下两种：

（1）亚晶粒合并机理。由于相邻位置亚晶界的位错和位错网络，在回复阶段产生的亚晶粒可以经历多种方式，如拆散、解离和位错攀移或滑移，并逐渐转移到周围的其他亚晶界，进而导致相邻亚晶粒合并和亚晶界消失。合并后的亚晶粒尺寸明显增大，亚晶界的位错密度也会显著增加。结果是相邻亚晶粒之间的位向差增大，然后逐渐演变为大角度晶界。这种大角度晶界具有比小角度晶界更大的迁移率。因此，它可以快速移动并消除移动过程中存在的位错并获得无畸变的晶体成为再结晶的核心。在 Al、Ni、Cr-Ni 合金和 Fe-C-Cr 合金等材料的再结晶过程中都可以观察到这种现象。

（2）亚晶迁移机理。在具有高位错密度的亚晶界两侧的亚晶粒之间位向差较大。在加热过程中，晶界容易发生迁移，逐渐演变为大角度晶界，从而成为再结晶的核心并逐渐长大。Beck[40]在1950年最先发现该机理，并在 Cu、Pb、Ni、Ag、Al 和一些合金材料的再结晶过程观察到这一现象。

以上两种机理都表明再结晶的核心是依靠亚晶粒的粗化发展而来。亚晶粒本身是在剧烈应变的基体上通过多边形化得到，位错数量极少的低能量区的亚晶粒通过"吞食"附近高能量区的亚晶粒而长大，逐步成为再结晶的有效晶核。图7-17（a）～图7-17（c）是泡沫镍再结晶成核的3种方式的示意，其中，图（a）为 A、B、C 三个相邻的亚晶粒合并为一个晶粒；图（b）为一个小的亚晶粒长大成一个大晶粒；图（c）为右下角的亚晶粒向左上角凸出，形成大晶粒。图 7-17（d）是放大 2000 倍后扫描电子显微镜所拍摄的热处理在制品及其相关的照片，该照片清晰地展示了泡沫镍再结晶成核的过程，部分亚晶粒合并或迁移后，晶粒相对较大，周边还有许多未发生变化的晶粒。

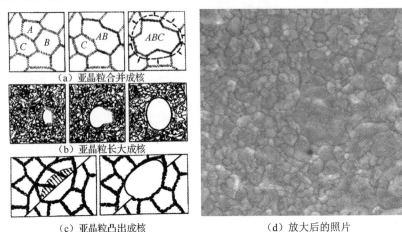

图 7-17　泡沫镍再结晶成核的 3 种方式的示意以及放大 2000 倍后扫描电子显微镜所拍摄的热处理在制品及其相关的照片

再结晶晶核形成后，通过界面的移动向周围的畸变区域继续生长。界面移动的驱动力是无畸变晶粒本身与周围畸变的母体之间的应变能差，晶界始终背离其曲率中心，向畸变区域前进，直到形成所有无畸变的等轴晶粒，表明再结晶过程结束。

热处理在制品经过退火过程再结晶阶段之后，金属显微组织和性能发生的主要变化如下：位错密度明显下降，进而引起硬度和强度的显著降低；电阻率也有所下降；在回复阶段的前期，几乎没有变化的微观内应力通过再结晶被全部消除；在回复阶段的后期，特别是再结晶阶段，由于亚晶粒尺寸显著增加，因此，这一阶段泡沫镍的密度显著上升。

3. 晶粒长大

再结晶过程结束后，在制品具有细小的等轴晶粒。如果继续提高加热温度或延长加热时间，就会引起一部分晶粒的晶界向另一部分晶粒内迁移，一部分晶粒长大，另一部分晶粒消失，最后得到相对均匀的较大晶粒。根据自身特点晶粒长大可分为两类：正常的晶粒长大和异常的晶粒长大（又称为二次再结晶）。正常的晶粒长大的特点是大多数晶粒几乎同时均匀长大，且晶界平直，晶界夹角接近 120°，晶粒边数大约为 6。异常的晶粒长大指少数晶粒突发性的不均匀长大。晶粒长大是一个可以自发进行的过程，从宏观能量角度来看，系统总界面能的降低是晶粒长大的驱动力；从单个晶粒生长的微观过程来看，晶界曲率的变化是晶界迁移的直接动力。一般来说，在晶粒长大过程中，晶界总是朝曲率中心移动的。在正常的晶粒长大过程中，晶界的平均移动速度 $\bar{v}$ 可以用下式[39]表示：

$$\bar{v} = \bar{m}\ \bar{p} = \bar{m}\frac{2\gamma_b}{\bar{R}} \approx \frac{d\bar{D}}{dt} \tag{7-19}$$

式中，$\bar{m}$ 为晶界的平均迁移率；$\bar{p}$ 为晶界的平均驱动力；$\bar{R}$ 为晶界的平均曲率半径；γ_b 为单位面积的界面能；$\bar{D}$ 为晶粒的平均直径；$\dfrac{d\bar{D}}{dt}$ 为晶粒平均直径增大的速度。

对于基本均匀的晶粒来说，$\bar{R} \approx \bar{D}/2$，而纯镍的 $\bar{m}$ 和 γ_b 在一定温度下可以看作常数。因此，式（7-19）可表示为[39]

$$K\dfrac{1}{\bar{D}} = \dfrac{d\bar{D}}{dt} \tag{7-20}$$

经积分得

$$\bar{D}_t^2 - \bar{D}_0^2 = K't \tag{7-21}$$

式中，$\bar{D}_0$ 为恒温下起始时的晶粒平均直径；$\bar{D}_t$ 为 t 时间下的晶粒平均直径；K' 为常数。

若 $\bar{D}_t \gg \bar{D}_0$，则式（7-19）中的 $\bar{D}_0^2$ 项可忽略不计，即

$$\bar{D}_t^2 = K't \text{ 或 } \bar{D}_t = Ct^{1/2} \tag{7-22}$$

式中，$C = \sqrt{K'}$。因此，在恒温下的正常晶粒长大过程中，晶粒平均直径随退火时间的平方根的增加而增加，这与一些试验结果相一致。张玉彬等人[41]也通过研究不同温度下退火时间不同对纯镍硬度的影响，从而间接证明纯镍在退火过程中晶粒的长大与时间呈正相关性，其变化曲线如图 7-18 所示。

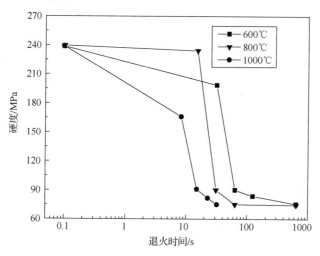

图 7-18 不同温度下退火时间不同纯镍硬度变化曲线[39]

晶粒长大是通过大角度晶界的迁移实现的，因此影响晶界迁移的因素都会影响晶粒的长大。由于晶界的平均迁移率与 $e^{-Q_m/RT}$ 成正比，所以温度越高，晶界越易发生迁移，晶粒的长大速度相应地也越快。恒温下晶粒长大速度与温度的关系可表示如下[39]：

$$\dfrac{d\bar{D}}{dt} = K_1 \cdot \dfrac{1}{\bar{D}} e^{-Q_m/RT} \tag{7-23}$$

式中，Q_m 为晶界迁移的激活能，K_1 为常数。将上式等号两边进行积分，则有

$$\overline{D}_t^2 - \overline{D}_0^2 = K_2 e^{-Q_m/RT} \cdot t \quad (7\text{-}24)$$

或

$$\lg\left(\frac{\overline{D}_t^2 - \overline{D}_0^2}{t}\right) = \lg K_2 - \frac{Q_m}{2.3RT} \quad (7\text{-}25)$$

根据相关文献[39]，纯镍晶界的激活能 Q_m 为 188kJ/mol，电铸泡沫镍的初始晶粒直径约为 500nm。确认泡沫镍晶粒直径后，可将式（7-25）化简为 $\lg t$ 与 $1/T$ 的关系式，即退火时间与温度之间的关系式，用图表示就是一条直线，如图 7-19 所示，对应的斜率为 $188/2.3R$=9.84。

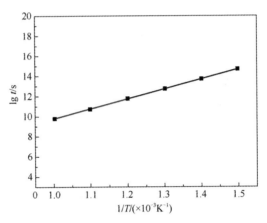

图 7-19　泡沫镍晶粒长大过程的 $\lg t$ 与 $1/T$ 的关系

由于泡沫镍是纯金属且不存在第二相粒子，因此退火过程中的晶粒生长不受第二相粒子的影响。但是，有研究表明[39]，若泡沫镍中有其他微量元素存在于晶界或吸附在晶界区域，则会形成阻碍晶界迁移的所谓"气团"（如 Cottrell 气团），起到阻碍晶界迁移和"钉扎"位错的作用，使位错难以运动，晶界的迁移速度显著降低，因此对退火后的在制品的金属组织和材料性能产生一定程度的影响。

在泡沫镍质量管理中也发现，如果泡沫镍中存在杂质，如氧、硫、铅和其他元素，即使其含量极少，也将形成第二相，或者与镍形成低熔点共晶（如 Ni_3S_2 与 Ni 的共晶）组织。这些组织分布于晶界，会显著降低泡沫镍的塑性，而且无法通过热处理消除。

显然，再结晶和晶粒长大对金属组织和材料性能，包括强度、硬度以及柔韧性会产生显著的、主要的影响。但在回复阶段，再结晶阶段金属组织和性能也会因热处理工艺的不同而有不同程度的改变。至于上述"影响"和"改变"如何量化，如何更精准细致地界定其机理，还有待理论方面的深入研究与完善，以及生产实践的探索和发现。

7.3.3　退火过程冷却工艺的控制

在实际生产中，在制品的退火过程是在由氨裂解生成的氢气和氮气的混合气气氛保护下进行的，先在较低温度下对在制品进行还原处理，随后升高温度进行晶格重整，最后冷却进行调质处理。退火过程可采用的设备包括垂直井式退火炉和水平连续式退火炉，如图 7-20 所示。

第七章 泡沫镍制造的热处理技术

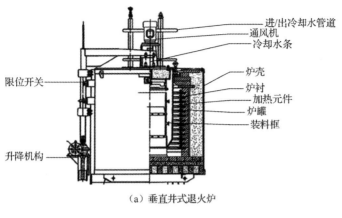

(a) 垂直井式退火炉

(b) 水平连续式退火炉

图 7-20 垂直井式退火炉和水平连续式退火炉[42]

对于垂直井式退火炉而言，此过程比较简单。氨裂解气从炉体的底部通入，经过炉膛后，在炉顶排出，由于炉膛中的高温，气体上升，产生的废气、水蒸气等也从炉顶排出。还原结束后，炉膛中会将产生的水蒸气完全排出，在高温热处理后的冷却过程中，不会有水汽凝结对产品产生污染。但由于井式炉退火的各工艺过程是在垂直方向上依次进行，炉体结构较为复杂，且对生产车间的空间高度有较高的要求。

使用水平连续式退火炉时，由氨裂解得到的氢气和氮气混合气从还原退火段尾端通入，由炉口排出，并将炉膛中的废气、还原生成物水蒸气等带到炉口的烟囱位置一起排出。但由于连续式退火炉为水平放置，在制品的流向为从炉口向炉尾移动，难免会将水蒸气等带入冷却段。空气在降温后，饱和蒸汽压降低，当降低到气氛的露点温度以下时，炉膛中的水蒸气开始结露并凝结成水滴，使得制品被水滴污染。

为了防止水蒸气冷凝结露，可以检测炉膛中空气中的饱和水分含量，将炉膛气中最大饱和水分含量值对应的露点温度视为安全温度，将炉内的温度设置在该温度以上即可。但是，为了节约能源消耗，温度不宜设置过高，应该在保证水蒸气不凝结的情况下尽量设置低的温度。

不同温度下空气（此处主要指炉内气氛）中饱和水分含量的计算公式[43,44]如下：

$$dV = \frac{p}{760} \times \frac{1000}{22.4} \times \frac{273}{273+t} \times 18 \quad (7-26)$$

其中，

$$\lg p = A - \frac{B}{C+t} \quad (7-27)$$

式中，dV 为不同温度下空气中的饱和水分含量，单位为 g/m^3；P 为不同温度下水的饱和蒸气压，单位为 mmHg（1 mmHg≈1.33×10²Pa）；t 为温度，单位为℃；A、B、C 为常数，当温度为 0～60℃时，A=8.11，B=1750.29，C=235.00；当温度为 60～150℃时，A=7.97，B=1668.21，C=228.00。

上述公式用于炉内气氛时，可根据水平连续式退火炉冷却段实际控制和测量得到的温度，输入对应的 A、B、C 值，即可计算炉内相应测温点的饱和水分含量，通过控制该点的温度控制炉膛中的饱和水蒸气压，使其低于饱和水分含量。如图 7-21 所示，必须把测温位置区域的对应温度控制在 75℃左右，根据饱和水分含量随温度变化的曲线，可得到 75℃时对应的饱和水分含量，即 241.63 g/m³。因此，此时必须把炉膛内的饱和水分含量控制在 241.63 g/m³ 以下，才能保证水蒸气不会凝结成水滴而污染在制品。

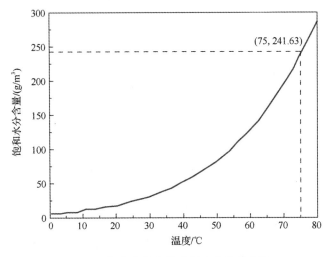

图 7-21　饱和水分含量随温度变化的曲线

通常情况下，当水平连续式退火炉中的走带速度和退火的在制品数量确定下来以后，进入冷却段的水蒸气含量基本保持在一定范围内。因此，通过控制炉膛内的温度，使其饱和水分含量大于炉内水蒸气的实际含量，就可以防止结露。炉膛内安全温度的设置可按照如下步骤进行：

在一段时间内，通过测量不同温度下炉内气氛的相对湿度，根据式（7-26）可计算出对应的饱和水分含量，再根据式（7-28）算出炉内气氛中的实际水分含量，从而得到随时间波动的水分含量曲线，如图 7-22 所示的波浪状曲线。

炉内气氛中的实际水分含量的计算公式如下：

$$dV_t = dV \cdot \%RH \quad (7\text{-}28)$$

式中，dV_t 为某温度时的实际水分含量，单位为 g/m³；dV 为该温度时的饱和水分含量，单位为 g/m³；%RH 为测量的相对湿度（%）。

图 7-22 所示为炉内气氛水分含量实测值在空气饱和水分含量-温度变化曲线中的波动范围，气氛中的水分含量在 20～94.57 g/m³ 波动时，为了保证不结露，应将此区域内的温度控制在 53℃以上，以 53℃为安全温度；当温度低于 22℃时，炉膛中的水蒸气必然会凝结成露。

第七章 泡沫镍制造的热处理技术

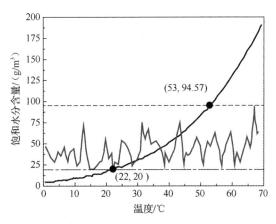

图 7-22　炉内气氛水分含量实测值在空气饱和水分含量-温度变化曲线中的波动范围

按以上步骤设置温度，基本能满足生产工艺的要求，但也存在一定的问题。科学的方法应该是按照相对湿度来确定退火炉的安全温度，因为无论温度是多少，炉内实际水分含量使相对湿度超过100%时，水蒸气必然凝结成露。

生产过程中，退火炉内实测温度和相对湿度都在一定范围内波动，温度的最大值与相对湿度的最大值可能会有不同的变化。例如，在62℃时，测得相对湿度的最大值为45% RH，此时，可按图7-22设置退火安全温度为53℃；炉内实测温度最高可达76℃。此时，若测得的相对湿度也为45% RH，而将53℃也作为安全温度设置，就可能出现产品质量风险。因为实测温度高达76℃，而相对湿度为45% RH时，对应的露点应为58℃。若将温度设置在53℃，则会使炉温偏低而结露。这种情况下，可以借助炉内气氛（空气）露点随温度变化的曲线（见图7-23），找出应该设置的退火安全温度，即通过曲线可以得出某温度下的露点随相对湿度变化的规律。其计算公式[45]如下：

$$T_d = \frac{b\gamma(\%RH,t)}{a-\gamma(\%RH,t)} \tag{7-29}$$

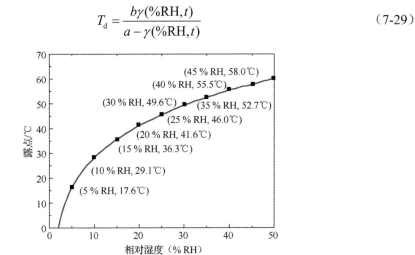

图 7-23　在76℃时炉内气氛露点随相对湿度变化的曲线

式中，
$$\gamma(\%RH,t) = \frac{at}{b+t} + \ln(\%RH) \tag{7-30}$$

式中，T_d 为露点温度，单位为℃，%RH 为炉内气氛相对湿度（%），t 为炉内气氛温度，单位为℃，a、b 为常数，a=17.27，b=237.7。

从图 7-23 中可以看出，76℃下炉内气氛相对湿度为 5% RH 时，其露点为 17.6℃；相对湿度为 45% 时，其露点为 58℃。据此，在该状态下把冷却段温度设置在 58℃以上更为安全。

7.3.4 退火后泡沫镍的组织与性能

纯镍是面心立方金属且不存在同素异形体转变。完全退火后镍的晶粒微观结构是多边形且晶界是平直的，但是泡沫镍内部也有大量的退火孪晶。这与多数面心立方金属的完全再结晶组织相似。某些面心立方金属和合金（如铜及铜合金，镍及镍合金和奥氏体不锈钢等）在冷变形后经过再结晶退火，在其晶粒当中出现了退火孪晶。图 7-24 中的 A、B、C 表示的是 3 种典型的退火孪晶的形态：A 为晶界交角处的退火孪晶，B 为完整的、贯穿晶粒的退火孪晶，C 为不完整的、一端终止于晶内的退火孪晶。

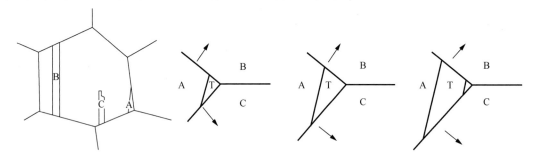

图 7-24 退火孪晶的形成及长大过程示意

一般认为，退火孪晶的形成是由晶粒生长或再结晶过程中的晶界迁移引起的。孪晶带彼此平行的孪晶界是共格孪晶界，并且通常是具有非常小的界面能的（111）界面。孪晶的形成降低了系统的能量，因此是晶粒生长或再结晶的驱动力之一。当晶粒由于晶界移动而生长时，晶界交角处（111）面上原子层的堆垛顺序会偶尔错堆。这导致共格孪晶界的形成以及在晶界交角处出现了退火孪晶。在孪晶生长的过程中，如果原子在（111）表面上错堆进而变为原始堆垛顺序，那么第二个共格孪晶界将形成，并形成一个孪晶带。当然，若要形成退火孪晶就必须满足能量条件，具有低堆垛层错能的晶体更可能形成退火孪晶。

面心立方金属在退火的微观结构中必然有大量的孪晶，这不是由金相的取样和制备过程造成的假象[46]。生产过程的实验表明，热处理在制品在 900℃下保温 7.5 min，然后以 150℃/min 的速度冷却至 350℃，再以 36℃/min 的速度冷却至室温后，通过扫描电子显微镜拍摄且放大 2000 倍的金相组织照片如图 7-25 所示。从图中可以看出，在整个晶粒中存在大量完全退火的孪晶，从而细化了原始组织粗晶。"分裂"并破坏了原始组织晶粒尺寸的完整性，从而产生悬挂式的退火孪晶，增加了原始组织的晶界数量，在其缓慢冷却的过程中，通过增加其成核数量及单位面积内的晶粒数量，将退火过程中长大的晶粒重新细化，可以显著改善泡沫镍的材料特性，达到提升泡沫镍强度的目的[47,48]。

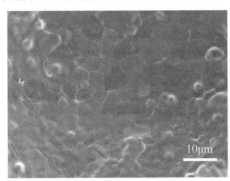

图 7-25　在制品经上述工艺条件热处理后的金相组织照片（放大 2000 倍）

泡沫镍半成品经过热处理成为泡沫镍后，其金相组织由粗糙且两端和棱边及锐角处有结瘤和树枝状结晶、晶粒细小、棱角尖锐的状态变成平滑、整齐、无棱角、晶界清晰完整、孪晶组织明显的状态。这主要是因为热处理过程中冷却速度缓慢，内应力消除，晶粒各个方向长大速度均匀，因此枝晶消失，晶界清晰，得到接近平衡的金相组织。在整个热处理过程中，比表面积减小的速率与热处理温度和时间有关，减小的极限状态是表面平坦。生产过程的实验表明，热处理在制品在 930℃下热处理 12min 后，晶粒明显长大，镍层结构变得完全致密。丝体状表面也趋于平直，并且晶界沟槽也已经变得更为规整。如果提高温度并延长时间，那只能导致晶粒长大，但晶界沟槽也会阻止晶界运动或晶粒长大。即使晶粒继续生长，晶界沟槽的减少对整个比表面积的影响也很小。例如，在 930℃下热处理泡沫镍半成品 12min 后，泡沫镍的比表面积与 980℃下热处理 12min 的效果相当。

试验证明，在整个热处理阶段，随热处理时间的延长，由于存在回复过程和再结晶过程，热处理在制品的强度有一个下降过程，随着时间的不断延长，晶粒长大并伴随着孪晶的出现，热处理在制品强度再次增强，最终达到一个极限值。如图 7-26（a）所示，热处理在制品的强度随退火时间的变化呈现先下降后上升的趋势，最终稳定的趋势。而热处理在制品的断后伸长率表现则不同，如图 7-26（b）所示，其断后伸长率随退火时间的变化是先增加后减小，然后再增加，最终趋于稳定状态。这主要是因为回复过程释放了应变能，点缺陷（空位）等缺陷减少，提升了断后伸长率；随晶粒长大，在孪晶出现之前组织粗化，又表现为断后伸长率下降；随着大量孪晶的出现，晶粒数量增多，材料塑性和韧性都得到提升，断后伸长率再次上升。

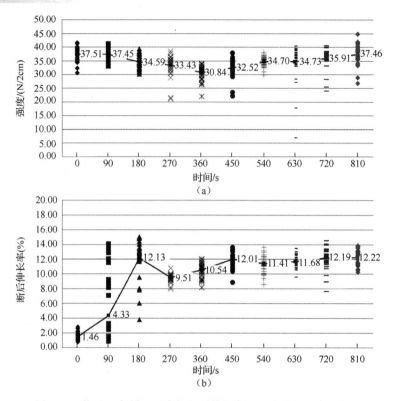

图 7-26 热处理在制品强度与断后伸长率随退火时间的变化趋势

7.4 热处理设备

国内生产带状泡沫镍所用的热处理设备经过几十年的使用和改进,已经有了很大的变化。随着泡沫镍工艺技术水平的提高,热处理层数从以前的单层到现在的多层,处理速度不断提高,产能逐步增加。焚烧炉的结构由简单敞开式到密闭式,加热区域由 1 个变为多个,长度由 1.5m 增至 4~5m,温度控制更加精准。氨分解气的进口位置与数量、冷却段的形式等都有了明显改进,生产效率和泡沫镍产品的质量均得到很大提升。

7.4.1 热处理设备的总体结构

热处理设备主要由放卷机、焚烧炉、还原炉、冷却段、收卷机及电气控制系统等组成。其中,连续放卷和收卷在水平方向上进行。热处理设备总体结构示意如图 7-27 所示。

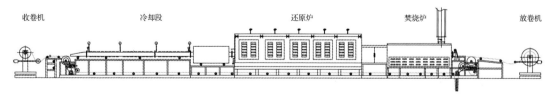

图 7-27 热处理设备总体结构示意

7.4.2 放卷机

泡沫镍半成品质地脆硬,而且含有大量水分。进入热处理工序之前,不同泡沫镍生产企业对泡沫镍半成品采取烘干或不烘干的处理方式。烘干的泡沫镍半成品相对较干、质量小;不烘干的泡沫镍半成品因含有水量而质量较大,并且干、湿不均。这样会造成泡沫镍半成品个体差别较大,因此要根据产品状况采用不同的放卷方式和放卷机。

另外,由于泡沫镍半成品质地硬脆,在放卷机上,一般不采用自动放卷纠偏系统来控制放卷,因为频繁的纠偏控制,容易使泡沫镍半成品出现裂纹和擦伤。但是完成热处理后的泡沫镍可以在收卷时采用自动纠偏系统,并且有更多利好。

根据放卷方式的不同,可将放卷机分为主动式放卷机和被动式放卷机。

(1) 主动式放卷机:由放卷电动机、减速机、放卷架、放卷辊组成。

由于泡沫镍半成品的质地脆硬,因此,放卷辊的直径都比较大。如果放卷辊的弯曲半径过小,容易造泡沫镍半成品出现裂纹。

主动式放卷机结构示意如图 7-28 所示,放卷电动机通过变频器控制放卷速度,放卷速度与热处理生产线的网带前进速度要匹配,即通过接近开关检测泡沫镍半成品的放卷弧度,控制放卷电动机的启动和停止,实现两者速度的匹配。

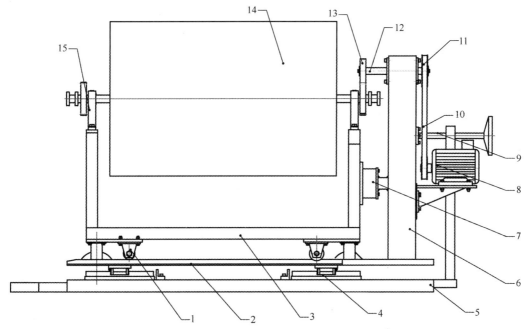

1—定位轮;2—定位导轨;3—移动小车;4—直线导航;5—固定机架;6—移动机架;7—定位电磁铁;8—放卷电动机;9—丝杆;10—同步带;11—同步带轮;12—放卷轴;13—齿轮;14—放卷辊;15—轴承座

图 7-28 主动式放卷机结构示意

没有经过烘干处理的泡沫镍半成品水分含量大,且干、湿不均,使放卷轴所承受的重量分布不均匀,且转动惯量大。此类半成品宜采用主动放卷,因为主动放卷机的滚筒直径大，放卷轴的承重力强，能保证放卷速度与热处理生产线网带前进速度相匹配，可避免泡沫镍半成品损伤。

（2）被动式放卷机：由放卷架、放卷辊组成。

经过烘干处理的泡沫镍半成品适宜采用被动式放卷的方式。由于水分已烘干，放卷轴的承重分布均匀，转动平稳，能很好地实现放卷速度与走带速度相匹配，也容易避免产品损伤。

7.4.3 焚烧炉

连续行进式网带焚烧炉是热处理工序的主要设备之一，用于去除热处理在制品中的聚氨酯海绵。

未经烘干处理的泡沫镍半成品含有大量水分，质地脆且硬，在收卷及存放过程中，由于重力的作用，使泡沫镍半成品卷的外层含水量少、里层含水量多，整卷泡沫镍半成品处于干湿很不均匀的状态。进行多层在制品焚烧时，干湿不均匀的负面影响增大，焚烧之前水分没有完全烘干，导致燃烧温度不稳定、各层的温度差过大、热膨胀伸长量不一致，导致在制品出现起拱、裂纹、炭黑、网带印痕等质量缺陷。因此，为了确保多层在制品的焚烧质量，需要对焚烧前的在制品含水状态、干湿不均匀的程度、含水量的多少有一个准确的测算。根据测算结果，选择不同结构的焚烧炉，这种选择尤为重要。

能够满足多层处理的焚烧炉有两种：处理经过烘干的泡沫镍半成品焚烧炉和处理未经烘干的泡沫镍半成品焚烧炉。

1）处理经过烘干的泡沫镍半成品的焚烧炉

处理经过烘干的泡沫镍半成品的焚烧炉示意如图 7-29 所示。这种焚烧炉结构相对简单，只需具备一个功能——燃烧。炉膛内胆的材料为不锈钢。在制品在焚烧炉内经历 2 个过程，即聚氨酯海绵的裂解和燃烧。焚烧炉的炉膛宽度约 1m，其宽度根据泡沫镍半成品的宽度确定，炉膛高度主要是由燃烧室允许的容积热强度和多层在制品焚烧时在炉膛内所需的停留时间决定的。通常的做法是根据炉膛允许的热强度来确定炉膛的尺寸，然后根据焚烧废物所需的停留时间进行验证。

焚烧炉只有 1 个加热区，即在焚烧炉底部设置电阻丝，通过辐射传热的方式加热在制品。根据工艺对温度的要求，采用可控硅自动调温装置控制炉内温度。为使炉内温度分布均匀，需要保持燃烧温度稳定。此外，炉膛内胆的下部用耐火砖、上部用耐火棉进行隔热和保温。

通常使用由氢气或天然气燃烧形成的稳定火焰灼烧在制品，进而焚烧其中的聚氨酯海绵。为保持焚烧炉内的温度稳定，燃烧所需的空气从电阻丝上方进入或通过管道送入炉内。烟囱的位置通常设置在焚烧炉的中间，开窗大小需考虑在焚烧多层产品时，既要保证燃烧完全，还要保证焚烧炉内燃烧温度的稳定。

第七章 泡沫镍制造的热处理技术

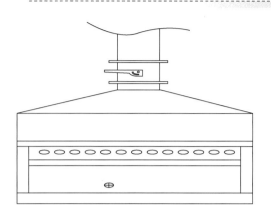

图 7-29 处理经过烘干的泡沫镍半成品的焚烧炉示意

2）处理未经烘干的泡沫镍半成品的焚烧炉

处理未经烘干的泡沫镍半成品的焚烧炉如图 7-30 所示，其结构相对复杂。该炉需要具备 2 个功能：烘干和燃烧。在制品在焚烧炉内需经历 3 个过程：水分的烘干、聚氨酯海绵的裂解和燃烧。由于每层在制品中不同位置的水分含量不一致，各层在制品的水分含量也有差别，因此在燃烧之前，为确保所有在制品的水分完全烘干，需要考虑炉内截面温度均匀、稳定，否则，焚烧工序就会成为导致热处理质量缺陷的主要原因。

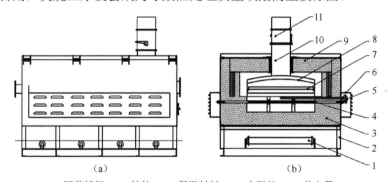

1—网带托辊；2—炉体；3—保温材料；4—电阻丝；5—热电偶；
6—防护罩；7—接灰盘；8—炉膛内胆；9—顶盖；10—烟囱；11—风门

图 7-30 处理未经烘干的泡沫镍半成品的焚烧炉

由于焚烧炉需要具备处理泡沫镍半成品的多项功能，炉膛须采用密闭式以改善炉内温度的均匀性，炉膛内设置内胆，采用弧形顶、平底结构，材料采用不锈钢。内胆的长度设置需考虑焚烧产品的层数、每层产品的水分含量、网带的走速、产品烘干所需时间、燃烧等因素。内胆的宽度根据产品的宽度确定。内胆高度与图 7-29 焚烧炉的处理相同。

根据功能要求，焚烧炉分为几个加热区，前几个加热区满足产品烘干功能，通过炉内温度的逐步升高，在一定时间内，实现多层在制品水分的烘干。后几个加热区，满足产品燃烧的功能，通过控制炉内温度的变化，在一定时间内实现多层在制品的完全燃烧。每个区的温度都需要单独控制，根据工艺要求的温度，采用可控硅自动控制装置控温。

其他处理，诸如传热和保温方式、燃烧方式、空气输入方式等，均与图7-29相同，但烟囱的位置要另行设计和处理。

7.4.4 还原炉

经过焚烧后的在制品，其中的聚氨酯海绵已燃烧殆尽，电铸的镍层也完全被氧化，在制品成为氧化镍进入还原炉，在 H_2 和 N_2 的物质的量之比为3∶1的气氛条件下被高温还原成纯镍在制品。同时，通过还原炉内的高温，将在制品加热到高于再结晶温度以上的温度，然后进行再结晶退火，使在制品具有细小而均匀的晶粒，同时也消除其内应力，在制品力学性能得到改善，柔韧性显著提高。

还原炉结构示意如图7-31所示。国内用来处理带状泡沫镍的还原炉一般采用高温马弗炉。还原炉分为多个加热区，采用上、下两层电阻丝加热，通过可控硅自动控温。马弗炉由310不锈钢制成，一般采用波纹底、圆弧顶的结构，其顶部设置横波纹，用于增强马弗炉在高温情况下的抗变形能力。需要指出的是，焚烧炉、还原炉、冷却段马弗炉的底平面应保持在同一水平面上。

还原炉用耐火砖、高密度耐火棉进行隔热保温，减少热量损失。其他结构应符合标准《烧结用连续带式还原炉》(YS/T 878—2013) 的相关要求。

氨分解气的通入采用还原炉尾端部和冷却段进口上部相结合的方式，通过阀门调节、流量计控制实现所需的气体流量。

在选择还原炉时，还须考虑以下8方面要求：

（1）还原炉温度高，马弗炉的材料和结构须满足高温下应具有的强度和抗热变形的要求。

（2）在满足工艺、品质的条件下马弗炉的空间不宜太大，以降低能耗和减少还原气体用量。

（3）还原炉的长度，根据走带速度、泡沫镍厚度、在制品的层数、还原及晶化需要的时间来确定。

（4）还原炉内温度均匀性为±10℃。

（5）为了减少热量损失，提高能效，降低运行成本，要降低还原炉炉壁的温升。

（6）合理设计氨分解气的通入位置和分布，虽然氢气质量小，在热状态下流动速度异常快，但是仍需考虑马弗炉内气氛的分布和流向，使在制品能得到充分还原。

（7）电气控制要求：控温仪表的精度应不低于0.3级，控温仪表中应具有热电偶基准端温度的自动补偿、超温报警、PID比例、积分/微分闭环反馈控制、自动及手动调节功率输出等功能。

（8）安全方面要求：炉内应有超温、传动轴过载、传送带跑偏、气体流量不足、冷却水水压低等故障的报警功能，停电、断氢、充氮气的功能。

第七章 泡沫镍制造的热处理技术

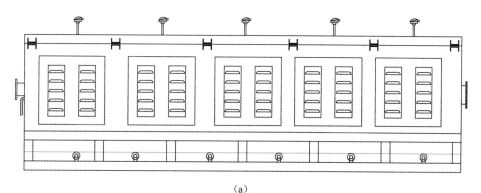

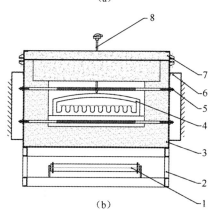

1—网带托辊；2—炉体；3—保温材料；4—内胆；5—电阻丝；6—防护罩；7—顶盖；8—热电偶

图 7-31 还原炉结构示意

7.4.5 冷却段

冷却段包括缓冷段和水冷段。经过还原和结晶细化处理后的在制品由传送带送入缓冷段，在该段内在制品温度降到 400℃ 以下；然后进入水冷段再降温到 40℃ 以下出炉。冷却段设备示意如图 7-32 所示。

（1）缓冷段。缓冷段也采用马弗炉，其长度根据工艺要求设置。通过缓冷段的缓慢散热，在制品温度降低。

（2）水冷段。水冷段的马弗炉有水冷夹套式结构和空气冷却+水冷夹套式结构。其中，水冷夹套式结构又分为敞开式和密封式两种。水冷夹套的冷却水流与传送带运行方向相反，而敞开式水冷夹套式结构采用溢流方式。空气冷却+水冷夹套式结构为密封式，其中的水冷夹套冷却水流与传送带运行方向相反。

热处理炉的传送带无论采用哪种方式传动（前驱动、后驱动和前、后相结合的驱动方式），其主传动箱的温度都不应超过 40℃。因此，水冷段的长度应保证带状泡沫镍出口处的表面温度不大于 40℃。

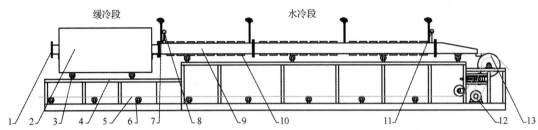

1—缓冷段内胆；2—缓冷段外壳；3—缓冷段托辊；4—机架；5—网带；6—网带托辊；7—热电偶；
8—氢气进口；9—水冷段内胆；10—水夹套；11—氮气管道；12—减速机；13—传动辊

图 7-32 冷却段设备示意

7.4.6 收卷机

经过热处理后的带状泡沫镍已具有一定的柔韧性，因此收卷机的收卷辊直径较放卷辊的直径小，一般采用主动收卷的方式。

收卷机结构示意如图 7-33 所示，一般由电动机、减速机、收卷架等组成。在收卷机的选择上，须考虑以下事项：

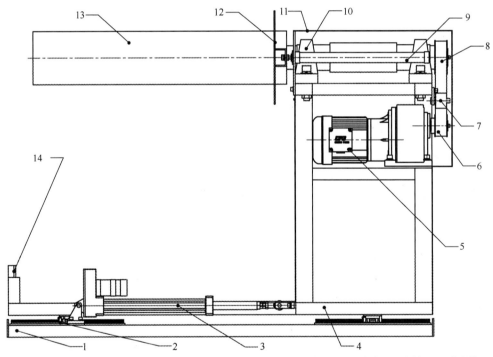

1—固定机架；2—直线导轨；3—执行机构；4—移动机架；5—减速机；6—同步带、同步轮；7—张紧轮；
8—同步轮；9—下卷汽缸；10—轴承座；11—防护罩；12—推环；13—气胀轴；14—下卷定位电磁铁

图 7-33 收卷机结构示意

第七章 泡沫镍制造的热处理技术

（1）生产过程中一般采用转运小车装卸泡沫镍卷。

（2）泡沫镍带材在收卷滚筒上的固定可采用气胀轴环的方式。

（3）为保证泡沫镍带材收卷后的整齐度，泡沫镍带材需承受一定的拉力，并采用自动纠偏装置。

（4）泡沫镍带材的收卷速度需与热处理网带走速相匹配。若收卷速度过低，则泡沫镍带材会产生折痕；若收卷速度过快，则泡沫镍带材可能会擦伤。为匹配网带走速，可采用两种方式：一是采用重辊调节的方式，通过调节重辊的上下移动来调节泡沫镍带材的收卷速度，同时保证收紧和收齐；二是调节收卷机转矩的大小，实现泡沫镍带材的收卷速度与网带走速相匹配。

（5）泡沫镍带材收卷时仍需采用较大的弯曲半径，若弯曲半径过小，泡沫镍带材容易产生折痕。同时，转绕次数不宜多，若过多，则产品性能会下降。

（6）收卷时需要设置带材计长功能。

7.5 热处理制成品——泡沫镍的质量控制

在热处理工序中，由于工艺参数控制不当，常导致热处理制成品——泡沫镍出现不同的质量缺陷，表7-5列出了泡沫镍常见质量缺陷及其原因分析。

表7-5 热处理制成品——泡沫镍常见质量缺陷及其原因分析

缺陷	现象描述	后果	原因
炭黑	泡沫镍带材出炉时出现黑点状和黑斑相关的黑色物质	影响泡沫镍电学性能与化学成分	电阻丝损坏，焚烧温度过低
起拱	泡沫镍带材局部拱起一般是在中部，经过收卷压辊以后可见有轻微折痕印或凹凸不平	影响泡沫镍的力学性能	水分烘干不均匀，温度分布不均匀，残余应力
网带印	沫镍带材表面出现菱形传送带筋条凹陷痕迹	影响泡沫镍的力学性能	烘干、脱胎（焚烧以去除海绵）温度过高

在热处理工序中，除表7-5所列的常见泡沫镍质量缺陷外，还有因擦伤、还原不彻底而引起的外观缺陷色差及裂纹。热处理之后出现的裂纹，往往是由于聚氨酯海绵导电化处理工艺电铸工艺甚至是聚氨酯海绵本身存在的各种裂纹隐患因素的累积和叠加，而后在热处理工艺过程中突现出来。当然，也不排除热处理过程的不规范作业（如不合理的拉伸）造成的结果。除擦伤、裂纹外，其他缺陷基本上都与温度（含温区）的设置、热处理时间（由走带速度决定）有关。

对上述外观缺陷原因进一步分析如下：在烘干和海绵裂解阶段，如果焚烧过程中温度过低或焚烧时间过短（热处理时效由走带速度控制），聚氨酯海绵分解就不完全，将直接造成泡沫镍及成品中的碳硫残留量过多、产生色差或炭黑等外观质量缺陷；如果焚烧过程中温度过高或烘干不彻底，就会因应力释放不均匀，导致产品起拱、留下网带印痕等缺陷。

在还原和退火阶段，退火过程又包括空冷和水冷两种不同的操作方式。若氢气量不足，则不能保证氧化镍被充分还原，将导致在制品呈现绿色或土黄色的外观缺陷，性能上表现为脆硬、柔韧性差。若在冷却段温度的设定与炉内露点的温度值不符合，炉内压力维持不恰当，不能及时排出炉内水蒸气，避免饱和水蒸气结露，则会使在制品产生污染性质的水渍印痕。

泡沫镍生产过程的热处理虽然也是一种整体热处理过程，和传统的热处理过程有相同之处（加热、保温和冷却），但也有自身的特点，过程更为复杂，是多种性质完全不同的工艺和工程技术的组合，科学原理和生产实践的内涵丰富，控制有一定的难度。整个过程包括烘干、焚烧海绵、镍的氧化、高温保护气氛下氧化镍的还原、镍晶体的融合重构、冷却退火等一系列复杂的反应和多种物相的转化过程，而且多层在制品以一定速度连续走带形式完成，须保证和兼顾的工艺条件和个性化技术比较多，是金属热处理学科传统与创新相结合、有待开发完善的一个新领域。

实际生产中，温度的设置需要兼顾的工艺因素很多，必须根据在制品和设备的具体技术要求，选择分区分段控制的方式。例如，一般将焚烧分为 4~6 个区域控制温度。以 5 个分区为例：在第 1~2 区对在制品进行预热与烘干，主要去除在制品中所含的水分；温度设置不宜过高，根据在制品水分含量并兼顾生产效率；聚氨酯海绵裂解一般控制在第 4 区发生，温度设置更高，根据生产实际需要设置；第 3 区作为烘干与聚氨酯海绵裂解两个主要步骤控制区之间的过渡区，常取其中间值，达到电铸过程产生的残余应力缓慢释放的目的；第 5 区将对产品进一步的氧化和聚氨酯海绵裂解后残留碳量的去除有利。根据在制品水分含量，可以在以上 5 个区的基础上增加或者减少一个温区。焚烧工序分温区设置如图 7-34 所示。

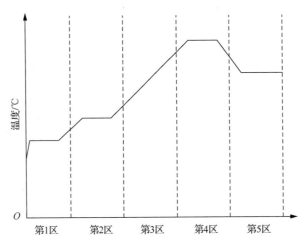

图 7-34　焚烧工序的温区设置示意

生产中往往为了满足客户个性化的要求，需要对还原及退火的温度和热处理时效做有针对性的调整。工艺中常有不同的温度梯度设置，如图 7-35 所示的还原冷却工区的温度梯设置示意。

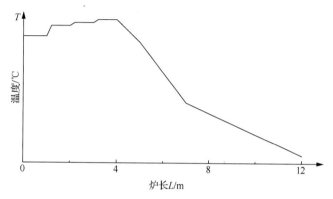

图 7-35　还原冷却工区的温度梯度设置示意

走带速度直接影响热处理时间进而影响泡沫镍的性能，同时也与生产效率有关。因此，合理匹配热处理温度、温区、热处理时效（与走带速度有关），是兼顾泡沫镍质量与产量的重要工艺技术问题，有诸多的设备状况和在制品现场情形需要综合权衡。

第八章　泡沫镍的剪切、包装及储运

在转入剪切、包装工序之前，处于热处理工序的泡沫镍制成品都是以聚氨酯海绵卷材的宽度和长度，在各工序生产线上加工的。但客户对泡沫镍成品的要求有所不同，包括面密度、长度、宽度、厚度，甚至接头数、接头位置、表面缺陷可接受的状态都有所不同。随着泡沫镍应用领域[1-4]的不断拓展，个性化需求将会更加丰富、具体，落实到剪切、包装、储存、运输的技术细节，乃至创新性要求也会被陆续提出。例如，成品储运过程中，如何防止氧化的问题，尤其是在海洋性环境下运输周期过长时，成品的包装防蚀措施如何跟进；又如，与泡沫镍生产的其他工序相比，剪切和包装的自动化和设备的智能化程度相对较低，虽然与该工段的生产性质烦琐有关，但相关工艺和设备技术进步仍然是必要的。

剪切、包装工序也称为"成品工序"，是泡沫镍成为商品的最后工序。因此，质量意识、品牌意识、防范浪费的意识、生产过程的精准管理显得尤为重要。本书对各工序环节的工艺和设备虽有详细描述，给出了一个特定的模式，但不同企业具体的生产和管理皆系自主创新，都是根据自身的特点量身定制的，因此本章的技术内容也会有诸多不同。

8.1　泡沫镍的剪切工艺流程

热处理制成品——泡沫镍的外观呈银灰色，表面柔软，易卷曲。在出厂前，因不同行业应用的要求不同，须对泡沫镍进行剪切和包装处理。按照前后工序分为剪切、质检、复卷和包装。

剪切是关键的工艺步骤，主要由以下流程组成：放卷、搭接、碾压、分条、收卷。进入剪切工艺步骤的泡沫镍从放卷开始至分条结束都称为泡沫镍剪切在制品，简称"剪切在制品"。分条之后、包装之前的泡沫镍称为成品，包装之后的泡沫镍称为产品。

1. 剪切

（1）放卷。将泡沫镍卷材置于分切机的放卷设备上，按规定放卷，把卷材展开成剪切在制品。展开过程中，要控制放卷速度的均匀性，保持剪切在制品幅宽方向上的中心线在规定的范围内，以及剪切在制品张力的一致性。

（2）搭接。在放卷过程中，将前后两卷剪切在制品按规定的接头样式搭接在一起，其主要目的是保证后续工艺流程的连续进行，以提高生产效率。搭接流程的关键工艺是控制搭接边缘的整齐度、接头的形状和搭接处的厚度。主要的技术措施如下：一般情况下，在搭接时采用标准宽度的模具进行定位，以保证搭接边缘的整齐度，同时通过专用的搭接模具保证接头的形状。至于搭接厚度，则是通过液压或气液连动的增压缸对标准宽度模具施加额定的压力,利用模具的尺寸保证达到规定的厚度。

(3) 碾压。通过设备的碾压对剪切在制品进行压延加工,主要目的是获得规定厚度的剪切在制品。在碾压过程中,应注意保证剪切在制品厚度的均一性。

(4) 分条。目的是将碾压后的剪切在制品通过分条机构剪切成特定宽度的单条泡沫镍成品。该流程主要控制单条成品宽度的均一性、产品边缘的直线度及产品边缘的外观质量。

(5) 收卷。将分条后的单条泡沫镍成品重新卷绕在卷芯上,使之成卷,目的是为后续质检流程做准备。收卷时,应保证剪切在制品的张力恒定及其边缘达到整齐度的要求。在卷径达到最大值前,理论上还可以持续进行收卷操作。

2. 质检

质检是对剪切收卷后的卷状泡沫镍成品进行外观品质检测,防止不合格产品流入市场。一般采用人工放卷的方式,在一定照明条件下对泡沫镍的外观进行肉眼检测,主要是对划痕、漏镀、夹心、裂纹等外观缺陷的检查和处理。

为加强缺陷的检出能力和提高检出速度,采用自动和半自动检测相结合的方式。半自动检测主要是采用机械放卷代替人工放卷,并在放卷的同时安装部分辅助工具清除镍皮、异物等,还安装放大镜等工具增加缺陷的检出能力。自动检测是在半自动检测的基础上,通过安装数码成像设备,对高速运行的带状泡沫镍的正、反两面进行成像,再与数据库中的缺陷样本对照,从而判断产品是否存在已知缺陷。

在此流程中,无论是手工检测还是半自动和自动检测,由于存在一次产品的放卷和收卷过程,所以都需要对产品的张力和整齐度进行控制。此外,采用手工检测时,还须控制产品收卷后的松紧度。

3. 复卷

为达到产品的规范要求,一般还会把质检后的单条泡沫镍成品放在复卷机上进行复卷。复卷机的功能与分切机的功能相同,对产品张力的控制方式也基本一致。复卷后应保证单条泡沫镍成品卷材宽度均一、边缘整齐。复卷过程需要有纠偏控制,才能达到理想效果。

在整个复卷流程中,为避免多次卷绕造成泡沫镍成品的柔韧性下降,一般要求复卷机的收/放卷中心保持在同一基准线和相同水平面上。

4. 包装

根据不同厂家的需求选择不同的包装方式,具体内容见 8.4.1 节。

8.2 泡沫镍的剪切设备

泡沫镍的剪切设备又称为分条机或分切机,其种类和型号较多:按分切方式,可分为刀片分切和圆刀分切,按设备的布置方式,又可分为立式分切机和卧式分切机。

8.2.1 卧式分切机

卧式分切机是在包装、印刷行业传统分条机的基础上开发出来的一种新型机械。此种机型与应用在塑料、纸张上的分条机的区别在于增加了压延的功能,并采用圆刀进行旋切。因增加了压延功能,故其结构形式与传统分条机的不同。卧式分切机结构示意如图 8-1 所示。

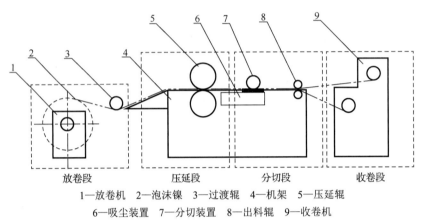

1—放卷机 2—泡沫镍 3—过渡辊 4—机架 5—压延辊
6—吸尘装置 7—分切装置 8—出料辊 9—收卷机

图 8-1 卧式分切机结构示意

1. 卧式分切机的基本结构

卧式分切机的基本结构由 4 个功能段组成,即放卷段、压延段、分切段和收卷段。根据泡沫镍的材料特点,在进行分切机的结构设计时,应满足如下功能要求:

(1) 放卷段。要求能够保证泡沫镍"母卷"在边缘不太整齐的情况下,经过过渡辊之后的泡沫镍幅宽方向上的中心线不发生偏移;在放卷过程中,泡沫镍承受的拉力不随卷径的变化发生改变。此外,"母卷"装卸时的人工操作方便安全。

(2) 压延段。在幅宽方向上具有厚度调整控制功能、纵向上的连续压延的功能及两卷接头之间的搭接功能。

(3) 分切段。具有分切刀具间距调整功能、分切宽度的控制能力和切边毛刺的修整控制功能,还配备了镍粉尘的吸纳装置。

(4) 收卷段。具有收卷端面整齐度的调控功能、收卷时的拉伸调控功能,卸卷操作便捷安全。

2. 卧式分切机各功能段的主要构件及操作

1) 放卷段

(1) 主要构件。放卷段由固定机架、纠偏电机、活动机架、磁粉制动器、放卷气涨轴、过渡辊等构件组成。放卷机的结构如图 8-2 所示。其中,固定机架及活动机架均由碳钢方形钢管加工制作,纠偏电动机安装在固定机架上。纠偏执行机构的行程为 100 mm,根据前工序泡沫镍收卷的整齐度及变窄量的变化进行调整。放卷气涨轴通过两个 P 型轴承座固定在活动机架上;磁粉制动器也固定在活动机架上,并且通过联轴器与放卷气涨轴连接,两者中心线保持在同一轴线上。

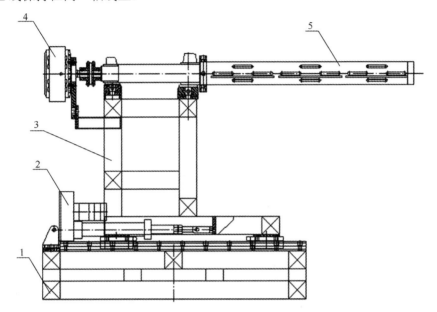

1—固定机架;2—纠偏电机;3—活动机架;4—磁粉制动器;5—放卷气涨轴

图 8-2 放卷机结构简图

(2)放卷操作。将泡沫镍卷材从转运车上送至放卷气涨轴,并按气涨轴上的标尺确定泡沫镍端面的位置,然后充气涨紧卷芯。

牵引泡沫镍带材至放卷平台,并调整纠偏感应探头的位置,通过纠偏执行机构调整活动机架,使泡沫镍带材的中心线与分切机后 3 个功能段的中心线重合,并设定产品长度、厚度、初始卷径、张力值等参数,开始放卷操作。

在放卷过程中,通过纠偏感应探头对检测和纠偏执行机构进行调整,使剪切在制品的中心线在经过过渡辊之后始终保持在初始状态。

通过压延段的运行时间和速度,计算出放卷长度,根据泡沫镍卷材的初始卷径和厚度计算出卷径的变化量;在运行过程,始终对磁粉制动器的输出力矩进行调整,保证剪切在制品的张力不发生变化。

2)压延段

(1)主要构件。压延段由过渡辊、放卷平台、压延机构组成,所有部件均安装在主机架上。其中,压延机构简图如图 8-3 所示。

在压延段中,过渡辊一般采用不锈钢材料制作,考虑到对泡沫镍成品柔韧性的要求,过渡辊的卷绕半径大小应适度,一般在 140 mm 左右。

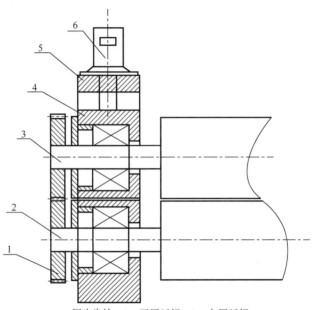

1—同步齿轮；2—下压延辊；3—上压延辊；
4—活动滑块；5—固定座；6—伺服调节电机

图 8-3　压延机构简图

放卷平台表面铺设不锈钢板，底板材质为碳钢，因此可避免碳钢锈蚀对泡沫镍产品产生的污染；放卷平台需要承担接带功能，为保证平台在接带时的强度，一般碳钢底板厚度为 15～20 mm。

压延机构[5,6]主要由上压延辊 3、下压延辊 2、固定座 5、活动滑块 4、同步齿轮 1 以及伺服调节电机 6 等部件组成，组装完成后安装在主机架上。上压延辊、下压延辊是压延的执行部件，通过控制两辊的间隙保证泡沫镍压延后的厚度。因此，对压延辊的强度要求非常高。在常规情况下，辊两端轴承间的距离为 1.2～1.3 m，当最大压延厚度差为 0.5 mm 时，上、下压延辊中间的变形量不得大于 0.02 mm。下压延辊通过轴承安装在固定座上，须承受上、下压延辊的重量和压延的挤压力，上压延辊通过轴承安装在活动滑块上，两辊之间通过一对同模数和齿数的齿轮传动，以保证两辊的转速一致。同时，它们的辊面直径相同，从而保证了两辊辊面的线速度一致。上压延辊和下压延辊通常采用碳钢制作，表面镀覆 0.03～0.05 mm 的硬铬层，保证了压延辊的硬度和耐磨性能，也能避免辊基体（材质为碳钢）的锈蚀对泡沫镍表面的影响。伺服调节电机通过滚珠丝杆与活动滑块及上压延辊相连。活动滑块底部与固定座之间放置缓冲垫，消除丝杆间隙，达到缓冲的目的。

（2）压延操作。将放卷机上泡沫镍卷材的端部通过过渡辊牵引至放卷平台，将该卷的端部（习惯称为"端首"）用手工裁切平整，同时将前一卷泡沫镍的末端部（习惯称为"端尾"）也裁切平整。按规定宽度将两卷泡沫镍的首尾端重叠，用专用压接模具将重叠部分压紧。

在触摸屏上设定走带速度、厚度参数，启动压延辊电动机，带状泡沫镍进入压延辊，压延至规定厚度。厚度是泡沫镍重要的质量指标，为确保无误，压延段厚度参数的设定必须参考分切段经手工检测的泡沫镍的厚度值。根据检测结果，调整压延厚度参数值，确保达到客户要求的厚度规格。

在压延过程中，通过控制伺服调节电机的转动，并对活动滑块的位移进行实时测量和反馈，从而精确控制上压延辊、下压延辊之间的间距。在压辊变形量满足要求的情况下，确保泡沫镍在幅宽方向上的厚度的均一性。传动电机通过皮带带动下压延辊按设置的线速度转动，通过同步齿轮带动上压延辊同步反向旋转，从而在对泡沫镍进行压延的同时将泡沫镍向前方移动，实现纵向的连续碾压。

3）分切段

（1）主要构件。分切段主要由传动轴 4、分切圆刀 8、分切下刀 7、下刀板 9、下刀调节装置 12 及粉尘吸纳装置 13 等组成，如图 8-4 所示。

在分切段结构的组成中，所有部件基本上均采用碳钢制作，全部组装完成后安装在主机架 1 上。其中，分切圆刀 8 一般采用高硬度、高耐磨、韧性好、不易开裂、共晶组织均匀的碳钢材料 SKD11 加工制造而成，刀片厚度为 2 mm 左右，两边开刃；分切圆刀 8 安装在传动轴 4 上，两片分切圆刀 8 中间采用定尺套筒 6 固定，轴端面采用锁紧螺母。客户规定的泡沫镍成品的宽度为定尺套筒 6 的长度加上刀片的厚度。为方便更换不同规格的分切圆刀 8，传动轴 4 轴端的皮带轮 5 采用活动支座 3 与固定支撑板 2 相连，中间用轴销连接，使整个传动轴可以绕轴销转动；传动轴另一端的轴承为可拆卸式，顶部用轴承压盖 10 将轴承压紧在下轴承座 11 上，传动轴通过皮带轮 5 和电机进行传动。一般情况下，传动轴的转速约 900 r/min，电机转速为 1500 r/min。

下刀板的平面与压延段的下压延辊的上切线平行且等高，分切下刀 7 的截面为长方形，左右两块分切下刀 7 将分切圆刀 8 夹在中间，分切下刀 7 通过螺钉固定在下刀板 9 上，分切圆刀 8 与分切下刀 7 之间的间隙可调；在需要更换分切圆刀 8 或更换定尺套筒 6 时，通过下刀调节装置 12 将下刀板 9 下移，使分切圆刀 8 与分切下刀 7 分离。在下刀板 9 和主机架 1 的下方设有粉尘吸纳装置 13，将分切圆刀 8 旋切过程中的大量镍屑及镍粉吸走。

出料辊为一对被动辊，两辊间有一对同步齿轮，使两辊同步沿相反方向转动，两辊有一间隙，间隙一般为 2～3 mm，对分切后的泡沫镍成品进行定向传送。

（2）分切操作。启动分切电机，传动轴高速旋转，泡沫镍经压延辊沿下刀板送入分切圆刀，在分切圆刀的高速旋转下泡沫镍带材沿刃口分离，并进入两个出料辊的间隙。

更换分切圆刀（换不同宽度的刀片）的操作：松开轴端锁紧螺母和轴承压盖，用下刀调节装置使分切下刀脱离分切圆刀；使用工具将整个传动轴抬起，拆卸轴承和锁紧螺母，再将定尺套筒和分切圆刀分别取出。更换分切圆刀后，再按相反顺序依次分别装入定尺套筒、分切圆刀、锁紧螺母、轴承，并依次锁紧轴承压盖和锁紧螺母。若需分切出另外规格的泡沫镍成品，则按照上述更换分切圆刀的操作顺序，但无须更换分切圆刀，只须更换相应规格的定尺套筒，并在使用下刀调节装置抬起下刀板之前，先须松开并取下分切下刀，抬起下刀板后再按分切圆刀的位置重新安装分切下刀。

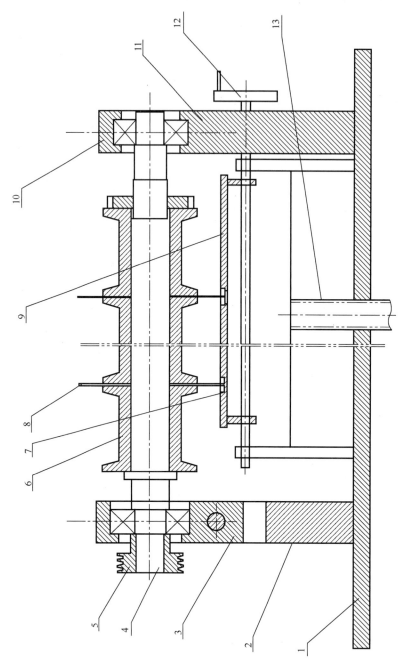

图 8-4 分切段主要构件示意

1—主机架；2—固定支撑板；3—活动支座；4—传动轴；5—传动皮带轮；6—定尺套筒；7—分切下刀；8—分切圆刀；9—下刀板；10—轴承压盖；11—下轴承座；12—下刀刀调节装置；13—粉尘吸纳装置

第八章 泡沫镍的剪切、包装及储运

在分切段结构的组成中,分切宽度是通过固定尺寸的定尺套筒实现的,通过更换不同宽度的套筒就可实现不同宽度尺寸泡沫镍的分切。为确保宽度的一致性,必须严格控制定尺套筒的两个端面的平行度误差;否则,会导致分切圆刀的摆动,引起宽度尺寸的变化。为减少定尺套筒长期使用磨损后对尺寸的影响,一般需要对定尺套筒进行表面淬火处理。一般情况下,定尺套筒的尺寸公差为±0.05 mm,端面的平行度误差小于 0.02 mm。分切边缘毛刺产生与否,主要取决于分切圆刀及分切下刀刃口的锋利程度、分切圆刀旋转过程中的摆动,以及分切圆刀与分切下刀的间隙。一般情况下,分切圆刀的摆动距离须控制在 0.1 mm 以下,分切圆刀与分切下刀的间隙在不产生摩擦的前提下越小越好。

采用分切圆刀旋切泡沫镍的过程中,因为分切圆刀的线速度远远大于在制品的走带线速度,所以分切圆刀会对在制品在同一位置多次切割,从而产生较多的镍屑和镍粉尘。为避免粉尘影响车间的环境和操作员工的身体健康,必须采用大功率的粉尘吸纳装置对分切圆刀的下方进行吸尘处理。

4)收卷段

(1)主要构件。收卷段主要由主机架 1、减速机 3、磁粉离合器 4 和 5、收卷气涨轴 7 和 8 等部件组成,与传统分切机的结构形式相同,使用两条收卷气涨轴。收卷段主要构件示意如图 8-5 所示。

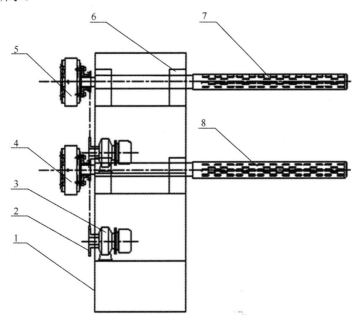

1—主机架;2—传动链轮;3—减速机;4,5—磁粉离合器;6—轴承座;7,8—收卷气涨轴

图 8-5 收卷段主要构件示意

收卷段由两组相同的收卷机构组成,这些机构共同安装在同一个机架上。两组收卷机构分为高低不同的配置,两轴中心线的连线距离必须大于收卷的最大直径。减速机 3 和电机安装在主机架 1 上,通过传动链轮 2 及其配套的链条与磁粉离合器 4 和 5 的输入端连接,

减速机的转速由式（8-1）给出：

$$n=V/(3.14D) \tag{8-1}$$

式中，n 为减速机的转速，单位为 r/min，D 为收卷卷芯的外径，单位为 m，V 为生产线的走带线速度，单位为 m/s。

需要指出的是，减速机实际转速需大于该值，同时还必须计算磁粉离合器的滑差功率，确保磁粉离合器在正常状态下工作。磁粉离合器的输出端与收卷气涨轴直接连接，收卷气涨轴使用两对 P 型轴承座，安装在主机架上。收卷气涨轴外径的选定需与收卷卷芯的内径相匹配。

（2）收卷操作。首先将收卷芯套入收卷气涨轴，并按轴上标尺固定位置，再充气涨紧卷芯。当单条泡沫镍成品从分切段的出料辊出来后，人工牵引单条泡沫镍成品到卷芯上，并与卷芯上的魔术带或胶带黏结，黏结时必须将单条泡沫镍成品均匀地拉紧并对正。当所有分切后的单条泡沫镍成品全部上卷完成（固定在卷芯上）之后，开启收卷减速机及张力控制系统，启动压延和分切电动机进行收卷作业。

在收卷过程中，收卷整齐度的控制主要取决于收卷气涨轴与出料辊和压延辊的平行度，一般把平行度控制在 0.2mm 以内。同时，还取决于操作员上卷时的操作水平。例如，当上卷分条后，若单条泡沫镍成品的两边缘张力不一致或上卷时未与边缘对齐，则无法保证收卷过程中的整齐度。

收卷的张力控制由张力控制器和可编程逻辑控制器（PLC）的配合运算来完成，当初始张力和初始卷径设定后，PLC 会根据线速度计算泡沫镍已行进的长度，再把该长度换算成卷径的变化量，从而调整磁粉离合器的输出力矩，实现恒张力收卷。

8.2.2 立式分切机

立式分切机同前述卧式分切机一样，泡沫镍的剪切也包括放卷、分切、收卷 3 个基本过程，在放卷和分切中间增加了压接和压延流程[7]。为了适应泡沫镍的材料性能，立式分切机结构采用了上下布置的方式，如图 8-6 所示。在进行结构设计时，立式分切机各部分的设计与卧式分切机的设计原则基本相同。除了在布置方式上不一致，二者的主要区别表现在分切机构上。下面对立式分切机的分切机构进行详述。

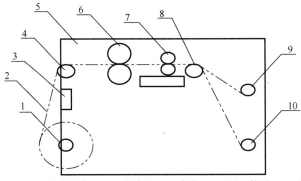

1—放卷机；2—泡沫镍带材；3—接带机构；4,8—导向辊；5—机架；6—压延装置；7—分条装置；9,10—收卷轴

图 8-6　立式分切机结构示意

立式分切机和卧式分切机的主要区别如下：

（1）二者的布置方式不同。立式分切机采用上下布置，走带距离较短，可实现相对较高的走带速度。上下布置的方式使设备紧凑，占地面积较少。

（2）二者的分切机构不同。卧式分切机一般采用旋切方式，其刀具高速旋转，刀具的线速度远大于泡沫镍的卷材和带材线速度。立式分切机采用对刀（有上、下刀片）分切方式，上、下刀片反向等速旋转进行分切作业，其刀具线速度与泡沫镍走带线速度基本一致。立式分切机采用的刀具主要有碟形圆刀和气动圆刀两种。

碟形圆刀如图 8-7 所示，其上圆刀为一个碟形刀片，通过卡簧和定位销固定在刀座上，同时背面通过弹簧对刀片在刀座上的摆动加以控制。刀座通过锁紧螺钉固定在旋转轴上；下圆刀通过偏心卡或锁紧螺钉固定在旋转轴上；碟形刀片的端面与下圆刀的端面紧贴在一起，通过刀片背部的弹簧控制刀片与下圆刀端面压紧。同时，上碟形刀片与下圆刀保持反向等速转动，从而把通过上、下圆刀之间的泡沫镍剪开，达到分切的目的。

图 8-7　碟形圆刀

进行分切间距调整时，先抬起上圆刀，然后将下圆刀的位置调整到位，再将上、下圆刀位置匹配后调整到位，并保持碟形刀片对下圆刀端面的压紧力。因为调整下圆刀时各刀具的位置需要使用专用的定位模具或靠人工手动测量，所以调整时间较长、准确度较低。而其位置尺寸的精度直接决定了泡沫镍分切宽度的尺寸精度，因此，使用该种剪切方式时，分切宽度的尺寸精度较低，一般只能达到±0.2 mm 的水平。此外，由于上、下圆刀的贴合靠弹簧力来完成，在剪切力变化较大时刀片会产生摆动，导致在制品的宽度尺寸波动或出现 S 形边和毛刺。

另一种剪切方式采用气动圆刀，如图 8-8 所示。此种刀具之前在国内并不多见，在国外应用较为广泛。其上圆刀的旋转为被动式结构，主要由上下移动机构、刀片横移机构及刀架固定机构组成。刀架一般采用燕尾槽的形式固定在主机架上，用螺钉锁紧。圆刀片固定在一个可上下移动的刀架上，移动时采用汽缸控制。此外，在可移动刀架上安装有一个小汽缸，可将圆刀片及刀片转动组件进行左右横向移动，使上圆刀在气压力的作用下始终贴紧下圆刀的端面。下圆刀的结构和碟形刀片的结构基本相同，部分设备生产厂家的产品采用气涨轴的形式对下圆刀进行锁紧操作。

图 8-8　气动圆刀

进行刀具调整时,先通过上圆刀上的调节旋钮,在汽缸的作用下使之横向移动,与下圆刀的端面脱开并向上移动,脱离下圆刀;然后松开下圆刀,根据分切宽度要求调整各个下圆刀的端面距离,再松开上圆刀燕尾槽的锁紧螺钉;以人工方式移动刀架至下圆刀附近,再将刀架向下移动,使上圆刀与下圆刀的端面接触;最后锁紧燕尾槽的锁紧螺钉,逐步将所有上、下圆刀调节到位后,结束刀具的调整。工作时下圆刀的轴带动下圆刀旋转,上圆刀端面在气压力的作用下与下圆刀的端面压紧,然后在摩擦力的作用下通过下圆刀的带动作反向旋转,从而对泡沫镍带材实施剪切。

气动圆刀在调节方式上与碟形圆刀一样,都需要人工先对下圆刀的位置进行精确调节,因此宽度尺寸的精度受限。但因为其上圆刀采用了各圆刀独立调节和锁紧的方式,且不需要主动力进行旋转,所以在上圆刀的控制和调节方式上比其他方式有明显的改善。特别是上下圆刀的贴合采用了气压力压紧,避免了分切过程中刀片的摆动,对大剪应力的金属材料分切时优势较为明显,对分切后的泡沫镍成品宽度一致性及毛刺和 S 形边的消除有较为明显的效果。

8.2.3 剪切设备未来的发展趋势

卧式分切机和立式分切机的自动化水平均不高,需要辅以大量的人工作业,导致设备的稼动率(设备实际的生产数量与可能的生产数量的比值)偏低,一般只能达到 30% 左右。而且一条生产线需要两人进行操作,再加上进行现场质检和记录的人员,约需 3 个人才能完成生产线的连续作业。

随着技术的进步,以及客户对泡沫镍产品品质的稳定性和可靠性的要求越来越高、对成本的要求越来越低,必然导致分切机朝着自动化方向发展。目前,国内在这方面的研究也较为深入,主要开发方向为收/放卷的自动化及产品检测的自动化两个方面,新型分切机结构示意如图 8-9 所示。

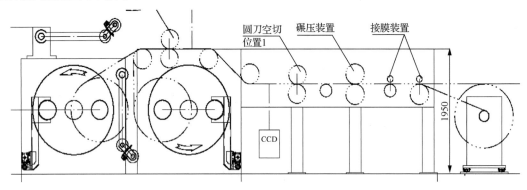

图 8-9 新型分切机结构示意

1. 新型分切机的功能特征

除了具有卧式和立式两种分切机的基本功能,新型分切机的功能特征主要表现在下述自动化和智能化方面。

（1）放卷端：设备自动引带及自动接带。

（2）压延设备：厚度的自动连续监测。

（3）分切端：刀具位置的自动调整、宽度自动连续监测。

（4）产品外观缺陷的自动连续监测。

（5）收卷端：卷芯的自动上卷、定位；换卷时不需停机、自动连续换卷芯；单条泡沫镍成品的自动切断及上料，泡沫镍成品卷可在不停机状态下自动下料。

（6）自动记录和分析设备操作数据和产品品质数据，出现异常时自动报警。

2. 新型分切机的结构特征

新型分切机通过下述技术措施和结构设计实现上述自动化和智能化功能。

1）采用 CCD 相机实现了产品外观缺陷的自动连续监测和记录

通过在产品 1~1.5 m 的宽幅范围内，采用多组高速 CCD 相机在宽度方向上实现无缝全覆盖，在光源的配合下，通过实时摄像并对比标准样块，在不符合标准样块的颜色、痕迹等出现时，可通过计算机软件的自动运算，实现自动报警并实时记录位置和标记。目前，已经可以实现在 25 m/min 的速度下自动检测尺寸大于 0.2 mm 的缺陷，包括异物、划痕、漏镀、色差、裂纹等。

2）通过以下 3 组机构实现连续不间断的收卷自动化

（1）转塔式收卷机构。在每个转塔式收卷机构上的两个收卷轴中，一根工作时，另一根则进行下料和卷芯的定位，从而不用停机即可进行下料和上卷芯。

（2）自动压料及切断机构。当一卷泡沫镍成品收卷完毕后，转塔式收卷轴旋转，压料机构同步将产品压紧在空卷芯上，当转塔式收卷轴旋转至一定位置时，划断机构动作，将泡沫镍成品划断。然后包覆机构动作，将划断后的产品包覆至空卷芯上。

（3）自动上卷芯和成品下料机构。转塔式收卷机构旋转 180°并完成划断作业后，气涨轴松开，下卷机构夹住卷芯依次将小卷从气涨轴上滑动至轴外的接料小车上。随后，通过人工将卷芯套入气涨轴上，下卷机构夹住卷芯移动至指定位置，并通气夹紧。

3. 新型分切机的智能化前景展望

在产业升级、工业 4.0 的大背景下，随着生产过程的稳定性要求、产品品质的可靠性要求和人工成本的不断提高，制造业企业普遍加大了对生产设备自动化的投入、机器人的应用，智能化生产将成为一种必然的发展趋势[8,9]。泡沫镍分切机在这方面也必然会向集成化、自动化方向发展。

以放卷、收卷的连续不间断自动化和产品外观缺陷的自动连续监测、记录为特征的新型分切机，在人工智能水平上已成绩斐然，正朝着全程自动化，无须人工干预的方向拓展。只要将需要换卷的泡沫镍卷移放至新型分切机放卷端的准备位置；将分切后的泡沫镍成品卷从卸料位置上转运离开，如果有智能化物流转运设备配合，则 1 人即可实现两条分切机生产线的管理和操作。人工减至 1/3，产品质量得到保证，设备稼动率可从 30%提高至 65%以上，生产效率可望提升 10 倍以上。

8.3 剪切和包装工序泡沫镍成品的质量控制

在泡沫镍的剪切、包装过程中可能会出现以下影响产品质量的问题，对质量问题的分析判断和解决方法总结如下[10,11]。

1. 收卷过松或过紧

1）判断方法

（1）指压检验法：质检员用手对产品表面或端面进行适当挤压，观察形变程度，通过手感判断收卷松紧程度是否适宜。该方法的优点是直观、快速、可信；缺点是质检员需要一定的经验，而且量化标准不统一，数据记录困难。

（2）硬度测量法：通过使用硬度计对收卷松紧程度进行测量，直接得出相应数据。优点是科学、量化、记录方便，减少人为判断误差；缺点是只能检测到产品表面情况，无法反映产品内部的状况。

（3）过程敲击法：在分切、收卷过程中对泡沫镍成品卷材表面进行敲击，通过手感和声响来判断收卷的松紧程度。这种方法的优点是能够全程跟踪整卷产品的收卷松紧程度，准确度和可信度较高；缺点是操作过程可能对产品造成损坏，对质检员的技术熟练度要求高，存在一定的安全隐患。

2）产生原因

（1）分切过程中收卷张力等参数的影响。

（2）收卷速度的影响。

（3）分切机可调性、稳定性等性能的影响。

（4）作业人员专业水平、技能经验的影响。

3）解决方法

（1）合理原则：分切作业人员依据收卷的松紧程度，及时调整分切工艺参数至合理的范围。

（2）偏松原则：因为收卷过紧所产生的质量问题容易导致泡沫镍产品无法使用，所以一般情况下收卷松紧程度应尽量偏松。

2. 跑偏

跑偏是指收卷后的部分泡沫镍偏离中心线的现象，收卷过程中因发生滑动错层而导致偏离。跑偏与收卷端面不齐属于同一类质量问题，但跑偏较之收卷端面不齐的错位程度更为严重。经常采取的解决方法如下：

(1) 特别关注分切速度的影响，速度不能过高，速度变化幅度不能太大。

(2) 及时调整收卷张力，产品收卷过紧或过松会使其发生横向滑动，都会引起跑偏。

3. 毛边

毛边（切口处边缘）呈锯齿状，达不到平滑一致的要求。毛边不但影响产品外观，而且直接影响使用效果。出现毛边的原因大多是分切刀太钝，更换刀片可解决问题。

4. 翘边

翘边即边缘翘起，多发生在产品收卷的边缘位置。发生翘边的产品在放卷过程中会出现不同程度的"边飘"现象，导致纠偏装置无法进行跟踪对位，致使生产不能顺利进行。

造成翘边的原因及改进措施：

（1）边缘偏厚，随着收卷过程卷绕层数的增加，如果走带速度和泡沫镍带材张力不匹配，会使边缘部位翘起，应调整走带速度和张力，使之达到合理值。

（2）收卷张力大、收卷太紧。分切时可通过减少张力，加快分切速度来改善。

（3）切刀太钝，分切时在切口处产生拉伸现象，造成收卷后泡沫镍成品卷材边缘外翻导致翘边。应监控切刀的锋利程度，及时更换切刀。

5. 压痕

压痕即不规则的挤压变形，它的形成一般是收卷压辊造成的。可能原因如下：

（1）压辊受损，如划伤等。划伤方向为纵向时会造成整卷泡沫镍成品出现压痕，造成较大质量事故，必须更换压辊。

（2）压辊受污染后造成压辊表面不平整，如黏胶带、杂质等，也会使泡沫镍成品出现压痕，必须对压辊进行清洁处理。

6. 划伤

划伤直接影响产品的外观质量，是产品质量控制标准中不允许存在的缺陷。分切是最可能造成划伤的工序，可对分切前后的产品表面情况进行比较确认是否为分切划伤。分切对产品表面的划伤有多种原因，应从划伤初始出现处进行相应调整。

7. 宽度偏差

宽度偏差即剪切后的产品实际宽度超过了标准或设定值范围。剪切宽度偏大或偏小都会造成使用上的困难。

宽度偏差一般是人为因素造成的。因此，在分切时，转换不同规格的定尺套筒和更换刀片后应在第一时间内对剪切后的泡沫镍成品进行宽度测量，防止宽度偏差过大。

8. 接头的质量

接头质量决定了产品收/放卷过程中张力的分布，因此，对接头的质量应规定要求，可采取以下保证措施：

（1）将接头两侧的泡沫镍带材横向裁切整齐、展平，用专用模具进行压接。

（2）为提高接头的质量，要求接头平直，与卷芯方向一致，且接头处的泡沫镍材质平滑、无明显起皱。

9. 卷内有异物

在分切泡沫镍产品时，须先将泡沫镍卷放卷，分切后再收卷。外界环境中的异物在这个过程中很容易被引入，进而影响产品质量。因此，生产车间保持环境清洁和净化、防止异物进入对保证泡沫镍产品质量非常重要。

8.4 泡沫镍成品和产品的包装及储运管理

8.4.1 泡沫镍成品的包装程序、技术要求及注意事项

1. 泡沫镍成品的包装程序

目前，国内主流泡沫镍生产厂家基本上按以下程序对完成泡沫镍成品加工的终端产品进行包装：

装中纤板（中密度纤维板）、缠瓦楞纸、打包固定、套热塑膜、装箱、外箱缠膜、外箱打包。

（1）装中纤板：目的是支撑卷芯和卷芯上的泡沫镍成品，同时将两卷或几卷相同规格的泡沫镍成品进行隔离，防止在搬运及运输过程中的碰撞对泡沫镍成品造成损坏。安装时要保证中纤板内侧与泡沫镍成品侧面的距离尽可能一致，而且两侧的挡板尽可能平行。目前，此项操作大部分均由人工作业来完成。

（2）缠瓦楞纸：是把与泡沫镍宽度一致的瓦楞纸缠绕在中纤板之间的泡沫镍成品外表面上，主要目的是防止在运输和搬运过程中对泡沫镍成品外表面造成损伤。在操作过程中要控制泡沫镍成品的整齐度以及接头处的黏接质量。

（3）打包固定：把卷芯及其两侧中纤板打包固定在一起，同时也固定了两块中纤板之间的泡沫镍成品。目的是防止在搬运及运输过程中造成中纤板与卷芯脱落从而损坏泡沫镍成品。一般情况下打包时在水平和垂直方向上各捆扎一次。打包操作应注意保持各个方向捆扎力的均匀一致，不得造成中纤板产生变形和接触泡沫镍成品。

（4）套热缩膜：将尺寸规格适宜的热缩膜套入打包后的泡沫镍成品，并进行密封。主要目的是防止储存和运输过程中泡沫镍成品受潮，导致泡沫镍成品品质变异。一般情况下，把几卷泡沫镍成品打包固定在一起，套膜密封。操作时，须注意打包带及中纤板的边角，防止热缩膜破损，从而影响密封效果。

（5）装箱：将套好热缩膜的泡沫镍成品按一定数量装入规定的纸箱或木箱内。应对箱内的泡沫镍成品及包装进行妥善的防护。必须注意谨慎操作，以免破坏热缩膜。泡沫镍成

品放入箱内后，封箱时，对纸箱一般采用带颜料的胶带，对木箱一般采用钢钉将盖板和箱体锲钉牢固。

（6）外箱缠膜：装箱完毕后，用缠绕膜对纸箱外表面缠绕 1～2 圈。在对纸箱进行加固防护的同时也有一定的防潮效果，若木箱包装则无此工序。

（7）外箱加底托：对采用纸箱包装的整箱须叠放在底托上并固定。此举是为了方便叉车对产品进行转运。对采用木箱包装的整箱，因木箱自带底托，不需要进行此道工序。

2. 泡沫镍成品包装的一般技术要求及注意事项

泡沫镍产品是纯金属材料，质地非常柔软，任何碰撞、挤压都会让产品的立体网状结构发生形变，影响使用。而且，在环境温度大于 45℃、相对湿度大于 85%时，泡沫镍很容易氧化，表面形成一层致密的氧化膜，影响它的亲水性和作为电池材料的性能。

泡沫镍产品的包装与一般产品的包装不同，特别强调在产品交付客户前的所有物流环节不可受到任何损坏。包装、储运环节都应保证泡沫镍防震、防压、防潮、防蚀。销往不同地区和国家的产品，包装选材还应考虑进出口的相关规定，是否需要放置干燥剂等。

随着技术创新、智能化生产、产业升级、企业转型的纵深发展，个性化、高难度、小批量定单会逐渐成为泡沫镍生产的新常态，成品工段会更多地面对烦琐、特殊性质的技术问题。解决新问题的途径也必须是依赖技术创新和精细化的管理。

改善作业环境，提高生产效率，开发自动缠膜机、穿剑式打包机、剪切包装一体机等半自动及全自动化设备，将智能化生产的技术元素逐步渗透到包装作业中。

在泡沫镍生产活动中，推行精细化的作业和管理十分重要，稍有疏忽，就可能造成重大损失。

（1）对纸托的要求。采用瓦楞钉钉在木托上，要求钉在中间部位且偏差小于 5 mm；若偏差过大，则木托盘对箱体的承重不均，上下层叠放多箱产品时容易发生箱体偏移滑榻情况。

（2）对泡沫镍产品缠绕收缩膜的要求。要求每层边缘重叠 30 mm 以上，否则，无法保证产品包裹的密封性，远程运输时泡沫镍产品易受潮和氧化。

（3）使用打包带固定时要求与挡板垂直，太大偏斜容易使打包带松垮，存在安全隐患。

（4）不是整箱产品打包时，要求产品放在中间部位，避免产品明显偏移一端。

（5）挡板的存放要标识明确，不同中心孔的挡板不能混淆。

上述作业规范可形成视频教案，选择特征参数，逐步模式化，成为智能化生产的管理元素，将技术创新和管理创新融合，为智能生产乃至人工智能准备条件。

8.4.2　泡沫镍产品的储存要求

泡沫镍产品库的存储条件应有明确的规定：

（1）泡沫镍产品应架空存放，产品离地面高度不低于 150 mm。

（2）产品库的温度、湿度应有所控制，环境温度≤45℃，相对湿度≤80%。这是因为产品包装箱主要为瓦楞纸箱，吸潮后影响强度，堆码运输会使箱体变形，存在货损风险。

（3）产品库为专用仓库，不允许环境中有 NH_3、HCl、HNO_3、SO_3 和 SO_2 等腐蚀性气体。

（4）满足存储条件下的泡沫镍产品保质期为 6 个月。

8.4.3 泡沫镍产品运输过程的注意事项

（1）泡沫镍产品采用立式架空包装，整箱的承力点在箱体的两侧面，包装箱中间部位不能承受重力，尖锐物件或重物堆码都可能造成包装破损从而损坏产品。因此，泡沫镍产品在运输过程中不能堆码重物，不能与尖锐物件进行混装，更要避免与有腐蚀性的物品混运。

（2）泡沫镍产品采取瓦楞纸箱配托盘的包装方式，以便在装卸过程中采用叉车，小心轻放，杜绝野蛮装卸；在装卸及运输过程中盖好防雨布，避免产品被雨水淋湿。

（3）泡沫镍产品装车运输时须注意放置的方向性：产品卷绕方向与车前进方向必须一致；否则，在汽车运行中制动、颠簸很容易使产品发生偏移而导致产品卷边损坏。即使按要求完成了装车，在运输过程中还要尽量避免紧急制动（60 km/h 行驶 6s 内停下）、急转弯（车速 40 km/h 以上，在转弯半径小于 30 m 时转弯）和剧烈颠簸（车速 40 km/h 以上，直接辗轧 100 mm 以上障碍物），汽车行驶的惯性可能使产品包装受力发生变化，存在产品损坏的风险。

（4）把泡沫镍产品上下两层堆码时，需要用收缩膜缠绕 4~5 圈，并将两箱产品连为一体，防止运输过程中上层产品掉落。

第九章　泡沫镍的无铜化生产

受石油危机和生态环境的冲击,从 20 世纪 70 年代开始,世界各主要汽车制造企业开始研制电动汽车,但因性能不及燃油汽车且成本又太高,而无法大规模进入市场。近几十年来,由于燃油汽车对空气污染日趋严重,替代燃油汽车的电动汽车备受多国政府的重视[1-3]。其中,电动汽车被认为是最有希望的发展方向[4-6]。全球汽车大公司正投入大量的人力、财力、物力,对电动汽车进行深度开发。

近年来,随着技术的进步,二次动力电池包括镍氢电池[7]、锂离子电池[8]、不同体系的燃料电池技术不断完善,动力总成、能源组合方式的成功应用、快速充电安全技术的进步、能源使用模式和包括无人驾驶技术在内的多层面、多环节的关联创新和技术开发,使电动汽车的普及成为人类未来经济生活的必然趋势。

众所周知,电动汽车的瓶颈是先进二次动力电池,在各类电池中,相比较而言,在我国,金属氢化物-镍动力电池(简称"镍氢"电池)的技术成熟度、关键电池材料的国产化水平、电池材料的本土资源优势都比较高。21 世纪初,福特公司在 PNGV 计划的推动下开发的 Prodigy(天才)轿车的混合动力系统使用的便是镍氢电池[9],PNGV 计划是全美国开展的一项汽车技术创新的国家行动。日本丰田公司开发的电动汽车第一代"Prius"第二代混合动力系统(THSII)使用的也都是镍氢电池[10,11]。

我国也把油电混合型电动汽车的开发作为今后中国汽车产业发展的方向之一。在电动汽车多元化市场需求的模式下,"油电""电电"混合型动力系统必然会赋予镍氢电池以用武之地。镍氢电池的技术进步和创新开发仍在进行中,在镍氢电池的多项技术研究工作中,泡沫镍的无铜化生产技术历经十多年实践,使泡沫镍生产企业取得了成功的经验,也提升了泡沫镍生产企业绿色制造和智能生产的水平,相关技术措施的推行应用,为企业的转型升级提供了契机,本书第十三章有相关介绍。

9.1　铜对镍氢电池的危害

电池能量包及能量转换模组是油电混合型电动汽车(简称 HEV)的核心部件,其中镍氢电池的品质保证是该部件的关键,早期(1997 年前后)开发的油电混合型电动汽车曾经出现过的电池失效故障,经剖析发现是电池的微短路造成的,且是铜枝晶穿透隔膜,在电池内使正负极短路所致。进一步研究表明铜枝晶的生长从负极开始,有趣的是铜源却来自正极。图 9-1 所示为 HEV 车载镍氢电池微短路机理示意及说明。

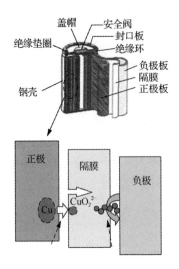

图 9-1　HEV 车载镍氢电池微短路机理示意及说明

正常情况下，HEV 车载镍氢电池正极发生的反应如下[12,13]：

$$Ni(OH)_2 + OH^- \rightarrow NiOOH + H_2O + e \quad (9-1)$$

当正极基材中有 Cu 存在时，如泡沫镍中的铜微粒杂质或泡沫镍经过热处理之后形成的铜镍合金微粒，Cu 作为活性电极，失去电子的能力强于 $Ni(OH)_2$ 中的 OH^-，则在充电时，正极优先发生 Cu 的氧化，铜以离子形态溶入电池的电解液中。

$$Cu \rightarrow Cu^{2+} + 2e \quad (9-2)$$

充电完成后，电解液中的 Cu^{2+} 扩散，逐步均匀分布在整个电池中。

正常放电时，负极发生的反应如下[14,15]：

$$M + H_2O + e \rightleftharpoons MH_x + OH^- \quad (9-3)$$

经过一段时间的自然放置，Cu^{2+} 均匀扩散并透过隔膜到达电池负极。此时，由于电池负极附近 Cu^{2+} 的存在，而且 Cu^{2+} 得到电子的能力强于吸附在储氢金属 MH_x 表面的氢原子，因此将优先发生以下反应：

$$Cu^{2+} + 2e \rightarrow Cu \quad (9-4)$$

铜离子不断被还原成铜单质后，逐渐在负极沉积，由于电结晶机理的优势，铜很容易生长成细长的铜枝晶。随着电池多次反复的充/放电，越来越多的铜被溶解成铜离子，扩散到负极，然后又被还原成铜单质，使得铜枝晶逐渐生长直到刺穿电池隔膜，触及正极，导致"微短路"。不仅使电池失效，还可能造成安全事故。HEV 车载镍氢电池一般由 100~200 支单体电池组成（见图 9-2），个别电池的失效，将会殃及整个电池组。泡沫镍主要作为正极的集流体和电极材料的载体，可能成为铜危害的主要来源，在泡沫镍的生产过程中实施防铜和无铜技术显得十分重要。

图 9-2　HEV 车载镍氢电池组

使用被铜污染的泡沫镍制造的镍氢电池会发生微短路，具体表现如下。

1. 微量

研究发现，直径为 129 μm 以上的铜颗粒（质量约 0.01mg），就可以使 HEV 车载镍氢电池发生微短路。因此，应控制泡沫镍生产车间环境（洁净厂房）中的落尘数量，这也是泡沫镍洁净化生产的重要内容。

2. 隐蔽性

HEV 车载镍氢电池发生微短路的过程是缓慢的，需要经过 HEV 车载镍氢电池反复多次的充/放电后，铜才能完成溶解—扩散—再析出的全过程，必须使负极的"铜枝晶"生长到足够的长度，从而发生微短路。泡沫镍携带的铜量越多，微短路发生得越早。从图 9-3 可以看出，受所携带的铜量影响，微短路可能只需要电池使用 30 天就会发生，也可能需要使用 240 天才能被发现。因此，在电池出厂时，仅检测电池的电压基本无法判断铜的隐患，只有使用一段时间之后，才会出现电压不良的现象，导致产品质量无法保障。因此，只有在电池的制造过程中，尤其在正极基板材料泡沫镍的生产制造过程中，将铜的混入量控制到最低，才能使镍氢电池质量得到保证。

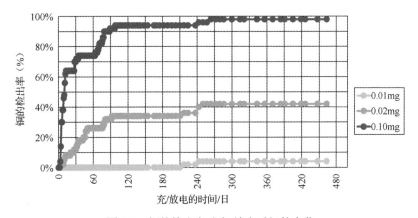

图 9-3　铜的检出率随充/放电时间的变化

3. 持续性

HEV 车载镍氢电池混入铜后，一旦出现微短路现象，会一直持续地发生下去，最长可达一年半之久。电池不良品发生的时间段分布情况如图 9-4 所示，一般微短路现象持续的天数为 120 天左右，但是个别影响严重的，微短路会一直持续地发生，最长可达 480 天（约一年半），这将严重影响 HEV 车载镍氢电池的使用。

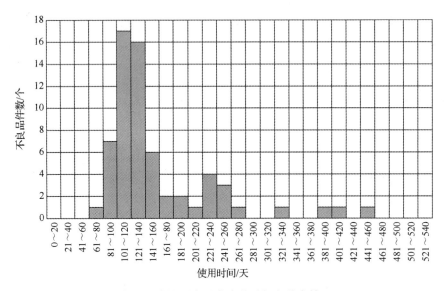

图 9-4　电池不良品发生的时间段分布情况

9.2　洁净厂房的设计、施工与运行管理

9.2.1　洁净厂房简介

为了在泡沫镍的生产过程中实施防铜和无铜技术措施，洁净厂房的建设是必需且有效的。洁净厂房的建设是一门新兴的技术，在现代科学实验和工业生产活动中，产品加工的精密化、微型化、高纯度、高质量和高可靠性都要求制备过程在一个尘埃粒子污染受控的环境中进行。早在 20 世纪 20 年代，美国航空业在陀螺仪制造过程最先提出了生产环境的无尘净化要求，为了消除空气中的尘埃粒子对航空仪器的齿轮、轴承的污染，在制造车间、实验室建立了"控制装配区"，将轴承的装配等工序与其他生产、操作区分隔开，供给一定数量的经过滤后的空气，再加上良好的管理，从而大大降低了该制造过程的污染。后来飞速发展的军事工业，要求防止放射性扩散，提高原料纯度、零件加工与装配精度，提高元器件和整机的可靠性与延长寿命等。这些都要求有一个"干净无尘的生产环境"，洁净技术也因此开始在多种行业中得到应用，并随着科学技术的发展和社会的进步，快速得到普及。

洁净厂房也称为无尘厂房,是指能将一定空间范围内空气中的悬浮微粒、细菌等污染物排除,并将室内的温度、湿度、洁净度、压力、气流速度及静电等影响生产的环境因素控制在某一设计需求的范围内,而特别设计的一个密闭空间。即无论外界的空气环境等条件如何变化,其室内均能维持在所规定的环境因素的特性之中。

因不同行业的需求不同,针对 HEV 车载镍氢电池所需高端泡沫镍的生产,目前设计和建设的洁净厂房,主要是以防止铜污染为宗旨而展开的一系列技术措施和管理规范。防止洁净厂房内的人员、建筑、设备、设施和空气中存在铜隐患是重要的防范措施。泡沫镍生产企业在与 HEV 车载镍氢电池生产企业技术关联创新的基础上,通过不断完善的防铜、无铜技术和管理措施,形成了独特的防铜洁净厂房新模式,建立了满足 HEV 车载镍氢电池使用要求的高端泡沫镍特殊生产环境——特别清洁区,并在厂区内实施了有效的 A、B、C 三区动态管理,详情见 9.2.5 节相关内容。

9.2.2 洁净厂房防铜的基本原则

针对 HEV 车载镍氢电池用泡沫镍(简称 HEV 泡沫镍)生产的特殊要求,洁净厂房应提供能满足泡沫镍制造工艺所需要的防铜、无铜的可控环境,在设计、施工及管理的各个环节,必须遵循如图 9-5 所示的不带入、不产生、不堆积、迅速清除的 4 项基本原则。

图 9-5 洁净厂房防铜的 4 项基本原则

1. 不带入

为防止洁净厂房以外的铜粉尘直接侵入室内而采取的必要措施如下:

(1)厂房内维持正压状态,防止厂房外部空气携带的铜粉尘污染物通过围护结构的缝隙和孔洞直接进入室内。

(2)采用符合要求的空气净化系统对送风进行过滤。过滤后的空气不得被管道、送风口等再次污染。同时,过滤器要安装密封设施,避免未经过滤的空气渗漏入室。

(3)对需进入厂房内部的人员和物资通道进行合理规划布置并采取必要的净化措施,防止铜粉尘污染物被带入室内。

2. 不产生

为防止洁净厂房内部产生铜粉尘污染物而采取的必要措施如下：

（1）对洁净厂房内部的建筑装修材料、设备、工具、用具等，应尽可能选用不含铜或采取防止铜粉尘产生的对策。

（2）厂房内部的作业人员必须穿合格的洁净工作服并遵循相关的操作规程。

（3）提高制造工艺过程的防铜或无铜作业的自动化程度。

3. 不堆积

为防止铜粉尘污染物在洁净厂房内堆积而采取的必要措施如下：

（1）洁净厂房的围护结构内表面不应有或尽量减少突出物和沟缝，以免堆积粉尘。

（2）厂房内使用的设备、工具、用具等应易于清洁。

（3）建立标准的清扫规程并定期清扫。

4. 迅速清除

为迅速有效地排出厂房内部的铜粉尘而采取的必要措施如下：

（1）用经过净化的洁净空气及时排出内部铜粉尘，可以采用"稀释冲淡"或"活塞置换"的方式。

（2）用足够的风量保证必要的换气次数，采用合理的气流组织来实现铜粉尘的排出。使用气流组织时，要考虑厂房内部的工艺设备位置等实际情况。

（3）对厂房内部产尘量比较大的设备需要采用局部排风。

9.2.3 洁净厂房的设计

1. 洁净厂房的建筑布局

洁净厂房生产区如图 9-6 所示。

图 9-6　洁净厂房生产区

第九章 泡沫镍的无铜化生产

1）洁净厂房的组成

洁净厂房一般包括洁净生产区、洁净缓冲区（包括人员净化用房、物料净化用房和部分辅助生产用房等）、办公控制用房（包括办公、监控、值班和休息室等）、辅助设备及电控用房（包括空调系统用房、电控电气用房等）。其中的后三类均是为洁净生产区服务的设施。

（1）洁净生产区是洁净厂房的主要组成部分，洁净生产区的洁净等级应根据产品的生产工艺和防铜要求进行确定，要做好洁净生产区的设计还须了解产品对下述环境因素的要求，如温度、湿度、换气形式以及对噪声、静电等条件的要求。

（2）洁净缓冲区是不可或缺的必备房间，此类房间除了要满足特殊的洁净防铜要求，还要重点关注在整体厂房中布置的合理性。通常，此类房间的布置是否合理、对洁净厂房的建设及其投入使用能否满足产品的生产需要、能否可靠地防止生产过程的污染或交叉污染，均起着决定性的作用。

（3）办公控制用房是洁净厂房内产品生产过程的管理、监控、技术管理等用房，在设计时需要充分了解使用方的诉求，然后确定设计细节。

（4）辅助电控用房的设计和布置在洁净厂房中也很重要，不仅要考虑相关设备的管线布置是否，科学合理、安全通畅，路径是否足够短且便捷，还要考虑含铜辅助设施与洁净生产区的有效隔离等。

2）人员措施

人员净化是保证洁净防铜的一个重要措施，应着重考虑净化设施的选择和正确合理的布局。人员净化的目的是防止人员携带室外铜污染物进入室内，同时也防止因室内人员的活动而产生大量粉尘。对前者，一般采取换鞋、更换洁净工作服、洗手和吹风等一系列措施来解决；对后者，一般采用合适的洁净工作服、限制人员数量、规范人员行为以及选择适宜的装修材料。

人员净化室的入口一般也是通往洁净生产区的日常人流的主要入口，人员净化室是根据防铜生产的需要对人员带入的铜污染源进行控制的重要手段。因此，设计厂房时，必须注意人员净化室的排列顺序，使工作人员不致因行走顺序上的逆转而形成交叉污染。为遵循该原则，设计必须由外至内逐步提高洁净度，人员净化循序渐进。首先，换鞋的措施应该设置在人员净化室的入口处；其次，存放外衣和更换洁净工作服的区室应分别设置，外衣的存放衣柜应该按照车间设定的人数每人一个衣柜，洁净工作服宜集中挂入带有空气吹淋的洁净衣柜内；最后，空气吹淋室应该布置在紧邻洁净生产区的人员入口处，即通过空气吹淋室就能进入洁净生产区。

3）物料净化措施

物料净化主要是指在原料、各工序制成品、工具设备等的运输和传递过程中对它们进行的清洁处理。物料的出/入口须与人员的出/入口分开布置，以免交叉污染；进入洁净生产区的各种物料均须按照既定的程序进行外包装清理、吹净，有效地清除物料外表面的污染物。在洁净厂房的物料净化程序中，必要时还要对清洁后的物料表面进行铜污染是否合格的确认,方可将物料送入车间。经清理并确认合格后的物料必须经过传递室才能进入车间。传递室的设置应该具备如下要求:两侧的门上要有观察窗,能够看见内部及两侧的情况;同时两侧的门要具备互锁功能,确保两扇门不能同时开启;传递室的尺寸必须适应所要搬用物料的大小、气密性好并有一定的机械强度,必要时应有防撞设施。

2. 洁净厂房的室内装修

洁净厂房的构造设计和建筑装修材料的选择应该按照洁净等级、结构形式及特殊的防铜要求等进行。除满足保温隔热、隔音防震等要求外,最重要的是要保证其气密性和建筑装修材料不含铜,同时建筑材料表面不发尘、不积尘(不滞留微粒)。所有的构造设计力求简洁,尽量减少凹凸和不必要的装饰,表面光滑、容易清洁。

应该特别强调,建筑材料是一种不可忽视的铜污染源。随着厂房使用时间的延长,建筑装修材料的质量及其老化程度都可能因铜粉尘的扩散而发生不易觉察的污染。因此,要足够重视洁净厂房的装修设计。表 9-1 所列是对洁净厂房建筑装修材料的性能要求,尤其强调建材、物品和构件不含铜的特性。

表 9-1 洁净厂房装修材料的性能要求

项目	墙体、吊顶	地面	辅助设施(门窗、灯具、开关、插座外壳体)
特性	材料不含铜	材料不含铜,禁用蓝色和绿色的油漆	灯具、开关:密封性好
	表面平整光滑,耐磨性好	耐磨、耐腐蚀性好	插座:采用不锈钢
	耐久、耐冲击性好	不脱落、不易破损	外壳体:选塑料材质
	表面不易吸附尘粒,易清洁	无接缝施工,或接缝少	开关:宜选用触摸式
	不吸湿,不霉变	易清洁、防滑	门窗的气密性良好
	破损、剥离时不易起尘	—	—
材料举例	岩棉、铝蜂窝、薄棉等彩钢板材	环氧树脂、PVC 等	不锈钢定制插座、触摸型开关等

3. 洁净厂房的地面装修

对洁净厂房进行地面装修时,首先,要控制装修材料的含铜量,其次,要求装修材料表面平整、耐磨、耐腐蚀、易清洁。一般采用如下几种形式进行地面装修。

(1)普通环氧树脂地面:以环氧树脂为主材,用固化剂、稀释剂、溶剂、分散剂、消泡剂及某些填料等混合加工而成的环氧地坪漆,结合特定地坪施工工艺装修而成的一类地面。该地面具有耐水性、耐油性、耐酸碱性、耐盐雾腐蚀性等化学特征,及耐磨性、耐冲压性、耐洗刷性等物理特征,并且具有表面光亮、平整、美观、无接缝、易清洗、易维修保养、经久耐用等特点,但要特别注意颜色的选择,要杜绝选用含铜元素的色漆(如蓝色、绿色等),一般情况下可选用灰色漆。

（2）乙烯基酯重防腐地面：适用于要求防强酸、强碱、盐等化学溶剂腐蚀的水泥/混凝土地面及排水沟、碱水池面层或砂浆面层、块材面层与地面隔离层，如电铸用电解液储槽和电铸车间的地面等。

（3）聚氯乙烯软板：是洁净厂房内广泛采用的一种地面装修材料，是以聚氯乙烯为主要材料加工成型的卷材。用法有两种：一种用法是沿房间长度方向浮铺该卷材，对卷材的纵向缝隙进行焊接，四周沿墙角翻起卷材，并使之固定在墙脚处形成踢脚线；另一种用法是将卷材按照需要的尺寸裁剪成块状，用黏胶贴在水泥砂浆基层上，再对拼接缝进行焊接，使之形成整体。这种卷材具有一定的弹性，耐磨损性能较好且不起尘，耐腐蚀、耐温性能好，力学性能较好，材料含铜量较低，能够很好地满足洁净厂房的使用要求。

4. 洁净厂房的墙体和吊顶装饰

洁净厂房内的墙体和吊顶的装修应符合下列要求：

（1）墙板和吊顶表面应平整光滑，无凹凸，不起尘，不储尘，便于除尘，避免眩光，踢脚线不应突出墙面。

（2）不宜采用砌体墙、抹灰墙面。在材料的选择上要注意其本身的铜污染确认，还需要具备阻燃、不易开裂、耐清洗、表面光滑、不易吸水等特性。一般情况下，可选用洁净厂房装修专用的无铜彩钢板。

（3）墙体和吊顶的设计，其缝隙处的气密性尤为重要。为了防止空气从板材的缝隙处内外穿透，必须有将板材的缝隙密封的技术措施。密封分两种情况：一是板材之间，采取密实拼接的形式，接缝以中性玻璃胶密封；二是某些异型接缝，如吊顶与墙体结合处、墙体转向的连接处等应以专用的型材造缝，而后用压条以玻璃胶黏结的方式进行处理，并注意保护接缝处清洁光滑。

9.2.4 洁净厂房的空气净化系统

1. 空气净化系统的设计原则

如前所述，即使是肉眼不可见的、空气中的铜粉尘（粒径小于 129 μm）也有可能造成 HEV 车载镍氢电池的微短路。因此必要时对洁净厂房的空气进行净化处理。相应的空气净化系统的构成应是"空气防铜净化＋温度和湿度空气调节"，这是一个附带防铜净化处理装置的空调系统，简称防铜空调系统。该系统与一般空调系统的设计相比有如下不同：

（1）防铜空调系统控制的参数除包含一般空调系统的室内温度、湿度之外，还要控制房间的洁净度和压力参数。洁净厂房的温度一般控制在 ±1℃，湿度一般要求 ≤75%，压力一般要求 ≥5Pa。

（2）防铜空调系统的空气处理至少要经过预过滤和中间过滤两道程序，防铜等级较高的车间则需要更高级别的过滤等级。同时，过滤器的选择要注意其本身材质的铜污染确认，避免隐形污染。

(3) 对气流的处理要尽量限制和较少粉尘的扩散,减少二期气流和涡流,使洁净的气流不受到污染。要以最短的距离和时间将风送到工作区域,同时风量的要求一般较高,风量与能耗之间的平衡应结合工艺要求、防铜等级、工作人员的舒适度等综合因素确定。

(4) 防铜空调系统的空调设备、风管、密封材料、配件等的材质以及其他相关问题,都要围绕铜污染的零风险进行确认、选择和处理。例如,空调风柜的设计要注意其风机的位置必须采取外置的方式,表冷器及加热器均不能选择铜材,优选材质为不锈钢。风管的制作和安装过程,要注意场地和相关设备的铜污染风险管控,在安装前需按规定进行清洗、擦拭、检测和密封处理。

(5) 完成安装后应围绕防铜规定进行调试和综合性能检测,同时对系统的安装质量和长期使用的可靠性进行检测。

2. 防铜空调系统的设计参数及技术要点

1) 设计参数

(1) 室外设计参数。室外设计参数可根据厂房所在城市或地区的《采暖通风与空调设计规范》(GB 50019—2003)附表中的规定和推荐的数据。若厂房所在城市或地区的《采暖通风与空调设计规范》的相关附表中未列出此类数据,则可借鉴相邻城市或地区的有关数据,或者直接到当地气象部门查阅该地区近年来的气象情况(温度、湿度、风速、常年风向、大气压力等),从而确定所需的室外设计参数。

(2) 室内设计参数。室内设计参数应按照《洁净厂房设计规范》(GB 50073—2013)中的规定,室内温度和湿度范围应符合表9-2中的规定。生产工艺对温度和湿度有要求的,室内温度和湿度参数的确定必须严格按照企业提出的工艺需求确定;生产工艺对温度和湿度无要求的,设计参数的选择参照表9-2中的规定。

表9-2 室内的温度和湿度范围

房间性质	温度		相对湿度	
	冬季	夏季	冬季	夏季
生产工艺有温度和湿度要求	按企业生产工艺要求确定			
生产工艺无温度和湿度要求	20～22	24～26	30～50	50～70
人员净化生活用室	16～20	26～30	—	—

2) 设计负荷的计算

(1) 热、湿负荷的计算:热、湿负荷的计算主要根据下列各项确定。

① 厂房围护结构的传热量、辐射热量。

② 车间内设备和化学反应的散热量、散湿量。

③ 室内照明系统的散热量。

④ 室内作业人员人体的散热量、散湿量。

⑤ 物料的散热量、散湿量等。

上述各项的计算方法在《空气调节设计手册》[16]中有相关的规定,可参考使用。

(2) 冷负荷的计算：冷负荷的指标也需根据上述 5 项内容，对产品、生产设备、原料、车间的围护结构、作业人员的数量、物流情况等进行估算。必要时，还需根据上述各项的某些指标进行测量和计算后确定。

3) 典型通风系统分析

(1) 回风系统：包括一次回风系统和二次回风系统。一次回风系统是在回风可以循环利用的情况下，将回风与新风混合，经过处理后送入室内，这是比较常用的系统形式，也是相对简单的系统形式。二次回风系统是在回风可以循环利用的情况下，先将部分回风与新风混合，经过处理后再与剩余的回风进行混合，再经过处理后送入室内。这种系统形式常用于较高级别、较小工艺发热量的洁净室，二次回风的利用节省了部分再热热量和部分制冷量。

(2) 全新风系统：也称为直流系统。新风经过处理后送入室内，之后不再回风，直接排入大气。这种系统常用于回风不可以循环利用的情况。例如，工艺过程产生腐蚀性或污染性气体的车间或工序。因为全新风系统是直接将室外新风处理到可以作为室内的送风状态，不进行回风循环利用，所以其运行的能耗较大。从节能的角度出发，采用全新风系统时可以考虑在系统中增加相应的能量回收装置。但在防铜洁净厂房内不建议采用该种方式，主要是因为防铜污染的风险管控难度较大。

(3) 净化风淋室：净化风淋室是利用高速的洁净气流吹落并清除进入洁净厂房的人员服装或物料表面上附着的污染物设施。由于进/出风淋室的门有开启时间差，可以起到兼作气闸的作用，防止外部的空气进入洁净区域，同时保证洁净区域可以维持正压状态。风淋室除了有一定的净化效果，它还可作为人员进入洁净区域的一个分界，具有一定的警示作用，有利于规范人员在洁净区域的活动。在洁净厂房内设置风淋室，除满足以上功能外，还要注意风淋室所有资源的铜污染风险识别与控制。例如，风淋室所有材料的无铜化和对铜污染风险的有效防护的认定十分关键，用于提供循环风源的风机及其控制系统的线路板等均要进行铜风险的检测、确认和防护。一般情况下，在防铜车间的风淋室，其构成材料优先选用不锈钢材，其风机的选用要达到防护等级为 IP55 型且无铜线圈裸露的电动机，其控制部分应该在装配完成后增加密封性能良好的保护壳罩，以确保铜污染风险的有效预防和控制。

3. 一般空调系统和防铜空调系统的设置

(1) 一般空调系统要与防铜空调系统分开设置。

(2) 运行班次、运行规律及运行时间不同的系统要分开设置。

(3) 产品生产工艺中某一工序或车间会产生毒性气体、粉尘或对其他工序和车间的生产有不利影响，可能造成交叉污染的，应分别设置空调系统。

(4) 对温度、湿度控制要求有较大差异的系统应该分别设置空调系统。

(5) 空调系统的划分还应结合送风、回风、排风管的布局进行合理处置，兼顾使用方便，避免各种风管的交叉重叠。

4. 防铜空调系统的运行方式

防铜空调系统的运行方式一般可分为集中式和分散式。集中式空调系统是将空调设备功能（新风预处理、制热、制冷、加湿、过滤、风机等）集中设置在空调机房内，用风管将处理后的洁净空气输送到各个区域。分散式空调系统设置在一般的空调环境或要求相对较低的净化环境中，如局部净化、洁净工作台等。对一般需要较大的洁净防铜区域的车间，选用集中式系统。若洁净防铜区域较小或只须进行局部防铜时，则采用分散式空调系统。

9.2.5 洁净厂房的运行管理

1. 对污染源的管控

洁净厂房作为一种典型的受控环境，在其生产运作过程，管理起着重要的作用。没有一整套科学、严谨的管理体系，就不可能保证洁净厂房始终处于生产和科研所需要的受控状态。因此，首先，必须针对洁净厂房内、外污染源及污染途径进行细致的调查分析，制定周密的风险防范规则，形成完整的制度。然后，在洁净厂房生产运作过程中，严格按照规章办事、一丝不苟，控制铜污染风险的发生。ISO 14644 是针对洁净室及相关受控环境，为了将空气中的粉尘控制在合适的级别，从而确保完成对污染敏感的有关活动而制定的国际标准。其中 ISO 14644-5 便是针对洁净室及相关受控环境进行管理指导的"运行篇"。借鉴技术先进国家对专项工程技术，如电气和机械行业制定的洁净厂房的设计和运行管理规范、分析评估方法，结合企业自身的经验，即可归纳出洁净厂房的铜污染风险的评估、防范、对策、管理的工作要点和步骤：查清洁净厂房的污染源及其传播途径；确定对污染物的采样、判据、监测控制方法并制定相关标准；寻找控制污染源的对策，建立相应的监测机制，包括运行管理过程细节和专业人员的培训教育等。

1) 查清污染源

洁净厂房的污染源如下：

（1）人员。尽管现代工厂的机械化、自动化程度普遍较高，直接进入生产车间的作业人员逐渐减少，但是，在洁净厂房的污染源中，占首位的仍然是人。为了防止污染物被作业人员带入，虽然采取了一系列的规范措施，例如，穿戴洁净工作服、帽、鞋、手套、口罩，洗手、风淋；但是存在于人体外表及内衣上的污染物仍可能穿透洁净工作服。此外，作业人员的呼吸等产生的无法避免的污染物，扩散到洁净空气中，也有可能污染环境及产品。

（2）机械设备。机械设备通过电动机驱动运行，在运行的过程中因摩擦而产生的粉尘对环境产生污染。

（3）原料及辅助用品。进入洁净区域的原料及辅助用品等都可能存在难以彻底清洁的细节，而将污染物带入洁净区域。

（4）环境。与洁净区域毗邻或相通的、洁净等级较低的区域或者非洁净区域，由于作业人员、物料的进入，它们所携带的污染空气或黏附在人或者物料上而被带入的污染物，是影响洁净区域内洁净度的另外一个重要因素，因此整个洁净区域需要保持正压，减少通过传递室、门等的污染空气进入洁净区域。在洁净区域外设置风淋室、缓冲区能够有效地隔绝外部气体的进入。在生产过程中因初、中、高效过滤器系统老化或密封不彻底，未经过滤的空气进入洁净区域等都可能形成污染源，必须重点关注。

2）控制污染源的传播途径

查清洁净厂房存在的污染源及其传播途径，是制定洁净厂房污染控制措施的首要步骤和基本条件。只有对各污染源的生成机制、传播途径进行科学的分析，把握其形成、扩散规律，才有可能制定切实可行的控制对策。

污染源传播途径一般通过空气、人、物品。微小的粉尘在空气中扩散或者随着气流运动而接触到洁净厂房的产品，还可能附着在墙体、地面、衣服、设备等表面。当携带污染源的人和物品接触到产品时，会将污染物传播到产品上。

3）防控铜污染源的对策

当掌握了洁净厂房的污染源及其传播途径，就可拟定控制措施。如图 9-7 所示，列出了铜污染源在洁净厂房内传播的一般途径及控制措施。

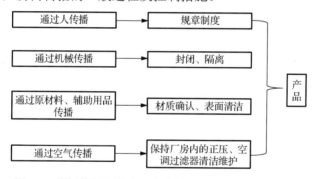

图 9-7　铜污染源在洁净厂房传播的一般途径及控制措施

4）制定防控铜污染源的规章制度

当污染源明确，污染源传播途径也清楚，找到的控制方法经过验证，确认它是有效的、可靠的，就应该针对不同对象制定简明扼要、切实可行的规章制度，保障防控铜污染的效果。规章制度应包括针对人员、设备、原料及辅助用品、空气的传播、厂房内的动线管理、"5S"（整理、整顿、清洁、清扫、素养）管理等方面的管控要点及重要细节。

2. 对出入人员的管控

人员是洁净厂房内重要的铜污染源之一，因此必须尽可能的减少洁净区域内人员活动所造成的铜污染。首先要对进入厂房的人员进行分类，控制进入的数量。与生产无关的人员和未经过培训的人员，一律禁止进入厂房。进入的人员需要遵守洁净区域的相关工作守则，穿戴好全套洁净工作服、洁净鞋，经过人员流动通道进入厂房。洁净室内人员越多，带入粉尘,铜污染的风险就越高。因此,管理人员应该尽可能的控制洁净室内的人员数量,仅允许必需的人员进入洁净厂房。由于许多铜污染问题是因为缺少必要的防铜知识才造成的,所以只有受过防控铜污染知识培训的人员才可进入洁净厂房。洁净厂房内的工作人员应该接受各种防控铜污染知识的正式培训和考试,并且在生产过程中严格遵守洁净厂房的工作纪律。洁净厂房的维修施工人员和外来人员均需要进行相应的防控铜污染知识培训,他们带入洁净厂房的工具和材料也需要进行检测与清洁。

1) 洁净厂房对工作人员身体的基本要求

进入洁净厂房的工作人员应该保持身体健康,有以下状况的人员,可能产生大量的污染颗粒,不宜进入洁净厂房:皮肤晒焦、表皮剥落、瘙痒症状者;患有严重伤风、感冒、打喷嚏、咳嗽者;不注重个人卫生、头发脏乱、头皮屑多者;涂覆胭脂、粉底或未按照规定洗去化妆品、指甲油者;有搔头、挖鼻孔、搓脸、搓皮肤不良习惯者;持有或者带有非无尘类物品或相关规章制度禁止带入洁净区域物品者;吸烟过量者(烟雾在人说话和呼吸过程中能再次喷出);未穿戴或未按规定穿戴好洁净工作服者。

2) 对维修施工人员和外来人员的基本要求

进入洁净厂房的维修施工人员和外来人员,可能会因缺乏相关的防铜污染知识培训,而对洁净厂房造成污染。为此,要遵守下述规定:

(1) 未获得许可者不能进入,只有在经过洁净厂房管理人员的许可后方可进入。

(2) 穿着全套洁净工作服,进入洁净区域时需按照规范流程。

(3) 洁净厂房维修用的工具一般为洁净区域内的现有工具,若必须带入其他维修工具,则必须经过洁净厂房管理人员确认合格后方可带入,必须对工具进行清洗和包裹处理。

(4) 产尘、涉铜维修作业必须进行隔离防护且对维修人员的行走路线进行规定。

(5) 维修施工人员或者外来人员在工作完成后,必须对洁净区域进行现场清洁。清洁时,只允许使用专用的清洁工具。

3) 洁净厂房的人员需要遵守的纪律

洁净厂房管理人员必须订立完整的规则制度,在人员培训中进行宣讲,对培训效果进行验证考试。洁净厂房所有人员必须遵守以下行为准则。

(1) 人员进入洁净厂房必须经过更衣室,更衣室也是洁净区域与外部之间的一个缓冲区。

(2) 洁净厂房所有的门应该随时关闭,避免两个毗邻区域之间的空气流动。

(3) 进入洁净厂房前应该洗手,洁净工作服需要严格按照要求穿戴,不得将头发裸露在外,戴好口罩。

(4) 工作人员在洁净厂房不应有跑、跳、打闹、吃零食等行为。

(5) 不将手机、钥匙等私人物品带入洁净厂房。

(6) 遵守进出通道规定,人员进入风淋室,按照规定周身吹风。

4) 人员进出洁净厂房的流程

人员进入洁净厂房必须除去私人物品,进入前需要更衣。更衣流程在更衣室内完成,更衣室分为两个区域:一次更衣室(更换过渡服)、二次更衣室(更换洁净工作服)。经过两个区域后,方可进入洁净厂房。

5)培训与考核

洁净厂房管理部门需要对洁净室相关人员制订教育培训计划并形成相关制度,操作人员要经过培训与考试,考试合格后持证上岗。在日常生产中也要对操作人员随时加以监督及考察,以确保其严格履行各项规定。

(1)参加培训的人员:生产操作人员、生产管理及巡视人员、工艺技术与检测人员、设备维修人员、施工人员、清洁人员及来访人员。

(2)培训课程的内容:洁净厂房的基础知识、进入洁净厂房人员的管理、进入洁净厂房的物料及设备的管理、洁净厂房的日常 5S 管理、洁净厂房的动线管理、洁净厂房污染控制等。

针对不同的对象制定不同的培训方式、培训内容与教程,其中,洁净室生产操作人员与生产管理人员为重点培训对象。经过考试合格后,才适合进入洁净室工作。针对新进人员的培训也应该纳入上岗培训中。

3. 对设备的管控

本节讨论的设备管控是针对固定设备而言。

1)固定设备的进入程序

(1)洁净厂房的设备应该选材精良,对大型设备,尽量按 9.3 节的防铜要求设计和生产。若有困难,至少应提供设备所有零部件的材质清单,包括表面处理明细,以方便后续的防铜工作。

(2)已经进入洁净厂房被安装到位并投入正式运行的大型设备,若被再次移动,重新落位安装则被称为"动态"进入洁净厂房。此举将对洁净环境造成较大影响,应该在管理计划中尽可能地排除。因为在这种特殊情况下,很难保证在导入设备的同时,产品质量不受铜污染的影响。正常情况下,大型设备应处于非"动态"状况,常在被称为"空态"或者"静态"条件下导入洁净厂房,避免在导入设备的过程中增加对环境的铜污染。

2)固定设备的安装

(1)在设备安装阶段,应用临时的隔墙或者隔断把设备所在位置与洁净区域隔离,形成一个隔离区。为不妨碍设备的安装,在设备周围应该留下足够的空间。

(2)在进入隔离区的门口,应该设置一个前室。在前室门口设置沾灰垫以除掉鞋底附着的异物。人员进入隔离区时需要更换衣服、穿鞋套或穿隔离区专用鞋;离开隔离区时,脱下这些衣物。

(3)隔离区的气压相对于周边区域应该维持负压,对完全封闭的隔离区,则应该停止洁净空调送风,减少安装时产生的铜污染物向外扩散。

(4)事先要制订详细的设备导入和安装计划,明确隔离区与周边区域的监控方法和铜检测频次,能够及时发现铜污染是否由隔离区向外渗透。

(5)在设备完成导入和安装后,清除隔离区内的铜污染,对墙体、地面、设备、房顶等所有表面，都要用真空吸尘器清扫、清洁及擦拭。要特别注意对设备的护板里面与比较隐藏的部位进行清洁，完成清洁后要对现场进行铜反应试剂检测。

（6）在清洁工作完成后，可对设备的运行和性能做初步测试，最后的验收测试还需要在完全的洁净环境中完成。在洁净厂房未投入生产前拆除隔断墙，隔断区域内用于临时阻断的送风口，应开始恢复送风。

（7）在隔断清理后，设备所处位置恢复正常状态，需要进一步清洁设备和室内所有物品及地面、墙体。清洁顺序应该遵循从高处到低处的原则。

（8）对于设备的转动部位，应尽量减少磨损及产生尘埃。对于产生尘埃的部位应该选择密封或者隔离在洁净区域外。置于洁净区域的设备应建立清洁、点检机制，减少积尘污染。

3）固定设备的维护与维修

（1）设备需要定期的维护与临时维护，无论是设备的维护还是维修，都不能造成洁净厂房的铜污染。维护、维修工作完成后要清洁设备表面，防止铜污染物的残留。

（2）凡是要进行维修的设备都应该移出洁净区域，如不能移出，则应该将需要维护、维修的设备与周围的洁净区域隔离开来。把所有的产品移动到适当的位置进行防护。

（3）在隔离区进行维护、维修的工作人员，不应该与生产人员接触。进入洁净厂房的维护、维修人员，应该遵循规范，穿着专用洁净工作服。维修完毕后对该区的设备进行清洁，达到规定要求。

（4）进行维修的工具、工具箱等，在进入洁净厂房前都应该彻底清洁。维修用的工具和零配件避免直接放置在地上或者设备上，应进行包裹。

（5）维修人员若需要进行钻、锯等作业，则尽量在室外完成；若必须在室内操作，则应该施行罩盖、遮蔽等防尘、防铜措施。

4. 对原料及辅助用品的管控

（1）对进入洁净厂房的原料及辅助用品，从选用、包装到进入洁净厂房的程序等都必须严格管理，并进行必要的监测与监督。

（2）物料的选择。洁净厂房内使用的各种原料及辅助用品，必须经过铜污染风险确认，并需通过手持式 XRF 元素分析仪对其材质所含元素进行确认不含铜，确保不会对洁净室造成污染之后，才可以在洁净厂房内使用。同时，设立无铜质保凭证，存档备查。

（3）进入洁净厂房的常用原料及辅助用品的主要类别。

① 原料类：聚氨酯海绵、纸芯、镍块、镍靶、硼酸等。

② 电器仪表类：钳形表、秒表、手持式 XRF 元素分析仪、风速仪、万用表、测温枪等。

③ 电气工具类：电动磨钻具（一般在洁净厂房外使用）、标准件等。

④ 金属材质工具类：扳手、游标卡尺、钳子、锤子等。

⑤ 易耗品杂物类：笔、烧杯、塑料袋、手套、口罩、拖把、水桶、抹布、纸张等。

在选用洁净厂房使用的所有物料时，不仅要适合生产需求，同时必须关注是否会产生铜污染。对有可能产生铜污染的物料，应该优先选择替代品，还应进行隔离或者密封使用，并且验证对产品不会造成影响。

（4）对进入洁净厂房的原料和辅助用品，必须按图 9-8 所示的流程进行；对进入流程前的所有原料和辅助用品，应根据物品的大小选用自封袋进行包裹，并按规定要求进行表面清洁处理，之后进行表面铜反应试剂检测，检测结果必须显示物料表面无铜。

（5）原料和辅助用品必须通过传递室传递才可进入洁净厂房。为了减少传递过程中铜污染物的侵入，传递室通常使用双重门，分两次传递：物品进入一次传递室，人员更衣后在缓冲区对物品表面再次清洁；然后将物品放入二次传递室，由洁净厂房内部的人员负责接收原料和辅助用品。

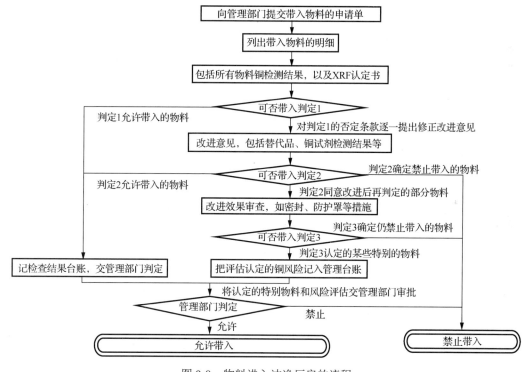

图 9-8　物料进入洁净厂房的流程

5. 对厂房内动线的管控

"动线"指由人、物在室内移动的点连接起来的线。为方便动线的管理，需要将厂房划分为洁净级别不同的区域。

1）区域划分规则及管理

（1）厂房内各区域的命名可用字母代替，定义为 A 区、B 区、C 区。

① 特别清洁区（A 区）：生产的主要区域，属于洁净级别高的区域。

② 准污染区（B 区）：与特别清洁区、污染区直接相连的区域，属于洁净级别居中的区域。

③ 污染区（C 区）：与外界直接接触的区域，属于洁净级别较低的区域。

（2）区域的工程隔离。

① 根据划分的区域进行工程隔离，保证相邻区域不存在交叉。各区域间的门、窗采用密封设计，在正常情况下禁止开启，并且设有防止开启的措施。

② 在区域与区域之间的通道设置缓冲区，在人员动线缓冲区设置风淋室，人员由洁净级别低的区域向洁净级别高的区域移动时，使用风淋。在材料动线缓冲区使用传递室，以避免不因缓冲区造成区域与区域间的交叉污染。

2）各区域人员、物品进入须遵守的规则

（1）特别清洁区（A 区）：人员和物料清洁之后才可以进入；人员从准污染区（B 区）进入前，需要洗手后换专用洁净工作服、洁净鞋，经二次风淋后才能进入 A 区；物料需要清洁后通过传递室进入 A 区。

（2）准污染区（B 区）：人员和物料不能直接从外部进入；人员从 C 区开始换鞋，经风淋后进入 B 区；物料从污染区（C 区）进入 B 区，需要清洁后通过传递室进入。

（3）污染区域（C 区）：人员和物料直接进出。

（4）货物的传递。传递室仅用于货物的传递，人员不能通过传递室在不同洁净等级的区域内活动。货物从洁净级别低的区域进入洁净级别高的区域时，首先由洁净级别低的区域操作人员将货物外表擦拭清洁后，转入传递室，并且关闭洁净级别低区域的传递室门，洁净级别高的区域操作人员进入传递室，将货物转入洁净级别高的区域，并且关闭洁净级别高的区域传递室门。货物从洁净级别高的区域进入洁净级别低的区域时，由洁净级别高的区域人员将货物置入传递室，并关闭高级区传递室门，再由洁净级别低的区域人员，将货物移至洁净级别低的区域。若工作人员需要进入传递室内部进行更多操作，则由洁净级别较高区域的人员进入传递室内完成操作。

（5）对区域内的空调温度、湿度、正压值，应根据产品的需要编制相关文件，满足产品温度、湿度、正压值要求。对空调温度、湿度无特殊要求时，以员工感觉良好的舒适度为宜。

3）动线管理

与动线有关的规定至少包括以下内容：施工动线、人员动线、参观者动线、物流动线、携带物品动线、空气动线。动线的设计原则为单向流动，不能出现重复。人与物的动线尽量分离，尤其在区域交界处，人员入口与物料入口处必须分开设置。具体管理方式如下。

（1）施工动线根据施工位置在施工前临时设定，遵循动线设置人员与物料分开设置的原则，除特别需要外，施工动线应尽量采用正常生产动线，并遵守相关规定。

（2）人员动线：规定工厂内人员的动线，其中涉及人从不同区域通过时需要采取的洁净措施，如风淋、洗手、更换洁净工作服等；员工作业的区域与参观者动线要区分开，仓管人员禁止从仓管通道进入 A 区。人员风淋位置两侧都必须设置沾灰垫，用于鞋底的清洁。再设置镜子和标准的着装状态，用于自查更衣是否合格。员工在设备附近的动线和需要停留场所的动线也需要一并考虑。防止员工用不必要的行为而造成异物的污染。也需要通过此动线的检验，不断选择和确定员工最佳的工作动线。

（3）参观者动线：在 A 区外设置参观者行进的动线，若无特殊要求，参观者动线即可对车间内部情况完成参观，无须进入 A 区内。

（4）物流动线：规定工厂内原料、各工序制成品、成品、泡沫镍产品的物流动线，其中涉及不同区域的搬运项目，要规定区域间搬运原则及防护措施，如通过传递室、进行包装防护、擦拭包装等。

（5）携带物品动线：物料和携带物品（以下简称物品）的动线应按照物料进入洁净厂房的规定执行。具体流程参考图 9-8。对准入的物品，应列清单张贴在物料通道门口；对进入洁净厂房的物品，应实施管控。初次进入的物品属于新增物品，应列入新增物品一览表，并需经过管理部门的铜污染确认，准许后方可由物流通道或传递室进入洁净厂房。

（6）空气动线：在防铜空调系统中必须加入高效过滤器，并制定过滤器更换维护标准及更换频次，防止将外界未经过滤的风或过滤质量不合格的风送入洁净区域。洁净区域相对室外或洁净级别较低的区域应有适当的正压差，相邻的不同级别洁净区域之间的正压差值为 5~10Pa。不同洁净级别的各级区域应维持梯次的压差，通过缝隙的气流应是由高级别洁净区域流向低级别洁净区域，由低级别洁净区域流向走廊，再流向室外。在各个进口处均设置两道门或者缓冲区，防止因开门而将污染物传入。

6. 洁净厂房的日常"5S"管理

"5S"管理是指整理（Seiri）、整顿（Seiton）、清扫（Seiso）、清洁（Setketsu）、素养（Shitsuke）5 个项目，因罗马拼音均以"S"开头，而简称"5S"管理。"5S"管理起源于日本，逐渐在国际上流行，成为企业生产管理中简单明了的一种规范化的现场管理模式。通过 5S 管理可以有效地营造一种科学、文明、整洁、高效、井然有序、一目了然的工作环境，培养员工良好的职业习惯，达到提升人员责质进而提升产品质量的目的。一般企业生产管理中的"5S"有如下规范化的定义[17]：

（1）整理：区分要与不要的物品（包括实物、工具和资料、文件），现场只保留必需的物品。

（2）整顿：必需品摆放整齐有序，明确标示。

（3）清扫：清除现场内的脏污，清除作业区域的废料垃圾。

(4) 清洁：将整理、整顿、清扫方法以文件方式形成制度规范，维持管理。

(5) 素养：人人按规章操作、依规则行事，养成良好的习惯，使每个人都成为高素质的人。

图 9-9 所示为泡沫镍生产企业洁净厂房"5S"管理示范点的一角。关于"5S"管理的目的、意义、要点，虽然都有规范化的解释，但是不同企业会结合自身的特点有针对性地制定不同规则和实施细则。

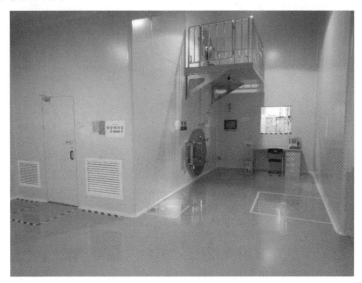

图 9-9　泡沫镍生产企业洁净厂房"5S"管理示范点的一角

9.3　洁净厂房内生产设备的防铜设计与管控

泡沫镍生产设备除 9.2.5 节"洁净厂房的运行管理"第 3 点"设备的管控"涉及的固定设备的进厂、安装、维修等方面与防铜有关的问题外，还包括对设备的设计、选型、制造和管控的各个层面与无铜化和防止铜污染有关的问题。设备结构、零部件选材、机械传动方式、零部件的表面处理等技术细节分述如下。

1. 配电设备

1）配电柜

配电柜是提供大功率或者多通道电源的输出设备，其内部包含配线电缆、动力电缆、接线盒、铜汇流排引出端、铜接线端子、断路器、保险装置中的熔断器、接触器、继电器、电源开关等大量铜质零部件。

2）控制柜

控制柜是控制大功率或者多通道电能输出的设备，兼备较复杂的控制功能。控制柜内

第九章　泡沫镍的无铜化生产

部包含电源开关、保险装置、继电器（或者接触器）、PLC、变频器、控制器、伺服系统、滤波器、电抗器、RC 元件、电磁阀、气动三联件等大量铜质零部件。这些包含大量铜质零部件的电气设备数量较多，使用范围很广，铜污染风险很大，因此，在电气设备设计之初，就应制订将生产泡沫镍的主体设备与配电柜及控制柜相分离的方案，并将此方案贯彻到洁净厂房的布局中，以整体隔离的形式将配电柜、控制柜与主体设备分别设置在两个完全隔离的区域，彻底消除配电设备对洁净生产区域的铜影响。

2. 导电装置

1）电缆和电线

电缆和电线产品的结构元件为铜线，铜线中铜的纯度在 99.95% 以上。有的电缆和电线产品还采用无氧高纯铜导线制成，主要材料为铜、铝、铜包钢、铜包铝等导电性优良的有色金属，如裸铜线/镀锡线、单支线/绞线、绞后镀锡等。因为这些电缆和电线的电阻率小，电流的热效应造成的能量损失也小，因此在电气设备中，多采用铜制作导线。但是，生产设备在使用中，因工况条件不良和长时间的使用，电缆和电线因老化、绝缘胶层破损等原因造成铜线裸露，以及因为摩擦或磨损形成的铜尘微粒，都是防不胜防的隐患。这类问题，可以从布线方式的设计上加以解决。例如，所有工况条件要求严格的电缆、电线全部采用隐形线槽预埋的技术方案，不允许电缆、电线完全暴露在洁净生产环境中。

2）导电排

导电排通常分为铜排、铝排两种。铜排又称为铜母线、铜汇流排、接地铜排，是由纯铜板条制成的，多用于大电流导电和电源与电气设备的连接。在泡沫镍生产的众多工艺、工段中必须采用铝排替代铜排，并且在紧固件配合处，可采用锡箔、锡覆层消除因铝材氧化造成的接触电阻较高的弊端。

3）铜接线端子

接线端子常用于电缆末端的连接和续接，按照强电线头国家标准的规范，电缆末端连接均须使用对应的接线端子。多股铜线截面积大于 10 mm^2 的宜使用铜接线端子。铜接线端子有表面镀锡和不镀锡两种。材质可为紫铜、黄铜。可以通过课题研究的形式，开发电缆末端连接用的铝接线端子。基于铜的密度比铝大，单位体积内铜比铝允许通过的自由电子多，所以铜的导电性能比铝好。铝的电导率约为铜的 62%，密度为铜的 33%。在电阻相同的条件下，铜和铝的体积比为 0.618，质量比为 2.03。可见，若用铝代铜接线端子时，铝接线端子的体积会增大，因此，形状和尺寸适宜的铝接线端子及导电性能优良的非铜质铝合金接线端子的开发，必须通过课题研究和试验验证，才可进行设计和制造，实现替代。

4）插座和插头

插座的导电结构由铜片、连接件等构成，制作材料均为黄铜、锡磷青铜或红铜，具有良好的导电性且不易变形。插头有棒状或板状，与电源插座配套使用，制作材料均为黄铜、锡磷青铜或红铜，部分表面进行镀铝或镀锡处理。为了减少铜污染，已经开发出了非铜材质的电源插座和插头产品，防铜洁净厂房内应全部使用这类插座与插头。

5）导电环

导电环即水银滑环，是以水银为流体介质的一种导电旋转接头，又称为旋转连接器，作为电铸设备上动态导电的关键零部件。与传统碳刷滑环不同的是，导电环以液态水银为导电介质，将固定端与旋转端集成在一起，旋转自如，导电性良好。其环体外壳为铝合金或不锈钢材质，旋转连接器、旋转导电轴、紧固螺丝都为纯铜。可采取以下措施解决导电环带来的铜污染问题：

（1）基于导电环构造的整体性及制作工艺的特殊性，泡沫镍生产企业可联合导电环生产厂家共同开发非铜材质的导电环。结合上述铜零件功能上的特性，开发其他可替代铜的金属材料。替代过程必须设计周密的试验。

（2）试验内容包括选择不同的替代金属（性能不同的铝合金）、极限电流、工作环境温度，根据不同材质合金在不同工况条件下的使用状况，与铜导电环的工作状况进行对比，并在电铸生产线上实际应用 6 个月以上，以此判断铝合金材料制作的零部件的可替代性。

3. 传动机构

传动机构的主要设备为电机，电机由定子和转子组成。常用电机分驱动类电机和控制类电机两种，前者用于较大功率的机械传动，后者又分伺服电机（可使速度、位置的控制精度非常准确）、步进电机、调速电机。在电机结构中大量使用高导电性和高强度的铜合金，主要用于定子、转子和轴头等，定子和转子的绕组漆包线也为铜质。对传动机构采取的防铜对策如下：

（1）在满足工艺要求及设备功能需求的前提下，选用密封性能良好的电机（如防水电机、防爆电机）。

（2）对因设备功能需求必须要使用到的、同时又有潜在铜污染隐患的电机，在设计上应根据电机的外形结构、安装位置采取妥善的密封防护设计，在防范铜污染影响的同时，还应保障电机本身的散热效果。

4. 控制机构

1）控制箱

控制机构中的控制箱内的零件组成和铜污染风险，与配电机构的配电柜、控制柜的高度类似，可以充分借鉴后者关于铜污染风险分析和制定防铜对策所采取的设计思路和技术处理方法。例如，把控制箱与主体设备分离，甚至可将控制箱置于洁净厂房外，还可把洁净厂房的设备运行控制方式由按钮开关改为人机界面操作等。

2）特殊按钮和开关的处理

按钮或开关通常用来接通和断开控制电路，其内部均有铜质零件。它们是电力拖动中应用十分广泛的、用于发出指令的低压电器。即主令电器。在电气自动控制电路中，以手动发出控制信号，对接触器、继电器、电磁起动器等实施控制。对按钮、开关采取的防铜对策如下：

（1）针对设备运行及操作过程中必须使用或配置的少量启/停开关、急停按钮类，通过对内部结构的解析及外壳材质分析，明确可选用的类型，如密封型防水开关、按钮，外壳为无铜材料。

（2）每个开关、按钮在安装时须配装密封防护盒。

5. 表面防护装饰性电镀层零部件

1）防护装饰性电镀层

为了改善电气设备零部件的耐蚀性和外观，常对不同材质的零部件表面镀覆防护装饰性铬镀层，该镀层为多镀层金属的复合。可以是"铜+镍+铬"镀层，也可以是"多层镍+铬"镀层。前者为传统电镀工艺，性价比适合量大面广的应用领域。在大多数情况下，电气设备的零部件都采用"铜+镍+铬"工艺。该工艺由于选用了多孔隙的光亮镍和装饰性铬镀层工艺，在较为恶劣的腐蚀性环境中，如电沉积车间，该镀层中的铜会因微电池效应以腐蚀产物碱式碳酸铜的形式，穿透镍、铬微孔，弥漫到零部件表面，其微粒可能落入电沉积槽，不同电位下以铜单质或铜镍合金的形式，电沉积到泡沫镍上。因此，为规避"铜污染危害"可选择采用"多层镍+铬"工艺的防护装饰性铬镀层。该工艺是为高耐蚀性、高附加值应用领域开发的，适合防铜应用。电气设备上常用到的装饰类镀铬标准件主要有三种：接头、磁铁、光电开关。

2）镀覆防护性铬镀层的零部件

（1）接头。又称为快速接头（自锁接头），是一种不需要工具就能实现管路连通或断开的接头，在机械设备中广泛用于气体、液体的快速联通。快速接头连接部位作为紧固功能的卡圈多为铜片，部分密封件也用铜材制作。

（2）磁铁。钕铁硼永磁材料是一种化学活性很强的粉末材料，质硬且脆，易被氧化腐蚀。目前采取的最有效的防腐办法就是对磁铁表面进行电镀处理，市场上多采用"镍+铜+镍"的电镀工艺。

（3）光电开关。光电开关也称为光电传感器，具有精度高、反应快、无接触等优点。光电传感器的原理：电器件将光的强度变化转换成电信号的变化，从而实现对过程的控制。其主要结构由三部分组成：发送器、接收器和检测电路。其中，发送器及接收器为专用集成电路，均为铜件；传感器外壳为防护装饰性镀铬的表面，大部分采用"铜+镍+铬"的电镀工艺。

3）防铜对策

（1）对设备上的零部件明确规定：禁止选用铜件，禁止选用以铜为基体的电镀件和含有铜镀层的电镀件。

（2）设备上的零部件在使用前必须通过材质的确认，包括零部件表面镀覆层材质的确认。

（3）针对气管接头、磁铁、光电开关类含铜镀层的标准部件的管控方法分别如下：采用全不锈钢或全塑料材质的接头；将磁铁表面处理的方式（"镍+铜+镍"）改为双层镍或三层镍电镀工艺或其他不含铜镀层的表面处理工艺；光电开关内部的集成电路所使用的铜线表面镀银或金，外壳选用"多层镍＋铬"电镀工艺。

6. 行车

行车的运动原理是由大车的纵向、小车的横向及吊钩的上下三种运动组成的。而其中大车运行系统及传动、小车运行系统及传动、升降系统传动及起重等主要的动力来源都是电机，因而整个运行系统配置有大量的电机、导电装置、电阻器、行程开关、控制设备、配电箱、信号装置、照明设备等电气设备，其零部件使用了大量铜材。行车游走于高空和几乎整个生产车间，将不可避免地产生难于控制的铜污染，故应采取如下防铜对策：

（1）取消行车在洁净厂房内的运用。

（2）开发符合洁净厂房使用的小型手动叉车或电动叉车。

第十章　泡沫镍产品的质量管理

像所有制造业的产品一样，泡沫镍的质量也是由产品设计、生产过程控制和产品质量管理3个环节决定的。这3个环节以不同形态（动态的或静态的）和内容，体现产品质量的保障要求。前两个环节主要体现在泡沫镍制造的技术路线、生产工艺和设备上，包括现阶段产业升级的绿色制造和智能生产的若干技术创新。

本章论述的内容属于产品质量管理环节，主要包括"泡沫镍的主要质量指标及其检测方法"和"泡沫镍生产的质量管理体系"两大部分，分别侧重技术和管理。本章特别收集了泡沫镍质量管理体系中企业应用的 ISO 90001 标准，强化和提高质量管理水平的经验和工作环节，这些内容也是现阶段中国产业升级有必要学习和研究的内容。

泡沫镍的质量指标及其检测方法在国家标准《电池用泡沫镍》（GB/T 20251—2006）中有所涉及。长期以来，泡沫镍主要作为镍系列二次电池极板的基板（常称为骨架）。正因为如此，在制定关于泡沫镍的国家标准时，也针对电池的需求，界定了泡沫镍的诸多性能指标和试验方法。基于严谨要求，特别在标准名称上强调"电池用"。

随着技术的进步，泡沫镍的应用领域不断扩大。即使在电池领域，泡沫镍的应用也在拓展，由一般应用开发拓展到了动力、大容量储能，从便携式电器拓展到了电动汽车[1]。因此，本章在国家标准《电池用泡沫镍》（GB/T 20251—2006）的框架下介绍泡沫镍质量指标及其检测方法，由于产品的实际市场需求和应用的扩大，泡沫镍生产企业的技术进步和创新，在内容上更为丰富。相关内容今后还会不断推陈出新、延伸和改进，从质量层面，体现泡沫镍技术的创新成果。

泡沫镍除了在图 10-1 所示的圆柱形镍系列二次电池得到应用，由于泡沫镍独特的三维网络通孔结构和电极金属材料性能，在方形镍系列二次电池和其他电池体系中也得到开发和应用。

泡沫镍在镍系列二次电池极板中之所以被称为基板或骨架，是因为它是活性物质的载体和电子传导的集流体，如图 10-2 所示。该图中的"球形亚镍"为泡沫镍承载的正极活性物质。

电池性能（包括工艺性能和电性能）与泡沫镍质量指标的相关性见表 10-1。表中列出了与电池电性能有关的电池质量指标和电池制造工艺的相关性，进一步列出了这些电池质量指标和制造工艺与泡沫镍质量指标的相关性。

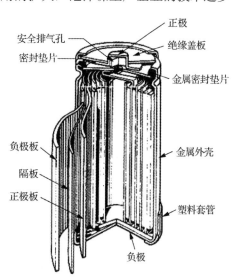

图 10-1　圆柱形镍系列二次电池结构[2]

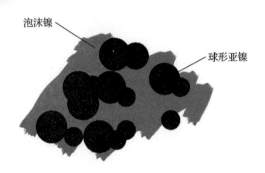

图 10-2　镍系列二次电池极板中的基板（泡沫镍）与活性物质

表 10-1　镍系列二次电池性能与泡沫镍质量指标的相关性

电池性能	电池性能指标/生产过程	与泡沫镍质量相关的指标
电学性能	比容量	PPI、孔隙率、面密度
	内压，内短路隐患	沉积厚度比（DTR）
		铜异物状况
	电池内阻	电阻率、PPI、厚度、DTR、面密度
制造工艺性能	极板生产	尺寸（长度、宽度、厚度）、接头数、外观缺陷、DTR、面密度、PPI
	电池装配	断后伸长率、DTR、面密度

如表 10-1 所示，泡沫镍的面密度、DTR、PPI、铜异物、断后伸长率、电阻率、长度、宽度、厚度、外观缺陷、接头数等质量指标是影响镍二次电池的主要性能和电池生产工艺及成品率的重要因素。需要在泡沫镍的技术设计、开发、生产过程、质量控制中特别予以管控[3]。

10.1　泡沫镍的主要质量指标及其检测方法

10.1.1　外观尺寸及接头数

1. 定义及要求

泡沫镍的外观质量直接影响电池极板的性能，外观不允许存在与极板活性物质填充质量有关的缺陷，如裂纹、压痕、通孔等，一般要求如下：

（1）表面应清洁，呈银灰色，有金属光泽。

（2）允许有轻微的水印、微斑点。

（3）不应有裂纹及目视可见的炭黑、漏镀。

（4）不应有直径大于 2 mm 的通孔、长度大于 2 mm 的镍皮和长度大于 3 mm 的划痕。而且，每平方米内直径为 1~2 mm 的通孔、长度为 1~2 mm 的镍皮和长度为 2~3 mm 的

第十章 泡沫镍产品的质量管理

划痕的缺陷总数不得多于 10 个。

（5）切边后的泡沫镍卷应卷绕整齐。

2. 外观检测方法及设备

对泡沫镍的外观检查，一般采用人工目视检查的方式。例如，采用外观限度样品目视比对检查或用游标卡尺测量，如图 10-3 所示。外观检查要求在光线充足的环境下，以确保检查效果。

同时，为提升外观检验员目视检查的可靠性，可考虑运用外观检查 Kappa（卡帕）分析法（见图 10-4）对外观检验员的测量能力进行评估，并有针对性地对外观检验员进行诸如 MSA 系统分析的培训，提升其测量能力。达到培训要求后，外观检验员才可以上岗操作。

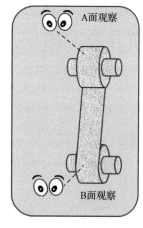

图 10-3 采用外观限度样品目视比对检查或用游标卡尺测量

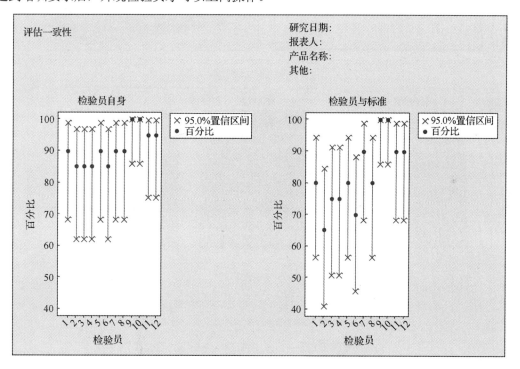

图 10-4 泡沫镍外观检查所用 Kappa 分析评价图

随着科学技术的进步，泡沫镍的外观检查，可以导入自动外观检查替代人工目视作业。自动外观检查机简要原理及使用方法说明如下。

（1）原理：利用相机拍摄待测样品图片，然后通过算法计算，得到待测样品的相应参数，再把这些参数与标准缺陷样品的相应参数比对，做出合格与否的判断。泡沫镍自动外观检查原理示意如图 10-5（a）所示。

（2）方法：首先，完成对标准缺陷样品建立标准的步骤（简称"建标"或"标定"）。即通过特定的布光方式，将 LED 光线照射在标准缺陷样品上，使相机能清晰地拍摄到标准缺陷样品外观缺陷的图片；通过算法计算，得到标准缺陷样品外观缺陷图片的参数，建立标准。然后，以上述同样的方式得到待测样品的外观缺陷图片，并通过算法计算，得到待测样品的相关参数；将 2 组参数进行对比，当待测样品的相关参数达到"建标"的参数时，即可判定其为不合格产品。不合格缺陷如图 10-5（b）所示。

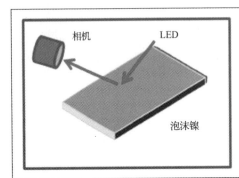
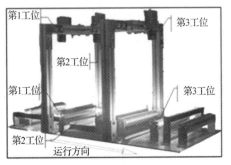

（a）泡沫镍自动外观检查原理示意

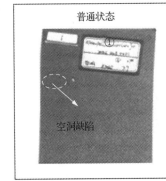

（b）异常映像图示例

① 表示空洞缺陷限度样本目视时的效果；② 表示相机拍摄到的空洞缺陷图片；
③ 表示相机拍摄到的空洞缺陷与标准参数对比后，判定为不合格。

图 10-5　泡沫镍自动外观检查原理示意图和不合格缺陷

3. 尺寸检测方法和设备

（1）长度：对块状泡沫镍，采用直尺测量；对卷式带状泡沫镍，采用以下两种测量方法：
① 数圈计长法，此方法要求泡沫镍厚度均一性高，且仅适用于厚度≥1.0mm 带状泡沫镍。
② 计长仪直接测量法，此方法仅适用于单一厚度规格带状泡沫镍的长度测量。

采用何种方法测量带状泡沫镍的长度，须由泡沫镍生产企业依据自身情况来确定。

（2）宽度：当泡沫镍的宽度≤0.5 m时，采用精度为0.02 mm的游标卡尺检测；当泡沫镍的宽度＞0.5 m时，采用精度为1 mm的直尺检测。

（3）厚度：采用精度为0.01 mm的螺旋测微器检测。

4. 接头数

对电池生产连续电极板制作而言，泡沫镍接头数过多已被视为最大的缺陷。因此，要求泡沫镍的接头数越少越好，但泡沫镍的接头数与聚酯氨海绵基材的长度、泡沫镍的生产过程质量控制水平、客户的包装标准等因素有关。目前，单段泡沫镍的最大长度约为210m。

接头数的要求和控制一般按客户要求或供需协商，也有部分厂家和客户采取接头加打孔标识的方式。当泡沫镍存在相对严重的不良情况如裂纹时，采取接头的方式进行处理；当泡沫镍存在一般不良情况如压痕时，则采取打孔标识的方式进行处理。

5. 主要质量指标允许偏差范围

泡沫镍尺寸包括宽度、厚度、长度、接头数4项质量指标，其中，宽度、厚度由用户自定或供需双方商定，基于实际要求确定规格，一般而言，泡沫镍尺寸允许偏差应符合表10-2中的要求。

表10-2　泡沫镍尺寸允许偏差

长度[①]	长度允许偏差	宽度	宽度允许偏差	厚度[②]	厚度允许偏差	接头数[③]
＜400 m	±50 mm	≤0.5 m	±0.5 mm	≤2.5 mm	±0.05 mm	每200 m长度内不多于4个接头数，两个接头之间的最短距离不能少于20m
		≥0.5 m	±1 mm			

①③对卷式带状泡沫镍，应采用该指标。
②对厚度大于2.5 mm的泡沫镍，不宜采用该指标，具体规范由供需双方协商确定。

10.1.2　电阻率

1. 定义及要求

泡沫镍电阻率大小直接影响电池的内阻[4]，也是关键性质量指标之一。泡沫镍电阻率与泡沫镍面密度规格、电铸工艺、热处理工艺均有较强的相关性，需慎重进行选择。电阻率的测试较为简单，举例说明如下。

2. 检测方法和设备

1）测量仪器和工具

测量中采用以下仪器和工具：精度为 0.01 mm 的螺旋测微器、精度为 5%的电阻测量仪器。电阻率测试装置的示意如图 10-6 所示。

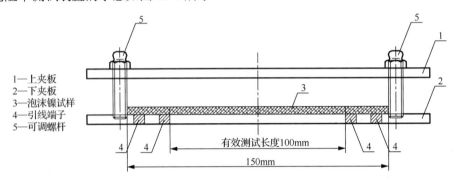

图 10-6 电阻率测试装置示意

2）试样准备

（1）卷式带状泡沫镍。在每抽样卷的首、中、尾、接头处的任意段，分别沿纵向和横向各裁取 3 片尺寸为 50 mm×150 mm 的试样。

（2）片式块状泡沫镍。从每抽样箱中任意抽取 3 片产品然后把它们裁切成尺寸约为 50 mm ×150 mm 的试样。

3）测定步骤

电阻率测试按下述步骤进行：

① 打开电阻测量仪器电源，使仪器预热 30min；待仪器稳定后，进行零点校准和 20 mΩ 量程校准，测量前仪器应处于正常状态。

② 用螺旋测微器分别测量每片泡沫镍试样的厚度。

③ 分别将每片泡沫镍试样置于上、下夹板中间，调节可调螺杆，将泡沫镍试样固定于两夹板中间，使泡沫镍的有效测量尺寸为 50 mm×100 mm，用导线分别将测试装置的引线端子按标记与电桥的相应引线端连接好。

④ 选择电阻箱上的 0～20 mΩ 量程，按下读数键。若在数秒内仪器显示稳定数据，则该数据为该片试样的电阻值。

4）检测结果的计算

按式（10-1）计算每片试样的电阻率，取 3 片泡沫镍试样的电阻率平均值作为检测的最后结果，精确到小数点后两位小数。

$$\rho = \frac{R_x \times 0.05 \times \delta}{0.01} \quad (10\text{-}1)$$

式中，ρ 为电阻率，单位为 Ω·m；R_x 为电阻箱读数，单位为 Ω；δ 是该片试样的厚度，单位为 m。

3. 质量指标允许偏差范围

对于合格的泡沫镍产品,其电阻率一般都能满足使用需求;对于特殊定制的产品,通过对其制造过程的调整,也能使电阻率满足要求。

10.1.3 力学性能

1. 定义

材料的力学性能是指在不同环境下,材料承受各种外加载荷(拉伸、压缩、弯曲、扭转、冲击、交变应力等)时所表现出来的力学特征[4,5]。泡沫镍成品的力学性能检测主要有两项:一项为抗拉强度和断后伸长率,采用拉伸试验检测;另一项为柔韧性,采用卷绕试验检测。

2. 抗拉强度和断后伸长率的检测方法和设备

泡沫镍的抗拉强度和断后伸长率的检测步骤与典型金属材料的应力-应变曲线的检测步骤一致,具体过程如下。

1)试验装置

试验时采用以下仪器和工具:精度为 0.01 mm 的螺旋测微器;与计算机配套的 CMT 2203 微控式电子拉力试验机(见图 10-7),该拉力试验机的量程为 0~200 N。

图 10-7　CMT 2203 电子拉力试验机

2）试样准备

不同类别的泡沫镍分别按以下方式准备试样：

（1）对于卷式带状泡沫镍，首先，从每卷抽样卷的首、中、尾、接头处的任意段取样；然后，用冲样模具制取 5 片试样，每片试样的尺寸约 20 mm×140 mm。

（2）对于片式块状泡沫镍，首先，从各个抽样箱中任意抽取 5 片；然后，用冲样模具制取尺寸为 20 mm×140 mm 的试样。

3）检测步骤

泡沫镍抗拉强度和断后伸长率的检测按以下步骤进行：

① 用螺旋测微器分别测量每片试样的厚度。

② 用游标卡尺分别测量每片试样的宽度。

③ 设定拉伸标距为 100mm、拉伸速度为 100mm/min。

④ 依次将每片试样置于拉力试验机的夹具内夹好，开启拉力试验机拉伸试样。试样被拉断后，拉力试验机自动停止，数据自动输入配套的计算机。然后，手工输入前一步骤测量得到的该片试样的宽度和厚度值，计算机进行数据处理。最后，分别输出该片试样的抗拉强度和断后伸长率的结果。

4）检测结果的表述

取 5 片纵向试样的抗拉强度检测结果的平均值，作为纵向抗拉强度最后的检测结果，数值精确到小数点后一位小数。取 5 片横向试样的抗拉强度检测结果的平均值，作为横向抗拉强度的最后结果，数值精确到小数点后一位小数；断后伸长率检测结果的表述与抗拉强度相同。

3. 柔韧性检测方法和设备

柔韧性的检测一般采用 ϕ25 mm 的圆棒模拟圆柱形电池卷绕的方式进行评估和判断，反复弯折后，观察泡沫镍表面是否出现裂纹作为柔韧性的判断指标，具体检测过程描述如下。

1）试验装置

泡沫镍的柔韧性检测装置原理示意如图 10-8 所示。

2）试样准备

对不同类别的泡沫镍，分别按以下方式准备试样：

（1）对卷式带状泡沫镍，在每卷抽样卷的卷首或卷尾裁取尺寸为 200 mm×300 mm 的样品，经过对压辊辗压至客户订单要求的厚度后，再将样品分别沿纵向和横向各裁取 5 片尺寸为 20 mm×140 mm 的试样。

（2）对片式块状泡沫镍，从抽样箱中的每箱任意抽取 10 片作为试样，经上述卷式带状泡沫镍一样的处理后，各取 5 片产品分别沿纵向和横向裁取成尺寸为 20 mm×140 mm 的试样。

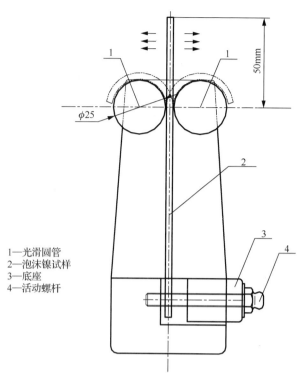

1—光滑圆管
2—泡沫镍试样
3—底座
4—活动螺杆

注：图中细虚线表示泡沫镍试样在试验中沿光滑圆管运动的轨迹。

图 10-8　泡沫镍的柔韧性检测装置原理示意

3）检测步骤

依次将每片试样置于试验装置上，根据泡沫镍试样的厚度调整底座上的活动螺杆，使泡沫镍试样固定于直径为 25 mm 的两光滑圆管之间，并使圆管轴心到伸出的泡沫镍试样顶端的距离固定为 50 mm。然后，按住伸出的泡沫镍试样，用力均衡缓慢地紧贴圆管表面，沿光滑圆管按左右方向连续交替卷绕。卷绕次数按左右两个方向各算一次，直至泡沫镍试样表面任何一处出现 1 mm 的可见裂纹，停止卷绕，并记录卷绕次数。

4）检测结果的表述

取 5 片纵向试样的卷绕次数的平均值作为纵向柔韧性的最后结果，精确至整数；取 5 片横向试样的卷绕次数的平均值作为横向柔韧性的最后结果，精确至整数。

4. 力学性能的允许偏差范围

泡沫镍的力学性能一般包括抗拉强度、断后伸长率、柔韧性 3 项质量指标，但考虑柔韧性多采用人工检测，判据不够精密。目前，大部分泡沫镍供需双方只采纳抗拉强度、断后伸长率 2 项质量指标。

室温下泡沫镍的力学性能应符合表 10-3 的要求。

表 10-3　室温下的泡沫镍的力学性能

抗拉强度/（N/mm²）		断后伸长率/%		柔韧性（不断裂次数）		
纵向	横向	纵向	横向	纵向		横向
≥1.25	≥0.90	≥5.0	≥10.0	厚度≤1.6 mm	≥7	≥15
				1.6 mm＜厚度≤1.8 mm	≥6	
				1.8 mm＜厚度≤2.0 mm	≥5	
				2.0 mm＜厚度≤2.5 mm	≥4	

注：
（1）对面密度为 500 g/m²、厚度为 1.6 mm 的泡沫镍，其抗拉强度值应符合表中的规定；在厚度相同的条件下，面密度每降低 1 g/m²，抗拉强度值应相应减少 0.003 N/mm²；在面密度相同的条件下，抗拉强度值与厚度成反比。

（2）对厚度在 2.5 mm 以上或面密度在 600 g/m² 以上的泡沫镍，不应采用本表中的指标要求，其具体指标要求应由供需双方另行商定。

（3）对孔数高于 110 孔/英寸或面密度≥550 g/m² 或面密度≤300 g/m² 的泡沫镍，不宜采用本表中的柔韧性指标值，其具体数值由供需双方另行商定。

10.1.4　孔数与孔径

1. 关于孔的表征

孔数或孔径是泡沫镍重要的质量指标，常以每英寸长度上孔的数量（Pore Per Inch，PPI）或者以孔（Cell）的直径，作为该指标的表征。泡沫镍的孔是由其海绵模芯的三维网络的结构决定的。关于聚氨酯海绵和泡沫镍的孔，目前有两种约定俗成的表示方法：一种是承袭历史，沿用 PPI 作为其孔特性的表征，在亚洲地区多见；另一种，以材料中的一个网络单元 Cell 的直径值作为表征，在欧美地区常采用。两种表征方法各有利弊，前者形象直观，易于理解，应用方便；后者科学、精准，但需要借助复杂的仪器测量。

聚氨酯海绵分聚酯型和聚醚型两种，由于对聚酯海绵一般采用旋切方式，将海绵泡体裁片生产成带材卷，海绵带材上的孔形在长度方向上会呈现周期性正圆和椭圆交替的形状。不仅如此，孔形还会随机呈现多种形态。另外，海绵的发泡过程是在有重力影响的自然状态下进行的，必然会有孔数多少和孔径大小的差异。就孔数而言，其偏差一般在±15 孔/英寸左右。泡沫镍孔数检测示意如图 10-9 所示。对聚醚海绵，常采用平切方式。由于平切是在一个水平面上进行的，每卷海绵的孔数偏差可控制在±8 孔/英寸左右。

图 10-9　泡沫镍孔数检测示意

第十章 泡沫镍产品的质量管理

正是由于海绵孔结构特征的复杂和随机性,使孔数和孔径虽然定义很明晰,但是其测定方法和测量结果往往具有不确定性,常给商务和技术造成麻烦。泡沫镍孔数多少或孔径大小直接影响泡沫镍的面密度、力学性能和电性能;在电池应用中,还直接影响极板活性物质的充填效果及极板的卷绕质量。一般而言,孔数较多、孔径较小的泡沫镍适用于高容量、动力型电池。因此,综合考虑各种因素,优选适宜的孔数或孔径是泡沫镍的一个重要又相对复杂的技术问题。而且基于聚氨酯海绵和泡沫镍微观三维网络通孔结构的复杂性和不确定性,企图通过理论计算的方法表征材料的孔数和孔径,既繁琐且不确定。不过,随着企业的技术进步,尤其是扫描电子显微镜的普及应用,对于一个确定规格的海绵和泡沫镍,通过实际测量标称其孔数和孔径,已经是一个相对容易的技术问题。

2. 关于孔的检测方法

检测泡沫镍孔数时,需在泡沫镍上取明区与暗区两处位置选取样品,并且是厚度未经辗压的状态。目前,一般采用以下方法进行泡沫镍孔数和孔径的检测。

1)光学显微镜测算孔数(PPI)的方法

将 50 mm×100 mm 的试样置于显微镜下(10×10 倍数),选取长度为 10 mm 直线上的孔数,对每个试样分别检测纵向和横向(孔数)(见图 10-9),再进行计算。

计算式如下:

$$PPI = \frac{纵向孔数 + 横向孔数}{2} \times 2.54 \quad (10\text{-}2)$$

2)超景深电子显微镜检测法

基于不同的目的,可采用超景深电子显微镜检测方法对聚氨酯海绵、泡沫镍半成品及泡沫镍成品进行孔径的测量。一般该方法多用于测量海绵的孔径。作为实例,具体操作如下:

一个特定孔的测量,应选取 100mm×100mm 大小的海绵样块,置于超景深显微镜下,放大 50 倍,找出其中的标准孔。所谓标准孔是指近似圆形且孔棱不存在断裂迹象的孔。聚氨酯海绵标准孔径测试如图 10-10 所示,测量孔内壁的距离时,要求两条测量线垂直,如图中的 a 和 b。

单一标准孔的孔径按式(10-3)计算:

$$\frac{a+b}{2} = D \quad (10\text{-}3)$$

式中,D 为单一标准孔的孔径值。

对于批次海绵孔径的认定,则应选择 5 片如上述尺寸(100mm×100mm)相同的海绵样片,每片上选择两个标准孔,按上述单一标准孔的孔径测量法,分别测量两个标准孔的孔径,即 $(a_1+b_1)/=D_1$ 和 $(a_2+b_2)=D_2$,然后按式(10-4)计算每一样片标准孔的孔径值。

$$(D_1+D_2)/2 = D_I \quad (10\text{-}4)$$

式中,D_I 为第 1 样片标准孔的孔径值。同理,按上述方法测量、计算第 2 样片标准孔的孔径值 D_{II},以及第 3、4、5 样片的孔径值,分别为 D_{III}、D_{IV}、D_V。

图 10-10　聚氨酯海绵标准孔径测试

该批海绵的标准孔径按式（10-7）计算：

$$\frac{D_{\mathrm{I}}+D_{\mathrm{II}}+D_{\mathrm{III}}+D_{\mathrm{IV}}+D_{\mathrm{V}}}{5}=D \quad (10\text{-}5)$$

式中，D 为该批聚氨酯海绵的标准孔径。

聚氨酯海绵制成泡沫镍的过程中，由于受到拉伸、挤压等作用造成的形变，使泡沫镍的孔形变得不规则，因此，行业内常选择聚氨酯海绵上标准孔的孔径作为泡沫镍孔径的表征，这是一种供需双方长期以来磨合的结果，也是一种由于习惯达成的共识，虽然我们也可以方便地将超景深电子显微镜法用于检测泡沫镍的网络单元 Cell 的标准孔径。

3. 关于孔数与孔径的测量误差

如前所述，聚氨酯海绵分旋切和平切两种，采用旋切的聚氨酯海绵模芯的孔数最大规格可达到 130 孔/英寸，但其孔数允许偏差则只能控制在±15 孔/英寸左右。而平切的聚氨酯海绵模芯的孔数最大规格仅能达到 95 孔/英寸，其孔数允许偏差能控制在±8 孔/英寸左右。

泡沫镍的孔径在上述 PPI 范围内的测量值一般为 300～500μm，由于各生产工序对半成品都有不同程度的拉伸作用，使孔径的测量结果有一定的误差。这也是供需双方常常商定泡沫镍的孔径 D 值通常以聚氨酯海绵模芯的 D 值作为替代值的原因。

10.1.5　孔隙率

1. 定义

孔隙率是泡沫镍的重要质量指标之一，是指材料中孔隙体积与材料在自然状态下总体积的百分比[4]。

孔隙率是泡沫镍相对于其他骨架材料（切位网、冲孔镀镍钢带）的重要优势，泡沫镍的孔隙率一般在 95%以上。孔隙率的检测可参考国家标准《烧结金属材料（不包括硬质合金）可渗性烧结金属材料密度、含油率和开孔率的测定》(GB/T 5163—2006) 的规定进行。

2. 检测方法和设备

孔隙率的测量也可采用以下简便的方式进行。

（1）试样尺寸：50 mm×100 mm 规格试样 5 片（要求面密度合格、厚度均匀、有代表性）。

（2）检测工具：裁纸刀、盛放煤油的容器、密度计、量筒、电子天平、镊子。

（3）检测步骤。

① 将煤油倒入量筒中，插入密度计，测得此温度下煤油的密度 $d_{煤}$。

② 将试样置于电子天平上测量质量，记为 m_1。

③ 将称好的试样放入盛有煤油的容器中，待煤油充分浸润后，用镊子轻轻夹出，平行移出煤油液面。在电子天平上测量质量，记为 m_2。

④ 按①②③步骤，重复操作，直到测试完所有样品。

⑤ 将所有试样测试完后，将煤油倒入磨口瓶中回收，将工具冲洗干净，晾干备用。

（4）数据处理。

按以下公式计算每片试样的孔隙率，选取平均值作为该产品的孔隙率。

$$孔隙率 = \frac{(m_2 - m_1)/d_{煤}}{m_1/d_{镍} + (m_2 - m_1)/d_{煤}} \qquad (10\text{-}6)$$

式中，$d_{镍}$ 为镍的密度，其值为 8.9 g/cm³。

3. 质量指标允许偏差范围

不同规格泡沫镍的孔隙率规格相差不大，一般可达 95%以上。

10.1.6　面密度

1. 定义

面密度是指一定厚度的泡沫镍单位面积的质量。泡沫镍面密度是一项关键的质量指标，面密度均一性直接影响电池极板的一致性，也是影响电池成本的重要因素[7]。同时，面密度规格大小的变化，又直接影响泡沫镍的抗拉强度、断后伸长率、电阻率等性能。因此，关于面密度的质量管理一直都备受重视。其测量方法一般采用在泡沫镍卷材的首、尾端破坏性取样，然后在精度为 0.001 g 的电子天平上进行称量，并计算其面密度值。随着电池品质的提升，尤其对于 HEV 车载镍氢电池用泡沫镍，面密度的一致性要求更高，可以采用 X 射线无损检测的方式对泡沫镍面密度进行连续检测。目前，此方法已成功运用于生产 HEV 车载镍氢电池用的高端泡沫镍面密度的在线检测。

2. 检测方法和设备

1）面密度的破坏性检测方法

（1）试样尺寸：100 mm（纵向）×100 mm（横向），误差不超过±0.1 mm。

（2）检测工具：电子天平（精度为 0.001 g）。

（3）检测步骤：待仪器屏幕显示"0.000"后称量，数字显示稳定后再读数。

（4）数据处理：面密度以单片样品取值，采用全部样品的面密度值进行制程能力指数（CPK）值计算，一般要求 CPK 值在 1.33 以上。CPK 值是某项工程或制程水准的量化反应，也是工程评估的一类指标，CPK 值越大表示品质越佳。例如，CPK 值在 1.33 以上，说明制程能力良好，状态稳定。

2）面密度的 X 射线无损检测方法在线测重[7]原理

与可见光和具有一定强度的激光不同，X 射线的强度可以穿过包括多数金属在内的各种物质。利用这一特性，可以开发出连续带状泡沫镍的面密度无损检测的在线设备，如图 10-11（a）中的装置。类似装置的射线源除 X 射线外，还可以选择β射线。工业应用中，因为配套技术方便，采用 X 射线发射源居多，下述以 X 射线发射源为例。

当 X 射线照射到金属板材表面时，一部分被吸收，另一部分直接穿透板材，在射线的接收装置上呈现一定的"穿透强度 I"，穿透强度的强弱与板材的质量 M 有关，I 和 M 存在如图 10-11（b）中的指数函数关系。因此，通过图 10-11（a）装置检测到 I 值，便可方便地由图 10-11（b）所示曲线和公式求得对应的 M 值。

当金属板材为多孔材料时，即如图 10-11（c）所示的泡沫镍时，多孔材料存在各自的孔特性，对其量化，引入了"开孔率 H"的概念。若用 X 射线对泡沫镍进行照射，则会出现图 10-11（e）所示的状态，即一部分射线穿过金属镍时，强度被弱化，而另一部分射线经孔洞而透过。当采用其他光源对泡沫镍照射时，则只会有透过孔洞的光线穿过，为对其量化引入了"透光度 L"的概念。

对于泡沫镍而言，成卷带材在长度方向上不同位置的透光度并不相同，而且呈现周期性的变化，如图 10-11（d）所示。这是因为生产泡沫镍所用的海绵模芯原料为聚氨酯海绵带材，在切片时采用的旋切方式造成的。因海绵的发泡和旋切工艺，造成了带材长度方向上孔形呈现周期性的椭圆和正圆的交替变化，而在泡沫镍生产工序导电化处理、电铸和热处理过程，各工序在制品带材承受的拉伸应力，虽使孔形也有所改变，但上述"椭圆—正圆"周期性变化的规律仍很明显，其结果为泡沫镍带材长度方向的透光度呈周期性变化，如图 10-11（d）所示。

泡沫镍面密度采用 X 射线无损检测的一部分在线测重装置如图 10-12（a）所示。根据上述 X 射线无损检测在线测重原理和图 10-12 所示的应用效果可知，对于相同质量 M 的镍薄板和泡沫镍，X 射线的穿透强度 I 由于孔隙的影响而有所不同，并且不同的孔特性如不同的开孔率 H、相同质量的泡沫镍，在检测质量时也会得到不同的穿透强度 I，如图 10-12（b）所示的"H-I-M"指数函数关系。穿透强度 I 可由式（10-7）计算得到。

$$I = I_0\left[(1-H)\exp(-A\times M) + H\right] \tag{10-7}$$

式中，I 为穿透强度，I_0 为入射强度，A 为物质系数，M 为质量，H 为开孔率。

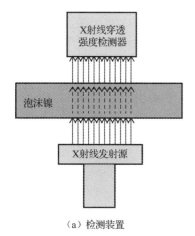

(a) 检测装置

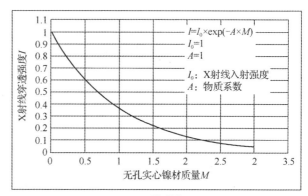

(b) I–M 关系图

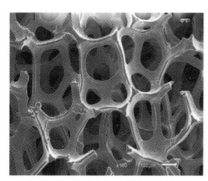

(c) 与开孔率 H 和透光度 L 有关的泡沫镍形貌

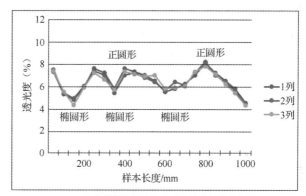

(d) 泡沫镍带材长度方向透光度的周期性变化

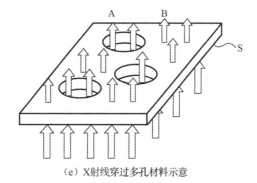

(e) X射线穿过多孔材料示意

图 10-11[7]　泡沫镍面密度 X 射线无损检测在线测重原理示意

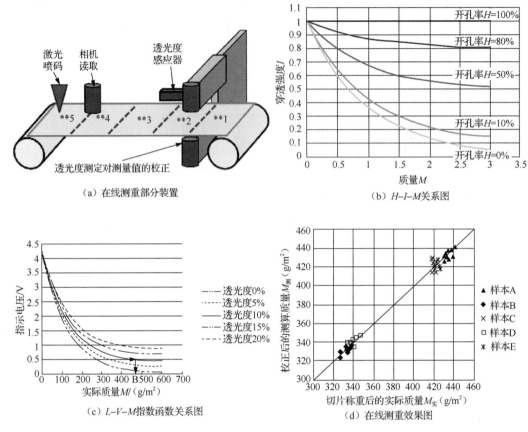

图10-12 泡沫镍面密度X射线无损检测在线测重装置及应用效果[8]

在实际应用中,穿透强度I可以采取光电效应转换成电压值V而测得,开孔率H不宜直接测量,可以将其转换成透光度L进行检测。因为无论采用激光还是普通光源,透光度的测量均为公知技术,方便实施,故可将式(10-7)转化成参数"L-I_V-M"的函数关系,其计算公式为式(10-8)[7]:

$$M = -\frac{1}{A}\ln\left[\left(\frac{I_V}{I_{V0}} - L\right) \times \frac{1}{1-L}\right] \tag{10-8}$$

式中,L为透光度,其值可为0%,5%,10%,15%,20%等,I_V和I_{V0}为穿透强度I转化为对应的电压V的测量值。

在线测重装置使用前应按下述工作步骤进行标定:
① 把待检测的泡沫镍按标准尺寸取样,并把样品放入检测装置的指定位置。
② 对样品的透光度进行检测,并对检测结果作好标记。
③ 对样品进行X射线的I_V值测量,并作好标记。
④ 对样品进行与面密度精度等级适宜的称重,并记录样板的真实质量$M_实$。

⑤ 根据实测的 L 值和 $M_实$ 值，利用式（10-8）对各个 I_V 值进行修正，使之符合式（10-8）的精确度，并求出与各个 I_V 相对应的"校正后的测算质量值 $M_测$"，或"校正后的观测质量值 $M_测$"。

实践表明，经透光度校正后的X射线无损检测在线测重装置得到的测算质量 $M_测$ 值与对应的采用切片称重的实际质量 $M_实$ 值对比后，两值能良好地吻合，如图10-12（d）所示。

3. 质量指标允许偏差范围

对破坏性检测方法而言，面密度检测结果的准确性与其样品尺寸关联性较大。目前，一般采用100 mm（长度）×100 mm（宽度）进行评价，也采用 ϕ35.7mm的圆形样品尺寸进行评价。对方形样品，一般采用裁纸刀进行样品的裁取；对圆形样品，一般采用专用冲样装置制取。无论采取何种制样工具，均须对样品实际的尺寸进行测量，防止因样块尺寸偏差导致面密度测量结果的偏差。

为保证测量结果的准确性，应按上述特定的规范进行检测。此外，因装置涉及放射性等安全因素，需严格遵守设备的操作规程。

目前，主流面密度规格已从最初的 500 g/m² 降至 320 g/m²，甚至部分厂家采用了 280 g/m² 或 250 g/m² 的面密度规格产品。随着面密度规格的降低，泡沫镍的力学性能、电阻率等质量指标均会发生相应的变化。对于面密度 ρ<400 g/m² 的泡沫镍，面密度允许偏差为±8%；对于 ρ≥400 g/m² 的泡沫镍，面密度允许偏差为±7%。

10.1.7 沉积厚度比

1. 定义

沉积厚度比（DTR）是泡沫镍的关键特性，是电池生产企业特别关注的一个质量指标[6]。DTR是指泡沫镍基板断面处，表面与中间层的镍孔棱骨架电铸镍层厚度的比率（见图10-13），它直接决定电池特别是HEV车载镍氢电池的直流电阻的大小。因此，DTR的检测也是泡沫镍质量控制的关键因素之一，一般非HEV车载镍氢电池不采纳DTR质量指标，HEV车载镍氢电池对DTR质量指标更为严格。通过对电铸电流密度的有效控制，可获得较高的泡沫镍DTR[6]结果，但也会对电铸的生产效率产生影响，如何平衡产品DTR质量指标与生产效率、成本之间的关系是泡沫镍产品工艺设计的关键因素之一。

2. 检测方法、仪器设备和步骤

关于DTR的检测，一般采用SEM分析法，即用环氧树脂固化样品，通过扫描电子显微镜获得图像，再利用专门的软件进行在线测量。

1）仪器设备

检测所用的仪器设备是扫描电子显微镜。

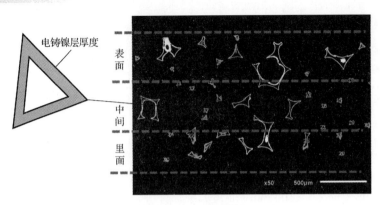

图 10-13　DTR 示意

2）试样准备

（1）对卷式带状泡沫镍，在每抽样卷的首、中、尾、接头处的任意处裁取 5 片样品，每片尺寸为 10 mm × 20 mm。

（2）对片式块状泡沫镍，从每抽样箱中任意抽取 5 片作为试验用样品，并将每片样品裁切成尺寸为 10 mm × 20 mm 的试样。

为保证 DTR 检测结果的准确性，一般采用环氧树脂固化样品，利用研磨机（见图 10-14）对样品进行研磨。

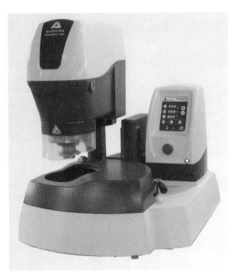

图 10-14　DTR 检测用样品研磨机

3）测定步骤

（1）环氧树脂固化样品的步骤。

① 在精度为 0.01 g 的天平秤上，按环氧树脂:邻苯二甲酸二丁酯:乙二胺=100:20:10 的质量比，先称取 100 份的环氧树脂放在烧杯中，加入邻苯二甲酸二丁酯，充分搅拌后把烧杯放

入 50℃的烘烤箱中烘烤 30 min，直至烧杯内的混合物变透明，取出，立即加入 10 份乙二胺，充分搅拌。

② 将样品放进塑料容器里并灌入上述混合后的环氧树脂，迅速将其移入真空干燥器中，抽真空 30 min，直至无气泡冒出，然后将其移入 50℃的烘烤箱中放置 12h，直至完全固化。

③ 将固化后的样品置于研磨机上用 0~6 号金相专用砂纸打磨样品，直至样品截面达到扫描电子显微镜要求的光滑平整状态。最后，用清水将观察面进行抛光。

（2）DTR 检测。

① 分别将所制样品置于与扫描电子显微镜配套的载体上，用导电胶固定。然后，将附有样品的载体置于扫描电子显微镜中，关闭试验门。

② 通过专用的软件对扫描电子显微镜进行操作,使扫描电子显微镜放大倍数为 50 倍，获取一个截面图像，如图 10-15（a）所示。

③ 分别从整体图像的上、中、下层，选取具有代表性的单元，放大 1000 倍后，测量其镍层厚度，如图 10-15（b）、图 10-15（c）、图 10-15（d）所示。

④ 输入试样必要的附属信息，单击"输出工具"按钮，保存扫描电子显微镜测量放大的图像。

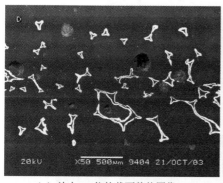

（a）放大 50 倍的截面整体图像

（b）放大 1000 倍的图像下层

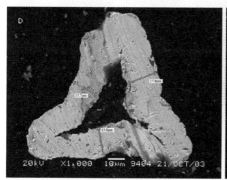

（c）放大 1000 倍的图像中层

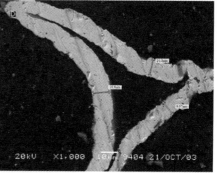

（d）放大 1000 倍的图像上层

图 10-15　DTR 测定图例

（3）测定结果的表述。先分别测量每片试样的上、中、下层镍层的厚度，按式（10-9）计算泡沫镍的 DTR，计算结果精确到两位小数。

$$DTR = \frac{2T_2}{T_1 + T_3} \quad (10\text{-}9)$$

式中，T_1 为图像上层的镍层厚度，T_2 为图像中层的镍层厚度，T_3 为图像下层的镍层厚度，单位均为 μm。

早期关于 DTR 的检测采用人工选取及测量的方式，存在较大的人为误差。目前，动力电池行业的 DTR 检测采用专用软件，自动选取测量单元。专用软件自动选取合适的测量点示意如图 10-16，专用软件自动剔除不合适的测量点示意如图 10-17 所示。

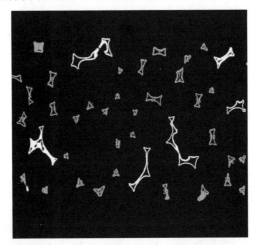

图 10-16 专用软件自动选取合适的测量点示意

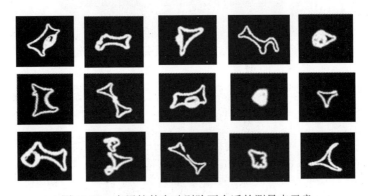

图 10-17 专用软件自动剔除不合适的测量点示意

3. 质量指标允许偏差范围

泡沫镍表面沉积层的厚度与中间沉积层的厚度之比越接近 1，表明泡沫镍厚度方向沉积层越均匀。采用扫描电子显微镜进行表面和中间镍骨架直径的测定，误差较大，目前利用专用软件自动识别和测量,规避了人员选点和测量的误差,这一方法已成为 HEV 车载镍氢电池应用的规范性检测方法。

10.1.8　化学成分及杂质含量限值

1. 定义

泡沫镍的杂质含量限值一般指 C、S、Fe、Cu、Si、P 等的含量限值。采用化学镀镍导电化处理的模芯泡沫镍产品中 P 的含量相对较高,采用涂炭胶处理的模芯泡沫镍产品中 C 的含量相对较高。

2. 检测方法和设备

泡沫镍化学成分的检测可按一般有色金属材料相关分析方法、规范、标准进行,使用的仪器设备包括分光光度计、原子吸收分光光度计、碳硫仪等。泡沫镍的杂质含量限值见表 10-4。

表 10-4　泡沫镍的杂质含量限值

杂质含量(%),不大于下列值					
C	S	Fe	Cu	Si	P
0.030	0.008	0.020	0.010	0.005	0.20

10.2　扫描电子显微镜和能谱仪在泡沫镍质量控制中的应用

扫描电子显微镜[8](SEM)于 20 世纪 60 年代问世,其实物如图 10-18 所示。其基本功能是对各种固体样品的表面进行高分辨率形貌观察。观察对象可以是样品的一个表面,也可以是一个断面。SEM 及扫描电子显微镜与 X 射线能谱仪的配套使用,在泡沫镍的质量控制中发挥了重要的作用。

图 10-18　扫描电子显微镜(SEM)实物

10.2.1 扫描电子显微镜的工作原理及应用

扫描电子显微镜是用电子枪发射高能电子束射到存放在真空室的样品某个部位时,与试样相互作用,产生二次电子、背散射电子以及其他物理信号。其中,二次电子在试样表面逐点扫描是最主要的成像信号,扫描电子显微镜就是通过这些信号得到样品表面的一系列信息,从而达到对块状或粉末颗粒试样进行表面形貌和结构分析的目的[9]。其工作原理示意如图10-19所示[10,11]。

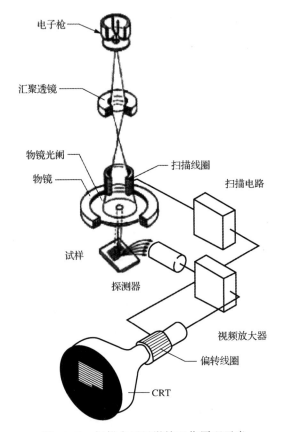

图 10-19 扫描电子显微镜工作原理示意

扫描电子显微镜的用途很广,近年来在电池及电池材料的研究方面受到广泛的重视。扫描电子显微镜与其他一些功能设备配套使用,可以得到更多的信息。除了可以进行形貌分析(表面几何形态、形状、尺寸),还可做显微化学成分分析、显微晶体结构分析等。

在扫描电子显微镜中,一幅高质量的图像应该满足3个条件:
(1) 分辨率高,显微结构清晰。
(2) 衬度合适,细节清楚。
(3) 信噪比好,噪点少。

以上三者之间有着必然的内在联系,其中,分辨率是最重要的判断指标。

常用的扫描电子显微镜配套设备主要有 X 射线能谱仪、X 射线波谱仪、结晶学分析仪等。

在扫描电子显微镜上配套 X 射线能谱仪,能够了解泡沫镍微米级区域内的元素种类与含量。能谱分析的基本原理:各种元素原子的内层电子受到激发之后,在能级跃迁过程中直接释放具有特征能量和波长的一种电磁波,利用不同元素特征 X 射线波长的不同进行成分分析[12],其工作原理示意如图 10-20 所示。

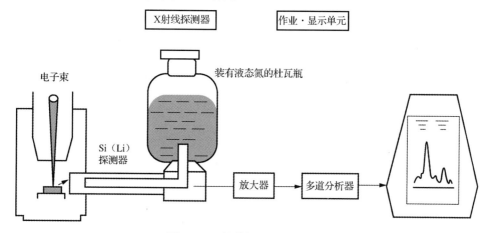

图 10-20　能谱仪工作原理示意

除上述微量元素的定性分析外,若把所含元素在一定时间内所发射出来的特征 X 射线强度累加起来,再与标准样品在相同时间内所发射出来的特征 X 射线的强度进行对比,排除干扰因素后,就可得到每种元素的质量百分比,从而实现定量分析的目的。

10.2.2　扫描电子显微镜应用实例

1. 泡沫镍的形貌分析

扫描电子显微镜最常用于泡沫镍的形貌分析,泡沫镍的形貌一般与加速电压、束斑电流、工作距离、物镜光阑直径相关。大部分扫描电子显微镜对工作距离、物镜光阑直径进行了锁定,获取样品的最佳形貌一般根据下列原则选择检测条件。

① 加速电压效应:加速电压越低,越能反应表面形貌,但加速电压太低,可能导致分辨率不够而使成像不清晰;加速电压越高,分辨率越高,但加速电压太高,可能对样品造成损伤和污染。常用加速电压为 10～30kV。

② 束斑电流的选择:高分辨率时用大电流,低分辨率时用小电流,电流越大,对样品造成损伤和污染越大。

扫描电子显微镜可以用来观察泡沫镍成品在不同放大倍数下的图像,如图 10-21 所示。也可用来对泡沫镍的微观结构进行详细解析,以判断泡沫镍生产过程可能存在的质量异常。

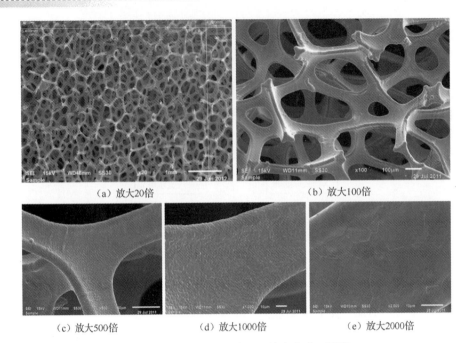

图 10-21　泡沫镍成品在不同放大倍数下图像

例如，根据图 10-22 所示的在扫描电子显微镜不同放大倍数下的真空磁控溅射镀镍模芯显微镜图像，不仅可分析工艺过程中拉伸对镀膜层的影响，而且还发现晶丝表面有白色点状物，分散分布且无规律，其成分检测无异。造成这种现象的原因可能是海绵发泡过程中，有微小聚酯团散落，而真空磁控溅射镀膜过程又在表面镀上了镍。

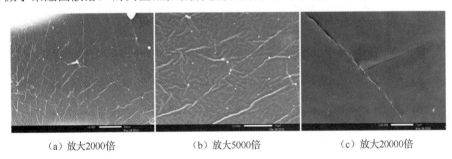

图 10-22　真空磁控溅射工艺制备的泡沫镍半成品在扫描电子显微镜的不同放大倍数下图像

扫描电子显微镜也可用于观察电铸工序的制成品即泡沫镍半成品的微观形貌，在不同放大倍数下观察到的图像如图 10-23 所示。在放大 5000 倍条件下，可观察晶粒分布状况及大小，分析晶粒成型情况；在放大 10000 倍条件下，可仔细观察单个晶粒的形貌。

用扫描电子显微镜观察热处理泡沫镍制成品（见图 10-24），发现在放大 100 倍条件下，可以检测泡沫镍孔棱骨架表面有无异物及其拉伸情况等；在放大 2000 倍条件下，能观察泡沫镍孔棱骨架表面形貌、晶粒尺寸及更细致的表面状态等。同时，可结合泡沫镍半成品的晶粒尺寸作进一步分析。

第十章 泡沫镍产品的质量管理

(a) 放大 5000 倍　　　　(b) 放大 10000 倍

图 10-23　由扫描电子显微镜电铸泡沫镍半成品观察到的图像

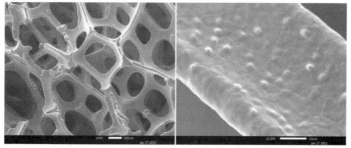

(a) 放大 100 倍　　　　(b) 放大 2000 倍

图 10-24　用扫描电子显微镜观察热处理泡沫镍制成品

扫描电子显微镜还可用来检测热处理泡沫镍制成品的 DTR，如图 10-25 所示。检测时可按客户提出的要求，调节扫描电子显微镜的对比度和亮度，使图像黑白分明。选择合适的观察角度会看到图像中泡沫镍筋条分明，三角形各边平整。图 10-25 正是根据客户要求，对图像软件的筛选条件（面积在 100μm 以下，最大长度在 200μm 以下，孔面积比在 0.03 以下）进行了优化，对泡沫镍各层都选择了合适的观察点。

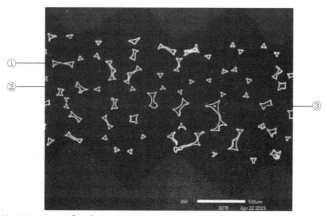

①表示所选取的孔棱面积≤100μm²；②表示所选取的孔棱长度≤200μm；③表示所选取的孔棱表面若有孔，则孔的面积占孔棱总面积比≤3%。

图 10-25　用扫描电子显微镜检测热处理泡沫镍制成品的 DTR

295

此外，扫描电子显微镜还可用来检测泡沫镍上的微观缺陷，如图 10-26 所示。然后，分析缺陷产生的原因并找到解决办法。

例如，当样品厚度从 1.4 mm 碾压到 0.4 mm 后，明显变形，需要确认变形过程和后续退火工艺的选择。因为这种变形量过大会直接造成断裂，这一点可以从泡沫镍存在明显的裂口得到证明。如图 10-26（a）所示的两处裂口周围有明显的撕裂痕迹，晶粒沿变形方向产生了不均匀的形变，裂纹沿变形方向扩展，最终因变形量过大而造成断裂。解决办法是，降低每次碾压的变形量，即将总的变形量分解成多次，在各次碾压中间再插入退火工艺。这样，通过变形量的控制和中间插入退火工艺，圆满地解决了该问题。

又如，电铸工艺造成的孔棱缺陷也可由扫描电子显微镜观察到，如图 10-26（b）所示的断裂孔棱。可能是因为电铸所用的海绵模芯本身的缺陷在电铸前就已经存在，仅希望通过改善电铸工艺难以解决潜在的孔棱断裂缺陷。电铸过程的拉伸变形往往使缺陷加剧、扩大，导致材料性能变差。

图 10-26（c）是变形缺陷——缺口，原来的泡沫镍是完整的，在严重变形时会产生缺口。这种情况可以通过电铸工艺和热处理工艺解决。图 10-26（c）所示的缺口是在制品的变形使原始缺陷进一步扩大造成的。

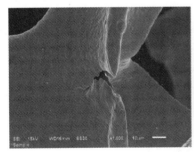 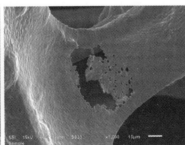 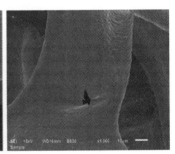

（a）裂口　　　　　　　　　（b）断裂的孔棱　　　　　　　　（c）缺口

图 10-26　用扫描电子显微镜检测泡沫镍上的微观缺陷

2. X 射线能谱分析仪的应用

扫描电子显微镜和 X 射线能谱分析仪的联用，可方便对泡沫镍表面污染物成分进行分析，能准确地判断污染物的成分，根据能谱分析结果和质量分数（见图 10-27），可以准确地判断泡沫镍表面污染物成分属于碳、氮、氧等哪种元素，从而推测污染物的来源和产生的原因。

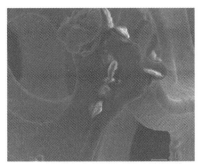 

（a）由扫描电子显微镜扫描的泡沫镍图像　　　　（b）能谱分析采集点高倍数SEM照片
　　　（标记处为能谱采集点）

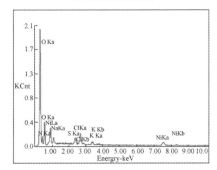

元素种类	质量百分含量（Wt%）	原子百分含量（At%）
碳（C）	50.29	62.65
氮（N）	14.87	15.88
氧（O）	15.75	14.73
钠（Na）	1.88	1.22
硫（S）	1.71	0.80
氯（Cl）	3.51	1.48
钾（K）	1.41	0.54
镍（Ni）	10.58	2.70

（c）采集点各元素能谱图及其质量百分含量和原子百分含量

图 10-27　能谱仪分析示例

10.3　泡沫镍产品的质量监测

10.3.1　泡沫镍生产工艺流程

泡沫镍简要生产工艺如图 10-28 所示，其中海绵模芯制造工序采用真空磁控溅射镀镍工艺（化学镀镍工艺及涂炭胶工艺仅在部分特殊产品上应用），电铸工艺为短线立式电铸，热处理在原工艺和设备的基础上，进行了优化、完善。

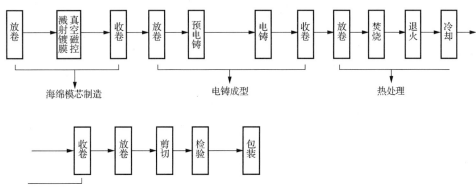

图 10-28　泡沫镍简要生产工艺流程

为确保最终泡沫镍产品的质量，泡沫镍行业已普遍对关键过程的制造条件实施了在线监控和异常情况报警。

10.3.2 泡沫镍生产过程的在线质量监测

由于 HEV 车载镍氢电池市场对泡沫镍产品质量的个性化和高水准要求，泡沫镍生产企业因此对磁控溅射、电铸、热处理、成品工序的关键工艺环节实施了在线监控，通过在线监控生产设备，PLC 程序、各子系统，将实时连续测量的数据集中返回到监控服务器，服务器对采集的数据进行控制图分析，实现在线预警，将质量预防功能落实到位。泡沫镍生产过程在线监控项目见表 10-5。

表 10-5　泡沫镍生产过程在线监控项目

采集范围	采集项目	采集频次
真空磁控溅射镀镍工序	溅射室真空度	1次/分
	溅射室温度	
	走带速度	
	回水温度	
	靶功率	
	靶电流	
	靶电压	
	靶电阻	
	氩气（Ar）流量	
电铸工序	主动辊线速度	
	预电铸线速度	
	电铸槽温度	
	生产线电解液流量	
	蒸发器流量	
	电铸电压	
	电铸电流	
	低位槽电解液 pH 值	
	低位槽电解液温度	
	低位槽液位	
热处理工序	焚烧温度	
	还原温度	
	走带速度	
	炉内、外气压	
	氢气流量	
	氮气流量	
	冷却段温度	
	水冷段温度	

续表

工　序	需要采集数据的项目	采集频次
成品工序	一次碾压速度	1次/分
	二次碾压速度	
	分切速度	
	收卷1卷径	
	收卷2卷径	
	运行速度	
	运行长度	

图 10-29 为泡沫镍在线质量管理系统的三级监控示意，通过导入该管理系统，将自动采集的质量数据和人工确认的质量数据通过生产现场终端导入一级服务器，最终整合成二级服务器，通过设置在服务器端的质量数据管理系统，实时对质量数据进行管理和监控，并对超出管理基准的数据实时进行报警和提示，并通知三级服务器 SCADA 系统监控站。与此同时，现场品质责任者和生产者利用收集到的异常信息，及时地进行调查、处理和调整，始终确保生产过程质量状况处于监控状态和良好的稳定水平，并向第三级服务器反馈信息。

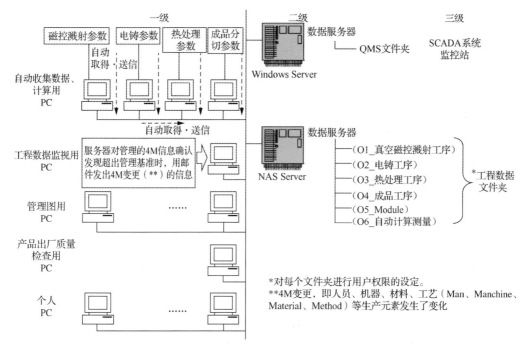

图 10-29　泡沫镍在线质量管理系统的三级监控示意

10.3.3 泡沫镍生产过程的人工质量监测

目前，泡沫镍生产过程电铸槽液的成分分析及热处理炉内的气体分析等质量参数未能实现在线监测，仍采用人工实时检测，其操作规程如下：

1. 电铸槽液化学分析

1）电铸槽电解液中 Ni^{2+} 总量的检测

（1）试剂。

A1：pH=10 的氨-氯化铵缓冲溶液 54 g，NH_4Cl+氨水 350 mL，用水调至 1L。

A2：称取 1g 紫脲酸铵与 100g NaCl 混合均匀，制成紫脲酸铵指示剂。

A3：乙二胺四乙酸（EDTA）物质的量浓度 C_1=0.05 mol/L。

（2）测定。

吸取电铸槽液 10.00 mL 置于体积为 100.00 mL 的容量瓶中，加水至刻度线并摇匀。吸取此液 10.00 mL，置于体积为 250 mL 的锥形瓶中，加入水 100 mL、缓冲液 10 mL 及紫脲酸铵指示剂少许，滴入乙二胺四乙酸直至溶液呈紫色，滴定毫升数为 V_1。

（3）计算。

$$Ni^{2+}总量（g/L）=\frac{C_1 \times V_1 \times 58.69}{10 \times 10/100} \qquad (10\text{-}10)$$

式中，C_1 为 EDTA 的物质的量浓度（mol/L）；V_1 为所消耗的 EDTA 毫升数（mL）；58.69 为 Ni^{2+} 的摩尔质量（g/mol）。

2）硼酸（H_3BO_3）的检测

（1）试剂。

A1：氢氧化钠的物质的量浓度 C_2=0.05 mol/L。

A2：称取 60 g 柠檬酸钠溶于少量水中，加入甘油 600 g、酚酞 2 g（先溶于少量乙醇中），加水稀释至 1 L，制成甘油混合液。

（2）测定。

吸取电铸槽液 10.00 mL 置于体积为 100.00 mL 的容量瓶中，加水至刻度线并摇匀。吸取此液 10.00 mL，加入甘油混合液 25 mL，以少量水冲洗瓶壁，用 NaOH 试剂滴定，直至溶液颜色由淡绿色变为灰蓝色，滴定所消耗的 NaOH 试剂的体积为 V。

（3）计算。

$$H_3BO_3 总量（g/L）=\frac{C_2 \times V_2 \times 61.84}{1} \qquad (10\text{-}11)$$

式中，C_2 为 NaOH 物质的量（mol/L）；V_2 为所消耗的 NaOH 试剂的体积（mL），61.84 为硼酸的摩尔质量（g/mol）。

提示：为了得到正确的计算结果，滴定前溶液的 pH 值要保持在 5.0～5.5；否则，要先调整好 pH 值，再滴定。

3）氯离子的检测

（1）试剂。

A1：铬酸钾饱和溶液。

A2：硝酸银（$AgNO_3$）标准液，$C_{3(AgNO_3)} = 0.1$ mol/L。

（2）测定。

吸取电解液 10.00 mL 置于体积为 100.00 mL 的容量瓶中，加水至刻度线并摇匀。吸取此液 20.00 mL 置于锥形瓶中，加入水 50 mL 和铬酸钾溶液 2mL，用 $AgNO_3$ 试剂滴定至最后 1 滴使生成的白色沉淀转为砖红色为止。

（3）计算。

$$Cl^- \text{总量}（g/L）= \frac{C_3 \times V_3 \times 35.5}{20 \times 10/100} \quad (10\text{-}12)$$

式中，C_3 为 $AgNO_3$ 的物质的量浓度（mol/L）；V_3 为所消耗的 $AgNO_3$ 试剂体积（mL），35.5 是 Cl 元素的摩尔质量（g/mol）。

提示：滴定时，溶液的 pH 值应保持在 4.0～7.0。当 pH 值小于 4 时，可加入少许碳酸氢钠，调至 pH>4。

4）六水氯化镍及六水硫酸镍的换算

$$NiCl_2 \cdot 6H_2O（g/L）= \frac{1/2 C_3 \times V_3 \times 237.69}{20 \times 10/100} \quad (10\text{-}13)$$

$$NiSO_4 \cdot 6H_2O（g/L）= \frac{C_1 V_1 - \frac{1}{4} C_3 V_3}{10 \times 10/100} \times 262.85 \quad (10\text{-}14)$$

式中，V_3 为滴定 Cl^- 所消耗的 $AgNO_3$ 体积（L）；C_3 为滴定 Cl^- 用的 $AgNO_3$ 的物质的量（mol/L）；V_1 为滴定 Ni^{2+} 所消耗的 EDTA 体积（L）；C_1 为滴定 Ni^{2+} 用的 EDTA 的物质的量（mol/L）。

5）化学需氧量（COD）的检测

参照采用《水质 化学需氧量的测定 重铬酸盐法》（HJ 828—2017），测定电铸槽液中化学需氧量（COD），以评价电铸槽液中有机物总量。

（1）试剂。

A1：硫酸银（Ag_2SO_4）。

A2：硫酸汞（$HgSO_4$）。

A3：硫酸（H_2SO_4）（质量分数为 95%～98%）。

A4：硫酸银-硫酸试剂：向 1 L 硫酸（A3）中加入 10 g 硫酸银（A1），放置 1～2 天，使之溶解并混匀，使用前小心摇动。

A5：重铬酸钾标准溶液：物质的量浓度为 $C（1/6 K_2CrO_7）=0.250$ mol/L 的重铬酸钾标准溶液，将 12.258 g 重铬酸钾在 105℃下干燥 2 h 后溶于水中，稀释至 1000 mL。

A6：硫酸亚铁铵标准溶液。

A6-1：物质的量浓度为 $C \approx 0.1000$ mol/L 的硫酸亚铁铵标准溶液；溶解 39 g 硫酸亚

铁铵$(NH_4)_2Fe(SO_4)_2·6H_2O$ 于水中，加入 20 mL 硫酸，待其溶液冷却后稀释至 1000 mL。

A6-2：硫酸亚铁铵标准溶液物质的量浓度的确定：每日使用前，移取 10ml 重铬酸钾标准溶液置于锥形瓶中，用水稀释至约 100 mL，加入 30 mL 硫酸（A3），混匀冷却后，加 3 滴（约 0.15 mL）1,9-菲罗啉指示剂（A8），用硫酸亚铁铵（A6-1）滴定，当溶液的颜色由黄色变蓝绿色再变为红褐色时即滴定终点。记录下硫酸亚铁铵的消耗量 V（mL）。

A6-3：硫酸亚铁铵标准滴定溶液物质的量浓度的计算。

$$C_4 = \frac{10.00 \times 0.250}{V_4} \tag{10-15}$$

式中，V_4 为滴定时所消耗的硫酸亚铁铵溶液的毫升数（mL）。

A7：邻苯二甲酸氢钾标准溶液，$C(KC_6H_5O_4)$=2.0824 m mol/L，称取 0.4251 g 在 105℃下干燥 2 h 后的邻苯二甲酸氢钾溶于水，并稀释至 1000 mL，混匀。以重铬酸钾为氧化剂，将邻苯二甲酸氢钾完全氧化的 COD 值为 1.176 g 氧/克（指 1 g 邻苯二甲酸氢钾耗氧 1.176 g），故该标准溶液的理论 COD 值为 500 mg/L。

A8：1,9-菲罗啉指示剂，把 0.7 g 的七水硫酸亚铁（$FeSO_4·7H_2O$）溶于 50 mL 的水中，加入 1.5 g 的 1,9-菲罗啉指示剂，搅动完全溶解，再加水稀释至 100 mL。

A9：防爆沸玻璃珠。

（2）仪器。常用实验室仪器如下。

① 回流装置：选用带有 24 号标准磨口的、容量为 500 mL 的玻璃锥形瓶作为回流装置，回流冷凝管长度为 300~500 mm。

② 加热装置。

③ 容量为 25.00 mL 或 50.00 mL 的酸式滴定管。

（3）采样和样品。

S1：采样。

把采集的样品置于玻璃瓶中，应尽快进行滴定分析。如不能立即进行滴定分析，应加入硫酸（A3），使 pH<2，并在 4℃下保存，但保存时间不超过 5 天。所采集的样品体积不得少于 100 mL。

S2：样品的准备。

将样品充分摇匀，取出 20.00 mL 进行检测。当样品的 COD 值超过其测定上限 700 mg/L 时，可适量减少样品量（一般电铸槽液为 5.00 mL），然后加水稀释至 20.00 mL。

（4）检测步骤。

① 取上述样品 S2 置于容量为 500 mL 的锥形瓶中，先加入 3 g 硫酸汞（A2）及几颗防爆沸玻璃珠（A9），再慢慢加入 5 mL 硫酸银-硫酸试剂（A4），不停地摇动，使硫酸汞溶解。摇动须在冷却状态下进行，以避免挥发性物质损失。

② 加入 10.00 mL 重铬酸钾标准溶液（A5），并摇匀。

③ 将锥形瓶连接到回流装置的冷凝管下端，接通冷凝水。从冷凝管上端缓慢加入 70 mL 硫酸银-硫酸试剂（A4），不断地晃动锥形瓶，使瓶中物质混合均匀。自溶液开始沸腾起回流两小时。

④ 溶液冷却后，用 20～30 mL 水从冷凝管上端冲洗冷凝管后，取下锥形瓶，再加水稀释至 200 mL 左右。

⑤ 溶液冷却至室温后，加入 3 滴 1,9-菲罗啉指示剂（A8），用硫酸亚铁标准溶液（A6-1）进行滴定分析，当溶液的颜色由黄色变蓝绿色，再变为红褐色时即滴定终点。记下所消耗的硫酸亚铁标准溶液的毫升数 V_5。

⑥ 同时做空白试验。按上述相同步骤（①～⑤），以 20.00 mL 水代替样品进行空白试验，记下滴定时所消耗的硫酸亚铁标准溶液的毫升数 V_6。

（5）计算。以 mg/L 为单位的化学需氧量计算公式如下：

$$COD（mg/L）= C_4(V_6 - V_5) \times 8000V_7 \qquad (10-16)$$

式中，C_4 为硫酸亚铁标准溶液的物质的量浓度，单位为 mol/L；V_6 为空白试验所消耗的硫酸亚铁标准溶液的体积，单位为 mL；V_5 为样品测定所消耗的硫酸亚铁标准滴定溶液的体积，单位为 mL；V_7 为样品的体积，单位为 mL；8000 为 1/4 氧气的摩尔质量以 mg/L 为单位的换算值。

测定结果一般保留 3 位有效数字。

（6）校核试验：按测定样品的步骤，分析 20.00 mL 邻苯二甲酸氢钾标准溶液（A7）的 COD 值，用于检验操作技术及试剂纯度。

该溶液理论上的 COD 值为 500 mg/L，若校核试验的计算结果大于该值的 96%，即可认为实验步骤基本上是适宜的；否则，必须寻找失败的原因，重复实验，使之达到要求。

（7）去干扰试验。

① 该实验的主要干扰物为氯化物，可加入硫酸汞使之部分除去。经回流后，氯离子可与硫酸汞结合成可溶性的氯汞络合物。

② 干扰物还有无机还原性物质，如由前一级化学镀工序带入电解液的次磷酸钠、亚磷酸钠、亚铁离子等，这些干扰物同样消耗重铬酸钾，使 COD 值偏高。因此，在计算电解液中的有机物含量时应予以扣除。测定无机还原性物质，可按上述检测步骤（4）和步骤（5）进行，但在步骤（4）中不添加硫酸汞和硫酸银试剂，也不经过加热回流（可适当加热）。

2. 热处理炉内气体的检测[12]

热处理炉内的气体控制指标见表 10-6。

表 10-6 热处理炉内的气体控制指标

气体名称	指标
H_2	>74.0%
N_2	<24.0%
CH_4	<2.0%
NH_3	—

1）试剂

① 质量分数为 30%的 NaOH 溶液。

② 质量分数为 10%的焦磷酸钠溶液。

③ 称取 10 g 焦性没食子酸（1,2,3-三羟基苯）溶于体积为 100 mL 且浓度（质量分数）为 30% 的 NaOH 溶液中。

④ 在浓度（质量分数）10% 的硫酸溶液中加入数滴甲基橙。

2）测定

① 准确地抽取样气 100 mL，当液面下降至刻度线"0"以下少许时，旋转三通活塞小心地升高水准瓶，使多余的样气排出（此项操作要求小心、快速、准确，以免空气进入），使量气筒中的液面升至刻度线"0"，两液面应在同一水平面上。

① 将样气送入 NaOH 吸收瓶，吸收 5～7 次，待读数不变时，选取读数 V_8。

② 余气送入焦磷酸钠吸收瓶，吸收 3～5 次，待读数不变时，选取读数 V_9。

③ 准确留取余气 25 mL，加入 75 mL 空气，使之混合成 100 mL，将混合气体送入爆炸瓶内，通电使之爆炸，然后选取读数 V_{10}。

④ 余气送入 NaOH 吸收瓶，吸收 3～5 次，待读数不变时，选取读数 V_{11}。

⑤ 排除残余气体，使仪器恢复正常。

3）100ml 样气中各种气体的体积计算

$$V_{CO_2} = 100 - V_8 \tag{10-17}$$

$$V_{O_2} = V_9 - V_{10} \tag{10-18}$$

$$V_{CH_4} = 4(V_{10} - V_{11}) \tag{10-19}$$

$$V_{H_2} = \frac{2}{3}\left[(100 - V_{10}) - 2(V_{10} - V_{11})\right] \times V_9 / 25 \tag{10-20}$$

$$V_{N_2} = 100 - \left(V_{CO_2} + V_{O_2} + V_{CH_4} + V_{H_2}\right) \tag{10-21}$$

4）注意事项

① 爆炸瓶内不发生爆炸时应做如下检查：

a. 铂金丝上是否有凡士林黏附，铂金丝之间距离是否太远或弯曲度太大，不成 90°。

b. 吸收剂是否被带入爆炸瓶内。

c. 导电设备是否接触不良。

d. 若气体中 H_2 含量低，燃烧气体不在爆炸极限范围内。

② 各吸收瓶内吸收剂要与空气隔绝，防止失效。

③ 严禁吸收剂封闭液进入梳形连通管。

④ 气体吸收按 CO_2、O_2、CO 顺序进行，不得颠倒顺序。

⑤ 爆炸时用来稀释样气的空气不得由排气管加入，须将爆炸瓶上的旋塞阀用手按住，以防瓶内压力过大，将旋塞阀冲出。爆炸后，待液面静止后再打开旋塞阀。

⑥ 当样气中的 NH_3、CO_2、O_2 为 0 时，可直接取样气 25 mL。

5）样气中的 NH_3 分析

吸取 0.5 mol/L 硫酸标准溶液 2.00 mL 置于反应管中，加入 2～3 滴甲基红，再用蒸馏水稀释使液面达到反应管的 2/3 处，然后塞紧塞子，使其不漏气；连接试验装置通入样气 500 mL，用浓度为 0.5 mol/L 的 NaOH 标准溶液进行返滴定。

计算如下：

$$\text{NH}_3\text{的体积分数 (\%)} = \frac{(C_{\text{H}_2\text{SO}_4} \times C_{\text{H}_2\text{SO}_4} - C_{\text{NaOH}} \times V_{\text{NaOH}}) \times 22.081}{500 \times f} \times 100 \quad (10\text{-}22)$$

式中，f 为温度校正系数，其值由式（10-23）确定。

$$f = [273/(273+t)] \times (P_{t,大气} - P_{t,水蒸气})/760 \quad (10\text{-}23)$$

式中 $P_{t,大气}$ 为对应温度下的大气压；$P_{t,水蒸气}$ 为对应温度下的饱和水蒸气压力。

10.4　泡沫镍生产质量管理体系[13]

10.4.1　质量管理体系概述

泡沫镍制造属于新兴高科技产业，主流产品的客户多为国内外知名的电池厂商，不少还是跨国公司。供需双方对泡沫镍产品的质量管理都非常重视，因为 ISO 9000 质量管理体系（以下简称 ISO 9000 族标准）是企业和客户供需双方、内部和外部都可用的国际性标准，所以采用该质量管理体系是企业的一项战略决策。从 20 世纪末开始，国内主要泡沫镍生产企业，为了与国际水平接轨，便在生产活动中执行 ISO 9000 族标准并开始了全面实施。ISO 9000 族标准是国际标准化组织（ISO）根据国际上较大型公司通用的成功管理模式制定的标准系列，内容包括质量管理体系的基础理论和实践，因为这些标准还涵盖其他服务性行业，所以 ISO 泛称"组织"。针对企业，标准的内容包括从供方原料的品质保障、原料进厂的控制、生产过程控制、成品的出厂控制直至售后服务的全过程质量管理的要求和要素，执行该标准的目的在于规避因不同国家的技术、标准壁垒而导致的贸易障碍。ISO 9000 族标准于 1987 年由 ISO 颁布，其间经历多次修订，是一个著名的、世界公认的认证标准。颁布不久，在 1994 年底已被 70 多个国家和地区一字不漏地采用，其中包括欧盟、日本和美国。有 50 多个国家建立了本国的国家质量体系认证/注册机构，开展了第三方认证和注册工作。ISO 9000 族标准之所以受到全世界的推崇，是它本质上体现了社会组织之间和组织自身的共同需求，体现了科技进步和社会发展的必然要求。其中，ISO 9000《质量管理体系　基础和术语》标准规定了质量管理体系的基础内容，它是构成整个 ISO 9000 族标准的主体，定义了相关术语，是对标准理解和统一认识的词典型标准。ISO 9000 族的另一个重要标准是 ISO 9001《质量管理体系　要求》。该标准规定了质量管理体系对企业的要求：企业通过实施质量管理体系，应有能力稳定地提供满足客户要求、同时也符合法律法规要求的产品，并且为了增加客户的满意度，应持续不断地改进、提升该体系的管理效果。中国等同采用了 ISO 9001：2015《质量管理体系　要求》（英文版）标准，并根据它制定了国家标准 GB/T 19001—2016[13]。

进入 21 世纪以来，节能与新能源汽车产业蓬勃兴起，与电池性能关系密切的泡沫镍也备受关注。为了使相关企业针对 HEV 车载镍氢电池开发的泡沫镍产品能够达到 ISO 9001 规定的客户满意度，泡沫镍行业开始协同先进二次动力电池行业进军汽车行业，相关企业质量管理体系也有选择性地引进了国际汽车行业的质量管理标准 IATF 16949 中的元素，融到企业的 ISO 9000 族标准中。IATF 16949 也是 ISO 颁布的、针对汽车行业整车企业一级供应商的质量管理体系认证标准。该标准的源头是美国三大汽车公司（通用、福特、克莱斯勒）的通用标准 QS 9000，ISO 整合德国、意大利、法国、日本等汽车大国的相关标准，形成了目前世界汽车行业的通用标准。整车企业的一级供应商（直接供方）必须通过 IATF 16949 标准认证，而整车企业及其二级供应商可以不进行这样的标准认证。但是并不是说相关企业可以不学习、不接纳该标准的内容，企业的需要可能正好相反。实践证明，上述先进质量管理体系标准的引进和实际应用，对于提升泡沫镍生产企业的整体制造水平及产品的品质保证，均起到了十分重要的作用。企业实施标准认证和进行第三方论证，是互为因果的两个过程。论证的目的有双重意义：对外，可以提升企业形象，增强客户信心，取得国际贸易的"绿卡"；对内，可强化企业的质量管理，提升管理人员的素质，优化企业文化，提高企业效益。通过了 ISO 9001 质量管理体系认证后的企业都深感质量管理的体系和基础得到了强化，规范了管理程序，理顺了工作关系，明确了工作职责，提高了工作效率。通过完善管理程序文件，使质量管理有法可依，出现质量问题可以追本溯源，有据可查。所有质量问题的解决都能落到实处，产品质量得到了切实的保证。

10.4.2　ISO 9000 族标准与企业的核心竞争力

当今世界，企业面临的竞争十分激烈，而且未来竞争将会越来越激烈。按照克劳斯·施瓦布的理论：对于所有行业和企业而言，问题不再是"我是否会被他人颠覆"，而是"颠覆会何时到来，会以什么形式出现，对我和我所在的组织会产生怎样的影响"[14]。因此，许多业内人士都在探讨："什么是企业的核心竞争力？"答案是多元的，诸如"盈利能力""领导层的决策能力""企业文化""产品的性价比和市场份额""人才"，或者是这些因素的叠加，而且很不确定。1990 年，美国密西根大学商学院的教授普拉哈拉德（C.K.Prahalad）和英国伦敦商学院的教授哈默尔（G.Hamel）在《哈佛商业评论》上发表论文《企业核心竞争力》（*The Core Competence of the Corporation*），正式提出了企业核心竞争力的概念[15]。他们认为企业的核心竞争力就是一种学识，即企业中的"积累性学识，特别是如何协调不同的生产技能和有机结合多种技术流派的学识"。这是一种十分深刻和精辟的见解，但是在国内并未得到普遍的认同。有人甚至认为"他们两人提出了一个很有价值的概念，却给了一个极不严密的定义"[16]。

对"什么是企业的核心竞争力"之所以有上述不同的结论，问题可能出在对"核心竞争力"内涵的理解上。其实核心竞争力的内涵应包括两方面：一是企业的一种"内生动力"，它是一种企业中的"积累性学识，特别是如何协调不同的生产技能和有机结合多种技术流派的学识"；二是我们通常所说的企业的各种优势，尤其是创新优势，这些优势是企业核心竞争力的"外在表现"。因此，"企业核心竞争力"完整的定义应该是，企业中的积累性学识形成的"内生动力"＋企业优势的"外在表现"，尤其是创新优势。若要强调后者，则如克劳斯·施瓦布所言："企业要想生存和发展，就需要保持并不断强化其创新优势"[14]。而要保持和不断强化这种创新优势,则应强化前者,必须培育一种积累性的学识,一种核心竞争力的内生动力,正如普拉哈拉德和哈默尔定义的:特别是如何协调不同的生产技能和有机结合多种技术流派的学识"。实践也证明,ISO 9000族标准为蕴藏在企业技术和管理人才中的积累性学识,提供了释放其价值的载体和条件。

企业采用ISO 9000族标准是一项战略决策,不仅能显著提高企业当前的业绩,例如,可为需方提供满意、同时也符合法律法规要求的产品,为企业赢得经济效益,而且还能奠定企业未来可持续发展的良好基础,例如,完整的质量管理和保证体系,可为企业在整体发展和不同的工作环节中规避风险,争取机遇。因此对企业的核心竞争力也将产生以下推进作用。

1. ISO 9000族标准对企业核心竞争力的培育作用

核心竞争力的培育是一个复杂的过程。根据上述定义,可以将其理解成对企业"持续不断的创新能力"的培育,对企业的一种"积累性学识,特别是如何协调不同的生产技能和有机结合多种技术流派的学识"的培育。显然,ISO 9000族标准是现代企业培育上述"能力"和"学识"的能够借助的最适宜的平台和"学校"。因为该体系是一个理论上几乎被世界所有国家推崇、在中国等同采用为国家标准[13]的质量管理体系;实践上,是国际公认的商业准则。ISO 9000族标准提供了一套在企业内外执行力强、效果显著的模式和方法,贯彻标准的过程是一个技术和管理的全员调度和科学互动的过程,通过过程管理和体系管理,企业的员工、管理机制和文化理念都得到了重整和锤炼,对上述"能力"和"学识"的培育也会在实际运行中逐渐形成、完善和得到强化,并成为企业文化的重要元素。

在ISO 9000族标准对企业核心竞争力的培育过程中,将涉及如下具体工作步骤和质量管理的环节。

1)过程及过程管理

利用企业内外的资源并实施管理,将输入转化为输出的一系列活动,可视为一个"过程"。对企业所应用的过程进行完整的、准确的识别、定义和管理,特别是明晰、界定过程的作用和各过程之间的关联性和相互作用,是企业质量管理的经常性、柔性、大量的日常工作,会对企业核心竞争力的培养起到"润物细无声"的作用。

2)体系及体系管理

将一组相互关联的过程及其相互作用称为一个体系。对体系的理解和管理,以及对体系中各过程之间的关联和依赖关系进行有效控制,能提高企业的绩效,实现预期目标和结果。企业对体系高效乃至卓越的管理过程,是企业积累自身优势、发现和培养人才的有效过程。

3)过程、体系管理对企业核心竞争力的培育

过程、体系管理水平不断提升,无异于阳光、雨露和土壤对企业核心竞争力的滋养,甚至会成为其中的一部分,起到奠基、加固、支撑的作用。所有过程管理的综合绩效,将集成体系的管理绩效,成为企业核心竞争力不断成长、壮大的源泉和依靠。

4）企业核心竞争力的培育步骤[17]

（1）确定核心竞争力的内容及评价标准/指标。

（2）确定实现评价标准/指标所需的过程和职责。

（3）确定和提供实现评价标准/指标必需的资源。

（4）规定评价每一个过程有效性和效率的方法。

（5）应用这些方法评价每一个过程的有效性和效率。

（6）通过对每一过程有效性和效率的评价，发现缺点并逐一寻求改进措施。

（7）建立、调整、改进和提升企业核心竞争力的方向和推进过程。

2. ISO 9000 族标准对企业核心竞争力的拓展作用

企业核心竞争力的拓展是指企业不仅能在某一市场取得竞争优势，也能帮助企业在其他多个领域建立竞争优势。

ISO 9000 族标准以质量管理原则为理论基础，即遵循以客户为关注焦点、领导作用、全员参与、过程方法、改进、循证决策、关系管理原则。这些原则是世界各国质量管理理论研究的成果和实践的经验，尤其是 ISO 9000 族标准的理论研究和经验的科学总结，也是现代管理经验日渐丰富、管理科学不断演变发展的结果。不仅体现了质量管理的基本规律，也体现了企业管理的普遍规律。使用这些原则，不仅可以帮助企业实现卓越的质量管理，还能够对企业内部的其他管理活动，如环境管理、职业安全与卫生管理、成本管理等提供指导和借鉴，促进企业对各个管理体系的整合，改进业务流程，提高整体绩效。因此，将应用质量管理原则的能力，移植到企业的其他管理活动（包括多元化领域的管理活动）中去，实现共享，使企业在这些管理活动中也获得成功。对应 ISO 9000 族标准，我国已经制定了一系列相关的国家标准，对企业内部而言可作为不同过程、不同领域拓展企业核心竞争力的参考；对企业外部而言，标准的实施不仅有能"稳定提供满足客户要求以及适用的法律法规要求的产品"，而且还应有"促成增强客户满意的机会"。因此，企业的关注点必须是全方位、多视角的，不仅需要在某一市场取得竞争优势，而且也要拓展到其他多个领域并建立竞争优势。

3. ISO 9000 族标准对企业核心竞争力的提升作用

在 ISO 9000（第四版）—2015 的"总则"中，对标准的概念和原则有如下论述：本标准可帮助企业"获得应对最近数十年深刻变化的环境所提出的挑战的能力"，这种挑战性环境的特性是"变化加快，市场全球化，以及知识作为主要资源出现"。对企业所处环境的理解：它是一个动态的过程，既包括内部因素，如企业的"价值观、文化、知识和绩效等"，也包括外部因素，如"法律、技术、竞争、市场、文化（社会的）、社会和经济环境等"。在这种挑战性的社会经济环境下，企业核心竞争力必须提升，而且提升应该体现在应对挑战的能力上。该总则同时说明标准可以帮助企业获得这种能力，因为严密的科学性、成功的适用性和全球范围的认同性，使它可以为企业提供一种"更加广泛地进行思考的方式"。

也正是这种"能力"和"方式",与不同企业、不同的"积累性学识"、不同的企业文化、不同的技术优势产生的不同创新能力相结合,将培育出企业独有的核心竞争力。这种独特性,不易被其他企业颠覆或取代,也不能完全被其他企业模仿,而且会使企业的核心竞争力持续不断地得到提升。

4. 质量教育体系是拓展和提升企业核心竞争力的重要策略

全面质量管理关键在于全员的参与,而全员质量意识和质量管理技能的高低将直接决定全面质量管理各项规定是否能够真正得到落实。为此,企业应构建完备的质量教育体系,对不同层次的人员根据企业的实际情况,实施不同内容的质量管理教育,不同企业采取的形式虽然不同。但教育的对象应包括以下几类:

(1) 一线作业员工。
(2) 新员工。
(3) 技术/管理骨干。
(4) 青年后备骨干力量。
(5) 关键岗位职业资格的培训和论证。
(6) 内审员的培训。

10.4.3　ISO 9001 标准在泡沫镍质量管理中的实际应用

在泡沫镍生产多年实践 ISO 9000 族标准的过程中,下述管理模式和工作流程贯穿了企业的生产、管理、新产品开发、技术进步、产业升级的始终,是中国企业与国际先进管理理念接轨、升级蜕变的一个系统学习和实际应用的过程,对于新经济时期处在成长和探索阶段的企业所面临的生存、发展问题,从理论到实践都有了相得益彰的收获和体会,体现了 ISO 9000 族标准的实施在企业建设中的价值和作为企业的一项基础性工作的重要性。

1. 质量管理流程

质量管理的实质是识别风险,然后将识别出的风险控制在企业可承受的范围。这是一个动态的平衡管理,需要定期检讨与更新。

美国约瑟夫·M.朱兰(Joseph.M.Juran,1904—2008)博士是举世公认的现代质量管理领军人物,他于 1986 年提出了质量管理应遵循质量策划、质量控制、质量改进 3 个原则。现行的 ISO 9001 标准正是对质量策划、质量控制、质量改进 3 个原则,进行内容丰富的实践和理论体系的完整诠释。

2. 质量策划管理阶段

质量策划管理实际上包括两部分:一部分指质量管理体系的策划,即明确企业的行动方针(质量方针)、质量目标及为实现质量目标应有的资源配备(组织架构及职能)和运行的流程(程序文件);另一部分是产品设计策划(主要指产品的设计开发阶段)。

由于大部分企业认识到质量管理体系在企业经营中的作用，将质量管理体系策划和企业的经营策划进行了整合，其落地方式，或给企划部门增加质量管理的相关职能，或将质量管理部门直接纳入最高经营层管理，以此体现质量管理和企业管理的价值趋同性。质量管理体系的策划一般都由认证公司进行辅导。

产品设计策划是指根据已识别出的客户需求，对产品应具有的功能进行设计，包括原料要求、工艺参数要求、设备功能要求、作业人员技能要求、产品的外观、产品的形态、产品的性能，以及产品的包装、储存及运输要求。

先进生产企业普遍认为产品的品质80%是靠设计出来的，设计水平的高低直接决定批量产品的品质水平和品质风险。在不同的企业设计开发阶段的质量管理流程，可能有不同的过程方法和体系管理模式，体现着企业核心竞争力的独特性和优势。但也有普遍适用和应当遵守的规律可循。

产品设计全部流程应包括3个阶段：

（1）在策划阶段，根据市场获得的信息，形成概念设计，并向企业经营层提交可行性报告，获得企业的认同。本阶段无产品实物。

（2）在设计论证阶段，实施概念设计，在实验室做出样品来，依据样品与概念设计的差异，对工艺参数进行修订，并提出原料的品质要求、设备功能要求。本阶段有产品实物，但仅作为企业自身研究用，不得送给客户。

（3）在量产试制阶段，在新购的设备、原料到货后，采用已修订的工艺参数进行样品试制。然后，评估样品与概念设计的差异，从而提出量产的设备、原料、工艺参数、作业人员技能要求。本阶段的样品将会送给客户评价。

对于产品设计开发阶段的质量管理，GB/T 19001—2016/ISO 9001：2015又细分为设计开发的策划、输入、控制、输出、更改5个环节。对每一环节的工作结果，必须提供成文信息，并针对工程需要组织有不同技术背景的人员进行论证评审。通过上述5个环节的过程管理和体系管理，完成产品从设计到试生产必须涉及和可能涉及风险防范的资源配置和工作内容，包括根据客户要求的产品开发立项、产品开发的必要性和可行性论证，以及产品开发的目标设计，质量、成本、交货期等，对输出结果的监测，试生产工艺设计、工艺论证、工艺流程、试生产、生产设备及配套设施布置，产品质量验收准则等。对关键质量指标，还会设定质量的CPK值（制造过程能力指数）、不良（品）率、设备稼动率等。策划环节还要确立项目负责人及项目团队，确定开发进度，制订整体开发计划，明确关键节点，通过定期召开项目组会议和关键节点的评审会议确保，开发进度符合预期。相关标准均有详细的分类规定和说明。除按标准的规定完成设计开发工作的质量管理流程之外，泡沫镍生产企业在质量管理流程中还应引入下述现代质量管理的概念、分析方法和模式。

（1）制造过程能力指数（Complex Process Capability Index，CPK）[18]：是制造过程允许的最大变化范围与度量过程正常偏差的一个比值，制程能力研究的目的在于确认这些变化和不良（品）率的合理性，即是否合理，作为制造过程持续改善的依据。一般要求CPK值为1.33~1.67，当其值低于1.0时，须对工序立即进行改进。

第十章 泡沫镍产品的质量管理

(2) 质量功能展开[19]（Quality Function Deployment，QFD）："将客户或市场的要求转化为设计要求、零部件特性/工艺要求、生产要求的多层次演绎分析的方法，它体现了以市场为导向、以客户要求为产品开发的唯一依据理念。它使产品的全部研制活动与满足客户的要求紧密联系，从而增强了产品的市场竞争能力，保证产品一次开发成功"，帮助企业"从检验产品（质量）转向检查设计的内在质量"，使质量融入工程设计和生产过程之中，更加稳固了工程质量的基石。

(3) 失效模式和效果分析[20,21]（Failure Mode and Effect Analysis，FMEA）：是在 QFD 方法的基础上，"用来确定潜在失效模式及其原因的分析方法。通过实行 FMEA，可在产品设计或生产工艺真正实现之前发现产品的弱点，或在样机阶段或在大批量生产之前确定产品缺陷"。FMEA "是一种可靠性设计的重要方法，它实际上是 FMA（故障模式分析）和 FEA（故障影响分析）的组合。它对各种可能的风险进行评价、分析，以便在现有技术的基础上消除这些风险或将这些风险降低到可接受的范围。"

(4) 设计失效模式分析（DFMEA）和生产失效模式分析（PFMEA）：前者是对产品开发前期的设计环节进行评估，后者是对产品生产环节进行分析。虽然两者关注的时间段不同，但有共同关注的重叠时间段，即项目工程师负责的 DFMEA 工作要到项目试产完成后交给生产工程师，而生产工程师从开始试产时便着手 PFMEA 工作。

(5) 测量系统分析[22]（Measurement System Analysis，MSA）："使用数理统计和图表的方法，对测量系统的误差进行分析，以评估测量系统对于被测量的参数是否合适"，并确定测量系统主要的误差元素。该方法常用于质量管理不同环节所需的测量，例如设计开发过程的输出环节。

(6)（企业）关键业绩指标（Key Process Indication，KPI）：是一种通过对企业内"某一流程的输入端、输出端的关键参数进行设置、取样、计算、分析，衡量流程绩效的目标式量化管理指标，是把企业的战略目标分解为可运作的远景目标的工具，是企业绩效管理系统的基础"。在企业中 KPI 常用于衡量员工的工作表现[23,24]。

3. 质量控制管理阶段

1) 质量控制的方式和方法

质量控制阶段是指在批量生产阶段。该阶段的质量控制体现在两方面：一方面是对质量管理体系运行状态进行控制，主要体现在对标准、作业文件的执行状态上；另一方面是对产品质量控制，这也是本阶段的重点。在质量控制阶段，为更好地体现其制造过程能力，企业会引进 SPC（Statistical Process Control），即统计过程控制，利用统计方法监控制造过程的状态，确定生产过程是否在管控状态之下，从而降低产品品质变异的风险。

SPC 能解决的问题如下：

(1) 经济性问题，例如，对不良（品）率进行检验时，对有效抽样数进行管控，可避免扩大抽样数，有利于控制成本。

(2) 预警性，对制造过程的异常趋势可及时采取对策，防止出现整批不良品。

（3）有机会了解更多特殊状况和原因，可作为解决局部问题时的对策或改革管理系统时的参考。

（4）可评估机器能力，妥善安排适当的机器生产适当的零件。

（5）对改善工作的评估，例如，把制造过程能力指数作为指标，比较工作改善前后的效果。

为避免更大损失，或更好地与客户的需求或生产工艺相匹配，批量生产一般分两个阶段进行：

（1）小批量试生产阶段。根据产品设计开发阶段确定的工程条件，实施小批量试生产，以判断生产活动的各项要素（设备、工艺、材料、作业人员、环境等）是否满足大批量生产的预期目标；试生产完成，进行系统的小结和课题评价，并制定解决遗留（问题）课题对策，各项课题的遗留问题均要100%得到解决。在此基础上，各项目的KPI指标也要达到设定目标，才允许进入大批量生产阶段。大批量生产初期仍然需要持续对产品品质进行评估和判断，这样才能充分暴露设计开发阶段的不足，从而减少企业大批量生产时的损失。

（2）大批量生产阶段。在大批量生产流程中，企业必须实施"不纳入不良品、不生产不良品、不流出不良品"的"三不"管理原则，重点从原料质量管理、工程质量管理、出货品质保证3方面展开各项工作。

2）质量控制的工作内容

（1）原料质量管理。原料的质量控制也要从产品的初期设计及生产过程开始控制。例如，泡沫镍的关键原材料为镍、聚氨酯海绵等。其中，镍为战略资源，广泛用于电镀行业，而泡沫镍只是其中很少的一部分。此类原料的质量好坏由期货市场需求界定，企业需要购买用于制造泡沫镍的原料时，只能从供应商现有产品规格中挑选符合自身需求的产品批次。因此，为保障镍的品质应当遵循是"从合格供应商的产品规格中挑选+来料检测"的原则。

聚氨酯海绵是泡沫镍的基材，泡沫镍的形貌和孔结构均由聚氨酯海绵决定。对于聚氨酯海绵这类原料，泡沫镍生产企业首先应介入其设计开发，然后参与批量生产的管控，最后对来料进行检测、验证。

参于聚氨酯海绵工厂的生产过程控制称为供方培育和监察；实施来料检测，是对原料投入生产前的最后确认，也是原料质量管理中不可缺少的环节。

原料质量合格的供方可以被列入合格供应商名单。后续批量生产用的原料必须从合格供应商处购买。

对于合格供应商，也必须依据供方培育和监察结果、来料检测结果，以月度为单位建立品质绩效评价制度[25]，以此引导合格供应商持续改进产品质量。当来料出现不良品之后，供应商对该问题的处置、表现和改善对策的有效性，也应纳入品质绩效评价中。

（2）工程品质管理。为确保工程品质，企业必须重点从制造过程的6要素（人、机、料、法、环、测）进行管理。

① 作业人员是影响工程品质的重要因素且难于控制。为此，必须结合企业自身的实际特点，采取有效措施。例如，编制《工程作业要领书》，书中对每一个作业步骤都进行明

确规定和说明，包括作业要点、作业安全风险、作业要素等。

同时，为确保《工程作业要领书》得到有效实施，企业应组织技术/管理专家，把员工的实际作业能力与每一份《工程作业要领书》的规定进行对照确认，保证每份《工程作业要领书》执行的完整性、准确性及熟练程度。《工程作业要领书》执行的完整性、准确性及熟练程度，也是评估员工上岗资格和工作业绩的重要依据。

② 设备是生产制造的载体和工具，设备或设施的技术等级和对其进行日常维护保养的技术水平是一流企业的质量理念和管理能力体现。企业可通过《设备首检确认表》《设备日常点检表》《周期维护保养记录》《设备日常运行状况记录》《设备备品备件管理规范》等一系列规定和记录文件，确保各类设备处于一种受控管理的状态。企业还应培养一支优秀、专业的设备维护/维修队伍，能及时、有效地应对各种设备异常情况，保证设备高度精准地运行。

对工程的实时监控及大数据分析、趋势管理是智能制造的基础，也是泡沫镍生产企业转型和产业升级的目标。在构建设备自动化系统的同时，企业也应实时构建主要制造过程的在线监控、实时采集分析数据、及时预警和异常停机功能。例如，设备应具有紧急停止功能，当工艺参数超过规定范围时，设备能够自动停机。同时，对工程主要的制造条件进行实时的趋势管理，自动生成控制图，并在控制图出现异常状况时发出报警提示，实现统计过程控制（SPC）功能，确保工程质量。

③ 关于原料的质量管理见上述（1）项。

④ 工艺规程文件是生产现场的"法律"，现代泡沫镍生产企业可通过《制造规格书》+《QC 工程图》（工程质量控制流程图）+《工程作业要领书》三位一体的"三书"管理，保证在产品设计开发阶段确立的"技术规格"通过作业端的输入最终能够得到实施。其中，由质量管理部门主导编制的《QC 工程图》是现场工艺规程文件的核心，《QC 工程图》对各工序关键品质控制点的管理范围、点检确认方法、异常情况处置流程、对应的作业记录及文件均应进行详细的规定和说明，确保每个品质控制点的风险都得到管控。

⑤ 工程品质的管理还涉及环境因素的控制，包括生产过程是否受到生态环境乃至自然灾害如水灾、地震等的影响。因为地质状况的好坏会对厂房地基、设备安装及其运行、工艺技术参数的保证产生不同程度的影响，应对这些影响进行充分的评审。工况环境要求的洁净度、温度、湿度应该包括在环境因素中。例如，电铸前的海绵模芯因为受到放置在隐蔽处的一小桶挥发性有机溶剂的影响，电铸过程发生了镍层漏镀的质量事故，而且原因很久未查明。这是一个曾经发生在电铸工段的真实案例。

⑥ 计量系统的完善和计量评价的准确性是保证工程数据管理的科学性和完整性的前提，企业在构建智能制造系统的同时，也应建立完备的计量系统，计量系统应从计量组织、计量追溯体系、计量器具管理、计量器具的日常维护保养、计量器具的定期检验与校正、产品的重要质量特性的 MSA 分析评价等方面入手，完善规范和认真实施。

⑦ 当上述人、机、料、法、环、测各个要素的正常状态建立标准后，就需要对其不符合正常状态的情形（异常状态）进行有效管理。异常状态既指人、机、料、法、环、测

的非正常状态，也指产品质量指标在工程上表现出的异常状态。

当出现异常状态时，总的措施是"停机""联络""等待"。相关责任人应发出"品质异常联络"，首先对异常状态进行描述（包括发生的时间、异常对象、发生在何处、不良损失等内容），同时对品质异常的严重程度做出等级量化的判断，不同等级的异常响应机制会有所区别。品质异常状态明确后，对异常对象品的处置方式进行判定，同时，要求责任部门对异常状态发生原因进行调查，必要时，需采取纠正措施和预防措施。在措施实施后，还需对措施的实施有效性进行验证。最终在验证合格的情况下，将相关的纠正或预防措施进行标准化，并对相关人员进行教育，达到防止类似异常再次发生的目的。

针对各类异常状态，相关责任人在月度的品质评价例会上也要进行相应的检讨和原因分析。同时，工程异常件数和异常的及时关闭率是过程品质的关键业绩指标之一，也是各级管理人员的关键业绩指标之一。

生产过程中会出现作业人员替换、设备大修、原料替换或升级、工艺参数的优化等变化，这些变化虽然不一定会产生不良品，但是相比初始的批量生产阶段，已有明显差异。为了识别与管控这些差异的风险，须引入 4M（Man，Machine，Material，Method）变更管理。在推行 4M 变更管理时，根据出现的变化，对产品品质进行多周期的高频次确认，在管制周期满后，确认无明显品质影响后，可由品质部门下令解除高频次的品质确认；如在高频次确认周期内，确认有明显品质影响，则按上述异常管理模式运行。无论最终是解除高频次的品质确认，还是按异常管理模式运行，均需建立变更履历备案，作为企业质量管理的经验或知识储存。

（3）出货品质的管理。企业的出货品质的管理重点应从出货检查，定期的产品审核和内部审核、第三方权威机构的送检等方面作为保证。

泡沫镍产品涉及功能性材料、高能电池及电池储能系统、混合动力汽车总成系统等下游产业链重要产品质量的影响，为确保出货成品的质量零风险，企业应在硬件和软件方面予以保证，并有成文信息。在软件方面产品批量生产前，品质部门应建立从原料、部件到成品出厂的完整检验检测体系。在硬件方面，检测中心应构建从材料、部件、生产制造过程和成品出货及计量、测量全方位的质量认证实施细则、检测设备及相关资源配置，包括负责上述工作内容的专业检测工程师的配备。

在检测资源完备的基础上，企业应建立出货品检查制度，规范使用每类产品的《出货检查规格书》《检测作业要领书》《对标检查规格书》，确保每一项指标均得到100%的检查和确认。只有经检查确认合格的产品才能出货，并随产品发放相应的《合格证》《检查报告》等文件。针对关键产品和重要客户，企业还应定期配合下游产品客户的送检工作，从材料的力学性能、动力电池的电性能、安全性能、循环寿命等方面进行综合、全面的权威认证检测。

4. 质量改进管理阶段

质量改进包括两方面：一是对"质量管理体系的质量"进行改进[26]，二是对"产品质量"的改进。

第十章 泡沫镍产品的质量管理

质量管理体系改进的输入来源为内部审核的输出、管理评审的输出、第二方审核的输出、第三方审核的输出,其中内部审核既包括定期的专项审核,也包括不定期的生产现场巡查。无论是质量管理体系的改进,还是产品质量的改进,一般按照现状(不符合的)描述、课题的确定、原因分析、制定改善对策、实施改善对策、确认改善效果、标准化7个步骤进行。

质量管理体系在改进时,首先须将不符合的事实描述清楚,以此作为不符合现象的等级判定。不符合分为轻微不符合、一般不符合、严重不符合三类。对不同等级的不符合,改进要求也不一样。对轻微不符合的,现场作业人员进行纠正即可;对一般不符合的,由相关部门进行纠正,再制定预防措施,然后由品质部门对改善效果进行确认,最后标准化;对严重不符合的,企业的经营层须组织相关人员进行检讨,然后由品质部门制定改善对策,再由经营层对改善效果进行确认,最后标准化。

产品质量的改进输入来源为客户诉求(对当前产品的品质不满)、客户需求(期望开发新品)、企业内部制造的不良品率减少(当前产品)、企业发展的需求(新品开发)。

1)针对客户诉求而做的改进

对客户诉求,企业应建立相应的制度,按照规定时间、规定质量对客户进行回复,改进措施包含以下两项:

(1)处理流程图。

(2)涉及退货、赔偿的应对方案。

应备有针对客户诉求表达"8D"诚意的回复报告,而且在改进工作的始终都应保持诚意和回复报告。所谓"8D",原名为 8 Disciplines,又称为"团队解决问题的指导性方法",由福特公司始创。制定"8D"时,福特公司要求,凡福特的合作伙伴,必须采用"8D"作为品质改善的工具。有些企业并非福特的供应商或汽车业的合作伙伴,也很愿意采用这个方便而有效的方法去解决品质问题。因此,目前"8D"已成为一个固定而有国际共识的标准化问题的解决方法。"8D"具体内容如下。

D0: Defect Symptom(初步了解问题),对客户第一次反馈的问题进行描述。

D1: Form a Team(组建团队),针对客户的诉求组建相应的团队。

D2: Describe the Problem(详细描述问题),通过与客户现场交流或其他途径了解问题的真实状态。例如,当客户投诉泡沫镍断带时,要了解客户是在哪一环节发现泡沫镍断带,是在预压前还是极板压延过程。

D3: Containment Actions(临时对策),针对问题制定临时的对策,如对在库品、在制品、途中运输品的质量状态保证、处理方法(返修或返工)。

D4: Identify the Root Cause(找出根本原因),找出工厂生产出不良品的根本原因。

D5: Formulate and Verify Corrective Actions(制定并验证纠正措施)先制定纠正措施,然后进行验证,措施有效,就立即执行。

D6: Permanent Corrective Action(长期的纠正措施),在 D5 中执行有效并需要长期执行的措施。当然,也可以新增某些需要长期执行的措施。

D7: Permanent Preventive Actions（长期的预防措施），制定长期预防不良品再发生的对策措施。

2）针对客户需求的改进

对于客户需求，必要时须到客户现场进行交流，以了解更多的信息，然后按照本节"2.质量策划管理阶段"和"3.质量控制管理阶段"所述内容执行。

3）针对企业内部制造水平的改进和提升

改进工作完全遵循下述流程进行：现状描述、课题抽查、原因分析、制定改善对策、改善对策实施、改善效果确认、标准化。

4）针对企业发展需求的改进

参照本节"2.质量策划管理阶段"和"3.质量控制管理阶段"所述内容执行。

10.4.4 推行 ISO 9000 族标准的经验

不同企业推行 ISO 9000 族标准的方法、效果和经验不尽相同，从普遍情况来看，以下几点值得借鉴：

1. 企业领导要高度重视质量管理

选择一种管理机制是一项战略决策。由于文化传统的差异，ISO 9000 族标准倡导的管理原则和理念对我们的传统管理观念和管理方式提出了挑战。因此，最高层管理者应站在企业持续发展的战略高度，确立、实施并持续改进质量管理体系的地位和作用；确立正确贯彻 ISO 9000 族标准和认证的动机；建立与企业发展战略相一致的质量方针和目标；通过在各职能层次上建立质量目标、规定权限、激励手段，调动员工充分参与的积极性；通过过程管理和系统管理，实施业务流程的改造，强化增值过程，重整和精简过度支撑性过程，清除无价值过程，提高业务过程的有效性和效率；营造追求卓越质量的氛围，激励持续改进质量管理体系，真正建立能高效运行并能持续改进有效性和效率的质量管理体系。

2. 强化质量管理体系运行效果的测评

测量是一种监视手段，不应单纯用于积累信息。关于测量的项目，要针对过程的特性进行设置，要明确测量的目的，采取适宜的措施，对过程的输入、输出及活动进行高效、及时、有效的监视和测量，特别是针对产品的质量指标、客户的满意度、过程的特性、变化规律及发展趋势的测量。应该对测量的必要性进行评价，只应对可能产生价值的过程进行测量，首先应该确认过程是否真正具有实现预期目标（策划的结果）的能力。因为只有这样，才能确保测量能为企业增加价值，使企业从每一项测量中获益。应该不断寻找、识别机会对过程进行改进，促进过程实现最大限度的增值。测量是获得数据和信息的手段，但测量本身并不能给企业带来增值。可能带来增值的是因测量需要而选择的有价值的项目。因此，必须将测量得到的客观数据和资料进行分析，确保相关人员能够理解和应用这些数据和资料，使过程具有更多增值的机会，企业因此而获益。

3. 强化内审和管理评审的力度

内审和管理评审是企业质量管理体系主要的自我激励机制，是实现质量管理体系自我完善的重要手段。企业能否认真贯彻内审和管理评审，对提高质量管理体系的适宜性、充分性和有效性起十分重要的作用。贯彻时，以下几点必须关注：

（1）时间上应予以保证。先做好内审和管理评审的计划，务必按计划进行。在时间和资源分配上应突出重点，把重点放在产品质量的关键过程上。

（2）不断提高评审人员的素质。必须由有足够经验、可以胜任的人担任评审员，并注意评审人员的专业知识对口与否。要防止审核员参与审核与自己有某种直接责任关系的部门。

（3）必须加大审核力度，保证评审的质量。对内审出现的不合格项，必须制定纠正和预防措施并落实和检查效果，以此促进质量管理体系的有效运行。

（4）管理评审既重视当下，也着眼于长远。管理评审不仅是为了检验企业当前的质量方针、质量管理体系的实效性，而且还要根据技术进步、市场格局、质量要素、客户需求等方面的变化，对质量管理体系的适宜性做出评价，使企业与时俱进，永不落伍。

4. 不断修订和完善质量管理体系的文件

质量管理体系文件如质量手册、程序文件和作业指导书等，是质量管理工作的依据。一方面，通过管理评审，包括内审或认证复审，发现工作中的缺点和不足，找出实际工作情况与质量管理体系文件要求的差距；另一方面，通过管理评审，又可发现质量管理体系文件要求与变化了的实际工作情况之间存在差异和矛盾，同时又是对企业质量管理体系现状的认识和总结。实践是检验真理的标准，随着质量管理体系的运行，体系文件化的程序应当不断修改和完善。例如，随着企业对 ISO 9000 族标准的理解逐步深入和客观环境的变化，发现其中的问题时，必须及时实施纠正和改进措施，包括对文件的修改，特别要废除那些形式上符合而与实际脱节的内容，确保质量管理过程得到有效的策划、运行和控制。修订和完善质量管理体系文件要作为一项非常重要的工作，应由专人负责，制订计划，注重收集、归纳各部门、各方面的意见和建议，及时组织有关部门和人员对修订意见进行研究，保证修订和完善工作正常进行。质量管理体系的所有文件内容和质量管理的现实工作是一种从理性到感性，从理论到实践的反复磨合、彼此印证、互为因果、共同提升的关系。当两者达到水乳交融、水到渠成的自然运行的状态，企业便不可能不成功。当然，这是一个只要努力就无止境的过程。

5. 加强员工培训和教育

培训和教育是企业发展的永恒主题，在企业完成认证以后，对员工进行质量管理体系方面的培训和教育不应有丝毫的松懈。

（1）质量意识需要通过各种方法培养。只有不断加强质量意识，才能使员工自觉地把本职工作同企业产品质量、成本、效益及客户利益联系起来,尽职尽责地做好各项工作。

(2) 只有不断加强对质量管理体系文件的学习,才能使人人掌握质量管理体系文件的要求;加强对质量管理体系的理解,消除各种误解,把文件化的标准与实际工作有机地结合起来,真正做到"写到的就要做到",消除说的、写的和做的不一致的现象。

(3) 应加强工作方法或操作技术方面的培训和教育,包括对管理人员、内审人员、特殊工序检验人员、作业人员的培训,还要特别注意对骨干力量和后备力量的培养。一支质量意识高、责任感强且训练有素的职工队伍,是企业质量管理体系持续有效运行最重要的资源保证。

6. 建立和完善质量管理体系持续改进的管理机制

持续改进应成为企业发展的动力,是企业不断发展壮大的重要措施。但是,哪些工作属于须持续改进的工作、企业内部各部门应分别承担哪些须持续改进的工作、如何规范对须持续改进工作的管理,企业应进行系统、全面的考虑。在企业内部,从生产到经营,从管理到技术,从高层到基层,持续改进工作涉及每个部门、每个岗位、每位员工。大到企业的战略规划、技术改造计划、指标攻关计划、各类研发计划的制订和实施,小到每项具体工作计划的制订和实施,都包含了持续改进工作的内容。对持续改进工作,企业应在质量管理体系文件中做出层层规定,明确各部门在持续改进工作中的职责,规范改进措施的制定和实施程序,规定改进措施实施效果的测量方法等。要开展持续改进工作,应做好以下3方面事情:

① 把持续地对产品、过程和质量管理体系进行改进作为企业及每位员工的目标,并保持一致的行动。

② 要周期性地按照"卓越"的准则进行评价,以识别具有改进潜力的区域,同时制定相应的改进措施和目标,指导和跟踪改进活动;对任何改进工作给予规范,确保持续改进过程的有效性。

③ 要鼓励预防性的活动,全面贯彻以预防为主的思想,积极寻求和准确把握可进行质量改进的机会。应着眼于问题的预防,而不是等出了问题、造成质量损失再去改进。另外,国内许多企业中一直开展的质量控制小组活动,可以作为推进持续改进工作的一种重要形式,达到全员参与持续改进工作的目的。

从ISO 9000族标准和企业核心竞争力内涵来看,建立并保持质量管理体系、培育和提升企业核心竞争力都能够增加企业持续改进工作取得成功的机会。实施和改进质量管理体系需要动力,而培育和提升企业核心竞争力也需要一套科学的管理方法。若将两者联系起来,无疑会取得令人满意的成效。因此,从培育和提升企业核心竞争力的角度出发,引进和实施ISO 9000族标准,建立保持有效和高效的质量管理体系,对企业最高管理者而言,

第十章　泡沫镍产品的质量管理

是一项战略性的决策和任务。

　　本章在论述泡沫镍产品质量管理中的问题时，在详述泡沫镍产品质量的技术细节问题后，用了较大篇幅介绍 ISO 9000 族标准的方方面面，包括提出"什么是企业核心竞争力"的一个完整的认识。因为就泡沫镍产业的发展历程而言，制造水平和产品质量获得提升并与时俱进，重要的原因是得益于 ISO 9000 族标准的建设、应用和贯彻始终；得益于企业核心竞争力作用的发挥。可以说，制造业的平台在企业，企业的生存靠创新、靠质量；创新和质量既依赖于技术，更依赖于管理。

第十一章 制造泡沫镍的关键原料

在泡沫镍的技术开发和生产过程中，在曾经使用过的重要原料中，用量较大或价值较高的有聚氨酯海绵（PU）、金属镍、液氨、硫酸镍、氯化镍、氨基磺酸镍、硼酸、硫酸钠、硫酸、硝酸、氢氧化钠、次磷酸钠、氯化钯、草酸、高锰酸钾、氨水、柠檬酸钠、氯化亚锡等。由于技术的进步，聚氨酯海绵导电化处理的化学镀镍法真空磁控溅射法替代，诸多化学品不再使用，生产工艺和技术路线明显简约，生产过程的智能化水平和绿色制造水平显著提升。目前，除了常用的且用量有限的化学制剂，如硼酸、硫酸钠、硫酸盐酸和氢氧化钠，泡沫镍的生产制造主要的关键原料为聚氨酯海绵、金属镍、液氨和镍盐。

11.1 聚氨酯海绵

11.1.1 概述

聚氨酯的全名为聚氨基甲酸酯，是主链含有重复的氨基甲酸酯基团（—NHCOO）的高分子化合物的统称。它是由二异氰酸酯或多异氰酸酯与聚酯多元醇或聚醚多元醇反应聚合而成的。聚氨酯类高分子聚合物中除了氨基甲酸酯，可能还含有醚、酯、脲、缩二脲、脲基甲酸酯等基团[1]。由于基团的性质和数量不同，聚氨酯类高分子化合物可得到线型和体型两种不同的结构。因结构有差异，性质也不相同。利用其性质的不同，聚氨酯可被制成泡沫塑料、涂料、胶黏剂、橡胶、纤维等。其中，聚氨酯泡沫塑料主要特征为多孔性，是聚氨酯类高分子化合物的主要品种，分为硬质、半硬质和软质聚氨酯泡沫塑料3种类型。软质聚氨酯泡沫塑料又称为聚氨酯海绵，根据所用多元醇种类的不同，可分为聚酯型海绵和聚醚型海绵[2]。

通常，将聚氨酯的分子结构看成由"硬段"和"软段"组成[3]，如图11-1所示。软段一般指聚氨酯分子结构中的聚醚多元醇和聚酯多元醇，它的玻璃化温度通常低于常温，由其构成的链段比较柔软，常温下呈无规则卷曲状，因此也称为柔性链段，它能赋予海绵良好的弹性、柔软性及伸缩性。硬段则由异氰酸酯和扩链剂构成，一般情况下它的玻璃化温度高于常温；常温下可伸展成棒状，因此也称为刚性链段，它能赋予聚氨酯高硬度及尺寸稳定性[4]。聚氨酯分子结构中硬段和软段部分在热力学性质上的显著差异和不相容性，软段和硬段会分散成各自聚集的独立的微相区[3,5]。这种分子结构中独特的微相分离使聚氨酯具有良好的加工性能、力学性能、高弹性、润滑性、耐磨性、耐疲劳性和生物相容性，因而被广泛应用于化工、轻工、纺织、电子、医疗、建材、建筑、汽车、国防、航空和航天领域[6]。泡沫镍生产中电铸用海绵模芯的原材料属于软质聚氨酯泡沫塑料，常称为聚氨酯海绵或简称海绵。

第十一章 制造泡沫镍的关键原料

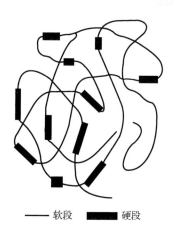

—— 软段　■ 硬段

图 11-1　聚氨酯分子结构中的软段和硬段

11.1.2 聚氨酯海绵的合成

1. 聚氨酯海绵合成的原理

聚氨酯海绵的合成是利用异氰酸酯的反应活性，使有机分子链增长，从而使液态的有机原料逐步固化成形。异氰酸酯具有较多的不饱和基团-N=C=O，是一类反应活性极高的化合物。它能和许多化合物进行加成反应，还可在加热条件下或催化剂作用下发生自聚及脱碳等反应[7]。在聚氨酯泡沫塑料的合成过程中，发生的主要反应如下。

异氰酸酯和羟基反应，即多异氰酸酯和多元醇（聚醚、聚酯或其他多元醇）反应生成聚氨酯：

$$R\text{-}NCO + R'\text{-}OH \rightarrow RNHCOOR' \tag{11-1}$$

异氰酸酯和水反应：

$$2R\text{-}NCO + H_2O \rightarrow RNHCONHR + CO_2\uparrow \tag{11-2}$$

芳香族异氰酸酯（ArNCO）发生自聚反应，形成二聚体和三聚体：

$$2ArNCO \xrightarrow{\text{二聚体}} \text{环状二聚体} \tag{11-3}$$

$$3ArNCO \xrightarrow{\text{三聚体}} \text{环状三聚体} \tag{11-4}$$

式（11-1）、式（11-3）和式（11-4）属于链增长反应，其实质是由小分子合成高分子，伴随着反应物黏度的增加直至固化。反应生成物所占比例由配料中各组分的比例决定，当异氰酸酯的比例较高时，发生式（11-4）反应的比例也加大，生成物的硬度相应增大。当异氰酸酯的比例较低时，不能使多元醇完全反应，导致合成的聚合物材料因固化不充分而黏连。

式（11-2）的反应产生了 CO_2，形成发泡的反应机理。该反应在一定温度下在大气和模具中完成，反应过程中气体的产生与逸出使具有一定黏度的原料体积不断膨胀，形成不断固化的产物。气体继续逸出，使固化产物形成由孔棱构成的多孔网络海绵材料。通过控制反应物水的含量、催化剂的种类及其含量，可制造出不同孔隙率、不同孔径的聚氨酯海绵。

2. 聚氨酯海绵的生产过程与工艺

聚氨酯海绵的制造方法分为 3 种：预聚物法、半预聚物体和一步法。工业生产的环节包括配料、储存、生产线上混料、浇模、脱模和熟化等步骤。

泡沫镍生产中用于制造电铸用海绵模芯的聚氨酯海绵大多被制成大型矩形块，截面尺寸最大可达 2.4m×1.2m，制品长度可根据厂房条件和其他需要进行调节。矩形块海绵成形后，用切片机把它裁切成需要的片状。海绵生产企业把数十种原材料泵入发泡机混合头内，使物料混合再把混合料浇注到皮带运输机的牛皮纸上。混合料一边移动一边发泡，通过控制发泡工艺可获得不同的发泡高度。发泡后的海绵半成品在室温下置于通风良好的仓库里保温 24h，待海绵熟化后再进行裁切。

生产其他特殊形状的海绵时，浇注机沿直线导轨移动，按经验轨迹和注入量依次浇模。后续工艺同样为合模、保温、熟化。生产聚氨酯软泡海绵的工艺流程关键控制点主要包括原料配比的合理性、混合料的温度和湿度、乳白时间和浇注时间的协调、特殊形状制品的浇注成型、保温熟化时间等，有的配方甚至对环境温度和湿度有较高的要求。当工艺参数设计和管理不当时，产品可能出现空洞等不良品。由于聚氨酯反应的速度呈现先快后慢的规律，在一定温度条件和催化剂的共同作用下，会在十多分钟内完成 70%~80% 以上的链增长及水发泡反应；而室温熟化则持续较长时间，一般按夏季 1~2 天、冬季在夏季 1~2 天的基础上延长 1 天的做法。确认材料已经完成 90% 以上的反应后再进行后续加工。实际上，空洞的积聚和显现，有时候经过一段时间后才被发现，这对一些外观要求高的制件是非常不利的。对泡沫镍生产而言，由于最终的泡沫镍产品是完全复制海绵模芯的孔结构，海绵中的空洞缺陷将直接导致泡沫镍的质量缺陷，因此对海绵体相中的无空洞缺陷要求非常严格。

11.1.3 聚氨酯海绵的切片工艺与主要供应商

1. 聚氨酯海绵的切片工艺

在把块状聚氨酯海绵加工成连续带状时，按其切片方式的不同，可分为平切、旋切和环切。

1）平切

平切是把长条矩形状聚氨酯海绵沿水平方向切割而得到的连续带状片材，如图 11-2 所示。

第十一章 制造泡沫镍的关键原料

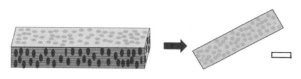

图 11-2　聚氨酯海绵的平切加工方式

由于聚氨酯海绵的发泡过程是垂直于水平方向向上膨胀的，海绵中孔结构特征包括孔的形状、孔密度（孔数）孔径等在垂直方向上都可能不一致。再加上受重力的影响，聚氨酯海绵的上、中、下层孔的结构有一定的差别，下层的孔更小也更圆，上层的孔则圆且更大，在垂直方向上孔径会被拉得更长，呈椭圆状，其他部分呈过渡状。因此，平切时，同一卷海绵带状片材的孔形和结构基本趋于一致。但不同海绵卷的孔径存在不同程度的差异这是采用平切方式的结果。对聚醚型海绵多采用平切方式。而且由于发泡海绵体的水平长度受厂房面积的限制，采用平切的海绵的单卷长度通常仅为 100m 左右。

2）旋切

旋切是先将发泡后的聚氨酯海绵分割成矩形体经修边加工成圆柱体海绵，把圆柱体海绵在辊轮架上旋转，刀片将圆柱体海绵切成不同厚度的带状片材，然后收卷。海绵的旋切加工方式如图 11-3 所示。对聚酯型海绵，多采用旋切方式。

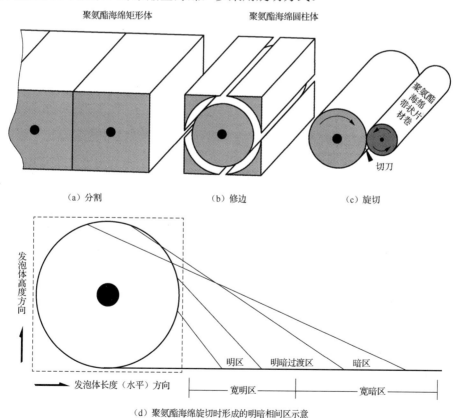

图 11-3　聚氨酯海绵的旋切加工方式

如前所述,由于海绵发泡时受重力影响,旋切后的片状带材,沿水平方向会出现周期性的孔形变化,出现所谓的宽明区和宽暗区,如图11-3(d)所示。大致上,椭圆形孔(宽明区)和圆形孔(宽暗区)呈周期性地交替出现。

3)环切

把长约60m的聚氨酯海绵发泡体用胶黏剂粘接成一个大的圆环,用一个大型环切装置沿着环形发泡体进行表面切片,得到所需厚度的海绵带状片材卷,这一过程称为海绵的环切,如图11-4所示。通过这种环切方式得到的每卷海绵在长度方向上具有高度一致的孔结构特性。

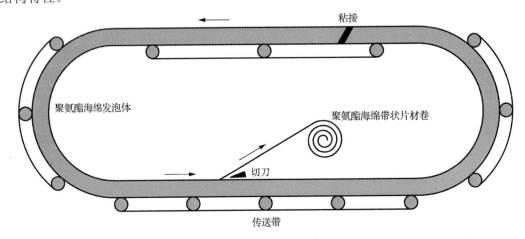

图11-4 聚氨酯海绵的环切加工方式

2. 平切式海绵和旋切式海绵的对比及其对泡沫镍生产的影响

由于制造泡沫镍的电铸采用了导电化处理后的聚氨酯海绵作为模芯,理论上,泡沫镍的微观形貌,即孔形状和结构应与海绵完全一致。因此,平切式海绵和旋切式海绵在微观结构上的差异应可完全复制到泡沫镍产品上。

平切式海绵和旋切式海绵的主要差异在于后者的孔结构存在周期性的改变。旋切式海绵的明区和暗区在孔形和孔数上存在一定的差异,明区的孔接近椭圆形,而暗区的孔接近圆形;平切海绵没有这样的差异,孔结构比较趋于一致。

平切式海绵和旋切式海绵孔的差异通过泡沫镍面密度反映出来。用旋切式海绵生产的泡沫镍面密度波动明显。平切式海绵泡沫镍和旋切式海绵泡沫镍的面密度如图11-5所示。

另外,泡沫镍成品在拉伸性能、孔结构等方面表现出的各向异性,正是因为海绵模芯的切片方式不同造成的。规格相同的海绵不同的海绵供应商提供的海绵孔结构特性明显地存在差异。孔结构特性是聚氨酯海绵无法准确度量的一个技术参数,实际检测的孔数(PPI)往往是供需双方基于经验,协商后认可的相对值。表11-1为泡沫镍生产使用的部分聚氨酯海绵供应商的产品性能实例。

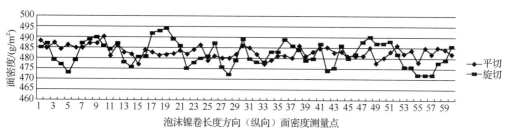

图 11-5 平切海绵和旋切海绵对泡沫镍面密度的影响

表 11-1 泡沫镍生产使用的部分聚氨酯海绵供应商的产品性能实例

海绵供应商	日本普利司通（BRIDGESTONE）	上海井上高分子制品公司（SVI）	东莞永迪
原料类型	聚酯型	聚酯型	聚醚型
裁切方式	旋切	旋切	平切
孔数（PPI）	≤140	≤140	≤110
尺寸（长×宽×厚）	180m×1.0m×1.4mm	210m×1.0m×1.4mm	100m×1.0m×1.4mm

11.1.4 聚氨酯海绵的储存与运输

1. 包装防护

聚氨酯海绵具有一定的弹性，不会因为受到撞击而被轻易损坏，但聚氨酯海绵在光线的长期照射下，容易变黄。在变黄的同时出现老化和降解。因此，包装防护主要以避光为主，多采用黑色塑料进行封装保存。对海绵孔形状和结构有很高要求时，在对其用黑色塑料进行封装后，还需要把它存放在纸箱中，所用纸箱应不会因挤压而变形。

聚氨酯海绵存放在仓库时，堆码高度一般不超过 2m，以保证孔形状不因受到过大压力而变形，同时也便于存取。

2. 储存条件及要求

聚氨酯海绵是多孔性的固体，导热性极差，容易造成热量积聚[8]。在常温下与空气接触能缓慢氧化发生热降解，积累的热量不易散发而可能引发自燃，在储存物品类别中属于乙类物品。长时间密封存放的聚氨酯海绵容易产生阴燃，阴燃的温度最高可达 400℃，远超过与空气接触后发生自燃时的温度 330℃，而且阴燃能长时间维持。因此，必须采取一系列保障堆放聚氨酯海绵的仓库通风且易于散热的措施。

仓库环境中热量（或温度）、光照、水分都能对聚氨酯海绵的老化起促进作用，储存聚氨酯海绵的仓库必须符合规范要求。

仓库温度一般保持在 25℃以下，温度升高会加速聚氨酯海绵发生热氧化反应，使其分子链断裂而老化，性能下降。

使用日光灯等低热量灯具和其他防燃型灯具时，应对整流器采取隔热、散热等防火保护措施。聚氨酯海绵分子链吸收340nm波长的光后，其中的亚甲基会发生氧化，产生过氧化物，进而生成醌-酰亚胺等产物，发生光老化。

仓库要保持干燥，防止潮湿，长时间存放于湿度较高的环境中，聚氨酯海绵容易发生水解老化，分子中的脂基、氨基甲酸酯和脲基等容易与水分子发生化学反应，导致分子键断裂，使聚氨酯海绵起泡、变形、龟裂、变色，力学性能下降。

仓库应通风良好，聚氨酯海绵在自然条件下或多或少都会发生老化和降解，会挥发出CO、CO_2、HCN、有机溶剂的挥发物等可燃性混合气体。它们大部分都比空气轻而漂浮在仓库的上层空间，最好将通风口设置在靠近仓库顶部并通过风机进行排风。进入仓库的电瓶车、铲车，必须有防止火花溅出的安全装置。

3. 运输方式及注意事项

运输过程中聚氨酯海绵不能受到过分挤压而造成部分变形。多数情况下，聚氨酯海绵均采用黑色塑料进行密封包装，外部没有纸箱保护。因此，在集装箱内堆放时应与集装箱底部有最大的接触面积，减小因为挤压而产生的变形。长时间运输时，要考虑运输过程的环境温度，可用恒温集装箱运输，以防止聚氨酯老化，甚至防止在运输过程中的自燃。

11.1.5　聚氨酯海绵的废弃处置办法

在制造泡沫镍过程中，由于规格和型号的特殊性，在裁切时会产生一定量的边角废弃料。此外，还有超过有效使用期的聚氨酯海绵因各方面性能下降而报废。对这些废弃的聚氨酯海绵必须协同供应商进行妥善处理，例如，回收移作它用。对不宜回收利用的海绵，不宜将其简单燃烧降解，因为聚氨酯的组分中含大量的有机异氰酸酯，简单降解的过程中会产生有害气体，如HCN、CO等，对大气和土壤会造成污染。

对聚氨酯产品的回收利用，主要通过如图11-6所示的途径。

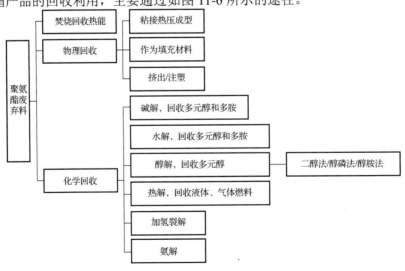

图11-6　聚氨酯产品回收利用的主要途径[7]

1. 通过焚烧回收热能

在工业中,焚烧一直是处理高分子废弃材料的一种重要的方法,操作简便容易,作业成本较低。将废弃后的聚氨酯海绵粉碎后焚烧并回收热能,聚氨酯海绵在焚烧时的发热量为28~32MJ/kg。经过焚烧后可以使废弃物体积减少99%。由于聚氨酯海绵主要成分为碳、氢、氧、氮,在焚烧过程中伴有CO、CO_2、HCN、异氰酸酯、尿素、卤化物等有毒物质产生,同时伴有高密度的烟尘,会对环境造成污染。因此,必须有深度燃烧的技术方案,对尾气作进一步的完善处理(相关内容参考7.1.2节和13.2.1节)。否则,不宜采用简单的焚烧降解方式。

2. 物理回收

物理回收途径主要有黏结、热压成型、作为填充材料和挤出/注塑成型等[9,10]。

3. 化学回收

化学回收途径比物理回收途径复杂,化学回收的主要原理是在一定条件下使聚氨酯海绵中的氨基甲酸酯基和脲基断裂,分解成多元醇及芳香族胺、二氧化碳等。然后,通过蒸馏等设备,将分解物进行分离,达到回收的目的。化学回收的主要方法有醇解法、水解法、碱解法、热解法等[1]。

从回收成本角度考虑,物理回收的效果较好,但这种途径获得的再生品的性能较差,只能做低档用品。因为在回收处理的过程中,聚氨酯海绵的泡沫结构遭受了相当程度的破坏,导致再生品的力学性能差。

从回收处理后的再生品的使用性能看,化学回收的效果较好。处理大量聚氨酯废弃料时,应考虑采用一定规模的化学回收法处理途径,既有利于保护环境,又能有效利用社会资源。

11.2 金 属 镍

泡沫镍的生产中,金属镍被用作真空磁控溅射镀膜机中的镍靶基材和电铸设备中的镍阳极。

11.2.1 镍靶基材

镍靶基材,简称靶材。是真空磁控溅射工序中的主要耗材。靶材的材质为纯镍,是镍靶的主要构件和功能件,有关靶材的材质、制造方法、镍靶的结构设计在第4章有详细论述。

11.2.2 镍阳极

在泡沫镍的制造过程中,电铸工序是控制整个生产过程的关键步骤,电铸工艺直接影响泡沫镍的性能。而镍阳极则是电铸工艺中使用的关键材料。电铸工序使用的镍阳极有可溶性镍阳极和不溶性镍阳极两类。

1. 可溶性镍阳极

从镍矿原料到镍阳极的制备可参阅 1.2.3 节,硫化镍矿经火法冶炼和湿法冶炼,在最终工序都会采用电解精炼方法获得纯度高达 99.85%以上的电解镍。把电解镍裁切成镍板或镍块后,可直接用作阳极材料。但目前电沉积,包括电镀和电铸,所用的镍阳极都是经过加工后的含硫电解镍。

由于镍阳极溶解的状况既关系到产品的质量,也关系到金属镍的用量和生产成本,同时还存在若干工艺性能的问题,如镍泥和镍渣的生成、阳极钝化等问题。因此,在电沉积镍的工艺中,镍阳极一直是研究的重要内容,并因此开发出性质、形状、使用方法不同的镍阳极材料。

1)电解镍阳极板

此类镍阳极曾经在生产中普遍应用,因为使用方便。将厚度一定的板材裁切成长、宽适宜的镍板条,在镍板条的端头钻孔后,用纯铜挂钩把它悬挂在电沉积槽的阳极导电杠上即可。生产实践表明,纯度很高的电解镍阳极板,电沉积时很容易钝化。为了克服这一缺点,可在电解液中加入一定量的氯化镍(NiCl),以产生氯离子。例如,在 1 当量浓度的(1N)$NiSO_4 \cdot 7H_2O$ 溶液中加入浓度为 0.25mol/L 的 H_3BO_3 溶液中,当电流密度为 $1A/dm^2$,温度为 17℃,pH 值为 5.4~5.8 时,加入 0.25N 的 $NiCl_2$,其阳极极化电位从 1.78V 减小到 0.43V;加入其他氯化物如 NH_4Cl、$NaCl$、KCl、$MgCl_2$ 时,阳极极化电位均降低了 1.3~1.4V。可见 Cl^- 对阳极去极化的作用十分明显,而且与加入的阳离子种类无关[11]。但加入 Cl^- 后会有 0.5%的镍阳极成为疏松的镍渣[12]。而且,槽液中增加 Cl^- 的含量,会在镍沉积层中引入拉应力。"镍沉积层的一个重要、复杂而又没有被很好地了解的特性是……镀层都带有内收缩应力(拉应力)"[13]。拉应力对电镀层和电铸层均会产生不良影响。对于电铸泡沫镍而言,拉应力会增加待卷半成品的硬脆程度。

电解镍阳极板的另一个缺点是阳极溶解过程的不均匀性。使用一定时间后镍板条的下半部变薄、变尖、变短,呈"▽"形,为保证槽液正常的分散能力,必须更换变形后的阳极。因此,不仅工艺过程烦琐,阳极成本还会增加。

由于电镀技术和产业的历史悠久,其实在电解镍阳极板之前,已有不同类型的镍阳极在生产中得到应用,如下述锻轧型、铸造型棒料镍阳极,而这类镍阳极的制造过程,又不可避免地引入若干含量很低的元素,这些元素在阳极中却起到了去极化的作用,改善了阳极极化性能、防止阳极钝化,表现出作为镍阳极的不同优势。

2)锻轧型和铸造型去极化棒料镍阳极

在镍阳极的制造过程中,采用锻造或轧制工艺、铸造工艺加工棒料时,常常会以杂质形式混入的氧(以 NiO 形式)和碳会促进阳极的溶解,被称为去极化镍阳极。早期(1929年)开发的锻造型去极化镍阳极,含镍量为 99%,含有 0.5%的 NiO 和微量的硫。1938 年,开发出的锻造型含碳镍阳极,含碳量为 0.25%、含硅量为 0.25%。在电解过程中,其中的硅被氧化成硅酸,使阳极附近电解液的酸性增加,促使阳极均匀溶解[14]。

除锻轧型镍阳极,还可以采用铸造的方法制备去极化镍阳极。例如,在熔融的电解镍中,加入质量分数 0.25%~0.35%的碳和质量分数 0.25%~0.35%的硅;在熔融的电解镍中,加入质量分数 0.25%~1.0%的 NiO;在熔融的电解镍中,加入质量分数 0.01%~0.015%的硫[12]。由于锻轧和铸造工艺可方便加工不同形状的镍阳极,故可针对电解镍阳极在形状和尺寸上的局限,根据电沉积槽体深度的需要,将阳极加工成一定长度、截面为椭圆形的棒料。锻轧型阳极比铸造型阳极产生的镍渣、镍泥少,而铸造型阳极比锻轧型阳极的溶解性优越,在生产中可据此搭配使用。

3)钛阳极篮+含硫电解镍

关于钛阳极篮在电沉积镍中的应用,国外在 20 世纪 60 年代初已有报道[14]。国内在 1981—1984 年,在上海举办的电镀进修班上,对于镍阳极的技术,钛阳极篮的原理、结构、使用已有明确的规范和实际经验,并介绍了国外 Inco、Falcon bridge 品牌含硫量 0.02%的圆形镍饼的特性,这类半球状镍阳极外径为 20~30mm,厚度为 10~15mm,可较普通镍阳极的电压下降 1.5V,不仅节能、溶解性好,而且补充方便,还可使电解液中的铜杂质沉淀而去除[12],反应式如式(11-5)所示。这一特点对于无铜泡沫镍的生产也有意义。

$$Cu^{2+} + S^{2-} = CuS\downarrow \tag{11-5}$$

目前,根据不同的生产需求,钛阳极篮中使用的镍材有剪切成 25mm×25mm 的含硫块状电解镍、由电解镍冶炼制成的纽扣形镍和由羰基镍分解而成的球丸形镍。由于氟对钛有腐蚀作用,钛阳极篮不能用于氟酸盐体系的电沉积镍电解液。

在常规瓦特镍电解液和无氯硫酸镍电解液中,各种镍阳极在静电状态下的阳极极化特性如图 11-7 所示。

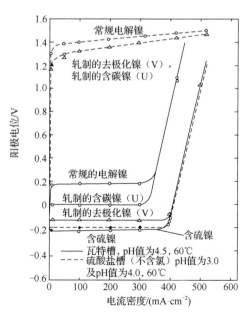

图 11-7 各种镍阳极在静电状态下的阳极极化特性[14]

从图 11-7 中可以看出，含硫镍阳极在瓦特镍电解液和无氯硫酸镍电解液中，在规定的工艺条件下，其阳极极化电位均较其他镍阳极的低。虽然含硫镍阳极的去极化或活化机理尚不完全清晰，但从图 7-11 中发现，只有在较高的阳极过电位下，才会形成镍阳极钝化膜。根据一般推理，应当是镍阳极中硫化物的负电性降低了镍阳极钝化膜中存在的氢氧化物有效浓度的缘故。而在有氯化物存在时，对电解镍阳极上不出现钝化膜的活化原因，DiBari 和 Petrocelli 于 1965 年首先提出是由于含硫阴离子在阳极的吸附作用[14,15]。1975 年，Fisher 和 Morris 将镍阳极中少量硫的去极化作用进一步解释为可能形成了硫代硫酸盐，这些盐类阴离子具有特性吸附作用，从而阻止了阳极钝化膜的形成[14]，因此产生了去极化作用。

以上结论曾使我们不容质疑地认为无论是电解镍阳板、锻轧型和铸造型镍阳极，还是钛阳极篮装填的镍饼、镍珠采用电解含硫镍制造，对于阳极溶解和生产使用都是适宜的。虽然在早期的电镀理论著作中，也曾认为硫是使"阳极产生非生产性消耗的最有害的物质"，即使微量存在，也会导致镍阳极溶解得不均匀[11]。

2. 不溶性阳极

不溶性阳极在电解工业、湿法电冶金、电镀和电铸工业中均有应用。以生产氯气、氢气和苛性钠的氯碱电解工业为例，使用石墨阳极已有百年历史，而对金属阳极的研究，延续不断。20 世纪 60 年代，荷兰人 Henri Bernard Beer 发明了在钛金属基体上涂覆二氧化钌（IrO_2）涂料以制备金属阳极，并实现了工业化应用。到 1980 年，全世界已有 50% 的氯碱企业使用了此种阳极[16]。钛基涂层不溶性阳极常被称为 DSA（Dimensionally Stable Anode）的创新思路，一直推动着现代技术的进步，除氯碱工业外，在氯酸盐等多种无机盐类的生产、有机合成、水电解、工业废水治理、电催化、电铸和电镀贵金属等领域，都有成功的应用。例如，印制电路板所需铜箔的生产，过去是在硫酸铜电解液中，在直径为 1~2m 的钛制旋转圆筒阴极上镀铜，于转筒的一端剥离铜箔，过去采用铜阳极板，由于极间距不易控制，产品质量得不到保证。现在采用在镀有薄铂中间层的钛金属基体上涂覆 IrO_2 涂层的 DSA，不仅极间距易于控制，产品质量稳定，阳极使用寿命长，因阳极产生大量氧气泡的搅拌作用，电解电流密度高达 50A/dm^2，生产效率显著提高[17]。在湿法电冶金领域，以锌的电沉积为例，用铅银（含银量为 1%）合金网格或打孔板作阳极，以轧制或铸造方式制备，在硫酸锌体系的电解液中将锌电沉积在用纯铝板制作的阴极上[18]。在电镀技术中，防护装饰性镀铬和工程镀铬所用的不溶性阳极常采用含 Sb 或含 Sb+Sn 为 6%~8% 的 Pb 合金不溶性阳极。在泡沫镍生产的电铸技术中，出于某种需要，也有采用不溶性阳极的个案。例如，6.4.1 节中图 6-9 所示的一种电铸装置就是采用不溶性阳极电铸连续带状片材的。

不溶性阳极的开发方兴未艾，包括电铸镍在内的电沉积个性化需求层出不穷，创新成果令人期待。不溶性阳极的以下特点和优势值得关注。

（1）被采用的不溶性阳极在电沉积体系中处于可工作的钝化状态，同时阳极的钝化层有传递电子的功能。

（2）电沉积过程中阳极的几何形状不变，因此电流分布较为稳定。

（3）不存在高电阻隔离性阳极钝化膜，阳极电流效率得到保证，节约能源。

（4）无阳极泥渣等问题。

（5）能杜绝阳极中的杂质污染镀件或电解液。

11.3 液　　氨

11.3.1 概述

在泡沫镍的热处理工序中，需要使用氢气作为还原气氛，氢气一般通过氨分解法制得。

氨气是一种高纯、氢含量高的化合物。在常温下施加 8 个标准大气压就可使之液化，因而便于运输和分销。氨气的毒性相对较小，也不易燃烧，是一种清洁的高能量密度氢能源载体。因此，氨分解制氢在氢能源领域具有很好的应用前景，在电子、玻璃及冶金行业利用氢气作为还原气或保护气氛的领域也有很好的应用。

工业大规模制氢的方法见表 11-2。其中，电解水制氢耗电量极大，用电成本占整个水电解制氢生产成本的 80%左右，只适用于纯度要求极高、用量较小的场合。而矿物燃料制氢如天然气或裂解石油气制氢在生产过程中产生碳氧化合物（CO_x，$x=1, 2$），会对环境造成污染，同时极易导致催化剂中毒。使用氨分解法制备的氢气纯度高，不存在 CO_x 的处理问题[19]。

表 11-2　工业大规模制氢的方法

生产方法	特点	方程式
电解水制氢	工艺过程简单，无污染，但耗能大，不宜进行大规模生产	阴极：$2K^+ + 2H_2O + 2e \rightarrow 2KOH + H_2 \uparrow$ 阳极：$2OH^- \longrightarrow H_2O + 1/2O_2 + 2e$
天然气或裂解石油气制氢	原料丰富，生产工艺简单，H_2 产量高，但也产生 CO	$CH_4 + H_2O + 热 \longrightarrow CO + 3H_2 \uparrow$
焦炭和白煤制氢	原料来源不受限制，生产工艺简单，产生 CO，能耗较大	$H_2O + C + 热 \longrightarrow CO + H_2 \uparrow$
甲醇制氢	原料丰富，能耗较低，产生 CO_x，易使催化剂中毒	$CH_3OH + H_2O \longrightarrow 3H_2 \uparrow + CO_2$
氨分解制氢	氢气纯度高，制备工艺过程简单，投资少运行成本低	$2NH_3 \longrightarrow N_2 + 3H_2$

总的来说，氨分解制氢工艺的主要优点如下[20]：
（1）氨的合成、运输、利用技术及其对应的基础设施十分成熟。
（2）价格低廉。
（3）氨的储氢量质量分数的理论值为17.6%，高于其他制氢方法的。
（4）易于储运。
（5）在标准状态下，氨气-空气体系的爆炸极限仅为体积比的16%~27%，安全性好。
（6）流程简单、设备的质量和体积都小，符合中小规模制氢灵活而经济的原则。

11.3.2 氨分解制氢

氨分解制氢是一个比较简单的反应体系，其反应方程式如下：

$$2NH_3 \longleftrightarrow N_2 + 3H_2 \tag{11-6}$$

由于该反应吸收热量且体积增大，所以高温、低压的条件有利于反应的进行[20]。根据氨分解反应的热力学常数，可以计算出在1标准大气压下，不同温度下的氨分解反应转化率，结果见表11-3。

表11-3 在1标准大气压下，不同温度下的氨分解反应转化率

温度/℃	200	250	300	350	400	450	500	550	600	650
转化率（%）	52.24	80.93	92.39	96.69	99.16	99.59	99.75	99.85	99.90	99.94

液氨制氢工艺流程较为简单，以液氨为原料，在温度为850~900℃的催化床中分解，得到氢气占75%、氮气占25%的混合气。按理论值计算，每千克液氨分解可得到混合气2.6 N·m³，其中氢气占1.9 N·m³。液氨制氢工艺流程如图11-8所示。

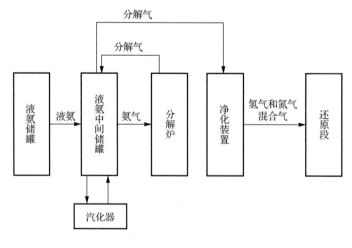

图11-8 液氨制氢工艺流程[21]

11.3.3 液氨安全管理说明

液氨应储存于阴凉、干燥、通风良好的环境中,远离火种、热源,防止阳光直射,应与卤素(氟、氯、溴)、酸类等分开存放。使用罐储时,要有防火防爆措施,配备相应品种和数量的消防器材,禁止使用易产生火花的机械设备和工具。

11.4 镍 盐

11.4.1 概述

镍、钴是比较贵重的有色金属,属于重要的战略原料,但资源匮乏。无机镍盐是一类重要的无机非金属材料,具有优良的光学、电学、磁学、热学性能,在陶瓷、电化学、催化、生物传感器、分子筛等领域被广泛应用[22],已成为现代科学技术中不可缺少的重要材料。

电铸泡沫镍生产中常用的无机镍盐有硫酸镍和氯化镍,如表 11-4 所示。

表 11-4 电铸泡沫镍生产中常用的无机镍盐[23]

无机镍盐名称		硫酸镍		氯化镍	
分子式		$NiSO_4 \cdot 6H_2O$		$NiCl_2 \cdot 6H_2O$	
等级		优等品	一等品	优等品	一等品
镍含量大于或等于(%)	镍(Ni^{+2})	22.2	21.5	24.0	23.8
杂质含量小于或等于(%)	钴(Co)	0.05	0.1	0.01	0.005
	锌(Zn)	0.001	0.002	0.0005	0.001
	铁(Fe)	0.001	0.002	0.001	0.002
	铜(Cu)	0.001	0.002	0.001	0.002
	铅(Pb)	0.001	0.002	0.001	0.002
	镉(Cd)	0.0003	0.0005	0.0005	0.001
	铬(Cr)	0.001	0.001	0.0005	0.001
	砷(As)	—	—	0.001	0.002
	汞(Hg)	0.001	0.001	0.0005	0.0005
	锰(Mn)	0.003	0.005	0.0005	0.001
	钠(Na)	0.02	0.03	—	—
	钙(Ca)	0.01	0.02	—	—
	镁(Mg)	0.01	0.02	—	—
	水不溶物	0.01	0.02	0.005	0.01
	硝酸盐	—	—	0.01	0.01

11.4.2 电铸泡沫镍常用无机镍盐简介

1. 硫酸镍

硫酸镍是一种绿色结晶体,有无水、六水和七水化合物 3 种,又称为硫酸亚镍或单镍盐,分子式为 $NiSO_4 \cdot 6H_2O$,相对分子质量为 262.86,属于正方晶系。制备时在室温低于 31.5℃的条件结晶成七水化合物,在 31.5~53.3℃时结晶为六水化合物,在 103.3℃时失去 6 个结晶水,成为无水化合物,颜色为黄色。硫酸镍易溶于水,其水溶液呈酸性。

硫酸镍的制备方法:一般用金属镍或氧化镍与含微量硝酸的硫酸反应,去除杂质后,经过浓缩、冷却结晶而获得硫酸镍。硫酸镍多数为提取金属镍及其他冶炼业时的综合利用产品,随着金属镍生产量的增加,硫酸镍的资源也随之变丰富。

硫酸镍广泛应用于表面处理和电池产业。在表面工程领域,作为电镀镍、化学镀镍的主盐。在二次电池中用作镍系列电池(镍镉电池、镍氢电池、镍锌电池、镍铁电池)的正极材料。

硫酸镍是电铸泡沫镍所用电解液的主盐,为电沉积提供镍离子。在泡沫镍的电沉积过程中,镍盐浓度低的电解液分散能力好,镀层更细致,但沉积速度慢;镍盐浓度高的电解液可使用较高的电流密度,沉积速度快,但容易发生阳极的极化。实验表明,当温度、电流密度及其他条件不变时,随着电解液中镍盐浓度的增大,生成晶核的速度降低,晶粒粗大[24]。

2. 氯化镍

氯化镍是一种绿色或草绿色单斜晶体或晶体粉末,分子式为 $NiCl_2 \cdot 6H_2O$,相对分子量为 237.69,密度为 $1.921g/cm^3$,易溶于水和乙醇,其水溶液呈微酸性。在干燥的空气中易风化,在潮湿空气中易潮解,加热至 140℃以上时失去 6 个结晶水而变成黄棕色粉末。

氯化镍制备方法:把金属镍加入盛有适量水的酸解器中,再加入硝酸、硫酸,使之反应生成硫酸镍溶液。然后,加入纯碱溶液进行中和反应,生成碳酸镍,经过滤和水洗,把碳酸镍置于反应器中与盐酸进行反应,经净化、过滤、浓缩、冷却结晶,最后固液分离而制得氯化镍。

氯化镍用于电沉积镍过程时,不仅可以提供一定的镍离子,而且氯化镍中的氯离子可以作为电解液中的阳极活化剂,电镀镍所使用的镍阳极在电镀过程中易发生表面钝化而阻碍镍的溶解,电解液中的氯离子特性吸附在镍阳极,可以去除羟基离子等其他使镍阳极表面钝化的物质,从而保证镍阳极的正常溶解[24]。但要注意,氯离子含量过高的电解液对设备的腐蚀性也大。氯化镍还可在防毒面具中作为氨吸收剂,以及制造催化剂、隐显墨水、干电池等。

11.4.3 镍盐的存储与安全管理

对于电沉积镍来说,所使用的镍盐主要是硫酸镍和氯化镍。硫酸镍为水合物,稍有风化性，约在 100℃时失去 5 个结晶水分子而成为一水化合物，在 280℃时成为黄绿色无水化合物。半数致死量（大鼠，腹腔）为 500mg/kg，有致癌可能性。当硫酸镍接触灰尘及有机物时，有可能引起燃烧或爆炸；有毒，在空气中最高容许浓度为 $0.5mg/m^3$。受高热会分解产生有毒的硫化物烟气。被人体吸入后对呼吸道有刺激作用，可引起哮喘和肺嗜酸细胞增多症，可导致支气管炎。对眼睛有刺激作用。

硫酸镍和氯化镍直接与皮肤接触可引起皮炎和湿疹，常伴有剧烈瘙痒。作业人员须佩戴自吸过滤式防尘口罩，戴上化学安全防护眼镜，穿上能防止毒物渗透的工作服，戴上橡胶手套；避免产生粉尘，避免与氧化剂接触；搬运时要轻装轻卸，能防止包装及容器损坏；储存于阴凉、通风良好的库房，远离火种和热源；应与氧化剂分开存放，切忌混储。

第十二章 泡沫镍生产安全技术与管理

在以电铸法生产泡沫镍的工艺技术路线中，涉及若干对人体有伤害的化学品，如易燃易爆气体、压力容器、高温设施和诸多的用电设备。此外，还存在可能会不同程度危及人身、设备、工厂和周围环境安全的因素。对各种隐患，必须有充分精准的认识和严格完善的预防措施，把"安全第一"落到实处。本章将从危险源、安全隐患、安全设计、安全生产及安全管理等不同层面展开论述。

12.1 泡沫镍生产中的主要危险源

泡沫镍的生产中，会涉及各种危险化学品、电气设备、特种设备。这些危险化学品与设备，以及特殊作业和特殊环境构成了泡沫镍生产中的危险源。而以氨、氢气为代表的危险化学品因其特殊的物理化学性质更具危险性、更易构成重大的安全隐患。因此，危险化学品是泡沫镍生产中的主要危险源。

12.1.1 危险化学品的特性

根据《危险化学品目录》[1]（2015版）的规定，泡沫镍生产及储运过程中涉及的危险化学品有氨、氢气、氮气（压缩的）、硫酸、盐酸、氢氧化钠、硼酸、硫酸镍、氯化镍、镍基催化剂（干燥的），共10种。根据《危险化学品分类信息表》[2]（2015版）的说明，列出上述危险化学品的物理性质和化学性质及危险性类别，见表12-1。

表12-1 危险化学品的物理性质和化学性质及危险性类别

物料名称	危化品序号	CAS号	相态	相对密度（相对于水）	沸点/℃	熔点/℃	引燃温度/℃	职业接触限值 mg/m^3	毒性等级	爆炸极限（体积分数）%	火灾分类	危险性类别
氨	2	7664-41-7	液态/气态	0.82（-79℃时）	-33.5	-77.7	651	30	高	15.7~27.4	乙	易燃气体，类别2；加压气体；急性毒性——吸入，类别3*；皮肤腐蚀/刺激，类别1B；严重眼损伤/眼刺激，类别1；危害水生环境——急性危害，类别1
氢气	1648	1333-74-0	气态	0.07（相对于空气）	-252.8	-259.14	400	—	—	4~74.2**	甲	易燃气体，类别1；加压气体
氮气	172	7727-37-9	气态	0.97（相对于空气）	-195.8	-209.86	—	—	—	—	戊	加压气体

续表

物料名称	危化品序号	CAS 号	相态	相对密度（相对于水）	沸点/℃	熔点/℃	引燃温度/℃	职业接触限值 mg/m^3	毒性等级	爆炸极限（体积分数）%	火灾分类	危险性类别
硫酸	1302	7664-93-9	液态	1.83	338	10.5	—	2	中	—	丁	皮肤腐蚀/刺激，类别1A；严重性眼损伤/眼刺激，类别1
盐酸	2507	7647-01-0	液态	1.2	108.6(20%)	-114.8(纯)	—	15	低	—	丁	皮肤腐蚀/刺激，类别1B；严重眼损伤/眼刺激，类别1；特异性靶器官毒性——一次接触，类别3（呼吸道刺激）；危害水生环境——急性危害，类别2
硼酸	1609	10043-35-3	固态	1.435	—	185	—	10	中	—	丁	生殖毒性，类别1B
氢氧化钠	1699	1310-73-2	固态/液态	2.13	1390	318.4	—	0.5	低	—	丁	皮肤腐蚀/刺激,类别1A；严重眼损伤/眼刺激，类别1
硫酸镍	1318	7786-81-4	固态/液态	2.07（六水物即$NiSO_4·6H_2O$）	840（分解）	—	—	0.5	中	—	丁	皮肤腐蚀/刺激，类别2；呼吸道致敏物，类别1；皮肤致敏物，类别1；生殖细胞致突变性，类别2；致癌性，类别1A；生殖毒性，类别1B；特异性靶器官毒性——反复接触，类别1；危害水生环境——急性危害，类别1；危害水生环境——长期危害，类别1
氯化镍	1473	7718-54-9	固态/液态	3.55	973（升华）	—	—	0.5	中	—	丁	急性毒性——经口，类别3*；急性毒性——吸入，类别3*；皮肤腐蚀/刺激，类别2；呼吸道致敏物，类别1；皮肤致敏物，类别1；生殖细胞致突变性,类别2；致癌性，类别1A；生殖毒性，类别1B；特异性靶器官毒性——反复接触，类别1；危害水生环境——急性危害，类别1；危害水生环境——长期危害,类别1
镍基催化剂	1593	—	固态	不详	不详	不详	—	—	中	—	甲	自燃固体，类别1；致癌性，类别2

备注：*类是指在有充分依据的条件下，该化学品可采用更严格的类别。例如危化品序号1473，CAS号7718-54-9，氯化镍，分类为"急性毒性-经口，类别3*"，如果有充分依据，可分类为更严格的"急性毒性-经口，类别2"。

**类是指空气中氨的体积分数下限15.7%至上限27.4%时遇诱因（包括高热、明火、静电等）即发生爆炸；空气中氢气的体积分数下限4%至上限74.2%遇诱因（包括高热、明火、静电等）即发生爆炸。

12.1.2 泡沫镍生产过程中危险化学品所在工序及其状况

泡沫镍生产过程所涉及的10种危险化学品的性状、所在工序、危险性特征列于表12-2。

表12-2 泡沫镍生产过程所涉及的10种危险化学品的性状、所在工序（或相关设施）、危险性特征

危险化学品名称	浓度（质量分数）	所在工序（或相关设施）	状态	危险性特征
氨	99.9%	氨储存	常温、压力<1.88 MPa、液态（或气态）	爆炸性、可燃性、毒性、腐蚀性
	99.9%	氨分解	常温~800℃、0.05~1.88MPa、液态（或气态）	爆炸性、可燃性、毒性、腐蚀性
氢气	75%	氨分解、热处理（还原）	常温~800℃、0.05MPa、气态	爆炸性、可燃性
镍基催化剂	98%	氨分解	常温~800℃、压力0.05MPa、固态	爆炸性、可燃性、毒性
硫酸	98%	电铸	常温、常压、液态	腐蚀性
盐酸	37%	电铸	常温、常压、液态	腐蚀性
氢氧化钠	99%	电铸、废水处理	常温、常压、固态/液态	腐蚀性
硫酸镍	工业级	电铸	常温、常压、固态/液态	腐蚀性、毒性
氯化镍	工业级	电铸	常温、常压、固态/液态	腐蚀性、毒性
硼酸	工业级	电铸	常温、常压、固态/液态	腐蚀性、毒性
氮气	99%	热处理（还原）	常温、压力<0.2MPa、气态	爆炸性

备注：① 生产车间储存的危险化学品数量不能超过24小时生产所需物品数量。
② 危险化学品储存的数量应依据生产规模的需求量、物品的危险性特征、周边环境及储存条件，按《建筑设计防火规范》[3]的相关要求进行设计并储存。
③ 表中所述物品因各工序工艺和需求，在生产现场的储存量和库存量会有一定的差异。
④ 本表中的氢气实际上是氢气、氮气混合气，即75%的氢气+25%的氮气，故氢气浓度为体积分数。

依据国家的有关规定，泡沫镍生产中未涉及易制爆的危险化学品和剧毒化学品。但是，氨、氢属于重点监管的危险化学品，硫酸、盐酸属于易制毒的化学品。因此，本章将重点对氨、氢的安全生产问题进行分析讨论。聚氨酯海绵和包装材料虽未列入《危险化学品目录》，但均为可燃固体，按照《建筑设计防火规范》中的火灾危险等级分类属于丙类火灾危险物品。因此，也要严格管控，但本章不作介绍。

12.1.3 泡沫镍生产中需重点监管的危险化学品——氨和氢气

1. 氨的物理性质和化学性质[4, 19]

（1）氨是一种无色、可燃、易爆、有毒、有腐蚀性和刺激性臭味的物质，分子式为NH_3。分子量为17.03。液氨的相对密度（相对于水）为0.82（-79℃），熔点为-77.7℃，沸点为

−33.5℃。自燃点为 651℃。蒸汽相对密度约 0.6（相对于空气）。蒸汽压为：−33.6℃（0.101MPa）。CAS 号为 7664-41-7。EINECS 号为 231-635-3。工业应用的氨有液氨与气氨之分，液氨可以汽化成气氨。氨在常温、常压的状态下一般以气体的方式存在。

（2）氨与空气混合物的爆炸极限为 15.7%～27.4%（最易引燃浓度 17%）。氨极易溶于水、乙醇、三氯甲烷、乙醚等化合物。

（3）氨的水溶液俗称氨水，呈碱性，0.1N 氨水溶液的 pH 值为 11.1。液氨对塑料制品、橡胶和涂层有侵蚀性，遇热、明火时，难以点燃，危险性较低。但是，气氨和空气混合物达到 15.7%～27.4%的浓度范围时遇明火会燃烧和爆炸。若有油类或其他可燃性物质存在，则危险性更高。

（4）氨及其水溶液呈碱性，与硫酸或其他强无机酸反应时放热，使混合物达到沸腾状态。

（5）氨不能与下列物质共存：乙醛、丙烯醛、硼、卤族元素、环氧乙烷、次氯酸、硝酸、汞、氯化银、硫、锑、过氧化氢等。

（6）氨有腐蚀性，对不同种类物质的腐蚀程度、腐蚀机理不同。

（7）氨有毒性，对人体有如下危害：

① 氨对皮肤组织有腐蚀和刺激作用，可以吸收皮肤组织中的水分，使组织蛋白变性，并使脂肪皂化，破坏细胞膜结构。浓度过高时，除腐蚀作用外，还可通过三叉神经末梢的反向作用而引起心脏停搏和呼吸停止。长期接触氨，可能皮肤会出现色素沉积或溃疡等症状；人体直接接触液氨会被冻伤。

② 氨对人体的上呼吸道及黏膜组织有刺激和腐蚀作用，减弱人体对疾病的抵抗力；气氨进入人体肺部后，少部分被二氧化碳中和，余下的氨被吸收至血液，可随汗液、尿液或呼吸道排出体外；氨通过肺泡进入血液，与血红蛋白结合，破坏运氧功能。因此，人体吸入大量氨后可出现流泪、咳嗽、声音嘶哑、咽喉疼痛、呼吸困难，并且伴有头晕、头痛、恶心、胸闷、呕吐、痰带血丝、乏力等症状，严重者可发生肺水肿、呼吸窘迫综合征。

2. 氢气的物理性质和化学性质

1）氢气的物理性质[5, 18]

氢气是无色、无味、无毒且密度比空气小很多的气体。在已知的各种气体中，氢气的密度最小。密度为 0.0899kg/m³，沸点为−252.8℃，熔点为−259.2℃。氢气难溶于水。CAS 号为 1333-74-0。EINECS 号为 215-605-7。

2）氢气的化学性质[5, 18]

（1）氢气的分子式为 H_2，分子量为 2.0159。

（2）氢气的可燃性：发热量为液化石油气的 2.5 倍。纯净的氢气被点燃时，可安静燃烧，发出淡蓝色火焰，放出热量，生成水。但是不纯的氢气被点燃时，可能发生爆炸。在体积分数为 4%～74.2%[18]的范围内，氢气被点燃都会发生爆炸。对此，应高度重视。

（3）氢气的还原性：氢气能从氧化物中还原出中等活泼或不活泼的金属。例如，将氢气通过灼热的氧化镍，可得到金属镍，同时生成水。

（4）氢气不但能与氧单质反应，在加热状态下，还能与多种物质发生化学反应。例如，与活泼非金属反应生成气态氢化物，与碱金属、钙、铁反应生成固态氢化物。

（5）氢气与有机物中的不饱和烃可发生加成反应或还原反应（加催化剂，在加热条件下）。

（6）工业制备氢气的方法。

虽然有很多方法可以制备氢气，例如，利用碱金属或碱土金属（Na 和 Ca）与水反应、金属与酸反应、核电站或聚焦太阳能产生的高温下水的分解，以及半导体催化光解直接利用太阳能分解水制备氢气等，但是由于成本、设备、原始材料等原因，目前工业上制备氢气多采用以下几种方法：

① 电解水法[6]：电解含电解质如 KOH 的水溶液获得氢气。

② 煤的水汽重整法[7]：利用水蒸气通过炽热的焦炭，得到 CO 和 H_2 的混合气，还可由煤和水制备氢气。

③ 甲烷的水汽重整法[7]：利用甲烷和水蒸气在高温下发生反应，可制得包含 H_2、CO、CO_2 的混合气体。

④ 氯碱制取氢气法[6]：在氯碱工业中，电解食盐水，析出氢气。

⑤ 氨分解法[8]：在常压下，氨被加热至 800～850℃，经催化剂作用分解，可以得到含量为 75% 的 H_2 和含量为 25% 的 N_2 的混合气体。其中，O_2 含量极少。氨分解时无副反应发生，氨分解度超过 99%。

⑥ 甲醇裂解法[9]：通过甲醇蒸汽经催化裂解和转化，可制得含量为 73%～74.5% 的氢气、含量为 23%～24.5% 的二氧化碳、含量为 1% 的一氧化碳及微量甲醇的混合气体，经多塔流程处理后，可得纯度超过 99.9% 的氢气。与电解水法相比，耗电量下降 90% 以上，生产成本可下降 40%～50%；与煤的水汽重整法相比，工艺装置简单，操作方便稳定，并且无环境污染，适合中小规模的制氢需求。

3. 氨、氢气的安全隐患

在泡沫镍生产过程，涉及氨、氢气的转运、储存及使用工序，是相关工序发生泄漏、爆炸、火灾、人员中毒事故的危险源。

1）泄漏事故的危险源

（1）在液氨的运输和卸料过程，因操作失误而引发的液氨泄漏。

（2）液氨的储存、输送用的相关设备在设计、选型、操作、维护等方面的失误，可能造成液氨泄漏。

① 液氨储存设备未设置液位计或液位计失效，卸料过程可能引起液氨泄漏。

② 液氨储存设备及输送管道因设计、选材不当造成腐蚀等损坏而发生的液氨泄漏。

③ 液氨储存设备、输送管道等长期使用，防腐措施不到位；输送泵的机械密封圈损坏等因设备维护、维修不力而发生液氨泄漏事故。

④ 液氨输送管道的焊接质量差，出现裂缝而发生液氨泄漏事故。

（3）氨分解设备及输入/输出管道因设计、选材、操作、焊接、维护等原因造成液氨或氢气泄漏。

（4）在热处理工序，由于输送管道、阀门、热处理炉及相关设备的气密性不好而造成氢气泄漏。

2）火灾、爆炸事故的危险源

在液氨储存区（重点为储罐区）、氨分解区、泡沫镍生产的热处理（还原）区及相应的输送管道分布区，如果存在泄漏事故的危险源，当泄漏的气体达到一定的浓度时，若遇火花、高温、静电等激发能源或氧化剂，将可能引发火灾和爆炸事故。

（1）在液氨储存区域或氨分解区域有液氨或气氨的泄漏源，并且氢气与空气混合的体积分数达到15.7%～27.4%时，抢修、置换措施不力，若遇高热、明火、静电等诱因，可能产生化学性爆炸。若容器内压力过大，使器壁开裂，即发生物理性爆炸，而后与空气混合进一步发生化学性爆炸。

（2）液氨卸料泵如果润滑不良，可能造成泵壳温度过高，容易引燃易燃气体，发生火灾事故。

（3）在氨分解区域和泡沫镍生产车间的热处理（还原）区域，若有氢气泄漏源存在，并且氢气与空气混合的体积分数达到4%～74.2%时，又通风不良，若存在明火、高热、静电等诱因，易引起燃烧、爆炸。

（4）若在室内使用和储存氢气，发生氢气泄漏时，泄漏的氢气因相对密度小而上升至屋顶滞留积聚，不易排出。此时，若遇火星等诱因会引起爆炸。

（5）明火是引发爆炸、火灾的最大诱因，明火包括吸烟时燃烧的烟头、维修设备时的焊接火花、电器开/关引起的火花、静电火花、雷电、违章点火（无关人员携带火源等）、车辆排气管排火、焚烧垃圾、堆放生产过程产生的容易引起自燃的杂物等，均应杜绝。除此之外，还应防止空气中氧气浓度过高的事故。例如，氧气瓶漏气，可引发火灾。

3）中毒窒息事故的危险源

（1）液氨储罐区、氨分解区内未设置有毒气体检测报警装置，或者有毒气体检测报警装置异常，均有可能造成车间内有毒气体浓度过高，发生中毒、窒息事故。

（2）储存或输送氨的压力容器、压力管道因材质、腐蚀作用或设计不当等原因，或者压力表、安全阀等安全设施失灵形成超压，造成容器、管道破裂，可能发生人员中毒、窒息事故。

（3）氮气和氢气混合气发生泄露，可能造成某区域局部气体浓度过高。若作业环境密闭、通风不良，则可造成人员窒息。

（4）在维修、检查工作中，若不严格按照安全规范进行作业，并且作业场所氧含量不符合要求时，会引起中毒或窒息事故。

12.2 安全设计及防范要点

泡沫镍生产企业在建厂设计中，应体现"以人为本""预防为主，防消结合"的安全理念，设计工作从原理到细节一一落实到位。要求业主、设计者、建设单位、监理公司、生产管理部门、政府职能部门等多方面密切配合，遵守相关政策、法规、标准、设计规范，包括《建筑设计防火规范》[3]《石油化工企业设计防火规范》[10]《建筑灭火器配置设计规范》[11]《危险化学品安全管理条例》[12]《特种设备安全监察条例》[13]等，综合考虑各种安全因素以求在源头上消除隐患，确保生产全过程企业的工作人员、财产安全。应在工厂的选址、总平面布置设计，氨储存工序、氨分解工序、热处理（还原）工序的设计，以及其他工序的设计、设备选型等方面充分考虑氨、氢气危险源的问题，从设计上预防火灾、爆炸、中毒窒息等事故发生的可能。

12.2.1 工厂选址安全设计要点

厂址的选择应考虑氨、氢气具有易燃性、易爆性、毒性及腐蚀性等危险特征，可能对周边环境构成威胁，一般情况下，应做到"外部安全因素对自身构成的安全影响最小；同时，自身安全因素对外部、周边建筑物构成的安全影响最小"为选址原则。注意下述要点：

（1）与厂址周边建筑物进行安全隔离。除依据主导风向布置工厂以外，应按《建筑设计防火规范》使工厂与周边的社区、学校、铁路、公路等公共设施保持一定距离。

（2）工厂的出入口设置应充分考虑发生事故时疏散的需要，出入口的布置应符合《建筑设计防火规范》，至少有两个以上的出入口。

（3）保证工厂附近有充足的水源，以利于增强火灾的扑灭能力，避免救火所用之水从地下抽取，还要考虑把地方城市供水系统用作救火水源的可能性。厂区内应设置消防水池。

（4）厂区应该是一片平地，而不是低洼地，否则，会容易形成毒性/易燃蒸汽或液体的积聚区。相对于周边地区，厂区最好选在地势较高之处。

（5）工厂不能建在地质灾害频发的地区。

（6）若待定厂址临近有可能释放毒性或易燃气体的工厂，则厂址宜选在其上风侧或隔开一定距离的地段。应审慎考虑周边环境和待设计工厂之间的相互影响。实际上，选址时很难找到安全保障最恰当、最理想的地域。需要全面审核各种选址方案，综合评价、择优确定潜在危险最小的方案。

12.2.2 工厂平面布置安全设计要点

在厂址确定之后，工厂的平面布置设计对安全的保障至关重要。平面布置按导电化处理、电铸、热处理、成品的生产工艺流程顺序及各自的生产特点，综合考虑各种危险、有害因素，以及重大危险源的等级、作业条件、地形和风向等自然环境因素，本着"功能集中、就近定位、保证产品质量、科学节能环保"的原则，从安全性、经济性、运筹学的角度综合考虑并完成总体布局，尤其不能留下安全隐患。

平面布置设计涵盖主要生产区域、辅助生产区域、原料输入/成品输出/行政管理/生活服务区域及其他区域，各区域应按不同功能分开设置。此外，各区域之间设置主干道、次干道、隔离道路。依据《建筑设计防火规范》的要求保持一定的安全距离、防火距离、装备距离、转弯半径，使平面布置安全紧凑、经济合理。

为能迅速排除可燃或有毒气体，厂区的平面长轴与主导风向最好垂直或≥45°夹角，可利用穿堂风加速气流扩散。

工厂平面布置设计的内容和要点分述如下。

1. 主要生产区域和辅助生产区域

（1）泡沫镍生产的主要工序（或工段）包括导电化处理、电铸、热处理、剪切包装（成品工段）。在平面布置设计中，应充分考虑氨、氢的危险特性，3个安全重点区域（氨储存区域、氨分解区域、热处理区域）及氨、氢气的输送管道所在区域，应按规范设计相关安全设施。

（2）上述安全重点区域应布置在人员不集中的场所，同时应是全年明火或火花散发概率最小的地点，并且在风向的上风侧；厂址在山区或丘陵地区时，应避免将重点危险区域布置在窝风地带，以防止火灾、爆炸和毒物对人体的危害。同时，热处理工序有明火产生，并且有甲类危险物品，应与氨分解区域、液氨储存区域保持合适的安全距离。

（3）要求具有洁净环境的车间和工艺装置。例如，洁净厂房、空气净化设施等应布置在大气含尘浓度低、环境清洁的地段，应避开散发有害气体、烟、雾、粉尘的污染源，选择全年不利风向频率最小的地带。

（4）不同工艺过程的单元间可能会有相互交叉影响的危险性，工艺过程的单元间彼此要隔开一定的距离。热处理区域应置于工厂的侧面风地带，不得布置在厂房的中间，并且与其他设施隔开一定的距离。

2. 液氨储存区

液氨储罐等设备包括液氨储罐车、液氨的装卸设备应布置在厂区边缘地带。在装卸台上可能会发生液氨的溅洒，对溅洒物应有妥善处理的设计。液氨储罐等设施应该设置在工厂主导风向的下风侧。

3. 维修车间、化验室和研究室等

维修车间、化验室和研究室等经常动用火源（如维修车间），同时人员密集，应把这些工作区设置在远离氨储存、氨分解及热处理区域的位置，且在工厂主导风向的上风侧。对原料库、成品库和装卸站等机动车辆进出频繁的设施，不得设在必须通过上述3个安全重点区域的地方，并且居民区、公路和铁路要与3个重点区域保持一定的安全距离。

4. 公用设施区

公用设施区也应远离3个安全重点区域和其他生产流程的工序区域,以便遇到紧急情况时仍能保证水、电、气等的正常供应。锅炉设备、总配/变电所和维修车间等因存在火源的危险,要设置在3个重点安全区域主导风向的上风侧。

5. 管理区及生活区

工厂前区宜面向城镇和居民住宅区,居民住宅区尽可能与工厂的安全重点危险区域隔离,并设在厂外;管理区、生活区应布置在全年或夏季主导风向的上风侧或全年最小频率风向的下风侧。工厂的生活区与各种有害或危险场所之间应按有关标准规范设置有效的防护距离。

6. 建筑物、厂房布置

按设计规范,因3个重点安全区域存在散发有毒物质——氨和氢气,其工艺装置及有关建筑物应布置在厂区主导风向的下风侧。其他车间的厂房、建筑物应布置在3个重点区域的上风侧。为了防止有害气体在厂区内弥漫,并能迅速予以排除,应使厂区的平面纵轴与主导风向平行或≤45°夹角。同时规范也规定,对工厂中需加速气流扩散的部分建筑物,应将其长轴与主导风向垂直或≥45°夹角。这样,可以有效地利用人为设计通道而产生的穿堂风,以加速气流的扩散。在设计3个重点安全区域的厂房和车间建筑物时,应有科学合理的安全规划。

7. 厂区内的道路布置

厂区内的道路布置应满足厂内运输、消防,以及车流、人行的顺畅与安全,按照维护厂区正常的生产秩序和规避危险的原则,合理规划厂内交通路线。液氨危险货物运输宜有单独路线,主要人流出/入口与主要货流出/入口要分开布置,主要货流出/入口宜分开布置;工厂交通路线应尽可能按环形布置,道路的宽度原则上应能使两辆汽车对开错车;道路净空高度不得<5m。

8. 重点安全设备、设施的布置

合理的设备配置既可降低建设和操作费用又可充分保证安全。

(1)液氨储罐、氨分解炉宜分别按直线布置,与厂区道路连接。在发生火灾或其他紧急情况时,有方便的通路。

(2)液氨泵设置在液氨储罐旁边并与道路邻接,不得有任何障碍物,以便维修和移动。

(3)对原料的接收、储存设备及产品的储存、出厂设备等,应充分考虑利用厂区周围的铁路、船舶、公路等运输条件。工厂所需的各类物料的流动不应交叉,运输途径应最短。除非绝对必要,铁路支线才可引入厂区。当铁路支线引入厂区时,应提供货车可能脱轨的

充分空间。不宜把装卸设备设置在铁路支线终点的延伸方向，以避免货车失控与装卸设备碰撞。

(4) 消防水栓或监控器必须与危险点离得足够近，从而能有效发挥作用，但也不能离得太近，以至于危急时无法靠近。配置水龙带拖车或安全喷射器，注意避免可能会阻止水流到达危险点的障碍物，设置必要时能迅速撤退的通道。

(5) 配管事项。装置周围宜布置管架，管架高度一般为3~4m。管架通过道路上方时，应高出路面4.5m以上。对管架的宽度，在初步规划时应考虑将来的备用，保留大约30%的余量。管架排布的设计要避免存在管沟，因为管沟常常是危险液体或气体的良好载体。

设计液氨、气氨、氢气和氮气混合气的相关设备和管线，应有保护周边环境的意识，有充分的占地面积并远离厂区其他设备，确保发生火灾时的安全。

液氨、气氨、氢气和氮气混合气的管线布置应符合相关规范要求，不得穿过无关区域、有防止静电要求的设施。

9. 防火间距

在氨储存区和氨分解区的总平面布置设计中，应留出足够的防火间距，符合《建筑设计防火规范》。在发生火灾时，不使邻近装置及设施受火源辐射热作用而被加热或着火。

12.2.3 厂房、建（构）筑物安全设计要点

除对主要建（构）筑物层数、占地面积、建筑面积、结构形式、火灾危险性、耐火等级等按《建筑设计防火规范》进行设计外，泡沫镍生产企业应重点注意以下3个方面。

1. 防火、防爆设施

(1) 严格按照《建筑设计防火规范》等现行的国家设计规范、规定的要求，进行建筑物的防火、防爆设计。

(2) 建议各建筑物按二级耐火等级设计，且满足《建筑防火设计规范》要求。如果屋面采用钢结构件且均刷防火涂料，那么，其梁、檩条等承重件的耐火极限不低于1小时。

(3) 对氨分解区、液氨储罐区及装卸区域、易燃/易爆炸区域的地坪，应采用不发生火花的地面。

(4) 在液氨储罐区四周设置防火堤，防火堤的高度符合相关规范，耐火极限不小于3小时，并进行防腐防渗漏处理。

(5) 在氨分解区设置屋顶自然排风、屋顶排风机、可燃性气体检测装置、报警装置，防止氢气、气氨的积聚并报警。

(6) 防火分区，应采用防火墙进行分隔的设计，区域面积符合《建筑设计防火规范》。管道穿过防火墙或穿过防火分区时，采用防火封堵材料将墙或楼板与管道之间的空隙紧密填实，防火材料的耐火极限不低于相应防火墙、楼板的耐火极限；当管道必须穿过防火墙时，应根据耐火等级（A级代表不燃；B1级代表难燃；B2级代表可燃；B3级代表易燃）选择管道。在需要防火阻燃时，不使用B3级管。使用B1级管和B2级管时，对布置在防

火墙两侧的管道必须采取防火和阻燃措施。

（7）3个重点安全区域内的钢平台、设备支撑、钢架基础裙座、管架等部位设计要涂防火涂料，并且涂料耐火极限不低于1.5小时。

（8）具有爆炸危险的氨分解区域应采用半敞开式，其北面及东面无外墙，采用轻质屋面板，满足防爆泄压要求。氨分解区的泄压面积应根据厂房容积和《建筑设计防火规范》规定的泄压比计算。

2. 防腐蚀设施

（1）泡沫镍的电铸工序为酸腐蚀性环境，对废水处理区、酸碱储存仓库、液氨储罐区，应加强地面或楼面的防护。这些区域的地面和楼面均应设置排水坡和排水沟，地面还要设置集液池并做防腐蚀处理。

（2）酸储罐区四周设置围堰，并且做好防渗漏和防腐蚀处理。

（3）对酸储罐区和生产车间的钢平台、护栏、设备立柱和钢架基础裙座，采取除锈后涂覆防腐蚀涂料处理措施。

（4）厂区所有排水沟沟底全部要先用防水地膜和沥青进行防渗处理，然后，再采用耐酸混凝土进行防腐处理，并进行经常性检查、维护。

3. 通风和除尘设计

液氨储罐区宜采用自然通风；氨分解区域采用自然通风，并设置屋顶自然风机，保证通风良好；各生产工序均需采用自然通风良好或强制通风的设计。对电铸工序，应设计独立的送/排风系统。对于有条件的企业，建议安装空调系统或洁净空调系统。

12.3 泡沫镍生产的安全管理

泡沫镍生产企业必须制定自己的安全方针、建立安全管理制度，采取切实措施，强化安全技术教育，防止事故发生。安全委员会是企业安全管理的最高领导机构和决策机构，对企业安全管理工作负领导责任，指导、协调、督促各部门开展安全管理工作，组织并制定企业年度安全方针、目标、考核办法并督促落实。分析预测企业安全形势、动态，研究安全生产中的安全课题，对重大安全管理方案、重大隐患的整改方案进行决策和督促落实。

泡沫镍生产企业日常安全管理工作的各项具体工作和主要环节分述如下。

12.3.1 工艺、设备操作指导书与安全作业证

1. 工艺、设备操作指导书

1）操作指导书的作用

各生产岗位应根据工艺和设备的安全管理规定，编制岗位操作指导书。操作指导书力

求完善准确,并根据企业技术进步现状,不断修订。作业人员严格按操作指导书规定的行为准则和细节进行操作。操作者必须遵守生产纪律、安全纪律。禁止无关人员进入操作岗位和运用生产设备、设施和工具。

2)开始生产

操作指导书应有详细的开始生产的作业指南和工作方案,包括生产前和正常生产的必要条件的准备,按作业标准检查并确认水、电、气必须符合开车要求,各种原料、材料、辅助材料的供应必须齐备、合格。各项技术参数尤其是安全技术参数的检测合格,包括细节,如阀门开闭状态是否能保证流程畅通,电气仪表是否处于完好状态。安全、消防设施完好,通信联络畅通。开始生产过程中要加强与有关岗位之间的联络,如热处理设备、氨分解设备、制氮设备的生产作业应特别注意与氨分解车间岗位的联络,防止生产过程中,氢氮混合气、氮气系统的超压和泄压安全。发现异常现象应及时处理,情况紧急时应及时中止,严禁强行开始生产。

3)生产作业的正常停止

按操作指导书规定的正常停止生产作业的步骤停止生产。停产过程中加强与有关岗位和部门的联系,对于热处理设备、氨分解设备、制氮设备的开车,应特别注意与氨分解车间岗位的联络,防止造成氢氮混合气、氮气系统的超压、泄压。若发生此类情况,应及时妥善处理,确保安全。系统降压、降温必须按要求的幅度(速率)并按先高压后低压的顺序进行。凡需保压、保温的设备容器,停止生产后要按时记录压力、温度的变化。设备(容器)卸压时,要注意易燃、易爆、易中毒等化学危险物品的排放和散发,防止造成事故。冬季停车后,要采取防冻保温措施,注意低位、死角及水、蒸汽、管线、阀门、疏水器等储水状态,防止冰冻。

4)紧急情况下的处理

对于生产中可能出现的紧急情况和注意事项及紧急应对措施,操作指导书也应有详细记述。重点在于对紧急情况的判断无误和应对准确,及时有力制止不良状况扩展。发现或发生紧急情况时,必须先尽最大努力进行妥善处理,同时按应急流程向有关方面报告,必要时,先处理后报告。工艺及机电设备等发生异常情况时,应迅速采取措施,并通知有关岗位协调处理,必要时,按步骤紧急停车。发生停电、停水、停气时,必须采取措施,防止系统超温、超压、跑料及机电设备的损坏。发生爆炸、着火及大量泄漏等事故时,应首先切断电源、气源、物料源,同时尽快通知相关岗位并向上级报告。

5)高危、关键生产岗位(要害岗位)的管理

液氨或气氨、氢气和氮气属于易燃、易爆、危险性较大的物品,其储存、制备和使用的车间、工序属于高危生产岗位。此外,导电化处理工序、热处理工序、成品包装工序、贵重机械、精密仪器场所和车间,是生产过程中具有重大影响的关键生产岗位。高危生产岗位和关键生产岗位合称要害岗位,要害岗位由安全、安保管理部门共同认定,经安委会审批并备案。要害岗位的工作人员应有良好的技术素质和安全意识,要害岗位的管理要有严密的制度。设备施工、检修时,要设监护人,并做好详细记录。

日常生产、开车、停车、紧急情况处理和要害岗位的管理，是安全生产需要重点关注的管理内容，常常因为习惯和疏忽成为安全管理的薄弱环节。

2. 安全作业证

泡沫镍生产企业直接从事独立作业的所有作业人员均应办理安全作业证，持证上岗。特种作业人员除取得特种作业人员操作证外，还必须取得本企业的安全作业证。安全作业证的发放应由安委会批准。

12.3.2 危险品管理及物料储存

1. 危险品的使用管理

泡沫镍生产使用的危险物品包括构成火灾危险的液氨、聚氨酯海绵、包装材料，以及构成腐蚀、对人身有毒害作用的硫酸、盐酸、液氨、硫酸镍、氯化镍等。上述物品应分别规定存放时间、地点和最高允许存放量，其成分应经化验确认，分隔清楚。使用危险物品时，应根据生产过程中的火灾危险和毒害程度，采取必要的排气、通风、泄压、防爆、阻止回火、导除静电、紧急放料和自动报警等措施。对输送盐酸、硫酸等有害物料的管道，应采取防止泄漏的措施。电铸工序应有可靠的防止电解液大幅度泄漏和发生大幅度泄漏时防止事故扩大的预防措施。生产及使用过程中所产生的废水、废气、废渣和粉尘的排放，必须符合有关排放标准。

2. 装卸运输

液氨、硫酸、盐酸、电镀用电解液的运输必须有明确的安全作业规定，相关的作业人员必须遵照执行，并用专用车辆运输；必须保持安全车速和车距，严禁超车、超速和强行会车，并悬挂"危险品"标志；按指定的路线和时间运输，不可在繁华街道行驶和停留，随货附带上级主管部门审查同意文件。装卸运输人员应按照所装运危险物品的性质，佩戴相应的防护用品，装卸时必须轻装轻卸，严禁摔、拖、重压和摩擦，不得损毁包装容器，并注意标识，堆放稳妥。运输液氨的车辆排气管应安装阻火器。

3. 液氨储罐区管理

对液氨储罐区，除建筑设计应符合《建筑设计防火规范》外，还应配备足够的、相适应的消防器材，并装设消防通信和报警设备。

液氨储罐应符合我国有关压力容器的规定，其液面计、压力计、温度计、呼吸阀、阻火器、安全阀等安全附件应完整好用。储罐和管线的绝热材料、装卸栈台、安全梯和管架等，均应使用非可燃材料建造。不应有与储罐无关的管道、电缆等穿越，与储罐区有关的管道、电缆穿过防火（护）墙时，洞口应用不燃材料填实，电缆宜采用跨越防火（护）堤方式铺设。储罐区防火（护）墙的排水管应相应设置隔油池或水封井，并在出口管上设置切断阀，或在不排水时以土堵死出口。储罐的防雷、防静电接地装置，应按照有关规定执行。

必须按《特种设备安全监察条例》[13]加强液氨储罐区的安全政务管理，建立健全岗位防火责任制度、火源/电源管理制度、值班巡回制度和各项操作制度，应设明显的防火等级标志。

12.3.3 安全防护设施及配置的管理

泡沫镍生产企业一般应有表12-3所列的安全设施及配置，其数量依据厂区面积而定，生产规模及实际需要参照相关标准执行，并定期检查安全设施是否处于完好状态、配置是否合理及符合标准。不完善时，应及时修正。

表12-3 主要安全防护设施及配置

序号	安全防护设施名称	规格型号	数量	配置设备、工序及场所
1	防护罩	—	若干	各类泵、传动装置
2	防腐设施	—	若干	液氨储罐区、各生产工序及酸储罐区等
3	防渗漏设施	—	若干	液氨储罐区、应急池、各生产工序所用酸储罐区及排水沟等
4	电气过载保护设施	—	若干	变配/电间、控制室等
5	接地保护	—	若干	厂区
6	防静电设施	—	若干	厂区
7	防护栏	—	若干	厂区
8	指示标志	—	若干	厂区
9	警示作业安全标志	—	若干	厂区
10	逃生避难标志	—	若干	厂区
11	风向标志	—	2个以上	厂区涉氨区域、厂区最高点
12	液位检测、报警设施	—	若干	各储罐、低位槽、净化槽等
13	压力检测、报警设施	—	若干	液氨储罐、氮气储罐、泵出口管道及附带设备等
14	温度检测、报警设施	—	若干	液氨储罐、液氨汽化器、低位槽及附带设备等
15	安全阀	—	若干	液氨储罐、氮气储罐、制氮机成套设备附件
16	止回阀	—	若干	液氨、硫酸及盐酸卸料管道泵出口，制氮气体管道
17	紧急切断阀	—	若干	液氨出液管道
18	有毒气体（氨气）探测器	—	若干	液氨储罐、氨分解区
19	可燃气体（氢气）探测器	—	若干	氨分解区
20	火灾自动报警系统	—	1套	工厂

续表

序号	安全防护设施名称	规格型号	数量	配置设备、工序及场所
21	个体防护装备			
1)	防静电工作服（耐酸碱）	橡胶或乙烯类聚合材料	每位操作工人 1 套	液氨储罐区、氨分解区
2)	过滤式防毒面具	—	每位应急人 1 套	液氨储罐区、氨分解区
3)	防静电鞋（耐酸碱）	橡胶或乙烯类聚合材料	每位操作工人 1 双	液氨储罐区、氨分解区
4)	防毒面具	供氧式	若干	液氨储罐区、氨分解区、电铸工序
5)	防毒口罩	—	若干	液氨储罐区、氨分解区、电铸工序
6)	耐酸碱橡胶手套	耐溶剂手套	每位操作工人 1 双	液氨储罐区、氨分解区、电铸工序
7)	防寒手套	—	若干	液氨储罐区
8)	正压式空气呼吸器	—	若干	液氨储罐区、氨分解区
9)	长管式防毒面具	—	若干	液氨储罐区、氨分解区
10)	重型防护服	—	若干	液氨储罐区、氨分解区
11)	化学安全防护眼镜	—	每位操作工人 1 副	液氨储罐区、氨分解区、电铸工序
12)	安全帽	—	每位操作工人 1 个	液氨储罐区、氨分解区、电铸工序
13)	便携式有毒气体（氨气）检测报警仪	—	1	液氨储罐区、氨分解区
14)	便携式可燃气体（氢气）检测报警仪	—	1	氨分解车间
15)	喷淋洗眼器	—	6	液氨储罐区、氨分解区、电铸工序
22	应急救援器材			
1)	自吸过滤式防毒面具	全面罩	每位应急人员 1 副	
2)	化学防护眼镜	—	每位应急人员 1 副	
3)	口罩	医用	每位应急人员 1 个	
4)	空气呼吸器	正压自给式	每位应急人员 1 个	
5)	安全帽	—	每位作业人员 1 个	厂区门卫室
6)	一般消防防护服	—		
7)	防静电工作服（耐酸碱）	橡胶或乙烯类聚合物材料	每位应急人员 1 套	
8)	防静电鞋（耐酸碱）	橡胶或乙烯类聚合物材料	每位应急人员 1 双	
9)	耐酸碱橡胶手套	耐溶剂手套	每位应急人员 1 双	
10)	防寒手套	—	若干	—

第十二章　泡沫镍生产安全技术与管理

续表

序号	安全防护设施名称	规格型号	数量	配置设备、工序及场所
11)	便携式防爆应急灯	—	若干	
12)	便携式氨气检测报警仪	—	1	
13)	便携式氢气检测报警仪	—	1	—
14)	急救药箱	医用	若干	
15)	担架	—	—	
16)	堵漏设施	—	—	

12.3.4　防火、防爆、防毒和防尘管理

1. 泡沫镍生产企业的火灾危险分类与危险化学品识别

防止火灾是泡沫镍生产企业安全管理最重要的工作之一，防火意识不可松懈。泡沫镍生产企业可能发生火灾的区域及火灾危险类别见表12-4。为此，泡沫镍生产企业安全管理部门应针对本企业具体情况，开展有效的防火教育和采取有效的管理措施；必须严格遵守《危险化学品重大危险源辨识》[21]标准的规定，控制危险化学品的实际储存数量在临界量的规定范围内，使其不单独构成重大危险源。危险化学品是否单独构成重大危险源的识别见表12-5。

表12-4　泡沫镍生产企业可能发生火灾的区域或工序及火灾危险类别

区域或工序	火灾危险类别	备注
液氨储罐区	乙类	—
氨分解区	甲类	—
导电化工序	戊类	控制储存量
电铸工序	戊类	—
热处理工序	丙类	—
成品工序	戊类	控制储存量
海绵仓库	丙类	控制储存量
包装材料库	丙类	控制储存量
变/配电室	丙类	—

表12-5　危险化学品是否单独构成重大危险源的识别

序号	物质名称	危险性类别	临界量 Q_n/t	是否单独构成重大危险源
1	氢气	易燃气体	5	控制：储存量/临界量不大于1，实际储存量/临界量大于1时，单独构成重大危险源，应从设计、使用管理方面采取相应措施
2	氨气（或液氨）	毒性气体	10	

2. 防火与防爆

1）生产装置

涉及液氨和氢气的储存、氨分解、热处理（还原）工序，有可能存在引起火灾、爆炸的区域或工序，应充分设置超温、超压等检测仪表、报警（声、光）和安全联锁装置等设施。

氨分解、热处理（还原）工序应设置可燃气体浓度检测、报警器，其报警信号值应定在该气体爆炸下限的20%以下，如与安全联锁配合，其联锁动作信号值应在该气体爆炸下限的50%以下。所有自动控制系统应同时并行设置手动控制系统，与其连通的惰性气体、助燃气体的输送管道，均应设置防止易燃、易爆物质窜入的设施，但不宜单独采用方向控制阀。输送管道应根据管径和介质的电阻率，控制适当的流速，尽可能避免产生静电；设备、管道应有防静电措施。液氨储罐区周围应设立围堰，厂区设立应急事故池，防止事故发生时，造成次生事故。

2）动火和用火

泡沫镍生产企业应建立动火、用火管理制度，氨储存区、氨分解区、热处理区的动火严格遵守《化学品生产单位特殊作业安全规范》[20]办理动火手续，同时，应采取可靠的安全隔离措施和配备必要的消防器材。动火证上应清楚标明动火等级、动火有效期、申请办证单位、动火详细位置、工作内容（含动火手段）、安全防火措施、动火分析的取样时间、取样点、分析结果、每次开始动火时间以及各项责任人和各级审批人的签名及意见。动火人员应配备必要的劳保防护用品。动火设备应安全可靠。

与氢氮混合气、气氨（液氨）相通的设备、管道等部位的动火，均应加法兰盖与系统彻底隔离、切断，必要时应拆掉一段连接管道。氨储罐必须清除沉积物，经清洗、置换分析合格后，方可动火。若进入设备内动火，还需办"受限空间作业许可证"。同时，动火部位应备有适用的消防器材或灭火措施；动火期间应有专人监护，当有5级以上大风时，停止室外动火作业。动火作业应实行分级管理。

3. 防毒防尘

1）防护与治理

对液氨储罐、汽化器、氨分解炉、电铸工序设备、酸碱储罐、储存设备、工艺设备和管道，要加强维护，定期检修，保持设备完好，杜绝跑、冒、滴、漏。对各种防尘、防毒设施，未经主管部门同意不得停用、挪用或拆除。有毒、有害物质的包装必须符合安全要求，防止泄漏扩散。

2）组织与抢救

泡沫镍生产企业应成立化学毒物急性中毒抢救机构，有条件的企业应成立救护站，并配备必需的急救器材和药品，组织训练合格的救护队员昼夜值班。使用有毒、有害物质的工序应成立抢救组，并备有急救箱。

氨、硫酸、盐酸、氢氧化钠等属于腐蚀性物料,因此,氨储存区、氨分解区、电铸工序除配备足够适用的防护用具和急救药品外,还应设有洗眼、喷淋或清水池等冲洗设施。

3) 体检与职业病

新职工入厂后,应进行健康检查,要妥善安排好职业禁忌症和过敏症患者的工作岗位,对接触有毒、有害物质的在册职工,应定期进行健康检查,并建立健康监护档案。对从事有毒、有害物质作业的人员,可逐步实行轮换、短期脱离、缩短工时、进行预防性治疗或职业性疗养等措施。对患职业禁忌症和过敏症者,应及时调离。职业病的范围和诊断标准按国家有关规定执行,对已确诊的职业病患者应进行积极治疗。

12.3.5 事故管理

泡沫镍生产企业应按有关规定对事故按生产(工艺)事故、设备事故、质量事故、交通事故、火灾事故、爆炸事故、人身伤亡事故进行分类管理。

涉及氨、氢的工序可能发生火灾事故、爆炸事故、人身伤亡事故。当发生事故时,应组织抢险和救护,以防止事故扩大,尽量减少事故造成的损失。对有害物大量外泄的事故或火灾事故现场,必须设警戒线,抢救人员应佩戴好防护器具,对中毒、烧伤、烫伤、液氨冻伤人员应及时进行抢救处理。

按事故报告程序报告,按"事故四不放过"原则进行调查处理。

12.3.6 检修安全管理[20]

1. 检修的组织与管理

泡沫镍生产企业应根据自身特点,确定企业的检修模式和检修管理制度。检修项目均应在检修前办理检修任务书,明确检修项目负责人,并履行审批手续。检修项目负责人必须按检修任务书要求,组织有关技术人员到现场向检修人员交底,落实检修安全措施。检修项目负责人对检修工作实行统一指挥、调度,确保检修过程的安全。

2. 检修安全事项

1) 检修的准备工作

检修前应制订检修技术方案,方案包括项目负责人、作业人员与监护人员、检修内容、质量验收标准、检修程序、安全事项、检修的备品备料、工具、安全防护器材配备、个人防护用品等。每次作业前,应详细检查并确认技术方案,获得企业分管检修工作的负责人批准后方可作业。

从事动火、登高、受限空间、吊装、电气检修等可能发生人身伤害的危险作业,应按有关规定办理特殊作业许可证或工作票,并采取可靠的安全措施。

检修传动设备及其附属电气设备,必须切断电源(拔掉电源熔断器),并经两次起动复查证明无误后,在电源开关处挂上禁止启动牌或上安全锁卡。

2）焊工和动火作业[20]

焊工作业执行焊工安全操作规程，配戴适用的个人劳动防护用品，整个作业过程要防火、防爆并严格按上述防火、防爆有关规定办理动火作业证。动火周围的易燃、易爆物应清理干净并采取有效的安全措施。"动火期间距动火点 30m 内不应排放可燃气体、15m 内不应排放可燃液体、10m 范围内及动火点下方不应同时进行可燃溶剂清洗或喷漆等作业。"[20]动火分析与动火作业间隔一般不超过 30min，最长不应超过 60min 时；作业中断时间超过 60min，应重新进行动火分析，每日动火前均应进行动火分析。

3）受限空间作业[20]

进行受限空间作业前，必须办理"受限空间作业许可证"。与之连接的设备、管道必须隔绝，孔洞进行封堵，并进行清洗、处置干净。在作业前 30min，要取样分析有毒/有害物质浓度、氧含量，合格后方可进行作业。在作业过程中至少每隔 2 小时分析一次，如发现超标，立即停止作业，迅速撤离。进入有腐蚀性、窒息、易燃、易爆、有毒物料的设备内作业时，必须配戴适用的个人劳动防护用品、防毒器具。在作业条件发生变化，可能危害检修作业人员时，必须立即撤离。再次作业，须重新办理作业手续。在设备内作业，须有认真负责、有一定经验的专人监护，监护人员坚守岗位，与作业人员保持有效的联络。

受限空间作业应根据设备具体情况搭设安全梯及架台，并配备救护绳索，确保应急撤离需要。应有足够的照明，照明电源必须是安全电压，灯具必须符合防潮、防爆等安全要求。进行动火作业时，除办理动火证外，动焊人员离开时，不得将焊（割）具留在设备内。受限空间作业还应满足《化学品生产单位特殊作业安全规范》的其他要求。完工后，经检修人、监护人与使用部门负责人共同对人员、机具检查，确认无误后，由检修负责人与使用部门负责人在进入设备内作业证上签字后，检修人员方可封闭设备孔。

4）法兰盖抽堵作业[20]

法兰盖设置应统一编号、统一标识并确认，根据管道内介质的性质、温度、压力、口径、密封面等进行设计、选取及制造。作业时，压力应降至常压；对易燃、易爆、有毒、高温、腐蚀介质抽法兰盖作业，作业人员应按规范要求佩戴防护用品，使用的灯具符合要求。易燃、易爆介质区域距法兰盖抽堵作业地点 30 m 内不应有动火作业；法兰盖抽堵作业应由专人监护，作业结束后应进行确认。

5）登高作业[20]

凡在高度离基准面（落点水平面）2m 以上（含 2m）的有可能坠落的高处作业，均称为登高作业。登高作业必须遵守《化学品生产单位特殊作业安全规范》。作业前，必须办理"登高作业许可证"，采取可靠的安全措施，由专人负责监护，并严格履行审批手续。登高作业人员必须体检合格，作业时系好安全带，戴好安全帽，随身携带的工具、零件、材料等必须装入工具袋。登高作业所用脚手架、吊篮、吊架、手拉葫芦等，必须按有关规定架设，一般不应交叉进行。因工序原因必须在同一垂直线下方工作时，必须采取可靠的隔离防范措施。在石棉瓦、玻璃钢瓦上作业，必须采取铺设踏脚板等安全措施，遇 6 级以上的风力或其他恶劣气候时，应停止登高作业。在易散发有毒气体的厂房上部及塔罐顶部作业时，应进行现场环境监测，并设专人监护。在邻近带电导线的场所作业时，必须根据电压的不同，与带电导线保持安全距离，不得少于以下所列距离：10kV 以下，1.7m；35kV，2.0m；63～110 kV，2.5m；220 kV，4m；330 kV，5m；550kV，6m。

6）吊装作业

吊装作业按《化学品生产单位特殊作业安全规范》实行分级、持证上岗、制订方案、统一指挥、区域警戒、设置标识后进行作业。

7）检修完毕的后续工作

检修完毕后，应检查设备/管道内有无异物及遗留状况、所有安全设施是否恢复正常、完工后是否做到料清、场地清。按规定进行检查、试验，并做好记录备查，检修任务书归档保存。按规定进行试运行合格后，生产方和检修方办理交接确认手续。

12.3.7 电气设备安全管理

1. 电气设备安全运行管理

泡沫镍生产企业和电气作业人员必须严格执行《电业安全工作规程》[14]，根据本单位的实际情况和季节特点，做好电气设备的安全预防工作和检查工作，发现问题及时消除。设备现场要备有安全用具、防护器具和消防器材等，并定期进行检查和试验。

易燃、易爆场所的电气设备和线路的运行和检修，必须按《爆炸危险场所防爆安全导则》[15]《电气设备安全技术规范》[16]《爆炸危险场所电气安全规程》[17]执行。电气设备必须有可靠的接地（接零电位）装置，防雷和防静电设施必须完好，每年应定期检测。

电气作业必须由持有电工作业操作证的人员担任。变/配电室必须制定符合现场情况的现场运行规程，值班人员的职责应在现场运行规程中明确规定。负责运行的人员应严格执行操作票、工作票制度、工作许可制度、工作监护制度、工作间断、转移和终结制度。

高压设备无论带电与否，值班人员不得单人移开或越过电气保护遮栏进行工作。若必须移开电气保护遮栏时，必须有监护人员在场，并符合设备不停电的安全距离。在雷雨天气，需要巡视室外高压设备时，巡视人员应穿绝缘鞋，并不得靠近避雷装置。在高压设备和大容量低压配盘上倒闸操作及在带电设备附近工作时，必须由两人执行，并由技术熟练的人员担任监护。

供电单位与用户（调度）联系，进行有关电气倒闸操作时，值班人员必须反复诵读，核对无误，并将联系内容、时间和联系人姓名记录在案。

2. 电气设备安全检修管理

电气检修必须执行《电气设备安全技术规范》《电业安全工作规程》的相关规定，在液氨储存区、氨分解区，以及使用区域和输送上述介质的管道周边进行电气检修作业时，还必须遵守《爆炸危险场所防爆安全导则》《爆炸危险场所电气安全规程》。

电气检修执行工作票制度，不准带电作业。停电后，应在电源开关处上锁和拆下熔断器，同时挂上"禁止合闸、有人工作"等标示牌。工作未结束或未得到许可时，严禁任何人随意拿掉标示牌或送电。必须带电检修时，应经主管电气技术的负责人批准，并采取可靠的安全措施。作业人员和监护人员应有带电作业实践经验。

在线路和设备上装设接地线前，必须放电、验电，确认无电后，在工作地段两侧挂接地线。凡有可能送电到停电设备和线路工作地段的支线，也要挂接地线。

进行停电、放电、验电和检修作业时，必须由负责人指派有实践经验的人员担任监护。否则，不准进行作业。

进行外线、杆、塔、电缆检修作业前必须进行全面检查，确认符合规定后方可作业，并设专人监护。

带电设备附近动火，应设置必要的安全距离并满足相关规定。

临时用电，必须遵守先申请后作业的原则，与生产设备用电、动力、照明分离，有可靠的开关保护、接地保护措施和挂牌标示，确保临时用电的安全。

正在生产的装置、易燃、易爆的区域不得搭接临时电源，若必须搭接时，则应满足防火要求。

临时用电选用绝缘良好且耐压值为 500V 的橡皮包覆的铜芯线，电线经过风险区域时不能有接头，并有保护措施，距地面高度不少于 2.5m，横跨机动车道路时，长度不少于 5m。

临时用电一般不超过 15 天，特殊情况下不超过 1 个月。用电结束，用电部门应立即通知施工作业部门拆除临时用电设施。

12.3.8 特种设备的使用管理[13]

1. 特种设备的范围

在泡沫镍生产企业中，凡涉及生命安全、危险性较大的设备设施，如有毒液体、气体储罐、锅炉、压力容器（含气瓶，下同）、压力管道、起重机械、电梯及厂内专用机动车辆，均可称为特种设备。

2. 特种设备的使用管理

特种设备的使用必须严格执行国家有关条例和安全生产的法律、行政法规的规定，保证特种设备的安全使用，生产企业应当使用符合安全技术规范要求的特种设备。特种设备投入使用前，使用单位应当核对安全技术规范要求的设计文件、产品质量合格证明、安装及使用维修说明、监督检验证明等文件，及时向所在地区特种设备安全监督管理部门登记。登记标志应当置于或附着于该特种设备的显著位置，定期接受特种设备安全监督管理部门依法进行的特种设备安全监察。

（1）使用单位应当建立特种设备安全技术档案，安全技术档案应当包括以下内容：

① 特种设备的设计文件、制造单位、产品质量合格证明、使用维护说明等文件以及安装技术文件和资料。

② 特种设备的定期检验和定期自行检查的记录。

③ 特种设备的日常使用状况记录。

④ 特种设备及其安全附件、安全保护装置、测量调控装置及有关附属仪器仪表的日常维护保养记录。

⑤ 特种设备运行故障和事故记录。

⑥ 高耗能特种设备的能效测试报告、能耗状况记录及节能改造技术资料。

（2）对服役期的特种设备应进行经常性维护保养，并定期自行检查及记录。发现异常情况时，应及时处理。

（3）设备管理部门应对服役期的特种设备及其安全附件、安全保护装置、测量调控装置及有关附属仪器仪表进行定期校验、检修，并作好记录。

（4）未经定期检验或检验不合格的特种设备不得继续使用。特种设备出现故障或发生异常情况时，应对其进行全面检查，消除事故隐患后，方可重新投入使用。

（5）对不符合能效指标的特种设备，使用单位应当采取相应措施进行整改。特种设备存在严重事故隐患且无改造、维修价值，或者超过安全技术规范规定的使用年限，应当及时予以报废，并向原登记的特种设备安全监督管理部门办理注销手续。

（6）特种设备作业人员及其相关管理人员应当按照国家有关规定，经特种设备安全监督管理部门考核合格，取得特种作业人员证书后，方可从事相应的作业或管理工作。

（7）特种设备的安全管理人员应当对特种设备使用状况进行经常性检查，对发现的问题应当立即处理；情况紧急时，可以决定停止使用特种设备并及时报告有关负责人。应对特种设备作业人员定期进行特种设备安全、节能教育和培训，保证特种设备作业人员具备必要的特种设备安全、节能知识。

（8）特种设备作业人员在作业中应当严格执行特种设备的操作规程和有关的安全规章制度。特种设备作业人员在作业过程中发现事故隐患或其他不安全因素时，应立即向现场安全管理人员和有关负责人报告。

3. 特种设备的维护和保养

特种设备的维护和保养应符合国家法规、规范和技术要求。特种设备的日常维护和保养工作，由使用部门、操作人员、维保人员负责，并做好记录。特种设备维护和保养应由有资质的单位进行。按特种设备的类型实行定期检查、定期保养、定期计划检修并做好记录。对在维护和保养过程中发现的问题，应及时记录、及时汇报、及时处理。日常检查一般由当班操作人员、班组执行，安全附件、安全保护装置、测量调控装置和附属仪表的定期校验、检修由设备管理部门组织执行。

氨储罐、氨气分解设备、氨管道、氢气管道的检修应是重点监管内容，必须严格作业票、动火作业、受限空间作业、登高作业等相关制度规定。特种设备的安全附件是维护和保养的主要内容，必须按相应周期进行维护、保养和检验工作。

4. 特种设备的应急救援

特种设备的事故应急救援是指对威胁人员生命或造成公司财产损失的紧急情况，所采取的一系列抢险救治工作。使用单位应制订特种设备《事故应急救援预案》，全体员工在本单位有事故发生时，应积极参加紧急救援工作。发生事故或人员伤亡时，知情人必须以最快的速度通过电话或其他通信方式，将事故情况报告相关部门领导；部门领导应迅速报告上级领导和特种设备安全管理部门。在发生危及人身安全的紧急情况时，员工应采取可能的紧急措施停止作业，必要时，撤离现场。本单位事故应急救援领导小组和有关部门在接到事故报告后，应迅速赶赴现场，根据《事故应急救援预案》或其他有效办法指挥救援工作。不论采取何种措施进行紧急救援，应首先采取减少人员伤亡、减轻伤员痛苦的各种措施。在救援过程中，事故应急救援人员必须听从事故应急救援领导小组的指挥，各就各位，对事故进行必要的救援工作，并注意自我保护，正确佩戴防护用品和使用防护器具，避免自身受到伤害。当事故性质严重时，事故应急救援工作领导小组，应向上级应急救援部门和附近的生产经营单位、社区求援。

5. 特种设备事故的处理

特种设备事故按设备损坏程度分为爆炸事故、严重损坏事故和一般损坏事故。按企业事故管理制度、国家相关法律、法规，进行事故报告和事故处理。

第十三章　泡沫镍的绿色制造与智能生产

13.1　概　述

13.1.1　三次浪潮和四次工业革命

　　1980 年 3 月，美国著名未来学家阿尔文·托夫勒写了一本书——《第三次浪潮》[1]。此书一出，在各界备受关注。《华盛顿邮报》说它是一部"鸿篇巨制之作"，《商业周刊》说它是解读人类现在和未来的永恒路标。它的确是一部给几代人指明方向的不朽经典，在全球发行上千万册，被翻译成 30 余种文字，热销 20 年。

　　该书作者认为，人类社会正在进入一个崭新的文明时期，即受"第三次浪潮"冲击形成的社会文明。迄今为止，人类已经历了两次浪潮形成的文明，也称为两次革命。第一次浪潮称为"农业革命"，即人类从原始野蛮的渔猎时代进入以农耕自然经济为社会经济基础的农业时代，从 1 万年前开始，这一社会形态历时数千年。第二次浪潮称为"工业革命"，始于 17 世纪末。工业革命又分为第一次工业革命和第二次工业革命，分别以蒸汽机的应用和电气时代的开始为分水岭。第一次工业革命大约始于 18 世纪 60 年代至 19 世纪中期，第二次工业革命大约始于 19 世纪后期至 20 世纪初。至于第三次浪潮，有人称之为"信息革命"，始于 20 世纪末互联网应用时代。

　　《第三次浪潮》概括的信息革命和新时期社会文明的特点，被两位世界著名的学者做了进一步深刻而详细的阐述，并因此可以将第三次浪潮引伸到对第三次和第四次工业革命的涵盖和三者在历史时间上的界定。或者说，当前正处在第三次工业革命正在进行、第四次工业革命已经开始、相互交汇的两次工业革命又同属于第三次浪潮的社会文明之中。

　　两位学者分别是《第三次工业革命新经济模式如何改变世界》[2]一书的作者杰里米·里夫金和《第四次工业革命转型的力量》[3]一书的作者、世界经济论坛创始人兼执行主席克劳斯·施瓦布。里夫金认为，地球生态现状（化石能源逐渐枯竭、气候变暖、物种快速灭绝、恶劣天气频繁）和世界经济笼罩危机阴影，预示着第三次工业革命的必然到来；"历史上数次重大的经济革命都是在新的通信技术和新的能源系统结合之际发生的"[2]。19 世纪 30 年代，"印刷业＋蒸汽机"导致第一次工业革命；20 世纪前 10 年，"电信技术＋燃料内燃机"导致第二次工业革命；20 世纪末到 21 世纪初，"互联网＋以太阳能为代表的可再生能源的利用"导致第三次工业革命。

　　由于体现不同阶段工业革命的内涵在社会生活中的兼容并蓄，也因为不同学者依据的史料文献有所不同，托夫勒、里夫金、施瓦布在他们的著作中对第一次和第二次工业革命的起始年限的界定有所不同。

第二次工业革命的成果使人类形成了对能源的粗放型使用模式。以热力学第一定律和第二定律为依据，化石能源只有有限的能量做功，相当多的能量变成了无用的熵（如二氧化碳的排放、热效应等），因此而造成了化石能源危机和生态环境恶劣的两大社会问题。以可再生能源的利用为引擎的第三次工业革命，最终将形成一个由5大支柱产业支撑的新的经济体系[2]。即可再生能源（太阳能、风能、水力能、地热和生物能）产业、智能微电网发电产业、储能产业（如氢能的储运）、互联网产业、电动汽车（插电式及燃料电池动力车）产业、世界经济将从国家间的全球化，走向洲际联盟，从地缘经济走向生物圈经济，世界将进入一个合作的时代。

第三次工业革命由于互联网和能源的利用方式，导致经济体制的变化，必然会深刻地影响和改变人们的生活、医疗、教育、就业、做生意的方式、生存状态、财富、知识产权等价值观念。各种科技成果的快速进步和人们越来越方便的共享，包括分散式可再生能源科技急剧下降的成本，将使地球上的人们都能方便地进入分散式的能源网络中。

里夫金一系列的论述折射到工业生产方式的结论是，未来的工业生产必须走节约地球资源、保护生态环境、探索低熵的道路，采取绿色制造的模式。

《第三次工业革命》出版后5年，即2016年，施瓦布出版了仅限在中国大陆地区发行销售的《第四次工业革命》一书。施瓦布并不认为只有新的信息传输方式和新的能源应用方式的交接处，才是新一轮工业革命的开始。他强调某些重要的科技成果的出现才是新旧工业革命的分水岭。施瓦布认为，第四次工业革命始于21世纪的新旧世纪之交，它是在计算机革命、数字革命和互联网的基础上发展起来的。该基础使这些成果的功能更强大，成本更低廉，移动性更强，载体的体积更小，因此，应用更普及，领域更广泛。与此同时，人工智能和机器学习也崭露头角，并迅速发展，其标志性的成就是数字技术、物理技术和生物技术的融合、互动和可预期的升华。第三次工业革命的开始定格在20世纪60年代，其标志性技术为计算机革命、数字革命和互联网的应用。

应当说，历次工业革命对社会经济基础和上层建筑，包括意识文化、生活观念上的影响都是深刻的、系统的。第四次工业革命因技术对全社会的影响范围之广，规模经济效益之大，速度之快，各种技术之间的交融、渗透之深入，技术创新成果之多、创新成本之低皆前所未有。它不仅会改变我们所做的事情和做事的方式，甚至改变人类自身。仅就当前人们所见的技术而言，施瓦布为我们总结出下述特点，罗列了生动的实例。

（1）范围广、速度快、规模经济效益大、成本低。

例1：苹果手机2007年面世，2015年全球智能手机多达20亿部。

例2：以美国汽车城底特律3家规模最大企业在1990年的经济效益与2014年硅谷最大的3家企业的经济效益为例，对传统产业与智能产业单位员工规模经济效益进行对比，见表13-1。

表 13-1 传统产业与智能产业单位员工规模经济效益对比[3]

项　　目	底特律（1990 年）	硅谷（2014 年）
总市值（亿美元）	360	10900
总收入（亿美元）	2500	2470
员工总数（万人）	137	137/10

例 3：过去，花了 10 年时间才完成"人类基因组项目"，耗资 27 亿美元。今天，一个基因组的排序仅需数小时便可完成，花费不超过 1000 美元。

例 4：我们使用的一台小小的平板电脑的运算能力为 30 年前 5000 台台式计算机运算能力的总和。其信息的储存成本逐步趋近于零。20 年前，存储 1GB 数据的年费高达 10000 多美元，如今平均不到 0.03 美元。

（2）多体系和多种技术的融合创新、协同整合、相伴相生，人工智能技术纵深游弋，计算机"机器学习""环境计算"的成果令人惊叹。物理、数字、生物几大科技领域的互动，使技术突破风起云涌。

（3）尽管第四次工业革命的技术成果具有可预期的前瞻性，但由于它涉及的范围广，因而互联网、大数据拓展迅速，并因多学科借助数字技术的纽带作用而深度融合并形成的新兴技术。其发展和运用还存在着巨大的不确定性，对国家、行业内外和企业的影响或改变广泛又深刻，既有正面的也有负面的效应。因此，给未来的创业者留下了不可估量的创新空间和用武之地，创新成果、创新模式以及创新后的再创新，连锁效应将层出不穷。须知，我们正站在一个波澜壮阔的工业革命的起点展望风光无限、危机四伏的未来。

推动第四次工业革命的几项核心技术体系包括人工智能、新材料、3D 打印、物联网、大数据、生物基因工程、无人驾驶汽车、可再生能源、电动汽车等。

施瓦布的上述论断折射到工业生产方式而得出的结论是，未来的工业生产必然是智能制造、多体系和多种技术的融合创新、协同整合、人工智能技术纵深发展，融合计算机"机器学习""大数据、物联网＋智能制造"的有别于传统方式的全球的新模式。

13.1.2 关于绿色制造[4]

绿色制造也称为环境意识制造（Environmentally Conscious Manufacturing），是一种综合考虑资源效益和环境影响的现代化生产制造的理念和模式，涉及 3 个方面的问题。

（1）生产制造问题，绿色理念覆盖产品的设计、制造、包装、运输、使用、报废整个生命周期。

（2）环境保护问题，生产过程清洁化，对环境不产生负面影响，或者影响最小。对环境的保护应延续到产品生命的全周期，包括报废产品的回收利用。

（3）资源优化利用问题，生产过程资源的利用包括原料、能源、水资源等，要达到最大化的效果，是一种"低熵"的闭环系统，使产品对企业的经济效益和对社会的效益得到协调优化。

绿色制造正以全球化、社会化、集成化、并行化、产业化的大趋势，大规模地在全世界范围内展开。第三次工业革命的理论已深入人心。当然,任何时候社会都有兼容并存的现象存在。第二次工业革命留下的对资源的粗放型使用模式,以及中小企业追求利润而牺牲环境的短视、惯性行为也普遍存在。绿色制造从理念到实践,无论在政府层面还是在企业层面,从管理到具体的技术环节、从硬件到软件、从逐步推陈出新到日益完善并形成体系也需要一个学习和探究的过程。在中国,绿色制造还有一段艰巨的路要走,需要的是有效的监管和企业的决心。

2016 年 6 月 30 日,工业和信息化部发布了《工业绿色发展规划(2016—2020 年)》[5],全面推行绿色制造。该规划指出,要以绿色制造、绿色改造升级为重点,实施生产过程清洁化、能源利用低碳化、水资源利用高效化和基础制造工艺生态化,推广循环生产方式,强化工业资源综合利用和产业绿色协同发展。要大力推动绿色制造关键技术的研发和产业化,必须重点突破节能关键技术装备,推进合同能源管理和环保服务,建立完善的绿色产品全生命周期管控体系,开发有效的绿色产品管理系统,建设绿色实验室等战略目标。

13.1.3 关于智能制造

未来世界的主体经济将是继工业经济以后的知识经济。智能制造(Intelligent Manufacturing,IM)也称智能生产,它是制造业的重要生产模式。先进的制造设备和制造系统正在由过去的能量驱动型,逐渐转变成智能制造的信息驱动型[6]。智能制造具备对制造信息爆炸性增长的处理能力,还具备多样化、精细化的功能。柔性、灵活、敏捷、智能的制造系统非常适合瞬息万变、激烈竞争的国际市场需求和"互联网+"的制造业模式。因此,引起多国政府的高度重视,欧盟、美国、日本早在 20 世纪 90 年代已有完善的开发计划,并启动国际合作。以加拿大制订的"1994—1998 年的战略计划"为例,其具体的研究项目就包括智能计算机、人机界面、机械传感器、机器人控制、新装置、动态环境下的系统集成。

智能制造应包括智能制造系统(Intelligent Manufacturing Sistem,IMS)和智能技术。IMS 是一种由智能机器和人类专家共同组成的人机一体化系统,在生产制造的各个环节,该系统可借助计算机模拟专家的智能,进行分析、判断、推理、构思、决策,取代或延伸制造环节中人的部分功能,同时,又可收集、存储、完善、共享、承袭、拓展专家的智能。IMS 是集成智能技术和展现智能制造模式的载体[7,8],而智能技术则是丰富多彩、功能各异的智能型技术,如新型传感技术、识别技术、功能安全技术、高可靠实时通信网络技术、模块化/嵌入式控制系统设计技术、先进控制与优化技术、系统协同技术、特种工艺与精密制造技术、故障诊断与维护技术、神经元网络和模糊控制技术/模式识别技术等。

泡沫镍的生产虽然较之前的技术有一个里程碑式的进步,尤其是无尘车间、洁净厂房的建设,无铜泡沫镍的开发,一系列节能减排、降低能耗、自动化技术的开发,都是泡沫镍的生产已经从传统模式向新经济时代的绿色制造、智能制造的目标前进的标志。但是,这些成就离设定的目标还有一定的距离。一方面,目前全球的智能制造尚处于概念和实验阶段。而且,对一个企业来说,生产制造的全过程实施智能制造,即使不是完全做不到,也可能是一个尚待时日的事情。另一方面,不同产业绿色制造、智能制造所体现的状态和

第十三章 泡沫镍的绿色制造与智能生产

阶段性成果,现阶段也尚无模式可循。目前泡沫镍生产的技术和工艺路线也决定了它全盘实施高水准的智能制造存在一定难度,因为不仅标准、样版不明晰,而且有关泡沫镍智能制造系统的各个子系统(设计、计划、生产、系统活动)应包含的内容也不甚明了。即使在具体的技术创新活动中,理想的智能技术和智能装备的选用也常有诸多困难和局限。

无论今后的智能生产之路如何走,必然是绿色制造、智能生产理念指导下的创新成果的逐步积累,智能体系的不断完善,一个企业的技术实力由量变到质变、积小成为大成的过程。绿色制造和智能生产是先进制造业未来的必由之路,也是绝大多数的企业和我们这个时代进行艰难磨合的历程;是一个不断学习,成熟、完善和蜕变的循序渐进的过程;绿色制造和智能生产是企业体现自身作为技术创新主体地位、完成产业升级的战略决策的过程;绿色制造和智能生产是第三、四次工业革命中,人类对自身当下和未来生产活动的社会形态和发展方向提出的一个卓越的、划时代的理念。

13.2 泡沫镍绿色制造理念与创新实例

本章后述各节将以力元公司在泡沫镍生产活动中开展的部分技术创新实践,诠释企业对贯彻实施绿色制造和智能制造理念的各种战略性思考。

13.2.1 工业三废治理的零排放和完善化目标

1. 真空磁控溅射镀膜技术的开发应用和升级

在泡沫镍制造技术的历史进程中,曾采用化学镀镍技术实现聚氨酯海绵的导电化处理,其导电化制成品——化学镀镍模芯能较好地达到电铸镍的工艺要求。但该技术借鉴了ABS塑料电镀技术,海绵化学镀镍及其前处理涉及多种溶液体系,因为是批量材料的生产,所以产生的工业废水量大且内容复杂,处理费用高昂,效果往往也不十分理想。面对这一困惑,泡沫镍产业的一个重要的技术进步是用真空磁控溅射镀膜技术取代化学镀镍法。对于类似的化工制造,如果技术可行,有效的技术创新途径之一,就是从生产技术路线中彻底剔除产生工业废水的工艺,以物理方法取代化学方法,实现工业三废零排放的目标。

真空磁控溅射镀膜与化学镀膜的相同点:两者都属于表面处理的范畴,都是通过一定的方式,以覆盖层(膜)的形态将一种材料沉积到另一种材料表面的工程技术。其中,真空磁控溅射镀镍技术是将纯镍沉积到聚氨酯海绵上,化学镀镍是将镍磷合金沉积到聚氨酯海绵上。

真空磁控溅射镀膜与化学镀膜的不同点:真空磁控溅射镀膜是物理方法,工艺中无三废排放,显著特点是无废水。因此,早期将真空磁控溅射镀膜称为干法电镀,但真空磁控溅射镀膜技术不宜用来沉积厚的膜层,与化学镀膜方法相比能耗较高,生产设备较复杂。不过,可使其工艺操作简单化,便于实施智能化生产。化学镀镍工艺包括聚氨酯海绵的前处理属于化学法,有大量的、复杂的工艺废水产生,可沉积相对厚的镍磷层,并且生产工艺过程相对简单，但必须配置复杂的废水处理系统。

以真空磁控溅射镀镍替代化学镀镍工艺，从工艺技术路线上彻底消除废水治理问题，是泡沫镍生产企业实施绿色制造的成功范例，值得相关产业借鉴。

2. 多级反渗透膜分离技术在电铸镍废水处理中的开发应用

在泡沫镍的电铸生产和采用高走速设备的情况下，含镍的漂洗水量很大，采用传统镍废水的处理方法，如化学法和离子交换法，前者产生的沉淀、后者对设备的冲击及再生液的处理，都会给生产过程带来很大的压力，回收产物的有效利用也存在诸多困难。而采用多级反渗透膜分离技术处理此类成分单纯且水量大的镍废水，有良好的效果，可实现零排放的目标，且水资源和回收产物都能有效利用。在泡沫镍生产、电沉积和类似的化工制造业中，面对含重金属离子工业废水的生产过程，实施绿色制造有 3 个可供借鉴的途径：

（1）从工艺技术路线上彻底剔除产生废水的工艺环节，如 13.2.1 节中的"真空磁控溅射镀膜技术的应用和升级"所作的处理。

（2）当产生工业废水的工艺环节不可避免时，如泡沫镍生产过程的电铸工序，可采用第二个途径，即降低单机产能，对设备做创新设计处理，寻找新的生产模式或寻求更适宜的处理漂洗水的方法。例如，对电解液采取经过蒸发器蒸发处理，管道上安装流量计和流量控制阀，可随时根据溶液成份检测的结果调整蒸发量，从而保证镀液成份的稳定。

（3）开发废水处理的新技术。例如，在电铸镍生产采用高走带速度的情况下，废水量很大时可采用 3.2.3 节所述的多级膜分离技术处理镍废水。

其实，早在 1971 年世界上就建立了第一套用反渗透膜分离技术处理电镀镍废水的设施，而且所处理的电解液体系也是瓦特镍电解液。只是处理量很小，不足 $0.5m^3/h$。

1977 年，Seymour S. Kremen 等采用反渗透膜分离技术对混合电镀废水进行了处理。处理能力为 $136m^3/h$[9]。可能是混合废水的原因，浓缩液经混凝沉淀后排放，未有效回收，会造成二次污染。

日本分别于 1983 年、1984 年 1 月、1984 年 4 月建立了 3 套反渗透膜分离系统 A、B、C，系统 A 的处理量为 $2.5m^3/h$，系统 B 和系统 C 的处理量为 $10m^3/h$，水回收率均为 80%[10]。现在，日本的绝大部分电镀厂采用槽边反渗透膜分离系统回收镍和铜。

德国、意大利的电镀企业也采用反渗透膜分离技术处理电镀废水，回收镍和铜，以及三价铬和水资源

在 2000 年之前，美国已有 106 套反渗透膜分离装置用于镀镍漂洗水的处理，最大处理量可达 2300 m^3/d。除镀镍之外，反渗透膜分离技术还可用于镀铬、镀金、镀银、镀镉、镀锌等工艺所产生的废水处理[11]。

以电铸为代表的电沉积，就其工艺技术本身而言，可以成为一种极具优势的材料创新方式。泡沫镍的电铸工艺实质上就是一个利用 3D 技术原理湿法电沉积加工成型的过程。电沉积包括电铸、电镀乃至湿法电冶金的众多领域，可以用非常低廉的成本、方便快捷地制备各种金属、合金，电铸各种金属的复杂零件，对各类材质的零件进行表面修饰和强化，

为不同领域的技术创新提供新材料的选择、优化、改性的途径，甚至是某些技术瓶颈的解决方案。本书第十五章列举了较多创新开发实例，对电沉积和表面工程的潜在应用作了提纲挈领的阐述。电沉积和化学沉积的工艺技术，作为创新和开发的科学原理采取的方法往往成功可行，但将科研和试验成果扩大到规模生产就可能产生环境污染问题。对工艺过程排放的各种重金属废水，如果不可避免，正如高走速生产泡沫镍的电铸过程那样，就应该选择科学合理的废水处理方法进行根治。

电沉积的出路在于一方面寻找和开发功能与之相当、对环境友好的替代工艺和技术，另一方面必须制订能够彻底治理电沉积过程三废污染的新技术方案。利用膜处理技术分离废水废气中的不同成分，回收资源，实现零排放或极少量污染物的清洁排放，走出传统技术在三废治理方面不彻底的盲点和误区，在借鉴国外成功经验的基础上，开发适合我国产业现状、将三废治理消化在工艺技术之中、三废治理设施与生产设备融合的绿色生产体系，是电沉积产业和包括膜处理技术在内的环保产业实施绿色制造的当务之急。与此同时，开发电沉积产业三废治理的瓶颈类关键膜材料和智能化、适用型、性价比高的槽边水反渗透膜分离系统也应当是反渗透膜分离技术产业当前和今后市场前景广阔的创新项目。

电沉积和反渗透膜分离技术将是绿色制造、智能制造时代两个关联创新的产业，其技术成果的完善和提升必然会为我国新经济时代的产业转型和制造业升级发挥积极的推动作用。

3. 电铸电解液的蒸汽捕集回收利用

泡沫镍生产车间电铸电解液蒸汽的排放属于无序状态。电铸时还须加热电解液，故形成水气酸雾，而且蒸汽中含有少量镍。为改善作业环境，曾经使用的规范设计是在电铸设备上加设集气罩，由风机将蒸汽引至厂房外，排放到大气中。实施绿色制造后，对电铸槽液蒸汽进行了后续捕集回收根治，回收流程如图 13-1 所示。

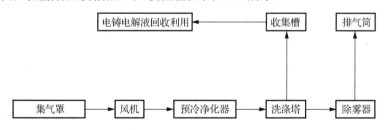

图 13-1 电铸电解液蒸汽捕集回收流程

电铸电解液蒸汽经集气罩收集后，通过抽风机将蒸汽引入后端设置的预冷净化器，对蒸汽中的酸雾进行冷凝。在预冷净化器的作用下，硫酸雾及盐酸雾的去除效果分别能达到 92% 与 75% 左右。经冷凝除酸雾后的气体进入装有托盘式气动乳化装置的洗涤塔，由喷嘴向下喷洒细水雾与气体进行逆流接触，形成冷却水，经过处理后的少量废气通过排气筒达标排放。洗涤塔收集到的含镍洗涤液经收集槽重回电铸系统使用。若 Cl 离子等组分因长期积累而超标，则排放至废水处理中心，进行浓缩回收镍的专项处理。

4. 热处理炉内烟气排放前的"二次燃烧+净化"处理

电铸后的泡沫镍半成品因吸氢而硬化，必须经过热处理除氢，使其达到泡沫镍的材料力学状态，这一处理过程在设置了不同温度区间的热处理炉中完成。热处理由焚烧炉和具备氢气、氮气混合保护气氛的还原炉组成。泡沫镍半成品先经焚烧炉，将模芯中的聚氨酯海绵燃烧分解。聚氨酯海绵主要成分为聚氨基甲酸酯，由有机多异氰酸酯与聚醚型或聚酯型多元醇反应制得。研究发现，当温度达410 ℃以上时，聚氨酯海绵即可充分燃烧，其分解产物主要为CO_2、NO_2、碳烟尘等，在焚烧炉内形成燃烧后的混合烟气。其中包括7.1.2节所述的"尾气"，即残余烟气须经过二次燃烧，彻底净化之后才能排放。

如图13-2所示，热处理炉内残余烟气经过焚烧炉进行二次燃烧后，再通过风机将烟气送入预冷却装置塔，并控制温度在90℃左右。而后进入喷淋洗涤塔，在喷淋洗涤塔内通过特殊的溶液反应，使残余烟气中的有机污染物降解，异味能得到有效控制。同时，烟气中的碳黑颗粒物则经过喷淋洗涤塔中设置的特殊乳化装置进行有效拦截，去除率可达到99%以上。经过处理的烟气继续上行，经过活性炭吸附装置将烧结烟气中逃逸的少量有机物质进一步吸附去除，最后通过排气筒向高空排放洁净的烟气。喷淋后的洗涤液呈弱酸性，对其采用石灰中和反应，把沉淀物输送到含少量镍的废水处理中心进行处理。

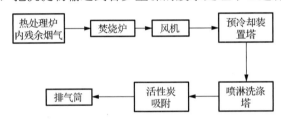

图13-2　热处理炉内残余烟气在排放前的二次燃烧净化处理流程

5. 少量含镍废水的完善处理

在泡沫镍生产的工艺路线中，各主体工序的三废治理已自成体系。例如，电解液循环蒸发大系统用于保证电铸半成品清洗水的处理，并浓缩回用。但泡沫镍生产环节常产生少量的临时性废水，这些废水又不宜进入主体工序的大系统中处理，只能排入少量废水处理中心的调节池进行不定期的但必须是完善性、针对性较强的集中处理。所谓"完善性"是指对所有可能产生废水的环节，即使量少，也要进行彻底治理。泡沫镍生产企业要有严格的环保监察管理和技术负责机制，以保证绿色制造的落实。因为是少量、临时性，废水性质可能相对复杂，所以处理流程相对细致完整。这一完善性后处理系统也符合我国中小型化工制造企业的技术特点和生产现状。应当关注的是，该完善性后处理系统只能是如电铸电解液循环蒸发系统等大处理系统的补充形式，而且在保证企业绿色制造战略和措施不断完善和进步的前提下，其处理的规模和频度，只能在一个很低的水平下实施，而且应该越来越弱化。少量含镍废水的完善处理和分离回收技术如图13-3所示。流程中包括了pH值调整、无机混凝剂 PAC（聚合氯化铝）和/或有机非离子型高分子絮凝剂 PAM（聚丙烯酰胺）的应用，使废水的 COD 和 BOD 指标得到改善并辅以精密过滤、固液分离、活性炭吸收、以及反渗透膜技术达到完善的处理效果。

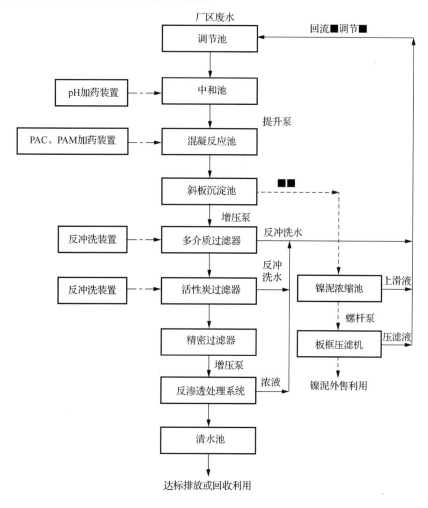

图 13-3　少量含镍废水的完善处理和分离回收技术

13.2.2　镍消耗的降低

镍是重要资源，矿藏有限。如本书第一章所述，镍在国民经济中有着重要的战略地位，泡沫镍的制造是对镍金属的深度加工，作为主体原料，其消耗量大，因此，投入和产出量便成为事关企业管理水平、成本效益、绿色制造和智能生产水平的重要而敏感的指标。泡沫镍生产企业除了在管理理念和具体措施上有一套长效的厉行节约、反对浪费的机制，还应该坚持不懈地在生产过程的不同工艺环节，开展科学而有实效的降低镍材消耗的创新研究，尤其是耗镍工序。

1. 泡沫镍降低面密度技术的开发

面密度是泡沫镍的主要功能参数，决定了泡沫镍的力学性能和电性能，同时也决定了电池的电性能和加工的性能。一般认为泡沫镍面密度越高，泡沫镍乃至电池极板的抗拉、抗卷绕的力学性能和电性能越好。生产实践表明，在生产过程中泡沫镍卷绕特性的好坏，是电池成品率高低的重要决定因素。但并非面密度越高，卷绕特性越好。卷绕性能的好坏还与泡沫镍材料的孔形、电池极板的剪裁位置，即与泡沫镍带材的纵横方向密切相关。进一步的研究发现，这种因卷绕造成泡沫镍断裂是泡沫镍生产过程中泡沫镍带材承受了不同状态的力造成的，是不同工序尤其是电铸工序张力控制方式不同的结果。要解决的技术瓶颈是泡沫镍生产设备的结构设计与张力调控。通过对泡沫镍孔形、孔径的优化选择和与电池生产企业的技术磨合，不仅选择了性能优异的面密度参数，使泡沫镍产品单位平方米镍消耗降低了 17.7%，而且对一个长期困绕电池行业的技术问题，有了一个深入的、透彻的了解，形成了一个有价值的技术创新成果，常德力元新材料有限责任公司（简称"常德力元公司"）还因此申请了专利《对连续薄海绵材料实现连续可调的横向拉伸的设备》（专利号为 ZL201220155405.9）。通过泡沫镍生产设备的技术创新，使电池行业长期使用的高成本、效果并不理想的泡沫镍在降低面密度之后性价比还得到提升，常德力元新公司的镍耗每年降低 165.6 t，同时节约电量 331.2×10^4 kW·h（电沉积每克镍约耗电 0.02 kW·h）。近年来，由于泡沫镍品质的不断提升和绿色制造节能降耗理念的坚持，泡沫镍面密度呈持续下降的趋势，如图 13-4 所示。

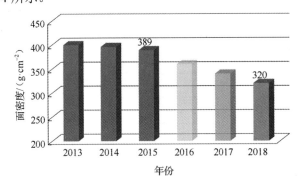

图 13-4　泡沫镍面密度呈持续下降的趋势

2. 先进惰性阳极的开发

电铸过程阳极发生的电化反应（氧化反应）为

$$Ni - 2e = Ni^{2+} \tag{13-1}$$

阳极在电化学溶解的同时，也伴随少量的化学溶解过程。因此，阳极电流效率相对于法拉第定律，一般会大于 100%。而阴极则因氢气的析出电流效率一般为 97%~98%。因此，电铸过程阳极溶解速度大于阴极电沉积速度，表现为电解液中的主盐浓度逐步升高。为保持工艺稳定，须不断对溶液进行稀释处理。

第十三章 泡沫镍的绿色制造与智能生产

为维持阴极电沉积和阳极溶解的平衡，减少无效的镍溶解，降低镍消耗，一个可行的技术措施是采用惰性阳极，即在一种可导电、耐腐蚀的金属材料表面涂覆稀土合金涂层，替代可溶性阳极，在减少镍的溶解量的情况下，保持正常量的镍沉积，达到电解液中镍的平衡。例如，通过不溶性阳极的使用，常德力元公司每年可节约镍6t。有关惰性阳极的详细论述见 11.2.2 节。

3. 边缘屏蔽装置的升级改造

在电铸镍的过程，电解液中的阴、阳极宏观上呈平行状态，但电极间的电力线分布并非均匀。根据尖端放电原理，阴极边缘的电力线比较集中。这些位置的电流密度较大，电沉积的镍也比较多，这种现象称为边缘效应，如图 13-5 所示。

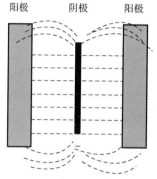

图 13-5 边缘效应

在电铸过程中，边缘效应使泡沫镍半成品存在横向面密度不均匀和硬边的现象。为探讨和量化边缘效应的极端化状态，在生产线上设计了一个专项试验，所得结论如图 13-6 "泡沫镍横向面密度均匀性分布专项试验结果"所示，横坐标为在泡沫镍幅宽长度上的选点，纵坐标为面密度值，图示为各选点位置测得的面密度值曲线，和面密度的上、下限及平均值。结果表明，其边缘面密度相对中间部位要高出 20%~40%，此部分不能被有效使用而造成了浪费。研究发现，所生产的泡沫镍面密度规格越高（面密度越大），产品宽度越窄（低于 900 mm），其边缘效应越严重。

在生产实践中，为了克服边缘效应曾经采用辅助阴极，使边缘效应产生的多余的镍沉积到辅助阴极上，半成品上的镍因此而更为均匀。然而，虽然辅助阴极可以解决因边缘效应造成半成品的质量不合格问题，但是辅助阴极上沉积的镍，对于泡沫镍生产而言仍然是镍的浪费。因此，电铸过程开发了一种屏蔽阴极边缘电力线的技术，使过于集中的电力线被疏散和均化，屏蔽装置及改善前、后的屏蔽效果对比分别如图 13-7 和图 13-8 所示。

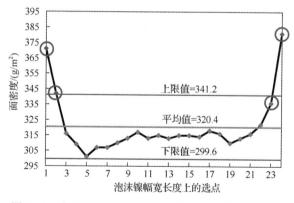

图 13-6 泡沫镍横向面密度均匀性分布专项试验结果

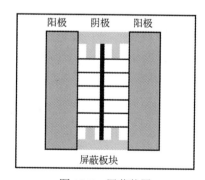

图 13-7 屏蔽装置

通过实施边缘屏蔽技术，使产品边缘效应显著降低，实际效果为30%以上，镍耗降低，产品合格率和产出率显著提高。

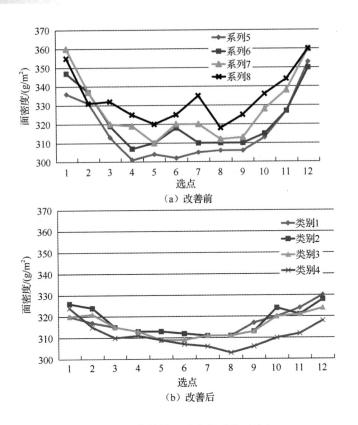

图 13-8 屏蔽效果（改善前后的对比）

4. 收/放卷纠偏精度的改进

在连续带状泡沫镍的生产过程中，不同工序必须对海绵、模芯、泡沫镍半成品、泡沫镍乃至泡沫镍成品的卷材进行多次、反复的放卷和收卷。在收/放卷的过程中若出现一定程度的位移、偏差，将会造成整卷带材的边缘不齐、张力分布不均匀，此类问题，会一直积累到泡沫镍的卷材，在最终的分切、包装工序中造成浪费，甚至整卷报废。为解决这一生产难题，开发了一项以改进和提升收/放卷纠偏精度为目标的纠偏系统新技术。

纠偏系统由纠偏感应器、纠偏控制器、光电传感器、控制分析中心、调控驱动电机等部件组成，其工作程序如下：由纠偏感应器发出红外光，监测卷材的运行；当卷材有偏移后，纠偏感应器将偏移信号发送至纠偏控制器，光电传感器检测泡沫镍卷材边缘的位置，并将检测后的位置误差信号传入纠偏控制器；纠编控制器向控制分析中心发出指令，控制分析中心经过计算处理后，对驱动电动机进行调控，从而达到纠正卷材位置偏移的目的。该系统可以实现多种不同方式的检测纠偏：边缘检测、跟线检测或对中检测纠偏，并可斟情选择合适的方式进行检测。

在真空磁控溅射、热处理、成品工序均须安装纠偏系统，对整个工艺流程带材的跑偏量实施管控。纠偏系统的安装对真空磁控溅射工序效果尤其显著,对海绵模芯的纠偏整齐度为±3 mm,合格率为99%。成品工序的分切机安装纠编系统后边料控制值降为40 mm。仅此一项就使成品的分切投料减少1%。热处理工序安装纠偏系统前后的工况对比见表13-2。

表13-2 热处理工序安装纠偏系统前后的工况对比

项目	改善前	改善后
控制工段	热处理	热处理
控制方式	开关量控制	数字量控制
收卷整齐度	±40 mm	±7.5 mm
收卷合格率	94%	99%

13.2.3 生产水耗的降低

在工业生产中,水的消耗是水资源的一项很重的负担。如何既保证泡沫镍的正常生产,又能有效减少水资源的消耗,不仅是企业降低成本的利好,也是关系社会生态环境、经济可持续发展的国计民生的大事。在泡沫镍的生产过程,水不仅是各种设备冷却的介质,也是电铸等重要工序无法替代的主体原料。因此,泡沫镍生产用水的合理性、循环再利用技术的开发,是企业节能降耗的重要任务。

1. 先进水循环冷却系统的开发

泡沫镍生产中,为确保设备的正常运行,需要对部分设备进行水循环冷却处理,包括真空磁控溅射、电铸、热处理工序的真空泵、整流器、热处理炉冷却段等。相关工序可采用各自独立的水循环冷却系统。真空磁控溅射工序的水循环冷却系统的结构如图13-9所示。

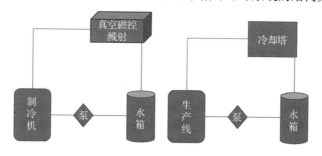

图13-9 真空磁控溅射工序水循环冷却系统的结构

由于冷却水存在多套处理系统,导致不仅设备的投入量大,管理成本高,而且因分散处理造成水的消耗量也很高。水泵等设备的电力消耗量也相应增加。为降低整个循环冷却系统的能源和水耗,在对各工序设备运行时的冷却需求进行分析验证之后,将3套冷却系统进行串联整合,同时开发出一套符合各工序设备温度要求的、循环水流量控制的大系统。升级后的串联整合冷却水系统结构和流程如图13-10所示。

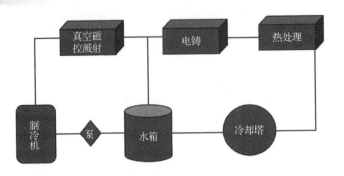

图 13-10 升级后的串联整合冷却水系统结构和流程

串联整合冷却水系统升级前后的水消耗对比见表 13-3,水的消耗和电力消耗大大降低,年节水量为 7200t,年节电量 21.6 万 kW·h,设备的直接投入减少 180 万元。

表 13-3 串联整合冷却水系统升级前后的效益对比

序 号	项 目	改善前	改善后	产生效益	备 注
1	水消耗	1.5t/h	500L/h	节约水 0.72 万吨/年	按 300 天/年计算
2	电消耗	60kW·h	30kW·h	节约电 21.6 万千瓦时/年	只计算泵的电耗
3	设备投入	300 万元	120 万元	180 万元	—

2. 电铸设备动密封系统的改造

在泡沫镍的电铸生产过程,为带动在制品在电铸槽溶液中运行,第一代电铸系统设备在设计时使用了大量的传动部件,并且传动部件均固定在槽壁,传动部分放在槽外,从而产生了较多的动密封,导致电铸槽有较多的漏点,容易造成电解液泄漏,生产过程又产生大量的含镍废水。对电铸设备进行立式电铸系统的创新改造,采用了槽体顶式传动机构,所有主传动部分均在槽外,槽内的传动组件均由内部固定支架支撑。立式电铸系统槽体的动密封点为零,即无动密封,从而将电铸过程由于动密封产生的电解液泄漏造成的含镍废水的处理量从过去的 50 立方米/天减少到改造后的 0.5 立方米/天以下。

3. 电铸喷淋装置的改造

电铸工序的泡沫镍半成品在出槽后需要清洗吸附在其表面的电解液,为达到半成品洁净度的要求,需要使用大量的纯净水喷淋,因而耗水量较大。通过研究并实测了喷淋过程合理的用水量,对多种喷淋方式进行了试验和分析对比,同时对喷淋装置进行了改进,归纳总结出水量的影响因素:喷嘴的出口孔径、电磁阀的响应开启时间、管道上游的水压、电磁阀到喷嘴出口的距离等,达到了精准的用水效果。所开发的电铸生产线喷淋系统如图 13-11 所示。

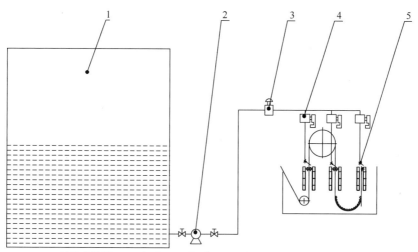

1—纯净水储槽　2—水泵　3—稳压阀　4—电磁阀　5—纯净水清洗喷嘴

图 13-11　电铸生产线的喷淋系统

在节水技术的创新开发中，通过测量水量、调试压力所作的对比分析，发现喷嘴处有余滴、喷嘴单次最小出水量超过需求、同一根喷淋管上各喷嘴出水量差异较大等容易忽略的技术细节，并据此引伸出改善思路，探讨每一级水洗工艺所需的用量下限，对漏水原因的排查和电磁阀设备能力的优化，对管道压力、泄压管道长度的测算，更换喷嘴型号、变更管道稳压位置、调整管道压力等精工细作的技术改进和调整措施，使经技术改造后单位产品的纯净水消耗量下降约40%，同时减少了因喷淋水进入电解液系统所必需的蒸发电耗。仅此一项电铸喷淋水的技改创新项目，产生的年效益为384万元；在企业文化层面上，也培养了员工的工匠精神和节水意识。

13.2.4　生产能耗降低及新能源结构的展望

1. 电网无功功率补偿技术

电网为企业提供的、使设备运行时的电能消耗称为设备的视在功率。实际上，视在功率包括两部分，即有功功率和无功功率。其中，无功功率本身不能做功，它的存在给电网运行制造了许多电能损耗，却又无法避免。电力系统是一种特定环境下的系统，电网中出现无功功率是由电网本身的运行规律决定的。视在功率 S、有功功率 P 和无功功率 Q 之间是一种矢量和的关系，可按下列公式计算：

$$S^2 = P^2 + Q^2 \tag{13-2}$$

$$P = S \cdot \cos\phi \tag{13-3}$$

$$Q = S \cdot \sin\phi \tag{13-4}$$

式中，S 为视在功率，P 为有功功率，Q 为无功功率，ϕ 为相位角，$\cos\phi$ 又被称为功率因数。功率因数是衡量用户对设备合理使用的状况、电能利用的效率和用电管理水平的一项重要指标。

虽然无功功率的存在无法避免，但是可以用无功功率补充技术改变它的大小。利用这一技术在某段电力系统的变电装置上安装无功功率电源，从而改变电力系统中无功功率的流动，达到提高电力系统的电压水平、降低电网损耗的目的。因此，大多数企业都采取合理引入无功功率补偿装置的措施，对电网电压进行有效调整，提高电网的有效利用率。无功功率补偿技术，可起到提高电网功率因数的作用。根据国家规定，高压用户的功率因数应达到 0.9 以上，低压用户的功率因数应达到 0.85 以上。假如能把功率因数提升至 0.95，使无功功率消耗的比例降低，相当于增大了发电、供电设备容量，能够有效降低企业的电能消耗，给企业和社会带来一定的经济效益。

例如，某企业在未安装无功功率补偿装置之前的用电环境，产生了很大的无功功率消耗。因此可根据企业内各车间实际运行的功率因数及变压器状况采取无功功率补偿措施，以各个车间分散补偿的方式进行，企业各车间无功功率补偿装置容量见表 13-4。以变压器运行负荷为额定负荷的 75% 为基准，在无功功率补偿措施投入前，车间运行视在功率为（2000 + 1600 + 2000 + 2000）× 75% = 5700 kV·A；其中有功功率为 5700 × 0.85（按国家有关规定计算）= 4845 kV·A；无功功率补偿装置投入后，系统有功功率不变，功率因数为 0.95。视在功率为 4845 ÷ 0.95 = 5100 kV·A。相比投入前减少的运行视在功率为 5700 - 5100 = 600 kV·A。可见，无功功率补偿技术的使用大幅降低了企业的电能消耗。

表 13-4 企业各车间无功功率补偿投入容量

车间序号	变压器容量	无功补偿装置容量	投入前功率因数	投入后功率因数
1	2000 kV·A	960 kVar	0.85	0.95
2	1600 kV·A	720 kVar	0.85	0.95
3	2000 kV·A	630 kVar	0.85	0.95
4	2000 kV·A	630 kVar	0.85	0.95

2. 整流器工况环境的改善

整流器是将交流电（AC）转换为直流电（DC）的设备。它有两个主要功能：一是将交流电转换为直流电，然后通过滤波供给负载或逆变器；二是给蓄电池提供充电电压。整流器广泛运用于电镀产业，主要用于将工频交流电源转化为适合电镀工厂生产工艺及品质要求的直流电源。电镀使用的整流器一般为大功率电器，运行中会产生并累积大量的热量。因此，整流器的工作环境必须有利于散热。泡沫镍电铸选用的整流器与电镀用整流器相同，具体性能如下：

1）大功率整流器对工况环境的要求

（1）散热要求：现有散热方式主要有风冷式散热和水冷式散热两种，风冷式需要安装除整流功能外的散热风机，增加了额外的电能损耗；水冷则需要水温符合一定要求的冷却水。

（2）环境通风要求：整流器工作环境对电流输出的稳定性有很大的影响，电铸车间属于弱酸性的工作环境，对整流设备的通信及外壳防腐要求也较高。

(3) 接触防护要求：工业用整流器一般为大功率器件，运行功率高，发热量大，单机运行时间长，故对接触防护有较高要求。

(4) 给电零部件的导电质量要求：主要指整流器输出端的给电零部件。电铸用整流器一般为输出电压低、电流值高，为 1500A 左右。由导体通过电流的发热公式 $Q=I^2R$ 可知：当电流增加时，导体发热量将以平方趋势增加，整流器输出端表现尤为明显，故其导电质量必须良好。

基于上述要求，对整流器技术创新改造工作的重点如下：

2) 技术创新改造工作

(1) 散热条件的改善。在大规模生产的条件下，传统的风冷式要达到整流器的正常运行，所需散热风机装机功率的能耗均较高，并且热流量只是散发出了整流器的工作空间，被排出到车间其他设备的工作空间。即便如此，也影响其他设备的正常工作。故整流器全部改用水冷式，采用冷却水循环。例如，在系统中，水泵装机功率为 5 kW，空调制冷机组功率为 15 kW。两套冷却水循环系统的总功率为 40 kW，相对于风冷式的装机功率 120 kW，节省能耗 80 kW，节省率达 66.7%。水箱容量为 10 m³，每年检修一次，年消耗水量为 20 吨。

(2) 对环境通风条件的改善。为便于对通风条件的改善，生产用整流器采取集中安装的方式，即与其他生产设备分开布置，采取换气设备集中通风，极大地减小了分散布置带来的通风难题，降低了通风设备的电耗。

(3) 接触防护及屏蔽状态的改善。整流器集中安置后，每条生产线的整流器也采取独立的防护及屏蔽措施，，防止操作人员接触危险源。同时，也避免整流器之间运行条件的相互干扰。

(4) 给电零部件的电流传导质量的控制与改善。电气设备的给电部件的发热和改善电接触方式应是此项工作的重点。

根据铜、铝的电阻率可以判断，在相同几何尺寸的情况下，两者的发热量相差 1.6 倍，故仅从发热、散热效果考虑，宜选择铜材料。但是，若设备有防铜措施的需要，则应根据 9.3 节有关技术内容的论述另作处理。

3. 太阳能的开发利用展望

太阳能是可再生能源，是第三次工业革命对新能源寄予的希望。其实，每个企业都可以充分利用当地丰富的太阳能资源建设分布式光伏发电系统，光伏发电系统结构模拟如图 13-12 所示。光伏发电已经受到世界上很多国家的关注，目前发达国家在光伏发电上已经从设想进入实践。我国是光伏产业的大国，有较成熟和目前正健康发展的光伏产业链，从太阳电池、光伏发电系统构件到发电系统集成。泡沫镍生产是一个高能耗的产业，有非常迫切的节能需求，太阳能的利用是一种必然的趋势。企业有宽阔的屋顶可充分利用，将分布式微电网光伏发电与泡沫镍生产对能源的需求结合起来是绿色制造很有创意的理念，而且是未来的必由之路，值得推进和深思。常德力元公司利用厂房屋顶建设的光伏发电系统如图 13-12 所示，目前太阳能发电装机容量 2.22 MW_p，发电系统采用用户侧 380 V 低压多点就近并网，实现光伏发电自发自用、余电并网，整个系统设计的年均发电量约 184.7 万 kW·h，对于泡沫镍生产的用电贡献十分可观。

图 13-12　常德力元公司的光伏发电系统

4. 对火力发电余热利用的展望

城市中火力发电厂余热蒸汽量大，排放后，还需要冷却成本，不仅浪费热能而且对环境造成影响。而泡沫镍生产所用电铸电解液需要加热，传统加热方式为电加热，企业通过改造，可引进火电厂余热蒸汽，把电加热方式转变为蒸汽加热，即蒸汽将水加热后，热水经循环送至电铸贮液槽内的换热管，为溶液加热、保温。这样可以节约电耗，为火力发电厂消化了一定量的余热蒸汽，减小了火力发电厂余热蒸汽对环境的影响，同时也为企业提供了综合利用全社会能量资源的新思路，从国民经济区域性能源战略规划出发也应该是绿色制造的一项有意义的举措。

13.2.5　降低生产成本的其他实例

1. 低成本海绵原料替代技术

聚氨酯海绵是泡沫镍的核心原料，它由聚酯或聚醚多元醇、TDI（甲苯二异氰酸酯）等高分子化合物经发泡反应形成聚酯类海绵或聚醚类海绵。长期以来，泡沫镍主要以聚酯类海绵为原料制造电铸工序使用的海绵模芯，但与聚醚类海绵相比，聚酯类成本较高。造成成本差异的原因之一是，两者的切片方式不同。聚酯类海绵多采用旋切方式，聚醚类海绵多采用平切方式，详细技术说明见 11.1.3 节。平切方式不会产生较多的边角料，能提高产出率，旋切聚酯类海绵和平切聚醚类海绵参数对比见表 13-5。泡沫镍原料部分采用聚醚海绵不仅可以有效降低泡沫镍的成本，而且还不存在由于海绵因旋切造成的孔形不一致（出现椭圆和圆形的不同孔形，或称阴、阳面的问题）。

第十三章 泡沫镍的绿色制造与智能生产

表 13-5 旋切聚酯类海绵和平切聚醚类海绵参数对比

项目	主要原料	原料价格	切割方式	产出率
旋切聚酯类海绵	聚酯多元醇、TDI	高	旋切	60%
平切聚醚类海绵	聚醚多元醇、TDI	低	平切	80%

2. 包装材料的回收利用

泡沫镍为三维多孔网状结构（海绵状）材料，其质地柔软，易变形。为防止其网状结构遭到破坏而影响使用，对成品的包装运输有较高要求。在包装方式上要求对泡沫镍产品架空防护，根据客户不同需求，泡沫镍有 40~950 mm 的不同幅宽要求，其中大部分为 100~200 mm 的幅宽。一般用 2 块密度板将产品支撑保护，然后架空包装出厂。这种包装成本高，材料浪费较多。通过对包装材料种类、包装方式的优化，简化了结构设计，实现了包装材料的轻量、通用和回收，减少了纸张、木材等资源的浪费和废弃材料的处理。其实，当前在工业产品或商业产品中，因过度包装、野蛮装卸而造成资源浪费的现象普遍存在，企业应立足于绿色制造理念，做好相关环节的精准化工作。除了包装设计到位，力求包装材料回收再利用。在泡沫镍产品的包装上可做如图 13-13 所示的改进，即增加支撑防护设计和下述细节的改进，既可有效保护产品、节约包装材料又兼顾可利用材料的回收。

图 13-13 泡沫镍产品包装的支撑防护设计

（1）将小宽幅产品用长轴纸芯串起来，两侧采用密度包装板，产品之间用瓦楞纸板隔开，取消了原来的塑料端盖和包装板的使用。

（2）增大现有产品包装的半径环，使每箱可增加 20%的包装数量。

（3）提高包装材料强度，实施包装板、托盘、长轴纸芯的回收循环利用，减少资源浪费。

13.3 泡沫镍智能生产理念与创新实例

13.3.1 SCADA 系统在泡沫镍生产管理中的开发应用

泡沫镍生产的统一管理基于监视控制与数据采集（Supervisory Control and Data Acquisition，SCADA）系统的成功应用，SCADA 系统是一个工业控制的核心、成熟的管理系统，广泛用于电力、化工、石油、冶金领域，可以对距离远、生产单位分散的现场运行设备实施监视控制、数据采集、设备调控、参数测量、信号报警、警报处理、资料获取、报表输出等各项功能。该系统采用工业以太网络传输，由 SCADA 系统监控站、操作站、现场控制站、通信网络系统、打印机、电源、辅助设备及现场设备、仪表等组成，所有配置标准规范，互操作性强。泡沫镍生产管理中应用的 SCADA 系统如图 13-14 所示。

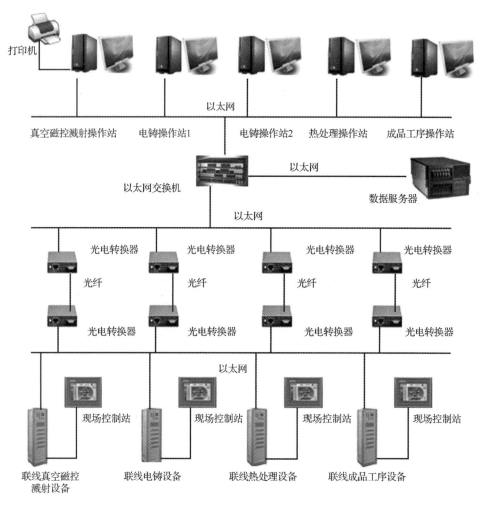

图 13-14 泡沫镍生产管理中应用的 SCADA 系统

从图 13-14 可知，SCADA 系统采用"客户机/服务器"结构（Client/Server 结构或者 C/S 结构），该结构包括 3 个层面，第一层面为 SCADA 系统监控站，如图 13-15 所示。第二层面为 4 个操作站，实时显示各工段设备的运行状态和生产工艺参数，并远程对设备的运行进行操作和控制。操作站通过访问数据库实现对现场工艺参数的监视与控制。操作站按工艺工段进行设置，分别是真空磁控溅射操作站、电铸操作站、热处理操作站和成品工序操作站。4个操作站的功能完全一致，互为备用。正常情况下每个操作站对本工段的生产过程进行监控，当其中1个操作站出现故障时，其余3个操作站均能临时接替发生故障的操作站对生产过程进行监控。第3个层面为现场控制站，对具体生产设备进行操作和管控。

该系统结构的特点是分散控制任务，分散控制风险，降低控制器的处理数据量，提高其稳定性；集中监视和管理生产过程设备、产品状态和生产数据，实现报警、报表、数据查询、产品批次管理与跟踪、生产过程事故追溯、设备运行记录等功能。该系统的模式可概括为分散控制、集中管理并且"服务与客户"互操作性强。

图13-15　通过远程监控室（SCADA系统监控站）对生产设备的运行进行控制

13.3.2　工程品质管理子系统的开发

在SCADA系统开发应用的基础上，建立了一个工程品质管理的子系统。子系统的主体工作设置在成品操作站，但因产成品的质量问题往往涉及泡沫镍生产过程的方方面面，甚至会追溯到原料、各生产工序、管理、销售的不同环节，以及ISO 9000族标准的执行情况，信息传递和交流频繁，"服务与客户"平台的互动、互操作内容较多，实际工作中还必须设置许多工作环节的衔接方式，如条形码的问题。工程品质管理子系统的开发和运行使泡沫镍生产管理的智能化水平有了显著提升，在应用该子系统之前，基本依靠人工操作，通过纸质文件传输信息，效率低，出错率高，无法及时把握和应对生产状况的各种变化，问题的解决缓慢、拖延而不准确，还会不断滋生新的问题。

工程品质管理子系统的开发应用，确保了生产前、生产中、生产后各环节原料、在制品、成品质量规范与客户要求的一致性，制造条件和过程参数的监控、产品品质数据的追溯，以及品质的保证与提升，确保ISO 9000族标准管理工作落到实处，防止品种规格错误、不合格品的误用，确保原料的先进先出；对产品及过程参数进行控制图倾向管理，提前预警。在生产结束后，产品参数计入工程系统，并自动判断合格状态，确保工程能力。

表 13-6 对工程品质管理子系统开发前、后的生产效率进行了对比，体现了智能化生产的科学性和必要性。

表 13-6　工程品质管理子系统开发前、后的生产效率对比

项　目	开发前	开发后	备　注
材料领取确认	人工操作	自动操作	条码判断
制造条件输入	人工操作	一键设定	
制造条件监控	人工操作	自动	异常邮件报警
产品特性确认	人工操作	自动判断	趋势预防
保存时间	3年	15年	—
数据统计	由人工发送	即时传入	—
异常反馈	由人工反馈	自动发送邮件通知	—
追溯	纸质记录	电子记录	方便追溯
检索时间	1h 以上	5min 以内	追溯时间
工程不良	0.5%	0	因人工失误造成的损失
使用后公司收益	提高了生产和工作效率（一键设定、自动监控）、防止人工出错的可能性（一键设定、先进先出）、趋势预防，确保产品品质、防止不合格品的产生与流出		

13.3.3　电铸电解液在线监测及酸自控补加系统的开发

为了保证电铸电解液的正常使用和电铸生产持续进行，电解液的参数必须保持相对稳定。在生产过程中，电解液的 pH 值、温度、成分、循环量等参数的变化对产品性能都有直接和间接的影响。其中，pH 值的影响最大。生产过程中阴极上始终伴随着氢气的产生，导致溶液中氢离子减少、氢氧根离子增加，即 pH 值升高。因此，为了保证 pH 值稳定在一定的工艺参数范围内，需要定时检测计算、补加一定量的酸，以保证生产能连续稳定进行。

具体技术措施如下：在电解液循环管道上安装 pH 值自动检测仪，测量电解液的 pH 值，并将信息传送至酸补加泵的控制系统；按 pH 值信号指令开启酸补加泵，使电解液 pH 值降低。当降至设定值时，控制系统发出指令使酸补加泵关闭，补加酸停止。从而达到将电解液 pH 值控制在两个设定值内，以满足生产工艺要求。

在酸自控补加系统开发前，传统的 pH 值检测及酸补加流程如图 13-16 所示，主要在固定时间段进行人工检测 pH 值的变化，再进行酸补加，以此保证生产的顺利进行。

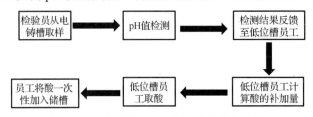

图 13-16　传统的 pH 值检测及酸补加流程

使用酸自控补加系统后的 pH 值检测及酸计量补加流程如图 13-17 所示,电解液酸碱度的控制通过仪器自动检测 pH 值和计量泵自动补加的方式进行,全程无间断跟进,电解液的 pH 值始终保持在使电铸过程处在优化生产的状态下。不仅提高了工作效率、减少了维护生产安全和环境保护的成本(见表 13-7),而且这种自动检测、自动补加的方式,将溶液控制在规范要求的水平,是化工产业提高生产过程智能化水平的普适性方式,值得深化和拓展。

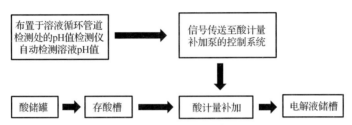

图 13-17　使用酸自控补加系统后的 pH 值检测和酸计量补加流程

表 13-7　酸自控补加系统使用前后 pH 值的效果比较

项目	使用前	使用后	备注
pH 值检测方式	人工	自动	—
pH 值检测周期	1 次/8 小时	1 次/分	—
酸补加方式	人工,一次性补加	自动,少量连续补加	—
pH 值的准确性、稳定性	基本准确、稳定	更精准、稳定	—
安全性	不安全	安全	—
酸的包装运输	2.5L/瓶装或 30L/桶装,运输量小,不安全,成本高	大批量灌装,运输量大、安全,成本低	—
不合格率	1.5%	0	pH 值超标引起的不合格

13.3.4　多级电铸电流密度优化分配工艺技术的开发

电铸是泡沫镍品质的关键工艺步骤,一方面,多项工艺参数对电铸过程都会产生很大的影响;另一方面,电铸过程的电耗在泡沫镍生产能耗中的权重也很大。因此,优化电铸过程的用电,使产品在科学合理的电流密度配置下完成加工过程,既是企业经营的当务之急,也是智能生产必须面对的创新课题。

仅就与电性能有关的技术参数而言,影响电铸效果和产品质量的因素包括电流、电压、电沉积时间(由在制品带材的走速决定),以及电铸槽的几何因素包括阴、阳极的间距、电场电力线的分布等。通过实验验证,矩阵计算,对多级电铸各级的电流密度、电压进行优选和调整,摸索出了既优化产品性能,又能降低电耗的电铸工艺。以其中三项参数(一级、二级和末级电铸工序)为例,对优化前后的效果进行对比,详情见表13-8。经过上述优化处理,可使电铸过程的用电总功率下降1.5%。

表13-8 对一级、二级和末级电铸工序中电流和电压优化前后的效果对比

参数		改善前	改善后	对比
一级电铸	电流/A	45	30	下调
	电压/V	1.8	2.3	上升
	功率/W	81	69	下降
二级电铸	电流/A	680	750	上调
	电压/V	11.2	12.4	上升
	功率/W	7616	9300	上升
末级电铸	电流/A	1375	1320	下调
	电压/V	13.8	12.8	下降
	功率/W	18975	16896	下降
总功率/W		26672	26265	下降

13.3.5 热处理工艺技术的优化

热处理工段的作用是使泡沫镍半成品通过焚烧去除模芯中的聚氨酯海绵,同时通过热处理改善半成品因电铸渗氢而存在的硬脆性状,达到泡沫镍预期的材料力学性能和电性能。因焚烧和热处理均可能造成泡沫镍表面氧化,故热处理过程必须在一定纯度的氢氮混合气的保护下进行,使氧化的镍层还原成纯镍,这一热处理过程称为还原。氢氮混合气是利用氨分解炉将液氨分解而制得的,然后把混合气充入还原炉中。热处理工艺流程如图13-18所示。

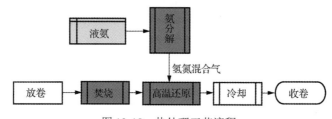

图13-18 热处理工艺流程

与电铸工序一样,热处理也是能耗很高的工段,经热处理后的泡沫镍性能与焚烧、还原、冷却等工区的温度、温度梯度、时间、氢气氛的浓度、氢气和氮气的比例,以及热处理在制品的数量(以在制品的层数衡量)等工艺参数有关。通过对上述工艺参数的测评研究,科学合理地设置,不仅可使产品质量得到保证,产能显著提升,而且用电量和液氨耗量也显著降低,体现了工艺技术的创新,对绿色制造和智能生产潜在的贡献。例如,增加在制品层数后,工作效率提高1.5倍。改善前后相关参数对比见表13-9。

表 13-9 改善前后相关参数对比

参　数	改善前	改善后
在制品的层数	4 层	6 层
在制品带材的走速	—	相当
温度	—	温度曲线优化
氢氮混合气流量	—	增加 10%
单耗液氨	—	下降 24%
电能单耗/[（kW·h）/m^2]	1.17	0.87

13.3.6 阳极钛篮镍在线振动夯实装置的开发

电铸过程中镍阳极不断消耗，需要不断补充，如果补充不及时就会出现阳极钛篮内的镍块架空现象，形成"镍桥"，造成漏镀、面密度不均匀等产品质量缺陷，还会降低镍的利用率，使电阻增大、电压上升，电耗增加。因此，需对阳极筐内的镍不断进行夯实和补加。以前采用人工操作，不仅劳动强度大，夯实效果也不佳。为此开发了在线振动夯实装置，其主要工作原理：将经过特殊处理后的振动器放入阳极钛篮筐内，使之和镍块接触，将钛板、乳胶垫用防振螺丝固定于钛篮一侧，链接 PLC 控制系统，实现手动和自动的切换，振动间隔和振动时间可调。振动夯实装置改进前后的产品不合格率和电压效果对比见表 13-10。

阳极钛篮镍在线振动夯实装置的创新在生产中属于小的技术改革，但其成果的积累会形成一个工艺和设备的体系，甚至一个完整的专业设施和技术路线。日积月累，技术创新的小智慧就汇聚成智能生产的大成果。

表 13-10 振动夯实装置改进前后的效果对比

对比项目	改进前	改进后
人工	2 人	0 人
产品不合格率	1.5%	1.3%
电压（平均值）	12V	11.8V

第三篇　泡沫镍的性能和应用

开发泡沫镍的初衷,是出于圆柱形高比能量镍系列电池电极基板的需要。自连续式带状泡沫镍在电池行业规模化应用以来,电池和电池材料之间、产品质量和工艺环节的不断磨合,使得人们对泡沫镍与电池的相关质量和性能的认识也逐步准确和完善。在此基础上,制定了我国的国家标准GB/T 20251—2006《电池用泡沫镍》,使泡沫镍在电池领域的实际应用进入了一个理性和规范化的阶段。

然而,在涉及泡沫镍包括材料力学在内的多项性能时,还是停留在企业生产和商务交流所需要的试验检测方法和评价水平上,缺少更多的理论分析和指导性的认识,尤其是遇到一些新材料科学技术方面的难题和困惑时,解决方法往往是采取约定俗成的方式。一方面,泡沫镍在材料科学方面的理论明显落后于产业实践;另一方面,由于技术创新的需要,越来越多的科技领域关注泡沫镍的应用,故泡沫镍的开发应用已经远远超出了电池技术的范畴。关于这方面的具体实例,第十五章有较详细的论述。在技术创新时代,泡沫镍的应用价值还会以不同的形式在不同的科技领域被挖掘出来。泡沫镍已成为一种重要的工程新材料,应该从多视角和全方位对它的材科学性能进行研究。第十四章对泡沫镍的材料学性能进行了一些探索性的拓展,从更加开阔的视野认识泡沫镍。迄今为止,有关泡沫镍材料科学的研究成果和学术论著还十分有限。虽然除泡沫镍之外,其他电铸型系列的泡沫金属,如泡沫铜、泡沫铁、泡沫镍铁、泡沫银等已经面世。在电沉积理论和实践的基础上,更多种类的泡沫金属和合金的开发也指日可待。以泡沫镍为代表的材料学的探索性研究,将是一个十分有价值的金属材料学体系。因此,本书以第十四章的内容作为契机,希望为泡沫镍等电铸型泡沫金属材料学开垦出一片新土地。显然,其中的立论、论述的方法和内容还很不成熟,可能是挂一漏万,并且难免有瑕疵和欠妥之处。但作者期望,以此尝试引起材料学界的关注和共鸣,给予批评和指正。

第十四章　泡沫镍的性能

本书前述篇章对泡沫镍的结构特征多有论述,使我们了解了它是一种具有三维网络通孔结构、由通孔和孔棱构成、流体可方便渗透的类似海绵状的工程材料。泡沫镍的多孔微观结构赋予了它许多独特的力学性能,例如质量小、能量吸收特性好,有一定的刚度和强度。此外,泡沫镍还具有传热能力强、吸声性能佳、电磁屏蔽性能好等诸多功能特性。图 14-1 所示为泡沫金属的多功能特性。由于同时具有泡沫金属的属性,泡沫镍所具有的金属镍的物理化学特性、微观形貌结构、材料力学性能与它的功能特性之间,必然存在某些关联性与规律。对这些规律进行研究和分析,并以此指导、开发泡沫镍技术的应用,将是一项长期且有价值的研究工作。

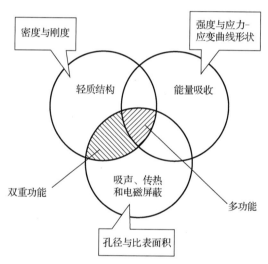

图 14-1　泡沫金属的多功能特性

本章将结合泡沫镍的三维网络通孔结构,对它的材料力学性能和若干功能特性,包括声学性能、热学性能、电磁学性能以及泡沫镍各向异性的特点,摘其要点进行分析和讨论。

与泡沫镍制备工艺技术和生产设备的开发相比,业界对泡沫镍的材料力学性能和其他功能特性的研究(包括两者的关联性,以及材料性能与泡沫镍三维网络通孔结构特征之间定性和定量的研究)较少,经典理论不足,可借鉴的成果也有限。因此,本章在泡沫镍材料力学性能测试研究的基础上,结合国内外学者对包括泡沫镍在内的泡沫金属的研究成果,对泡沫镍的力学性能和其他功能特性进行有限的综合评述和理论分析,并侧重连续带状泡沫镍作为电池电极基板材料的应用,兼顾其他功能特性的研讨。

目前开发的电铸型泡沫金属(除泡沫镍之外)所用的电铸模芯基本上都是聚氨酯海绵

导电化后的制成品，泡沫金属的材料性能除部分与金属本性有关之外，更大程度上与2.3.1节述及的泡沫金属的孔结构特性关系密切。因此，泡沫镍与泡沫金属尤其是电铸型泡沫金属之间的材料特性、研究方法和结论，常常具有普适性。

相对致密金属材料而言，泡沫镍的突出特点是它内部有大量孔隙，使它具有与致密金属镍不同的材料力学性能和其他特殊的功能特性。一般而言，影响泡沫金属性能的结构参数有相对密度、孔隙率、比表面积、孔径大小和孔结构的一致性，而且孔结构的一致性涉及材料力学性能的各向同性或异性。由于泡沫镍孔结构参数较多，故影响其性能的因素也很多。

14.1 泡沫镍的材料力学性能

14.1.1 泡沫镍与材料力学概述

研究材料力学性能的主要目的是探讨材料在受力过程中的变形和失效规律。根据受力条件不同，材料力学性能测试可以分为拉伸性能测试与压缩性能测试。材料力学性能指标是结构设计、材料选择、工艺评价以及材料检验的主要依据。对于致密金属镍和泡沫镍而言，材料力学性能的研究目的、研究内容、方法及研究结论在工程上的应用过程和方式大致相同，只是泡沫镍在此前的应用主要针对镍系列电池领域的电极基板，研究内容的选择几乎完全倚重电池生产需要和商务交流，针对某些性能的研究相对较少。又由于电池行业对材料个性化性能的要求（如泡沫镍的柔韧性）不包括在一般材料的力学性能参数之内，泡沫镍材料性能的测试方法和内容仅限于模拟电极基板的应用方式，而在材料力学方面的理性研究和探讨明显不足。

本章所述泡沫镍材料力学性能的测试工作主要在MTS 810型电液伺服万能材料试验机（见图14-2）上完成，试样选用湖南科力远集团常德力元新材料有限责任公司生产的泡沫镍产品，结合平辊轧制、扫描电子显微镜、材料力学计算机模拟软件等手段，得到不同工艺条件下泡沫镍材料的应力-应变（单位变形量）曲线、屈服强度、弹性模量、能量吸收等力学性能的评价参数，进而分析影响力学性能的材料结构因素。

泡沫镍在加工过程中经常会受到一定的载荷，载荷作用的结果将极大地影响泡沫镍的批量生产及其功能性应用。

由于需要测试的力学性能指标数量多、涉及面广，有必要对与本章有关的几项力学性能指标进行说明。具体如下：

（1）弹性模量。描述线弹性行为的重要参数指标。应该指出的是，由于泡沫镍具有三维网络通孔结构，相当于框架结构，所以在这种材料的性能测试中通常不使用术语"模量"，而是采用"刚度"这个概念。但目前已经把多孔材料作为连续体看待，因而可采用普通材料的性能指标对其进行表征。应该注意的是，多孔材料的弹性模量不是一个材料常数，它主要取决于多孔金属的孔结构。因此，孔结构、孔密度和孔变形都是影响多孔材料弹性模量的因素[1]。

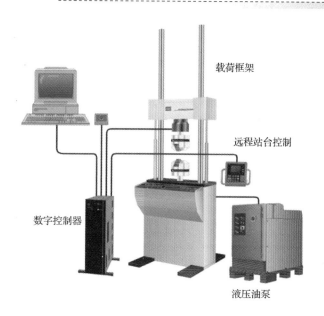

图 14-2　MTS 810 型电液伺服万能材料试验机

（2）弹性极限。材料由弹性变形过渡到塑性变形时的应力，表达式如下[2]：

$$\sigma_e = \frac{F_e}{A_0} \tag{14-1}$$

式中，σ_e 为弹性极限，单位为 MPa；F_e 为弹性极限状态下的受力，单位为 N；A_0 为试样的原始截面面积，单位为 mm^2。

（3）抗拉强度。材料产生最大均匀塑性变形时的应力。对金属而言，抗拉强度是从均匀塑性变形到局部集中塑性变形过渡的临界值，也是静态拉伸条件下金属的最大承载能力。在超过最大拉伸应力之后，金属开始缩颈，即发生集中变形。

（4）屈服强度。当材料承受拉伸或压缩载荷到一定极限时，它将继续经历显著的塑性变形而不需要增加载荷，这种现象称为屈服。屈服强度是金属材料出现屈服时的应力，也称屈服极限。当外力大于屈服强度时，会使材料永久变形，并且不可恢复。

（5）断后伸长率。当金属材料试样在拉伸作用下断裂时，试样拉断时的位移值（$\Delta L = L' - L_0$）与原始长度（L_0）的比就是断后伸长率，用百分数表示，L' 为试样断裂变形后的长度。

（6）压缩平台应力。在泡沫镍的压缩应力-应变曲线中，平台的初始部分具有应力峰值或明显的平滑应力段，峰值或平滑应力被认为是平台应力。如果没有应力峰值，平台区可以朝向应变减小的方向延伸，使之与纵坐标相交，交点所在值即平台应力值。

（7）密实化应变。泡沫镍试样在压缩过程当中，由于体积减小，它的相对密度会越来越接近致密金属。当其相对密度达到最大时，对应的应变数值称为密实化应变。本章将介绍 2 种可以确定密实化应变的方法。

（8）能量吸收效率。由于泡沫金属具有多孔结构，当它作为抗冲击的保护材料时，可以有效地吸收外界的动能。能量吸收效率这个指标的提出就是为了描述泡沫镍保护能力的强弱。能量吸收效率是泡沫金属材料吸收的能量与理想吸能材料所吸收的总能量的比值。

（9）疲劳破坏。当材料受到力的方向随时间变化的交变应力时，应力值虽然始终不超过材料的强度极限，甚至比弹性极限还低，但有可能发生材料的失效，即疲劳破坏。例如，电池在充/放电循环过程中，正负极材料会产生体积的膨胀与缩小，不可避免地带来交变应力，长时间受交变应力作用后会导致电极材料的粉化脱落，甚至会影响泡沫镍基板的强度。

14.1.2 泡沫镍的拉伸性能

材料的拉伸性能是材料力学性能的重要指标之一，其中单向静拉伸试验操作快捷方便，目前已成为材料科学研究与工业生产中应用最广泛的关于材料拉伸性能的试验方法。本章所用泡沫镍拉伸试样尺寸为 150 mm×20 mm，通过简单的拉伸试验即可获得泡沫镍的各项重要指标参数，如屈服强度、抗拉强度和断后伸长率等。这些性能指标不仅是工程应用、部件设计和材料科学研究的计算依据，也是评估材料和选择相应加工工艺的主要依据。

1. 泡沫镍及泡沫金属拉伸性能概述

泡沫镍具有通孔泡沫结构，其基体材料仍是金属，所以泡沫镍一些主要的力学性能指标与典型金属材料基本一致，如抗拉强度和断后伸长率。泡沫镍在受力过程中变形和断裂的规律可以揭示静载荷下材料的过度弹性变形、塑性变形和断裂这 3 种常见破坏模式的特征，及其应力-应变关系。

以长度为 150 mm、宽度为 20 mm、厚度为 1.35 mm 的泡沫镍试样为例，其在恒定的拉伸速率（5 mm/min）下测试所得到的泡沫镍典型的拉伸应力-应变曲线如图 14-3 所示。从图 14-3 中可以看出，泡沫镍单轴拉伸应力-应变曲线明显分 4 个阶段：OA 为线弹性变形阶段，其应力-应变关系呈线弹性，满足胡克定理（固体材料受力后，材料中的应力与应变之间呈线性关系），其中弹性模量 E 约为 71.48 MPa，弹性极限约为 0.3 MPa，当应变超过弹性极限时，会发生过量弹性变形；AB 为非线性硬化阶段，其应力-应变关系是非线性的，把塑性应变为 0.2%时的应力值定为屈服强度，其大小为 0.43 MPa；BC 为线性硬化阶段，其应力-应变关系基本上呈线性关系，斜率为 4 MPa，强度极限（0.81 MPa）出现在 C 点；CD 为变形阶段，该阶段样品上出现裂纹并继续扩展，直到样品完全断裂为止。由此可知，泡沫镍的拉伸应力-应变曲线没有明显的屈服阶段。

其中，AB 和 BC 为塑性变形阶段，卸除载荷后不能完全恢复。与压缩曲线不同，拉伸曲线是没有平台阶段的。而且，从图 14-3 也可看出，CD 这一阶段的曲线并不是骤然下降的直线，这不同于裂纹迅速扩展并骤然断裂的致密金属材料。这是由于孔隙的存在限制了泡沫镍宏观裂纹的扩展，该过程需要经历更长时间。因此，泡沫镍破坏变形阶段的曲线表现为一个相对缓慢的下降过程[3]。

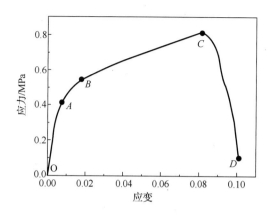

图 14-3 泡沫镍典型的拉伸应力-应变曲线

进一步的分析如下：

（1）线弹性变形阶段（OA）的长度很短，应力和应变呈线性关系。泡沫镍的弹性模量可以基于线性区域中的应力和应变的比例来确定。弹性变形属于可逆变形，其实质是构成材料的原子自平衡位置产生可逆位移的反应。泡沫镍的弹性模量由孔棱的弹性弯曲性能决定。式（14-2）[1]为多孔泡沫金属与其孔结构特性之间的定量关系，是一个具有普适性意义的公式。

$$\frac{E^*}{E_s} = C_1 \left(\frac{\rho^*}{\rho_s}\right)^2 \tag{14-2}$$

式中，C_1 为常数；E_s 为多孔泡沫金属对应的致密金属材料的弹性模量，单位为 MPa；E^* 为多孔泡沫金属的弹性模量，单位为 MPa；ρ^* 为多孔泡沫金属的密度，单位为 g/cm^3；ρ_s 为多孔泡沫金属对应的致密金属材料的密度，单位为 g/cm^3。

泡沫镍的弹性模量可以由式（14-2）进行近似计算。若以泡沫镍和致密金属镍作相应替换，从中可以看出泡沫镍的相对密度（ρ^*/ρ_s，即 $\rho_{泡沫镍}/\rho_{镍}$）对泡沫镍拉伸力学性能的影响：随着相对密度的增大，泡沫镍的弹性模量也增大[4]。

（2）塑性变形阶段（AC），其中 AB 为非线性塑性变形阶段，BC 为线性塑性变形阶段。刘培生等人[3]的研究表明，在 BC 部分泡沫镍的抗拉强度与材料的孔隙率之间有如式（14-3）所示的量化关系（简称"拉强孔率关系式"）。

$$\sigma = K(1-\theta)^{1.25} \sigma_o \tag{14-3}$$

式中，σ 为泡沫镍的抗拉强度；K 为常数，该常数与实验方法和金属镍材质有关；θ 为泡沫镍的孔隙率（%）；σ_o 为致密金属镍的抗拉强度，单位为 MPa。

（3）破坏变形阶段（CD），泡沫镍在拉伸载荷作用下的断裂方式就是孔棱骨架到达临界断裂强度后发生的"撕裂"。当孔棱边缘的薄弱位置的最大应力超过其断裂强度时，将从该位置的一侧开始断裂。孔棱的断裂过程表现为撕裂的形式。

2. 泡沫镍的拉伸性能研究

1) 泡沫镍的拉伸断裂

泡沫镍孔棱微观裂口如图 14-4 所示。断裂过程就表现为以这种方式一个接一个地拉断大量孔棱,最后表现为整体的宏观断裂。这种撕裂的走向具有很大的随机性,因此整体宏观断裂处的外观粗糙且不均匀。

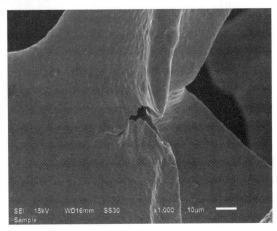

图 14-4　泡沫镍孔棱微观裂口(电子显微镜照片)

一些研究工作也报道了泡沫镍的拉伸性能。刘培生等人[3]通过对照实验发现,与致密金属镍不同,泡沫镍的拉伸断裂特征表现出类似波浪状的应力-应变曲线。在相同拉伸条件下,泡沫镍和致密金属镍的拉伸应力-应变曲线都可划分为 3 个区段。泡沫镍的弹性变形区的曲线与致密金属镍相似,表现为塑性变形的特征。但在断裂区,致密金属镍的拉伸应力-应变曲线出现断崖式下降,如图 14-5(a)所示;而泡沫镍的拉伸应力-应变(载荷-变形)曲线表现为波浪式渐次下降过程,如图 14-5(b)所示。

2) 影响泡沫镍拉伸性能的因素

(1) 温度对泡沫镍拉伸性能的影响。影响泡沫镍拉伸性能的因素较多,除了微孔结构及微孔尺寸的影响,外界因素也会对泡沫镍拉伸性能造成较大的影响。甘秋兰等人[4]测试了泡沫镍在不同温度下的单轴拉伸应力-应变曲线,测试时的变形速率为 5mm/min。测试结果显示泡沫镍的弹性模量以及抗拉强度随温度的升高而降低,如图 14-6 所示,表明泡沫镍的拉伸性能受环境温度的影响。

(2) 拉伸应变速率对泡沫镍拉伸性能的影响。众所周知,对于致密金属材料,当拉伸应变速率增大时,其应力值随着拉伸应变速率的增大而增大,并且拉伸性能对拉伸应变速率敏感。那么,泡沫镍的拉伸性能是否也受拉伸应变速率的影响呢?如表 14-1 所示,泡沫镍的拉伸性能对拉伸应变速率并不敏感,其拉伸性能的各项指标并不随拉伸应变速率的改变而发生较大变化。这是因为泡沫镍的三维网络通孔结构能够有效地减少应力集中,削弱了对拉伸应变速率的敏感性。

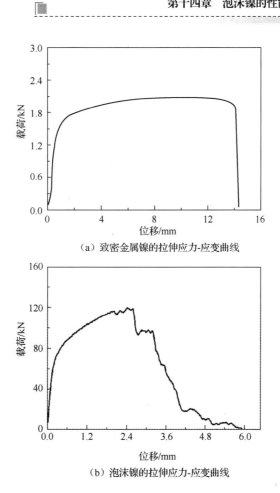

(a)致密金属镍的拉伸应力-应变曲线

(b)泡沫镍的拉伸应力-应变曲线

图 14-5 致密金属镍和泡沫镍的拉伸应力-应变（载荷-位移）曲线

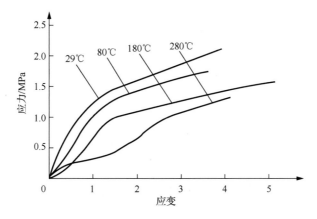

图 14-6 不同温度下泡沫镍的单轴拉伸应力-应变曲线

表 14-1　拉伸应变速率对拉伸性能的影响[6]

拉伸应变速率/（mm/min）	弹性模量/MPa	屈服强度/MPa	抗拉强度/MPa	断后伸长率/%
5	152.16	0.532	1.013	7.812
10	128.67	0.525	1.018	7.998
20	155.01	0.534	1.014	7.694
50	146.55	0.503	1.028	7.765
100	113.89	0.477	1.017	8.335

（3）泡沫镍的面密度对拉伸性能的影响。

影响泡沫镍抗拉强度的最大因素是面密度。面密度越高，抗拉强度也越大。图 14-7 所示为不同面密度下泡沫镍的抗拉强度测试结果。从图 14-7 可知，面密度为 430 g/m²、400 g/m² 和 360 g/m² 的泡沫镍对应的最大拉伸力分别为 80 N、69 N 和 54 N。可见，泡沫镍的抗拉强度与面密度具有明显的正相关性。

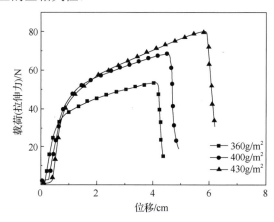

图 14-7　不同面密度下泡沫镍的拉伸应力-应变（载荷-位移）曲线

图 14-8 所示为泡沫镍纵向（长度方向上）抗拉强度与面密度的关系，可以近似地使用下列拟合函数关系式表达两者的关系：

$$R_z = -0.3573 + 0.1295 \times \rho_m \tag{14-4}$$

式中，R_z 为纵向抗拉强度，单位为 N/cm²；ρ_m 为面密度，单位为 g/m²。

显然，图 14-8 的相关性机理可用泡沫镍孔棱骨架上的电铸镍层厚度的不同加以说明。泡沫镍的面密度值越大，其孔棱骨架上的电铸镍层厚度越大，从而泡沫镍的抗拉强度得到提高。在实际生产中，为防止泡沫镍断裂，可以通过适当提高面密度达到提高其抗拉强度的目的。式（14-4）为满足一定抗拉强度的需求而设计泡沫镍的面密度提供了一个量化参考。但是，在实际设定泡沫镍的面密度时，并非单纯为了追求抗拉强度值而将面密度值定得越高越好。泡沫镍用于电池生产时，还须综合考虑电池容量、电池加工的工艺性能（如电池极板的卷绕加工、电池装配的尺寸要求等）、成本等诸多因素，进行优化选择。13.2.2 节将降低泡沫镍面密度的使用作为一项创新的研究成果，便是这种优化选择的实例。

第十四章　泡沫镍的性能

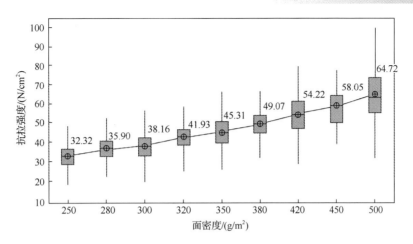

图 14-8　纵向抗拉强度与面密度的关系

（4）泡沫镍的 PPI 对拉伸性能的影响。PPI 如 2.3.3 节的定义，表示单位英寸长度上的平均孔数。PPI 对泡沫镍的抗拉强度也有明显的影响，从图 14-9 可以看出，在不同拉伸应变条件下，抗拉强度随着泡沫镍 PPI 值的增大逐渐增大，二者呈正相关性。单位英寸长度上的平均孔数越多，则表明泡沫镍本身的材质在空间上的分布相对均匀。在拉伸变形过程中，均匀材质的泡沫镍不容易产生集中应力，意味着可以达到更高的抗拉强度。

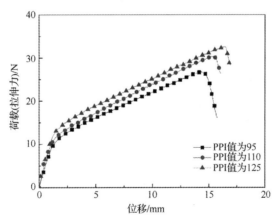

图 14-9　不同 PPI 下泡沫镍的拉伸应力-应变（载荷-位移）曲线

（5）泡沫镍预压缩处理对拉伸性能的影响。使用一定厚度的海绵模芯电铸成型为同等厚度的泡沫镍半成品，经过热处理仍为同等厚度的泡沫镍进入成品工序；之后，要按客户要求预轧整平成不同厚度的泡沫镍成品，并剪切分条。图 14-10 为预轧整平为 1.8 mm、1.6 mm、1.4 mm、1.2 mm 和 1.0 mm 厚度时的泡沫镍成品的应力-应变曲线（载荷-位移）。抗拉强度将有所改变，压缩后的厚度越小，抗拉强度越大。这是因为压缩程度越大（厚度越小），泡沫镍的加工硬化增强，而且因内部孔隙塌缩而使泡沫镍趋向于致密，与此同时，微观上孔棱将向拉伸方向偏转，这些因素都会提升泡沫镍的抗拉强度。

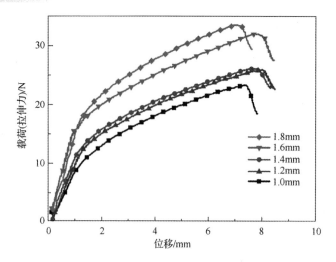

图 14-10　预轧整平处理后,不同厚度下泡沫镍的拉伸应力-应变(载荷-位移)曲线

3)与拉伸性能有关的泡沫镍国家标准

目前,泡沫镍最成熟的应用是作为镍系列电池的正极基板,即作为活性物质的载体和电流的集流体材料。在镍系列电池的制造过程,一般采用连续涂浆方式,将活性物质填充进泡沫镍基板中,泡沫镍要承受牵引张力及充填活性物质后的重力,其受力皆受制于泡沫镍的拉伸性能。如果泡沫镍的拉伸性能不好,在电极加工过程中可能会因泡沫镍材料的失效而使废品率升高。

填充了活性物质的泡沫镍基板,在后续加工工序中可能发生断裂,这主要发生在卷绕过程中[7]。这是镍氢电池生产工艺对泡沫镍的一项既基本又特殊的材料力学性能要求。一些电池生产企业会对泡沫镍的卷绕性能,即所谓的柔韧性提出要求。因此,针对电池所使用的泡沫镍拉伸性能和卷绕力学性能质量指标,国家标准 GB/T 20251—2006[8]做出了相应的规定。本书"10.1.3 力学性能"也有详细介绍。

14.1.3　泡沫镍的压缩性能

1. 泡沫金属压缩性能概述

由于泡沫镍压缩性能理论研究较为欠缺,而泡沫金属的相关研究较为成熟,因此,关于泡沫金属的若干性质和结论原则上具有普适意义,可以作为泡沫镍压缩性能规律分析和理论探讨的借鉴。图 14-11 所示为有关文献[4]提供的泡沫金属的静态压缩应力-应变曲线,具有明显的"三阶段"特征,即弹性变形阶段、屈服平台阶段以及压实阶段。该曲线描述了泡沫金属静态压缩过程中应力-应变的一般规律,具有普适性,可以作为泡沫镍压缩行为理论分析的借鉴。

在压缩过程中,泡沫金属在一个稳定的应力水平下具有范围较宽的应变段,该阶段称为屈服平台阶段。在较低的压缩应力下,泡沫金属能稳定地吸收大量塑性变形的能量,这种性能使泡沫金属适用于需要进行能量吸收的领域。

第十四章 泡沫镍的性能

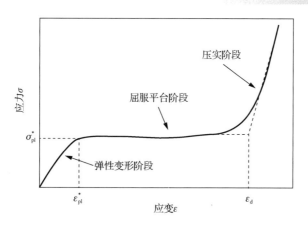

图 14-11 泡沫金属的静态压缩应力-应变曲线

1) 弹性变形阶段

当压缩应变量非常小时（应变量小于 0.1），泡沫金属的应力与应变大致呈线性关系，可用（14-5）表示。

$$\sigma = E\varepsilon \tag{14-5}$$

式中，σ 为应力，单位为 MPa；ε 为应变（无量纲）；E 为比例常数，也称为弹性模量，单位为 MPa。

此时，泡沫金属的孔棱骨架主要承受弹性变形，并且该阶段反映了基体的刚度特性。泡沫金属在弹性变形阶段没有明显的骨架弯折和应力集中现象，如果在此阶段卸载，泡沫金属的变形可以复原。

2) 屈服平台阶段

在该阶段，泡沫金属的部分孔棱骨架已经屈服，随着应变的增加，应力增加非常缓慢。屈服平台阶段的范围比较大，可以达到 60%以上，但并不保持绝对的水平值，而存在微小的起伏波动。泡沫金属的良好吸能性能取决于屈服平台阶段。这个阶段主要是微孔结构的压缩坍塌过程。此时，泡沫金属的很多孔棱达到基体材料的屈服应力，发生塑性变形，并且形成许多塑性铰（构件在受力时，出现某一点相对面的纤维屈服但未破坏，则此点称为塑性铰）。如果在该阶段卸载，那么泡沫金属的变形不可恢复。

另外，如果泡沫金属在屈服平台的初始阶段具有应力峰值或明显的平滑应力段，那么峰值或平滑应力可以认为是平台应力。如果没有出现应力峰值，那么平台区域可以朝向应变减小方向延伸，使之与纵坐标相交，并且交点值就是平台应力值。平台应力值可以表征材料的吸能性能和压缩性能。

除了图解法，平台应力值也可以通过理论计算近似获得。对于开孔泡沫金属，σ_{ys} 表示基体材料的屈服应力。在压缩载荷的作用下，当孔棱弯曲并且材料进入塑性变形阶段，泡沫金属的孔棱骨架形成的网络单元相当于泡沫镍的 Cell。用量纲分析法得到的开孔泡沫金属平台应力 σ_{pl}^* 可表示为[4]

$$\frac{\sigma_{pl}^*}{\sigma_{ys}} = C_2 \left(\frac{\rho^*}{\rho_s}\right)^{3/2} \tag{14-6}$$

式中，C_2 为与孔结构有关的常数；σ_{ys} 为基体材料的屈服应力，若假定泡沫金属为泡沫镍，则指基材镍的屈服应力，单位为 MPa；σ_{pl}^* 则为泡沫金属的平台应力，单位为 MPa；ρ^* 为泡沫金属的密度，单位为 g/cm³；ρ_s 为致密金属的密度，单位为 g/cm³。

3）压实阶段

当压缩量进一步增大，泡沫金属的孔棱骨架被挤压到了一起，应力开始迅速上升，由屈服平台阶段过渡到压实阶段。压实阶段伴随着大量孔隙的坍塌、闭合，使泡沫金属的结构趋于密实，应力水平急剧上升。由于压缩变形，泡沫金属材料从原本由骨架支撑的多孔泡沫结构体趋于密实的固体。材料被压实时的应变称为密实化应变 ε_d，如图 14-11 所示，利用图线法可以确定密实化应变点：压实阶段曲线的切线，与平台应力水平线的交点。该交点的横坐标数值 ε_d 满足如下经验公式：

$$\varepsilon_d = A - B(\rho^*/\rho_s) \tag{14-7}$$

式中，A 为常数，取值范围为 0.8～1.0；B 为常数，取值范围为 1.4～2.0；ε_d 为密实化应变；ρ^* 为泡沫金属的密度，单位为 g/cm³；ρ_s 为致密金属的密度，单位为 g/cm³。用图线法所获得的密实化应变 ε_d 的数值为近似值，但是该方法具有操作简单的优点。

2. 泡沫镍的压缩性能研究

国内一般使用单轴压缩法开展泡沫镍压缩性能研究。常将泡沫镍加工成 30 mm×30 mm×1.35 mm 的正方块，每 6 块叠在一起，形成 30 mm×30 mm×8.1 mm 的组合压缩试件，然后测试其静态压缩应力-应变曲线。

泡沫镍的内部有大量孔隙，虽然宏观上看似乎是一个均匀的结构体，但是微观上看（密度和孔的分布）是不均匀的。因此，在载荷的作用下，应力、应变的分布也不均匀，且在低应力下明显表现出局部材料有应变集中的现象。孔棱较细的地方首先发生变形，而且多是大孔径部位，因为其刚性差，所以首先被压垮；然后，其水平面上的其他孔棱也随之产生应力集中，导致部分孔棱构成的框架被一起压坍。已坍缩的孔棱区域串联而形成一条变形带，承受主要的应变，而变形带以外的孔棱变形程度相对较小，仍可能处于弹性变形阶段。

图 14-12 为不同压缩应变下泡沫镍的扫描电子显微镜照片，从中可以看出，泡沫镍的压缩过程是薄弱变形带不断形成和发展的过程。变形带的存在表明，泡沫镍的压缩过程会出现明显的局部应变集中，变形最先集中于一条变形带上，并随着应变的增大而向整个泡沫镍体扩展；由于已发生变化的变形带承受载荷的能力增强，故不再容易发生变形，随着载荷的继续增加，新的薄弱变形带便开始产生、发展。这种集中应变是由于泡沫镍结构的不均匀性导致的，正是由于这种变形模式维持了应力的屈服平台阶段。

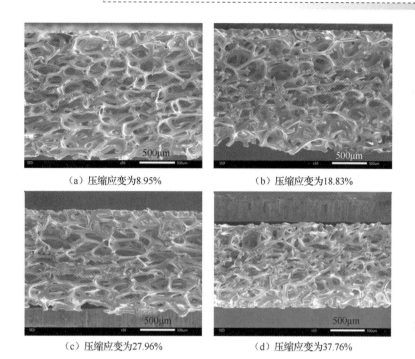

图 14-12　不同压缩应变下泡沫镍的扫描电子显微镜照片

1）影响泡沫镍压缩性能的因素

近年来，对泡沫金属的压缩行为和能量吸收行为的研究报道较多。例如，Banhart 与 Baumeister[9]通过对泡沫镍和泡沫锌的单轴压缩实验，得出泡沫金属的应力-应变曲线主要受其相对密度影响的结论。大部分泡沫镍的压缩参数（如屈服强度、弹性模量）随着相对密度的增加而增加。其他因素如基体材料、孔隙形状、微观结构、孔分布的均匀性等对泡沫金属的压缩性能都有影响。

（1）泡沫镍的相对密度对屈服强度的影响。Fan 等人[10]对电铸工艺制备的泡沫镍相对密度与屈服强度的关系进行了研究。所谓相对密度是指 ρ^*/ρ_0，其中 ρ^* 是指泡沫镍的密度，ρ_0 是指相同体积致密金属镍的密度。如图 14-13 所示，相对密度较大的泡沫镍似乎具有较小的致密化应变。其原因如下：在所有的孔都被压实的过程中，由于孔隙体积小、相对密度较大的泡沫镍比相对密度较小的泡沫镍更快达到致密化状态，故相对密度较大的泡沫镍具有较短暂的屈服平台阶段。相对密度较小的泡沫镍的压缩应力-应变曲线较为特别，在线弹性变形状态之后，曲线出现一个峰值应力，然后是短暂的屈服平台阶段。随着泡沫镍相对密度的增大，该峰值趋于消失。

如图 14-14 所示，泡沫镍的杨氏模量与其相对密度呈强相关关系，相关系数达到 90% 以上。相对密度越大，杨氏模量越大。这是因为孔棱是支撑载荷的主要因素，随着相对密度的提高，意味着孔棱上镍层沉积得越厚，导致泡沫镍承受压缩载荷时不容易屈服而产生塑性变形，其总体结构的屈服应力上升。因此，若电池在制造过程中的压实密度偏大，则一般选用相对密度大的泡沫镍。

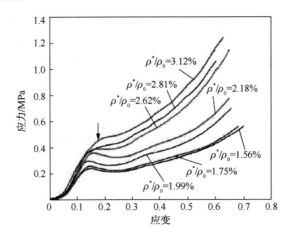

图 14-13　不同相对密度的泡沫镍压缩应力-应变曲线

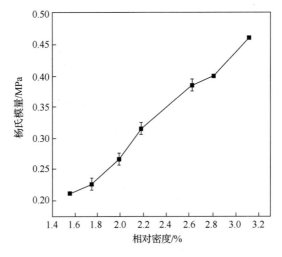

图 14-14　泡沫镍的杨氏模量与其相对密度的关系

（2）泡沫镍的 PPI 对屈服强度的影响。图 14-15 所示为泡沫镍的 PPI 与屈服强度的关系，显然，随着 PPI 的提高，泡沫镍的压缩屈服强度增大，且二者之间有较高的线性拟合度。

众所周知，在相同面密度的泡沫镍中，若 PPI 值越小，则 Cell 孔径越大，孔隙也更多；若 PPI 值越大，则 Cell 孔径越小，孔隙也较少。从图 14-16 可以看出，在相同的面密度下，大孔径泡沫镍（PPI 值小）的局部集中应变比小孔径（PPI 值大）的泡沫镍更明显。这是由于泡沫镍在承受压缩应变时，会形成一些承受主要应变的薄弱变形带，其大小与孔径有关，小孔径泡沫镍的薄弱变形带较小，承受载荷时容易产生新的薄弱变形带。薄弱变形带数量多，则会使整个结构的应变更为均匀，从而使承受压缩载荷的能力增强。因此，小孔径泡沫镍的屈服强度较高，即 PPI 值越大，屈服强度也越高[11]。

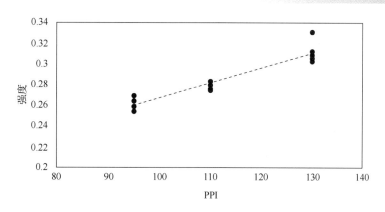

图 14-15　泡沫镍的 PPI 与屈服强度的关系

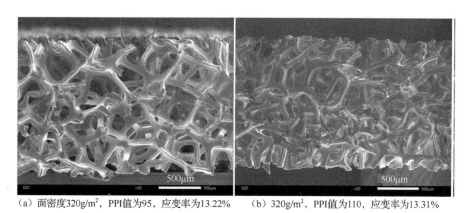

（a）面密度320g/m², PPI值为95, 应变率为13.22%　　（b）320g/m², PPI值为110, 应变率为13.31%

图 14-16　不同 PPI 泡沫镍在相同应变时的 SEM 照片

（3）泡沫镍的预拉伸对屈服强度的影响。在生产泡沫镍的不同工序,即真空磁控溅射、电铸、热处理过程中,为了确保带材工件的平直度和维持带材在走带过程中线速度的一致性,必须采用特定的方法。例如,在带材的端部施加一定的张力,工艺上称之为恒张力。张力的存在必然会使带材发生一定程度的拉伸变形。因为该拉伸变形是在力学试验之前形成的,故常称之为泡沫镍的预拉伸。由于预拉伸的存在,泡沫镍成品的长度与相应的聚氨酯海绵卷材的长度相比有所增加,增加的程度一般以拉伸率或预拉伸率表示,本书采用预拉伸率。预拉伸率与泡沫镍压缩性能之间存在一定的关系,这从表 14-2 中可以看出,当预拉伸率从 0% 增加到 8% 时,不同相对密度的泡沫镍屈服强度都下降了。这是因为预拉伸变形改变了不同工序中带材内部孔棱的取向。使大部分孔棱的取向与预拉伸方向逐渐趋于一致,而与压缩方向垂直。孔棱取向的变化导致压缩方向上压缩性能的下降。因此,屈服强度随着预拉伸率的增加而减小。这种趋势也可以从相对密度为 1.75% 的泡沫镍在不同预拉伸率下的压缩应力-应变曲线中看到,如图 14-17 所示[10]。

表 14-2 预拉伸对屈服强度的影响

编号	预拉伸率/%	屈服强度/MPa
A-1	0	0.226
A-2	0	0.226
B-1	3	0.208
B-2	3	0.226
C-1	5	0.199
C-2	5	0.187
D-1	8	0.161
D-2	8	0.173

备注：编号中不同的字母表示不同的预拉伸率，数字表示测试样品的次序。例如，编号为 A-1 的样品就是在 0% 预拉伸率下测试的第一个样品。

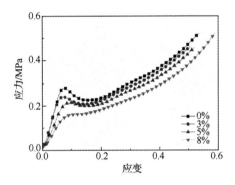

图 14-17 不同预拉伸率下泡沫镍的应力-应变曲线[10]

2）泡沫镍的压缩回弹性能

镍系列电池极板的制作过程是先在泡沫镍里填充活性物质后，再把它放在对辊间碾压，进行密实化处理。该过程相当于在压缩试验机上使密实材料载荷匀速施加在泡沫镍上，直到泡沫镍达到预定的压延厚度（Δd）为止。这一过程可能会导致泡沫镍变形坍塌，当卸掉载荷并静置 10min 后，压缩后的泡沫镍会产生回弹，而回弹后的泡沫镍厚度值才是电池极板的最终厚度（d_2），如图 14-18 所示。在压缩过程中，泡沫镍的屈服强度可在加载曲线上读取，而其回弹量为卸载曲线的应变量，如图 14-19 所示。

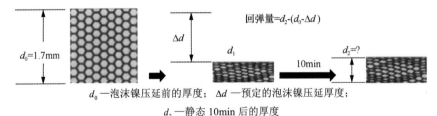

d_0—泡沫镍压延前的厚度；Δd—预定的泡沫镍压延厚度；
d_2—静态 10min 后的厚度

图 14-18 泡沫镍的压缩回弹

研究表明，泡沫镍回弹量与下列因素有关：面密度越大，回弹量越大；PPI 值越大，回弹量越大；压缩位移越大，回弹量越大。

卸载模量也是评估压缩性能的重要参数。泡沫镍的卸载模量就是卸载曲线的斜率，斜率越大则对应的压缩回弹量越小。泡沫镍的面密度会影响其卸载模量，卸载模量随着面密度的增大而增大，二者关系如图 14-20 所示[10]。从图中可见，当泡沫镍的面密度超过 320 g/m² 时，卸载模量突然明显增大，这会带来更加小的回弹量。因此，在实际加工过程中，当需要更小的回弹量时，可以选择面密度更大的泡沫镍。

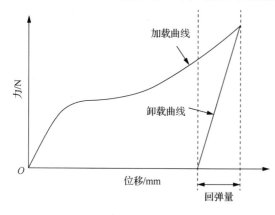

图 14-19　承受载荷后泡沫镍的压缩回弹曲线示意图　　图 14-20　卸载模量与面密度的关系

14.1.4　泡沫镍的能量吸收和抗冲击概述

1. 泡沫金属能量吸收和抗冲击性能概论

理想的吸能材料的应力-应变（或载荷-位移）曲线较长，并且该曲线所涵盖的面积越大表明吸能效果越好。吸能材料在称为平台应力的恒定应力作用下发生塑性坍塌。吸能材料常作为包装和保护用途的材料，此时要求吸能材料的应力-应变曲线具有足够长的屈服平台阶段，以便尽可能多地吸收机械能。一般而言，实体材料不能较好地满足这一要求，而空心管、薄壳及蜂窝状金属恰好都有较长的应力-应变曲线，但是它们的曲线却并不平滑。泡沫金属由于具有大量均匀分布的小孔隙，因而也具有类似的应力-应变曲线，而且该曲线相当平滑[12]。

在冲击载荷下，泡沫金属发生的变形可近似看作压缩变形。在压缩变形过程中，泡沫金属的应力-应变曲线屈服平台阶段的应力值可看作其屈服强度，该值比基体材料的屈服强度小得多，表明受到载荷时，泡沫金属容易变形。微观上，泡沫金属的压缩变形过程包括孔的坍缩、破裂及孔棱间的摩擦，这些过程都要消耗大量的能量。该变形过程不仅使材料具有大的应变量，而且使其维持较低的应力水平，从而保护被包装的物品。因此，泡沫金属适用于交通工具、包装行业以及军事防护等领域。

对一块充当缓冲板的泡沫金属吸收的能量可以定义如下：在一定的变形区间内，泡沫

金属吸收的总能量等于该区间内应力-应变曲线下的面积,如图 14-21(a)所示,可用下式表示:

$$E = \int_{w_i}^{w_{i+1}} F(w)\mathrm{d}w \tag{14-8}$$

式中,E 为吸收的能量,单位为 J;w 为压缩变形量,w_i 为压缩变形的起始点,w_{i+1} 为终止点,单位为 m;F 为对应的载荷,单位为 N。

为了反映单位体积的泡沫金属吸收能量的能力,采用应变能量密度 E_v 表示,即某一应变 ε_m 对应的 E_v 等于应变区间[0,ε_m]应力-应变曲线下的面积,如图 14-21(b)所示,E_v 可以由以下等式表示:

$$E_v = \int_0^{\varepsilon_m} \sigma(\varepsilon)\mathrm{d}\varepsilon \tag{14-9}$$

式中,E_v 为应变能量密度,单位为 J/m³;ε 为应变(无量纲);σ 为某一应变对应的应力,单位为 MPa。

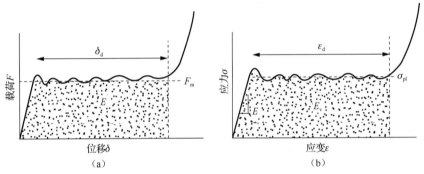

图 14-21 泡沫金属压缩时的载荷-位移曲线和应力-应变曲线

此外,能量吸收效率 η 也是吸能材料的重要参数,它是吸能材料如泡沫金属所吸收的能量与理想吸能材料吸收的总能量的比值。对泡沫金属而言,能量吸收效率 η 代表了泡沫金属与理想吸能材料在吸能性能上的接近程度。η 可以用下式表示:

$$\eta = \frac{\int_0^{\varepsilon_m} \sigma(\varepsilon)\mathrm{d}\varepsilon}{\sigma_m \varepsilon_m} \tag{14-10}$$

式中,σ 为某一应变对应的应力,单位为 MPa;$\sigma_m \varepsilon_m$ 的乘积为理想吸能材料吸收的总能量,代表了如图 14-22 所示泡沫金属材料压缩应力-应变曲线上对应的 σ 和 ε 的虚线所包围的矩形面积;η 是泡沫金属材料吸收的能量与理想吸能材料吸收的总能量的比值。相当于泡沫金属材料压缩应力-应变曲线覆盖的面积与图 14-22 中虚线所示矩形总面积的比值(%)。

与能量吸收效率 η 有关的还有两个参数:最大能量吸收效率和密实化应变点。前者是能量吸收效率的最大值,后者为泡沫金属的孔隙被完全压实时的应变。这两个参数与泡沫金属的能量吸收效率-应变曲线有如下的相关性:该曲线的极值点为密实化应变点,该应变点对应的能量吸收效率值即最大能量吸收效率值。

通过对能量吸收效率-应变曲线极值点的确定,可以得到泡沫金属的密实化应变点。确定密实化应变点的用途之一:区分泡沫金属的屈服平台区域与密实化区域。对能量吸收结构件而言,这是选择泡沫金属特征参数的设计依据。

采用能量吸收效率-应变曲线极值点的方法确认密实化应变点,进而认定能量吸收的最大值,这是一种堪称巧妙的方法,能够非常准确地确定密实化应变 ε_d 的值。应该说明的是,这不是唯一确定 ε_d 值的方法,用式(14-7)所述的图线法也可以确定密实化应变点 ε_d。

图 14-22 所示为致密金属材料和泡沫金属材料的压缩应力-应变曲线,阴影部分面积为两种金属材料吸收的能量。从图 14-22 可以看出,在相同的峰值应力 σ_p(包装防护设计领域一个重要参数)下,泡沫金属材料所吸收的能量远大于致密金属材料。在给定的峰值应力和厚度情况下,用泡沫金属作为包装防护材料进行设计时,需要选择最佳相对密度。这是因为在吸收相同冲击能量时,如果泡沫金属材料的相对密度过大,则会导致屈服平台阶段的应力过大;若相对密度过小,则泡沫金属可能过早进入压实阶段。

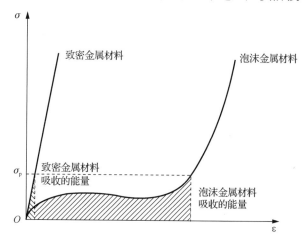

图 14-22 致密金属材料和泡沫金属材料的压缩应力-应变曲线

2. 泡沫镍的能量吸收和抗冲击性能研究

1)影响泡沫镍能量吸收的因素

(1)泡沫镍的相对密度对能量吸收的影响。泡沫镍的变形程度越高,则吸收的能量越多。Fan 等人[10]测试了不同相对密度的泡沫镍的能量吸收密度。如图 14-23 所示,在相同的变形情况下,随着相对密度的增加,泡沫镍的能量吸收密度值也增加。泡沫金属的能量吸收能力取决于其在压缩过程中屈服、弯曲、孔棱断裂以及不同孔棱之间的相互作用[4]。相对密度较大的泡沫金属具有较高的屈服强度和最终的断裂强度。同时,相对密度较大的泡沫镍在崩塌过程中也可以提供更多的摩擦源,因此,相对密度大的泡沫镍在压缩过程中比相对密度小的泡沫镍可吸收更多的能量。

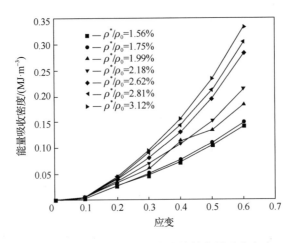

图 14-23　不同相对密度的泡沫镍的能量吸收密度

Fan 等人[10]还研究了不同相对密度的泡沫镍的能量吸收效率。图 14-24 显示了不同相对密度的泡沫镍在压缩过程中能量吸收效率的变化。从图 14-24 中可以看出，不同相对密度的泡沫镍的能量吸收效率 η 值都先增大后减小，随着应变的增大而减小。显然，图 14-24 所示的各条曲线中都有一个峰值。尽管相对密度不同，峰值都出现在应变为 0.2～0.3 的区间。把这一现象与泡沫镍的压缩应力-应变曲线相联系，可知，当应变为 0.2～0.3 时，曲线显然已经接近崩塌平台区的末端。也就是说，能量吸收效率的峰值出现在压缩平台区的末端位置。

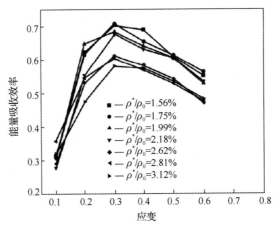

图 14-24　不同相对密度的泡沫镍的能量吸收效率

（2）泡沫镍的预拉伸对能量吸收的影响。能量吸收密度与致密化应变的预拉伸率之间的关系如图 14-25 所示。能量吸收密度的值随着预拉伸率的增大而减小，这是因为预拉伸导致泡沫镍中的孔棱各向异性。在预拉伸过程中，孔棱取向与拉伸方向一致，使垂直方向的变形更加容易。因此，预拉伸会造成能量吸收密度的下降[10]。

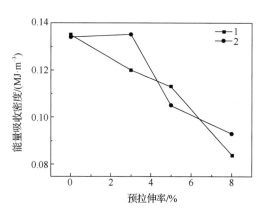

图 14-25　能量吸收密度与预拉伸率之间的关系

2）泡沫镍的抗冲击模型

泡沫镍的三维网络通孔结构，使其具有一定的抗冲击性。有研究表明，在泡沫镍拉伸、压缩压垮过程中，孔棱的受力状态是不同的，从而影响泡沫镍的宏观力学性能。根据孔形的应力状态，泡沫镍吸收的能量绝大部分转化为变形所需的内能，而孔棱主导的内能占总能量的百分比更大。孔棱的屈曲变形主导了泡沫镍的应力-应变曲线，使之呈现较大波动，这使得泡沫镍在变形过程中消耗更多的内能，因而泡沫镍具有更高的动态承载力和能量吸收能力。

泡沫金属材料的压缩变形的本质是微观上孔棱的不同变形在宏观尺度上的体现，据此，可以把孔棱间形成的结点当作可形变的塑性铰，因而可以将泡沫金属压缩变形吸能看作无数个塑性铰的变形吸能的综合体现。在静态压缩下，泡沫镍的变形机理分析相对容易，但在动态冲击下，尤其是高速冲击的情况下，由于材料惯性的影响，应力值的大小不仅与应变有关还受冲击速度的影响，故泡沫镍的变形机制难以通过简单的实验进行分析，但可以从理论的角度进行分析。

由压缩性能实验可知，泡沫金属材料的压缩应力-应变曲线可以明确分为 3 个阶段，即弹性阶段、屈服平台阶段和压实阶段。弹性阶段相对较短，屈服平台阶段和压实阶段的跨度较长。在屈服平台阶段，泡沫金属的应力几乎不变，进入密实化阶段后，应力随着应变的增大而迅速上升，意味着弹性模量也迅速增大。为了更好地分析泡沫金属的冲击力学行为，本章建立了泡沫金属本构模型。所谓本构模型即把描述材料的力学性能（如应力-应变关系）的数学表达式理想化，并把它简化为与应变速率无关的刚性-理想塑性-锁定应变模型，即 RPPL 模型，如图 14-26 所示。在这个理想的本构关系中，假设泡沫金属的初始弹性模量是无限的，并且其塑性变形阶段的平台应力 σ_{pl} 是恒定的。当泡沫金属变形达到密实化应变 ε_d 时，它是完全致密的且其密度等于基体材料的密度，同时其弹性模量变得无限大，即泡沫金属变成刚性体。

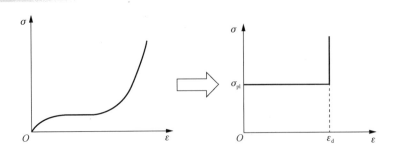

图 14-26　泡沫金属 3 阶段应力-应变曲线（左）和理想化的 RPPL 应力-应变曲线（右）

基于上述刚性-理想塑性-锁定应变模型，当泡沫金属冲击刚性自由质量块 M 时的变形区可明显划分为弹性区和塑性区，如图 14-27 所示。具有初始长度 L_0 的质量为 m 的柱状泡沫金属在初始速度 v_0 下，不受任何限制地撞击刚性自由质量块 M。当冲击速度很大时，冲击端形成一个非常窄的变形区，然后相邻的 Cell 逐渐被压缩，几乎是逐层坍塌的破坏，称为逐层压溃模式。

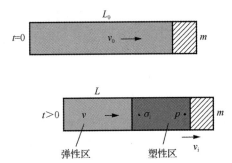

图 14-27　泡沫金属冲击刚性自由质量块时变形区[13]

当金属泡沫塑性区和刚性自由质量块的速度相等时，满足 σ_i 和它们的接触应力 p 之间的以下关系：

$$v = \frac{p}{M} = \frac{\sigma_i}{M + m\left(1 - \dfrac{L}{L_0}\right)} \qquad (14\text{-}11)$$

在图 14-27 和式（14-11）中，v 为速度，单位为 m/s；p 为接触应力，单位为 N；M 为刚性自由质量块的质量，单位为 g；σ_i 为泡沫金属的屈服平台应力，单位为 N；m 为泡沫金属的质量，单位为 g；L 为弹性区长度，单位为 mm；L_0 为起始总长度，单位为 mm。

由上式可看出，接触面的应力大小与泡沫金属和刚性自由质量块的质量比有关，并且当刚性自由块的质量远大于泡沫金属的质量时，p 和 σ_i 几乎相等。冲击应力等于冲击下的泡沫金属的屈服平台应力，这是选择泡沫镍能作为冲击防护材料的主要原因。

使用泡沫金属时，人们不仅需要考虑其单一的抗冲击性能，还要考虑其他。例如，在汽车工业中，结构组件的刚度、噪声消减、能量吸收、抗冲击性能以及复杂形状的生产成本都很重要。泡沫金属可以满足结构组件多功能的需求。例如,用泡沫金属填充给定的壳形结构,壳形结构本身的性能并不会改变,但结构组件的性能却发生了巨大的变化。

14.1.5 泡沫镍的疲劳性能

1. 泡沫金属疲劳性能简介

疲劳性能主要是指交变载荷作用下的结构或材料强度,体现应力状态与结构或材料寿命之间的关系。当结构或材料受到方向随时间变化的交变应力时,应力值虽然始终不超过材料的强度极限,甚至比弹性极限还低,但也有可能发生材料失效,即疲劳破坏。在疲劳断裂过程中,裂纹的扩展受许多因素控制,如材料属性、构件的几何形状、载荷历程和环境条件等。通常这些因素均具有随机性,尤其对于结构、成分、制造工艺及使用环境十分复杂的泡沫金属,包括特殊的泡沫合金[14]。

泡沫金属在某些应用场合中不可避免地会遇到疲劳破坏的问题。例如,作为振动装置的减振缓冲材料,会受到振源的反复冲击;作为喷雾工程机械的消噪装置和吸声材料的滤声器,可能会受到声压波动的作用而发生声疲劳;作为电池多孔电极的基体(充当集流体)在充/放电过程中会反复受到应力,集流体的疲劳性能直接影响电极的性能,并影响电极长期使用过程中的容量衰减速率。因此,涉及泡沫金属的疲劳性能问题常常要和材料乃至器件的使用环境相联系,往往需要同时研究若干深层次的工程技术问题。

2. 泡沫镍的疲劳性能研究

刘培生等人[15]对泡沫镍在周期性压缩、弯曲条件下的疲劳性能进行了实验研究,结果表明,在经过一定循环周期后,泡沫镍结构的强度迅速下降,循环周期的大小取决于应力振幅和平均应力的大小。周期性压缩会导致泡沫镍变形带的形成,而循环拉伸条件下泡沫镍的失效则由疲劳裂纹的产生和生长所致。在拉伸和压缩循环载荷条件下,疲劳破坏产生的裂纹导致试样断裂,其机理近似于交变单轴应力条件下的破坏机理[1]。在未断裂之前,泡沫镍孔壁周围的应力集中使基体中产生较多的位错亚结构,在震动时这种位错亚结构与晶界的交互作用消耗交变载荷的能量,而大量位错的存在使得泡沫镍整体的电阻率升高。

刘培生等人[15]对泡沫镍进行了交变压缩疲劳测试,图14-28是单轴交变压缩疲劳载荷示意,图中所示"压-压疲劳"表示交变载荷的峰值和谷值都是压应力。循环加压实验装置简图如图14-29所示,以25次/分钟的频率反复施加压力为2kg/0kg的交变载荷($\Delta\sigma = 2$kg),负载曲线如图14-28所示,纵轴表示施加载荷的强度,横轴表示时间。测量循环负载1000次前后泡沫镍的电阻率ρ和ρ',并计算出循环前后电阻率的相对变化百分比$\Delta\rho/\rho$(其中$\Delta\rho = \rho' - \rho$)。$\Delta\rho/\rho$(相对电阻率的升高值)越大,交变压缩疲劳性能越差。不同孔隙率的泡沫镍循环压缩疲劳性能比较(见表14-3)结果表明:在交变压缩载荷作用下,泡沫镍表现出来的疲劳性能随孔隙率的增大而降低。

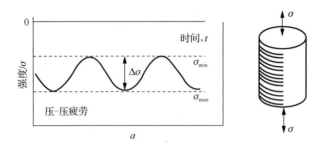

图 14-28　单轴交变压缩疲劳载荷示意图

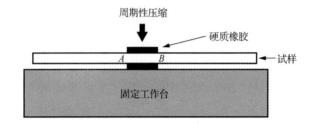

图 14-29　循环加压实验装置简图

表 14-3　不同孔率的泡沫镍循环压缩疲劳性能比较[15]

试样	孔隙率/%	厚度/nm	初始电阻/nΩm	实验后电阻/nΩm	电阻变化率%
1	88.13	2.94	1267.69	1266.22	−0.12
2	89.04	2.74	1316.57	1334.38	1.35
3	90.55	1.64	1912.66	2064.48	7.94
4	93.84	2.79	2646.66	2934.03	10.86
5	95.48	2.52	3459.17	3398.69	−1.75
6	99.11	2.44	19353.78	23725.04	22.59

交变弯曲疲劳实验装置如图 14-30 所示。试样的一端固定，在一定的振幅和振动频率下对另一端作往复施加弯曲载荷。与交变压缩测试一样，也测量循环 1000 次前后泡沫镍的电阻率，并计算出循环前后电阻率的相对变化百分比。不同孔隙率和孔径的泡沫镍交变弯曲疲劳性能的比较（见表 14-4）结果表明：在弯曲交变载荷作用下，泡沫镍的疲劳性能随孔隙率和孔径的增大而提高。

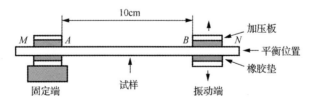

图 14-30　交变弯曲疲劳实验装置

表 14-4　不同孔隙率和孔径的泡沫镍交变弯曲疲劳性能的比较[15]

试样	孔隙率/%	孔径/nm	厚度/nm	初始电阻/nΩm	试验后电阻/nΩm	电阻变化率/%
1	89.66	0.5735	2.62	1590.79	1641.07	3.16
2	92.55	0.6008	2.71	2235.07	2291.11	2.51
3	93.52	0.6413	2.60	3033.09	3100.02	2.21
4	95.79	0.6802	2.91	4040.42	4122.39	2.03
5	97.15	0.7242	2.46	7174.91	7247.70	1.01
6	98.38	0.7553	2.71	12621.83	12739.84	0.93

由三维孔棱与孔组成的泡沫镍组织极不均匀，可以将泡沫镍看作金属孔棱骨架与第二相组成，其中第二相为空气。当交变应力作用于这一极不均匀的结构时，由于金属孔棱骨架与第二相的弹性模量相差极大，这样就在金属孔棱骨架和第二相之间产生较大的应变相位差，因此在两相交界处产生内摩擦而使机械能转化为热能，从而吸收交变载荷的能量[16]。

泡沫金属作为结构材料应用时，常被当作"三明治"夹层镶板。这种结构件的中间层是泡沫金属，内外两面均被金属皮包裹，由于它的截面类似三明治，故称之为"三明治"夹层镶板。"三明治"夹层镶板常用于承受交变载荷的场合，其结构不可避免地会发生疲劳破坏。因此，结构件的刚度会随着时间的推移以及交变载荷频率的增大而降低。对于闭孔泡沫金属，当孔的边缘沿一定方向弯曲变形时，孔的内表面将承受表面压力。因此，裂纹首先会在孔的内表面上产生并生长，然后向孔边缘扩展。在泡沫结构的交替变形中，塑性变形存在一定的积累，使得结构强度逐渐衰减。按照材料疲劳破坏的机理，在非零的平均应力作用下，还会产生循环蠕变，即通常所说的"棘爪效应"。当金属材料承受非零平均交变应力作用时，而且拉伸平均应力大于 0 时，材料会被逐渐拉长；而在压缩平均应力小于 0 时，材料会被逐渐缩短。因此，泡沫金属的孔棱骨架在压缩平均应力作用下逐渐被压弯，而在拉伸平均应力作用下孔壁又逐渐被拉直，这可能会导致结构压缩时的宏观延展和拉伸时的脆性断裂破坏模式的出现[12]。

14.2　泡沫镍的声学性能

14.2.1　泡沫金属的声学性能概述

噪声污染、大气污染、水污染是现代世界的三大污染。目前，噪声污染已成为一种全球性公害，采用吸声材料进行吸声降噪处理是解决这一问题的主要方法。多孔材料因具有密度小、孔隙率高、比表面积大等特点[1,2]而被当作一种有效的吸声降噪材料，已经得到了广泛应用[17]。

多孔材料可以分为两大类：纤维类和泡沫类。曾经使用的多孔材料在作为吸气降噪产品使用过程中存在很多问题。例如，有机纤维吸声材料在中、高频范围具有良好的吸声性能，但易吸湿、吸潮，吸声效果受气候环境的影响较大，使用受到限制；无机纤维吸声材料如玻璃棉、矿渣棉等虽然耐腐蚀、耐老化，但其纤维性脆而易断，使用过程中产生的粉尘会造成环境污染，危害人体健康。再如，泡沫塑料更轻、更廉价，吸声性能同样优异，但其易老化、使用寿命短；泡沫玻璃的强度较低，泡沫陶瓷易脆裂而不便运输[18]。

泡沫金属作为新兴的降噪产品，具有良好的吸声性能，虽然性能不及毛毡或玻璃纤维之类的材料，但有较高的固有振动频率，这使其难以受迫振动。因此，虽然泡沫金属具有控制声音和振动的潜力，但是人们对它更大的兴趣在于这种特性和其他性能的结合[12]，如高的强度韧性、防火防潮、无毒无害、可回收利用等。因此，泡沫金属材料用于吸声降噪的特殊领域具有很好的前景[19]。

1. 泡沫金属的吸声机理

为了分析多孔介质中的声波衰减机制，Biot 在 20 世纪 50 年代就创造了孔隙弹性理论[20]。在这个理论中，介绍了孔隙流体相对于固体骨架的运动引起的声波衰减机制。随后的许多研究发现，除内部衰减外，由孔隙结构的非均质性引起的散射也是声波衰减的主要原因之一。也就是说，当随机介质的不均匀尺寸和声波波长可以比较时，随机介质引起的散射可能会产生较大的声波衰减[17]。

泡沫金属吸声机理示意图如图 14-31 所示，当声波入射到泡沫金属表面时，声波的衰减主要由以下 3 个方面原因引起[21]：

（1）泡沫金属的内部孔道结构复杂，声波在孔道表面上发生漫反射而引起干涉或散射消声等现象。声波还会在材料内部发生多次反射而衰减，使声能减小。

（2）由声波引起的振动导致孔道中的空气振动并引起空气与孔壁面的摩擦。紧靠孔棱骨架表面的空气受黏滞力（流体内各层流速不同，存在相对运动，便产生了相互作用的剪切力）的影响，运动受到阻碍。由于摩擦和黏滞力的作用，使相当一部分声能转化为热能，而热能在金属壁内快速消散，反射声波减弱，从而达到吸声的目的。

（3）泡沫金属的孔棱骨架结构较薄，它会随着声波而发生一定的弹性振动，也会消耗声波的能量，进而起到消声的作用。

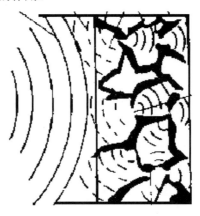

图 14-31　泡沫金属吸声机理示意图

当多孔材料用于吸声时，不仅可以利用其多孔性，而且还可以利用其结构的共振性。谐振结构的吸声机理正是基于亥姆霍兹共振器原理。亥姆霍兹共振器的结构如图14-32所示，类似一个开孔空心球。

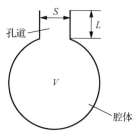

图14-32　亥姆霍兹共振器的结构[19]

单个亥姆霍兹共振器可以看作由多个声学元件组成，其中孔口和孔口处的空气可以被视为声质元件。腔体是声顺元件，口壁面中的空气可视为声阻。当入射声波的频率接近共振器的固有频率时，孔中的气柱产生强烈振动，并且在振动过程中，由于克服摩擦阻力而消耗声能；当声波频率远离共振器的固有频率时，共振器的振动较弱，吸收的声能较小。因此，吸声系数的峰值出现在共振器的固有频率处。其共振频率可由式（14-12）计算：

$$f = 55\sqrt{\frac{S}{LV}} \tag{14-12}$$

式中，S为孔口的截面积，单位为mm^2；L为孔道的长度，单位为mm；V为封闭气体的体积，单位为mm^3。

泡沫金属的吸声机理与多个亥姆霍兹共振器并联的吸声器相似。当声波作用于开孔时，由于孔道的长度比声波波长小得多，所以孔道中的空气都属于非常小的波长区域。它们的振动情况大致相同，并且孔道中的空气可以在视觉上与"活塞"相比用于整体振动。空气与孔道壁摩擦会消耗声能。对于腔体内的空气，当孔道的空气柱向腔体的方向移动时，导致腔体的质量增加，由于腔体壁是刚性的，腔体内的空气无法通过，结果形成压缩并且使腔体内的压力增加。引起腔体内的空气振动，积聚声能，产生吸声效果。

2. 泡沫金属的吸声系数

吸声系数之值为材料吸收的声能与入射到材料上的总声能之比，其计算公式如式（14-13）所示。

$$\alpha = \frac{E_a}{E_i} = 1 - \frac{E_r}{E_i} = \frac{E_i - E_r}{E_i} \tag{14-13}$$

式中，α为吸声系数；E_i为入射总声能，单位为W；E_r为反射声能，单位为W；E_a为吸收声能，单位为W。

α值为0～1，$\alpha=0$，表示无声吸收，材料为全反射；$\alpha=1$，表示声波全部被吸收。α值越大，则材料的吸声效果越好。一般将吸声系数大于等于0.2的材料称为吸声材料，而较好的吸声材料的吸声系数一般大于或等于 0.5。

入射在吸声材料上的声波吸收、反射与透射过程如图 14-33 所示[19]。

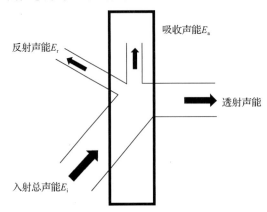

图 14-33　入射在吸声材料上的声波吸收、反射与透射过程

3. 影响泡沫金属吸声性能的因素

如前所述，多孔材料的材质与吸声性能直接相关。此外，比表面积越大，相应的声波与多孔材料作用面积就大，由此产生的能量损失也大，有利于吸声。除了材质和比表面积，影响多孔材料吸声性能的因素还有以下 7 个[22]：

1）空气流阻

空气流阻即妨碍空气流动的阻力。材料两侧的静压差和空气流速的比值称为空气流阻。随着空气流阻的增加，材料的透气性变差。如果空气流阻增大，声波就不容易进入材料内部，并且吸声性能降低；空气流阻过小，则声能转换成热能的效率低，吸声性能也降低。因此，对于具有良好吸声性能的材料，空气流阻不能太大，也不能太小。多孔泡沫金属具有联通的孔隙结构，其孔棱结构使流动阻力大小适中，故吸声能力优良。

2）孔隙率

孔隙率增大，吸声性能也提高[23]。对其中原因合理的解释如下：一般而言，当孔隙率增大时，材料的内部孔隙结构丰富，比表面积增加，当声波在材料内传播时，增加了漫反射和折射的机会。另外，孔中的空气振动导致空气与孔壁的摩擦增加，空气的黏滞力也增大，结果使更多的声能转化为热能并消散。但需要注意的是，并不是孔隙率越大越好，孔隙率过大的材料孔隙结构稀疏，声波在材料内部传播时不易发生多次反射，部分声能直接透射材料。而且，过大的孔隙会导致声波在通过孔传播时所受到的黏滞力减弱，这不利于声能的消耗。因此，只有孔隙率大小适当，才会产生良好的吸声效果[24]。

3）孔径

孔径越小，高频吸声性能越强，但低频吸声性能变化不大。这是因为孔径大，声波碰撞的机会就减少，空气流阻也变小，黏滞力降低，吸声系数变小；孔径小，声波多次碰撞的概率就变大，空气流阻增大，吸声系数增大。但是，若孔径太小，则声波不容易进入，造成大量声波的反射,吸声性能也会降低。值得注意的是,孔隙的形状对吸声性能影响不大。

4)厚度

多孔体的厚度增大会使孔道变长,声波需要通过几次反射才能到达多孔体的另一侧,这意味着更多的能量损失,以及全频段声波吸收能力的提升。有研究[25]表明,当多孔体的厚度增大时,多孔体的吸收峰往低频移动,多孔体的第一吸收峰对应的频率与多孔体的厚度有如下的近似关系:

$$f_{\omega 1}\delta = V \tag{14-14}$$

式中,$f_{\omega 1}$ 为第一吸收峰对应的频率,单位为 Hz;δ 为多孔体的厚度,单位为 mm;V 为常数。

另外,当多孔体的厚度和声波波长达到一定比例时,吸声系数将不再随着厚度的增大而增大。仅通过增大厚度来改善吸声性能是不明智的,也不经济,而且占用的空间也大。在实际应用中,通常在吸声材料后预留腔体[24],以便节省材料的同时提高吸声效果。

5)背后腔体

对于泡沫金属来说,增加腔体可以增加材料的低频吸声能力。置于背后的腔体相当于增加了一个亥姆霍兹共振器。增加腔体的深度,会使声波在腔体中多次反射,可以增加吸收峰的宽度和高度,并将吸收峰向低频方向移动[25]。

6)声波频率

泡沫金属在低频段的吸声效果要比高频段差[25]。因为低频声波的能量较小,碰到孔壁时易发生弹性反射或者折射,能量损失较小。高频声波的能量大,进入多孔体后可能发生非弹性碰撞,因此能量损失大。

7)温度和湿度

温度的变化可以在一定程度上影响泡沫金属的吸声性能。吸收峰随温度的升高而移向高频段,温度降低则移向低频段。这是由于温度的变化可能导致声波波长的变化,并且也会导致空气黏度的变化。湿度也在吸声性能中起作用,一般来说,泡沫金属吸湿后,内部的有效孔隙率减小,其吸声性能相应变差。

14.2.2 泡沫镍的声学性能研究

泡沫金属声学性能的研究工作和理论体系相对完整,为未来泡沫镍的技术创新提供了基础。而泡沫镍潜在的声学性能和优势在诸多应用领域还有待开发。目前,关于泡沫镍声学性能方面的研究成果并不多,其中具有代表性的研究成果是张永锋等人[26]对泡沫镍及其背后腔体的吸声性能研究。该研究结果显示在泡沫镍背后加腔体可以提高吸声性能,提升效果随着泡沫镍及其背后腔体厚度的增大而增强,其吸声系数可以达到 0.48。

虽然单一结构的三维网状泡沫镍作为吸声材料的效果并不理想,但是对其结构进行适当的改进设计,在中频段也可获得良好的吸声效果。一项交替叠加腔体系统的研究成果[18]表明:泡沫镍与腔体交替叠加,可提高系统的吸声性能,其吸声系数可达 0.5 及以上。不同声频下腔体与泡沫镍交替叠加对系统吸声系数的影响见表 14-5。

表 14-5　不同声频下腔体与泡沫镍交替叠加对系统吸声系数的影响[18]

编号	频率/Hz	L_{max}/dB	L_{min}/dB	ΔL/dB	A	α（平均）
1	2000	91.1	75.2	15.9	0.476	0.49
2	2000	84.6	69.6	15.0	0.513	
3	2500	97.2	82.3	14.9	0.517	0.52
4	2500	90.8	75.9	14.9	0.517	
5	3150	90.7	76.1	14.6	0.529	0.54
6	3150	87.8	73.6	14.2	0.546	
7	4000	76.0	66.2	9.8	0.739	0.75
8	4000	75.9	66.4	9.5	0.752	

表 14-5 中，声级单位 dB，表示声音强度；L_{max} 是指声级最大值；L_{min} 是指声级最小值；ΔL 为二者的差值；α 是吸声系数，可由下式计算获得：

$$\alpha = \frac{4 \times 10^{\Delta L/20}}{(1 + 10^{\Delta L/20})^2} \tag{14-15}$$

泡沫镍在声学领域的应用，今后有向纵深方向拓展的必要，应更多关注组合创新和关联创新，涵盖多学科、多用途的需求。高低端兼顾，即使是民生用途，也宜关注。例如，在耐腐蚀、隔音、防火、组型、使用方便等多重性能方面独具优势的泡沫镍，堪称高档 KTV 装修建筑材料的首选或优选品。

14.3　泡沫镍的热学性能

14.3.1　泡沫金属的热学性能概述

泡沫金属具有优良的热学性能[27]，闭孔的泡沫金属由于孔隙内部填充了密闭的空气，因此热传导效果较差，具有良好的绝热效果。泡沫金属（如泡沫镍）是一种通孔材料，具有良好的空气流动性和较大的比表面积，是强制对流下优良的传热介质。

材料的结构在一定程度上决定了材料的性能。通孔泡沫金属是金属和孔洞的复合体，其金属骨架具有高的热导率并且允许热量在金属中快速扩散。其复杂的三维网络通孔结构导致流体在流过孔隙时流动的非线性增强，扰动作用增大，容易产生紊流，从而促进金属骨架表面与流体间的热量交换。而三维网络通孔结构巨大的表面积使单位体积内金属骨架与流体间的热交换面积大大增加。上述结构因素都会使泡沫金属具有良好的传热性能。

如果在强制对流下把比热容大的流体与泡沫金属相结合，就会产生紧凑、高效、轻质的热交换器、散热器。在这方面已有开发应用的实例，如热管。

1. 热导率

热导率代表物质的热传导能力。开孔泡沫金属的传热按应用领域分两种方式，即静态传热和动态传热。静态传热主要包括金属骨架的热传导和金属壁的热辐射两种方式，动态传热是指在泡沫金属体内有流体流动时的传热过程，此时不仅存在以下动态传热过程：泡沫金属与流体之间的传热、流体本身的热传导、流体的热对流[27]，而且还包括上述静态传热方式部分。由于静态传热涉及的变量较少，可以通过数学解析，推导出理想的热导率公式，而动态传热涉及的变量复杂且不易定量表征，例如，动态传热状态下，泡沫金属的热导率随流体的流速呈线性增长，并在高雷诺数（湍流）时，流体的热对流逐渐占据主导地位。对动态热导率无法作精准的理论分析，常常只能在实际应用的基础上提出若干具体的应用技术作为实例，对热传导现象进行补充说明，如"14.3.2 泡沫金属在热传导工程中的实际应用"一节所述。目前动态热导率的数理分析尚不成熟，因此，下述不同状态下的热导率公式均是针对静态传热提出的。

1) 常温状态下的泡沫金属热导率

常温静态传热情况下，泡沫金属的热导率远低于基体金属的热导率。与电导率一样，泡沫金属的热导率主要与基体金属的热导率有关。泡沫金属孔隙中的气体传热、热辐射和热对流的效果较小，但计算其精确值比计算电导率更困难。在正常情况下，泡沫金属的有效热导率仅考虑基体金属的热导率，通常用相对密度作为权重，表示如下[28]。

$$K_{\mathrm{eff}} = k_{\mathrm{wall}} \rho_{\mathrm{r}} f \tag{14-16}$$

式中，K_{eff} 为泡沫金属的有效热导率，单位为 W/(m·K)；k_{wall} 为孔壁的热导率，单位为 W/(m·K)；ρ_{r} 为泡沫镍的相对密度（%）；f 为形状因子（无量纲），其值为温度梯度的体积加权平均值。

2) 高温状态下的泡沫金属热导率

在高温静态传热情况下，辐射（红外线）传热主导了泡沫金属内的传热过程。泡沫金属的孔隙率越高、孔径越大，其有效热导率对温度越敏感。当孔结构非常复杂时，精确求解泡沫金属的热导率的理论公式非常困难。为了简化计算，可使用解析方法推导有效热导率的经验公式。Collishaw 对相关工作[29]做了较全面的分析和整理，形成了与理论公式相对接近的计算公式：

$$K_{\mathrm{rad}} = F\varepsilon'\sigma T_{\mathrm{m}}^{3} D \tag{14-17}$$

式中，K_{rad} 为辐射传热主导下的泡沫金属热导率，单位为 W/(m·K)；ε' 为固体材料发射率；σ 为斯蒂芬-波尔兹曼常数；T_{m} 为平均温度，单位为 K；D 为泡沫金属的孔径，单位为 mm；F 为孔结构形状因子。

3) 泡沫金属复合体的热导率

如果在泡沫金属的孔隙当中填充其他组分（填充体），制备成复合体用于传热，那么这种复合多孔材料的有效热导率 K_{eff} 的计算是把各组分的热导率按体积分数简单的相加，即

$$K_{\mathrm{eff}} = (1-\varepsilon)k_{\mathrm{s}} + \varepsilon k_{\mathrm{f}} \tag{14-18}$$

式中，K_{eff} 为复合体的热导率，单位为 W/(m·K)；k_s 为泡沫金属基体材料的热导率，单位为 W/(m·K)；ε 为填充体的体积分数；k_f 为填充体的热导率，单位为 W/(m·K)。

当复合多孔材料的热导率与填充体的热导率相近时，式（14-18）的相对误差较小，但是复合多孔材料的热导率和填充体的热导率相差较大时，式（14-18）的相对误差较大[27]。

2. 影响泡沫金属热学性能的因素

在静态时，泡沫金属材料的热传导能力低于致密金属，主要原因是其特殊的孔洞结构。泡沫金属是金属和孔洞的复合体，意味着它的任何部分都是孔隙的一部分和金属的一部分，金属的体积分数由孔隙率决定。热传导基本通过金属实体部分完成，孔洞部分则是阻热的。与电导性质一样，泡沫金属的热导率随着孔隙率的增大而减小。孔隙率、孔密度等孔结构参数是影响泡沫金属热学性能的重要因素。

在强制对流时，流体的存在能极大地提高泡沫金属的传热性能。流体在泡沫金属内部流动时，会不断碰撞金属骨架，从而改变方向，冲刷整个金属骨架，加快流体质点和骨架的接触与分离过程，降低了骨架表面的边界层厚度，从而达到强化传热的效果。

Boomsma[30]建立了泡沫金属的十四面体模型，并对它的有效热导率进行理论推导。结果表明，泡沫金属的有效热导率主要由泡沫金属的基体热导率控制。Elayiaraja 等人[31]对泡沫铜的热沉（热沉是指物体的温度不随传递给它的热能的大小而变化）性能进行了实验研究，发现泡沫铜散热片的热导率比传统金属铝散热片高 35%～40%。室温下几种常见材料的热导率如表 14-6 所示。

表 14-6　室温下几种常见材料的热导率

材料	密度/（kg/m³）	热导率 W/(m·K)
铝	2710	237
铜	8930	398
银	10500	427
镍	8902	91
碳钢	7790	43
泡沫铝	295	7
泡沫铜	350	15
泡沫镍	178	0.7

宋锦柱等人[32]根据泡沫铝热导的原理，利用泡沫铝热导率测量装置，测定了一定孔径和孔隙率下的泡沫铝试样的热导率。研究发现，孔隙率是影响泡沫铝热导率的主要结构因素。孔径对泡沫铝的热导率也有不可忽略的影响。在孔隙率不变的条件下，孔径增大，热导率增大。赵长颖等人[33]对泡沫金属填充管两相沸腾流动传热特性进行了实验研究，结果表明，当孔隙率一定时，随着孔密度从 20 孔/英寸提高到 40 孔/英寸，孔径减小，由于细小的单元结构具有更大的表面积和更多的湍流，传热效果加倍。Bhattacharya 等人[34]对不同孔密度（5 孔/英寸、10 孔/英寸、20 孔/英寸和 40 孔/英寸）、不同孔隙率（89%～96%）

的泡沫铝的热对流进行了研究。在一定的孔径下，传热速率随孔隙率的增大而增大，并起主导作用。当孔隙率一定时，孔密度越大，传热速率越低，这可能是由于孔径过小造成的。王超星[35]着重介绍了泡沫金属在电子元器件散热中的应用，他通过正交实验研究了金属泡沫孔隙率和孔径对散热效果的影响。结果表明，在强制对流下，泡沫金属的散热效果与孔结构有关，其中孔径的影响最大，其次为孔隙率。Zhao 等人[36]研究了温度（300～800 K）、气氛（真空或空气）、孔径及孔隙率对开孔 FeCrAlY 不锈钢泡沫有效热导率的影响。结果表明不锈钢泡沫的有效热导率随温度的升高迅速增大，尤其是在高温范围（500～800 K）内。例如，在 800 K 下的有效热导率是 300 K 时对应值的 3 倍；在真空条件下有效热导率随孔隙率的减小而增大，随孔径的增大而增大；在空气条件下的有效热导率是真空条件下的 2 倍，说明自然热对流对传热有明显促进作用。杨雪飞[37]搭建了图 14-34 所示的泡沫金属热对流传热实验装置，研究泡沫金属通道的热对流传热效果。研究结果表明，增大流速有利于强化热对流传热；而平均热对流传热系数（指流体与固体表面之间的传热能力）对泡沫金属的孔径值较敏感，泡沫金属孔径变小时，热对流传热系数显著减小；与高孔隙率泡沫金属（孔隙率大于 90%）不同，高孔隙率泡沫金属的传热效果主要受比表面积的影响。对于低孔隙率泡沫金属，渗透率是影响热对流传热系数的主要因素；在相同或接近的孔隙率下，孔径越大，渗透率越大，流阻越小，越有利于热对流传热。

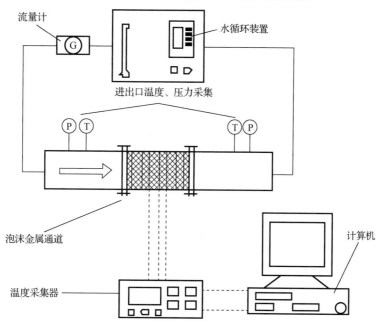

图 14-34　泡沫金属热对流传热实验装置[37]

综上可知，表面上看影响泡沫金属换热系数的因素主要有两个：孔隙率和孔径（或孔密度），但金属骨架的热传导和流体的热对流传热，会在同一个传热系统中产生不同的传热速率。当传热系统的金属热导率占优势时，孔隙率越高，热导部分的金属体积分数越小，传热速率越低。当流体的热对流传热占优势时，孔隙率越高，泡沫金属对流体流动的阻力越小，对传热越有利，从而提高了系统的传热速率。孔径或孔密度对热导率的影响需要具体讨论，这是因为孔径对泡沫金属热传导的影响有两面性：一方面，孔密度越高，则泡沫金属的孔棱数量越多，对流体的流动起阻碍作用；另一方面，孔密度越高，泡沫金属的比表面积越大，金属和流体之间的接触传热效果越好。因此，当发生热对流传热时，若流体的热对流对传热起主导作用，则孔径越小，孔密度越高，孔棱越密集，对流体的阻力越大，热交换效率越低；若泡沫金属对传热起主导作用，则孔径越小，孔密度越高，孔棱越密集，泡沫金属的比表面积越大，热交换效率越高。

14.3.2 泡沫金属在热传导工程中的实际应用

泡沫金属在热传导工程中的实际应用涉及众多工业和安全领域。例如，将高温阻火与相变储热技术成功用于火灾防范、节能降耗等静、动态传热的实例。泡沫金属作为阻火材料具有独特的优势。首先，泡沫金属的熔点基本上与金属基体的熔点相同，并且泡沫金属中也存在非金属相（氧化物、增黏剂等）。受此影响，泡沫金属的熔化温度高于纯金属的理论值。例如，长时间的高温氧化可以将泡沫铝完全氧化成氧化铝泡沫陶瓷[38]。泡沫金属在高温氧化的过程中会减少空气中的氧气，若出现火灾，则可进一步阻止火势。例如，泡沫镍的熔点高达1453℃，具有良好的耐热性能。具有通孔结构的泡沫金属置于流动的空气或液体中，由于其表面积大、复杂的三维网络通孔结构，使其具有良好的冷却能力。在自然对流条件下，在一定范围内增大孔径和孔隙率，有利于提高对流传热效果。图14-35为泡沫金属作为阻火墙时的热量传输示意图，泡沫金属通孔内的空气通过对流方式带走金属基体的大量热量，使得实际透过泡沫金属传输的热量减少，从而达到阻火的效果。

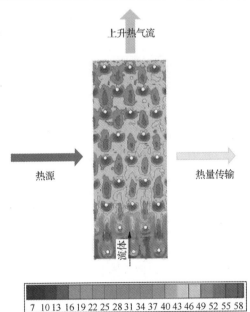

图 14-35　泡沫金属作为防火墙时的热量传输示意图[39]

在需要进行热量交换和热量存储的应用领域，可利用泡沫金属材料的特殊热学性能，把它与储热能力强的相变材料复合，成为强化的储热系统[40]。例如，对于低密度的泡沫金属，由于其金属基体的质量百分数较小，可以填充大量的相变材料制成复合的储热材料。复合相变材料的总比热容值是每相材料的比热容与其质量百分数乘积的和，其比热容与相变物质的比热容基本相同。

一般相变材料的有效热导率较小，其值为 0.2～0.5 W/(m·K)，而热化学储热材料的有效热导率小于 1.0 W/(m·K)，如果单靠自身热传导，将会使吸、放热时间延长。可以利用泡沫金属复合相变材料构成储热系统。图 14-36 为填充了泡沫金属的热导管，由于泡沫金属具有良好的传热效果，以及极大的表面积，可有效地降低相变材料内部的温差，从而大大减少吸、放热的时间。填充了泡沫金属的热导管内流体的流速越快，热量交换速率也越快，但是需要外部给予更大的泵功（维持换热器中的流体不断流动的动力）。当流体在泡沫金属内部流动时，会受到其孔棱骨架的扰动作用，促使流体不断地改变流速和方向，冲刷孔隙壁面，加速孔隙内流体质点的混合与分离，削弱了孔隙壁面的边界层厚度，从而达到了强化热量交换的效果[41]。

图 14-36　填充了泡沫金属的热导管

在设计由相变材料构成的储热系统时，应该注意的是，孔隙率对相变材料储热性能具有双重影响。

（1）对流动阻力的影响。在低流速情况下，泡沫金属内表面摩擦阻力起主导作用，表面摩擦对泡沫金属内强化热量交换作用的影响较大。孔隙率越大，在相同孔密度条件下，孔棱越细，多孔结构对流体流动产生的阻碍作用越小，自然对流的阻力减弱，热量交换效果增强；

（2）对有效热导率的影响，孔隙率越大，单位体积内金属材料体积占比越小，相变材料体积占比越多，复合材料的有效热导率越低，热量交换的作用越弱[42]。

14.3.3　泡沫镍的热学性能研究

与泡沫金属的声学科研现状类似，虽然泡沫金属的热学性能研究理论体系和研究方法比较完善，研究内容和涉及的泡沫金属种类也比较多，但是关于泡沫镍的热学性能研究相对较少。尽管有些研究内容在泡沫金属的选材方面，也会涉及泡沫镍，但是泡沫镍在热学和声学工程上较为重要的应用并不多。因此，相应的价值突出的研究成果也较少。然而，泡沫镍潜在的"金属性能+三维多孔轻质结构"材料特性，使它在高端技术应用和关联技术创新中，可能存在非凡的应用价值。如 15.3.3 节所述，泡沫镍由于兼备了高温耐腐蚀、高温传热、高温储热、高温催化、高比强度和韧性以及三维网络通孔结构等独特而多方面的性能，使它在航天技术领域的工程热力学、传热学和电催化工程方面得到应用。

14.4 泡沫镍的电磁学性能

由于泡沫镍存在大量不导电的孔隙，故其导电能力不如致密金属。而泡沫镍作为电极基板使用时，其良好的导电性能又是电池极板正常工作的保证。因此，电阻率是泡沫镍电学性能研究的重点。而作为三维网络多孔金属材料，泡沫镍又具有特殊的电磁屏蔽性能。不过，泡沫金属及泡沫镍的电磁学性能研究相对简单，主要体现在电阻率和电磁屏蔽的性能上。

14.4.1 泡沫镍的电阻率测量

1. 惠斯通电桥法

泡沫镍的电阻率测定一般采用惠斯通电桥法（又称为单臂电桥），如图 14-37 所示。电阻 R_1、R_2、R_3 和 R_4 被称为电桥的 4 个臂，G 是检流计，用于检查它所在分支中是否有电流。当没有电流通过检流计 G 时，电桥被认为处于平衡状态。在平衡状态时，电桥 4 个臂的阻值满足一个简单的关系，利用这一关系就可测量电阻，相关关系式推导如下。

$$I_3 R_x + I_2 R_3 = I_1 R_1$$
$$I_3 R_N + I_2 R_4 = I_1 R_2$$
$$I_2 (R_3 + R_4) = (I_3 - I_2) r$$

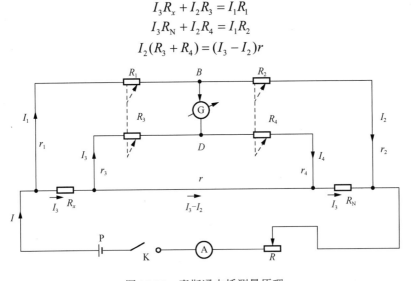

图 14-37 惠斯通电桥测量原理

图中，I_1、I_2、I_3 和 I_4 分别表示通过 4 个电桥臂的电流。R_1、R_2、R_3 和 R_4 分别为电桥臂上电阻的阻值，而且这些电阻都可以手动调节。R_N 是已知电阻，R_X 是未知电阻，r 为支路固定电阻。I 与 R 的乘积表示对应电桥臂的电压，当惠斯通电桥的整体处于平衡状态，则各部位电压相等。

解方程得到

$$R_X = \frac{R_1}{R_2}R_N + \frac{R_4 r}{R_3 + R_4 + r}\left(\frac{R_1}{R_2} - \frac{R_3}{R_4}\right) = \frac{R_1}{R_2}R_N + \Delta R$$

式中，$\Delta R = \dfrac{R_4 r}{R_3 + R_4 + r}\left(\dfrac{R_1}{R_2} - \dfrac{R_3}{R_4}\right)$，为附加项。

当同时满足 $R_1 = R_3$ 和 $R_2 = R_4$ 时，即

$$R_1/R_2 - R_3/R_4 = 0$$

得到最终关系式：

$$R_X = \frac{R_1}{R_2}R_N = \frac{R_3}{R_4}R_N$$

利用这个关系式，可以由已知电阻值测量计算出未知电阻的阻值。

2. 四电极法

除了惠斯通电桥法，对于厚的片状泡沫镍，还可以用图 14-38 所示的四电极法测量其电阻率。两个电极（P_1 和 P_4）用来向样品中导入电流 I，而另一对电极（P_2 和 P_3）用来测量二者之间的电位差 V。若泡沫镍片足够厚（可以看作半无限大介质），则泡沫镍的电阻率 ρ[12] 为

$$\rho = 2\pi\left(\frac{V}{IS}\right) \tag{14-19}$$

式中的 S 值可以由式（14-20）获得。

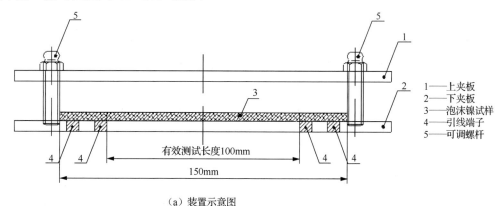

(a) 装置示意图

图 14-38　四电极技术检测电阻率

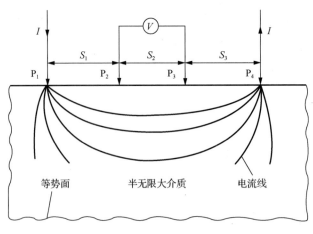

(b) 测试原理

图 14-38 四电极技术检测电阻率（续）

$$S = \frac{1}{S_1} + \frac{1}{S_3} - \frac{1}{S_1+S_2} - \frac{1}{S_2+S_3} \tag{14-20}$$

式中，S_1、S_2 和 S_3 为图中所示的电极间距，单位为 mm。

利用上述的四电极技术，可以获得泡沫镍电阻率 ρ 的数值，而且还可以利用已经被确定的电阻率 ρ 推导出该尺寸泡沫镍的电阻 R。例如，长度为 l 和垂直于电流方向的横截面积为 A 的泡沫镍的电阻 R，满足下列关系式：

$$R = \rho \frac{l}{A} = \frac{l}{\sigma A} \tag{14-21}$$

14.4.2 影响泡沫镍电导率的因素

1. 泡沫金属的电导率

泡沫金属的电导率主要受基体金属的影响，此外，还有以下其他因素：
（1）大量非电导孔隙的存在，导致电导的有效截面积减小。
（2）夹杂的非电导物质（如氧化物）。
（3）与电压降方向垂直排列的孔棱对电导不起作用，甚至对电流路径产生迂回作用。

因此，泡沫镍具有比致密金属镍低得多的电导率。泡沫金属的电导率与其相对密度的关系式[28]：

$$\sigma/\sigma_0 = Z(\rho^*/\rho_0)^t \tag{14-22}$$

式中，σ 为泡沫镍的电导率，σ_0 为致密金属镍的电导率，σ/σ_0 为泡沫金属的相对电导率(%)；ρ^* 为泡沫镍的密度，ρ_0 为致密金属镍的密度，ρ^*/ρ_0 为泡沫金属的相对密度（%）；Z 和 t 为常数。

2. 泡沫镍电导率的影响因素

1) 泡沫镍的相对密度

不同相对密度的泡沫镍的电导率与电阻率见表 14-7。泡沫镍的电阻明显高于致密金属镍的电阻，并且随着面密度的增大电阻变小。面密度越高，则沉积的镍层越厚，孔隙率低，电导性能提升。

表 14-7　不同相对密度的泡沫镍的电导率

试　样	电压 U/mV	电流 I/A	单位长度的电阻 $R·L^{-1}$/($\Omega·m^{-1}$)	电导率 σ/(S·m^{-1})
泡沫镍（相对密度为 0.37）	2	0.8	15700	6×10^{-8}
泡沫镍（相对密度为 0.40）	1	0.6	10460	9×10^{-8}
泡沫镍（相对密度为 0.45）	1.2	0.8	8170	1×10^{-7}
致密金属镍	—	—	87	11×10^{-5}

2) 泡沫镍的纵向电阻和横向电阻

连续带状泡沫镍的电阻具有各向异性的特点，一般是横向电阻大于纵向电阻，集流方式如图 14-39 所示。将泡沫镍作为集流体用作电池电极基板材料时，如何判断泡沫镍的电阻特性，以获得最佳电池性能，是电池设计时必须考虑的一个重要问题。

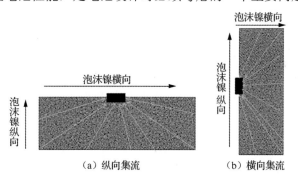

图 14-39　集流方式

泡沫镍集流体采用不同集流方式时电阻不相同，而且差别较大，如图 14-40 所示。纵向电阻的均值为 36.51 Ω，横向电阻的均值为 51.73 Ω，前者相对较小。因此，使用该规格的泡沫镍进行集流时，应尽量采用纵向集流方式。纵、横向电阻之比与各向异性的孔结构有关，若泡沫镍中细长的电导孔棱取向越一致，则纵横向电阻之比越大。受基体孔形差异引起产品特性变化的启发，关联到电池电极应用，可以通过后续的工艺手段人为地调整泡沫镍孔形，使泡沫镍纵横向的电导性能差异更加显著，便于电池极板的集流。

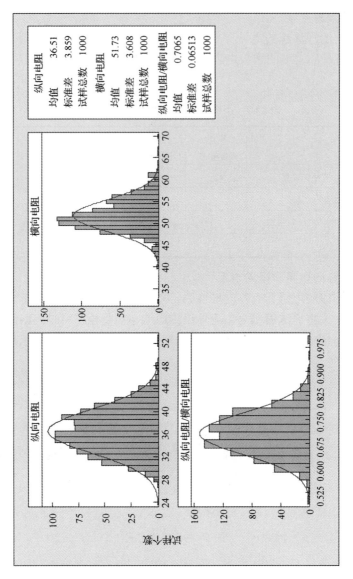

图 14-40 某规格泡沫镍纵向电阻、横向电阻及纵横向电阻之比概况

14.4.3 泡沫镍和泡沫金属的电磁屏蔽性能

1. 电磁屏蔽性能的机理

泡沫金属基体骨架相互连接,具有良好的电导性和高比表面积,因此具有良好的电磁屏蔽性能[43]。由于泡沫金属具有特殊的高孔隙率及高比表面积,电磁波在其中传播时将产生感应电流,随之产生与电磁波相反的交变磁场,在孔洞的表面多次反射和散射,相互抵消而损耗,起到屏蔽作用,可以使人员或电器免受电磁波的伤害或干扰,屏蔽效果远高于块材及电导涂料。

孔隙率和孔径是影响电磁屏蔽性能的两个重要参数。孔径越小,屏蔽效能越高。这是因为孔径越小,孔的数量越多,电磁波在泡沫金属内的反射次数越多,吸收损耗越大[44]。

目前,对于电磁屏蔽机理的解释很多,其中传输线理论因其易于理解、计算方便而被广泛采用。传输线理论认为在屏蔽材料的作用下,电磁波的衰减由反射损耗、吸收损耗和多次反射损耗三部分组成。泡沫金属电磁屏蔽原理如图 14-41 所示。

(1) 在空气中传播的电磁波到达屏蔽材料外表面时,由于金属和空气交界面的阻抗不连续,入射波被表面反射,产生反射损耗。

(2) 未被表面反射而进入屏蔽体内的电磁波,在屏蔽材料内被吸收,产生吸收损耗。

(3) 当仍有一些电磁波传输到材料的另一个表面时,它遇到另一个空气与金属界面并再次反射,重新折回到屏蔽层中。这种反射在两个界面间进行多次而导致电磁波的衰减,产生多次反射损耗。

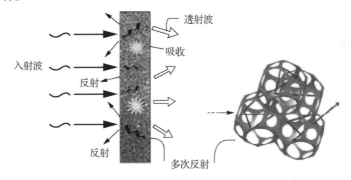

图 14-41 泡沫金属电磁屏蔽原理

根据 Schelkuniff 的传输线理论,屏蔽材料的电磁屏蔽效果通常用屏蔽效能(Shielding Effect, SE)描述,即

$$SE = 20\lg(E_0/E) = SE_R + SE_A + SE_M \tag{14-23}$$

式中,E_0 为无屏蔽材料时某实验点的场强,单位为 V/m;E 为放入屏蔽材料后该实验点处的场强,单位为 V/m;SE 单位为 dB;SE_R 为单次反射损耗,单位为 dB,由屏蔽材料与空间介质的阻抗不匹配引起的,是材料中带电粒子(自由电子或空穴)与电磁场相互作用的结果;SE_A 为磁偶极子或电偶极子与电磁场的相互作用导致的热损耗引起的吸收损耗,单

位为 dB，它与屏蔽材料的导电性、导磁性、厚度等因素有关，而与电磁波的类型无关；SE_M 为多次反射损耗，单位为 dB。吸收损耗、反射损耗和多次反射损耗可以分别写成如下形式：

$$SE_R = 168 - 10\lg(\mu_r f / \sigma_r) \quad (14\text{-}24)$$

$$SE_A = 1.31 d \sqrt{\mu_r f \sigma_r} \quad (14\text{-}25)$$

$$SE_M = 20\lg(1 - e^{-2d/\delta}) \quad (14\text{-}26)$$

式中，μ_r 为材料的相对磁导率（相对于真空）；f 为电磁波频率，单位为 Hz；σ_r 为相对电导率（相对于理想铜）；d 为材料的厚度，单位为 mm；δ 为趋肤效应深度，即电磁波穿透材料的厚度，单位为 mm。其中，趋肤效应深度 δ 有如下关系[45]：

$$\delta = (f \pi \sigma \mu)^{-1/2} \quad (14\text{-}27)$$

式中，f 为电磁波频率，μ 为材料的磁导率，σ 为材料的电导率。

可见，在屏蔽材料的厚度和电磁波频率一定的状态下，吸收损耗与电导率和磁导率的开方成正比，反射损耗随电导率的增大而增加，随着磁导率的增大而减小。由此可知，材料在低频下的屏蔽效能主要是源自反射损耗。泡沫镍内部存在大量孔隙，反射电磁波的性能较好；在高频时，电磁波变得更容易进入，屏蔽效能主要取决于材料内部电磁波的吸收损耗[46]。

多次反射损耗则主要取决于屏蔽材料的厚度和趋肤效应深度，由以上公式可以看出，屏蔽材料越厚，多次反射损耗越小，吸收损耗越大。当材料达到一定厚度时，多次反射损耗可被忽略。一般认为当 $SE_A > 10$ dB 时，可以忽略不计其多次反射损耗[44]。

2. 电磁屏蔽性能研究实例

张灵振等人[47]对泡沫镍的电磁屏蔽应用进行了相关研究，其所制备的氧化铁-泡沫镍复合材料具有一定的电磁屏蔽性能。这种新型泡沫金属复合材料备受关注，它具有散热性好、密度小、电磁屏蔽性能高、体积小巧等优点。赵慧慧等人[48]研究了泡沫镍、泡沫铜、泡沫铜-镍合金的电磁屏蔽效率（实测的屏蔽电磁波干扰效果的性能参数），在不同频率电磁波下的各个测试曲线如图 14-42 所示。经测试发现了在相同的测试条件下泡沫铜-镍合金表现出更优良的屏蔽性能（22.5～37 dB），优于泡沫铜和泡沫镍。他们还构筑了泡沫铜-镍核壳结构用于电磁屏蔽，该材料外层为镍，这使得电磁波在材料表面反射较少，而更多的电磁波进入材料内部被吸收；其内层材料为反射型铜，铜层反射的电磁波再次进入镍层而被吸收。此外，还解释了泡沫金属的电磁屏蔽机制为吸收损耗和反射损耗共同作用的结果，而且吸收损耗起到了主导作用，材料的屏蔽效能越高，其屏蔽效果越好。目前，公认的具有不同屏蔽效果的屏蔽材料分级标准见表 14-8。一般情况下，当屏蔽材料的屏蔽效能高于 30dB 时，认为是有效的，可以达到一般的民用要求；而一些航空航天及军用电器电子设备则要求屏蔽材料的屏蔽效能高于 60 dB；一些精密仪器设备甚至要求高于 90 dB。

表 14-8 具有不同屏蔽效果的屏蔽材料分级标准

SE/dB	0～10	10～30	30～60	60～90	>90
屏蔽作用	差	小	中等	较高	优

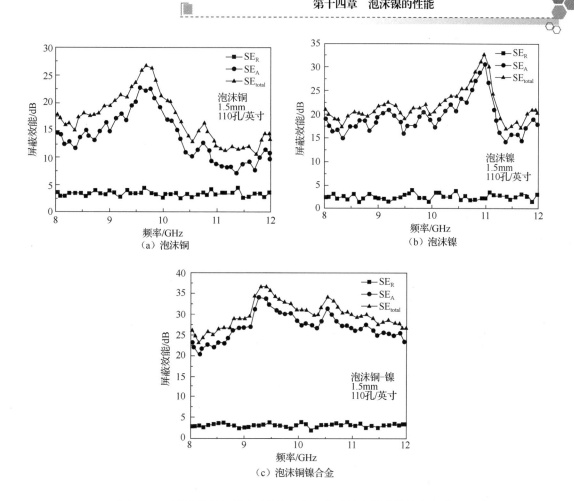

图 14-42 不同频率电磁波下的泡沫铜、泡沫镍和泡沫铜镍合金的 SE_R、SE_A、SE_{total} 测试曲线[48]($SE_{total} = SE_R + SE_A$)

14.5 泡沫镍的各向异性

就材料学的一般认识而言,泡沫镍应该是一种各向同性的金属材料,因为材质是镍,不同位置都是一样的,材料的微孔结构在不同位置也趋于一致,很容易将它看成各处性质完全相同的材料。正是基于这一认识,不少学者也给它下过各向同性的结论。但是在电池生产中因此遭遇过不少令人困惑的问题。事实上,从电池基板所要求的材料力学性能来看,泡沫镍表现在纵横向上的差异不仅明显,而且是"与生俱来"、不易克服的,具有各向异性的特征。

14.5.1 泡沫镍各向异性的成因

1. 泡沫镍各向异性成因之一：孔结构的差异性

泡沫镍电铸模芯采用的原料——聚氨酯海绵在切片工艺上（平切和旋切）的不同，造成海绵孔形的差异（详述见第 11 章图 11-2 和图 11-3），使泡沫镍的孔形有圆形和椭圆形之分，通过扫描电子显微镜（SEM）观察发现，由于旋切时形成的宽明区和宽暗区截面，使两区的孔形和孔密度存在差异，宽明区的孔形接近椭圆形，而宽暗区的接近圆形，如图 14-43 所示。

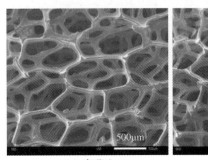
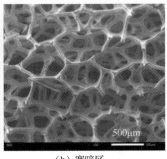

(a) 宽明区　　　　　　　　(b) 宽暗区

图 14-43　扫描电子显微镜照片宽明区和宽暗区

为了定量地表征泡沫镍孔结构的各向异性，一般用参数 AR（Aspect Ratio）表示，即用纵横向孔径比值进行描述。泡沫镍纵横向孔径取值方法如图 14-44 所示。

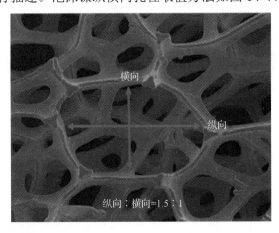

图 14-44　泡沫镍纵向孔径与横向孔径的取值（AR 值为 1.5）

即使完全不考虑真空磁控溅射、电铸、热处理工序走带过程中带材所受到的拉伸影响，由于聚氨酯海绵存在着明暗区，由此生产的海绵模芯也会存在明暗区，以此模芯完成的电铸泡沫镍也会有明暗区。这种明暗区在热处理工序也不会消除，将在热处理之后的成品泡沫镍乃至剪切包装后的泡沫镍产品中始终存在。明暗区的各向异性会造成泡沫镍面密度、力学性能、电学性能的差异。

2. 泡沫镍各向异性成因之二：生产工序的走带拉伸

在泡沫镍的制造过程中，作为模芯基材（呈带状，故又称为带材）的聚氨酯海绵的网络单元（Cell）在理想状态下是一个等轴的三维网络通孔结构，但由于在不同工序成为对应的工件在制品，即真空磁控溅射镀镍（化学镀镍、涂炭胶）、电铸、热处理、剪切等工序的在制品带材，这些在制品沿长度方向因受不同程度的张力拉伸而发生形变，导致带材在长度方向上变长，在宽度和厚度方向上收缩，使孔的纵横向孔径出现如图14-44所示的差异化状态。因此，泡沫镍纵向（长度）上的孔棱密度大于横向（宽度）上的孔棱密度。拉伸造成了孔的变形，使泡沫镍的孔结构呈现十分复杂的状态，泡沫镍的力学性能、电学性能也相应地呈现各向异性[49]。

14.5.2 泡沫镍各向异性的特征

1. 泡沫镍面密度的各向异性

聚氨酯海绵是泡沫镍产生明暗区的源头。聚氨酯海绵因采用图14-45所示的切片方式（旋切），使孔形呈现"明区-暗区"周期性的变化。经过真空磁控溅射和电铸工序后，材质由海绵变成泡沫镍，也形成了周期性的面密度分布，而且聚氨酯海绵首端的面密度波动大于尾端（见图14-45和图14-46），这是因为切片时接近中心部位的孔形变化较外周频繁。面密度的周期性波动对电池极板质量有不利影响，如何消除这种不利影响也是泡沫镍研究领域的主要课题之一。调整海绵的切割方式，把旋切方式改为平切方式是改善的措施之一。所谓"平切"就是沿着海绵的纵向进行水平切割，常用于聚醚型海绵的切割，平切使孔形分布趋于一致，从而可以改善泡沫镍的孔形和面密度。

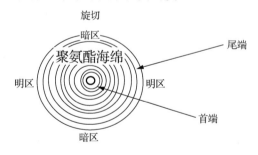

图14-45 聚氨酯海绵旋切断面示意图

用平切的聚氨酯海绵和旋切的聚氨酯海绵制造的泡沫镍面密度波动情况如图14-47所示，由于孔形和孔结构的差异，旋切的纵向面密度波动幅度为5.3%，而平切的纵向面密度波动幅度为2.7%。然而，虽然平切工艺可以减少泡沫镍的面密度波动，但平切工艺无法生产超长的海绵片材，无法生产超长的泡沫镍，使泡沫镍的生产和电池制造的生产效率均受阻，权衡利弊，仍然选择旋切海绵生产泡沫镍的情况居多。因此，泡沫镍面密度的各向异性始终是留给供需双方的一个遗憾。

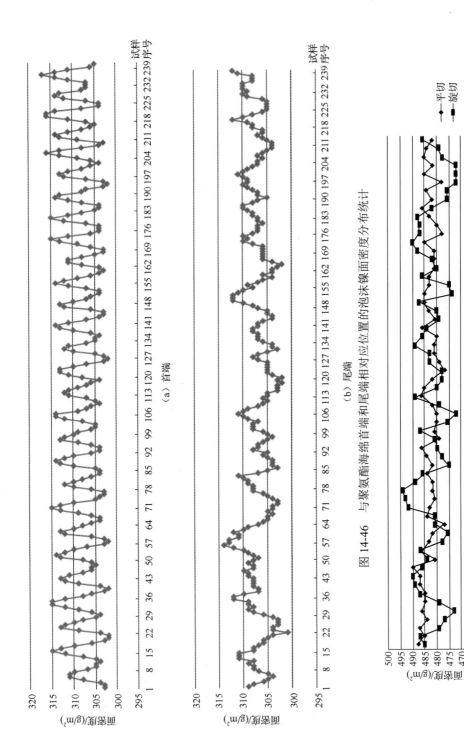

图 14-46 与聚氨酯海绵首端和尾端相对应位置的泡沫镍面密度分布统计

图 14-47 用平切的聚氨酯海绵和旋切的聚氨酯海绵制造的泡沫镍面密度波动情况

2. 泡沫镍力学性能的各向异性

1）泡沫镍拉伸性能的各向异性

泡沫镍的力学性能也在纵横向和明暗区表现出显著的差异。用平切的海绵和旋切的海绵制造的泡沫镍拉伸性能如图 14-48 所示，从图中可以看出，用平切的海绵制造的泡沫镍力

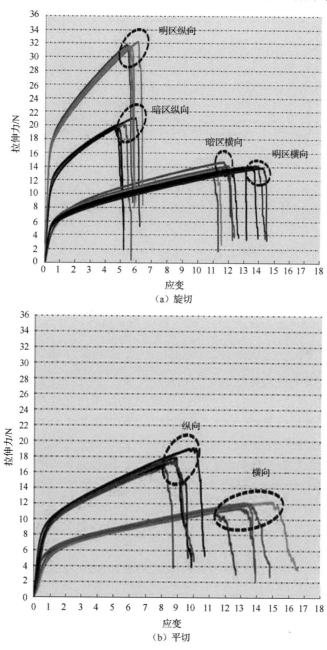

图 14-48 用旋切的海绵和平切的海绵制造的泡沫镍拉伸性能

学性能只存在纵向和横向的差异,用旋切的海绵制造的泡沫镍力学性能既在纵横向存在一定的差异,又在明暗区也存在差异;一般规律是明区强度大于暗区,纵向强度大于横向,这主要是由于在旋切的海绵中明暗区的孔结构不一致,而在生产过程中孔又被不同程度地拉伸。

2)泡沫镍抗拉强度的各向异性

在泡沫镍的各个生产工序,为保证在制品带材的恒张力,采取了如14.1.2节所述的预拉伸措施,使孔的纵横向孔径比值AR进一步发生变化,泡沫镍的抗拉强度也发生了如图14-49所示的变化。随着AR的增大(参考图14-44),纵向抗拉强度上升,横向抗拉强度下降。这是因为AR增大以后,镍骨架中有更多的孔棱排列趋同纵向,这种纵向长而横向短的孔结构,在纵向的拉伸载荷下不易被破坏。

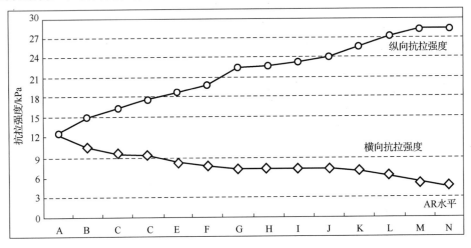

图14-49　泡沫镍的纵横向抗拉强度与AR水平的相关性

3)泡沫镍延伸率的各向异性

泡沫镍在制造和使用过程中,因承受不同形式的辊压而被延伸,其延伸的长度与原始长度的百分比称为延伸率。泡沫镍的延伸率对电池极板的制作影响较大,在电池极板加工过程中直接影响活性物质的充填量。因为电池极板在充填活性物质后要进行压片,使其达到规定的厚度,对辊压片时泡沫镍与极板一起延伸。用延伸率不同的泡沫镍制成的电池极板,其充填量也会因此而不同,在设计电池极板工艺时要考虑到泡沫镍延伸率的各向异性。对电池生产影响最大的是同一卷泡沫镍的不同部位(明区与暗区)和不同方向(横向与纵向)的延伸率存在较大差异。例如,对面密度为430 g/m^{2}的泡沫镍不同区域延伸率进行测试,测试结果如图14-50所示。从图中可以看出,纵向延伸率偏差相对较小,横向延伸率偏差较大,且横向的偏差明显高于纵向,相同面密度规格的泡沫镍延伸率最大差值可达14.1%。

综上所述,泡沫镍的各向异性具有不可忽视的影响,在实际使用过程中需要十分谨慎[49]。在电池极板生产过程中,对于不需要卷绕的方形电池,制作电极板时主要考虑的因素是低电阻率和低变形率。也就是说,极耳(电池中将正负极引出来的金属接头)的引出方向应与长度方向一致,尽可能地减小电极板的内阻,轧制方向也应与长度方向一致,以确保极板的变形最小。特别是对于大功率电池，更需要采取该措施。对于需要卷绕的圆柱形电池，不仅要考虑上述因素，而且更重要的是，极板必须具有良好的延伸率和抗拉强度。为确保卷绕过程不发生断裂，卷绕方向常与高延伸率的方向一致。若泡沫镍的幅宽可保证极板长度，则卷绕方向宜选择宽度方向，即把泡沫镍横向作为卷绕方向。此时，正负极接头的引出方向恰好是长度方向，因此能确保电池的最小内阻。

总之，无论是制造高功率电池还是高容量电池，由于泡沫镍的各向异性，材料的取向对于电池制造工艺、电池的合格率和性能等方面都有十分重要的影响。

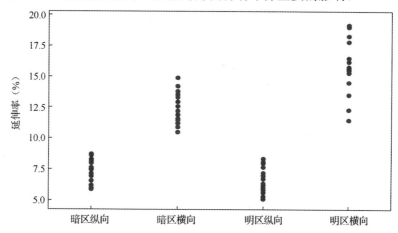

图 14-50　面密度为 430 g/m² 的泡沫镍不同区域的延伸率的测量结果

第十五章　泡沫镍的应用

一个多世纪以来，在工业革命的历史进程中，有众多的一次电池和二次电池作为重要的能源形式，与人类文明一路同行，在科学技术史上留下了璀璨的"足迹"，深刻地影响着社会生活的方方面面。众所周知，一项重要的科技成果问世，往往离不开若干关键工程材料的创新与先行。本书第三章介绍了 20 世纪末我国块状泡沫镍和储氢合金催生圆柱形镍镉电池、镍氢电池的开发历程，为推动便携式电器的商业化应用所做的贡献。今天，由于相关工艺技术逐步成熟、精湛，泡沫镍成为应用和创新前景广阔的工程材料。图 15-1 所示为带状泡沫镍和超强结合力型泡沫镍。随着知识经济的深入发展，技术创新的需求与日俱增，泡沫镍智能生产水平也进一步提升，品种、质量趋近个性化。正是在这种良好的技术供需背景下，泡沫镍在不同领域的应用十分活跃、富有成效。由于泡沫镍兼备金属镍的耐氧化腐蚀性能和独特的相对均匀的三维网络通孔结构，以及良好的加工性能，作为活性物质的载体和集流体被大量使用，是目前不可多得的电极基板材料，在诸多重要的工程技术领域展示了广阔的应用前景[1-3]，越来越受到科技界和工业界的关注。泡沫镍应用领域如图 15-2 所示。

（a）带状泡沫镍　　（b）超强结合力型泡沫镍

图 15-1　带状泡沫镍和超强结合力型泡沫镍

镍氢电池作为油电混合型电动汽车（HEV）的车载电池，其中，以泡沫镍制造电极基板，是镍系列二次电池不可或缺的电池材料。而且泡沫镍具有的三维网络通孔结构也是所有先进二次电池电极和其他用途的电极十分青睐的基板材料特性，具有很强的开发潜能，在其他系列化学电源中，在超级电容器[4]、微生物燃料电池[5]、氢氧燃料电池[6]、高温燃料电池[7-8]，以及在电化学水处理、电催化[9-11]、电合成[12-13]等众多电化学工程领域，化学工程和功能材料领域也备受重视，成为主旨创新和关联创新的优选材料，有的已不同程度地得到实际应用。

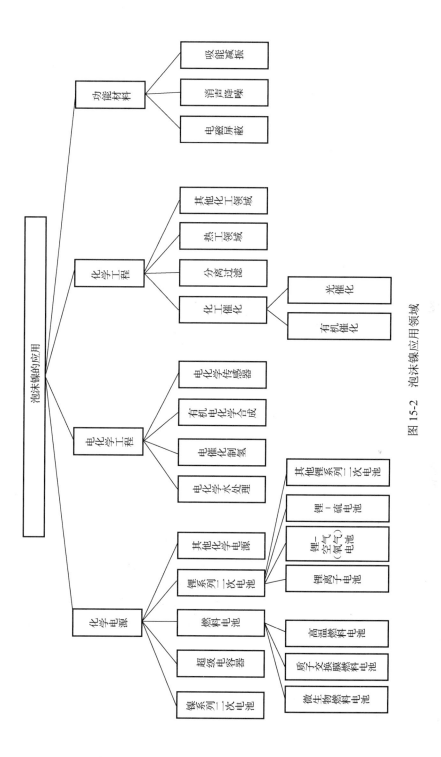

图 15-2　泡沫镍应用领域

在电催化和化学工程领域，使用泡沫镍作催化剂载体比使用多孔陶瓷催化剂载体更加有优势[14]。泡沫镍在承载催化剂催化费托合成反应时，可有效地将生物质、煤、天然气等低品位能源转化为高品位的液体燃料和工业生产所需的原料[15]。泡沫镍还可以承载催化剂应用于光催化领域，催化空气中的甲醛和挥发性有机物降解[16]。在化工传热领域，使用相变材料收集生产过程产生的废热，并用到其他需要外部加热的工艺中，是提升热效率、降低企业生产能耗的有效手段。在这一过程中，在相变容器中填充泡沫镍等泡沫金属可以很好地解决相变材料热导率低、体积变化率高的缺点，从而保证相变蓄热单元管的热学性能[17]。此外，泡沫镍作为功能材料在电磁屏蔽、防治噪声污染、吸能减振等方面也都具有潜在的开发优势和广阔的应用前景。

15.1 在化学电源领域的应用

带状泡沫镍在化学电源的规模化生产中，作为电极基板的重要工程材料，具有以下8个方面特征[18]：

（1）孔隙率高、比表面积大。一般的带状泡沫镍电极基板的孔隙率达95%以上。这也意味着泡沫镍电极基板中能容纳的活性物质远多于其他泡沫金属电极基板。

（2）孔径大小适宜。若材料的孔径过大，活性物质容易从电极基板上剥离，影响电池容量和电池的一致性，甚至降低电池寿命。若基板的孔径太小，则造成活性物质填充的困难，电池制造工艺受影响，过度辊轧，又会弱化电极基板强度和电极过程动力学特征。

（3）导电性良好。用作电极基板的带状泡沫镍的电阻$\leqslant 10 \times (L/W)$（$m\Omega$）[19]。其中，$L$和$W$分别表示所用带状泡沫镍的长度（mm）和宽度（mm）。

（4）抗拉强度较好。适用于制作镍氢电池和镍镉电池的带状泡沫镍的抗拉强度满足纵向抗拉强度$\geqslant 1.25$ MPa、横向抗拉强度$\geqslant 1.00$ MPa 的要求。

（5）延伸率良好。泡沫镍被用在制造电极基板的过程中，要经过辊压、卷绕等产生形变的操作过程，在延伸率和柔韧性方面均有较好的表现。

（6）电池电极要焊接极耳片，而镍具有良好的可焊接性。

（7）在带状泡沫镍的生产过程，可保证泡沫镍面密度均匀，厚度分布比DTR值较好（理想的DTR值为1.0）。面密度和DTR是泡沫镍的重要质量指标，也是电极一致性的关键指标。电极的一致性是电池品质一致性的基础，而电池一致性又是电池组装质量、电池生产成本乃至电池和用电器各项性能指标的重要保证，以及安全使用的前提。因此，基板面密度、DTR值可控是电极、电池、电池组和用电器具重要的质量保证之一。

（8）泡沫镍在碱性电池中有良好的耐腐蚀性。

15.1.1 在镍系列电池中的应用及展望

20世纪80年代为适应收录机、"随身听"、手提式电话、电子玩具等各种便携式电器的市场需求，在我国小型圆柱形A系列镍镉电池面市，其正、负极均采用带状泡沫镍制作。

镍镉电池的正、负极活性物质按照电池生产工艺要求，以干法或湿法分别填充到泡沫镍基板中制备正、负极片。电池总反应式为

$$Cd+2NiOOH+2H_2O \rightleftharpoons 2Ni(OH)_2+Cd(OH)_2 \qquad (15\text{-}1)$$

20 世纪八九十年代，继镍镉电池之后，储氢材料开发成功并批量生产。镍氢电池的量产也因电池材料的方便应用而水到渠成，早期泡沫镍在镍氢电池中的应用方式与镍镉电池相同，后来为节约成本，负极基板改用穿孔镀镍钢带、铜切拉网或穿孔铜箔。镍氢电池因比能量高，与镍镉电池相比无环境污染，在开发之初还被认为无记忆效应，之后发现，记忆效应在镍氢电池中也存在，这可能是由于其较镍镉电池的记忆效应小。在很多应用领域，镍氢电池取代了镍镉电池。镍氢电池工作原理如图 15-3 所示，在放电过程，其正极材料 NiOOH 被还原为 $Ni(OH)_2$，负极上的 H_2 氧化生成 H_2O。镍氢电池工作时的总反应式为

$$NiOOH+MH \rightleftharpoons Ni(OH)_2+M \qquad (15\text{-}2)$$

式中，M 为储氢合金。

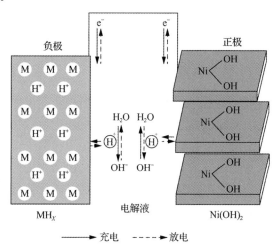

图 15-3 镍氢电池工作原理[20]

3 种在 20 世纪上市的二次电池部分特性及用途比较见表 15-1。

表 15-1 3 种在 20 世纪上市的二次电池部分特性及用途比较[21]

项　　目	铅蓄电池	镍镉电池	镍氢电池
性能	比能量低，自放电率高	耐高温特性差，衰减快，能量密度低	比能量和比功率均较高，循环使用性能好。高/低温下的工作容量损失小
充/放电次数	~500	>500	>1000
污染性	污染严重，铅为有毒重金属，含铅的电解液存在较严重的环境污染问题	存在重金属镉污染问题	污染性小，较环保

续表

项　目	铅蓄电池	镍镉电池	氢电池
记忆效应	无记忆效应，可随时充电	有记忆效应，电能用完后才可以充电	记忆效应较小，可随时充电并可进行大电流下的快速充电
成本	较低	一般	较低
原料来源	原料来源丰富	原料来源丰富	原料来源丰富，泡沫镍等产业链上游产品完全国产
主要应用领域	需要提供电流稳定、可靠的装置，如备用电源、汽车照明、电动自行车的动力电池等	低档、粗放型电子产品，如部分电动工具、应急灯	中档电子产品及大电流放电电器，如部分电动工具、电动汽车

在泡沫镍出现以前，镍镉电池的电极基板采用热处理工艺，由这种方法制造的电极基板存在制备工艺复杂、成本较高、质量偏大、孔径较小等诸多缺点[22]，不能适应便携式电器对电池质量小、成本低、容量高、快速充电的市场需求。泡沫镍的应用不仅简化了生产工艺，还节约了 50%的镍材[23]，生产成本降低，烧结镍则成为历史[24]，而且使电池性能得到改善，电池比能量、充/放电效率、循环使用寿命等都得到提高[25]。

在带状泡沫镍规模化量产之后，世界许多知名电池企业在生产中均使用泡沫镍作为电极基板，用于生产镍镉电池或镍氢电池，包括少量的镍锌电池，20 世纪末 21 世纪初镍氢电池一直在便携式电器、消费电子领域中得到应用。由于锂离子电池在质量、比能量和循环使用寿命上的优势，以及制造技术的进步，规模化、自动化生产带来的产品成本降低和电池品质一致性提高的综合效果，使部分镍氢电池市场已逐步让位于锂离子二次电池。镍氢电池的主要应用转移到对动力、储能和安全性能有较高要求的领域。镍氢电池在油电混合型电动汽车上的成功应用和商业化，助力电动汽车理念在全球的推广。理论上，动力电池有铅酸、镍镉、镍金属氢化物、铁镍、钠氯化镍、银锌、钠硫、锂离子、锌-空气、铝-空气等电池，以及燃料电池、太阳能电池、超级电容器、飞轮电池等[26]。尽管近一个世纪以来，对上述电池在车辆驱动方面的尝试从未停止，在不同历史阶段，也有过不同程度和形式上的成功应用。例如，在 2000 年前后，镍氢电池在油电混合型电动汽车的商业化中得到应用，图 15-4 所示为日本丰田汽车公司生产的卡罗拉混合型电动汽车。其他电池的应用研究近年来也有长足的发展。随着科学技术的进步，尤其是基于能源危机与生态环境问题的迫切需要，21 世纪以来，将取代燃油车的历史任务聚焦到镍氢电池、锂离子二次电池和燃料电池上，当前，围绕电动汽车展开的有关动力电池的讨论，已经成为多国政府、国内外著名车企、电池产业界、科技界、商业界关注的热点。日本丰田汽车公司、美国特斯拉公司公开其电动汽车技术的专利，体现了行业领先企业对电动汽车的普及心态和全球视野：未来电动汽车的技术和市场将是综合实力的竞争和各领风骚的态势，市场将是"三足鼎立"的格局，有大功率优势的燃料电池跑长途、市内近郊寄希望于锂离子二次电池纯电动车，油电混合、电电混合将以其独特优势在"三分天下"中占据一席之地[27]。在我国，镍氢电池、锂离子二次电池、燃料电池以及配合使用的超级电容器，各有其特点，原料资源、安全性、成本、技术成熟度、知识产权乃至商业应用的社会配套能力（例如，加氢站和充电桩的建设，以及为续航里程采取的行车途中更换电池的权宜措施等）的优势和短板、技术定格和优化进步的前景，尚有诸多不确定性。然而，作为新经济时代的必然趋势，到2030年，我国规划对再生能源的利用将有望达到能源比例的50%，分布式微电网发电与电动汽车技术的深度融合，使电动汽车可能成为分布式微电网的一部分，为电网提供储能调峰的作用；到2025年，电动汽车的性价比力求与燃油汽车持平，电动汽车取代纯燃油汽车的时代也将来临。届时，中国将走出一条符合本国国情的电动汽车之路[28]。

众所周知，电动汽车的瓶颈是动力电池，而动力电池的瓶颈是关键功能材料，泡沫镍既然因其三维网络通孔结构特性在镍氢电池中得到成功应用，也必然会在锂离子二次电池、燃料电池中有所作为。本章也列举了泡沫镍在锂离子二次电池、燃料电池中应用的一些实例。泡沫镍的未来也必然会在电动汽车电池的个性化需求和应用领域有所拓展和创新。在电动汽车和动力电池领跑新能源革命的过程中，动力电池的关键功能材料除正、负极的基板（活性物质的载体和电流的集流体）及其修饰技术和改性之外，正、负极活性物质、电解液、隔膜、催化剂等的技术创新和优化组合，必然会为解决电动汽车的安全性、续航里程、电池品质一致性、成本、快速充电等技术瓶颈发挥重要的作用。

图 15-4　日本丰田汽车公司生产的卡罗拉混合型电动汽车

15.1.2　在超级电容器中的应用

超级电容器兼具普通电容器的快速充/放电特性和充电电池储能特性，是一种应用潜力很大的新型能量储存装置[29]，其基本原理是德国人 Helmholtz 提出的双电层理论。表 15-2 是 3 种能量储存器件部分特性对比。

表 15-2　3 种能量储存器件部分特性对比[30]

元器件	比能量/(W·h/kg)	比功率/(W/kg)	充/放电次数/次
普通电容器	<0.2	$10^4 \sim 10^6$	$>10^6$
超级电容器	$0.2 \sim 20.0$	$10^2 \sim 10^4$	$>10^5$
充电电池	$20 \sim 200$	<500	$<10^4$

一方面,相比普通电容器,超级电容器容量的提升非常显著,工作环境温度范围宽泛;另一方面,与同样具备储能特性的二次电池比较,超级电容器在充电和放电速度、能量转换效率、循环使用稳定性等方面均具有明显的优势,对环境友好且安全系数高[31]。正是由于超级电容器具备容量大、稳定性好、可快速充电、可提供大电流放电、安全无毒等独特的优势,故在特种军事装备、新能源汽车、工业仪器仪表等领域得到了广泛的应用。常见超级电容器的应用见表 15-3。

表 15-3　常见超级电容器的应用[32]

应用领域	典型应用	性能要求
电力系统	整流分/合闸、分布式储能系统	高功率、高电压、可靠性
记忆储备	消费电器、计算机、通信	低功率、低电压
汽车辅助装置	催化预热器	中功率、高电压
航天技术	能量束	高功率、高电压、可靠性
军事	电子枪、消声装置	可靠性

近年来,超级电容器在城市轨道交通中的车辆牵引、制动、能量回收等技术方面,均有成效显著的创新应用。在城市短程、固定路况、频繁起动的公交巴士电动汽车的应用方面,也有很大优势。

超级电容器通常包含电极、隔膜、电解质和外壳几大部分,其内部结构如图 15-5 所示。其中,电极由催化剂和基板构成,对超级电容器的特性有十分关键的影响。用作集流的基板作为电极的核心之一,除了要有较好的耐腐蚀性,不与电解质或催化剂发生反应外,还要与具有催化活性的物质充分接触且接触电阻小,更应该具备良好的机械强度[34]。

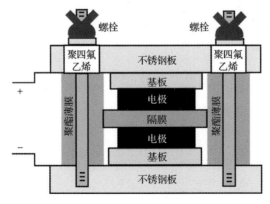

图 15-5　超级电容器的内部结构[33]

与传统的铜箔或铝箔集流体相比，使用泡沫镍的超级电容器具有很大的优势。与电池基板类似，制备超级电容器电极的工艺也是将催化活性物质、导电剂和胶黏剂混合均匀之后压制到泡沫镍中。在这方面，张密林等人[35]将 MnO_2、石墨、乙炔黑、聚四氟乙烯按一定质量比混合后加入适量乙醇，水浴加热得到黏稠物，把黏稠物和泡沫镍一起压制成纳米级 MnO_2 超级电容器电极，此处泡沫镍起到电极基板的作用；Zhu 等人[36]采用同样的方法，将碳纳米管、聚四氟乙烯和少量无水乙醇在加热条件下放入乳化机中进行搅拌，搅拌之后的混合物再经过涂刷、压实等步骤，以泡沫镍作基板完成超级电容器电极的制备过程。

在超级电容器的泡沫镍电极的制备中，胶黏剂容易堵塞电极孔隙，导致电极内阻增加从而影响电极导电性。因此，相关科研人员研究开发不使用胶黏剂的电极。例如，Shahrokhin 等人[37]在含氧化石墨烯、$Ni(NO_3)_2$、$NaNO_3$ 的电解液中，以泡沫镍为工作电极直接通过电沉积获得具有立体三维结构的石墨烯/氧化镍电极。而 Cai 等人[38]制备无胶黏剂超级电容器电极的方法则是先通过水热反应制备泡沫镍以承载 $NiCo_2O_4$，然后根据柯肯达尔效应，将 $NiCo_2O_4$ 前驱体置于 Na_2S 溶液中进行水热反应生成管状 $NiCo_2S_4$。这种方法提高了电极的导电性，但是与电沉积法相比更耗时，效率相对低。除了电沉积法，也可以通过其他工艺获得电极活性物质。Wang 等人[39]先将泡沫镍置于含 $Co(NO_3)_2$ 的溶液中，采用水热反应获得前驱体，然后在空气中进行煅烧，获得介孔 Co_3O_4 纳米片。在超级电容器中制备的上述泡沫镍基 Co_3O_4 电极在循环使用寿命方面表现优异。

除单纯用作电极基材之外，泡沫镍还能充当制取催化活性物质的反应物。相关科研人员[40]采用一步水热反应在泡沫镍上原位生长合成二氧化钛-还原氧化石墨烯-氢氧化镍复合材料，所获得的复合电极表现出很大的电容量，同时在充/放电循环性能方面也有十分突出的优势。

泡沫镍作为集流体能够有效提高超级电容器的电容量、循环使用寿命等性能的一个关键原因是泡沫镍的海绵状多孔结构。电极中催化活性物质在集流体骨架上呈三维立体分布，有较大的比表面积，促进了电子和离子移动，从结构上保证了电极性能的提升。

15.1.3 在燃料电池中的应用

1. 在微生物燃料电池中的应用

微生物燃料电池的工作原理是利用可氧化有机物的兼性厌氧菌（在有氧或无氧环境中都能繁殖生长的微生物细菌）降解有机物，阳极是兼性厌氧菌的载体，兼性厌氧菌作为阳极室中的可降解底物（阳极催化剂）对有机物进行降解，产生电子和质子。这两种粒子分别通过内、外两条路径到达阴极并在外电路形成电流。微生物作为阳极催化剂的燃料电池工作原理如图 15-6 所示[41]。在当前全球能源问题日益凸显、环境污染亟待解决的大背景下，微生物燃料电池能在净化污水的同时发电，这种工作模式在环境治理和新能源开发方面具有诱人的前景，因而受到广泛的关注[41-42]。

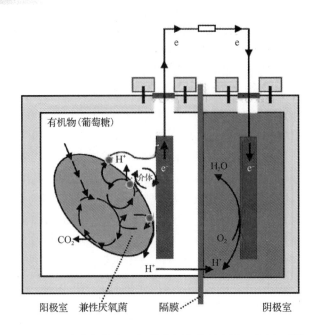

图 15-6 微生物作为阳极催化剂的燃料电池工作原理[41]

微生物燃料电池的负极性能和成本是影响电池性能、限制电池实际应用的一个主要因素[43]。对于电池负极，选择合适的基板（常称为集流体）至关重要。基板在结构上必须有利于传质和增加与反应物之间的接触面积从而提高反应速度，优化电池性能。早期关于微生物燃料电池的研究，倾向于选择碳布作为负极集流体，但是碳布质地柔软、加工难度大，同时价格较高，增加了电池的制造成本[44-45]，不利于微生物燃料电池的规模化生产和商业化应用。因此，寻找更为合适的集流体成为该研究的目标之一。

泡沫镍为研究者展示了一个理想的应用前景。Cheng 等人[46]开发出一种包含泡沫镍基板、导电碳层、聚四氟乙烯扩散层和催化层的微生物燃料电池负极，测得的比功率峰值能够达到（1190±50）mW/m^2。该值是使用传统碳布载铂电极的微生物燃料电池性能的 90%，而这种新型电极的成本仅为传统电极的 1/30。Liu 等人[47]设计了一种由泡沫镍、铂碳和聚四氟乙烯组成的微生物燃料电池空气负极。其中，泡沫镍作为基板，并用质量分数为 30% 的聚四氟乙烯溶液涂覆其外表面进行疏水处理，然后是一层碳基层和四层聚四氟乙烯构成扩散层，再将铂碳催化剂与 Nafion 胶黏剂一起涂覆到上述泡沫镍复合物上。使用该电极的电池比功率可达（0.69±0.01）W/m^2。催化剂填充到泡沫镍的三维网络通孔结构中能增大反应面积，同时泡沫镍具有良好的化学稳定性、机械强度和韧性，还具有独特的价格优势，有望得到实际应用。

使用兼性厌氧菌降解有机物的微生物燃料电池的正极是兼性厌氧菌的载体，反应释放的电子也从正极导出。因此，正极的结构和导电性对微生物燃料电池的发电能力有着不可忽视的影响。作为宿主，正极应该有利于兼性厌氧菌的定植且能提供足够多的兼性厌氧菌附着点。此外，高性能正极还应该具备电导率高的特点[48]，泡沫镍作为正极基板的优势明显而备受关注。

Yong等人[49]在制备新型微生物燃料电池正极的过程中,巧妙地利用了泡沫镍的三维网络通孔结构,以泡沫镍作为牺牲模板,以乙醇蒸汽为碳源获得了自支撑的立体多孔结构泡沫石墨烯,然后在酸性环境中使苯胺单体在泡沫石墨烯上进行聚合。该方法制备的石墨烯-聚苯胺正极对应的电池性能远远优于使用常规方法制备的二维平面结构碳布电极对应的电池性能。模板法获取的泡沫石墨烯具有和泡沫镍一样的三维网络通孔结构,保证了电极具有与细菌接触的尽可能大的面积,增加了电极上的菌群数量,同时具有较小的内阻,因此有利于接受来自有机物的电子并转移出去,提高了电子转移速率。这种类似泡沫镍三维网络通孔结构的阳极为提升微生物燃料电池的性能打开了一个全新的思路。

Wang等人[50]采用水热反应法,将泡沫镍置于氧化石墨烯水混合溶液中进行反应,使泡沫镍表面覆盖上还原氧化石墨烯片。为了提高该片层的导电性,又将还原氧化石墨烯-泡沫镍复合材料在氢气气氛中进行高温处理。以这种复合材料为基底并经过后续处理制成的微生物燃料电池正极的三维网络通孔结构为微生物定植和电子传导提供了很大且有效接触面积,同时泡沫镍骨架也为细菌培养基的物质扩散和电子有效传递提供了保障。以上述还原氧化石墨烯-镍电极为正极构成的微生物燃料电池稳定输出的功率密度(以正极计算时)为661 W/m^3,以整个阳极室计算时为27 W/m^3,这两个值都比由碳基正极构成的微生物燃料电池对应的值高。Karthikeyan等人[51]也认为,泡沫镍的三维网络通孔结构对电极各组成部分的整合可以起到很好的支撑作用。因此,他们以泡沫镍为基板,在基板上涂刷由活性炭、聚苯胺和聚偏二氟乙烯组成的浆料,再以碳化钛和壳聚糖进行修饰,制备了泡沫镍-聚苯胺-碳化钛-壳聚糖正极,最终组成的电池在稳定发电时对应的体积功率密度为18.8 W/m^3,对应的电阻为50 Ω,放电效率为15.7%。由于泡沫镍基板的存在,电极的结构十分有利于细菌的附着,也让电子转移到各界面更加容易,有利于正极反应发生。

泡沫镍作为电极基板无论是应用于微生物燃料电池的负极还是正极,都能取得很好的效果,展示了良好的应用前景。

2. 在质子交换膜燃料电池中的应用

双极板是质子交换膜燃料电池的重要组成部分,其主要作用[52]包括收集电流、将氢气和氧气分隔并扩散到膜电极的催化层,同时将产生的水和热量输送出去。为达到上述目的,传统方法是在双极板上加工流场作为物质传输通道,但在双极板上加工流场产生的纹路和通道会使得反应物浓度和温度在膜电极上分布不均匀,导致化学反应速率不均匀,从而降低电池的效率和循环使用寿命。此外,这种加工工艺成本也高,不利于电池的实际应用。

有学者[6]通过将泡沫镍嵌入双极板中充当扩散层来代替双极板上流场通道的功能。泡沫镍扩散层位置如图15-7所示。显然该方法得益于泡沫镍的高孔隙率,反应气体对流时流体阻力很小,显著改善了传质受限的问题。使用泡沫镍或其他泡沫金属代替传统的在双极板上加工流场的方法,为质子交换膜燃料电池的进一步商业化开辟了新途径。

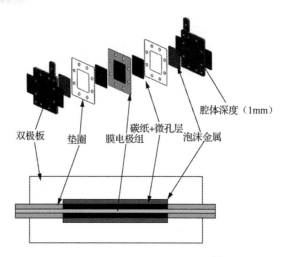

图 15-7　泡沫镍扩散层位置[6]

也有研究人员采用化学气相沉积法在泡沫镍基板上制备碳纳米纤维,然后,以此为基础制备质子交换膜燃料电池催化剂[53]。文献[54]与此类似,以泡沫镍基板作为扩散层,采用改进电弧放电法在泡沫镍上直接生长出单壁碳纳米管。取其中两片,在它们中间放置质子交换膜,热压制成膜电极。由于泡沫镍作扩散层时在材料稳定性、气体交换能力、电导率等方面均符合质子交换膜燃料电池的特点,因此电池表现出令人满意的放电性能。

3. 在高温燃料电池中的应用

在如下所述的几种常见的高温燃料电池中,像低温燃料电池一样,在制作电极时有可能用到泡沫镍,而在电池构件中,还可能因为导热、增加机械强度等特殊需求要用到泡沫镍。

直接碳燃料电池的工作原理如图 15-8 所示。直接碳燃料电池以煤、石墨、生物质等物料为燃料,燃料中的碳在阳极室与电解质中的导电离子接触而发生氧化,释放出电子、产生 CO_2。电子到达负极区后将氧气还原。电池工作时的总反应为

$$C+O_2 = CO_2 \tag{15-3}$$

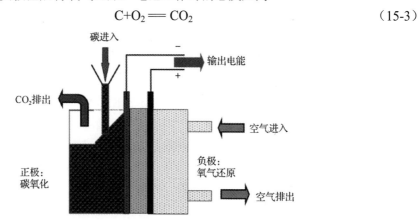

图 15-8　直接碳燃料电池的工作原理[55]

由于燃料不经过其他转化,因此直接碳燃料电池的理论能量转化效率为 100%[56],相比燃煤发电,直接碳燃料电池以电化学方式进行能量的转化,因而无 SO_x、NO_x 和颗粒物的排放,对环境友好。在环境保护意识日益强化的今天,直接碳燃料电池的研发也备受关注。

电极是直接碳燃料电池的重要组成部分,泡沫镍在其电极中得到了应用。Cherepy 等人[57]以泡沫镍为电极并向电池阳极室通氩气,测试了 9 种不同颗粒碳样品作燃料时电池的性能,操作温度为 800 ℃时,在 0.8 V 电位下,电流密度为 50～125 mA/cm^2。Zevevic 等人[58]以石墨棒为燃料搭建了几种中温燃料电池,测试了使用低碳钢、泡沫镍和 Fe_2Ti 作为负极材料的可行性,其中泡沫镍具有较大的比表面积,氧气到达反应位点的传质强度得到大幅提升,因而使用泡沫镍阴极的直接碳燃料电池具有最大的放电电流密度。

在熔融碳酸盐燃料电池中,也可能会用泡沫镍制备电池中的隔膜。当熔融碳酸盐燃料电池工作时,电池中的隔膜会受到系统部件热膨胀带来的机械应力和隔膜与电解质膨胀系数不同引起的热应力。因此,熔融碳酸盐燃料电池的隔膜必须有较好的抗形变能力,即其机械强度要足够防止出现内部裂纹。传统制造工艺是向隔膜内添加铝氧化物,但是此举并不能使隔膜达到所需机械强度,而且铝氧化物成本较高。为此,有人[59]提出可以使用孔隙率为 80%的泡沫镍作为金属骨架,然后分别在骨架上表面和下表面设置上隔膜和下隔膜,形成隔膜—金属—隔膜一体式复合结构。使用泡沫镍制备的隔膜如图 15-9 所示。该制造工艺简单,在所制备的复合隔膜中多孔金属骨架位于隔膜中间,具有较高的机械强度,减小了燃料电池的组装难度。同时隔膜的孔道增多,能吸附更多电解质,电池寿命得以延长。

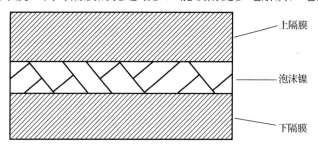

图 15-9 使用泡沫镍制备的隔膜[59]

固体氧化物燃料电池也是一种可能使用泡沫镍的电池,这类电池的特点是采用高温下的固体氧离子导体为电解质,其发电时排放的气体仍然具有较高温度,具备一定的热能再利用价值。因此,该燃料电池与低温燃料电池相比,在能量利用方面独具优势,有较好的应用前景。

由于单个固体氧化物燃料电池的工作电压较低,在实际使用时,一般是串联多个电池单元组成电池堆。在紧挨着的两个电池之间,有一个部件起到把负极和正极连接起来的作用,该部件称为连接极。在现有设计中,常使用泡沫镍作为正极和连接极之间的接触层[60],这样的设计增大了正极和连接极的接触面积,降低了接触电阻。此外,泡沫镍也可用于电极的制备,Yan 等人[61]利用泡沫镍作为电池正极的气体扩散层和集流体,制造了一种带有外歧管的平板式固体氧化物燃料电池堆,在 750 ℃下该电池堆的开路电压为 3.36 V,功率密度为 0.56 W/cm^2。

15.1.4 在锂电池中的应用

锂电池大致可分为两类:锂离子二次电池和锂金属电池。

1. 在锂离子二次电池中的应用

锂离子二次电池由于具有较高的单体电压、较高的能量密度和功率密度等优点,目前已部分取代镍系列电池广泛用于各种便携式电器、用电器具和设备。锂离子二次电池主要依靠 Li$^+$ 在正、负极活性物质中的迁移来实现电池的充/放电。在电池的放电过程,Li$^+$ 从负极脱嵌后移动到正极并嵌入其中,充电的过程则是 Li$^+$ 从正极脱嵌后移动到负极并嵌入其中。锂离子电池的正、负极除了都包含导电剂和胶黏剂,负极还包含石墨和基板,正极则是基板和 Li$_x$CoO$_2$ 或其他活性物质。电池工作时的化学反应式[62]为

$$LiCoO_2 + C \rightleftharpoons Li_{1-x}CoO_2 + Li_x \qquad (15-4)$$

通常在选择电池电极的基板材料时,采用铜箔作为负极基板,铝箔作为正极基板[63]。研究发现,无论是铜箔还是铝箔,只要增加集流体的表面粗糙度就可以提高电池的放电性能和稳定性[64-65]。这主要是因为粗糙的表面有效地增大了基板与电极活性物质之间的接触面积,降低了界面之间的接触电阻。但是,电解质仍会在基板表面与之发生反应,腐蚀基板,降低电池的循环使用寿命。相比铜箔、铝箔,泡沫镍更具优势,不仅在电解液中性能更加稳定,还具备类似海绵的三维网络通孔结构,可以有效地减少电极附近的界面极化现象,提高电极的循环使用寿命。因此,业界对使用泡沫镍作为锂离子电池基板的电池性能进行了研究。诸多研究结果表明,泡沫镍有望在锂离子二次电池中得到进一步应用。

Huang 等人[66]在泡沫镍基板上制备了一层 NiO 膜,然后在 NiO 膜上镀银(纳米银)。以该复合材料为负极的锂离子电池具有令人满意的放电性能和循环使用寿命。显然,除了纳米银增加 NiO 的导电性,泡沫镍的三维网络通孔结构能有效地改善锂离子的传质扩散,也有利于改善电极的导电性能。

Li 等人[67]以蔗糖为碳源,采用高温水热炭化技术在泡沫镍基板上制备了一层具有三维结构的碳包覆 Fe$_3$O$_4$ 纳米颗粒膜。该材料以 10 C 倍率进行 2000 次充/放电之后,其质量比容量仍然高达 543(mA·h)/g。之所以具有这样高的活性和稳定性,是因为基于泡沫镍三维网络通孔结构得到的三维通孔碳层既能够加快电子转移速度,又能为在电池运行中出现的体积变化提供缓冲空间。

Wang 等人[68]通过电子束蒸镀再高温处理的方法,在泡沫镍基板上以电子束蒸发的方法蒸镀铜膜,在铜膜表面以热氧化法制备 CuO 纳米线。然后,先采用化学沉积再退火的方法,继续生成 Co$_3$O$_4$ 纳米线。其中,CuO 纳米线为"茎干",Co$_3$O$_4$ 纳米线为长在 CuO "茎干"上的"枝条",其过程如图 15-10 所示。这种以"泡沫镍"为基板的新型三维多层开孔复合结构(称为三维多层开孔核/壳纳米线复合结构)材料具有非常突出的电催化活性和循

环寿命,以 200 mA/g 电流密度循环 200 次之后,容量仍然达到初始放电容量的 90.9%,放电比容量高达 1191(mA·h)/g;在 1000 mA/g 电流密度下循环 500 次之后,放电比容量仍高达 810(mA·h)/g,这是因为该复合材料的独特结构有利于 Li^+ 的脱嵌和电子的传导。在泡沫镍基板上以原位合成法制备的材料可直接作为电极,而不需要任何胶黏剂,这就避免了常规方法制备电极过程中添加的胶黏剂对电极电导率产生的不利影响。同时,结构很稳定的泡沫镍基板既可以保证电极的稳定性,又减轻了复合材料在充/放电过程中出现的体积变化。

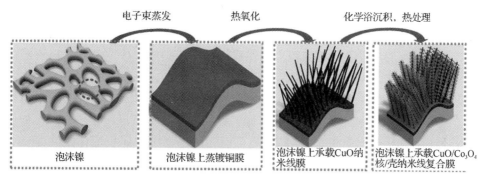

图 15-10 泡沫镍基板制备三维复合 Co_3O_4/CuO 纳米线过程[68]

有学者[69]通过先采用水热反应法再高温热处理的方法,在泡沫镍基板上制备了片状活性物质 $ZnCo_2O_4$。由于片状 $ZnCo_2O_4$ 生长在泡沫镍上,因此该方法成功地将活性物质的二维结构转化为电极三维通孔导电网络,使材料的导电性增强。以所制备的材料作为锂离子电池负极材料,由于泡沫镍能有效地缓解钴酸锌在充电和放电过程中的体积膨胀效应,使得电池的循环使用寿命得到很大提高。

Li 等人[70]在泡沫镍基板上合成一种类似三明治结构的还原氧化石墨烯/钴酸锌-氧化锌-碳复合材料。当把这种具有新型结构的复合材料用作锂离子电池负极时,其"三明治"结构能确保电池在充电和放电期间存在两条电子传输通道。此外,该复合材料的多孔结构不仅保证电极材料和电解质的充分接触,也为电极材料的体积变化充当缓冲区。因此,这种方法制备的电极可以实现快速充电和放电,具有高放电效率和突出的而且循环使用寿命稳定性。

Zhang 等人[71]在实验中先将 SiH_4 气体沉积到泡沫镍基板的表面,以生成 $NiSi_x$ 纳米线(相当于茎干),接着将获得的泡沫镍基 $NiSi_x$ 浸入含 $Ni(NO_3)_2$、$Co(NO_3)_2$ 和尿素的混合溶液中,使 $NiCo_2O_4$ 纳米线(相当于上述枝条)生长在 $NiSi_x$ 纳米线上,所得的这种茎干-枝条结构与文献[68]中报道的材料结构十分类似。这种在基板上直接生成的具有三维多层开孔核/壳纳米线结构的复合材料不需要添加胶黏剂和导电剂,就能成为锂离子电池的电极。电池以电流密度 200 mA/g 循环 50 次之后,测得的质量比容量高达 1693 (mA·h)/g,甚至在 8 A/g 高电流密度下循环 10 次后,放电比容量仍可达 543 (m·Ah)/g。

Mukanova 等人[72]先利用化学气相沉积(CVD)法在泡沫镍上覆盖一层石墨,然后通过真空磁控溅射法进一步覆盖一层硅薄膜。在所得的具有三维通孔网络结构的复合电极中，泡沫镍基板可以很好地抑制活性物质在充/放电过程中的体积膨胀，石墨层则可以大幅度提升材料的导电性。由这种方法制备的电极在循环充电和放电 500 次之后，表现出的面积比容量高达 75 (μA·h)/cm^2，库伦效率甚至可达 99.5%。

Yang 等人[73]在适宜的电镀槽中，通过电镀的方式在泡沫镍基板上镀一层 Sn-Co 合金膜。在放电倍率为 0.2 C 情况下，循环充电和放电 60 次后，该合金膜负极的放电比容量可达 663 (mA·h)/g。在该电极中，泡沫镍的三维通孔网络结构不仅增大了材料的电导率，而且避免了锡基电极宏观结构的变化，增强了电极的稳定性。

Yao 等人[74]使用泡沫镍代替传统的铜箔作为电池负极基板，将 Cu-Sn 合金粉末、导电剂和胶黏剂的混合浆料覆盖到泡沫镍上，然后用机器压制成电极，部分电极还继续经过 500℃高温处理。经过循环测试之后铜箔电极、普通泡沫镍电极和经过高温处理的泡沫镍电极容量保持率分别为 24%、55% 和 92%。这是因为三维网络通孔结构的基板可以有效地减少电池充/放电循环时因电极活性物质的膨胀、剥离而导致的接触不良。另外，高温热处理的过程一方面有新的物质生成，这些物质可能为活性物质的体积变化提供进一步的缓冲区，另一方面有利于在泡沫镍和上述混合物的界面上形成三元合金，加强了物质之间的结合力。

Li 等人[75]采用水热反应法和高温磷化处理工艺，制备了棒状的 Ni$_2$P。在该化学变化过程中，泡沫镍除了作为承载反应发生的基板，还作为反应物之一充当镍源。该电极在 50 mA/g 电流密度下经过 100 次充电和放电循环后，测得的比容量值为 507（mA·h）/g，放电效率则高达 98.7%。而且该电极也不需要添加额外的胶黏剂，具有较好的应用前景。

当使用泡沫镍作为正极基板时，把导电性较差的活性物质 LiFePO$_4$（一种安全性能高的锂离子电池正极活性物质）填充到基板上，可以大大提高两者的接触面积，提高活性物质的放电性能[76]。为提高这类电极活性物质的导电性，常用的一种方法是在泡沫镍基板上先涂覆含有导电剂的底涂剂[77]。与催化剂只能覆盖在铝箔基板的表面相比，涂覆了导电剂之后的泡沫镍基板可以明显地提高催化剂的利用率，从而提高整个锂离子电池的性能。

也可以在泡沫镍上覆盖一层导电的碳层或合金材料。Tang 等人[78]将泡沫镍先放在 1000℃下的氢气气氛中热解 40 min，然后通入 CH$_4$、H$_2$、Ar 混合气保温 30 min；冷却之后，泡沫镍表面就覆盖了一层石墨烯（见图 15-11）。用酸将模板溶解，得到电导率高达 600 S/cm、方阻低至 1.6 Ω/sq 的复制了泡沫镍结构的高导电三维石墨烯网络。以该石墨烯负载 LiFePO$_4$ 作为正极，其表现出很好的导电能力，对应的锂离子电池以 10 C 倍率进行放电时电池的比容量可达 109 mAh/g。

Wang 等人[79]在干燥的氩气手套箱中，以含 LiAlH$_4$ 和 AlCl$_3$ 的混合溶液为电解液，采用恒电流电解法在泡沫镍上电镀一层金属铝，再以此为基板承载正极活性物质 LiFePO$_4$。与常规铝箔基板正极相比，该新型基板正极中 LiFePO$_4$ 和泡沫镍的接触面积很大，使电极的电荷转移电阻很小。用这种泡沫镍基板正极组装的锂离子电池各项性能均十分优异。

第十五章　泡沫镍的应用

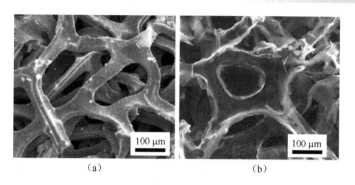

图15-11　由电子显微镜拍摄的泡沫镍被石墨烯包覆前后的照片[78]

Yang等人[80]以不同孔径的泡沫镍作为基板承载活性物质LiFePO$_4$，制作了不同的锂离子电池正极，即用不同孔径（450 μm、800 μm和1200 μm）的泡沫镍吸附Ni-Cr-Al合金粉末，再经高温处理得到主要成分是Ni的三元合金泡沫。以合金泡沫作为基板，用碳包覆的LiFePO$_4$构成多种规格的超厚电极。经过测试发现，泡沫镍孔径为1200 μm的电极活性物质负载量最大，对应的面积比容量也最高，但是电荷转移电阻高，组装成相应的电池后电池容量反而不是最高的，放电效率却最低。因此，Yang等人认为，作为基板的泡沫镍孔径为450～800μm时，比孔径大的泡沫镍在能量储存方面更有优势。

也有人[81]在开发LiV$_3$O$_8$作为锂离子电池的正极活性物质过程中，使用泡沫镍作为基板。他们研制出泡沫镍基石墨烯/LiV$_3$O$_8$并把它作为电池的正极。由于泡沫镍的多孔结构有效促进了Li$^+$的扩散，因而电池具有较佳的放电性能和稳定性。为进一步减少电极质量，提高电池能量密度，他们又使用泡沫镍作为牺牲模板，合成了三维多孔的氧化石墨烯泡沫，并把它作为正极基板。由于使用密度很小的非金属材料制作电极，最后组装的电池具有很高的质量比容量。

2. 在锂-空气（氧气）电池上的应用

目前，锂离子电池一次充电的放电容量仍然不能够满足人们将其作为未来新能源汽车车载电池的动力要求。而以金属锂作为电池负极，以承载催化剂的空气电极作为正极的锂-空气（氧气）电池，其比能量密度是目前可逆电池中最高的，为锂离子电池的5～10倍[82]，因而得到广泛关注。其中又以电解液作为有机非水电解质体系的锂-空气电池研究最多。通常，锂-空气（氧气）电池的反应机理[83]为

$$O_2 + e^- \rightarrow O_2^- \tag{15-5}$$

$$O_2^- + Li^+ \rightarrow LiO_2 \tag{15-6}$$

$$2LiO_2 \rightarrow Li_2O_2 + O_2 \tag{15-7}$$

$$Li_2O_2 \rightarrow 2Li^+ + 2e^- + O_2 \tag{15-8}$$

其中，空气电极上氧气的反应动力学性能差。因此，需要制备对氧气还原反应和氧气析出反应均具有较好催化性能的催化剂。在催化剂的开发过程中，常优先选择对气体电极独具优势的具有三维网络通孔结构的泡沫镍作为基板材料。

Li 等人[84]进行了相关实验：先使 CH_4 沉积到泡沫镍上，以原位合成法制备具有自支撑结构的碳纳米管，然后，通过真空磁控溅射使泡沫镍镀上贵金属铂。以此作为锂-空气（氧气）电池的正极，在电流为 20 mA/g 且稳定放电时，测得的可逆质量比容量高达 4050（mA·h）/g；在大小为 400 mA/g 的电流密度下充/放电 80 次之后，测得的质量比容量仍可达 1500（mA·h）/g，相应的比能量约为 3000（W·h）/kg。其具有良好电化学性能的原因是铂纳米颗粒高度分散、碳纳米管与泡沫镍基板直接相连，有利于电子转移，同时电极活性物质的网络结构有利于气体的扩散。

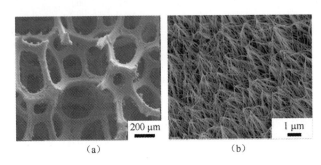

图 15-12　由扫描电子显微镜拍摄的泡沫镍基 Pt/Co_3O_4 照片[85]

Cao 等人[85]通过水热法在泡沫镍上成功获得了顶端束在一起的丝状 Pt/Co_3O_4 纳米线（见图 15-12）。这种只在泡沫镍骨架上生长的纳米线复制了泡沫镍的三维网络通孔结构，同时保留了泡沫镍的孔道。将其作为锂-空气（氧气）电池电极，避免了由胶黏剂和碳引起的副反应，均匀分布的铂纳米颗粒使电极反应物 Li_2O_2 在 Pt/Co_3O_4 纳米线外围铺成均匀、疏松的薄膜，Li_2O_2 的这种特性可以减轻电极的钝化。电化学性能测试结果表明，在电流密度为 100 mA/g 情况下，循环充/放电 50 次之后，仍然可以很好地保持电池容量。

Huang 等人[86]进行了如下的实验：将泡沫镍放入含 $Co(NO_3)_2$ 和尿素的水溶液中，使之发生水热反应生长出具有自支撑结构的多孔 Co_3O_4 纳米片，然后通过化学镀法将银镀到 Co_3O_4 上。将这种具有自支撑结构的电极用于锂-氧气电池，大大降低了反应物的传质阻力，银的引入提升了电极的导电性，同时对氧气还原反应具有一定的催化活性，还可以与 Co_3O_4 协同促进氧气析出反应。此种电池的初始放电容量达到了 2471.1（mA·h）/g。

Li 等人[87]根据锂-空气（氧气）电池的反应机理，即根据空气电极在放电和充电时分别发生氧气还原反应和氧气析出反应，设计了一种复合锂-空气电池。在电池放电时，以疏水碳纸承载氮掺杂介孔碳，并把它作为电池的正极，此时氮掺杂介孔碳是氧气还原反应的催化剂；在电池充电时，以直接在泡沫镍上生成的无碳三维中孔 $NiCo_2O_4$ 鳞片为电池的正极，此时 $NiCo_2O_4$ 为氧气析出反应催化剂。该泡沫镍基板正极，对析氧反应具有催化作用的有效催化区域明显增大，电化学活性比表面积从小于 1 m^2/g 提高到大于 80 m^2/g，电极表现出很高的催化活性。此外，泡沫镍也使电极具有较好的机械强度。

3. 在锂-硫电池中的应用

锂-硫电池是一种拥有很高理论质量比容量 [1675（mA·h）/g] 和理论能量密度 [2500（W·h）/kg] 的电池。这类电池的正极活性物质含有硫元素，金属锂作为负极，其理论容量很高，有望成为下一代主要储能电池，因而获得较多关注[88]。但实际情况是，由于单质硫是电子、离子的绝缘体，电极上动力学过程十分缓慢，电池的循环使用寿命和充/放电性能指标远远低于理论预期值。一种有效的解决方法就是将导电性良好、孔隙率较高的泡沫镍用于锂-硫电池的正极。

德国有学者[89]通过电镀的方式把单质硫密集、均匀地分布到泡沫镍上。泡沫镍独特的海绵状通孔结构促进了单质硫尽可能多地在电解质中进行反应。电池以 0.167 C 放电倍率充/放电 100 次后质量比容量为 300（mA·h）/g。再通过改变电解液成分和电镀条件，在分布着硫的泡沫镍上继续覆盖一层厚约 50 nm 的 NiS_x 膜。由这种具有新型结构的电极组装成锂-硫电池，在相同的放电倍率下进行同样的充电和放电次数后，经过测试发现电池质量比容量可达 800（mA·h）/g。

Zhao 等人[90]通过电沉积的方式获得了表面上覆盖有微粒平均尺寸为 2 nm 的硫，以此作为锂-硫电池正极。这种结构有助于电极活性物质与电解液充分接触，提高了单质硫转换为多硫化物的转化率，进而提高了硫的利用率。此外，由于泡沫镍具有良好的柔韧性，因此用它制备的电极易于组装成软包电池。

Cheng 等人[91]认为，锂-硫电池循环使用寿命稳定性较差的原因是多硫化物溶解之后在电池中迁移扩散的过程会导致电极活性物质的流失。因此，他们采用溶液原位合成法，将硫承载到泡沫镍上制成硫-泡沫镍电极，发现硫和镍之间有很强的界面相互作用，这可以把硫限域在泡沫镍上，从而使电化学反应只发生在阴极区，以此提高了电池的稳定性，以 0.5C 的放电倍率循环充电和放电 500 次后，放电效率仍接近 100%。同样为了实现硫的限域，Luo 等人[92]在手套箱中直接把泡沫镍融入碳壳中，泡沫镍和碳壳充当复合基板，制得了硫载量高达 40 mg/cm² 的泡沫镍/碳壳复合电极。该电极具有良好的导电性和多孔结构，促进了电子的转移，同时也是含硫化合物的储存场所，保留活性物质。由该复合电极组装成的电池经 0.2 C 的放电倍率循环充/放电 100 次后的比容量为 27（mA·h）/cm²，在充/放电循环之前测得的值则为 40（mA·h）/cm²。

4. 在其他锂电池中的应用

硒和碲是硫的同族元素，硒阴极和碲阴极具有与硫阴极相当的体积比容量，而且硒和碲的导电性比硫更好。因此，锂硒电池和锂碲电池自然成为研究的热点。

Huang 等人[93]使用电流置换法，制备了在泡沫镍基板上承载硒的电极。当电极表面包覆一层氧化石墨烯保护层之后，电池初始质量比容量从包覆前的 554（mA·h）/g 增加到 665（mA·h）/g，并且包覆保护层之后的库仑效率达到了 98.5%。他们又使用同样的技术制备了泡沫镍基碲纳米棒电极，然后直接以此电极组装成锂碲电池。经过测试发现，这种电极在以二甲基亚砜作为溶剂时，质量比容量和循环使用寿命均能达到令人满意的结果[94]。

锂锰电池也是一种被广泛应用于医疗器械、仪器仪表、助动车等方面的锂电池，它以金属锂为负极，以特种二氧化锰为正极。但由于二氧化锰的导电性差，锂锰电池的实际放电性能与理论值相比仍有较大的提升空间。有人[95]在二氧化锰表面镀银制成二氧化锰-银复合材料，再将处理后的复合材料填充到泡沫镍基板中制成电极，可明显提升锂锰电池容量和比能量。Hu 等人[96]在研究废旧锂锰电池的回收利用时发现，二氧化锰电极锂化后有较好的氧还原/氧析出电催化活性。

15.1.5 在其他化学电源中的应用

钠离子电池与锂离子电池在运行机理上的不同之处是在两个电极之间移动的是 Na^+ 而非 Li^+，其他方面的性能都十分相似。事实上，钠离子电池具有更加丰富且易得的原料来源，从生产成本的角度考虑，它比锂离子电池更具研究价值，所以也很受关注。

Ge 等人[97]采用浸渍法在泡沫镍孔棱骨架上覆盖氧化石墨烯，然后在氧化石墨烯-泡沫镍基板上生长出一种多面体结构的钴基金属-有机框架材料——ZIF-67，最后经过低温磷化，制得了以包覆氧化石墨烯的泡沫镍为基板的磷化钴复合碳材料。将其作为钠离子电池负极，在 100 mA/g 的电流密度下，这是由于充电和放电循环 100 次后，放电容量为 473.1（mA·h）/g。电池表现出良好的电化学活性，这是由于磷化钴复合碳材料与氧化石墨烯-泡沫镍三维网络通孔结构复合基板之间具有协同效应，其中三维网络通孔结构复合基板有足够大的比表面积，可以与多面体结构磷化钴复合碳充分结合，在电极中既增强了活性物质与基板之间的结合力，又提高了电极的导电性。

Xiang 等人[98]以 CH_4 为碳源通过化学气相沉积法制备复制了泡沫镍基板三维网络通孔结构的石墨烯，然后在此泡沫镍/石墨烯复合基板上制备有序堆叠结构的 MoS_2 纳米片。将所获得的柔性复合物制成电极用于钠离子电池，在 100 mA/g 电流密度下充/放电循环 50 次后，容量是 290（mA·h）/g。该柔性电极具有良好的电化学性能，泡沫镍/石墨烯复合基板具有与泡沫镍类似的三维网络通孔结构，这种材料作为电极基板有利于电子的集流、转移和电解质的扩散。

图 15-13 为锌-聚苯胺电池内部基本结构的截面[99]。锌-聚苯胺电池是一种用能导电的聚苯胺取代金属作为电极活性物质的电池，具有环保、低成本和易于制造的优点，因而得到了一定关注[100-101]。但电极活性物质实际用量偏大、电池比容量较小成为这种电池商业应用的最大障碍。

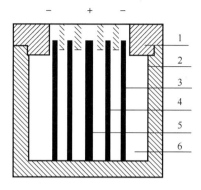

1—电池盖 2—圆柱形电池槽 3—锌阳极
4—电池隔板 5—聚苯胺阴极 6—电解液

图 15-13　锌-聚苯胺电池内部基本结构的截面[99]

Xia 等人[102]通过电泳技术将一层聚苯胺沉积到泡沫镍上，然后为增强其结合力，通过真空抽滤的方式，把聚苯胺浆料灌入泡沫镍的孔隙中制备成电极。其中，真空抽滤是为了保证聚苯胺致密堆积，增强结合力。具有三维网络通孔结构且有电泳涂层的泡沫镍作为基板，大幅度提升了聚苯胺电极的电化学性能，在 2.5 mA/cm² 电流密度且稳定放电条件下，测得该电极质量比容量为 183.28（mA·h）/g。国内也有学者[103]采用类似的方法，制备了泡沫镍复合基板聚苯胺电极。泡沫镍复合基板提高了活性物质与基板的接触面积，降低了不同界面之间的电阻，有助于提升电池容量。

多硫化钠-溴电池组是 Remick[104]在 20 世纪 80 年代，以专利的形式首次进行报道的一种高效化学电源存储方式。国内也有相关研究，图 15-14 为国内某单位研制的用泡沫镍制备负极的多硫化钠-溴电池组照片。电池运行时，电池系统中的部件外接泵使 NaBr 水溶液和 Na_2S_x 水溶液分别循环流经阴极和阳极并在电池中发生反应。电池的电极反应方程式为

$$(x+1)Na_2S_x + Br_2 \underset{充电}{\overset{放电}{\rightleftharpoons}} xNa_2S_{x+1} + 2NaBr \tag{15-9}$$

图 15-14　用泡沫镍制备负极的多硫化钠-溴储能电池组[105]

在多硫化钠-溴电池中，化学物质的变化在电极上进行，因而电极对整个体系的性能具有决定作用。在电池的各个组件中，泡沫镍基板因其材质和三维网络通孔结构优势常被应用到电池中作为负极。

热电池是一种通过热源激活的高温一次储备电池[106]，在许多军事设备中，多用热电池作为引信电源。热电池在常温下并不导电，一旦激活，内部就迅速升温，使原来不导电的固体熔融而具有导电性，电池即可进行放电。

Hu 等人[107]采用丝网印刷技术，将氯化镍承载到泡沫镍基板上作为正极，并组装成单电池。经测试，多孔泡沫镍基体大大增强了氯化镍电极的导电能力，截止电压为 1.5 V 时单电池放电比容量为 684.61（A·s）/g。而以不锈钢作为基板时电池放电比容量仅为 299.39（A·s）/g。显然，具有三维网络通孔结构的泡沫镍在制作热电池电极时优势明显，可以使热电池的放电容量获得极大提高，具有很好的实用性。

除了用于以上所列的化学电源，泡沫镍还常常被应用在以镍为正极、以锌为负极的镍锌电池[108]、锌-空气电池[109-110]（该电池与锂-空气电池原理相似，锌为负极，具有双层结构的空气电极为正极）、以储氢合金为负极的金属氢化物-空气电池[111]等化学电源中。泡沫镍作为活性物质的基板，充当电极中活性物质的载体和电子集流体的作用。

15.2 在电化学工程领域的应用

人们对泡沫镍在电化学水处理技术[112-113]、电催化水分解制氢技术[10-11]、有机电化学领域[112-113]、电化学传感器的制造与检测[114-115]等方面的应用，都有较多的研究和关注。

15.2.1 在电化学水处理技术中的应用

英国人芬顿（Fenton）在 1894 年观察到这样一个现象：大量化学反应活性比较稳定的有机物在亚铁盐和过氧化氢共存的体系中会被氧化分解[116]。后人为了纪念他，把这种能够用来去除城市废水中化学性质较稳定的有机污染物的组合试剂称为芬顿试剂。电芬顿法则是通过电化学作用持续生成 H_2O_2 和（或）Fe^{2+} 的高级氧化技术，其基本原理是溶解氧得到电子而生成 H_2O_2，H_2O_2 再与溶液中的 Fe^{2+} 发生反应[117]。对应的反应式为

$$O_2+2H^++2e^- \rightarrow H_2O_2 \tag{15-10}$$

$$H_2O_2+Fe^{2+} \rightarrow [Fe(OH)_2]^{2+} \rightarrow Fe^{3+}+\cdot OH+OH^- \tag{15-11}$$

式（15-11）中的羟基自由基·OH 具有很强的得电子能力，其标准氧化电位为 2.8 V[118]，氧化能力很强，能让普通条件下化学性质稳定的有机污染物快速氧化，从而使污水得到一定程度的净化。

在使用电芬顿法进行水处理过程中，阴极对处理效率有显著影响。文献[119]分别比较了以石墨、碳纤维毡、泡沫铜和泡沫镍作为电芬顿体系的阴极降解苯酚的效果，通过考察不同阴极催化产生 H_2O_2 的量，作为比较阴极性能的指标，发现泡沫镍作为电芬顿体系阴极时，H_2O_2 产量具有十分明显的优势。由此可以得出结论，泡沫镍是电芬顿法使用的最佳

阴极材料。文献[120]在采用电芬顿法处理罗丹明 B 染料废水时,也发现泡沫镍作阴极时体系产生的 H_2O_2 和羟基自由基分别是石墨电极的 15.39 倍和 8.12 倍。关于泡沫镍作阴极时 H_2O_2 产量较高的原因,Liu 等人[112]通过实验给出了解释。他们以活性炭纤维作为阴极,以事先制备的 Ti/RuO_2-IrO_2 复合材料为阳极,以泡沫镍为粒子电极,构建新型电解系统(见图 15-15),电解含罗丹明 B 的水样。实验结果显示,在泡沫镍表面会发生单电子转移反应生成·O_2^- 自由基[见式(15-12)],·O_2^- 很容易与水发生反应而生成 H_2O_2。

$$Ni + 2O_2 \rightarrow Ni^{2+} + 2O_2^- \tag{15-12}$$

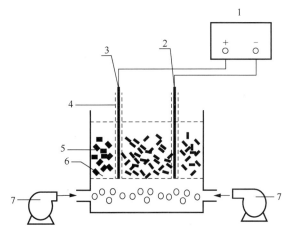

1—直流电源　2—活性炭纤维　3—Ti/RuO_2-IrO_2 阳极
4—多孔对流挡板　5—粒子电极　6—散流器　7—空气泵

图 15-15　以泡沫镍为粒子电极的电解系统示意[112]

除了在电芬顿体系中把泡沫镍直接充当电极,也有人利用泡沫镍更加巧妙地设计电极结构制备复合电极,以进一步提升电芬顿过程的效率。Fan 等人[121]先将铁-壳聚糖沉积到泡沫镍表面,然后用两片沉积了铁-壳聚糖的泡沫镍夹住一片活化碳纤维,压紧之后就制成了一个铁-壳聚糖/镍|活性炭纤维|铁-壳聚糖/镍的类似三明治结构的薄膜电极。这种结构简单、方便制作、成本低廉的电极用作电芬顿体系的阴极时,表现出很强的降解罗丹明 B 的催化活性。图 15-16 大致反映了电解时具有夹层结构的阴极周围粒子变化的情况。

泡沫镍作为电芬顿体系的阴极固然能提高催化活性,但缺点也十分明显。在氧气饱和的酸性溶液中,泡沫镍本身容易被腐蚀,这会缩短电极的使用寿命,而且因腐蚀作用而产生的 Ni^{2+} 会对溶液造成新的污染。为尽量避免泡沫镍作为阴极的缺点,人们考虑把泡沫镍用作基体承载阴极活性物质制备复合电极。Chen 等人[122]通过溶胶-凝胶法向含石墨烯和碳纳米管的炭气凝胶中加入 Fe_3O_4,成功获得了复合活性物质,将所制备的催化材料填充到泡沫镍上用作电芬顿体系的负极来催化降解甲基蓝。由于电极导电性好、比表面积大,提升了电极对氧气的吸附能力和催化氧离子还原生成过氧化氢的催化性能。通过施加 15 mA 电流且溶液的初始 pH=3 时,反应 60min 后就去除了多达 99%的目标有机物。Wang 等人[113]采用水热-高温炭化法,以蔗糖为碳源在泡沫镍基板的孔棱骨架表面包覆一层保护膜,并以其为电芬顿体系的阴极来氧化降解邻苯二甲酸二甲酯。实验结果表明，该方法有效地抑制了镍的腐蚀问题，所产生的过氧化氢的电流效率是纯泡沫镍阴极的 12 倍；当所加电压为 −0.5V 时，溶液中的有机化合物在 2 h 后就被完全降解，总的有机碳含量也减少了 82.1%，其效果是同等条件下使用石墨电极的 3 倍。

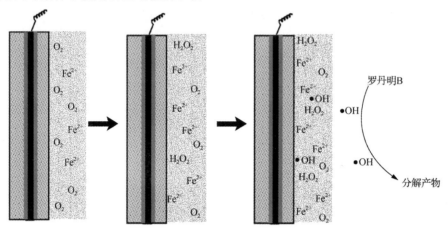

图 15-16　电解时具有夹层结构的阴极周围粒子变化情况[121]

15.2.2　在电催化水分解制氢技术中的应用

氢能是一种对环境友好、燃烧热值高、来源广泛的可再生能源，氢能被认为是 21 世纪最清洁的新能源。在当前传统化石燃料所引发的环境问题和能源危机越来越受到人们重视的背景下，氢能的研究开发受到多国学者的广泛关注[123]。

由于电催化水分解制氢技术操作条件温和、无污染，比传统的制氢技术具有明显的优势，是当前研究的热点。

电催化分解水制氢过程的具体反应式如下。

（1）酸性电解液

阴极： $4H^+ + 4e^- \rightarrow 2H_2$ （15-13）

阳极： $2H_2O - 4e^- \rightarrow 4H^+ + O_2$ （15-14）

（2）碱性或中性电解液

阴极： $4H_2O + 4e^- \rightarrow 2H_2 + 4OH^-$ （15-15）

阳极： $4OH^- - 4e^- \rightarrow 2H_2O + O_2$ （15-16）

电解所用电极的合理设计和制造对于降低生产成本、提升催化制氢效率、降低能耗具有非常重要的意义。泡沫镍导电性好、具有大的电化学反应界面；同时金属镍具有较低的析氢过电位，被广泛应用于电催化分解水制氢反应的电极材料。泡沫镍作为基板，与催化剂复合而制备的电极在电解水制氢技术中展示了十分可喜的应用前景。

泡沫镍的三维网络通孔结构对于增加催化剂的电化学反应面积，从而提高电催化析氢的效率具有积极意义。He 等人[124]为了制备比表面积尽可能大的催化活性物质，选择在泡沫镍基板上电沉积 NiS_x，然后以此作为阴极电催化分解水制氢。通过对镍基板和泡沫镍基板的对比发现，泡沫镍基板的氢析出电位低，有利于降低生产过程中的能量消耗。

Han 等人[125]在高温条件下将泡沫镍置于 CH_4 气氛中，然后通过红磷高温升华，在包覆了碳层的泡沫镍基板上生长出一层 Ni_2P。这种具有三维网络通孔结构的催化剂在电解水过程中，具有比单纯的泡沫镍、CoP、Ni_2P 和商业化铂碳都更为高效的电催化析氢性能。在 pH=14 的碱性电解液中，氢析出过电位只有 7 mV；而在 pH=0 的酸性溶液中，过电位也仅为 30 mV。这种在泡沫镍基板上生长的具有三维网络通孔结构的催化剂在高效率电解水工程领域的应用前景良好。

Wang 等人[126]提供了一种更加简单的方法制备泡沫镍基催化剂，即采用一步溶剂热法直接在泡沫镍上生长 Ni_2P 纳米棒，所得到的具有自支撑结构的复合电极在酸性环境中析氢反应的起始电位和塔菲尔斜率等关键指标均很理想，表现出的析氢性能十分优异。

泡沫镍也可经过修饰后用于电催化析氢反应。Ma 等人[127]采用电沉积铜和钴的方式对泡沫镍基板进行修饰，在电沉积铜和钴时所用的电流密度分别为 $0.01\ mA/cm^2$ 和 $0.05\ mA/cm^2$，电沉积的时间均为 600 s，该条件下制备的"泡沫镍/Cu0.01/Co0.05"三维网络通孔结构复合电极在催化析氢活性和循环使用性能方面具有优良的表现。

在电催化水分解时，不仅能够制得氢气，氧气也会同时在另一个电极上析出。事实上，除了氢气析出反应的过电位所消耗的能量，氧气析出反应的过电位实际上要远大于氢气析出反应的过电位，因为氧气析出反应的电位所消耗的能量占电解水制氢能耗的很大部分[128-129]。降低水分解过程中阳极发生析氧反应的过电位，对于减少电解水制氢的能耗，推动该项氢能生产技术的大规模应用具有十分重大的现实意义。

镍本身是一种析氧效率较高的金属元素[130]，Zhou 等人[131]采用水热法在泡沫镍上生长单晶 Ni_3S_2 纳米棒，以此复合材料为电极用于电催化氧析出反应时，过电位仅为 157 mV。这种优良的性能得益于电极表面的 Ni_3S_2 层、中间的氧化层和泡沫镍基板三者之间的协同作用。

也有人考虑将泡沫镍基板进行处理后，再在其表面生长具有特定形貌的镍化合物。Li 等人[132]先将泡沫镍基板氧化，然后采用溶剂热法在其表面上原位合成出具有八面体结构的 $NiSe_2$。未进行氧化处理的泡沫镍基板上生成的 $NiSe_2$ 是棒状结构。使用这两种材料作为电极进行析氧反应测试，结果表明，泡沫镍基板经氧化后制备的电极具备更好的氧析出电催化性能。这可能因为前者具有相对较高的 Ni^{2+} 比例和八面体结构型的 $NiSe_2$。Han 等人[133]通过一种简单的电化学氧化过程处理泡沫镍基板，在泡沫镍基板上原位合成出镍的氧化物，这种三维网络通孔结构的镍氧化物-泡沫镍基板复合材料同样对催化水分解产生氧气具有较高的催化活性。

电催化水分解时会同时析出氢气和氧气，这启发人们利用泡沫镍制备出兼具较好的电催化析氢活性和析氧活性的双功能催化剂，用于整个电解水过程。You 等人[134]采用两步法，先在泡沫镍基板上电沉积镍微球，再磷化生成海胆状磷化镍微球，得到多孔的 Ni_2P-Ni-泡沫镍材料。将这种材料应用于电催化析氢和析氧时，均表现出很好的催化活性，故而既可将它作为阴极电解水制氢，也可将它作为阳极电解水制氧，对应的槽电压分别为 1.49 V 和 1.68 V，对应的电流密度分别达到 10 mA/cm² 和 100 mA/cm²，而且这种催化剂的耐用性很好。

Tang 等人[135]以 NaHSe 为硒源，采用很简单的一步水热反应法在泡沫镍上原位合成长出 NiSe 纳米线。这种纳米线具有很高的电催化析氧反应活性，这时在 NiSe 表面生成的 NiOOH 是实际的催化活性位点。而且电极也具有高效的电催化析氢性能，这种具有双功能的电极使得电解水制氢过程更加简便高效。

15.2.3　在有机电化学领域中的应用

在有机电化学领域，采用电化学的方式合成化学物质时，在反应过程中使用电子作为氧化剂或还原剂，而不需要另外再加入氧化剂或还原剂，这是符合绿色化学要求的一种合成工艺。

在种类繁多的有机化合物中，有机氯化物是一种被广泛用作化学合成过程的中间体或溶剂的一类有机物，也是许多农药、杀虫剂和杀菌剂的原料[136]。但多数有机氯化物都有毒性，而且在自然环境中很稳定，往往有很长的残留期。大量有机氯化物的使用对大自然造成很大破坏，甚至有些有机氯化物还对人体有致癌作用，给人类带来伤害[137]。因此，从保护环境的角度出发，将这种脂肪族化合物的氯原子取代物脱氯还原，对于污染治理具有十分重大的现实意义。

电催化有机氯化物脱氯还原是一种非常有效的有机氯化物污染治理方式，使用该方式时泡沫镍常被用作催化剂的载体。Li 等人[138]通过控制温度为 0 ℃，在含吡咯和对甲苯磺酸的电镀液中施加电压 0.6 V 反应 20 min，从而达到将聚吡咯薄膜镀覆到泡沫镍基板的孔棱骨架上的目的，然后再把该基板浸入含 PdCl₂ 和 NaCl 的溶液中。在 40 ℃ 下，通过恒定电流（6 mA）使钯颗粒沉积到聚吡咯薄膜上，把这样制得的复合材料作为电催化反应的电极。对一定构型的二氯苯酚进行脱氯还原，与其他脱氯还原方法的脱氯速率进行比较发现，把上述方法制备的复合产物用于催化等量的 2,4-二氯苯酚还原所用时间最短，并且该电催化过程在反应动力学上满足拟一级反应的特征。

也可对泡沫镍基板进行修饰后用作电催化有机氯化物脱氯还原的电极。Sun 等人[139]将纳米级粉末 TiN 分散到含 PdCl₂ 和 NaCl 的溶液中制成悬浮液，然后把泡沫镍基板浸入其中。通过化学镀的方式把 TiN 掺杂到钯-泡沫镍复合物上，再把这种复合物作为电极催化目标有机物反应。当掺杂的 TiN 质量为 2 mg 时，电催化过程持续 2 h 就可以使被催化降解的 2,4-二氯苯氧乙酸的移除率接近 100%。该电催化加氢脱氯还原反应的主要过程及机理如图 15-17 所示。Yang 等人[140]也通过化学镀的方式把钯颗粒均匀镀到泡沫镍上，并以此为阴极对 4-氯联苯进行电解。电解的温度为 30 ℃，体积流率为 50 mL/min 的电解液流经阴极区，以大小为 15 mA 的电流进行还原反应 2 h 之后，1 mM 4-氯联苯移除率达到 94.6%，联苯的产率达到 90.6%。

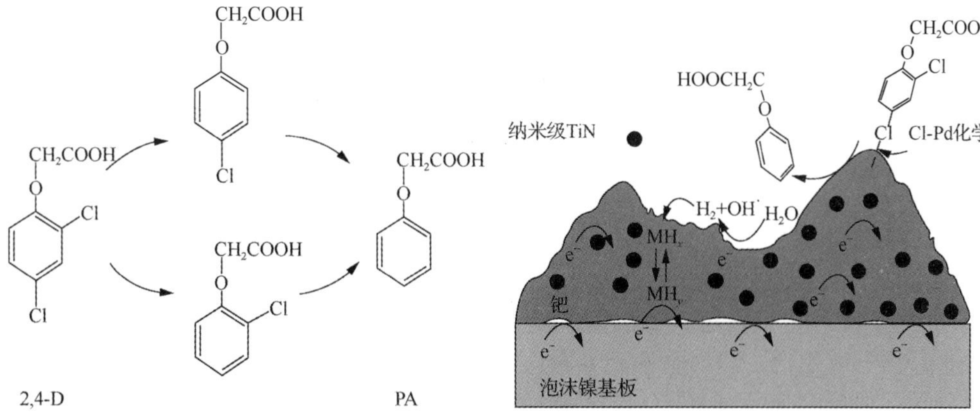

第十五章 泡沫镍的应用

图 15-17　2,4-二氯苯氧乙酸在氮化钛掺杂钯/镍电极下的电催化加氢脱氯反应的主要过程及机理示意[139]

Wang 等人[141]在电催化 H_2O_2 还原反应中，在泡沫镍基板孔棱骨架上生长 Co_3O_4 纳米线。这些 Co_3O_4 将基板均匀包覆，而且几乎是垂直生长、紧密排列的，因而比表面积较大。相比单纯的 Co_3O_4 颗粒，泡沫镍-Co_3O_4 复合材料在电催化 H_2O_2 还原反应时表现出更加优异的催化性能。在-0.4 V 电位下以该复合材料为电极的单位质量的电流密度达到了以单纯 Co_3O_4 颗粒催化电极时的 1.5 倍。

Yu 等人[142]通过化学气相沉积法在泡沫镍上覆盖一层石墨烯，然后通过水热反应-煅烧法在泡沫镍基板上生长出介孔纳米级针状 $NiCo_2O_4$。所获得的复合物用于在碱性环境下采用循环伏安法催化甲醇氧化分解的反应中，在电位为 0.65 V 时达到最大电流密度 93.3 A/g，并且在使用循环伏安法促老化之后材料达到的最大电流密度仍然相当于老化之前的 94.2%。这种优良的催化性能得益于该三维网络通孔结构的材料具有大的比表面积、高导电性和快速的离子/电子转移能力。

除了以泡沫镍作为基板进行后续活性物质填充后再进行电化学合成，也可直接使用泡沫镍作为电化学合成有机物时的阴极。马淳安等人[143]提到，有机合成反应可以在泡沫镍上发生，使苯甲醇在碱性环境中直接有选择性地氧化为苯甲醛。为了进一步提高苯甲醇的催化氧化效率，也可采用多电流阶跃的电化学手段在泡沫镍基体表面镀上一层对苯甲醇具有更高催化氧化活性的 NiOOH，作为电极催化苯甲醇氧化[144]。Gosmini 等人[13,145]则是非常简单地直接以泡沫镍为阴极，分别以锌和铁为阳极，在相应的电解液中电解 3-溴噻吩，合成 3-噻吩基溴化锌；电解官能化芳基和卤代吡啶，合成官能化 2-芳基吡啶。

15.2.4　在电化学传感器技术中的应用

化学传感器的工作原理是特定的物质发生化学反应输出信号，根据输出的信号就可以对需要测定的目标进行判定和分析[146]。当输出的信号是电信号时，相应的传感器就是电化学传感器。这类传感器又可以分为电位型、电流型和电导型 3 类[137]。电化学传感器检测的信号是由电化学反应引起的，传感器分别利用检测回路中电极的电动势、电路中的电流和电解质溶液电导能力等信号的变化对测定目标进行分析判定。

可以直接用泡沫镍作为电极对化学物质进行检测。在夏梦丽等人[148]针对 D-半乳糖的检测而构建的三电极体系中，未进行修饰的泡沫镍就是工作电极。通过循环伏安法和电流-时间曲线检测法进行测试，结果显示，检测物 D-半乳糖直接在电极上发生反应，当其浓度为 0.25～5.00 mmol/L 时，该传感器的检测灵敏度为 6.73×10^{-2} mA/(cm^2·mmol/L)，检测极限值为 17.7 μmol/L，整体性能优异。

针对不同的化学物质，还可以对泡沫镍进行一定的修饰处理之后作为电极，把它应用于相应的电化学传感器中。Akhtar 等人[149]通过浸渍法在泡沫镍基板表面均匀覆盖一层细胞色素 c，以此为工作电极构建电化学传感器用于检测 H_2O_2。通过循环伏安法与未加修饰的泡沫镍电极进行对比，发现细胞色素 c 增强了泡沫镍催化 H_2O_2 还原的活性和电子转移速度。这种传感器灵敏度达到 1.95 μA/mM，检测极限值达到 2×10^{-7} M，而且具有很高的选择性。Kung 等人[150]构建的非酶葡萄糖传感器，则是通过循环伏安法促进氧化在泡沫镍基板表面生成能够催化非酶葡萄糖氧化的 $Ni(OH)_2$。由于 $Ni(OH)_2$ 均匀地生长在整个泡沫镍基板孔棱骨架的表面，因此所制备的泡沫镍/$Ni(OH)_2$ 复合电极具有电解液扩散阻力小、单元电极面积活性物质负载量高的优点。通过计时电流法进行非酶葡萄糖浓度检测，结果显示，非酶葡萄糖的浓度在 0.6～6.0 mM 的线性浓度范围内，该传感器灵敏度为 1950.3 μA/(mM·cm^2)，检测极限值为 0.16 μM。考虑到泡沫镍的价格优势，该传感器应用前景十分乐观。

还可以将泡沫镍作为模板设计传感器的结构。Yavari 等人[151]以泡沫镍为牺牲模板，联合使用化学气相沉积法和刻蚀模板的工艺，获得了具有和泡沫镍结构类似的三维网络通孔结构的石墨烯。然后，将多孔石墨烯与导线相连，通过测定多孔石墨烯吸附、脱附 NH_3 和 NO_2 时的电阻变化率，对上述两种气体的浓度进行检测。在室温下能检出空气中 NH_3 和 NO_2 的最低浓度极限为百万分比（ppm）级。这种传感器的价格便宜、耐用性好，在空气质量监测方面极具实用价值。

15.3 在化学工程领域的应用

泡沫镍作为承载催化剂的基板在化工催化反应、分离过滤技术、热工技术、化工设备等化学工程领域都发挥着重要的作用。

15.3.1 在化工催化反应中的应用

在使用催化剂的化学反应中，接触到反应物的催化剂有效位点越多，催化效率也就越高[152]。当催化剂填充到泡沫镍基板的孔棱骨架上时，由于载体比表面积较大，因此催化剂的活性位点暴露到反应物中的概率也随之增大，从而提高反应效率。

1. 在有机催化中的应用

天然气是一种环保、高效的化石能源。随着全球石油储备量日渐减少，许多国家都加紧了对天然气深层次利用的研究。其中一个很重要的方向就是制备合成气,然后以合成气为原料进一步制造各种化工产品。合成气转化路线简图如图 15-18 所示。

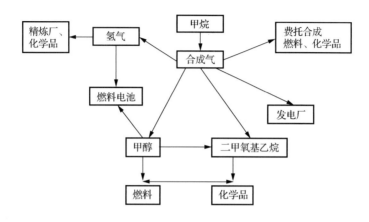

图 15-18　合成气转化路线简图[153]

工业化的合成气生产原理：在高温高压条件下,利用 CH_4 与 H_2O 反应生成 CO 和 H_2。由于条件的限制,该工艺存在成本过高的缺点[154]。相比之下,CH_4 部分氧化工艺在能耗和成本方面具有优势,因而有较优良的工业应用前景。其反应方程式为

$$CH_4+1/2O_2 \rightarrow CO+2H_2 \tag{15-17}$$

这种工艺生产的合成气的组分比例适用于下游的生产,同时还具有能耗较低、反应转化率和产率都很高的优点[155]。在该工艺中以泡沫镍为载体得到的整体式催化剂具有很高的应用价值。

Chai 等人[156]在催化 CH_4 部分氧化的实验中,先通过水热反应在泡沫镍基板上生长出片状的 NiAl 二元水滑石,然后采用浸渍法,填充含有特定浓度 Ni、Ce 以及硝酸铝的勃姆石溶胶（Al_2O_3 的质量分数为 4.5%）。经过干燥、高温热解之后,获得泡沫镍基 $NiO-CeO_2$-Al_2O_3 复合材料。在 700℃、气体空速 100 L/(g·h)（单位质量催化剂、单位时间内处理反应气体的体积）、进料比 $CH_4/O_2=1.8$ 的反应条件下,反应消耗掉的 CH_4 占投料总量的百分比为 86.4%,H_2 和 CO 的选择性分别达到 91.2%、89.0%,并且在实验测试中非常稳定。

文献[157]中设计了一种包含双床催化体系（见图 15-19）的流化床反应器进行 CH_4 部分氧化反应。该催化体系采用被酸浸泡腐蚀增大了比表面积的泡沫镍,制成整体式催化剂和重整反应催化剂。在进料比为 $CH_4/O_2=2.0$ 和进料流率为 1676 mL/min（S.T.P）时,在初始进料中的占比达 85.3%的 CH_4 气体被氧化,其产物中 H_2 和 CO 的选择性分别为 91.5%和 93.0%。在生产实践中,流化床层上游的泡沫镍能保证下游的重整反应催化剂不会直接暴露在高温环境下,很好地避免了反应催化活性物的烧结和组分流失问题,因此该双床系统在实际操作中具有很高的稳定性。

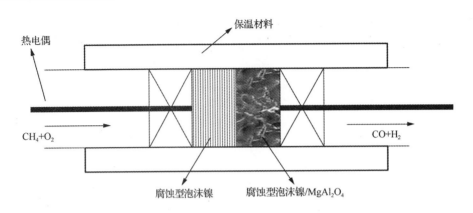

图 15-19 双床催化体系示意[157]

合成气一个非常重要的应用是，作为原料进行费托合成以创造更大的经济效益。费托合成法由德国科学家 Hans-Tropsch 和 Frans-Fischer 发明，合成气在一定条件下发生一氧化碳加氢和碳链增长的反应，生成液态烃类产物[158]。在合成过程，可以由天然气、煤炭制取液体燃料，对于缓解石油供应压力、保护环境具有十分重大的意义。在该化学变化中，泡沫镍在许多新型催化剂中得到了重要应用。参考文献[159]中先采用凝胶法向泡沫镍中填充 Al_2O_3，再采用浸渍法按 10%质量分数将 Co 填充到上述载体中，得到 Co/γ-Al_2O_3 整体式催化材料。催化反应结果表明，CO 的转化率、C_{5+}烃（等于或大于 5 个碳原子的烃）的收得率分别为 39.21%、84.68%。该实验结果对将泡沫镍进一步在工业生产中应用于费托合成反应具有启发意义。

用作质子交换膜燃料电池燃料的富氢重整气中通常包含一定百分比的 CO，为避免电池催化剂被毒化，在应用前需要将富氢重整气中的 CO 浓度一般至少应降至 50 ppm 以下[160]。在工艺和操作上都比较简便可行的净化方式是将 CO 选择性地甲烷化[161]：

$$CO+3H_2 \rightleftharpoons CH_4+H_2O \tag{15-18}$$

在这一转化过程中常常伴随着 CO_2 与 H_2 之间的两个副反应：

$$CO_2+4H_2 \rightleftharpoons CH_4+2H_2O \tag{15-19}$$

$$CO_2+H_2 \rightleftharpoons CO+H_2O \tag{15-20}$$

采用高效的传热与适宜的传质速度能有效抑制上述副反应的发生。

Xiong 等人[162]采用浸渍法将 Ru-ZrO_2 复合材料填充到包覆有碳纳米管的泡沫镍基板上，制备了一种新型结构的复合催化剂。在 350℃下焙烧之后，这种泡沫镍基体上的 Ru 基催化剂在 200～300℃的反应温度范围内展示出很好的催化活性和稳定性，使混合气中的 CO 浓度由 1%降至不到 10 ppm，并且 CO 的选择性达到 60%。在该过程中，泡沫镍基板良好的热导性能和泡沫镍内微米级别的微通道防止了反应过程中热点的形成，有效地促进了化学反应过程。

以自然界中的动/植物油脂和甲醇/乙醇为反应物，在催化剂的作用下生成新的酯类化合物。该化合物具有良好的燃烧特性，而被称为生物柴油。从获取能源的原料看，催化废油脂制备生物柴油在缓解石油资源短缺和环境保护方面具有重大战略意义[163]。其中的化学反应式如下：

$$\begin{array}{c} CH_2COOR_1 \\ | \\ CHCOOR_2 \\ | \\ CH_2COOR_3 \end{array} + 3CH_3OH \longrightarrow \begin{array}{c} R_1COOCH_3 \\ + \\ R_2COOCH_3 \\ + \\ R_3COOCH_3 \end{array} + \begin{array}{c} CH_2OH \\ | \\ CHOH \\ | \\ CH_2OH \end{array} \tag{15-21}$$

使用泡沫镍基板承载催化剂催化废油脂制备生物柴油的方式，得到了相关研究者的关注。文献[164]采用浸渍法使用泡沫镍基板承载乙酸钾固体碱催化剂，用于催化废油脂和醇类的反应。实验结果显示，在 70℃温度下反应进行 3.5h 且醇油用量摩尔比为 7:1 时，废油脂的转化率达到最大值 94.3%，而且产物符合国家标准。此外，使用过的泡沫镍还可方便地回收再利用。

2. 在光催化中的应用

在光催化研究活动中，常使用以泡沫镍为基板承载活性高的光敏催化剂进行光催化。文献[165]中就提出把 TiO_2 薄膜覆盖在泡沫镍基板的孔棱骨架上，然后将其制成管状，最后构成一个气体净化单元（见图 15-20），将多个单元并联之后，形成一个可以降解室内空气中挥发性有机物的空气净化器。由于泡沫镍的孔隙连通，气流通过该空气净化器时阻力很小。同时，泡沫镍拥有足够大的比表面积，这意味着在相同时间内有更多、更充分的降解反应发生。因此，这款泡沫镍气体净化器的能效比常规产品提高138%。

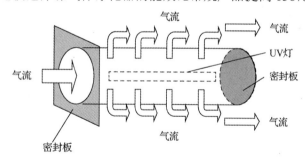

图 15-20 泡沫镍气体净化单元[165]

TiO_2 是一种应用非常广泛的光触媒材料，但其对阳光的利用率非常低。为了使 TiO_2 更加容易被激发，常见的处理方式是对 TiO_2 进行修饰并填充到比表面积较大的泡沫镍基板上。文献[166]中提出先制备出 La^{3+} 修饰的 TiO_2 溶胶，再将泡沫镍基板浸入该溶胶中浸泡一定时间，然后将泡沫镍基板取出，经过干燥和高温处理。在使用该泡沫镍基复合材料进行光催化降解甲醛和挥发性有机物的实验中发现，当 TiO_2 溶胶中 La^{3+} 的添加量占 Ti 添加量的比例为1.5%时，该化学反应进行 90 min 后甲醛和挥发性有机物的降解率分别为 94% 和 87%。

任超艳等人[167]在含 $TiOSO_4$、$ZnSO_4$ 的电解液中,以泡沫镍为阴极,通过控制电压和时间,使 Zn^{2+} 掺杂到 TiO_2 中并成功电沉积到阴极上。用该泡沫镍基复合材料催化水体中有毒的正三价砷,使之转变为络合物后除去正三价砷,该化学反应进行 5 h 后,发现水样中的 As(Ⅲ) 减少了 91.2%。

Hu 等人[168]先在泡沫镍基板上浸涂一层 Al_2O_3 作为中间过渡层,然后再采用同样的方法涂上一层 TiO_2 薄膜。通过乙醛气体光催化降解测试实验发现,该复合材料光催化效果比只有单纯的 TiO_2 薄膜时更好,这是由于中间过渡层使载体的比表面积增大的缘故。

泡沫镍为基板承载某些催化活性不够高的光敏催化剂后,往往能提升催化剂的催化效率。Wang 等人[169]针对 g-C_3N_4 光催化效率还有待提升的现状,采用浸渍法将具有稳定二维结构的 g-C_3N_4-还原氧化石墨烯复合物包覆到泡沫镍基体上,再用其分别催化四环素和甲基橙的降解反应。前者在化学反应进行 120 min 后减少了 90%,后者在化学反应进行 180 min 后,经测试,被降解的部分占初始总量的 97%。在制得的催化材料中,g-C_3N_4 覆盖到整个泡沫镍基板的孔棱骨架表面,大大增加 g-C_3N_4 的催化面积,提升催化效果。

Zhang 等人[170]采用电化学沉积法比较了被银修饰后的泡沫镍填充 ZnO、TiO_2 和 WO_3 后降解光催化甲苯的效率,结果发现,在同样反应条件下 TiO_2 的降解反应速率最快,化学反应进行 60 h 后甲苯降解了 95%。

除了使用泡沫镍作为基板承载光敏催化剂,也可以利用泡沫镍为模板制备其他能导电的非金属泡沫材料,将活性物质包覆到这些质量更轻的非金属泡沫上。Men 等人[171]提供了一种思路,即将氧化石墨烯悬浮液均匀涂覆到泡沫镍基板上,经过干燥、还原之后,去除模板以获得具有自支撑结构的海绵状氧化石墨烯还原物。然后使用这种非常轻的多孔材料承载 ZnO,由于所制备的光敏催化剂复制了泡沫镍的三维网络通孔结构,故对于提高催化剂对光子的捕获能力、提高光敏催化剂活性具有重要意义。

15.3.2 在分离过滤技术中的应用

在液对液的分离过程中通常使用泡沫镍作为分离介质[172],这是因为泡沫镍对流体是否通过存在选择性。泡沫镍经过表面改性成为某种液体不浸润的材料后,当外界压力小于这种液体对泡沫镍的界面张力时,只有另一种浸润性好的液体才能透过泡沫镍的孔道。这样,两种液体就被分离开来。正是基于这一原理,常构建具有超疏水性和超亲油性的泡沫镍,使油能通过过滤孔道而将水分离出来。

制备超疏水性的泡沫镍时,一般会考虑增加材料表面粗糙度和基板孔棱骨架上承载低表面能的化学物质,这是两个影响材料表面疏水性的因素[173]。Gao 等人[174]采用自组装法,先用酸浸泡泡沫镍,再将其浸渍到温度为 90℃、含 $Co(NO_3)_2$ 的氨水溶液中保温 12 h,生成了均匀稠密的含 $Co(OH)_2$ 和 Co_3O_4 的纳米丝,这就使泡沫镍形成了多重表面粗糙度(见图 15-21),再经低表面能的化学物质氟代烷基硅烷($CF_3(CF_2)_7CH_2CH_2Si(OCH_3)_3$)修饰之后,就获得了具有优良超疏水性和超亲油性的复合材料。Zhao 等人[175]制备超疏水表面的方法更具有创新性,他们将泡沫镍置于蜡烛火焰上方一定时间,使水不能浸润的蜡烛烟灰覆盖在泡沫镍表面而获得层次有序的结构,随后再以聚二甲基硅氧烷为低表面能的物质进一步处理,获得超疏水和超亲油的泡沫镍,对水和己烷混合物表现出很好的分离效果。这种方法具有简单、快捷、便宜的优点。

在部分油田中存在泥质含量高、易出砂的问题,泡沫镍在油砂过滤方面也得到应用。参考文献[176]中就将泡沫镍作为套筒用到石油防砂管当中。经实际测试,所制造的泡沫镍衬管有较大的过流面积,有效地解决了频繁卡泵的问题,同时结构简单、成本低,创造了较高的经济价值。

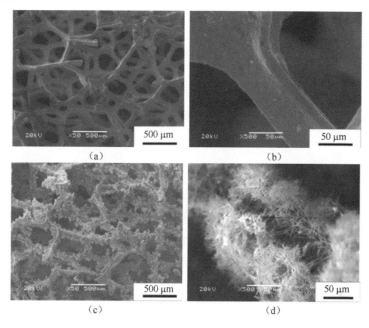

图 15-21　泡沫镍在浸渍 $Co(NO_3)_2$ 的氨水溶液前后的电子显微镜照片[174]

15.3.3　在热工技术中的应用

流体从泡沫镍孔隙中流过时伴随着能量的流动,即与泡沫镍材料进行热交换。泡沫镍热导性较好,是很好的传热材料,在工程热力学与传热学领域得到很好的应用。

在空间单组元发动机中,包含羟基硝酸铵和氧化剂的离子液体、叠氮类/过氧化氢二元燃料等新型绿色推进剂(相比传统的肼类推进剂)在推进性能、安全性和环保等方面都具有优势[177]。然而,这些绿色推进剂需要在相对更高的温度下才能催化分解。因此,在能源供应紧张的空间卫星上提高发动机催化床的热控效率,是有效利用新型绿色推进剂、研发高效环保发动机的关键。曾文文等人[178]将泡沫镍置于催化床前端作为蓄/换热材料,先由外置加热器将泡沫镍和催化剂同时加热到高温,点火时推进剂先穿过泡沫镍,在这一过程中推进剂很快带走泡沫镍上的热量而升温,然后与位于泡沫镍后面的催化剂反应,从而提高催化分解时的温度。

物态发生变化时，一般需要从环境中吸热或散热到环境中。相变蓄热技术就是根据这一原理，通过材料的吸/散热实现吸收余热、节能减排、最终可持续发展的目标[179]。目前该技术常用的蓄热物质存在热传导能力较弱、相态转化时体积改变较大的不足之处。当泡沫镍被填充到相变材料中后，可以很好地改善当前相变蓄热技术中存在的问题。

参考文献[17]中使用 FLUENT 软件建立模型，针对泡沫镍对相变蓄热过程的影响进行模拟。模拟结果显示，泡沫镍的存在使得容器内的热量传递更加高效快速，从而大幅提升相变速率。

Xu 等人[180]通过实验得到类似结果，他们自行设计了填充泡沫镍后进行改性的蓄热容器，研究温度对相变材料熔化时间的影响。通过计算机断层扫描图像发现，与没有使用泡沫镍的相变蓄热容器相比，改性后的相变蓄热容器中的泡沫镍可以使容器的空穴和温度分布更加均匀，这保证了容器有更快的热响应，从而得出改性后的相变蓄热容器性能更加优异的结论。

除了直接填充泡沫镍，也可以利用泡沫镍的独特结构和力学性能，对填充物质进行设计和强化。Ji 等人[181]将泡沫镍置于温度为 1050 ℃的 CH_4 气氛中制备超薄石墨层。这种石墨层具有和泡沫镍类似的连续互联空间结构，克服了以范德华力结合的石墨烯和碳纳米管所具有的界面热阻问题。将制备的石墨层填充到石蜡中，相变材料在相变过程中的体积变化率仅为 0.8%~1.2%，而热传导能力大大增强，热导率增大了 18 倍。

Hussain 等人[182]发现，单纯使用泡沫镍只能将石蜡的热导率提高 6 倍，石墨的热导率虽然很高，但是单独的石墨-石蜡复合物在高温下的抗拉强度和抗压强度等热力学性能又较弱。因此，他们采用化学气相沉积法在泡沫镍上包覆一层石墨，当石蜡浸入被石墨包覆的泡沫镍后，其热导率提高了 23 倍，且熔点升高而凝固点降低，相变潜热和比热分别降低 30%和 34%。泡沫镍的抗腐蚀性、高的比强度和韧性以及多孔构造等独特优势，使得所制备的复合相变蓄热材料的力学性能和热力学性能进一步增强，实用性得到很大提升。

15.3.4　在其他化工技术中的应用

在生产实践中，常常根据实际需要将泡沫镍应用在化工设备中，或将它与其他材料复合应用到机械设备部件制造中。

化工精馏塔内的填料是气、液相之间传质传热的介质，填料的性能对精馏塔的生产效率有直接影响。泡沫镍在结构和热力学性能上的特点十分明显，作为精馏塔填料使用时，相比传统的不锈钢填料表现出巨大的优势。

Zhang 等人[183]研究了泡沫镍作为填料用于对二甲苯和邻二甲苯精馏的过程。与目前广泛使用的 CDG1700X 型不锈钢丝网规整填料相比，在传统的竖直精馏塔内，泡沫镍作为精馏塔内的填料可以使传质效率提升 40%，压力差降低 80%。

尽管填料或其他方面的改变可以在一定程度上强化精馏过程，然而这种渐进式的提升效果始终有限，并不能完全满足现代化工生产和节能环保方面的需求。为从根本上提高精馏设备的技术水平，超重力技术应运而生[184]。这种精馏技术使用的设备填充床不是静置的，而是可以旋转的。在该设备工作过程中，填充床内快速运动着的填充物将通过的液体割裂成支离破碎的细微部分，床层内液相部分的比表面积大大增加，加强了与气相接触时两者之间的传质。图15-22所示为一种气液体系旋转填充床结构示意图，由于气液相传质过程大大强化，这种新型超重力旋转填料床的生产能力比常规塔式设备有质的提升[185]。从模拟超重力环境进行精馏的原理可以看出，旋转填充床内的填充物是影响最终精馏结果的关键。杜兴凯等人[186]在将甲醇和水的混合液体进行分离的精馏操作中发现，旋转填充床内的填充物选择泡沫镍之后，精馏过程的效率和最终分离效果显著优于选择不锈钢丝网作为填料的旋转填充床，而且在泡沫镍的孔隙率基本相同时，材料孔径越小，对应的精馏过程越高效。

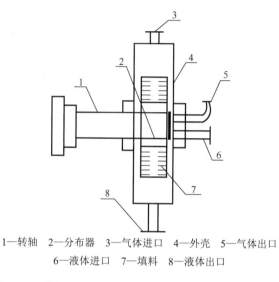

1—转轴　2—分布器　3—气体进口　4—外壳　5—气体出口
6—液体进口　7—填料　8—液体出口

图15-22　模拟超重力环境下的旋转精馏设备剖面简图[187]

泡沫镍具备较好的机械强度和刚性，在机械设备部件制造中也因此得到应用。日本的占部素臣等人[188]针对柴油发动机活塞顶部易因热疲劳而产生裂纹的状况，考虑到金属镍用于活塞制造时在耐磨性和回收利用方面表现的优势，使用泡沫镍作为内冷油腔盐芯的支撑体，将泡沫镍铸造在第一道气环槽，制备了抗热疲劳的柴油发动机顶部活塞（见图15-23）。与传统方法使用耐蚀镍合金制备的活塞相比，使用泡沫镍的活塞质量减小，热导率提高，柴油发动机活塞唇部喷口处的温度降低，唇部热疲劳寿命提高了约3倍。文献[189]中提出将泡沫镍应用于机械密封方面。在机械设备中常用的端面密封材料多为高分子聚合物，但是单一聚合物往往存在不耐磨、易老化的缺点，会因此缩短机件的工作时间，甚至有可能使整个设备瘫痪。一种可行的解决方法是对高分子聚合物进行改性以增强其耐用性。作者用经过前处理的三维网状泡沫镍为填料，倒入液态基质材料中，再固化成型，对聚四氟乙烯加以改性。经过测试发现，该改性材料的力学性能和耐磨性能相比未改性的单一聚四氟乙烯材料有较大提升，这种利用泡沫镍改性的方式为扩展机械密封材料的类型进行了有益的探索。

图 15-23 使用了泡沫镍零部件的活塞（箭头所指为泡沫镍气环槽）[188]

15.4 在功能材料领域的应用

泡沫镍除了结构方面的特性，还因其独特的多孔结构和金属本身的导电、导热性能叠加，在电磁屏蔽、消声降噪、吸能减振等功能材料中，也有较好的应用价值。对于泡沫镍在上述功能材料方面的性能原理，第十四章已有论述，本章仅通过应用实例进行简单补充，以供相关工程技术人员参考。

15.4.1 在电磁屏蔽技术中的应用

人类进入工业化社会以后，电子工业得到快速发展，各种电子产品方便了人们的工作、学习和生活。由此产生的电磁波辐射也日益严重，除了电子设备被干扰，人体健康也可能因此产生负面影响，在部分场合屏蔽电磁波就显得十分重要[190]。利用泡沫镍所具有的三维网络通孔结构，使外部的交变磁场在这些骨架中发生电磁感应现象而产生涡流，涡流生成与外部磁场方向相反的、具有一定强度的磁场[191]，会因此大大减弱外部磁场的作用。此外，电磁波在多孔泡沫镍中发生散射和漫射，从而降低了周围空气中的磁通密度[192]。因此，泡沫镍在屏蔽电磁波方面获得了应用。

泡沫镍经修饰后进行电磁屏蔽是一种有效的屏蔽电磁波的方式。张灵振等人[193]将泡沫镍多次浸入一定浓度的 $Fe(NO_3)_3$ 溶液，再经过高温处理在泡沫镍孔隙间生成 Fe_2O_3 纳米棒。这种泡沫镍对频率为 12.4~18 GHz 的电磁波的屏蔽效能是 20~33 dB，对电磁波表现出较高的抗干扰性能。

泡沫镍在电磁屏蔽方面的应用方式也可以作为结构模板对材料的构造进行设计。Chen 等人[194]以 CH_4 为碳源，先在泡沫镍模板上制备石墨烯，再采用浸渍法在石墨烯上包覆一层聚二甲基硅氧烷,去掉模板之后获得电阻较小且超轻的泡沫状复合物。该材料对频率为 30 MHz~1.5 GHz 和 8~12 GHz 的电磁波的屏蔽效能分别为 30 dB 和 20 dB。更重要的是,此泡沫状复合物对电磁波的比屏蔽效能为 500（dB·cm^3）/g,这一结果远优于常规金属或碳基电磁波屏蔽功能材料。而且,由于其质地柔软、韧性好,耐用性也非常出色,在重复 10000 次测试后屏蔽效能几乎没有变化。

赵慧慧等人[195]以泡沫镍为阴极,以铂为阳极,以含石墨烯和 $Mg(NO_3)_2$ 的异丙醇分散液为电泳液,在泡沫镍模板上包覆一层石墨烯,再在外层制备一层聚酯,刻蚀模板后就制得高孔隙率的非金属导电聚合物。该聚合物对 X 波段电磁波最高屏蔽效能为 12.7 dB,同时发现能量吸收为主要屏蔽机制。该轻质透气泡沫材料在精密仪器、航空航天电磁屏蔽方面具有潜在的应用前景。

15.4.2　在消声降噪技术中的应用

噪声污染是世界三大污染之一,它影响广泛,且随着工业的发展日趋严重,常常会直接给人们的正常生活带来困扰和不便,已成为一种全球公害[196]。当前,减少噪声的一个主要方法是使用泡沫镍或其他材料进行消声降噪。由于声波带动空气振动并与泡沫镍骨架产生摩擦,有一定比例的声波能量会转化为内能,这样就达到了使声波减弱甚至消失的目的[197]。

吸声系数是反映消声材料降噪能力的一个指标。该值较大,表示声波能量损失较多,意味着材料降噪能力较强。一般而言,声波频率较低时,在传播当中遇到阻挡后改变方向的过程是弹性碰撞,能量几乎不发生改变,所以吸声系数较低;而高频声波由于振幅较大,产生的碰撞可能是能量损失较大的非弹性碰撞,所以吸声系数较大[198]。卢淼等人[199]采用驻波管法测定泡沫镍片在声波频率为 2500~4000 Hz 这一人体听觉敏感区的吸声系数,发现泡沫镍对频率为 4000 Hz 左右的中频声波具有较好的吸声性能,而对 2500~3150 Hz 这一较低频段声波的吸声性能不佳。但在配合空腔之后可使吸声性能大大提升,表现为吸声系数从 0.3 以下提高到 0.5 以上。因此,泡沫镍有望成为人耳敏感频段的环保吸声材料。

15.4.3　在吸能减振技术中的应用

泡沫镍和其他泡沫金属一样,其弹性形变可吸收部分冲击能,而泡沫镍的比刚度和冲击能吸收能力是其作为功能材料的重要应用依据[200]。多孔金属镍也正是由于具备较好的吸能减振性能被用作陶瓷和金属之间焊接接头的中间层,这样可以减少焊接接头的残余应力,增强金属和陶瓷的结合强度,扩大陶瓷材料的应用范围[201]。

Fan 等人[202]研究了开孔泡沫镍的吸能性能与相对密度和预拉伸程度的关系,发现泡沫镍的能量吸收密度与材料的相对密度呈正相关关系、与材料的预拉伸程度呈负相关关系。而能量吸收效率对上述两个变量都不敏感,最大值出现在坍塌平台区末期。

参 考 文 献

第一章

[1] 徐英明. 钨钼镍钴四金属概要[M]. 上海: 商务印书馆, 1947.

[2] （苏）博里谢维奇（П.В.Борисевич）著, 王祖荫, 等译. 镍[M]. 北京: 地质出版社, 1955.

[3] 《国外有色冶金工厂》编写组编. 国外有色冶金工厂-镍与钴[M]. 北京: 冶金工业出版社, 1977.

[4] 中国有色金属工业协会. 中国镍业[M]. 北京: 冶金工业出版社, 2013.

[5] 易国勤, 王三德, 等. 实用营养指南[M]. 武汉: 武汉大学出版社, 1995.

[6] 赵健雄, 等. 镍毒性与中医药防治研究[M]. 兰州: 兰州大学出版社, 2007.

[7] 四川省革命委员会环境保护办公室, 四川省环境保护科研监测所. 八十种物质的毒性简介[M]. 成都: 四川省环境保护科研监测所出版社, 1978.

[8] （日）山县登. 微量元素与人体健康[M]. 乔志清, 等译. 北京: 地质出版社, 1987.

[9] 扶惠华, 王煜, 田廷亮. 镍在植物生命活动中的作用[J]. 植物生理学通讯, 1996, 32(1):45-49.

[10] Sauerbeck D R, Hein A. The nickel uptake from different soils and its prediction by chemical extractions[J]. Water, Air, and Soil Pollution, 1991, 57-58(1):861-871.

[11] Krogmeier M J, McCarty G W, Shogren D R, et al. Effect of nickel deficiency in soybeans on the phytotoxicity of foliar-applied urea[J]. Plant and Soil, 1991, 135 (2):283-286.

[12] Singh B, Dang Y P, Mehta S C. Influence of nitrogen on the behaviour of nickel in wheat[J]. Plant and Soil, 1990, 127(2): 213-218.

[13] Gabbrielli P, Pandolfini T, Vergnano O, et al. Comparison of two serpentine species with different nickel tolerance strategies[J]. Plant and Soil, 1990, 122(2):271-277.

[14] Dalton D A, Evans H J, Hanus F J. Stimulation by nickel of soil microbial urease activity and urease and hydrogenase activities in soybeans grown in a low-nickel soil[J]. Plant and Soil, 1985, 88(2):245-258.

[15] Rees T A V, Bekheet I A. The role of nickel in urea assimilation by algae[J]. Planta, 1982, 156(5):385-387.

[16] Diekert G B, Graf E G, Thauer R K. Nickel requirement for carbon monoxide dehydrogenase formation in Clostridium pasteurianum[J]. Archives of Microbiology, 1979, 122(1):117-120.

[17] Dixon N E, Gazzola C, Blakeley R L, et al. Jack bean urease (EC 3.5.1.5). Metalloenzyme. Simple biological role for nickel[J]. Journal of the American Chemical Socioty, 1975, 97 (14): 4131-4133.

[18] Polacco J C. Nitrogen Metabolism in Soybean Tissue Culture I. Assimilation of Urea[J]. Plant Physicol, 1976, 58(3):350-357.

[19] Eskew. D L, Welch R M, Cary E E. Nickel: An Essential Micronutrient for Legumes and Possibly All Higher Plants[J]. Science, 1983, 222(4624):621-623.

[20] 聂先舟, 徐竹生, 刘道宏, 等. 镍(Ni^{2+})银(Ag^+)对延缓水稻叶片衰老的效应. 湖北农业科学, 1998 (9):8-10.

[21] Smith N G, Woodbum J. Nickel and ethylene involvement in the senescence of leaves and flowers[J]. Naturwissenschaften 1984, 71 (4):210-211.

[22] 镍的危害[J]. 广东微量元素科学, 2001, 8(4):38.

[23] 夏立江, 王宏康. 土壤污染及其防治[M]. 上海：华东理工大学出版社, 2001.

[24] 齐涛. 钛、锆、镍湿法冶金技术[M]. 北京：科学出版社, 2016.

[25] 陈浩琉, 等. 镍矿床[M], 北京: 地质出版社, 1993.

[26] 张亮, 杨卉芃, 冯安生, 等. 全球镍矿资源开发利用现状及供需分析[J]. 矿产保护与利用, 2016 (1):64-69.

[27] 康兴东, 夏春才. 镍矿资源现状及未来冶金技术发展[J]. 科技视界. 2015, 36:273-274.

[28] 李小明, 白涛涛, 赵俊学, 等. 红土镍矿冶炼工艺研究现状及进展[J]. 材料导报, 2014, 28(5):112-116.

[29] 李武兰, 秦小三, 刘长勇. 红土镍矿原料的综合处理[J]. 铁合金, 2012, 43(4):17-19.

[30] 秦丽娟, 赵景富, 孙镇, 等. 镍红土矿 RKEF 法工艺进展[J]. 有色矿冶, 2012, 28(2):34-36.

[31] （加）小博尔德, 等. 镍-提取冶金[M]. 金川有色金属公司, 译. 北京: 冶金工业出版社, 1977.

[32] 何焕华, 蔡乔方. 中国镍钴冶金[M]. 北京: 冶金工业出版社, 2000.

[33] 唐思琪. 镍精矿冶炼镍铁试验研究[D]. 硕士学位论文. 长春: 吉林大学, 2004.

[34] 李长玖, 陈玉明, 黄旭日, 等. 镍矿的处理工艺现状及进展[J]. 矿产综合利用, 2012, 6:8-11.

[35] 符剑刚, 王晖, 凌天鹰, 等. 红土镍矿处理工艺研究现状与进展[J]. 铁合金, 2009, 40(3):16-22.

[36] Caron M H. Fundamental and practical factors in ammonia leaching of nickel and cobalt ores[J]. JOM, 1950, 2(1):67-90.

[37] Whittington B I, Johnson J A, Quan L P, et al. Pressure acid leaching of arid-region nickel laterite ore: Part II. Effect of ore type[J]. Hydrometallurgy, 2003, 70(1-3):47-62.

[38] 王华, 李博. 红土镍矿——干燥与预还原技术[M]. 北京: 科学出版社, 2012.

[39] 王晓民. 湿法冶金处理氧化镍矿的现状[J]. 金川科技, 2004, 1:29-34.

[40] 杨玮娇, 马保中. 红土镍矿加压酸浸工艺进展[J]. 矿冶, 2011, 20(3):61-67.

[41] Rubisov D H, Papangelakis V G. Sulphuric acid pressure leaching of laterites-speciation and prediction of metal solubilities "at temperature"[J]. Hydrometallurgy, 2000, 58(1):13-26.

[42] Zhai X, Fu Y, Zhang X, et al. Intensification of sulphation and pressure acid leaching of nickel laterite by microwave radiation [J]. Hydrometallurgy, 2009, 99(3-4):189-193.

[43] 栾心汉, 唐琳, 李小明. 镍铁冶金技术及设备[M]. 北京: 冶金工业出版社, 2010.

[44] 武明雨, 胡凯, 李运刚. Cr-Ni 奥氏体不锈钢的研究进展[J]. 铸造技术, 2016, 37(6):1079-1084.

[45] 杜存臣. 奥氏体不锈钢在工业中的应用[J]. 化工设备与管道, 2003, 2:54-57.

[46] 陈礼斌, 高永春. 不锈钢技术及其发展[J]. 河北冶金, 2011, 3:5-12.

[47] 康喜范. 镍及其耐腐蚀合金[M]. 北京: 冶金工业出版社, 2016.

[48] 杨瑞成, 聂福荣, 郑丽平, 等. 镍基耐蚀合金特性、进展及其应用[J]. 甘肃工业大学学报, 2002, 28(4):29-33.

[49] 王成, 巨少华, 荀淑玲, 等. 镍基耐蚀合金研究进展[J]. 材料导报, 2009, 23(3):71-76.

[50] Ren W, Nicholas T. Effects and mechanisms of low cycle fatigue and plastic deformation on subsequent high cycle fatigue limit in nickel-base superalloy Udimet 720[J]. Materials Science & Engineering A, 2002, 332(1):236-248.

[51] Shyam A, Milligan W W. Effects of deformation behavior on fatigue fracture surface morphology in a nickel-base

superalloy[J]. Acta Materialia, 2004, 52(6):1503-1513.

[52] 马超. 形状记忆材料的应用与发展[J]. 辽宁化工, 2006, 1:30-32.

[53] 罗勋, 宜天鹏. 镍基合金耐磨镀覆层的研究现状及进展[J]. 电镀与环保, 2007, 3:8-11.

[54] 王会阳, 安云岐, 李承宇, 等. 镍基高温合金材料的研究进展[J]. 材料导报, 2011, 25(2):482-486.

[55] Crook P. Selecting nickel alloys for corrosive applications[J]. Chemical Engineering Progress, 2007, 103(5):45-54.

[56] Shoemaker L E, Smith G D. A century of monel metal: 1906–2006[J]. The Journal of The Minerals, Metals & Materials Society, 2006, 58(9):22-26.

[57] Raja K S, Namjoshi S A, Misra M. Improved corrosion resistance of Ni-22Cr-13Mo-4W alloy by surface nanocrystalli-zation[J]. Materials Letters, 2005, 59(5):570-574.

[58] Gorhe D D, Raja K S, Namjoshi S A, et al. Electrochemical methods to detect susceptibility of Ni-Cr-Mo-W alloy 22 to intergranular corrosion[J]. Metallurgical & Materials Transactions A, 2005, 36(5):1153-1167.

[59] Apted M, Arthur R, King F, et al. The unlikelihood of localized corrosion of nuclear waste packages arising from deliquescent brine formation[J]. The Journal of the Minerals, Metals & Materials Society, 2005, 57(1):43-48.

[60] 王致宏. 哈氏合金设备的设计与施工[J]. 化肥设计, 2003, 1:26-28.

[61] 刘克勇, 雷永超, 蔡伟, 等. 钛镍形状记忆合金的研究进展[J]. 材料研究与应用, 2007, 2:86-90.

[62] Buehler W, Gilfrich J, Wiley R, Effects of low-temperature phase changes on the mechanical properties of alloys near composition TiNi, Journal of Applied Physics[J], 1963, 34:1475-1477.

[63] 刘葵, 龙华, 梁少俊. 镍的应用[J]. 化学教育, 2016, 37(18):10-14.

[64] Andreska J, Maurer C, Bohnet J, et al. Erosion resistance of electroplated nickel coatings on carbon-fibre reinforced plastics[J]. Wear, 2014, 319(1–2):138-144.

[65] Chang T F M, Sone M, Shibata A, et al. Bright nickel film deposited by supercritical carbon dioxide emulsion using additive-free Watts bath[J]. Electrochimica Acta, 2010, 55(22):6469-6475.

[66] 廖西平, 夏洪均. 化学镀镍技术及其工业应用[J]. 重庆工商大学学报(自然科学版), 2009, 26(4):399-402.

[67] 刘均波. 化学镀镍的发展及应用[J]. 潍坊高等专科学校学报, 2001, 2:55-58.

[68] (德)沃尔夫冈·里德尔. 化学镀镍[M]. 罗守福 译. 上海: 上海交通大学出版社, 1996.

[69] Sudagar J, Lian J, Sha W. Electroless nickel, alloy, composite and nano coatings-A critical review[J]. Journal of Alloys & Compounds, 2013, 44(31):183-204.

[70] Franco M, Sha W, Malinov S, et al. Micro-scale wear characteristics of electroless NiP/SiC composite coating under two different sliding conditions[J]. Wear, 2014, 317(1–2):254-264.

[71] Soleimani R, Mahbouhi F, Kazemi M, et al. Corrosion and tribological behaviour of electroless Ni-P/nano-SiC composite coating on aluminium 6061[J]. Surface Engineering, 2015, 31(9):714-721.

[72] 段志明, 刘纯辉. 金刚石表面电镀设备及电镀方法: CN103290446B[P]. 2015.8.

[73] 刘纯辉. 一种金刚石表面镀镍的方法: CN105603396A[P]. 2016.5.

[74] 李宁. 化学镀实用技术[M]. 北京: 化学工业出版社, 2012.

[75] 刘元刚. 高性能镍氢电池及其新型正极材料的研究[D]. 天津: 天津大学, 2007.

[76] 吴芳芳, 王建明, 陈惠, 等. 不同相结构 NiOOH 的制备及其物理化学性能[J]. 电源技术, 2004, 11:700-703.

[77] Schlapbach L, Züttel A. Hydrogen-Storage Materials for Mobile Applications[J]. Nature, 2001, 414(6861):353-358.

[78] Züttel Andreas. Materials for hydrogen storage[J]. Materials Today, 2003, 6(9):24-33.

[79] Willems J J G, Buschow K H J. From permanent magnets to rechargeable hydride electrodes[J]. Journal of the Less Common Metals, 1987, 129:13-30.

[80] Tatsumi K, Tanaka I, Inui H, et al. Atomic structures and energetics of LaNi$_5$-H solid solution and hydrides[J]. Physical Review B, 2001, 64:104-105.

[81] Hector L G, Herbst J F, Capehart T W. Electronic structure calculations for LaNi$_5$ and LaNi$_5$H$_7$: energetics and elastic properties[J]. Journal of Alloys and Compounds, 2003, 353:74-85.

[82] 周素芹, 程晓春, 居学海, 等. 储氢材料研究进展[J]. 材料科学与工程学报, 2010, 28(5):783-790.

[83] Zaluski L, Zaluska A, TessierP. Catalytic effect of Pd on hydrogen absorption in mechanically alloyed Mg$_2$Ni, LaNi$_5$ and FeTi[J]. Journal of Alloys and Compounds, 1995, 217(2):295-300.

[84] 原鲜霞, 邓晓燕, 王荫东, 等. 纤维镍电极与泡沫镍电极的比较[J]. 电池, 2000, 4:166-167.

[85] 桂金鸣, 羊树基, 万毅. 金属镍纤维基板的材料特性[J]. 电源技术, 1993, 17(3):23-25.

[86] 刘征, 黄亦工, 陈新辉, 等. 烧结镍工艺的应用研究[J]. 真空电子技术, 2010, 4:18-23.

[87] 林志峰, 胡日茗, 周晓龙. 镍基催化剂的研究进展[J]. 化工学报, 2017, 68(1):26-36.

[88] Bacariza M C, Graça I, Westermann A, et al. CO$_2$, Hydrogenation Over Ni-Based Zeolites: Effect of Catalysts Preparation and Pre-reduction Conditions on Methanation Performance[J]. Topics in Catalysis, 2016, 59(2-4):314-325.

[89] Amin R, Liu B S, Zhao Y C, et al. Hydrogen production by corncob/CO$_2$ dry reforming over CeO$_2$ modified Ni-based MCM-22 catalysts[J]. International Journal of Hydrogen Energy, 2016, 41(30):12869-12879.

[90] 杜欢政, 保积庆, 徐劼. 钴镍金属二次资源回收利用现状及发展对策研究[J]. 再生资源与循环经济, 2013, 6(2):33-39.

[91] 叶为辉, 于金刚. 钴镍金属二次资源回收利用现状及发展[J]. 化工管理, 2016, 29:312.

[92] 魏国侠. 从含镍废物中回收镍的工艺简介[J]. 天津冶金, 2009, 1:40-44.

[93] 杨智宽. 含钴镍废水的萃取处理研究[J]. 化工环保, 1996, 4:195-198.

[94] 朱龙, 王德全. 从含镍废水中回收镍的研究[J]. 有色矿冶, 1998, 6:42-44.

[95] 徐艳辉, 陈长聘, 王晓林. 废旧 MH-Ni 电池金属材料的再利用[J]. 电源技术, 2002, 3:154-157.

[96] 林才顺. 废旧 MH/Ni 电池负极材料的回收利用[J]. 湿法冶金, 2005, 2:102-104.

[97] 唐庚年. 从废合金棒中回收钴镍的研究[J]. 湖南冶金职业技术学院学报, 2004, 4(3):94-96.

第二章

[1] 刘培生. 多孔材料引论[M]. 北京:清华大学出版社, 2004.

[2] Everett D H. IUPAC Manual of symbols and terminology[J]. Pure Appl Chem, 1972, 31: 577-638.

[3] 刘培生，陈国峰. 多孔固体材料[M]. 北京: 化学工业出版社，2014.

[4] 龙海仁. 多孔陶瓷的制备[J]. 陶瓷, 2016, 5:27-35.

[5] 张晓霞, 山玉波, 李伶. 多孔陶瓷的制备与应用[J]. 现代技术陶瓷, 2005, 4:37-40.

[6] 江昕, 尹美珍. 多孔陶瓷材料的制备技术及应用[J]. 现代技术陶瓷, 2002, 1:15-19.

[7] Nettleship I. Applications of Porous Ceramics[J]. Key Engineering Materials, 1996, 122:305-324.

[8] 刘瑛. 泡沫塑料可压缩的塑性力学性能研究[D]. 天津: 天津大学, 2006.

[9] 张玉龙, 李长德. 泡沫塑料入门[M]. 浙江: 浙江科学技术出版社, 2000.

[10] 卢子兴, 赵明洁. 泡沫塑料力学性能研究进展[J]. 力学与实践, 1998, 2:1-9.

[11] 汤慧萍, 张正德. 金属多孔材料发展现状[J]. 稀有金属材料与工程, 1997, 1:3-8.

[12] 郝刚领, 韩福生, 李卫东, 等. 多孔金属材料的制备工艺及性能分析[J]. 延安大学学报(自然科学版), 2008, 2:24-27.

[13] 杨雪娟, 刘颖, 李梦, 等. 多孔金属材料的制备及应用[J]. 材料导报, 2007 (S1):380-383.

[14] 王俊波, 杜商安, 周芳, 等. 多孔陶瓷制备技术的研究进展[J]. 绝缘材料, 2009, 42(2):29-32.

[15] 刘培生, 陈祥. 泡沫金属[M]. 长沙: 中南大学出版社, 2012.

[16] 刘阳, 唐明, 王晓丹. 泡沫金属材料的研究进展[J]. 上海建材, 2009, 4:18.

[17] 戴长松, 张亮, 王殿龙, 等 泡沫材料的最新研究进展[J]. 稀有金属材料与工程, 2005, 3:337-340.

[18] 左孝青, 杨晓源, 李成华. 多孔泡沫金属研究进展[J]. 昆明理工大学学报, 1997, 1:94-97.

[19] 陈勇军, 左孝青, 史庆南, 等. 金属蜂窝的开发、发展及应用[J]. 材料导报, 2003, 12:32-35.

[20] Foo C C, Chai G B, Seah L K. Mechanical properties of Nomex material and Nomex honeycomb structure[J]. Composite Structures, 2007, 80(4):588-594.

[21] 马成, 刘方军. 蜂窝材料加工工艺研究进展[J]. 航空制造技术, 2016, 3:48-54.

[22] 王玉瑛, 吴荣煌. 蜂窝材料及孔格结构技术的发展[J]. 航空材料学报, 2000, 3:172-177.

[23] Štandeker S, Novak Z, Željko K. Adsorption of Toxic Organic Compounds from Water with Hydrophobic Silica Aerogels[J]. Journal of Colloid and Interface Science, 2007, 310(2): 362-368.

[24] Pierre A C, Pajonk G M. Chemistry of Aerogels and Their Application[J]. Chemical Review. 2002, 102: 4243-4265.

[25] Ruben B, Jelle B P, Gustavsen A. Aerogel Insulation for Building Application: a state-of-the-art Review[J]. Energy and Buildings, 2011, 43(4): 761-769.

[26] Veksha A, Sasaoka E, Uddin M A. The influence of porosity and surface oxygen groups of peat-based activated carbons on benzene adsorption from dry and humid air[J]. Carbon, 2009, 47(10):2371-2378.

[27] 陈田, 王涛, 王道军, 等. 功能化有序介孔碳对重金属离子 Cu(Ⅱ)、Cr(Ⅵ)的选择性吸附行为[J]. 物理化学学报, 2010, 26(12):3249-3256.

[28] Liu P S, Liang K M. Review Functional materials of porous metals made by P/M, electroplating and some other techniques[J]. Journal of Materials Science, 2001, 36(21):5059-5072.

[29] Han X H, Wang Q, GilPark Y, TâJoen C, Sommers A, Jacobi A. A Review of Metal Foam and Metal Matrix Composites for Heat Exchangers and Heat Sinks[J]. Heat Transfer Engineering, 2012, 33(12):991-1009.

[30] Tang W, Wu X, Li S, et al. Porous Mn-Co mixed oxide nanorod as a novel catalyst with enhanced catalytic activity for removal of VOCs[J]. Catalysis Communications, 2014, 56(5):134-138.

[31] Yang P, Shi Z N, Yang S S, et al. High catalytic performances of CeO_2-CrO_x catalysts for chlorinated VOCs elimination[J]. Chemical Engineering Science, 2015, 126:361-369.

[32] Liu Y X, Deng J G, Xie S H, et al. Catalytic removal of volatile organic compounds using ordered porous transition metal oxide and supported noble metal catalysts[J]. Chinese Journal of Catalysis, 2016, 37(8):1193-1205.

[33] Marracino J M, Coeuret F, Langlois S. A first investigation of flow-through porous electrodes made of metallic felts or foams[J]. Electrochimica Acta 1987, 32(9):1303-1309.

[34] Xiao Y H, Wang S D, Wu D Y, et al. Experimental and simulation study of hydrogen sulfide adsorption on impregnated activated carbon under anaerobic conditions[J]. Journal of Hazardous Materials, 2008, 153(3):1193-1200.

[35] Wagner T, Waitz T, Roggenbuck J, et al. Ordered mesoporous ZnO for gas sensing[J]. Thin Solid Films, 2007, 515(23):8360-8363.

[36] Liang W, Jiang Y, Dong H, et al. The corrosion behavior of porous NiAl intermetallic materials in strong alkali solution[J]. Intermetallics, 2011, 19(11):1759-1765.

[37] Lian Z H, Liu F D, He H. Nb-doped VO_x/CeO_2 catalyst for NH_3-SCR of NO_x at low temperatures[J]. RSC Advances, 2015, 5(47):37675-37681.

[38] Schuster M E, Hävecker M, Arrigo R, Blume R, Knauer M, Ivleva N P, Su D S, Niessner R, Schlögl R. Surface sensitive study to determine the reactivity of soot with the focus on the European emission standards Ⅳ and Ⅵ[J]. Journal of Physical Chemistry A, 2011, 115(12):2568-2580.

[39] Xiao P, Zhong L Y, Zhu J J, et al. CO and soot oxidation over macroporous perovskite $LaFeO_3$[J]. Catalysis Today, 2015, 258:660-667.

[40] Cheng Y, Liu J, Zhao Z, et al. The simultaneous purification of PM and NO_x in diesel engine exhausts over a single 3DOM $Ce_{0.9-x}Fe_{0.1}Zr_xO_2$ catalyst[J]. Environmental Science Nano, 2017, 4(5):1168-1177.

[41] 夏婷婷. 甲醇制烯烃工艺技术的创新[J]. 化学工程与装备, 2017, 12:55-57.

[42] 田晓曼. 多孔材料的应用研究进展[J]. 河南化工, 2012, 29(19):21-22.

[43] 苗小郁, 李健生, 王连军, 等. 介孔材料在环境科学中的应用进展[J]. 化工进展, 2005, 9:998-1001.

[44] 白青龙, 张春花, 王冀敏. 多孔材料的研究进展[J]. 内蒙古民族大学学报(自然科学版), 2004, 5:528-531.

[45] 杨涵崧. 生物活性多孔钛医学材料的研究[D]. 佳木斯: 佳木斯大学, 2007.

[46] 郭颖, 李玉宝. 骨修复材料的研究进展[J]. 世界科技研究与发展, 2001, 1:33-38.

[47] 陈跃军. 三维分级多孔钛植入体的制备及性能研究[D]. 成都: 西南交通大学, 2009.

[48] 段翠云, 崔光, 刘培生. 多孔吸声材料的研究现状与展望[J]. 金属功能材料, 2011, 18(1):60-65.

[49] 王慧利, 邓建国, 舒远杰. 多孔隔热材料的研究现状与进展[J]. 化工新型材料, 2011, 39(12):18-21.

[50] 王家博. 纳米多孔材料隔热性能的研究[D]. 鞍山: 辽宁科技大学, 2015.

[51] 杨春艳, 卢淼, 刘培生. 多孔隔热陶瓷的研究进展[J]. 陶瓷学报, 2014, 35(2):132-138.

[52] 李贵佳, 张玉军, 程之强, 等. 多孔纤维材料的隔热与防潮[J]. 硅酸盐通报, 2005, 3:39-41.

[53] 黄彩敏. 多孔材料的应用研究与发展前景[J]. 装备制造技术, 2014, 2:230-232.

[54] Sosnick B. Process for making foamlike mass of metal: US, US2434775A[P]. 1948.

[55] Elliott J C. Metal foam and method for making: US, US2983597[P]. 1961-6.

[56] 王茗. 泡沫金属发泡基础理论研究[D]. 昆明: 昆明理工大学, 2004.

[57] 文凡. 高强度轻质多孔金属材料[J]. 金属功能材料, 2000, 20: 44.

[58] 李晶. 泡沫铝的制备研究[D]. 南宁: 广西大学, 2005.

[59] Dvies G J, Shu Zhen. Metallic foams: Their production, properties and applications. Journal of Materials Science, 1983, 18:1899-1911.

[60] 司福建. 开孔泡沫铝的强化及性能研究[D]. 长春: 吉林大学, 2016.

[61] 王祝堂. 泡沫铝材:生产工艺、组织性能及应用市场[J]. 轻合金加工技术, 1999, 10:5-8.

[62] 许庆彦, 陈玉勇, 李庆春. 多孔泡沫金属的研究现状[J]. 铸造设备研究, 1997, 1:18-24.

[63] 王芳, 王录才. 泡沫金属的研究与发展[J]. 铸造设备研究, 2000, 3:48-51.

[64] 薛涛. 多孔金属材料泡沫铝的发展[J]. 机械工程材料, 1992(1):6-7.

[65] 何德坪, 陈锋, 张勇. 发展中的新型多孔泡沫金属[J]. 材料导报, 1993, 4:11-15.

[66] 王录才, 陈新, 柴跃生, 等. 熔模铸造法通孔泡沫铝制备工艺研究[J]. 铸造, 1999, 1:9-11.

[67] 李惠萍. 制造泡沫铝合金材料的新技术[J]. 轻金属, 1993, 11:63.

[68] 陈学广, 赵维民, 马彦东, 等. 泡沫金属的发展现状、研究与应用[J]. 粉末冶金技术, 2002, 6:356-359.

[69] 赵维民, 马彦东, 侯淑萍, 等. 泡沫金属的发展现状研究与应用[J]. 河北工业大学学报, 2001, 3:50-55.

[70] 赵庭良, 徐连棠, 李道韫, 等. 泡沫铝的吸声特性[J]. 内燃机工程, 1995, 2:55-59.

[71] 何德坪, 马立群, 余兴泉. 新型通孔泡沫铝的传热特性[J]. 材料研究学报, 1997, 4:431-434.

[72] 程和法. 泡沫铝合金阻尼性能研究. 材料科学与化工学报, 2003, 21(4):521-523.

[73] 黄福祥, 金吉琰, 范嗣元, 等. 发泡金属的电磁屏蔽性能研究[J]. 功能材料, 1996, 2:52-54.

[74] 赵万军. 多孔金属的制备工艺及性能综述[J]. 科技资讯, 2015, 13(29):61-62.

[75] Pollien A, Conde Y, Pambaguian L, Mortensen A. Graded open-cell aluminium foam core sandwich beams[J]. Materials Science & Engineering A, 2005, 404(1):9-18.

[76] 陈祥, 李言祥. 金属泡沫材料研究进展[J]. 材料导报, 2003, 5:5-8.

[77] Berchem K, Mohr U, Bleck W. Controlling the degree of pore opening of metal sponges, prepared by the infiltration preparation method[J]. Materials Science & Engineering A, 2002, 323(1):52-57.

[78] Ma L, Song Z, He D. Cellular structure controllable aluminium foams produced by high pressure infiltration process[J]. Scripta Materialia, 1999, 41(7):785-789.

[79] 李雯霞. 多孔泡沫金属的制备和性能[J]. 中国铸造装备与技术, 2009, 5:9-13.

[80] Campbell R, Bakker M G, Treiner C, et al. Electrodeposition of Mesoporous Nickel onto Foamed Metals Using Surfactant and Polymer Templates[J]. Journal of Porous Materials, 2004, 11(2):63-69.

[81] JJiang T, Zhang S, Qiu X, et al. A three-dimensional cellular copper prepared by multiple-step electrodeposition[J]. Electrochemical and Solid-State Letters, 2008, 11(5):D50-D52.

[82] 吴进, 贾芬, 王蒙蒙, 等. 泡沫金属的制备工艺及应用[J]. 精密成形工程, 2011, 3(3):62-65.

[83] 刘培生, 黄林国. 多孔金属材料制备方法[J]. 功能材料, 2002, 1:5-8.

[84] 张流强, 常富华. 低密度金属泡沫的研制[J]. 功能材料, 1996, 1:88-91.

[85] 方正春, 马章林. 泡沫金属的制造方法[J]. 材料开发与应用, 1998, 2:35-39.

[86] 胡中芸, 杨东辉, 李军, 等. 泡沫镁的制备及其性能和应用[J]. 材料导报, 2014, 28(1):79-85.

[87] 刘菊芬, 刘荣佩, 史庆南, 等. 新型泡沫铝制备工艺研究[J]. 材料导报, 2002, 8:65-67.

[88] 刘志东, 王景丽, 黄因慧, 等. 泡沫金属的制备方法及应用[J]. 航空精密制造技术, 2008, 1:59-62.

[89] Maiti S K, Gibson L J, Ashby M F. Deformation and energy absorption diagrams for cellular solids[J]. Acta metallurgica, 1984, 32(11):1963-1975.

[90] Lu T J, Chen C, Thermal transport and retardance Properties of cellular aluminum alloys[J]. Acta Materialia, 1989, 47(5):1469-1485.

[91] Sugimura Y, Meyer J, He M Y, et al. On the mechanical performance of closed cell Al alloy foams[J]. Acta Materialia, 1997, 45(2):5245-5259.

[92] Mukai T, Kanahashi H, MiyoshiI T, et al. Experimental study of energy absorption in a closed-celled aluminum foam under dynamic loading[J], Scripta Materialia, 1999, 40(8): 921-927.

[93] 林希宁. 玄武岩纤维制备吸音/隔音复合材料的研究[D]. 广州: 广东工业大学, 2012.

[94] 李康. 层合多孔吸声隔音复合材料[D]. 上海: 东华大学, 2011.

[95] 黎花, 高岩. 泡沫金属材料阻尼性能的研究进展[J]. 材料导报, 2016, 30(1):88-95.

[96] Nowick A S. Internal friction in metals[J]. Progress in Metal Physics, 1953, 4:1-70.

[97] Ritchie I G, Pan Z L. High-damping metals and alloys[J]. Metallurgical Transactions A, 1991, 22(3):607-616.

[98] Liu C S, Zhu Z G, Han F S, et al. Internal friction of foamed aluminium in the range of acoustic frequencies[J]. Journal of Materials Science, 1998, 33(7):1769-1775.

[99] 施建花. 电磁屏蔽原理及应用[J]. 现代经济信息, 2015, 24:304.

[100] 沈顺玲. 电磁屏蔽材料研究进展[J]. 考试周刊, 2016, 64:195-196.

[101] 王录才, 王芳. 泡沫金属制备、性能及应用[M]. 北京: 国防工业出版社, 2012.

[102] 张景怀, 惠志林, 方政秋. 泡沫镍的制备工艺与性能[J]. 稀有金属, 2001, 3:230-234.

[103] 戴长松, 王殿龙, 胡信国, 等. 连续泡沫镍制造技术[J]. 中国有色金属学报, 2003, 13(1):1-14.

[104] 钟发平, 陶维正. 连续带状泡沫镍与镍氢镍镉电池[C]. 中国化学与物理电源学术会议, 2000.

[105] 惠志林, 张景怀. 泡沫镍的制备方法[J]. 稀有金属, 1997, 6:48-51.

[106] 汤宏伟, 陈宗璋, 钟发平. 泡沫镍的制备工艺及性能参数[J]. 电池工业, 2002, 6:315-318.

[107] 李开华, 罗江山, 唐永建, 等. 泡沫镍制备中脉冲电沉积镍研究[J]. 稀有金属材料与工程, 2008, 8:1451-1455.

[108] 陈劲松, 宫凯, 黄因慧, 等. 新的多孔泡沫镍制备工艺[J]. 材料科学与工程学报, 2010, 28(5):676-679.

第三章

[1] Tuck C. D. S., Modern battery technology[J]. 1991. p249-p250.

[2] Tuck C. D. S., Modern battery technology[J]. 1991. p251.

[3] Tuck C. D. S., Modern battery technology[J]. 1991. p252.

[4] Tuck C. D. S., Modern battery technology[J]. 1991. p253.

[5] 管从胜, 杜爱玲, 杨玉国. 高能化学电源[M]. 北京: 化学工业出版社, 2005.

[6] https://www.docin.com/p-1390991194.html.

[7] 王纪三, 刘喜信, 李长琐, 等. 镉镍电池及其制造工艺: 中国专利, CN1032038C[P]. 1996-06.

[8] 王纪三, 李长锁, 王玉杰, 等. 可充碱性锌锰电池: 中国专利, CN1078331A[P]. 1993-11.

[9] 钟发平, 陶维正. 连续带状泡沫镍与镍氢镍镉电池[C]. 中国化学与物理电源学术会议, 2000, 204-205.

[10] 钟发平. 连续化带状泡沫镍整体电镀槽: 中国专利, CN2337160Y[P]. 1999-09.

[11] 钟发平, 胡显奇, 陶维正, 等. 一种组合式物理气相沉积技术生产多孔金属的方法及设备: 中国专利, CN1397654A[P]. 2003-02.

[12] 耿信笃. 现代分离科学理论导引[M]. 北京: 高等教育出版社, 2001.

[13] (美) Z·阿默加德. 反渗透: 膜技术. 水化学和工业应用[M]. 殷琦 译. 北京: 化学工业出版社, 1999.

[14] 时钧, 袁权, 高从堦. 膜技术手册[M]. 北京: 化学工业出版社, 2001.

[15] 楼永通, 宋伟华, 罗菊芬, 等. 1200m^3/d 电镀废水膜法回收工程[J]. 膜科学与技术, 2004(5):43-46.

[16] 华耀祖, 超滤技术与应用[M]. 北京: 化学工业出版社, 2004.

[17] 楼永通, 陈益棠, 王寿根, 等. 膜分离技术在电镀镍漂洗水回收中的应用[J]. 膜科学与技术, 2002, 22(2):43-47.

[18] (荷) Marcel Mulder. 膜技术基本原理[M]. 2版. 李琳 译. 北京: 清华大学出版社, 1999: 196.

[19] 李旭祥. 分离膜制备与应用[M]. 北京：化学工业出版社, 2004.

[20] 邵刚. 膜法水处理技术[M]. 北京：冶金工业出版社, 2000.

第四章

[1] 张世伟. 真空技术及应用系列讲座第二讲：真空物理基础[J]. 真空, 1995(3):35-42.

[2] 李云奇. 真空技术及应用系列讲座第一讲：真空科学的发展及应用[J]. 真空, 1995(2):40-48.

[3] 王晓冬. 真空技术[M]. 北京：冶金工业出版社, 2006.

[4] 田民波, 李正操. 薄膜技术与薄膜材料[M]. 北京：清华大学出版社, 2011.

[5] 李云奇. 真空镀膜[M]. 北京：化学工业出版社, 2012.

[6] 达道安. 真空设计手册[M]. 北京：国防工业出版社, 1991.

[7] 唐伟忠. 薄膜材料制备原理、技术及应用[M]. 北京：冶金工业出版社, 2003.

[8] 大气物理学编写组. 大气物理学(上册)[M]. 南京：南京大学出版社, 1990.

[9] 杨乃恒. 真空获得设备[M]. 北京：冶金工业出版社, 2001.

[10] 刘玉岱. 真空技术及应用系列讲座第六讲：真空测量[J]. 真空, 1996, 6:45-48.

[11] 关奎义. 真空技术及应用系列讲座第七讲：真空检漏[J]. 真空, 1997, 5:42-44.

[12] 刘瑞鹏, 李刘合. 磁控溅射镀膜技术简述[J]. 中国青年科技, 2006, 8:56-59.

[13] 张燕梁, 戈超, 张俊秋, 等. 磁控溅射法制备耐冲蚀钛合金复合涂层研究进展[J]. 黑龙江八一农垦大学学报, 2012, 24(2):16-19.

[14] 杨武保. 磁控溅射镀膜技术最新进展及发展趋势预测[J]. 石油机械, 2005, 33(6):73-76.

[15] 余东海, 王成勇, 成晓玲, 等. 磁控溅射镀膜技术的发展[J]. 真空, 2009, 46(2):19-25.

[16] 伍学高. 干法镀技术[M]. 成都：四川科学技术出版社, 1987.

[17] 储志强. 国内外磁控溅射靶材的现状及发展趋势[J]. 金属材料与冶金工程, 2011(4):44-49.

[18] 金永中, 刘东亮, 陈建. 溅射靶材的制备及应用研究[J]. 四川理工学院学报(自然科学版), 2005, 18(3):22-24.

[19] 周江. 磁控溅射镀膜的原理与故障研究[J]. 科技展望, 2015(23).

[20] 张景钦, 薛大同, 王敬宜. 真空材料[M]. 北京：化学工业出版社, 2016.

[21] 张以忱. 真空技术及应用系列讲座第十一讲:真空材料[J]. 真空, 2001(6):63-66.

[22] 张以忱. 真空技术及应用系列讲座第十二讲:真空工艺[J]. 真空, 2003(5):62-66.

[23] 卢立祥. 化工过程中真空系统的选型设计[J]. 天津化工, 2009, 23(2):47-50.

[24] 肖劲宇. 大面积真空卷绕镀膜控制系统研制[D]. 哈尔滨：哈尔滨工业大学, 2010.

[25] 孙清, 魏海波, 池世春, 等. 海绵卷绕真空磁控溅射镀膜过程中的传动控制[J]. 真空, 2006, 43(5):53-55.

[26] 汝强, 胡显奇, 盛钢. 有机泡沫导电化处理的溅射法及其设备的研制[J]. 广东化工, 2010, 37(5):237-238.

[27] 何力革, 胡庆. 基于PLC的真空镀膜卷绕控制系统的研究[J]. 科技资讯, 2007(25):10-11.

[28] 刘舒. 自动控制原理[M]. 北京：中国人民公安大学出版社, 2002.

[29] 赵阳, 范多旺, 孔令刚, 等. 真空卷绕镀膜机开卷张力控制系统研究[J]. 真空科学与技术学报, 2011, 31(1):44-49.

第五章

[1] 朱明军. 化学镀镍技术的研究与应用[J]. 柴油机, 2005, 27(5):41-44.

[2] (德)沃尔夫冈·里德尔. 化学镀镍[M]. 罗守福, 译. 上海：上海交通大学出版社, 1996.

参 考 文 献

[3] Brenner A, Riddell G E. Nickel plating on steel by chemical reduction[J]. Journal of Research of the National Bureau of Standards, 1946, 37(1): 31.

[4] Brenner A, Riddell G E. Deposition of nickel and cobalt by chemical reduction[J]. Journal of Research of the National Bureau of Standards, 1947, 39: 385-395.

[5] 殷锡坤. 化学镀镍过程的原理与应用[J]. 化学世界, 1964(9):395-399.

[6] 黄天尉. 化学镀镍技术应用研究[J]. 科技创新导报, 2009(32):90-92.

[7] （日）友野理平. 塑料金属化涂饰[C]. 王瑞祥, 等译. 武汉电镀技术研究会, 1985.

[8] 李鹏, 黄英, 黄涛. 化学镀镍技术的发展趋势[J]. 电镀与精饰, 2003, 25(4):10-13.

[9] 杨鑫. 碳钢换热表面耐蚀抗垢镀层的制备与性能研究[D]. 沈阳: 东北大学, 2010.

[10] 仝翠. 延长化学镀镍及化学复合镀镀液使用寿命的研究[D]. 成都: 西华大学, 2011.

[11] 胡信国, 张钦京. 化学镀镍技术的新进展[J]. 新技术新工艺, 2001(2):35-37.

[12] 戴长松, 王殿龙, 胡信国, 等. 连续泡沫镍制造技术[J]. 中国有色金属学报, 2003, 13(1):1-14.

[13] 王政, 赵炯心. 化学镀银导电聚氨酯纤维的制备[J]. 合成技术及应用, 2006, 21(3):35-39.

[14] 郦剑, 朱璋跃, 胡雄, 等. 陶瓷粉体表面化学镀技术[J]. 热处理技术与装备, 2006, 27(1):23-27.

[15] 张永锋, 马玲俊, 郭为民, 等. 非金属化学镀的活化工艺[J]. 材料开发与应用, 2000, 15(2):30-34.

[16] 谢洪波, 江冰, 陈华三, 等. 化学镀镍规律及机理探讨[J]. 电镀与精饰, 2012, 34(2):26-30.

[17] 李宁. 化学镀实用技术[M]. 北京: 化学工业出版社, 2004.

[18] 李根实, 王泸万, 李宣震, 等. 化学镀镍浴工艺温度的控制技术[C]. 全国化学镀会议, 2004.

[19] 王福生, 许芸芸, 宋兵魁, 等. 化学镀Ni-P合金工艺的研究[J]. 天津化工, 2004, 18(5):1-3.

[20] 李宁, 袁国伟, 黎德育. 化学镀镍基合金理论与技术[M]. 哈尔滨: 哈尔滨工业大学出版社, 2000.

[21] 刘英, 田清剑, 弓金霞, 等. 化学镀镍液的老化与再生[J]. 中原工学院学报, 2003, 14(2):1-3.

[22] 郭忠诚, 杨显万. 化学镀镍原理及应用[M]. 昆明: 云南科技出版社, 1998.

[23] 袁承超, 陈益芳, 陈云飞, 等. 金属微细结构化学镀镍及镀液稳定性分析[J]. 纳米技术与精密工程, 2005, 3(3): 189-193.

[24] 刘春阁, 邱星武. 铝合金化学镀Ni-P技术[J]. 有色金属加工, 2010, 39(6):38-40.

[25] 方景礼. 化学镀镍废液处理的现状与ENP-1化镍废液处理剂[J]. 电镀与精饰, 2015, 37(10):39-43.

[26] 陈红辉, 吴庆锋, 谢红雨, 等. 影响化学镀镍液活性的研究[J]. 电镀与环保, 2010, 30(5):11-13.

[27] 袁承超. 选择性化学镀镍实验研究[D]. 南京: 东南大学, 2006.

[28] 车如心, 曹魁, 党群. 复合化学镀Ni-P-B_4C的研究[J]. 电镀与环保, 2004, 24(1):22-24.

[29] 李尚桦, 黄瑛, 洪锋. 化学镀镍废液的处理与资源化[J]. 四川环境, 2015, 34(5):130-135.

[30] 耿秋菊, 周荣明, 印仁和, 等. 延长化学镀镍液寿命的研究[J]. 电镀与涂饰, 2006, 25(1):11-14.

[31] 梅天庆, 何冰. 化学镀镍溶液再生的方法[J]. 电镀与精饰, 2011, 33(9):21-23.

[32] Paker K. Renewal of spent electroless nickel plating baths [J]. Plating and Surface Finishing, 1980, 67(3):48-52.

[33] 陈健荣, 崔国峰. 化学镀镍废液处理的现状及展望[J]. 电镀与环保, 2007, 27(4):4-8.

[34] 王海燕, 周定. 利用电渗析净化再生延长化学镀镍溶液使用寿命的研究[J]. 燕山大学学报, 2000, 24(3):279-281.

[35] 铁玉宝, 梁燕萍. 不锈钢化学镀Ni-P合金镀层的性能研究[J]. 电子科技, 2009, 22(4):75-77.

[36] 丘山, 丘星初, 黄曙明, 等. EDTA络合滴定法测定镀镍溶液中的镍含量[J]. 电镀与涂饰, 2002, 21(6):47-49.

[37] 何影翠. 导电胶的研究与发展[J]. 化学与黏合, 2008, 30(1):47-52.

[38] 刘彦军, 常英. 紫外光固化环氧丙烯酸树脂导电胶[J]. 中国胶黏剂, 2005, 14(8):27-30.

[39] 白木. 透视导电胶[J]. 集成电路应用, 2004(7):78-79.

[40] 谢淦生. 电池泡沫镍制备中的电镀工艺[C]. 上海市电镀与表面精饰学术年会, 2005.

[41] 李维, 陈永阳, 刘涛, 等. 挤胶装置及用该装置制作导电泡沫材料和泡沫镍的方法:CN1704234[P]. 2005.

[42] 何英旋, 李宏建. 涂炭胶的导电性和适用性研究[C]. 中国功能材料及其应用学术会议. 2004:3364-3365.

[43] Sugikawa H. Method for manufacturing a metallic porous sheet: EP, EP0392082A2[P]. 1994.

第六章

[1] （苏）В.И.赖依聂尔, 等. 电镀原理（第一册）[M]. 张治平, 等译. 北京: 机械工业出版社, 1959.

[2] （苏）В.И.赖依聂尔, 等. 电镀原理（第二册）[M]. 张馥兰, 陈克忠, 等译. 北京: 中国工业出版社, 1962.

[3] 卢俊峰. 基于DMH为配位剂的无氰电镀银工艺及电沉积行为研究[D]. 哈尔滨: 哈尔滨工业大学, 2007.

[4] 赖柳锋. 浅谈电镀工艺的发展[J]. 当代化工研究, 2017(5):101-102.

[5] 丁春. 电镀铜镍合金络合剂选择的研究[D]. 南京: 南京理工大学, 2008.

[6] 陈泳森. 国外电镀工艺发展概况(上)[J]. 电镀与环保, 1981(1):6-13.

[7] 王忠. 机械工程材料[M]. 北京: 清华大学出版社, 2005.

[8] 张允诚, 胡如南, 向荣. 电镀手册[M]. 3版. 北京: 国防工业出版社, 2007.

[9] 杨绮琴. 应用电化学[M]. 广州: 中山大学出版社, 2001.

[10] 郭鹤桐, 覃奇贤. 电化学教程[M]. 天津: 天津大学出版社, 2000.

[11] 冯玉杰, 蔡伟民. 环境工程中的功能材料[M]. 北京: 化学工业出版社, 2003.

[12] 朱立群. 功能膜层的电沉积理论与技术[M]. 北京: 北京航空航天大学出版社, 2005.

[13] 李开华, 罗江山, 唐永建, 等. 电沉积法制备的泡沫镍的晶体结构与磁性能[J]. 强激光与粒子束, 2007, 19(12): 2034-2038.

[14] 李开华, 罗江山, 唐永建, 等. 泡沫镍制备中脉冲电沉积镍研究[J]. 稀有金属材料与工程, 2008, 37(8):1451-1455.

[15] 李鸿年. 实用电镀工艺[M]. 北京: 国防工业出版社, 1990.

[16] 刘仁志. 实用电铸技术[M]. 北京: 化学工业出版社, 2006.

[17] 任广军. 电镀原理与工艺[M]. 哈尔滨: 东北大学出版社, 2001.

[18] 方景礼. 电镀添加剂理论与应用[M]. 北京: 国防工业出版社, 2006.

[19] 刘程. 表面活性剂应用手册[M]. 北京: 化学工业出版社, 1992.

[20] 蒋斌, 徐滨士, 董世运, 等. 纳米复合镀层的研究现状[J]. 材料保护, 2002, 35(6):1-3.

[21] 季孟波, 何安国, 蔡杭锋, 等. 复合电镀研究现状及进展[C]. 全国电子电镀学术研讨会, 2004.

[22] 万春锋, 代新雷. 电镀多层镍的发展和应用[J]. 科技创新与应用, 2016(22):131-131.

[23] 刘红霞, 蔡志华. 电镀中间体在多层镀镍体系中的应用[J]. 材料保护, 2000, 33(9):19.

[24] 陈天玉. 镀镍工艺基础[M]. 北京: 化学工业出版社, 2007.

[25] （加）施莱辛格, （加）庞诺威奇. 现代电镀[M]. 4版. 范宏义, 等译. 北京: 化学工业出版社, 2006.

[26] 傅继东. 快速电铸制模技术[J]. 轻工科技, 2008, 24(8):50-51.

[27] 曾晓雁, 吴懿平. 表面工程学[M]. 北京: 机械工业出版社, 2001.

[28] 左敦稳, 徐锋. 现代加工技术实验教程[M]. 北京: 北京航空航天大学出版社, 2014.

[29] 尚雄. 中性硫酸盐电解液电镀镍工艺研究[D]. 桂林: 桂林理工大学, 2013.

[30] 王辉. 低应力镀镍工艺研究[C]. 2008 中国电镀技术研讨会, 2008.

[31] 张英编. 金属加工用精细化学品配方与工艺[M]. 北京: 化学工业出版社, 2006.

[32] 翁闽毅, 杜明华, 李宁. 连铸结晶器内镀层的研究与应用现状[C]. 全国电镀青年学术交流年会, 2001.

[33] 史鹏飞. 化学电源工艺学[M]. 哈尔滨: 哈尔滨工业大学出版社, 2006.

[34] 周仲柏, 陈永言. 电极过程动力学基础教程[M]. 武汉: 武汉大学出版社, 1989.

[35] 曹海琳, 张志谦, 黄玉东, 等. 炭纤维三维织物电化学改性效果数值模拟分析[J]. 复合材料学报, 2007, 24(5):130-135.

[36] 查全性. 化学电源选论[M]. 武汉: 武汉大学出版社, 2005.

[37] 汤宏伟, 陈宗璋, 钟发平. 泡沫镍的制备工艺及性能参数[J]. 电池工业, 2002, 7(6):315-318.

[38] 姚寿山, 李戈扬, 胡文彬. 表面科学与技术[M]. 北京: 机械工业出版社, 2005.

[39] 曲文生, 张功, 楼琅洪, 等. 电沉积泡沫镍的 DTR 控制研究[J]. 稀有金属材料与工程, 2009, 38(1):76-79.

[40] 戴长松, 王殿龙, 胡信国, 等. 连续泡沫镍制造技术[J]. 中国有色金属学报, 2003, 13(1):1-14.

[41] 朱彦文, 穆俊江, 吴天和, 等. 导电非金属带材连续镀镍的方法: CN 103668375 A[P]. 2014.

第七章

[1] 谭天恩, 窦梅, 周明华. 化工原理[M]. 北京: 化学工业出版社, 2006.

[2] 朱品民, 刘益军. 聚氨酯泡沫塑料[M]. 3 版. 北京: 化学工业出版社, 2005.

[3] Levchik S V, Weil E D. Thermal decomposition, combustion and fire-retardancy of polyurethane—a review of the recent literature[J]. Polymer International, 2004, 53(11): 1585-1610.

[4] Li S, Jiang Z, Yuan K, et al. Studies on the thermal behavior of polyurethanes. Polymer-plastics technology and engineering, 2006, 45(1), 95-108.

[5] 周晓昌. 聚氨酯泡沫塑料的热裂解研究[C]. 中国科学技术协会.提高全民科学素质、建设创新型国家——2006 中国科协年会论文集（下册）. 中国科学技术协会: 中国科学技术协会学会学术部, 2006:8.

[6] 王振华, 尤飞, 周亚, 等. 软质聚氨酯泡沫阴燃前期热解特性和成炭形貌分析[J]. 燃烧科学与技术, 2016, 22(3): 282-287.

[7] Woolley W D, Wadley A I, Field P. Studies of the thermal decomposition of flexible polyurethane foams in air[J]. Fire Safety Science, 1972, 951:1.

[8] Yoshitake N, Furukawa M. Thermal degradation mechanism of α, γ-diphenyl alkyl allophanate as a model polyurethane by pyrolysis-high-resolution gas chromatography/FT-IR[J]. Journal of analytical and applied pyrolysis, 1995, 33: 269-281.

[9] Chen X, Hu Y, Song L. Thermal behaviors of a novel UV cured flame retardant coatings containing phosphorus, nitrogen and silicon[J]. Polymer Engineering & Science, 2008, 48(1): 116-123.

[10] Duquesne S, Le Bras M, Bourbigot S, et al. Thermal degradation of polyurethane and polyurethane/expandable graphite coatings[J]. Polymer degradation and stability, 2001, 74(3): 493-499.

[11] 李旭华, 周长波, 于秀玲, 等. 热红联用研究废聚氨酯硬泡的燃烧特性[J]. 环境污染与防治, 2013, 35(8):9-13.

[12] 傅宁, 张勇. 采用 TGA/FT-IR 分析聚碳酸酯复合材料的热降解行为[J]. 化学工程与装备, 2010(6):1-4.

[13] 江治, 袁开军, 李疏芬, 等. 聚氨酯的 FTIR 光谱与热分析研究[J]. 光谱学与光谱分析, 2006, 26(4):624-628.

[14] 王俊胜, 韩伟平, 刘丹, 等. 硬质聚氨酯泡沫的燃烧行为及燃烧烟气中毒害气体研究[J]. 功能材料, 2013, 44(S2): 246-249.

[15] Graig B. Toxicity assessment of products of combustion of flexible polyurethane foam[J]. Fire Science and Technology, 2007, 26(5):476-484.

[16] 刘凉冰. 聚氨酯的化学降解及其性能[J]. 聚氨酯工业, 2001, 16(2): 5-8.

[17] 袁开军, 江治, 李疏芬, 等. 聚氨酯弹性体的热分解动力学研究[J]. 应用化学, 2005(8):861-864.

[18] Branca C, Di Blasi C, Casu A, et al. Reaction kinetics and morphological changes of a rigid polyurethane foam during combustion[J]. Thermochimica Acta, 2003, 399(1-2): 127-137.

[19] Lawrence J K. ASM Handbook #13: Corrosion. ASM International, 1998.

[20] Cheeke J D N. Fundamentals and applications of ultrasonic waves[M]. CRC press, 2012.

[21] Schneider D, Brenner B, Schwarz T. Characterization of laser hardened steels by laser induced ultrasonic surface waves[J]. Journal of nondestructive evaluation, 1995, 14(1): 21-29.

[22] 倪小平. 表面处理过程中氢脆的产生与预防[J]. 电镀与精饰, 2010, 32(4):27-29.

[23] 李建光. 基于晶体塑性有限元法的大锻件氢脆损伤机理研究[D]. 秦皇岛: 燕山大学, 2013.

[24] 王显彬. 化学镀镍对弹簧钢力学性能的影响[D]. 福州: 福州大学, 2006.

[25] 万晓景. 金属的氢脆[J]. 材料保护, 1979（Z1）:13-27.

[26] 赵良仲, 潘承璜. Ni 的氧化行为及其表面氧化物热稳定性的 XPS 研究[J]. 金属学报, 1988, 24(5):431-435.

[27] 喻辉, 戴品强. 脉冲电沉积纳米晶体镍镀层热稳定性的研究[J]. 金属热处理, 2005, 30 (6):16-18.

[28] 齐涛. 钛、锆、镍湿法冶金技术[M]. 北京: 科学出版社, 2016.

[29] 连明磊, 武文芳, 缪应菊, 等. 三氧化二镍的真空微波诱导分解[J]. 粉末冶金技术, 2015, 33(4):281-284.

[30] 陈永勇. 可控气氛热处理[M]. 北京: 冶金工业出版社, 2008.

[31] 崔忠圻, 刘北兴. 金属学与热处理原理[M]. 哈尔滨: 哈尔滨工业大学出版社, 2004.

[32] 李松瑞, 周善初. 金属热处理[M]. 长沙: 中南大学出版社, 2003.

[33] 刘宗昌. 金属学与热处理[M]. 北京: 化学工业出版社, 2008.

[34] 黄培云. 粉末冶金原理[M]. 北京: 冶金工业出版社, 1997.

[35] 刘培生, 付超, 李铁藩. 制备工艺条件对泡沫镍抗拉强度的影响[J]. 中国有色金属学报, 1999(S1):45-50.

[36] 杨男. 热处理工艺对泡沫镍结构与性能的影响[J]. 读写算:教育教学研究, 2012, 15:330-331.

[37] 姚金环, 李延伟, 林红, 等. 硫酸盐电铸镍内应力的影响因素[J]. 电镀与涂饰, 2010, 29(3):20-22.

[38] 李科军. 电沉积纳米晶镍的制备及其性能研究[D]. 上海: 上海大学, 2005.

[39] 胡庚祥, 蔡珣. 材料科学基础[M]. 上海: 上海交通大学出版社, 2000.

[40] Beck P A, Sperry P R. Strain induced grain boundary migration in high purity aluminum[J]. Journal of applied physics, 1950, 21(2): 150-152.

[41] 张玉彬. 大形变量轧制金属镍退火过程中再结晶与晶粒长大研究[D]. 博士学位论文, 北京: 清华大学, 2009.

[42] http://www.zk71.com/products/u430754/cxjcly_41129432.html

[43] 李艳红, 王升宝, 常丽萍. 饱和蒸气压测定方法的评述[J]. 煤化工, 2006(05): 44-47.

[44] 衣守志, 王强, 马沛生. 饱和蒸气压测定方法评述[J]. 天津科技大学学报, 2001(2): 1-4.

[45] 张志富, 希爽. 关于露点测度计算的探讨[J]. 干旱区研究, 2011, 02: 275-281.

[46] 邱君芳. 镍的显微组织及金相腐蚀特性[J]. 稀有金属材料与工程, 1992(2):67.

[47] 胡江桥. 金属材料退火孪晶控制及应用[J]. 科技资讯, 2013(23):4-4.

[48] 潘金生, 仝健民, 田民波. 材料科学基础-修订版[M]. 北京: 清华大学出版社, 2011.

第八章

[1] 靳新位, 刁美艳. 用沉积法制备泡沫镍的工艺及应用[J]. 河北科技大学学报, 2003, 2:9-12.

[2] 原诗瑶, 侯彬, 周杰. 泡沫镍在电容器和微生物燃料电池方面的应用[J]. 现代化工, 2017, 37(8):67-71.

[3] 张士卫. 泡沫金属的研究与应用进展[J]. 粉末冶金技术, 2016, 34(3):222-227.

[4] 常新园. 改性泡沫镍基材料的制备及催化性能研究[D]. 长沙: 湖南大学, 2013.

[5] 何敏, Gooch L R. 压延机辊筒调节系统的发展[J]. 现代橡胶技术, 2013, 39(5):4-12.

[6] 王林, 崔广军, 雷淑英. 国内压延机的发展趋势[J]. 广东塑料, 2005(Z1):25-28.

[7] 宋佳魁, 程秀竹, 杨继明. 铝箔立式分切机定长停车的设计和实现[J]. 铝加工, 2013(5):19-24.

[8] 李臻贞. 机械设计制造及自动化的未来发展策略[J]. 海峡科技与产业, 2017(6):104-105.

[9] 张金水. 机械设计制造及自动化的未来发展趋势分析[J]. 中国高新区, 2018(3):141, 143.

[10] 刘占洲, 崔国华, 柴焕敏. 提高 BOPP 薄膜分切质量的方法[J]. 河南化工, 2007, 24(1):41-42.

[11] 柯沁. 宽幅薄膜分切的质量与技术问题. 中国包装工业, 2003, 4.

第九章

[1] 舟丹. 我国可再生能源发展现状[J]. 中外能源, 2018, 23(5):42.

[2] 何林兰, 隋志纯. 浅谈我国清洁能源的现状与存在问题[J]. 南方农机, 2018, 49(11):50.

[3] 陈子瑜. 中国新能源产业发展的战略思考[J]. 科技创新与应用, 2017, 17:30.

[4] （美）亚历山大·泰勒,（美）丹尼尔·瓦兹尼格. 新能源汽车动力电池技术[D]. 陈勇, 译. 北京: 北京理工大学出版社, 2017.

[5] 孙志国. 新能源汽车动力电池应用现状与发展趋势[J]. 时代汽车, 2018, 9:76-77.

[6] 党改慧. 中国新能源汽车发展现状[J]. 汽车实用技术, 2018, 16:7-8.

[7] 唐海, 张宜楠. 镉镍、金属氢化物镍电池的应用及发展[J]. 电源技术, 2013, 37(8):1489-1490.

[8] （日）义夫正树,（美）拉尔夫·J. 布拉德,（日）小泽昭弥. 锂离子电池: 科学与技术[D]. 苏金然, 等译. 北京: 化学工业出版社, 2015.

[9] 张云清, 赵景山. 美国"新一代汽车合作计划"（PNGV）及其涉及的关键高新技术[J]. 科技进步与对策, 2001, 1: 173-175.

[10] 张兴业. 丰田 Prius-2001 年最佳设计轿车[J]. 汽车工程, 2001, 6:430-432.

[11] 涂超群, 马丽琼. 透视丰田第二代普锐斯混合动力汽车技术[J]. 装备制造技术, 2010, 2:141-142.

[12] Sakai G, Miyazaki M, Kijima T. Synthesis of β-Ni(OH)$_2$ Hexagonal Plates and Electrochemical Behavior as a Positive Electrode Material[J]. Journal of The Electrochemical Society, 2010, 157(8): A932-A939.

[13] 苗成成. Ni-MH 电池正极活性材料改性研究[D]. 广州: 广东工业大学, 2015.

[14] 张羊换, 高金良, 许胜, 等. 储氢材料的应用与发展[J]. 金属功能材料, 2014, 21(6):1-15.

[15] 陈云贵, 周万海, 朱丁. 先进镍氢电池及其关键电极材料[J]. 金属功能材料, 2017, 24(1):1-24.

[16] 中国电子工程设计院. 空气调节设计手册(D). 北京: 建筑工业出版社, 2017.

[17] 史晓峰. 5S 管理在 H 公司的应用研究[D]. 苏州大学, 2016.

第十章

[1] 佚名. 泡沫镍在汽车动力电池中的应用现状及发展趋势[C]. 2010 中国材料研讨会, 2010.

[2] 张鹏, 孟进. 镍氢电池的原理及与镍镉电池的比较[J]. 电子设计工程, 1997(5):16-18.

[3] 汤宏伟, 陈宗璋, 钟发平. 泡沫镍的制备工艺及性能参数[J]. 电池工业, 2002, 7(6):315-318.

[4] 马丽萍, 李晓峰, 娄豫皖, 等. 化学电源用泡沫镍的性能研究[J]. 功能材料, 2004, 35(z1):1891-1895.

[5] 单伟超. 泡沫铁及铁镍合金的制备与性能分析[D]. 南京: 南京航空航天大学, 2012.

[6] 曲文生, 张功, 楼琅洪, 等. 电沉积泡沫镍的DTR控制研究[J]. 稀有金属材料与工程, 2009, 38(1):76-79.

[7] 今村公洋. 多孔质体的重量测定方法、重量测定装置. 中国专利: ZL 201310711657.4.

[8] 刘剑霜, 谢锋, 吴晓京, 等. 扫描电子显微镜[J]. 上海计量测试, 2003, 30(6):37-39.

[9] 谈育煦, 胡志忠. 材料研究方法[M]. 北京: 机械工业出版社, 2004.

[10] 陈木子, 高伟建, 张勇, 等. 浅谈扫描电子显微镜的结构及维护[J]. 分析仪器, 2013(4):91-93.

[11] 武开业. 扫描电子显微镜原理及特点[J]. 科技信息, 2010(29):113.

[12] 新世纪高职高专教材编审委员会组. 工业分析 实训篇[M]. 大连: 大连理工大学出版社, 2009.

[13] GB/T 19001—2016 质量管理体系-要求[S]. 北京: 中国标准出版社, 2016.

[14] （德）克劳斯·施瓦布. 第四次工业革命[M]. 北京: 中信出版社, 2016.

[15] Prahalad C K, Hamel G. The core competence of the corporation[J]. Knowledge and strategy. 1999, 41-59.

[16] 范文蕊. 知识管理对企业核心竞争力的影响研究[D]. 昆明: 云南财经大学, 2012.

[17] 杨辉. ISO 9000 族标准与化工企业核心竞争力[J]. 化工管理, 2008(5):37-41.

[18] 陶维胜. SPC 生产统计过程控制[M]. 上海: 东方音像电子出版社, 2007.

[19] 刘鸿恩, 张列平. 质量功能展开(QFD)理论与方法研究进展综述[J]. 系统工程, 2000, 2:1-6.

[20] 质量管理五大工具之三: 失效模式和效果分析[J]. 中国卫生质量管理, 2014, 21(3):51.

[21] 甄岩, 郑海龙, 陆再平. 失效模式及后果分析(FMEA)在企业质量管理中的应用[J]. 技术经济与管理研究, 2000, 3: 18-20.

[22] 董祺. 测量系统分析方法的研究及应用[D]. 西安: 西安电子科技大学, 2011.

[23] 卿建中. KPI 考评——企业绩效管理的基础[J]. IT 经理世界, 2002(1):92.

[24] 贾学起. 浅谈企业关键业绩指标(KPI)在绩效管理中的应用[J]. 胜利油田职工大学学报, 2008(S1):43-44.

[25] 候浩. 供应商质量审核体系研究[D]. 上海: 上海大学, 2009:35-37.

[26] 王晓健, 刘曙蓉. 质量管理体系运行缺陷及其改进[J]. 世界标准化与质量管理, 2004(6):20-21.

第十一章

[1] 葛志强, 徐浩星, 李忠友, 等. 聚氨酯废弃物的处理和回收利用[J]. 化学推进剂与高分子材料, 2008, 6(1):65-68.

[2] 方禹声. 聚氨酯泡沫塑料[M]. 2 版. 北京: 化学工业出版社, 1994.

[3] 赵孝彬, 杜磊, 张小平. 聚氨酯的结构与微相分离[J]. 聚氨酯工业, 2001, 16(1):4-8.

[4] 吴叔青. 导电型聚氨酯海绵的研制[D]. 长沙: 湖南大学, 2002.

[5] 刘振, 郭敏杰, 肖长发. 聚醚氨酯结构与微相分离的研究[J]. 聚氨酯工业, 2003, 18(3):15-18.

[6] 于博昊, 龚飞荣, 王珺斌, 等. 热处理对赖氨酸乙酯扩链聚氨酯性能的影响[J]. 化工新型材料, 2009, 37(12): 109-112.

[7] 朱吕民, 刘益军. 聚氨酯泡沫塑料[M]. 3 版. 北京: 化学工业出版社, 2005.

[8] 王晓杰. 聚氨酯泡沫塑料火灾危险性分析及其阻燃技术的研究[D]. 天津: 天津大学, 2008.

[9] 徐文超, 宋文生, 朱长春, 等. 聚氨酯的回收再利用[J]. 弹性体, 2008, 18(2).

[10] 张玉倩. 废旧软质聚氨酯泡沫塑料的回收利用[C]. 中国聚氨酯行业发展国际论坛暨2005pu泡沫行业加速淘汰ods专题峰会, 2005.

[11] （苏）В.И.赖依聂尔, 等. 电镀原理(第一册)[M]. 北京: 机械工业出版社, 1959.

[12] 李鸿年. 实用电镀工艺[M]. 北京: 国防工业出版社, 1990.

[13] （美）弗利德里克. 现代电镀[M]. 北京: 机械工业出版社, 1982.

[14] （加）施莱辛格, （加）庞诺威奇. 现代电镀[M]. 4 版. 范宏义, 等译. 北京: 化学工业出版社, 2006.

[15] Bari G A D, Petrocelli J V. The Effect of Composition and Structure on the Electrochemical Reactivity of Nickel[J]. Journal of the Electrochemical Society, 1965, 112(1):561–566.

[16] 陈康宁. 金属阳极[M]. 上海: 华东师范大学出版社, 1989.

[17] 张招贤. 钛电极工学[M]. 北京: 冶金工业出版社, 2003.

[18] 梅光贵, 等. 湿法炼锌学[M]. 长沙: 中南大学出版社, 2001.

[19] 苌亮. 负载型镍基氨分解催化剂的研究[D]. 天津: 天津大学, 2008.

[20] 张建. 氨分解制氢与钯膜分离氢的研究[J]. 中国科学院大连化学物理研究所, 2006.

[21] 于春艳. 略谈氨分解制氢工艺[J]. 中国玻璃, 2004(4):26-27.

[22] 吴辉. 镍盐的水热合成及其包覆研究[D]. 湘潭: 湘潭大学, 2010.

[23] HG/T 2824—2009《工业硫酸镍》和 HG/T 2771—2019《电镀用氯化镍》。

[24] 任广军. 电镀原理与工艺[M]. 哈尔滨: 东北大学出版社, 2001.

第十二章

[1] 危险化学品目录(2015 版)[S]. 北京: 化学工业出版社, 2015.

[2] 危险化学品信息速查手册(2015 版)[S]. 北京: 化学工业出版社, 2015.

[3] GB 50016—2014, 建筑设计防火规范[S]. 北京: 中国计划出版社, 2014.

[4] 王箴等. 化工辞典[M]. 北京: 化学工业出版社, 2010.

[5] 北京市海淀区教师进修学校. 中学教学实用全书. 化学卷[M]. 重庆: 重庆出版社, 1994.

[6] 杨绮琴, 方北龙, 童叶翔. 应用电化学[M]. 广州: 中山大学出版社, 2005.

[7] 李星国. 氢与氢能[M]. 北京: 机械工业出版社, 2012.

[8] 阳卫军, 陶能烨, 刘丰良, 等. 活性炭负载 FeNi 催化氨分解的研究[J]. 湖南大学学报(自然科学版), 2006, 5:100-104.

[9] 王锡波, 韩晓玲, 赵欣, 等. 甲醇裂解制氢技术应用[J]. 山东化工, 2013, 42:43-45.

[10] GB 50160—2015, 石油化工企业设计防火规范[S]. 北京: 中国计划出版社, 2015.

[11] GB 50140—2005, 建筑灭火器配置设计规范[S]. 北京: 中国计划出版社, 2005

[12] 危险化学品安全管理条例(2016 年修正版)[S]. 北京: 中国法制出版社, 2016.

[13] 特种设备安全监察条例(2009 年修正版)[S]. 北京: 中国法制出版社, 2009.

[14] GB 26164—2011, 电业安全工作规程[S]. 北京: 中国标准出版社, 2012.

- [15] GB/T 29304—2012, 爆炸危险场所防爆安全导则[S]. 北京：中国标准出版社, 2012.
- [16] GB 19517—2009, 电气设备安全技术规范[S]. 北京：电气设备安全技术规范, 2009.
- [17] 爆炸危险场所电气安全规程[S]. 北京：劳动人事出版社, 1987.
- [18] 胡君, 史润琴, 赵建枫. 运输、储存和使用氢气如何防火防爆[J]. 科技资讯, 2008-10-03.
- [19] 彭友德, 何建辉. 氢氧化工艺爆炸危险性分析与控制措施[J]. 湖南安全与防灾, 2005-02-25.
- [20] GB 30871—2014, 化学品生产单位特殊作业安全规范[S].
- [21] GB 18218—2014, 危险化学品重大危险源辨识[S].

第十三章

- [1] （美）阿尔文·托夫勒. 第三次浪潮[M]. 黄明坚 译. 北京：中信出版社, 2018.
- [2] （美）杰里米·里夫金. 第三次工业革命：新经济模式如何改变世界[M]. 张体伟 译. 北京：中信出版社, 2012.
- [3] （德）克劳斯·施瓦布. 第四次工业革命：转型的力量[M]. 李菁 译. 北京：中信出版社, 2016.
- [4] 刘飞, 曹华军, 张华. 绿色制造的理论与技术[M]. 北京：科学出版社, 2005.
- [5] 工信部. 工业绿色发展规划(2016—2020 年)[J]. 有色冶金节能, 2016, 32(5):1-7.
- [6] 吴军. 智能时代：大数据与智能革命重新定义未来[M]. 中信出版社, 2016.
- [7] 洪汝渝. 智能制造系统—下一代的制造系统[J]. 重庆工商大学学报:自然科学版, 1994(2):46-50.
- [8] 方沛伦, 郑修本. IMS——"21 世纪生产系统"开始启动[J]. 成组技术与生产现代化, 1993(3):1-2.
- [9] Kremen S S, Hayes C, Dubos M. Large-scale reverse osmosis processing of metal finishing rinse waters[J]. Desalination, 1977, 20(1):71-80.
- [10] Imasu K. Wastewater recycle in the plating industry using brackish water reverse osmosis elements[J]. Desalinatiom, 1985, 56: 137-142.
- [11] 邵刚. 膜法水处理技术. 北京：冶金工业出版社, 1992.

第十四章

- [1] （奥）H. P. 蒂吉斯切,（奥）B. 克雷兹特. 多孔泡沫金属[M]. 左孝青, 译. 北京：化学工业出版社, 2005.
- [2] 王从曾. 材料性能学[M]. 北京：北京工业大学出版社, 2001.
- [3] 刘培生, 杨全成, 罗军, 等. 泡沫镍的宏观拉伸断裂行为[J]. 金属功能材料, 2009, 16 (4): 33-37.
- [4] 甘秋兰. 泡沫金属的基本力学性质及本构关系[D]. 湘潭：湘潭大学, 2004.
- [5] 刘培生, 付超, 李铁藩, 等. 高孔率材料抗拉强度与孔率的关系[J]. 中国科学 E 辑：技术科学, 1999, 29 (2): 112-117.
- [6] 甘秋兰, 张俊彦. 温度和应变率对泡沫镍拉伸行为的影响[J]. 湘潭大学自然科学学报, 2003, 25 (4): 88-90.
- [7] 郑天奇, 郝建国, 张庆林. 泡沫镍的性能参数[J]. 电源技术, 1997, 21 (1): 17-19.
- [8] GB/T 20251—2006, 电池用泡沫镍[S].
- [9] Baumeister J, Banhart J, Weber M. Aluminium foams for transport industry[J]. Materials & design, 1997, 18 (4-6): 217-220.
- [10] Fan S F, Zhang T, Yu K, et al. Compressive properties and energy absorption characteristics of open-cell nickel foams[J]. Transactions of Nonferrous Metals Society of China, 2017, 27 (1): 117-124.

[11] 苏华冰. 泡沫金属力学性能及其细观结构损伤行为研究[D]. 广州: 华南理工大学, 2010.

[12] (英)阿什比, 等. 泡沫金属设计指南[M]. 刘培生, 等译. 北京: 冶金工业出版社, 2006.

[13] 刘洋. 冲击载荷作用下泡沫金属动态响应理论及数值模拟分析[D]. 长沙: 湖南大学, 2012.

[14] 张云飞. Ti35Nb 泡沫合金的疲劳性能及表面处理对其影响[D]. 湘潭: 湘潭大学, 2009.

[15] 刘培生, 马晓明. 高孔率泡沫金属材料疲劳表征模型及其实验研究[J]. 材料工程, 2012, 5: 47-58.

[16] 赵明娟. 泡沫金属结构性能关系模拟研究[D]. 昆明: 昆明理工大学, 2003.

[17] 段翠云, 崔光, 刘培生, 等. 多孔泡沫金属材料吸声性能探讨[J]. 北京信息科技大学学报(自然科学版), 2014, 29 (4): 1-5.

[18] 卢淼, 姚欣宇, 刘培生, 等. 电沉积泡沫镍的中频吸声性能[J]. 稀有金属, 2015, 39 (1): 49-54.

[19] 梁李斯. 闭孔泡沫铝材料的声学性能研究及应用[D]. 沈阳: 东北大学, 2008.

[20] Biot M A. Theory of propagation of elastic waves in a fluid-saturated porous solid [J]. Journal of the Acoustical Society of America, 1956, 28: 168-191.

[21] 杨春红. 泡沫铝板在机床隔声罩中的应用研究[D]. 阜新: 辽宁工程技术大学, 2007.

[22] 尉海军, 姚广春, 成艳, 等. 闭孔泡沫铝吸声性能的影响因素[J]. 中国有色金属学报, 2008, 18 (8):1487-1491.

[23] 韩宝坤, 安郁熙, 鲍怀谦, 等. 多孔金属材料吸声性能优化分析[J]. 山东科技大学学报(自然科学版), 2009, 28 (6): 85-88.

[24] 马宗俊. 渐变孔隙率泡沫金属吸声性能的研究[D]. 北京: 华北电力大学, 2016.

[25] 黄真, 杜喆, 段挹杰, 等. 多孔吸声材料研究现状与发展趋势[J]. 中国城乡企业卫生, 2016, 31 (11): 43-45.

[26] 张永锋, 马玲俊, 崔昭霞. 泡沫镍吸声性能的研究[J]. 噪声与振动控制, 2001, (2): 30-33, 13.

[27] 李亚坤. 金属泡沫结构化 Ni 基催化剂的化学刻蚀制备、合成气甲烷化催化性能和强化热质传递构效研究[D]. 上海: 华东师范大学, 2016.

[28] 左孝青, 孙加林. 泡沫金属的性能及应用研究进展[J]. 昆明理工大学学报(理工版), 2005, 30 (1): 13-17.

[29] Collishaw P G, Evans J R G. An assessment of expressions for the apparent thermal conductivity of cellular materials[J]. Journal of Materials Science, 1994, 29 (2): 486-498.

[30] Boomsma K, Poulikakos D. On the effective thermal conductivity of a three-dimensionally structured fluid-saturated metal foam[J]. International Journal of Heat and Mass Transfer, 2001, 44: 827-836.

[31] Elayiaraja P, Harish S, Wilson L, et al. Experimental investigation on pressure drop and heat transfer characteristics of copper metal foam heat sink[J]. Experimental heat transfer, 2010, 23 (3): 185-195.

[32] 宋锦柱, 何思渊. 多孔泡沫铝的传热性能[J]. 江苏冶金, 2008, 36 (2): 29- 30.

[33] 赵长颖, 潘智豪, 王倩, 等. 多孔介质的相变和热化学储热性能[J]. 科学通报, 2016, 61 (17): 1897-1915.

[34] Bhattacharya A, Calmidi V V, Mahajan R L. Thermophysical properties of high porosity metal foams. Int J Heat Mass Transfer, 2002, 45: 1017-1031.

[35] 王超星, 王芳, 王录才. 通孔泡沫金属传热性能研究进展[J]. 铸造设备与工艺, 2011, 5: 42-44.

[36] Zhao C Y, Lu T J, Hodson H P, et al. The temperature dependence of effective thermal conductivity of open-celled steel alloy foams [J]. Materials Science and Engineering A, 2004, 367: 123-131.

[37] 杨雪飞, 冯妍卉, 张欣欣. 泡沫铝通道内瞬态流动的平均换热系数[J]. 工业加热, 2010, 39 (1): 23-26.

[38] 马明阳. 泡沫铝中高温有效导热系数与线膨胀系数的实验和理论研究[D]. 北京: 中国科学技术大学, 2015.

[39] Kim T, Hodson H P, Lu T J. Fluid-flow and endwall heat-transfer characteristics of an ultralight lattice-frame material[J]. International Journal of Heat and Mass Transfer, 2004, 47: 1129-1140.

[40] 李炅, 张秀平, 贾磊, 等. 开孔泡沫金属热传输性能研究进展[J]. 制冷学报, 2013, 34 (4): 96-102.

[41] 王济平. 多孔泡沫材料强化传热与流阻特性研究[D]. 重庆: 重庆大学, 2013.

[42] 杨佳霖. 潜热蓄热相变过程换热强化研究[D]. 北京: 华北电力大学, 2016.

[43] 项苹. 开孔泡沫铝物理及力学性能的研究[D]. 合肥: 合肥工业大学, 2008.

[44] 黄晓莉. 泡沫 Fe-Ni 电磁屏蔽材料的设计与屏蔽机理研究[D]. 哈尔滨: 哈尔滨工业大学, 2009.

[45] 凤仪, 郑海务, 朱震刚, 等. 闭孔泡沫铝的电磁屏蔽性能[J]. 中国有色金属学报, 2004, 14 (1): 33-36.

[46] 刘培生, 侯红亮, 顷淮斌, 等. 真空热加工制备高孔率泡沫钛的电磁屏蔽性能[J]. 真空科学与技术学报, 2015, 35 (7): 908-912.

[47] 张灵振, 李俊寿, 石随林. Fe_2O_3/泡沫镍复合材料电磁屏蔽效能研究[J]. 硅酸盐通报, 2009, 28 (S1): 157-159.

[48] 赵慧慧. 泡沫型电磁屏蔽复合材料的制备及性能研究[D]. 南京: 南京航空航天大学, 2014.

第十五章

[1] Zhao C Y, Tassou S A, Lu T J. Analytical considerations of thermal radiation in cellular metal foams with open cells[J]. International Journal of Heat and Mass Transfer, 2008, 51(3): 929-940.

[2] 原诗瑶, 侯彬, 周杰. 泡沫镍在电容器和微生物燃料电池方面的应用[J]. 现代化工, 2017, 37(8): 67-71.

[3] Chen Y, Liu C, Du J H, et al. Preparation of carbon microcoils by catalytic decomposition of acetylene using nickel foam as both catalyst and substrate[J]. Carbon, 2005, 43(9): 1874-1878.

[4] 王晓峰. 碳纳米管超级电容器的研制和应用[J]. 电源技术, 2005, 29(1): 27-30.

[5] Wang X, Feng Y, Wang E, et al. Electricity generation using nickel foam solely as biocathodic material in a two chambered microbial fuel cell[J]. Journal of Biotechnology, 2008, 136: S662.

[6] Tseng C J, Tsai B T, Liu Z S, et al. A PEM fuel cell with metal foam as flow distributor[J]. Energy Conversion and Management, 2012, 62: 14-21.

[7] Cao D, Wang G, Wang C, et al. Enhancement of electrooxidation activity of activated carbon for direct carbon fuel cell[J]. International Journal of Hydrogen Energy, 2010, 35(4): 1778-1782.

[8] Low Q X, Huang W, Fu X Z, et al. Copper coated nickel foam as current collector for H_2S-containing syngas solid oxide fuel cells[J]. Applied Surface Science, 2011, 258(3): 1014-1020.

[9] Liu Y, Yu Z, Hou Y, et al. Highly efficient Pd-Fe/Ni foam as heterogeneous Fenton catalysts for the three-dimensional electrode system[J]. Catalysis Communications, 2016, 86: 63-66.

[10] Sivanantham A, Shanmugam S. Nickel selenide supported on nickel foam as an efficient and durable non-precious electrocatalyst for the alkaline water electrolysis[J]. Applied Catalysis B: Environmental, 2017, 203: 485-493.

[11] Xu R, Wu R, Shi Y, et al. Ni_3Se_2 nanoforest/Ni foam as a hydrophilic, metallic, and self-supported bifunctional electrocatalyst for both H_2 and O_2 generations[J]. Nano Energy, 2016, 24: 103-110.

[12] Yang B, Yu G, Shuai D. Electrocatalytic hydrodechlorination of 4-chlorobiphenyl in aqueous solution using palladized nickel foam cathode[J]. Chemosphere, 2007, 67(7): 1361-1367.

参 考 文 献

[13] Gosmini C, Nédélec J Y, Périchon J. Electrosynthesis of 3-thienylzinc bromide from 3-bromothiophene via a nickel catalysis[J]. Tetrahedron Letters, 1997, 38(11): 1941-1942.

[14] Paserin V, Marcuson S, Shu J, et al. CVD technique for Inco nickel foam production[J]. Advanced Engineering Materials, 2004, 6(6): 454-459.

[15] Park J C, Roh N S, Chun D H, et al. Cobalt catalyst coated metallic foam and heat-exchanger type reactor for Fischer–Tropsch synthesis[J]. Fuel Processing Technology, 2014, 119: 60-66.

[16] Yang L, Cai A, Luo C, et al. Performance analysis of a novel TiO_2-coated foam-nickel PCO air purifier in HVAC systems[J]. Separation and Purification Technology, 2009, 68(2): 232-237.

[17] 宗肖. 泡沫镍对相变过程及单元管热性能影响的模拟研究[D]. 青岛: 青岛科技大学, 2015.

[18] 戴长松, 王殿龙, 胡信国, 等. 连续泡沫镍制造技术[J]. 中国有色金属学报, 2003, 13(1): 1-15.

[19] （日）榎户正文,（日）平松宏正,（日）吉井文彦, 等. 具アルカリ蓄電池およびその製造法: 特開平 4-229955[P]. 1992-08-19.

[20] 唐有根. 镍氢电池[M]. 北京: 化学工业出版社, 2007.

[21] 段红宇. 动力电池高强度泡沫镍研发与产业化可行性研究[D]. 北京: 北京化工大学, 2006.

[22] 马丽萍, 李晓峰, 娄豫皖, 等. 化学电源用泡沫镍的性能研究[J]. 功能材料, 2004 (z1): 1891-1895.

[23] 张士杰. 泡沫镍贮氢电极成型工艺研究[J]. 电源技术, 1994, 18(1): 14-15.

[24] Metzger W, Westfall R, Hermann A, et al. Nickel foam substrate for nickel metal hydride electrodes and lightweight honeycomb structures[J]. International Journal of Hydrogen Energy, 1998, 23(11): 1025-1029.

[25] 何醒民, 贺菊香. 泡沫镍工艺设计及产品性能改进[J]. 稀有金属与硬质合金, 2000 (2): 30-33.

[26] 厉海艳, 等. 动力电池的研究应用及发展趋势[J]. 河南科技大学学报(自然科学版), 2005, 6: 35-39.

[27] 衣宝廉. 未来新能源汽车市场三分天下 燃料电池必占其一[J/OL]. 能源评论, 2017, (1): 38-40.

[28] 李佳晋. 未来电动汽车什么样? 欧阳明高说了这些干货[EB/OL], 2019 年 1 月 14 日, 见 http://www.sohu.com/a/288718154_179736。

[29] （法）François B, Elzbietara F, 等. 超级电容器:材料、系统及应用[M]. 张治安, 等译. 北京: 机械工业出版社, 2015.

[30] 胡毅, 陈轩恕, 杜砚, 等. 超级电容器的应用与发展[J]. 电力设备, 2008, 9(1): 19-22.

[31] Chu A, Braatz P. Comparison of commercial supercapacitors and high-power lithium-ion batteries for power-assist applications in hybrid electric vehicles: I. Initial characterization[J]. Journal of Power Sources, 2002, 112(1): 236-246.

[32] 夏熙, 刘洪涛. 一种正在迅速发展的贮能装置——超电容器 (2)[J]. 电池工业, 2004, 9(4): 181-188.

[33] Stoller M D, Park S, Zhu Y, et al. Graphene-based ultracapacitors[J]. Nano Letters, 2008, 8(10): 3498-3502.

[34] Moyseowicz A, Śliwak A, Gryglewicz G. Influence of structural and textural parameters of carbon nanofibers on their capacitive behavior[J]. Journal of Materials Science, 2016, 51(7): 3431-3439.

[35] 张密林, 杨晨, 陈野, 等. 纳米 MnO_2 超级电容器电解液性能研究[J]. 电源技术, 2004, 28(10): 626-629.

[36] Zhu G, He Z, Chen J, et al. Highly conductive three-dimensional MnO_2–carbon nanotube–graphene–Ni hybrid foam as a binder-free supercapacitor electrode[J]. Nanoscale, 2014, 6(2): 1079-1085.

[37] Shahrokhian S, Mohammadi R, Asadian E. One-step fabrication of electrochemically reduced graphene oxide/nickel oxide composite for binder-free supercapacitors[J]. International Journal of Hydrogen Energy, 2016, 41(39): 17496-17505.

[38] Cai D, Wang D, Wang C, et al. Construction of desirable $NiCo_2S_4$ nanotube arrays on nickel foam substrate for pseudocapacitors with enhanced performance[J]. Electrochimica Acta, 2015, 151: 35-41.

[39] Wang X, Xia H, Wang X, et al. Facile synthesis ultrathin mesoporous Co_3O_4 nanosheets for high-energy asymmetric supercapacitor[J]. Journal of Alloys and Compounds, 2016, 686: 969-975.

[40] Zhao C, Ju P, Wang S, et al. One-step hydrothermal preparation of TiO_2/RGO/$Ni(OH)_2$/NF electrode with high performance for supercapacitors[J]. Electrochimica Acta, 2016, 218: 216-227.

[41] Logan B E, Hamelers B, Rozendal R, et al. Microbial fuel cells: methodology and technology[J]. Environmental Science & Technology, 2006, 40(17): 5181-5192.

[42] Liu H, Ramnarayanan R, Logan B E. Production of electricity during wastewater treatment using a single chamber microbial fuel cell[J]. Environmental Science & Technology, 2004, 38(7): 2281-2285.

[43] 吴健成, 潘彬, 叶遥立, 等. 泡沫镍空气阴极微生物燃料电池的产电特性[J]. 能源工程, 2013(2): 31-35.

[44] Wen Q, Liu Z M, Chen Y, et al. Electrochemical performance of microbial fuel cell with air-cathode[J]. Acta Physico-Chimica Sinica, 2008, 24(6): 1063-1067.

[45] 杨斯琦, 刘中良, 侯俊先, 等. 微生物燃料电池 MnO_2/S-AC 泡沫镍空气阴极的制备及其性能[J]. 化工学报, 2015, 66(s1):202-208.

[46] Cheng S, Wu J. Air-cathode preparation with activated carbon as catalyst, PTFE as binder and nickel foam as current collector for microbial fuel cells[J]. Bioelectrochemistry, 2013, 92: 22-26.

[47] Liu J, Feng Y, Wang X, et al. The effect of water proofing on the performance of nickel foam cathode in microbial fuel cells[J]. Journal of Power Sources, 2012, 198: 100-104.

[48] 马彦, 樊磊, 薄晓, 等. 微生物燃料电池阳极材料研究进展[J]. 化工新型材料, 2016, 44(2): 21-23.

[49] Yong Y C, Dong X C, Chan-park M B, et al. Macroporous and monolithic anode based on polyaniline hybridized three-dimensional graphene for high-performance microbial fuel cells[J]. ACS Nano, 2012, 6(3): 2394-2400.

[50] Wang H, Wang G, Ling Y, et al. High power density microbial fuel cell with flexible 3D graphene–nickel foam as anode[J]. Nanoscale, 2013, 5(21): 10283-10290.

[51] Karthikeyan R, Krishnaraj N, Selvam A, et al. Effect of composites based nickel foam anode in microbial fuel cell using Acetobacter aceti and Gluconobacter roseus as a biocatalysts[J]. Bioresource Technology, 2016, 217: 113-120.

[52] 衣宝廉. 燃料电池——原理·技术·应用[M]. 北京: 化学工业出版社, 2003.

[53] 李目武. 以聚氨酯海绵为基体制备碳纤维及其在燃料电池催化中的应用[D]. 广州: 华南理工大学, 2016.

[54] 刘丽芳. 纳米碳管作为质子交换膜燃料电池催化剂载体的研究[D]. 杭州: 浙江大学, 2011.

[55] Cao D, Sun Y, Wang G. Direct carbon fuel cell: fundamentals and recent developments[J]. Journal of Power Sources, 2007, 167(2): 250-257.

[56] 王明华, 李在元, 代克化. 新能源导论[M]. 北京: 冶金工业出版社, 2015.

[57] Cherepy N J, Krueger R, Fiet K J, et al. Direct conversion of carbon fuels in a molten carbonate fuel cell[J]. Journal of the Electrochemical Society, 2005, 152(1): A80-A87.

[58] Zecevic S, Patton E M, Parhami P. Carbon–air fuel cell without a reforming process[J]. Carbon, 2004, 42(10): 1983-1993.

[59] 许世森, 王鹏杰, 程健, 等. 一种高强度熔融碳酸盐燃料电池隔膜及其制备方法: CN104079634[P]. 2014-10-01.

[60] 谢朝晖, 朱庆山, 黄文来. 板式固体氧化物燃料电池阴极柔性接触材料及电池堆结构: CN101022170[P]. 2007-08-22.

[61] Yan D, Bin Z, Fang D, et al. Feasibility study of an external manifold for planar intermediate-temperature solid oxide

fuel cells stack[J]. International Journal of Hydrogen Energy, 2013, 38(1): 660-666.

[62] 刘新锦, 朱亚先, 高飞. 无机元素化学[M]. 2 版. 北京: 科学出版社, 2010.

[63] Nagpure S C, Downing R G, Bhushan B, et al. Discovery of lithium in copper current collectors used in batteries[J]. Scripta Materialia, 2012, 67(7-8): 669-672.

[64] Wu J, Zhu Z, Zhang H, et al. Improved electrochemical performance of the Silicon/Graphite-Tin composite anode material by modifying the surface morphology of the Cu current collector[J]. Electrochimica Acta, 2014, 146: 322-327.

[65] Nakamura T, Okano S, Yaguma N, et al. Electrochemical performance of cathodes prepared on current collector with different surface morphologies[J]. Journal of Power Sources, 2013, 244: 532-537.

[66] Huang X H, Tu J P, Zeng Z Y, et al. Nickel foam-supported porous NiO / Ag film electrode for lithium-Ion batteries[J]. Journal of the Electrochemical Society, 2008, 155(6): A438-A441.

[67] Li D, Li X, Wang S, et al. Carbon-wrapped Fe_3O_4 nanoparticle films grown on nickel foam as binder-free anodes for high-rate and long-life lithium storage[J]. ACS Applied Materials & Interfaces, 2013, 6(1): 648-654.

[68] Wang J, Zhang Q, Li X, et al. Three-dimensional hierarchical Co_3O_4/CuO nanowire heterostructure arrays on nickel foam for high-performance lithium ion batteries[J]. Nano Energy, 2014, 6(3):19-26.

[69] 赵豆豆, 汝强, 郭凌云, 等. 泡沫镍上生长纳米片 $ZnCo_2O_4$ 负极材料[J]. 电池, 2016, 46(2): 61-64.

[70] Li Z, Yin L. Sandwich-Like reduced graphene oxide wrapped MOF-derived $ZnCo_2O_4$–ZnO–C on nickel foam as anodes for high performance lithium ion batteries[J]. Journal of Materials Chemistry A, 2015, 3(43): 21569-21577.

[71] Zhang Q, Chen H, Wang J, et al. Growth of hierarchical 3D mesoporous $NiSi_x$/$NiCo_2O_4$ core/shell heterostructures on nickel foam for lithium‐ion batteries [J]. ChemSusChem, 2014, 7(8): 2325-2334.

[72] Mukanova A, Nurpeissova A, Urazbayev A, et al. Silicon thin film on graphene coated nickel foam as an anode for Li-ion batteries[J]. Electrochimica Acta, 2017, 258: 800-806.

[73] Yang C, Zhang D, Zhao Y, et al. Nickel foam supported Sn–Co alloy film as anode for lithium ion batteries[J]. Journal of Power Sources, 2011, 196(24): 10673-10678.

[74] Yao M, Okuno K, Iwaki T, et al. Long cycle-life $LiFePO_4$/Cu-Sn lithium ion battery using foam-type three-dimensional current collector[J]. Journal of Power Sources, 2010, 195(7): 2077-2081.

[75] Li Q, Ma J, Wang H, et al. Interconnected Ni_2P nanorods grown on nickel foam for binder free lithium ion batteries[J]. Electrochimica Acta, 2016, 213: 201-206.

[76] 陈焕骏. 三维集流体磷酸亚铁锂正极及匹配负极的研究[D]. 哈尔滨: 哈尔滨工程大学, 2010.

[77] 丁建民. 一种高倍率锂离子电池正极极片的制备方法: CN105633353[P]. 2016-06-01.

[78] Tang Y, Huang F, Bi H, et al. Highly conductive three-dimensional graphene for enhancing the rate performance of $LiFePO_4$ cathode[J]. Journal of Power Sources, 2012, 203: 130-134.

[79] Wang Q, Wang D, Wang B. Preparation and electrochemical performance of $LiFePO_4$-based electrode using three-dimensional porous current collector[J]. International Journal of Electrochemical Science, 2012, 7(9):8753-8760.

[80] Yang G F, Song K Y, Joo S K. Ultra-thick Li-ion battery electrodes using different cell size of metal foam current collectors[J]. RSC Advances, 2015, 5(22): 16702-16706.

[81] 莫润伟. 高性能锂离子电池正极材料 LiV_3O_8 的制备及其电化学性能研究[D]. 哈尔滨: 哈尔滨工业大学, 2015.

[82] Cheng H, Scott K. Carbon-supported manganese oxide nanocatalysts for rechargeable lithium–air batteries[J]. Journal of Power Sources, 2010, 195(5): 1370-1374.

[83] 冷利民. 锂/空气电池关键材料的制备及其性能研究[D]. 广州: 华南理工大学, 2016.

[84] Li J, Zhao Y, Zou M, et al. An effective integrated design for enhanced cathodes of Ni foam-supported Pt/carbon nanotubes for Li-O$_2$ batteries [J]. ACS Applied Materials & Interfaces, 2014, 6(15): 12479-12485.

[85] Cao J, Liu S, Xie J, et al. Tips-bundled Pt/Co$_3$O$_4$ nanowires with directed peripheral growth of Li$_2$O$_2$ as efficient binder/carbon-free catalytic cathode for lithium–oxygen battery[J]. ACS Catalysis, 2014, 5(1): 241-245.

[86] Huang H, Luo S, Liu C, et al. Ag-decorated highly mesoporous Co$_3$O$_4$ nanosheets on nickel foam as an efficient free-standing cathode for Li-O$_2$ batteries[J]. Journal of Alloys and Compounds, 2017, 726: 939-946.

[87] Li L, Chai S H, Dai S, et al. Advanced hybrid Li–air batteries with high-performance mesoporous nanocatalysts[J]. Energy & Environmental Science, 2014, 7(8): 2630-2636.

[88] Manthiram A, Fu Y, Su Y S. Challenges and prospects of lithium–sulfur batteries[J]. Accounts of Chemical Research, 2012, 46(5): 1125-1134.

[89] Sörgel Ş, Kesten O, Wengel A, et al. Nickel/sulfur composite electroplated nickel foams for the use as 3D cathode in lithium/sulfur batteries–A proof of concept[J]. Energy Storage Materials, 2018, 10: 223-232.

[90] Zhao Q, Hu X, Zhang K, et al. Sulfur nanodots electrodeposited on Ni foam as high-performance cathode for Li–S batteries[J]. Nano Letters, 2015, 15(1): 721-726.

[91] Cheng J J, Zhu J T, Pan Y, et al. Sulfur-nickel foam as cathode materials for lithium-sulfur batteries[J]. ECS Electrochemistry Letters, 2015, 4(2): A19-A21.

[92] Luo L, Chung S H, Chang C H, et al. A nickel-foam@carbon-shell with a pie-like architecture as an efficient polysulfide trap for high-energy Li–S batteries[J]. Journal of Materials Chemistry A, 2017, 5(29): 15002-15007.

[93] Huang D, Li S, Luo Y, et al. Graphene oxide-protected three dimensional Se as a binder-free cathode for Li-Se battery[J]. Electrochimica Acta, 2016, 190: 258-263.

[94] Huang D, Li S, Xiao X, et al. Ultrafast synthesis of Te nanorods as cathode materials for lithium-tellurium batteries[J]. Journal of Power Sources, 2017, 371: 48-54.

[95] 杨勇, 黄行康, 岳红军. 锂锰电池二氧化锰/银复合阴极的制备方法: CN1688047[P]. 2005-10-26.

[96] Hu Y, Zhang T, Cheng F, et al. Recycling application of Li–MnO$_2$ batteries as rechargeable lithium–air batteries[J]. Angewandte Chemie International Edition, 2015, 54(14): 4338-4343.

[97] Ge X, Li Z, Yin L. Metal-organic frameworks derived porous core/shellCoP@C polyhedrons anchored on 3D reduced graphene oxide networks as anode for sodium-ion battery[J]. Nano Energy, 2017, 32: 117-124.

[98] Xiang J, Dong D, Wen F, et al. Microwave synthesized self-standing electrode of MoS$_2$ nanosheets assembled on graphene foam for high-performance Li-Ion and Na-Ion batteries[J]. Journal of Alloys and Compounds, 2016, 660: 11-16.

[99] 曾幸荣, 龚克成. 锌—聚苯胺二次电池的性能研究[J]. 塑料工业, 1990 (6): 49-52.

[100] 王璐, 司士辉, 赵永福, 等. 聚苯胺/石墨纸复合材料作为锌二次电池的正极研究[J]. 化工新型材料, 2013, 41(10): 159-161.

[101] Rahmanifar M S, Mousavi M F, Shamsipur M, et al. A study on open circuit voltage reduction as a main drawback of Zn–polyaniline rechargeable batteries[J]. Synthetic Metals, 2005, 155(3): 480-484.

[102] Xia Y, Zhu D, Si S, et al. Nickel foam-supported polyaniline cathode prepared with electrophoresis for improvement of rechargeable Zn battery performance[J]. Journal of Power Sources, 2015, 283: 125-131.

[103] 司士辉, 赵志佳, 夏洋, 等. 以醋酸锌-醋酸锂为电解质的锌-泡沫镍基聚苯胺二次电池[J]. 徐州工程学院学报(自然科学版), 2017(1): 13-18.

[104] Remick R J, Ang P G P. Electrically rechargeable anionically active reduction-oxidation electrical storage-supply system: US4485154[P]. 1984-11-27.

[105] 葛善海, 周汉涛, 衣宝廉, 等. 多硫化钠-溴储能电池组[J]. 电源技术, 2004, 28(6):373-375.

[106] 陆瑞生, 刘效疆. 热电池[M]. 北京: 国防工业出版社, 2005.

[107] Hu J, Chu Y, Tian Q, et al. Electrochemical properties of the $NiCl_2$ cathode with nickel foam substrate for thermal batteries[J]. Materials Letters, 2017, 207: 198-201.

[108] Lu Z, Wu X, Lei X, et al. Hierarchical nanoarray materials for advanced nickel–zinc batteries[J]. Inorganic Chemistry Frontiers, 2015, 2(2): 184-187.

[109] Wang X, Sebastian P J, Smit M A, et al. Studies on the oxygen reduction catalyst for zinc–air battery electrode[J]. Journal of Power Sources, 2003, 124(1): 278-284.

[110] Li Y, Gong M, Liang Y, et al. Advanced zinc-air batteries based on high-performance hybrid electrocatalysts[J]. Nature Communications, 2013, 4: 1805.

[111] Nikolova V, Iliev P, Petrov K, et al. Electrocatalysts for bifunctional oxygen/air electrodes[J]. Journal of Power Sources, 2008, 185(2): 727-733.

[112] Liu W, Ai Z, Zhang L. Design of a neutral three-dimensional electro-Fenton system with foam nickel as particle electrodes for wastewater treatment[J]. Journal of Hazardous Materials, 2012, 243: 257-264.

[113] Song S, Wu M, Liu Y, et al. Efficient and stable carbon-coated nickel foam cathodes for the Electro-Fenton Process[J]. Electrochimica Acta, 2015, 176: 811-818.

[114] 朱静宜, 张亶. 基于三维多孔泡沫镍材料的乳糖传感器研究[J]. 传感技术学报, 2015, 28(9): 1303-1306.

[115] Dong X, Cao Y, Wang J, et al. Hybrid structure of zinc oxide nanorods and three dimensional graphene foam for supercapacitor and electrochemical sensor applications[J]. RSC Advances, 2012, 2(10): 4364-4369.

[116] Barbusiński K. Henry John Horstman Fenton-short biography and brief history of Fenton reagent discovery[J]. Chemistry-Didactics-Ecology-Metrology, 2009, 14: 101-105.

[117] Kremer M L. Mechanism of the Fenton reaction. evidence for a new intermediate[J]. Physical Chemistry Chemical Physics, 1999, 1(15): 3595-3605.

[118] Yang Y, Pignatello J J, Ma J, et al. Comparison of halide impacts on the efficiency of contaminant degradation by sulfate and hydroxyl radical-based advanced oxidation processes (AOPs)[J]. Environmental Science & Technology, 2014, 48(4): 2344-2351.

[119] 古振澳, 柴一荻, 杨乐, 等. 以泡沫镍为阴极的电芬顿法对苯酚的降解[J]. 环境工程学报, 2015, 9(12): 5843-5848.

[120] 邱珊, 陈聪, 邓凤霞, 等. 泡沫镍作阴极板的 E-Fenton 法处理 RhB 染料废水[J]. 中国给水排水, 2016, 32(9): 90-94.

[121] Fan Y, Ai Z, Zhang L. Design of an electro-Fenton system with a novel sandwich film cathode for wastewater treatment[J]. Journal of Hazardous Materials, 2010, 176(1-3): 678-684.

[122] Chen W, Yang X, Huang J, et al. Iron oxide containing graphene/carbon nanotube based carbon aerogel as an efficient E-Fenton cathode for the degradation of methyl blue[J]. Electrochimica Acta, 2016, 200: 75-83.

[123] 王革华. 能源与可持续发展[M]. 北京: 化学工业出版社, 2005.

[124] He H, Liu H, Liu F, et al. Structures and electrochemical properties of amorphous nickel sulphur coatings electrodeposited

on the nickel foam substrate as hydrogen evolution reaction cathodes[J]. Surface and Coatings Technology, 2006, 201(3): 958-964.

[125] Han A, Jin S, Chen H, et al. A robust hydrogen evolution catalyst based on crystalline nickel phosphide nanoflakes on three-dimensional graphene/nickel foam: high performance for electrocatalytic hydrogen production from pH 0–14[J]. Journal of Materials Chemistry A, 2015, 3(5): 1941-1946.

[126] Wang X, Kolen' Ko Y V, Liu L. Direct solvothermal phosphorization of nickel foam to fabricate integrated Ni2P-nanorods/Ni electrodes for efficient electrocatalytic hydrogen evolution[J]. Chemical Communications, 2015, 51(31): 6738-6741.

[127] Ma G, He Y, Wang M, et al. An efficient route for catalytic activity promotion via hybrid electro-depositional modification on commercial nickel foam for hydrogen evolution reaction in alkaline water electrolysis[J]. Applied Surface Science, 2014, 313: 512-523.

[128] 汪家铭. 水电解制氢技术进展及应用[J]. 广州化工, 2005, 33(5): 61.

[129] 姜春兰. 水电解制氢节能技术探讨[J]. 冶金动力, 1995 (1): 38-39.

[130] 卢帮安. 纳米过渡金属氧化物作为析氧电极的研究[D]. 哈尔滨: 哈尔滨工程大学, 2012.

[131] Zhou W, Wu X J, Cao X, et al. Ni_3S_2 nanorods/Ni foam composite electrode with low overpotential for electrocatalytic oxygen evolution[J]. Energy & Environmental Science, 2013, 6(10): 2921-2924.

[132] Li X, Han G Q, Liu Y R, et al. In situ grown pyramid structures of nickel diselenides dependent on oxidized nickel foam as efficient electrocatalyst for oxygen evolution reaction[J]. Electrochimica Acta, 2016, 205: 77-84.

[133] Han G Q, Liu Y R, Hu W H, et al. Three dimensional nickel oxides/nickel structure by in situ electro-oxidation of nickel foam as robust electrocatalyst for oxygen evolution reaction[J]. Applied Surface Science, 2015, 359: 172-176.

[134] You B, Jiang N, Sheng M, et al. Hierarchically porous urchin-like Ni_2P superstructures supported on nickel foam as efficient bifunctional electrocatalysts for overall water splitting[J]. ACS Catalysis, 2016, 6(2): 714-721.

[135] Tang C, Cheng N, Pu Z, et al. NiSe nanowire film supported on nickel foam: an efficient and stable 3D bifunctional electrode for full water splitting[J]. Angewandte Chemie, 2015, 54(32): 9351-9355.

[136] 李君敬. 钯/聚合物/泡沫镍电极制备及其电催化脱氯还原氯酚研究[D]. 哈尔滨: 哈尔滨工业大学, 2013.

[137] 丛燕青. 氯酚的电化学降解行为及治理研究[D]. 杭州: 浙江大学, 2005.

[138] Li J, Liu H, Cheng X, et al. Stability of palladium-polypyrrole-foam nickel electrode and its electrocatalytic hydrodechlorination for dichlorophenol isomers[J]. Industrial & Engineering Chemistry Research, 2012, 51(48): 15557-15563.

[139] Sun C, Baig S A, Lou Z, et al. Electrocatalytic dechlorination of 2, 4-dichlorophenoxyacetic acid using nanosized titanium nitride doped palladium/nickel foam electrodes in aqueous solutions[J]. Applied Catalysis B: Environmental, 2014, 158-159: 38-47.

[140] Yang B, Yu G, Shuai D. Electrocatalytic hydrodechlorination of 4-chlorobiphenyl in aqueous solution using palladized nickel foam cathode[J]. Chemosphere, 2007, 67(7): 1361-1367.

[141] Wang G, Cao D, Yin C, et al. Nickel foam supported Co_3O_4 nanowire arrays for H_2O_2 electroreduction[J]. Chemistry of Materials, 2009, 21(21): 5112-5118.

[142] Yu M, Chen J, Liu J, et al. Mesoporous $NiCo_2O_4$ nanoneedles grown on 3D graphene-nickel foam for supercapacitor and methanol electro-oxidation[J]. Electrochimica Acta, 2015, 151: 99-108.

[143] 马淳安, 廖艳梅, 朱英红, 等. 碱性溶液中苯甲醇的选择性电催化氧化研究[J]. 化学学报, 2010, 68(16):1649-1652.

[144] 栗彧君. 成对电合成苯甲醛和邻氨基苯酚[D]. 太原: 太原理工大学, 2017.

[145] Gosmini C, Nédélec J Y, Périchon J. Electrosynthesis of functionalized 2-arylpyridines from functionalized aryl and pyridine halides catalyzed by nickel bromide 2, 2′-bipyridine complex[J]. Tetrahedron Letters, 2000, 41(26): 5039-5042.

[146] 盛庆林. 电化学传感器构置及其应用[M]. 北京: 科学出版社, 2013.

[147] 郭萌, 姚素薇, 张卫国, 等. 电化学传感器的研究和进展[J]. 2004年全国电子电镀学术研讨会论文集, 2004: 45-49.

[148] 夏孟丽, 谢乐天, 吴鑫宇, 等. 基于微纳泡沫金属材料的D-半乳糖传感器研究[J]. 传感技术学报, 2016, 29(11): 1643-1647.

[149] Akhtar N, El-Safty S A, Khairy M, et al. Fabrication of a highly selective nonenzymatic amperometric sensor for hydrogen peroxide based on nickel foam/cytochrome c modified electrode[J]. Sensors and Actuators B: Chemical, 2015, 207: 158-166.

[150] Kung C W, Cheng Y H, Ho K C. Single layer of nickel hydroxide nanoparticles covered on a porous Ni foam and its application for highly sensitive non-enzymatic glucose sensor[J]. Sensors and Actuators B: Chemical, 2014, 204: 159-166.

[151] Yavari F, Chen Z, Thomas A V, et al. High sensitivity gas detection using a macroscopic three-dimensional graphene foam network[J]. Scientific reports, 2011, 1: 166.

[152] 刘培生. 多孔材料引论[M]. 北京: 清华大学出版社, 2004.

[153] Choudhary T V, Choudhary V R. Energy‐efficient syngas production through catalytic oxy‐methane reforming reactions[J]. Angewandte Chemie International Edition, 2008, 47(10): 1828-1847.

[154] 张恒, 董新法, 林维明. Ni系催化剂上甲烷部分氧化制合成气[J]. 天然气化工, 2004, 29(3):36-42.

[155] York A P E, Xiao T, Green M L H. Brief overview of the partial oxidation of methane to synthesis gas[J]. Topics in Catalysis, 2003, 22(3-4): 345-358.

[156] Chai R, Zhang Z, Chen P, et al. Ni-foam-structured NiO-MO$_x$-Al$_2$O$_3$ (M= Ce or Mg) nanocomposite catalyst for high throughput catalytic partial oxidation of methane to syngas[J]. Microporous and Mesoporous Materials, 2017, 253: 123-128.

[157] 陈广垠. 双床催化剂催化甲烷自热部分氧化制合成气的研究[D]. 天津: 天津大学, 2009.

[158] Dry M E. The fischer–tropsch process: 1950–2000[J]. Catalysis Today, 2002, 71(3): 227-241.

[159] 张玉玲. 泡沫镍基整体式费托合成催化剂的制备[D]. 大连: 大连理工大学, 2012.

[160] Panagiotopoulou P, Kondarides D I, Verykios X E. Selective methanation of CO over supported noble metal catalysts: Effects of the nature of the metallic phase on catalytic performance[J]. Applied Catalysis A: General, 2008, 344(1-2): 45-54.

[161] Dagle R A, Wang Y, Xia G G, et al. Selective CO methanation catalysts for fuel processing applications[J]. Applied Catalysis A: General, 2007, 326(2): 213-218.

[162] Xiong J, Dong X, Song Y, et al. A high performance Ru–ZrO$_2$/carbon nanotubes–Ni foam composite catalyst for selective CO methanation[J]. Journal of Power Sources, 2013, 242: 132-136.

[163] 郑国香, 刘瑞娜, 李永峰. 能源微生物学[M]. 哈尔滨: 哈尔滨工业大学出版社, 2013.

[164] 林培喜, 胡智华, 揭永文, 等. 泡沫镍负载乙酸钾催化废油脂制备生物柴油研究[J]. 天然气化工, 2009,

34(5):27-30.

[165] 杨莉萍, 刘震炎, 施建伟, 等. 新型管状泡沫镍光催化空气净化器的设计与分析[J]. 上海交通大学学报, 2007, 41(5):673-676.

[166] 丁震, 冯小刚, 陈晓东, 等. 金属泡沫镍负载纳米 TiO_2 光催化降解甲醛和 VOCs[J]. 环境科学, 2006, 27(9): 1814-1819.

[167] 任超艳, 魏志钢, 潘湛昌, 等. Zn/TiO_2/泡沫镍可见光下光催化氧化水体中 As(Ⅲ)[J]. 工业水处理, 2015, 35(1): 52-55.

[168] Hu H, Xiao W, Yuan J, et al. Preparations of TiO_2 film coated on foam nickel substrate by sol-gel processes and its photocatalytic activity for degradation of acetaldehyde[J]. Journal of Environmental Sciences, 2007, 19(1): 80-85.

[169] Wang X, Wang H, Yu K, et al. Immobilization of 2D/2D structured g-C_3N_4 nanosheet/reduced graphene oxide hybrids on 3D nickel foam and its photocatalytic performance[J]. Materials Research Bulletin, 2018, 97: 306-313.

[170] Zhang Q, Li F, Chang X, et al. Comparison of nickel foam/Ag-supported ZnO, TiO_2, and WO_3 for toluene photodegradation[J]. Materials and Manufacturing Processes, 2014, 29(7): 789-794.

[171] Men X, Chen H, Chang K, et al. Three-dimensional free-standing ZnO/graphene composite foam for photocurrent generation and photocatalytic activity[J]. Applied Catalysis B: Environmental, 2016, 187: 367-374.

[172] 宝鸡有色金属研究所. 粉末冶金多孔材料[M]. 北京: 冶金工业出版社, 1978.

[173] 宋玉丰, 李西营, 王玉超. 泡沫镍基底的超疏水表面制备及其油水分离特性的探究[J]. 化学研究, 2017, 28(4): 513-517.

[174] Gao R, Liu Q, Wang J, et al. Construction of superhydrophobic and superoleophilic nickel foam for separation of water and oil mixture[J]. Applied Surface Science, 2014, 289: 417-424.

[175] Zhao F, Liu L, Ma F, et al. Candle soot coated nickel foam for facile water and oil mixture separation[J]. RSC Advances, 2014, 4(14): 7132-7135.

[176] 王鹏飞, 刘涛. 高精泡沫镍防砂管在龙 618 块的试验应用[J]. 中国石油石化, 2016(z1).

[177] 陈兴强, 张志勇, 滕奕刚, 等. 可用于替代肼的 2 种绿色单组元液体推进剂 HAN、ADN[J]. 化学推进剂与高分子材料, 2011, 9(4): 63-66.

[178] 曾文文, 段德莉, 王梦, 等. 用于空间绿色发动机蓄换热的泡沫镍材料的性能研究[J]. 材料导报, 2017, 31(14): 77-81.

[179] 贺鹏. 具有相变蓄热体的蓄热换热器研究[D]. 广州: 华南理工大学, 2013.

[180] Xu W, Yuan X. Heat absorbing and releasing experiments with improved phase-change thermal storage canisters[J]. Chinese Journal of Aeronautics, 2010, 23(3): 306-311.

[181] Ji H, Sellan D P, Pettes M T, et al. Enhanced thermal conductivity of phase change materials with ultrathin- graphite foams for thermal energy storage[J]. Energy & Environmental Science, 2014, 7(3): 1185-1192.

[182] Hussain A, Abidi I H, Tso C Y, et al. Thermal management of lithium ion batteries using graphene coated nickel foam saturated with phase change materials[J]. International Journal of Thermal Sciences, 2018, 124: 23-35.

[183] Zhang W, Zhang B, Shi Z. Study on hydrodynamic performance and mass transfer efficiency of nickel foam packing[J]. Procedia Engineering, 2011, 18: 271-276.

[184] 焦纬洲, 刘有智, 祁贵生. 超重力旋转床填料结构研究进展[J]. 天然气化工, 2008, 33(6):67-72.

[185] 陈建峰. 超重力技术及应用[M]. 北京: 化学工业出版社, 2002.

[186] 杜兴凯, 初广文, 罗勇, 等. 两级泡沫镍填料旋转填充床压降及精馏研究[J]. 化学工程, 2014, 42(12): 20-24.

[187] 郑晓华. 泡沫镍填料旋转填充床传质性能研究[D]. 北京: 北京化工大学, 2016.

[188] （日）占部素臣, （日）高须贺俊藏, （日）杉本幸弘, 等. ニッケル発泡体複合ピストン[J]. 日本金属学会会報, 1988, 27(6): 498-500.

[189] 任婕. 泡沫镍/聚四氟乙烯机械密封复合材料及摩擦学行为研究[D]. 武汉: 武汉理工大学, 2012.

[190] 黄晓莉. 泡沫 Fe-Ni 电磁屏蔽材料的设计与屏蔽机理研究[D]. 哈尔滨: 哈尔滨工业大学, 2009.

[191] 付全荣, 张铱鈊, 段滋华, 等. 多孔泡沫金属及其在化工设备中的应用[J]. 化工机械, 2010 (6): 805-810.

[192] 沈顺玲. 电磁屏蔽材料研究进展[J]. 考试周刊, 2016 (64): 195-196.

[193] 张灵振, 李俊寿, 石随林. Fe_2O_3/泡沫镍复合材料电磁屏蔽效能研究[J]. 硅酸盐通报, 2009, 28(b08): 157-159.

[194] Chen Z, Xu C, Ma C, et al. Lightweight and flexible graphene foam composites for high‐performance electromagnetic interference shielding[J]. Advanced Materials, 2013, 25(9): 1296-1300.

[195] 赵慧慧, 姬科举, 许银松, 等. GNS/PMMA 泡沫复合材料的制备及其电磁屏蔽性能[J]. 材料科学与工程学报, 2014, 32(3):358-365.

[196] 王滨生, 张建平. 泡沫金属吸声材料制备及吸声性能的研究[J]. 化学工程师, 2003(4):8-10.

[197] 李海斌, 张晓宏. 泡沫金属的吸声特性及研究进展[J]. 电力科学与工程, 2009, 25(10):44-46.

[198] 刘培生, 陈祥. 泡沫金属[M]. 长沙: 中南大学出版社, 2012.

[199] 卢淼, 姚欣宇, 刘培生, 等. 电沉积泡沫镍的中频吸声性能[J]. 稀有金属, 2015, 39(1):49-54.

[200] Salimon A, Brechet Y, Ashby M F, et al. Potential applications for steel and titanium metal foams[J]. Journal of Materials Science, 2005, 40(22): 5793-5799.

[201] Park J W, Eagar T W. Strain energy release in ceramic-to-metal joints with patterned interlayers[J]. Scripta Materialia, 2004, 50(4): 555-559.

[202] Fan S F, Zhang T, Kun Y U, et al. Compressive properties and energy absorption characteristics of open-cell nickel foams[J]. Transactions of Nonferrous Metals Society of China, 2017, 27(1): 117-124.